项目监理工程造价控制手册

主 编 徐 帆

副主编 沙炳新 钱昆润

中国建筑工业出版社

图书在版编目(CIP)数据

项目监理工程造价控制手册/主编徐帆.—北京:中国建筑工业出版社,2003
ISBN 7-112-05975-5

Ⅰ.项… Ⅱ.徐… Ⅲ.建筑造价管理—手册
Ⅳ.TU723.3-62

中国版本图书馆CIP数据核字(2003)第071895号

本书共十章,全面阐述工程项目监理中从项目决策起至项目施工竣工阶段全过程的造价控制。除基本理论、实践程序、关键要点外,还包括若干示例。如笔者亲自参与的土建、安装工程预算编制和德国工程预算示例等。

书中搜集国内近期有关造价的法规、规范和实际贯彻的经验、体会,还介绍了国外造价控制的资料以供借鉴。

本书以实用和具有可操作性为编写主导,供建设、设计、施工、监理、造价咨询单位及建设主管部门应用和参考,亦可用作高等院校有关专业的教学参考书。

* * *

责任编辑:徐焰珍　张梦麟
责任设计:孙　梅
责任校对:王　莉

项目监理工程造价控制手册

主　编　徐　帆
副主编　沙炳新　钱昆润

*

中国建筑工业出版社出版、发行(北京西郊百万庄)
新　华　书　店　经　销
北京建筑工业印刷厂印刷

*

开本:787×1092毫米　1/16　印张:31　字数:770千字
2003年11月第一版　2003年11月第一次印刷
印数:1—3,500册　定价:**40.00**元

ISBN 7-112-05975-5
F·481(11614)

本社网址:http://www.china-abp.com.cn
网上书店:http://www.china-building.com.cn

前　言

当前我国经济日益融入全球市场,建设市场将进一步对外开放。为适应我国建设市场的快速发展与改革的需要,以及我国加入世界贸易组织并与国际接轨的要求,我国建设业更要重视以提高项目效益为目标的工程造价管理的创新与改革。项目投资的资金合理使用,充分发挥投资效益,关系到国家和人民群众的根本利益,关系到经济运行质量的提高和经济增长方式的转变。

加强建设工程计价活动的监管和建设投资的科学决策,使工程项目成本得到有效控制,亦有利于促进建设企业强化成本管理,增强竞争能力。

近几年来,我国每年的基本建设固定资产投资规模都在3万亿元左右,大规模的固定资产投资对我国国民经济增长和经济结构调整起着重大作用。大批国家重点建设项目陆续开工建设,如何确保和提高建设工程的投资效益,有效的投资控制,保证工程的质量和安全,合理确定和控制工程造价成为当前建设业的关键工作,对国民经济发展的影响至关重要。针对以往计划经济体制下形成的以定额为主导的工程造价管理模式进行的改革,是当前造价控制工作的重点。

本书针对当前我国建设业工程造价管理的内容,从立项起至竣工决算、项目后评估,各阶段、各环节、各个组成部分的全过程造价控制,进行详尽阐述。本书贯彻最新国家对造价控制的文件与法规,阐述了《建设工程工程量清单计价规范》及国家发展计划委员会批示出版的《投资项目可行性研究指南》等具有强制性、指导性内容的操作运用,以供造价人员在工作中应用。

本书共十章,作者分工如下:

第一章中第一节、第二章中第一节由徐帆撰写;第一章中第三节、第二章中第三节由沙炳新撰写;第十章中第一节至第三节由陈雯撰写;第二章中第四节由朱晞黎撰写;第三章由林才和、徐勤铮撰写;第四章由季国良、朱田惠、徐国良撰写;第五章中第一节至第七节分别由陈汉超、刘文杰、王永明、高明、程永昌、赵荣林、宋炳泰撰写;第六章由吴真、邢佩兰撰写;第七章由郑皆文撰写;第八章中第一节、二节由王应龙撰写;第八章中第三节由尹伊琳撰写;第九章由周士海撰写;第十章第四节由钱昆润、李丙瑞撰写。

全书由徐帆、沙炳新、钱昆润统稿。

本书编写过程中得到上海市建设监理协会、上海市建设工程造价协会、上海第一测量师事务所监理公司及上海新建设工程造价咨询有限公司等单位大力支持,在此表示衷心感谢。对书中不足之处敬请读者和同行专家批评指正。

主　编

2003年5月

前言

目　录

第一章　工程项目造价构成及造价控制

第一节　工程项目监理与造价控制

我国监理业已走过了15年的历程,在此期间逐步建立起了完整的相关法规与规范,以法律形式确立为建设过程中的一项牢固的制度,且日趋完善。随着我国加入世界贸易组织以后,监理业面临着与国际接轨并拓展业务的新形势。

一、造价控制是工程项目监理"三控"的核心

(一) 项目监理必须实施"三控"

《中华人民共和国建筑法》中第三十二条指出:"建筑工程监理应当依照法律、行政法规及有关的技术标准、设计文件和建筑工程承包合同,对承包单位在施工质量、建设工期和建设资金使用等方面,代表建设单位实施监督。"建设部与国家计委于1995年联合发布的737号文件《工程建设监理规定》中第九条指出:"工程建设监理的主要内容是控制工程建设的投资、工期和质量"。这就是通常简称的"三控"。

(二) 造价控制的必要性与监理人员必须掌握的知识

1. 项目监理造价控制的必要性

业主对建设市场体制的复杂性多数不熟悉或掌握信息不足,因此,监理单位在整个监理过程中,以监理人员丰富的经验和渊博的专业知识在投资的各个环节上严格控制,并为业主出谋划策,及时准确地进行经济审核和签证,主动帮助业主进行技术经济各方面的比较,在不影响使用效果和质量标准的前提下,减少投资。监理单位按国家政策及公正立场,实事求是地处理有关经济问题,维护业主利益不受损害。

以往用作计算投资主要依据的预算定额与市场价值存在较大差距,这使得在工程造价计算中增加了材料价差和各种政策调整系数等,而这些投资的构成部分,由于市场价格的调整,其计价的时段和计算的基价与造价密切相关。造价控制就是对其实行动态管理。经济监理工程师根据发生在不同时段的工程、多变的价格及政策调整系数,随时跟踪市场信息,及时计量计价,调整单价,从而确保项目造价控制。

此外,在工程中大量地使用新工艺、新材料、新设备,其中多数无现行定额可套用,需要经济监理工程师审核,并在施工过程中了解施工方法,参与材料的定价。同时,建设工程规模庞大、项目繁杂,许多分项工程具有交叉性、隐蔽性,这就需要监理工程师深入施工现场,及时了解核对材料设备规格,确认签证工程量。造价控制可以适应这些需求,能够避免投资失控。

目前我国建筑市场竞争激烈,各建筑企业在经营管理上也各显神通,为取得承包合同,有少数企业的手法极为隐蔽、巧妙,反映在预、结算审核上,尤为突出,使得监理中造价控制显得特别需要。在整个工程建设过程中,为确保监理项目造价控制的目标,及时准确地进行

经济签证,以减少某些负面影响,有效地控制监理项目投资是十分现实的需求。

投资体制和建设体制随着经济体制的改革而改革。因此,在市场经济体制下,监理项目的造价控制更为突出和需要。与造价控制密切相关的经济措施是十分重要的手段。从这个意义上说,造价控制是建设监理的灵魂。而单一的质量、进度控制决不能圆满地实现项目建设监理的目的,只有实行造价控制在内的全方位的监理,才能保证工程项目建设监理职能的实现,从而提高建设监理的成效。

2. 监理人员必须掌握造价控制知识

我国《建设工程监理规范》(GB 50319—2000)中 5.5 条"工程造价控制工作"中更详细地规定了在工程实施阶段的监理工作对造价控制的内容、方法与措施。

对注册监理工程师的培训与国家考试中均专列有造价控制方面的教材、课程和考试科目。

因此,作为监理企业及监理工程师必须掌握项目监理中造价控制的全过程业务。而监理工程师在项目实施阶段进行造价控制是国家法律、法规、规范所赋予的权力,也是应尽的职责、义务,理应严肃对待。

监理工程师应在业务上不断接受继续教育,学习新知识、新技术,对监理业务要精益求精。其中特别是造价控制,要求所有监理从业人员,都要在不同程度上相应地有所掌握,才能胜任监理工作。造价控制、质量控制和进度控制三者之间具有相辅相成的辩证关系,缺一不可,决非孤立存在。特别是监理中发生工程变更、工期拖延、质量事故处理、合同纠纷、索赔等问题时,都会同时涉及投资、质量和进度的处理和控制,因此必须由总监理工程师亲自会同有关监理人员、设计人员等,根据监理过程中发生的事实,综合研究、分析予以正确处理。

监理人员一般是由具有丰富实践经验的专业工程师担任,熟悉并能全盘掌握工程进展中各项细节。从监理对象的选材、进材、材质检验控制,半成品、成品的检验及工程施工中各个环节的技术质量要求等,无一例外地皆有专职监理人员控制。所有这些均与工程计量、造价控制密切相关,最终归结在造价中得到反映,由总监理工程师负责归总"三控",综合为一个整体,达到监理的目标。

(三) 贯彻 ISO 9001:2000(GB/T 19001—2000)认证体系获取业主最高满意度

一个工程项目对业主而言,关心的是所发生的费用,即项目的投资;而建筑公司所关心的是工程成本和利润;监理企业则是受业主委托对工程实行"三控",力图以最少的消耗,取得项目最大的经济效益,从而获得业主的高满意度。因此,对建设项目有经验的业主,必然是通过招标投标优选真正能为业主的项目效益着想,能保证工程的质量、工期并最终达到项目的最优效益的监理企业来加以全过程控制。但这决非孤立地以某一单项控制所能奏效的,而必须实行全方位、全过程的控制,这些早已为国际项目监理业所共识,亦正是我国监理法规所规定执行的方法。由此可见,要求监理企业通过 ISO 9001:2000(GB/T 19001—2000)的认证,执行其规定的质量管理体系(QMS)要求,增强业主对节约投资与提高工程质量和按计划(或提前)实现的满意程度,是取得工程建设最佳效益的重要途径。

(四) 项目总监理工程师的职责

1. 在《建设工程监理规范》(GB 50319—2000)的 3.2.2 款中对总监理工程师应履行的职责有明确的规定,其中包括:

(1) 确定项目监理机构人员的分工和岗位职责；

(2) 主持编写项目监理规划、审批项目监理实施细则，并负责管理项目监理机构的日常工作；

(3) 审查分包单位的资质，并提出审查意见；

(4) 检查和监督监理人员的工作，根据工程项目的进展情况，进行监理人员调配，对不称职的监理人员，调换其工作；

(5) 主持监理工作会议，签发项目监理机构的文件和指令；

(6) 审定承包单位提交的开工报告、施工组织设计、技术方案、进度计划；

(7) 审核签署承包单位的申请、支付证书和竣工结算；

(8) 审查和处理工程变更；

(9) 主持或参与工程质量事故的调查；

(10) 调解建设单位与承包单位的合同争议、处理索赔、审批工程延期；

(11) 组织编写并签发监理月报、监理工作阶段报告、专题报告和项目监理工作总结；

(12) 审核签认分部工程和单位工程的质量检验评定资料，审查承包单位的竣工申请，组织监理人员对待验收的工程项目进行质量检查，参与工程项目的竣工验收；

(13) 主持整理工程项目的监理资料。

项目总监理工程师在工作中既代表业主的利益，也要为业主提供服务，其职责包括：向业主提供独立的服务，对各个不同专业和有关技术进行选择、协调、综合管理，始终维护业主利益，使项目各阶段全过程满足业主的既定目标，还应考虑项目最终用户的需要。

项目总监理工程师的核心作用是激励、控制、协调和保持所有项目监理成员的士气。项目总监要通晓并尊重各种专业规范，更要了解对所涉及的有关社会、环境和相互关系方面的责任。项目总监理工程师必须有丰富的实践经验和优秀的项目监理业绩，他对业主总负责，是项目监理“三控”的执行领导人。

2. 事实上，为了提高业主对监理单位的满意度，总监理工程师肩负着更重的责任，英国的《项目监理规程》中，对总监理师的职责和个人修养都有详细要求：

(1) 业主要求项目总监理工程师应负职责如下：

1) 作为合同当事人；

2) 协助制订项目建议书；

3) 制订项目总监的职责；

4) 对项目预算/融资安排提供建议；

5) 对土地征用、转让和规划提供建议；

6) 安排可行性研究和报告；

7) 编制项目总体策划方案；

8) 编制项目手册；

9) 制订对专业顾问的要求；

10) 项目实施程序设计；

11) 选择项目班子成员；

12) 建立组织机构；

13) 协调设计过程；

14）任命专业顾问；
15）安排保险和担保；
16）选择项目发包方式；
17）准备投标文件；
18）组织对承包商的资格预审；
19）对投标者进行评审；
20）参与对承包商的选择；
21）参与对承包商的签约；
22）建立项目控制系统；
23）对项目实施过程进行监督；
24）安排项目会议；
25）确认工程款的支付；
26）建立项目沟通/报告系统；
27）承担项目总体协调；
28）建立项目安全/健康管理程序；
29）处理有关环境方面的问题；
30）协调与有关政府部门的关系；
31）监督项目预算和变更指令；
32）编制项目最终决算；
33）安排试车/投产；
34）组织办理移交/使用；
35）对市场营销/使用提供建议；
36）组织编制维护手册；
37）编制维护计划；
38）编制维修程序/组织人员培训；
39）制订物业管理计划；
40）安排对反馈信息的管理。

(2) 在项目实施过程中,项目总监需要运用的技能包括:

1）沟通:通过各种途径沟通,这是最重要的技能；
2）组织:运用系统化的、良好的管理技术；
3）计划:依靠准确的预测和规划；
4）协调:通过交流、默契和理解；
5）控制:依靠监督和反馈技术；
6）领导:通过以身作则；
7）授权:以信任为基础；
8）协商:以理服人；
9）激励:通过适当的奖励措施；
10）主动性:以实际行动作表率；
11）判断:通过经验和知识。

(3) 项目总监在评价监理人员时需要考虑以下因素:

1) 这个人能做什么:其所具备的技术、能力;

2) 这个人能完成什么:其工作成果、工作表现;

3) 这个人的行为如何:其个性、态度、智力水平;

4) 这个人知道什么:其所具备的知识及经验。

(4) 项目总监在选择项目监理机构成员时,着重注意:

1) 相关经验;

2) 技术资质;

3) 对项目目标的理解;

4) 可利用的后备资源情况;

5) 创造/创新能力;

6) 积极性和承诺;

7) 团队精神;

8) 沟通技巧。

(5) 项目总监对项目班子成员的组织领导措施:

1) 明确规定项目班子各成员之间的沟通方式;

2) 通过对有创新性的建议的奖励,促使形成一种鼓励交换意见的工作氛围,这将最终有利于项目实施;

3) 项目班子成员实施定期的业绩考核;

4) 确保项目班子各成员工作场所的合理安排,以方便项目班子各成员之间、成员与各组织之间的定期联系;

5) 清楚界定项目班子各成员的责任和权限;

6) 确定每个成员的助手,他们应当非常熟悉项目,以便在必要时能够迅速发挥作用;

7) 规定项目班子中的各成员应定期与外界进行沟通。

以上规定与我国监理规范对监理总工程师的要求十分相似,其细密之处更具有参考价值。

二、项目监理中造价控制的环节与全面性

(一) 项目造价控制环节

造价控制贯穿于监理各个环节。项目造价监控是否成功,直接影响到业主的利益。监理工程师要须臾不离地进行技术与经济的分析与对比。如果没有监理工程师来做此项工作,业主委托监理单位就失去了最根本的意义。为了取得监理目标控制的预期成果,监理工程师要从多方面采取有效措施实施控制。其中经济措施是目标控制的必要措施。如果监理工程师没有经济措施来制约,投资目标就难以实现。

监理工程师要把节约(或降低)项目投资视为己任,即做到想业主所想,急业主所急。

监理公司,可以从以下几方面为业主在控制上提供服务:

1. 在立项策划阶段,可以对拟建项目做出较为合理的经济评价,避免业主投资的盲目性。

2. 在方案可行性研究阶段,监理工程师可根据建筑师提供的建设项目规模、场地、技术协作条件,对各种拟建方案进行初步估算,从而让业主所选定的方案能确保在使用功能上的优越性、技术上的先进性及经济上的合理性,为业主提供广阔的思维空间,达到节约投资,提

高项目经济效益的目的。

3. 在方案选择阶段,监理工程师按照不同设计方案编制估算,可以将方案中各分项、分部工程投资额度分列清楚,以便业主确定拟建项目的布局和设计及施工标准。

4. 在设计阶段提出设计要求,运用价值工程等技术经济方法评选出设计方案,编制更加详细的单项概算,协助业主将设计控制在投资限额内。

5. 在施工招标阶段,可协助业主准备与发送招标文件,必要时帮助业主编制招标文件及标底,协助评审标书,提出决标参考意见,协助选定承建单位并签订承包合同。

6. 在施工阶段,参与审查承建单位提出的施工组织设计、施工技术方案和施工进度,并通过技术经济分析评价,择优选出技术先进、经济合理的最优方案,以供建设单位选择。在施工过程中,监理工程师能够较详细、合理地对已施工部分的工程进行核算,向建设单位提出中期付款的建议;对工程变更所产生的费用及其对工程总投资的影响,及时向业主汇报,避免建设单位与承建单位之间的争议。

7. 竣工后审查工程结算,尽量消除或减少承建单位的高估冒算,为业主投资把住最后一道关。

监理公司有能力为业主把住投资关,是业主造价控制的最好参谋和得力助手。只要充分发挥项目监理的投资监控作用,赋予他们理应承担的责任和义务,业主就会得到更多的回报,这是因为他们最了解建设单位的投资意向和目标,掌握造价控制及其相关专业的知识和实践能力,能够较好地结合工程管理专业知识与丰富的实践经验,在设计、施工的每一项建设活动中最大程度地维护业主利益;其次是监理工程师在工程管理上始终营造一种业主、监理工程师、承包商三者之间的信息协调系统,把工程建设过程中的咨询信息通过系统化的专业处理,公正而客观地为建设单位提供决策依据,避免建设单位在决策上的盲目性和失误。再有,监理工程师凭借自己丰富的经验和知识,通过对设计、施工、设备安装、材料供应各个环节的活动进行客观公正的评价,提出专业性建议,并能从专业的角度平衡协调,使得整个建设阶段的造价都处在一个优化过程中,从而避免了许多争议与索赔,保证整个工程的造价、进度、质量都得到有效的控制。从大量的监理实践来看,只有充分发挥监理公司对造价的监控作用,建设单位的利益才能得到最大的保证。因此,建设单位不但要对监理单位赋予其对工程质量、进度的管理权,更应赋予他们对项目造价的监控权。

(二) 项目监理对造价控制的全面性

1. 参与全过程的造价控制

项目监理对项目造价控制不仅仅是审核概、预算和结算,而是参与项目策划的经济性评估,设计方案经济评价、技术经济分析及其优化的论证;项目招标和工程施工承包合同洽谈;核实工程计量、审核进度款;介入市场调查和材料单价洽谈;工程项目后评估。因此,它不仅是以工程预、结算的工程量、单价和取费标准来控制项目造价,而是以构成造价和影响造价的各个方面因素来综合地控制造价。例如:在参与签订施工承包合同时,避免有使造价失控的条款;严格审定控制造价的条款;避免有使双方受经济损害的条款。这些虽然是合同制订和管理问题,其实质也属于造价控制的主要内容。故项目监理的造价控制是从项目的策划开始,直到竣工结算、投产、维修及后评估全过程的造价控制。特别是在建设项目前期的投资决策阶段中,造价控制对整个项目的效益起着决定性的作用。

2. 实现项目投资的动态管理

在工程建设中造价构成的内容庞杂，由于设计变更、政策调整等原因使得工程结算审核工作极为艰繁。因此，监理的造价控制应在工程项目规划的同时，就着手对项目投资全过程控制提出系统的纲要，随后，在各阶段提出实施的细则和具体操作方法。在项目实施阶段对工程的概预算、合同价、变更签证、进度款支付、结算价进行全过程系统的监督管理，并参与技术经济评价工作，从而实现项目投资的动态管理和有效控制。

3. 以遵守国家法规为前提，以业主利益为重

项目监理的造价控制是按业主对该项目造价控制的要求和参与工作的内容，委托给监理公司承担的。监理公司在遵守国家法规的前提下，公正、廉洁、严肃、认真地对待此项业务，并以业主利益为重，提高项目造价效益。

4. 项目监理造价控制的目标

项目监理造价控制的宗旨是不能超出总控制目标值。各阶段造价控制目标共同组成造价控制目标系统。

(1) 投资估算是设计方案选择和进行初步设计的建设项目造价控制目标；

(2) 设计概算是进行技术设计和施工图设计的项目造价控制目标；

(3) 施工图预算(或建安工程承包合同价)是施工阶段控制建安工程的造价控制目标。以上各有机联系的阶段目标相互制约，相互补充，前者控制后者，后者补充前者，共同组成项目造价控制的目标系统。

造价控制目标既有先进性，又有实现的可能性。若目标水平太低，如对建设项目投资高估冒算，则对造价控制者缺乏激励性，亦没有发挥投资潜力的余地，目标形同虚设；若目标水平太高，造价控制者再努力也无法达到，则可能失去信心，使项目造价控制落空，导致降低项目功能。因此，制订造价控制的目标水平既要能激发执行者的进取心和充分发挥他们的工作能力，还要考虑到制订目标水平时要留有余地。

造价控制目标要有组织措施、技术措施、经济措施和合同措施的保证。造价控制属技术经济领域，故经济监理工程师既要懂技术又要懂经济和合同、管理。造价控制者是为了确保其目标的实现而服务的。

三、推行工程总承包和工程项目管理

为了更有效地控制工程项目的造价、质量和进度，提高建设项目的投资效益，2003 年 2 月 13 日中华人民共和国建设部发出了《关于培育发展工程总承包和工程项目管理企业的指导意见》一文，意在加速培育和发展推行各种形式的工程总承包和不同类型的项目管理，这无疑将是对工程造价控制更为有效的措施和发展方向。现将该文件全文引录如下：

中华人民共和国建设部

关于培育发展工程总承包和工程项目管理企业的指导意见

各省、自治区建设厅，直辖市建委(规委)，国务院有关部门建设司，总后基建营房部，新疆生产建设兵团建设局，中央管理的有关企业：

为了深化我国工程建设项目组织实施方式改革，培育发展专业化的工程总承包和工程

项目管理企业,现提出指导意见如下:

(一) 推行工程总承包和工程项目管理的重要性和必要性

工程总承包和工程项目管理是国际通行的工程建设项目组织实施方式。积极推行工程总承包和工程项目管理,是深化我国工程建设项目组织实施方式改革,提高工程建设管理水平,保证工程质量和投资效益,规范建筑市场秩序的重要措施;是勘察、设计、施工、监理企业调整经营结构,增强综合实力,加快与国际工程承包和管理方式接轨,适应社会主义市场经济发展和加入世界贸易组织后新形势的必然要求;是贯彻党的十六大关于"走出去"的发展战略,积极开拓国际承包市场,带动我国技术、机电设备及工程材料的出口,促进劳务输出,提高我国企业国际竞争力的有效途径。

各级建设行政主管部门要统一思想,提高认识,采取有效措施,切实加强对工程总承包和工程项目管理活动的指导,及时总结经验,促进我国工程总承包和工程项目管理的健康发展。

(二) 工程总承包的基本概念和主要方式

1. 工程总承包是指从事工程总承包的企业(以下简称工程总承包企业)受业主委托,按照合同约定对工程项目的勘察、设计、采购、施工、试运行(竣工验收)等实行全过程或若干阶段的承包。

2. 工程总承包企业按照合同约定对工程项目的质量、工期、造价等向业主负责。工程总承包企业可依法将所承包工程中的部分工作发包给具有相应资质的分包企业;分包企业按照分包合同的约定对总承包企业负责。

3. 工程总承包的具体方式、工作内容和责任等,由业主与工程总承包企业在合同中约定。工程总承包主要有如下方式:

(1) 设计采购施工(EPC)/交钥匙总承包

设计采购施工总承包是指工程总承包企业按照合同约定,承担工程项目的设计、采购、施工、试运行服务等工作,并对承包工程的质量、安全、工期、造价全面负责。

交钥匙总承包是设计采购施工总承包业务和责任的延伸,最终是向业主提交一个满足使用功能、具备使用条件的工程项目。

(2) 设计-施工总承包(D-B)

设计-施工总承包是指工程总承包企业按照合同约定,承担工程项目设计和施工,并对承包工程的质量、安全、工期、造价全面负责。

根据工程项目的不同规模、类型和业主要求,工程总承包还可采用设计-采购总承包(E-P)、采购-施工总承包(P-C)等方式。

(三) 工程项目管理的基本概念和主要方式

1. 工程项目管理是指从事工程项目管理的企业(以下简称工程项目管理企业)受业主委托,按照合同约定,代表业主对工程项目的组织实施进行全过程或若干阶段的管理和服务。

2. 工程项目管理企业不直接与该工程项目的总承包企业或勘察、设计、供货、施工等企业签订合同,但可以按合同约定,协助业主与工程项目的总承包企业或勘察、设计、供货、施工等企业签订合同,并受业主委托监督合同的履行。

3. 工程项目管理的具体方式及服务内容、权限、取费和责任等,由业主与工程项目管理企业在合同中约定。工程项目管理主要有如下方式:

(1) 项目管理服务(PM)

项目管理服务是指工程项目管理企业按照合同约定,在工程项目决策阶段,为业主编制可行性研究报告,进行可行性分析和项目策划;在工程项目实施阶段,为业主提供招标代理、设计管理、采购管理、施工管理和试运行(竣工验收)等服务,代表业主对工程项目进行质量、安全、进度、费用、合同、信息等管理和控制。工程项目管理企业一般应按照合同约定承担相应的管理责任。

(2) 项目管理承包(PMC)

项目管理承包是指工程项目管理企业按照合同约定,除完成项目管理服务(PM)的全部工作内容外,还可以负责完成合同约定的工程初步设计(基础工程设计)等工作。对于需要完成工程初步设计(基础工程设计)工作的工程项目管理企业,应当具有相应的工程设计资质。项目管理承包企业一般应当按照合同约定承担一定的管理风险和经济责任。

根据工程项目的不同规模、类型和业主要求,还可采用其他项目管理方式。

(四) 进一步推行工程总承包和工程项目管理的措施

1. 鼓励具有工程勘察、设计或施工总承包资质的勘察、设计和施工企业,通过改造和重组,建立与工程总承包业务相适应的组织机构、项目管理体系,充实项目管理专业人员,提高融资能力,发展成为具有设计、采购、施工(施工管理)综合功能的工程公司,在其勘察、设计或施工总承包资质等级许可的工程项目范围内开展工程总承包业务。

工程勘察、设计、施工企业也可以组成联合体对工程项目进行联合总承包。

2. 鼓励具有工程勘察、设计、施工、监理资质的企业,通过建立与工程项目管理业务相适应的组织机构、项目管理体系,充实项目管理专业人员,按照有关资质管理规定在其资质等级许可的工程项目范围内开展相应的工程项目管理业务。

3. 打破行业界限,允许工程勘察、设计、施工、监理等企业,按照有关规定申请取得其他相应资质。

4. 工程总承包企业可以接受业主委托,按照合同约定承担工程项目管理业务,但不应在同一个工程项目上同时承担工程总承包和工程项目管理业务,也不应与承担工程总承包或者工程项目管理业务的另一方企业有隶属关系或者其他利害关系。

5. 对于依法必须实行监理的工程项目,具有相应监理资质的工程项目管理企业受业主委托进行项目管理,业主可不再另行委托工程监理,该工程项目管理企业依法行使监理权利,承担监理责任;没有相应监理资质的工程项目管理企业受业主委托进行项目管理,业主应当委托监理。

6. 各级建设行政主管部门要加强与有关部门的协调,认真贯彻《国务院办公厅转发外经贸部等部门关于大力发展对外承包工程意见的通知》(国办发[2000]32号)精神,使有关融资、担保、税收等方面的政策落实到重点扶持发展的工程总承包企业和工程项目管理企业,增强其国际竞争实力,积极开拓国际市场。

鼓励大型设计、施工、监理等企业与国际大型工程公司以合资或合作的方式,组建国际型工程公司或项目管理公司,参加国际竞争。

7. 提倡具备条件的建设项目,采用工程总承包、工程项目管理方式组织建设。

鼓励有投融资能力的工程总承包企业,对具备条件的工程项目,根据业主的要求,按照建设-转让(BT)、建设-经营-转让(BOT)、建设-拥有-经营(BOO)、建设-拥有-经营-转让

(BOOT)等方式组织实施。

8．充分发挥行业协会和高等院校的作用，进一步开展工程总承包和工程项目管理的专业培训，培养工程总承包和工程项目管理的专业培训，培养工程总承包和工程项目管理的专业人才，适应国内外工程建设的市场需要。

有条件的行业协会、高等院校和企业等，要加强对工程总承包和工程项目管理的理论研究，开发工程项目管理软件，促进我国工程总承包和工程项目管理水平的提高。

9．本指导意见自印发之日起实施。1992 年 11 月 17 日建设部颁布的《设计单位进行工程总承包资格管理的有关规定》(建设[1992]805 号)同时废止。

2003 年 2 月 13 日

第二节 工程造价构成

一、项目建设划分与概预算

项目建设是指固定资产扩大再生产的新建、扩建、改建、恢复工程及与之相连带的其他工作，过去通常称为基本建设。它是一种综合性的经济活动，其中新建和扩建是主要形式，即把一定的建筑材料、机械设备，通过购置、建造与安装等活动，转化为固定资产的过程，以及与之相连带的工作(如征用土地、勘察设计、培训职工等)。所谓固定资产，是指在生产和消费领域中实际发挥效能并长期使用着的劳动资料和消费资料，是使用年限在一年以上，且单位价值在规定限额以上的一种物质财富。国家强调要充分发挥现有企业的作用，有计划、有步骤、有重点地对现有企业进行设备更新和技术改造，这类工程统称更新改造，以便同基本建设相区别。固定资产扩大再生产主要是通过基本建设和更新改造两个方面实现的，另外还可包括房地产开发。

(一) 项目建设的划分

遵照中华人民共和国国家标准《建筑工程施工质量验收统一标准》(GB 50300—2001)，将建筑工程划分为单位工程、子单位工程、分部工程、子分部工程及分项工程等五个层次。这与施工管理、工程监理及质量验收等环节的名称是一致的。划分的原则如下：

1．单位工程的划分应按下列原则确定：

(1) 具备独立施工条件并能形成独立使用功能的建筑物及构筑物为一个单位工程。

(2) 建筑规模较大的单位工程，可将其能形成独立使用功能的部分为一个子单位工程。

具有独立施工条件和能形成独立使用功能是单位(子单位)工程划分的基本要求。在施工前由建设、监理、施工单位自行商议确定，并据此收集整理施工技术资料和验收。

2．分部工程的划分应按下列原则确定：

(1) 分部工程的划分应按专业性质、建筑部位确定。

(2) 当分部工程较大或较复杂时，可按材料种类、施工特点、施工程序、专业系统及类别等划分为若干子分部工程。

在建筑工程的分部工程中，将原建筑电气安装分部工程中的强电和弱电部分独立出来各为一个分部工程，称其为建筑电气分部和智能建筑(弱电)分部。

3．分项工程应按主要工种、材料、施工工艺、设备类别等进行划分。

建筑工程的分部(子分部)、分项工程可按表1-1划分。

建筑工程分部工程、分项工程划分 **表1-1**

序号	分部工程	子分部工程	分项工程
1	地基与基础	无支护土方	土方开挖、土方回填
		有支护土方	排桩,降水、排水、地下连续墙、锚杆、土钉墙、水泥土桩、沉井与沉箱,钢及混凝土支撑
		地基处理	灰土地基、砂和砂石地基、碎砖三合土地基,土工合成材料地基,粉煤灰地基,重锤夯实地基,强夯地基,振冲地基,砂桩地基,预压地基,高压喷射注浆地基,土和灰土挤密桩地基,注浆地基,水泥粉煤灰碎石桩地基,夯实水泥土桩地基
		桩基	锚杆静压桩及静力压桩,预应力离心管桩,钢筋混凝土预制桩,钢桩,混凝土灌注桩(成孔、钢筋笼、清孔、水下混凝土灌注)
		地下防水	防水混凝土,水泥砂浆防水层,卷材防水层,涂料防水层,金属板防水层,塑料板防水层,细部构造,喷锚支护,复合式衬砌,地下连续墙,盾构法隧道;渗排水、盲沟排水,隧道、坑道排水;预注浆、后注浆,衬砌裂缝注浆
		混凝土基础	模板、钢筋、混凝土,后浇带混凝土,混凝土结构缝处理
		砌体基础	砖砌体,混凝土砌块砌体,配筋砌体,石砌体
		劲钢(管)混凝土	劲钢(管)焊接,劲钢(管)与钢筋的连接,混凝土
		钢结构	焊接钢结构、栓接钢结构,钢结构制作,钢结构安装,钢结构涂装
2	主体结构	混凝土结构	模板,钢筋,混凝土,预应力、现浇结构,装配式结构
		劲钢(管)混凝土结构	劲钢(管)焊接,螺栓连接,劲钢(管)与钢筋的连接,劲钢(管)制作、安装,混凝土
		砌体结构	砖砌体,混凝土小型空心砌块砌体,石砌体,填充墙砌体,配筋砖砌体
		钢结构	钢结构焊接,紧固件连接,钢零部件加工,单层钢结构安装,多层及高层钢结构安装,钢结构涂装,钢构件组装,钢构件预拼装,钢网架结构安装,压型金属板
		木结构	方木和原木结构,胶合木结构,轻型木结构,木构件防护
		网架和索膜结构	网架制作,网架安装,索膜安装,网架防火,防腐涂料
3	建筑装饰装修	地面	整体面层:基层,水泥混凝土面层,水泥砂浆面层,水磨石面层,防油渗面层,水泥钢(铁)屑面层,不发火(防爆的)面层;板块面层:基层,砖面层(陶瓷锦砖、缸砖、陶瓷地砖和水泥花砖面层),大理石面层和花岗石面层,预制板块面层(预制水泥混凝土、水磨石板块面层),料石面层(条石、块石面层),塑料板面层,活动地板面层,地毯面层;木竹面层:基层、实木地板面层(条材、块材面层),实木复合地板面层(条材、块材面层),中密度(强化)复合地板面层(条材面层),竹地板面层
		抹灰	一般抹灰,装饰抹灰,清水砌体勾缝
		门窗	木门窗制作与安装,金属门窗安装,塑料门窗安装,特种门安装,门窗玻璃安装
		吊顶	暗龙骨吊顶,明龙骨吊顶
		轻质隔墙	板材隔墙,骨架隔墙,活动隔墙,玻璃隔墙
		饰面板(砖)	饰面板安装,饰面砖粘贴
		幕墙	玻璃幕墙,金属幕墙,石材幕墙
		涂饰	水性涂料涂饰,溶剂型涂料涂饰,美术涂饰

续表

序号	分部工程	子分部工程	分项工程
3	建筑装饰装修	裱糊与软包	裱糊、软包
		细部	橱柜制作与安装,窗帘盒、窗台板和暖气罩制作与安装,门窗套制作与安装,护栏和扶手制作与安装,花饰制作与安装
4	建筑屋面	卷材防水屋面	保温层,找平层,卷材防水层,细部构造
		涂膜防水屋面	保温层,找平层,涂膜防水层,细部构造
		刚性防水屋面	细石混凝土防水层,密封材料嵌缝,细部构造
		瓦屋面	平瓦屋面,油毡瓦屋面,金属板屋面,细部构造
		隔热屋面	架空屋面,蓄水屋面,种植屋面
5	建筑给水、排水及采暖	室内给水系统	给水管道及配件安装,室内消火栓系统安装,给水设备安装,管道防腐,绝热
		室内排水系统	排水管道及配件安装,雨水管道及配件安装
		室内热水供应系统	管道及配件安装,辅助设备安装,防腐,绝热
		卫生器具安装	卫生器具安装,卫生器具给水配件安装,卫生器具排水管道安装
		室内采暖系统	管道及配件安装,辅助设备及散热器安装,金属辐射板安装,低温热水地板辐射采暖系统安装,系统水压试验及调试,防腐,绝热
		室外给水管网	给水管道安装,消防水泵接合器及室外消火栓安装,管沟及井室
		室外排水管网	排水管道安装,排水管沟与井池
		室外供热管网	管道及配件安装,系统水压试验及调试、防腐,绝热
		建筑中水系统及游泳池系统	建筑中水系统管道及辅助设备安装,游泳池水系统安装
		供热锅炉及辅助设备安装	锅炉安装,辅助设备及管道安装,安全附件安装,烘炉、煮炉和试运行,换热站安装,防腐,绝热
6	建筑电气	室外电气	架空线路及杆上电气设备安装,变压器、箱式变电所安装,成套配电柜、控制柜(屏、台)和动力、照明配电箱(盘)及控制柜安装,电线、电缆导管和线槽敷设,电线、电缆穿管和线槽敷设,电缆头制作、导线连接和线路电气试验,建筑物外部装饰灯具、航空障碍标志灯和庭院路灯安装,建筑照明通电试运行,接地装置安装
		变配电室	变压器、箱式变电所安装,成套配电柜、控制柜(屏、台)和动力、照明配电箱(盘)安装,裸母线、封闭母线、插接式母线安装,电缆沟内和电缆竖井内电缆敷设,电缆头制作、导线连接和线路电气试验,接地装置安装,避雷引下线和变配电室接地干线敷设
		供电干线	裸母线、封闭母线、插接式母线安装,桥架安装和桥架内电缆敷设,电缆沟内和电缆竖井内电缆敷设,电线、电缆导管和线槽敷设,电线、电缆穿管和线槽敷线,电缆头制作、导线连接和线路电气试验
		电气动力	成套配电柜、控制柜(屏、台)和动力、照明配电箱(盘)及控制柜安装,低压电动机、电加热器及电动执行机构检查、接线,低压电气动力设备检测、试验和空载试运行,桥架安装和桥架内电缆敷设,电线、电缆导管和线槽敷设,电线、电缆穿管和线槽敷线,电缆头制作、导线连接和线路电气试验,插座、开关、风扇安装

续表

序号	分部工程	子分部工程	分项工程
6	建筑电气	电气照明安装	成套配电柜、控制柜(屏、台)和动力、照明配电箱(盘)安装,电线、电缆导管和线槽敷设,电线、电缆导管和线槽敷线,槽板配线,钢索配线,电缆头制作、导线连接和线路电气试验,普通灯具安装,专用灯具安装,插座、开关、风扇安装,建筑照明通电试运行
		备用和不间断电源安装	成套配电柜、控制柜(屏、台)和动力、照明配电箱(盘)安装,柴油发电机组安装,不间断电源的其他功能单元安装,裸母线、封闭母线、插接式母线安装,电线、电缆导管和线槽敷设,电线、电缆导管和线槽敷线,电缆头制作、导线连接和线路电气试验,接地装置安装
		防雷及接地安装	接地装置安装,避雷引下线和变配电室接地干线敷设,建筑物等电位连接,接闪器安装
7	智能建筑	通信网络系统	通信系统,卫星及有线电视系统,公共广播系统
		办公自动化系统	计算机网络系统,信息平台及办公自动化应用软件,网络安全系统
		建筑设备监控系统	空调与通风系统,变配电系统,照明系统,给排水系统,热源和热交换系统,冷冻和冷却系统,电梯和自动扶梯系统,中央管理工作站与操作分站,子系统通信接口
		火灾报警及消防联动系统	火灾和可燃气体探测系统,火灾报警控制系统,消防联动系统
		安全防范系统	电视监控系统,入侵报警系统,巡更系统,出入口控制(门禁)系统,停车管理系统
		综合布线系统	缆线敷设和终接,机柜、机架、配线架的安装,信息插座和光缆芯线终端的安装
		智能化集成系统	集成系统网络,实时数据库,信息安全,功能接口
		电源与接地	智能建筑电源,防雷及接地
		环境	空间环境,室内空调环境,视觉照明环境,电磁环境
		住宅(小区)智能化系统	火灾自动报警及消防联动系统,安全防范系统(含电视监控系统、入侵报警系统、巡更系统、门禁系统、楼宇对讲系统、住户对讲呼救系统、停车管理系统),物业管理系统(多表现场计量及与远程传输系统、建筑设备监控系统、公共广播系统、小区网络及信息服务系统、物业办公自动化系统),智能家庭信息平台
8	通风与空调	送排风系统	风管与配件制作,部件制作,风管系统安装,空气处理设备安装,消声设备制作与安装,风管与设备防腐,风机安装,系统调试
		防排烟系统	风管与配件制作,部件制作,风管系统安装,防排烟风口、常闭正压风口与设备安装,风管与设备防腐,风机安装,系统调试
		除尘系统	风管与配件制作,部件制作,风管系统安装,除尘器与排污设备安装,风管与设备防腐,风机安装,系统调试
		空调风系统	风管与配件制作,部件制作,风管系统安装,空气处理设备安装,消声设备制作与安装,风管与设备防腐,风机安装,风管与设备绝热,系统调试
		净化空调系统	风管与配件制作,部件制作,风管系统安装,空气处理设备安装,消声设备制作与安装,风管与设备防腐,风机安装,风管与设备绝热,高效过滤器安装,系统调试

续表

序号	分部工程	子分部工程	分 项 工 程
8	通风与空调	制冷设备系统	制冷机组安装,制冷剂管道及配件安装,制冷附属设备安装,管道及设备的防腐与绝热,系统调试
		空调水系统	管道冷热(媒)水系统安装,冷却水系统安装,冷凝水系统安装,阀门及部件安装,冷却塔安装,水泵及附属设备安装,管道与设备的防腐与绝热,系统调试
9	电梯	电力驱动的曳引式或强制式电梯安装	设备进场验收,土建交接检验,驱动主机,导轨,门系统,轿厢,对重(平衡重),安全部件,悬挂装置,随行电缆,补偿装置,电气装置,整机安装验收
		液压电梯安装	设备进场验收,土建交接检验,液压系统,导轨,门系统,轿厢,对重(平衡重),安全部件,悬挂装置,随行电缆,电气装置,整机安装验收
		自动扶梯、自动人行道安装	设备进场验收,土建交接检验,整机安装验收

4. 室外工程可根据专业类别和工程规模划分单位(子单位)工程。

室外单位(子单位)工程、分部工程可按表 1-2 划分。

室外工程划分 **表 1-2**

单位工程	子单位工程	分部(子分部)工程
室外建筑环境	附属建筑	车棚,围墙,大门,挡土墙,垃圾收集站
	室外环境	建筑小品,道路,亭台,连廊,花坛,场坪绿化
室外安装	给排水与采暖	室外给水系统,室外排水系统,室外供热系统
	电 气	室外供电系统,室外照明系统

(二) 项目建设的概预算文件

在我国大规模的工程建设中,每年在基本建设和更新改造方面的投资约占整个国民经济财政总支出的 25%左右。这笔庞大的资金投入使国家经济实力大大增强,促进了我国经济建设的进一步发展。

建设项目必须按照建设程序办事,其中很重要的一条就是设计必须有概算,施工必须有预算,竣工必须有决算。一般地说:概算确定投资,预算确定造价,决算确定新增资产价值。工程建设概预算的确定与控制是建设管理的一个重要组成部分。

概预算文件按其所计算的对象分类如下:

1. 建设项目总概算书

建设项目总概算书,是确定一个建设项目从筹建到竣工验收交付使用全过程的全部建设费用的文件,它是由该建设项目的各个工程项目的综合概算书,以及其他工程和费用概算书综合而成。

2. 工程项目综合概算书

工程项目综合概算书是确定各个单项工程(如某一生产车间、独立建筑物或构筑物)全部建设费用的文件,它是由该工程项目内的各单位工程概算书综合而成。当一个建设项目只有一个单项工程时,则与该项工程有关的其他工程费用亦列入该工程项目综合概算书中。

在这种情况下,工程项目概算书,实际上就是一个建设项目的总概算书。

3. 单位工程概预算书

单位工程概预算书是确定某一个生产车间、独立建筑物或构筑物中的一般土建工程、卫生工程、工业管道工程、特殊构筑物工程、电气照明工程、机械设备及安装工程、电气设备及安装工程等各单位工程建设费用的文件。

单位工程概预算书是根据设计图纸和概算指标、概算定额、预算定额、费用定额和国家有关规定等资料编制的。

4. 工程建设其他费用概预算书

工程建设其他费用概预算书,是确定建筑工程、设备及其安装工程之外的,与整个建设工程有关的其他费用,如征地费、拆迁工程费、工程勘察设计费、建设单位管理费、生产工人技术培训费、科研试验费、试车费、固定资产投资方向调节税等费用的文件。这些费用均应在建设投资中支付,并列入建设项目总概算或工程项目综合概算的其他工程费用文件中,根据设计文件和国家、各省、市、自治区和主管部门规定的取费标准以及相应的计算方法进行编制。

其他费用概预算书,以独立的项目列入总概算或综合概算书中。

5. 分部工程预算书

分部工程预算书,是根据设计图纸计算的工程量和预算定额、材料预算价格、取费标准及其有关文件进行计算和编制而成的,用以确定某一分部工程预算造价的文件。分部工程预算书一般是作为单位工程预算书的组成部分,不单独编制。但在专业施工(如机械施工)或专业分包工程中,其工程内容一般较为集中在某一专业分部,所编制的有关预算文件的实质是属于分部工程预算。

概预算和设计图纸一样,都是工程项目设计文件不可缺少的组成部分。设计图纸决定设计对象的有关技术问题,而概预算则决定建设对象的有关财务问题。

(三) 不同建设阶段工程概预算的编制要求

依据建设程序,工程概预算的编制要求与工程建设阶段性工作的深度相适应。一般分为以下七个阶段:

1. 在项目建议书阶段,按照有关规定编制初步投资估算,经有权部门批准,作为拟建项目列入国家中长期计划和开展前期工作的控制投资。

2. 在可行性研究阶段,按照有关规定编制投资估算,经有权部门批准,即为该项目国家计划控制投资。

3. 在初步设计阶段,按照有关规定编制初步设计总概算,经有权部门批准,即为控制拟建项目工程造价的最高限额。从初步设计阶段开始,实行建设项目招标承包制签订总承包合同或协议的,其合同价也应在最高限价(总概算)相应的范围以内。

4. 在施工图设计阶段,按规定编制施工图预算,用以核实施工图阶段造价是否超过批准的初步设计概算。经批准工程实行直接委托承包的,以建设单位、施工单位双方共同确认、有权部门审查通过的预算,作为结算工程价款的依据。

5. 以施工图预算为基础招标投标的工程,承包合同价以中标价为依据确定。

6. 在工程实施阶段要按照施工单位实际完成的工程量,以合同价为基础,同时考虑因物价上涨所引起的造价提高,考虑到设计中难以预计的而在实施阶段实际发生的工程和费用，合理确定结算价。

7．在竣工验收阶段，全面汇集在工程建设过程中实际花费的全部费用，由建设单位编制竣工决算，如实体现该建设工程的实际造价。

建设程序和各阶段工程造价确定示意图见图1-1。

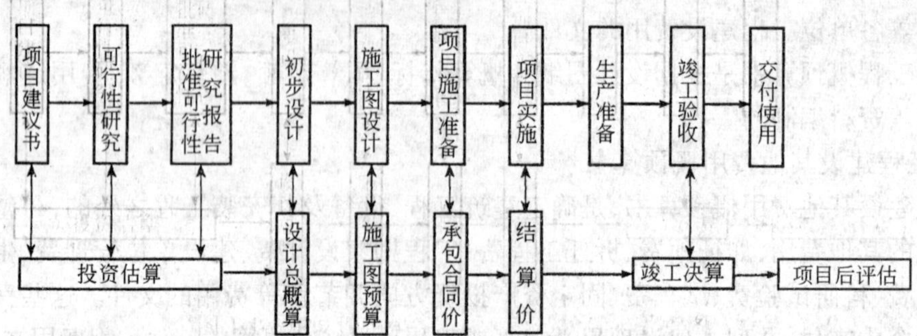

图1-1　建设程序和各阶段工程造价确定示意图

（四）工程建设概算的作用

概算文件是设计文件的重要组成部分。国家规定：建设项目在报审初步设计或扩大初步设计的同时，必须附有设计概算。没有设计概算，就不能作为完整的设计文件。概算有以下作用：

1．国家制定和控制建设投资的依据

在我国，各项建设必须按国家批准的计划进行。国家投资的建设项目，只有当概算文件经主管部门批准后，才能列入年度建设计划，所批准的总费用就成为该建设项目投资的最高限额。国家拨款、银行贷款及竣工决算，都不能突破这个限额。

2．编制建设计划的依据

建设年度计划安排的工程项目，其投资需要量的确定、建设物资供应计划和建筑安装施工计划等，都以主管部门批准的设计概算作依据。

3．选择设计方案的重要依据

设计概算是设计方案的技术经济效果的反映，不同的设计方案具有了设计概算就能进行比较，选出技术上先进和经济上合理的设计方案，达到节约投资的目的。设计概算是考核设计经济合理性的依据。

4．签订工程总承包合同的依据

对施工期限较长的大中型建设项目，可以根据批准的建设计划、初步设计和总概算文件确定工程项目的总承包价，作为建设单位和施工单位签订合同的依据。

5．办理工程拨款、贷款的依据

在施工图预算未编出以前，可先根据设计概算进行申请贷款和工程拨款。

6．控制施工图预算的依据

施工图预算不能超过设计概算，否则要对施工图进行修改，使预算造价在概算的控制以内，或报请主管部门批准后，才能突破概算。

7．考核建设项目成本和投资效果的依据

建设项目的投资转化为建设项目法人单位的新增资产，可根据建设项目的生产能力计算建设项目的成本、回收期以及投资效果系数等技术经济指标。

（五）建筑工程预算的作用

建筑工程预算是建设项目中建筑安装工程费用的主要文件，它有以下作用：

1．是确定建筑工程造价的依据。可以作为建设单位招标的"标底"，也可以作为施工单位投标时"报价"的参考。

2．是实行建筑工程预算包干的依据。通过建设单位与施工单位协商，可在工程预算的基础上，增加一定系数（考虑设计或施工变更后可能发生的不可预见费用），然后由施工单位将工程费用一次包死。

3．是进行建设投资管理的具体文件，是国家和建设单位控制投资的依据。

4．是拨付工程价款的依据。

5．是供应和控制施工用料的依据。

6．是施工单位进行施工准备、编制施工计划、计算建筑安装工作量和实物量的依据。

7．是施工单位进行"两算"（施工图预算与施工预算）对比和考核工程财务成本的依据。

施工预算是施工单位根据施工定额或本企业历年积累的资料与本企业管理水平等确定的定额数据所编制的本工程的建设费用及工料、设备分析的文件，作为本建筑企业对本工程内部管理和成本核算之用。

二、项目造价构成

（一）我国建设项目总投资构成

建设项目总投资包含固定资产投资（项目造价）和流动资产投资两部分。项目固定资产总投资的各项费用及其计算方法如表 1-3 所示。组成表 1-3 中的五项费用，在以下分节中详述。

建设项目固定资产总投资各项费用计算方法　**表 1-3**

序号	项目总投资中五项费用名称	费用项目名称	参考计算方法	
1	建筑安装工程费用	直接工程费	Σ(实物工程量×概预算定额基价)＋其他直接费	见表1-4
		间接费	(直接工程费×取费定额)或(人工费×取费定额)	
		计划利润	(直接工程费＋间接费)×计划利润率或(人工费×计划利润率)	
		税金	(直接工程费＋间接费＋计划利润)×规定的税金率	
2	设备、工器具购置费用	设备购置费(包括备品备件)	设备原价×(1＋设备运杂费率) 运杂费包括设备成套公司的成套服务费	见表1-5
		工器具及生产家具购置费	设备购置费×费率(或按规定的金额计算)	
3	工程建设其他费用	土地使用费 建设单位管理费 研究试验费 生产准备费 办公和生活家具购置费 联合试运转费	见表1-6	

续表

序号	项目总投资中五项费用名称	费用项目名称	参考计算方法	
3	工程建设其他费用	勘察设计费 引进技术和设备进口项目的其他费用 供电贴费 施工机构迁移费 临时设施费 工程监理费 工程保险费 财务费用(建设期贷款利息) 经营项目铺底流动资金	见表 1-6	
4	预备费	预备费 其中:价差预备费	[(1)+(2)+(3)]×费率 按有关规定计算	见表 1-7
5	调节税	固定资产投资方向调节税	Σ[各工程项目费用(不包括贷款利息)×规定的税率]	见表 1-8

1. 建筑安装工程费的构成

即表 1-3 组成项目固定资产总投资的 5 项费用中的第 1 项建筑安装工程费用的具体构成内容。如表 1-4 所示。

建筑安装工程费的构成 表 1-4

序号	费用项目名称	费用组成名称	说明	
1	直接工程费	直接费	是指施工过程中耗费的构成工程实体和有助于工程形成的各项费用,包括人工费、材料费、施工机械使用费	
			(1)人工费	是指直接从事建筑安装工程施工的生产工人开支的各项费用,内容包括: 1)基本工资,是指发放生产工人的基本工资。 2)工资性补贴,是指按规定标准发放的物价补贴,煤、燃气补贴,交通费补贴,住房补贴,流动施工津贴,地区津贴等。 3)生产工人辅助工资,是指生产工人年有效施工天数以外非作业天数的工资,包括: 职工学习、培训期间的工资,调动工作、探亲、休假期间的工资,因气候影响的停工工资,女工哺乳时间的工资,病假在六个月以内的工资及产、婚、丧假期的工资。 4)职工福利费,是指按规定标准计提的职工福利费。 5)生产工人劳动保护费,是指按规定标准发放的劳动保护用品的购置费及修理费,徒工服装补贴费,防暑降温费,在有碍身体健康环境中施工的保健费用等

续表

序号	费用项目名称	费用组成名称	说明	
1	直接工程费	直接费	(2) 材料费	是指施工过程中耗用的构成工程实体的原材料、辅助材料、构配件、零件、半成品的费用和周转使用材料的摊销（或租赁）费用，内容包括： 1) 材料原价（或供应价）； 2) 供销部门手续费； 3) 包装费； 4) 材料自来源地运至工地仓库或指定堆放地点的装卸费、运输费及途耗； 5) 采购及保管费
			(3) 施工机械使用费	是指使用施工机械作业所发生的机械使用费以及机械安、拆和进出场费用，内容包括： 1) 折旧费； 2) 大修费； 3) 经修费； 4) 安拆费及场外运输费； 5) 燃料动力费； 6) 人工费； 7) 运输机械养路费、车船使用税及保险费
		其他直接费	是指直接费以外施工过程中发生的其他费用，内容包括： (1) 冬雨季施工增加费。 (2) 夜间施工增加费。 (3) 二次搬运费。 (4) 仪器仪表使用费，是指通信、电子等设备安装工程所需安装、测试仪器仪表摊销及维修费用。 (5) 生产工具用具使用费，是指施工生产所需不属于固定资产的生产工具及检验用具等的购置、摊销和维修费，以及支付给工人自备工具补贴费。 (6) 检验试验费，是指对建筑材料、构件和建筑安装物进行一般鉴定、检查所发生的费用，包括自设试验室进行试验所耗用的材料和化学药品等费用，以及技术革新和研究试制试验费。 (7) 特殊工种培训费。 (8) 工程定位复测、工程点交、场地清理等费用。 (9) 特殊地区施工增加费，是指铁路、公路、通信、输电、长距离输送管道等工程在原始森林、高原、沙漠等特殊地区施工增加的费用。 其他直接费的计算基数：土建工程为直接费，安装工程为人工费（单独承包装饰工程同）	
		现场经费	是指为施工准备、组织施工生产和管理所需费用，内容包括： (1) 临时设施费，是指施工企业为进行建筑安装工程施工所必需的生活和生产用的临时建筑物、构筑物和其他临时设施费用等。 临时设施包括：临时宿舍、文化福利及公用事业房屋与构筑物，仓库、办公室、加工厂以及规定范围内道路、水、电、管线等临时设施和小型临时设施。 临时设施费用内容包括：临时设施的搭设、维修、拆除费或摊销费。 (2) 现场管理费包括： 1) 现场管理人员的基本工资、工资性补贴、职工福利费、劳动保护费等。 2) 办公费，是指现场管理办公用的文具、纸张、账表、印刷、邮电、书报、会议、水、电、烧水和集体取暖（包括现场临时宿舍取暖）用煤等费用。 3) 差旅交通费，是指职工因公出差期间的旅费、住勤补助费，市内交通费和误餐补助费，职工探亲路费，劳动力招募费，职工离退休、退职一次性路费，工伤人员就医路费，工地转移费以及现场管理使用的交通工具的油料、燃料、养路费及牌照费	

续表

序号	费用项目名称	费用组成名称	说明
2	间接费	(1)企业管理费	是指施工企业为组织施工生产经营活动所发生的管理费用,内容包括: (1)管理人员的基本工资、工资性补贴及按规定标准计提的职工福利费。 (2)差旅交通费,是指企业职工因公出差、工作调动的差旅费,住勤补助费,市内交通及误餐补助费,职工探亲路费,劳动力招募费,离退休职工一次性路费及交通工具油料、燃料、牌照、养路费等。 (3)办公费,是指企业办公用文具、纸张、账表、印刷、邮电、书报、会议、水、电、燃煤(气)等费用。 (4)固定资产折旧、修理费,是指企业属于固定资产的房屋、设备、仪器等折旧及维修等费用。 (5)工具用具使用费,是指企业管理使用不属于固定资产的工具、用具、家具、交通工具、检验、试验、消防等的摊销及维修费用。 (6)工会经费,是指企业按职工工资总额2%计提的工会经费。 (7)职工教育经费,是指企业为职工学习先进技术和提高文化水平按职工工资总额的1.5%计提的费用。 (8)劳动保险费,是指企业支付离退休职工的退休金(包括提取的离退休职工劳保统筹基金)、价格补贴、医药费、易地安家补助费、职工退职金、六个月以上的病假人员工资、职工死亡丧葬补助费、抚恤费,按规定支付给离休干部的各项经费。 (9)职工养老保险费及待业保险费,是指职工退休养老金的积累及按规定标准计提的职工待业保险费。 (10)保险费,是指企业财产保险、管理用车辆等保险费用。 (11)税金,是指企业按规定交纳的房产税、车船使用税、土地使用税、印花税及土地使用费等。 (12)其他,包括技术转让费、技术开发费、业务招待费、排污费、绿化费、广告费、公证费、法律顾问费、审计费、咨询费等
		(2)财务费用	是指企业为筹集资金而发生的各项费用,包括企业经营期间发生的短期贷款利息净支出、汇兑净损失、调剂外汇手续费、金融机构手续费,以及企业筹集资金发生的其他财务费用
		(3)其他费用	是指按规定支付工程造价(定额)管理部门的定额编制管理费及劳动定额管理部门的定额测定费,以及按有关部门规定支付的上级管理费。 间接费的计算基数:土建工程为直接工程费;安装工程与单独承包装饰工程为人工费
3	计划利润		是指按规定应计入建筑安装工程造价的利润,依据不同投资来源或工程类别实施差别利率。 计算基数:土建工程为直接工程费与间接费之和;安装工程与单独承包装饰工程为人工费
4	税金		是指国家税法规定的应计入建筑安装工程造价内的营业税,城市维护建设税及教育费附加。 计算基数:按直接工程费、间接费、计划利润三项之和计算

2. 设备、工器具购置费的构成

即表1-3组成项目固定资产总投资的5项费用中的第2项设备、工器具购置费用的具体构成内容,如表1-5所示。

设备、工器具购置费的构成　　表 1-5

序　号	费用项目名　　称	费用组成名　　称	说　　明
			设备购置费用是指为购置设计规定的各种机械和电气设备的全部费用。其中包括设备的出厂价格、由制造厂运至建设工地仓库的运输费、供销部门手续费和采购保管费等。 机械设备包括:各种工艺设备、动力设备、起重运输设备、实验设备及其他机械设备等。 电气设备包括:各种变电、配电和整流电气设备,电气传动设备和控制设备,弱电系统设备以及各种单独的电器仪表等。 设备分为需要安装的和不需要安装的两大类。需要安装的设备是指将其整个或个别部分装配起来并安装在基础或构筑物的支架上才能动用的设备,如一般机床、锅炉等。不需要安装的设备是指不需要固定于一定的基础上或支架上就可以使用的设备,如汽车、电瓶车、电焊机等。 工具、器具和生产家具购置费用是指为购置生产、实验室等需要的、达到固定资产水平的各种工具、器具、仪器及用具和家具的费用
1	设备原价	(1) 国产标准设备原价	国产标准设备原价一般指的是设备制造厂的交货价,即出厂价
		(2) 国产非标准设备原价	虽非标准设备原价有多种不同的计算方法,应该使非标准设备计价的准确度接近实际出厂价,并且计算方法要简便。按成本计算估价法,非标准设备的原价由以下费用组成: 1) 材料费: 材料费＝材料净重×(1＋加工损耗系数)×每吨材料综合价 2) 加工费:包括生产工人工资和工资附加费、燃料动力费、设备折旧费、车间经费、加工费部分的企业管理费等。其计算公式如下: 加工费＝设备总重量(t)×设备每吨加工费 3) 辅助材料费:包括焊条、焊丝、氧气、油漆、电石等的费用,按设备单位重量的辅材费指标计算。其计算公式为: 辅助材料费＝设备总重量×辅助材料费指标 4) 专用工具费:按1～3项之和乘以一定百分比计算。 5) 废品损失费:按1～4项之和乘以一定百分比计算。 6) 外购配套件费:按设备设计图纸所列的外购配套件的名称、型号、规格、数量、重量,根据当时市场价格及有关规定加运杂费计算。 7) 包装费:按以上1～6项之和乘以一定百分比计算。如订货单位和承制厂在同一厂区内者,则不计包装费。如在同一城市或地区,距离较近,包装可简化,则可适当减少包装费用。 8) 利润:可按1～5项加7项之和的10%计算。 9) 税金:现为增值税。 10) 非标准设备设计费:按国家规定的设计费收费标准另行计算。 综上所述,单台非标准设备出厂价格可用下面的公式表达: 单台设备出厂价格＝[(材料费＋辅助材料费＋加工费)×(1＋专用工具费率)×(1＋废品损失费率)＋外购配套件费]×(1＋包装费率)×(1＋利润率)＋增值税＋非标准设备设计费
		(3) 进口设备到岸价	我国进口设备采用最多的是装运港船上交货价(F、O、B),其到岸价构成可概括为: 进口设备价格＝货价＋国外运费＋运输保险费＋银行财务费＋外贸手续费＋关税＋增值税 1) 进口设备的货价:一般可采用下列公式计算: 货价＝外币金额×银行牌价(卖价)

续表

序　号	费用项目名　称	费用组成名　称	说　明
1	设备原价	(3) 进口设备到岸价	或　　货价＝外币金额×外汇调剂中心调剂价 式中的外币金额一般是指引进设备装运港船上交货价(F、O、B)。 2) 运输保险费:对外贸易货物运输保险中国人民保险公司收取的海运保险费约为货价的2.66‰,铁路运输保险费约为货价的3.5‰,空运保险费约为货价的4.55‰。 3) 银行财务费:银行财务费一般是指中国银行手续费。中国银行是在中国人民银行领导下专营外汇业务的银行。它统一经营全国的外汇买卖业务;办理一切贸易和非贸易外汇的国际结算;有计划地组织外汇资金,办理进出口信贷工作。中国银行在外汇业务工作量大的口岸和城市设有分支机构,在国外很多城市也设有分行。银行财务费一般可按下式简化计算: 银行财务费＝离岸货价×5‰ 4) 外贸手续费:是指按对外经济贸易部规定的外贸手续费率计取的费用,可按下式简化计算: 外贸手续费＝(离岸货价＋国外运费＋运输保险费)×1.5% 5) 关税:关税是由海关对进出国境或关境的货物和物品征收的一种税,属于流转性课税。对进口设备征收的进口关税实行最低和普通两种税率。进口设备的完税价格是指设备运抵我国口岸的到岸价格。 6) 增值税:增值税是我国政府对从事进口贸易的单位和个人,在进口商品报关进口后征收的税种。我国增值税条例规定,进口应税产品均按组成计税价格,依率直接计算应纳税额,不扣除任何项目的金额或已纳税额。即: 进口产品增值税额＝组成计税价格×增值税率 组成计税价格＝关税完税价格＋关税＋消费税 增值税基本税率为17%
2	设备运杂费	(1) 国产标准设备运杂费	1) 国产标准设备由设备制造厂交货地点起至工地仓库(或施工组织设计指定的需安装设备的堆放地点)止所发生的运费和装卸费。 2) 进口设备则为我国到岸港口、边境车站起至工地仓库(或施工组织设计指定的需安装设备的堆放地点)止所发生的运费和装卸费
		(2) 设备包装和包装材料器具费	是指在设备出厂价格中没有包含的设备包装和包装材料器具费。在设备出厂价或引进设备价格中如已包括了此项费用,则不应重复计算
		(3) 供销部门的手续费	按有关部门规定的统一费率计算
		(4) 建设单位(或工程承包公司)的采购与仓库保管费	是指采购、验收、保管和收发设备所发生的各种费用,包括设备采购、保管和管理人员工资,工资附加费,办公费、差旅交通费,设备供应部门办公和仓库所占固定资产使用费,工具用具使用费,劳动保护费,检验试验费等。这些费用可按主管部门规定的采购保管费率计算

3. 工程建设其他费用的构成

即表1-3组成项目固定资产总投资的5项费用中的第3项工程建设其他费用的具体构成内容,如表1-6所示。

工程建设其他费用的构成 **表 1-6**

<table>
<tr><th>序 号</th><th>费用项目名 称</th><th>费用组成名 称</th><th colspan="2">说 明</th></tr>
<tr><td></td><td></td><td></td><td colspan="2">工程建设其他费用,是指从工程筹建起到工程竣工验收交付使用止的整个建设期间,除建筑安装工程费用和设备及工、器具购置费用以外的,为保证工程建设顺利完成和交付使用后能够正常发挥效用而发生的各项费用。
工程建设其他费用,按其内容大体可分为三类。第一类指土地使用费;第二类指与工程建设有关的其他费用;第三类指与未来企业生产经营有关的其他费用</td></tr>
<tr><td rowspan="12">1</td><td rowspan="12">土地使用费</td><td rowspan="8">(1)土地征用及迁移补偿费</td><td colspan="2">土地使用费是指通过划拨方式取得土地使用权而支付的土地征用及迁移补偿费,或者通过土地使用权出让方式取得土地使用权而支付的土地使用权出让金</td></tr>
<tr><td colspan="2">土地征用及迁移补偿费,是指建设项目通过划拨方式取得无限期的土地使用权,依照《中华人民共和国土地管理法》等规定所支付的费用。其总和一般不得超过被征土地年产值的20倍,土地年产值则按该地被征用前三年的平均产量和国家规定的价格计算。其内容包括:</td></tr>
<tr><td>1) 土地补偿费</td><td>征用耕地(包括菜地)的补偿标准,为该耕地年产值的6～10倍,具体补偿标准由省、自治区、直辖市人民政府在此范围内制定。征用园地、鱼塘、藕塘、苇塘、宅基地、林地、牧场、草原等的补偿标准,由省、自治区、直辖市人民政府制定。征收无收益的土地,不予补偿</td></tr>
<tr><td>2) 青苗补偿费和被征用土地上的房屋、水井、树木等附着物补偿费</td><td>这些补偿费的标准由省、自治区、直辖市人民政府制定。征用城市郊区的菜地时,还应按照有关规定向国家缴纳新菜地开发建设基金</td></tr>
<tr><td>3) 安置补助费</td><td>征用耕地、菜地的,每个农业人口的安置补助费为该地每亩年产值的3～4倍,每亩耕地的安置补助费最高不得超过其年产值的15倍</td></tr>
<tr><td>4) 缴纳的耕地占用税或城镇土地使用税、土地登记费及征地管理费等</td><td>县市土地管理机关从征地费中提取土地管理费的比率,要按征地工作量大小,视不同情况,在1%～4%幅度内提取</td></tr>
<tr><td>5) 征地动迁费</td><td>包括征用土地上的房屋及附属构筑物、城市公共设施等拆除、迁建补偿费、搬迁运输费,企业单位因搬迁造成的减产、停工损失补贴费,拆迁管理费等</td></tr>
<tr><td>6) 水利水电工程水库淹没处理补偿费</td><td>包括农村移民安置迁建费,城市迁建补偿费,库区工矿企业、交通、电力、通信、广播、管网、水利等的恢复、迁建补偿费,库底清理费,防护工程费,环境影响补偿费用等</td></tr>
<tr><td rowspan="3">(2)土地使用权出让金</td><td colspan="2">土地使用权出让金,指建设项目通过土地使用权出让方式,取得有限期的土地使用权,依照《中华人民共和国城镇国有土地使用权出让和转让暂行条例》规定,支付的土地使用权出让金</td></tr>
<tr><td>1) 分层次、有偿有限期地出让、转让城市土地</td><td>*a*)第一层次是城市政府将国有土地使用权出让给用地者,该层次由城市政府垄断经营。出让对象可以是有法人资格的企事业单位,也可以是外商。
b)第二层次及以下层次的转让则发生在使用者之间</td></tr>
<tr><td>2) 城市土地的出让和转让采用协议、招标、公开拍卖等方式</td><td>要为各用地者获得土地使用权提供平等竞争机会,但竞争强度应各有不同</td></tr>
</table>

续表

序号	费用项目名称	费用组成名称	说明	
1	土地使用费	(2)土地使用权出让金	3)在有偿出让和转让土地时,应坚持的原则	a)地价对目前的投资环境不产生大的影响; b)地价与当地的社会经济承受能力相适应; c)地价要考虑已投入的土地开发费用、土地市场供求关系、土地用途和使用年限
			4)关于政府有偿出让土地使用权的年限	各地可根据时间、区位等各种条件作不同的规定,一般可在30~99年之间。按照地面附属建筑物的折旧年限来看,以50年为宜
			5)土地有偿出让和转让,明确使用者对土地享有的权利和对土地所有者应承担的义务	a)有偿出让和转让使用权,要向土地受让者征收契税; b)转让土地如有增值,要向转让者征收土地增值税; c)在土地转让期间,国家要区别不同地段,不同用途向土地使用者收取土地占用费
2	与项目建设有关的其他费用	(1)建设单位管理费	是指建设项目从立项、筹建、建设、联合试运转、竣工验收交付使用及后评估等全过程管理所需费用	
			1)建设单位开办费	是指新建项目为保证筹建和建设工作正常进行所需的办公设备、生活家具、用具、交通工具等购置费用
			2)建设单位经费	包括工作人员的基本工资、工资性津贴、职工福利费、劳动保护费、劳动保险费、办公费、差旅交通费、工会经费、职工教育经费、固定资产使用费、工具用具使用费、技术图书资料费、生产人员招募费及培训费、工程招标费、合同契约公证费、工程质量监督检测费、工程咨询费、法律顾问费、审计费、业务招待费、排污费、竣工交付使用清理及竣工验收费、竣工图编制费、后评估费、房产税、车、船使用税及印花税
		(2)勘察设计费	是指为本建设项目提供项目建议书、可行性研究报告及设计文件等所需费用,内容包括: 1)编制项目建议书、可行性研究报告及投资估算、工程咨询、评价以及为编制上述文件所进行勘察、设计、研究试验等所需费用; 2)委托勘察、设计单位进行初步设计、施工图设计及概预算编制等所需费用; 3)在规定范围内由建设单位自行完成的勘察、设计工作所需的费用	
		(3)研究试验费	是指为本建设项目提供或验证设计参数、数据资料等进行必要的研究试验以及设计规定在施工中必须进行的试验、验证所需费用,包括自行或委托其他部门研究试验所需人工费、材料费、试验设备及仪器使用费,支付的科技成果、先进技术的一次性技术转让费	
		(4)临时设施费	是指建设期间建设单位所需临时设施的搭设、维修、摊销费用或租赁费用。 临时设施包括:临时宿舍、文化福利及公用事业房屋与构筑物、仓库、办公室、加工厂以及规定范围内道路、水、电、管线等临时设施和小型临时设施	
		(5)工程监理费	是指委托工程监理单位对工程实施监理工作所需费用	
		(6)工程保险费	是指建设项目在建设期间根据需要,实施工程保险部分所需费用。包括以各种建筑工程及其在施工过程中的物料、机器设备为保险标的的建筑工程一切险,以安装工程中的各种机器、机械设备为保险标的的安装工程一切险,以及机器损坏保险等	

续表

序号	费用项目名称	费用组成名称	说明
2	与项目建设有关的其他费用	(7) 供电贴费	供电贴费是用户申请用电时,由供电部门统一规划并负责建设的110kV以下各级电压外部供电工程的建设、扩充、改建等费用的总称
		(8) 施工机构迁移费	施工机构迁移费是指施工机构根据建设任务的需要,经有关部门决定成建制地由原驻地迁移到另一个地区的一次性搬迁费用。 目前除个别专业建设工程外,一般建设工程不应再列支此项费用
		(9) 引进技术和进口设备其他费	其费用内容包括: 1) 为引进技术和进口设备派出人员进行设计、联络、设备材料监检、培训等的差旅费、置装费、生活费用等。 2) 国外工程技术人员来华差旅费、生活费和接待费用等。 3) 国外设计及技术资料费、专利和专有技术费、延期或分期付款利息。 4) 引进设备检验及商验费
3	与未来企业生产经营有关的费用	(1) 联合试运转费	是指新建企业或新增加生产工艺过程的扩建企业在竣工验收前,按照设计规定的工程质量标准,进行整个车间的负荷或无负荷联合试运转发生的费用支出大于试运转收入的亏损部分
		(2) 生产准备费	是指新建企业或新增生产能力的企业,为保证竣工交付使用进行必要的生产准备所发生的费用。费用内容包括: 1) 生产人员培训费,自行培训、委托其他单位培训人员的工资、工资性补贴、职工福利费、差旅交通费、学习资料费、学习费、劳动保护费。 2) 生产单位提前进厂参加施工、设备安装、调试等以及熟悉工艺流程及设备性能等人员的工资、工资性补贴、职工福利费、差旅交通费、劳动保护费等。 应该指出,生产准备费在实际执行中是一笔在时间上、人数上、培训深度上很难划分的活口很大的支出,尤其要严格掌握
		(3) 办公和生活家具购置费	是指为保证新建、改建、扩建项目初期正常生产、使用和管理所必须购置的办公和生活家具、用具的费用。改、扩建项目所需的办公和生活用具购置费,应低于新建项目

4. 预备费的构成

即表1-3组成项目固定资产总投资的5项费用中的第4项预备费的具体构成内容,如表1-7所示。

预备费构成 **表1-7**

序号	费用项目名称	费用组成名称	说明
1	我国现行规定的预备费		预备费又称不可预见费,其范围的界定在我国与世行有所不同,分述如下:
		(1) 基本预备费	是指在初步设计及概算内难以预料的工程和费用。费用内容包括: 1) 在批准的初步设计范围内,技术设计、施工图设计及施工过程中所增加的工程和费用;设计变更、局部地基处理等增加的费用。 2) 一般自然灾害造成损失和预防自然灾害所采取的措施费用。实行工程保险的工程项目费用应适当降低。 3) 竣工验收时为鉴定工程质量对隐蔽工程进行必要的挖掘和修复费用
		(2) 工程造价调整预备费	是指建设项目在建设期间内由于价格等变化引起工程造价变化的预测预留费用。费用调整,利率、汇率调整等。内容包括: 人工费,设备、材料、施工机械价差,建筑安装工程费,及工程建设其他费用

续表

序号	费用项目名称	费用组成名称	说明
2	世界银行预备费规定	(1) 建设成本上升费	
		(2) 未明确项目的准备金	用于在估算时不可能明确的潜在项目,它在每一个组成部分中均单独以一定的百分比确定,并作为概算的一项单独列出
		(3) 不可预见准备金	这项准备金反映了物质、社会和经济的变化。这些变化预计会使成本估算增加

5. 调节税

即表1-3中5项费用的第5项费用的构成内容,如表1-8所示。

调节税　**表1-8**

序号	费用项目名称	各类项目投资名称	相应税率及说明
1	基本建设项目投资	在我国境内进行固定资产投资的单位和个人征收固定资产投资方向调节税,分以下两大类项目投资确定税率:	
		(1) 国家急需发展的项目投资	如农业、林业、水利、能源、交通、通讯、原材料、科教、地质、勘探、矿山开采等基础产业和薄弱环节的部门项目投资,适用零税率
		(2) 对国家鼓励发展但受能源、交通等制约的项目投资	如钢铁、化工、石油、水泥等部分重要原材料项目,以及一些重要机械、电子、轻工工业和新型建材的项目,实行5%的税率
		(3) 为配合住房制度改革的项目投资	对城乡个人修建、购买住宅的投资实行零税率;对单位修建、购买一般性住宅投资,实行5%的低税率;对单位用公款修建、购买高标准独门独院、别墅式住宅投资,实行30%的高税率
		(4) 对国家严格限制的项目	对楼堂馆所以及国家严格限制发展的项目投资,课以重税,税率为30%
		(5) 对其他项目	对不属于上述四类的其他项目投资,实行中等税率政策,税率15%
2	更新改造项目投资	(1) 对国家急需发展的项目	为了鼓励企事业单位进行设备更新和技术改造,促进技术进步,对国家急需发展的项目投资,予以扶持,适用零税率;对单纯工艺改造和设备更新的项目投资,适用零税率
		(2) 对其他项目	对不属于上述提到的其他更新改造项目投资,一律按建筑工程投资适用10%的税率

(二) 国外建筑安装工程费用的构成

在国际建筑市场上,建筑安装工程费用是通过招标投标方式确定的。工程费用高低受建筑产品供求关系影响较大,但其构成与我国建筑安装工程费用的构成相似。如表1-9所示。

国外建筑安装工程费用构成 **表 1-9**

序号	费用项目名称	费用组成名称	说明
1	工资	(1) 基本工资 (2) 加班费 (3) 津贴 (4) 招雇解雇费 (5) 预涨工资	国外一般把建筑安装工人按技术要求分为高级技工、熟练工、半熟练工和壮工。当工程造价采用平均工资计算时，要按各类工人占工人总数的比例进行加权计算。工资包括包工工资、加班费、津贴以及招雇、解雇费用等
2	材料费	(1) 材料原价	1) 在当地市场采购的材料则为采购价，包括材料出厂价和采购供销手续费等； 2) 进口材料一般是指到达当地海港的交货价
		(2) 运杂费	1) 在当地采购的材料是指从采购地点至工程施工现场的短途运输费、装卸费； 2) 进口材料则为从当地海港至工程施工现场的运输费、装卸费
		(3) 税金	在当地采购的材料，采购价中一般已包括有税金；进口材料则为工程所在国的进口关税和手续费等
		(4) 运输损耗及采购保管费	
		(5) 预涨费	根据当地材料价格年平均上涨率和施工年数，按材料原价、运杂费和税金的一定百分率计算
3	施工机械费	(1) 折旧费 (2) 维修费 (3) 能源、动力费 (4) 工人工资 (5) 保险费(含第三者投保费)	大型自有机械台时单价，一般由每台时应摊折旧费、应摊维修费、台时消耗的能源和动力费、台时应摊的驾驶工人工资以及工程机械设备险投保费、第三者责任险投保费等组成。如使用租赁施工机械时，其费用则包括租赁费、租赁机械的进出场费等
4	管理费	管理费包括工程现场管理费(约占整个管理费的25%～30%)，公司管理费(约占整个管理费的70%～75%)。管理费除了包括与我国管理费构成相似的工作人员工资、劳动保护费、办公费、差旅交通费、固定资产使用费、工具用具使用费外，还含有业务经营费。业务经营费的具体内容包括：	
		(1) 广告宣传费	
		(2) 交际费	如日常接待饮料、宴请及礼品费等
		(3) 业务资料费	如购买投标文件费、文件及资料复制费等
		(4) 业务所需手续费	施工企业参加工程投标时必须由银行开具投标保函；在中标后必须由银行开具履约保函；在收业主的工程预付款以前必须由银行开具预付款保函；在工程竣工后必须由银行开具质量或维修保函。在开具以上保函时，银行要收取一定的担保费
		(5) 代理人费和佣金	即施工企业为争取中标或为加速收取工程款，有时在工程所在地(所在国)寻找代理人或代理公司时付出的佣金和费用
		(6) 保险费	如建筑安装工程一切险投保费、第三者责任险即公众责任险投保费等
		(7) 税金	如许多国家向施工企业征收的印花税、转手税、公司所得税、个人所得税、营业税、社会安全税等

续表

序　号	费用项目名　称	费用组成名称	说　明
4	管理费	(8) 向银行借款的利息	
		在许多国家,施工企业的上述业务经营费往往是管理费用中所占比重最大的一项,大约占整个管理费的30%～38%左右	
5	开办费	在许多国家,开办费一般是在各分部分项工程造价的前面按单项工程单独列出。单项工程建筑安装工作量越大,开办费在工程造价中所占比重就越小;单项工程建筑安装工作量越小,开办费在工程造价中所占比重就越大。一般开办费约占建筑安装工程造价的10%～20%。开办费包括的内容因国家和工程不同而异,大致包括以下内容:	
		(1) 施工用水、用电费	施工用水费,按实际打井、抽水、送水发生的费用估算,也可按占直接费的比率估计。施工用电费,按实际需要的电费或自行发电费估算,也可按占直接费的比率估计
		(2) 工地清理费	含完工后清理费、建筑物烘干费和临时围墙、安全信号、防护用品的费用以及恶劣气候条件下的工程防护费、噪音费、污染费及其他法定的防护费用
		(3) 周转材料费	如脚手架、模板的摊销费等
		(4) 临时设施费	包括生活用房、生产用房、临时通讯、室外工程(包括道路、停车场、围墙、给排水管道、输电线路等)的费用,可按实际需要计算
		(5) 现场费用	含驻工地工程师的现场办公室及所需设备的费用和现场材料实验室及所需设备的费用。一般在招标文件的技术规范中有明确的面积、质量标准及设备清单等要求。如要求配备一定的服务人员或试验助理人员,他们的工资费用也应列入
		(6) 其他费用	包括工人现场福利费及安全费、职工交通费等
6	利润	国际建筑承包市场上,施工企业的利润过去一般占成本的10%～15%左右,也有的管理费与利润合取直接费的30%左右。具体工程的利润率,则要根据具体情况,如工程难易、现场的有利条件或不利条件、工期的长短、竞争对手的情况等随行就市确定	

第二章 项目决策阶段的造价控制

项目建设方案的优化、技术先进,以最小投资额获取最大经济效益,是项目投资者所追求的目标。实践证明,项目建设前期的决策阶段是控制造价、降低投资的关键时期。例如"西气东输"工程的方案评估和优化中,线路长度由 4167km 缩短为 4000km,管径由 $\phi1118$ 改为 $\phi1016$,减少投资 20 多亿元;其后又在设计中再通过进一步优化,减少压气站一座,线路长度由 4000km 又缩短为 3900km,再次降低投资 14 亿元。

根据中国建筑银行在 20 世纪 80 年代至 90 年代期间对建成的 560 个大中型工程项目的调查,由于投资决策原因、勘察设计不周等,导致损耗资金 157 亿元,占 560 项工程总投资额的 37%。这些问题多出现在项目前期的决策阶段未实现行之有效的造价控制。

由此可见,在项目前期方案决策阶段降低投资的潜力极为可观,这取决于决策人的重视、支持和造价控制人员的工作认真、负责。

项目造价控制可分为前期的主动控制和项目实施阶段跟踪进行的被动控制。主动控制就是针对每一项决策工作都要从造价控制出发,从优化方案、降低消耗、降低投入着眼,对控制目标切块分解、划细划小,进行有效控制。同时对风险进行预测、识别、分析和处理,减少决策工作的失误,提高投资效益。

投资前期决策阶段的控制,不仅仅是降低造价,有时甚至会否定该项目的立项,但只要是资料确切、数据充分、论据正确,这也同样是一项避免资金损失的可贵的成果,只有那种具有非凡勇气和气魄的决策者才会采用这个成果,果断决策。

决策阶段造价控制的主要手段就是可行性研究及经济评价,其工作内容如下各节所述:

第一节 项目决策、可行性研究与经济评价

一、项目策划、可行性研究与经济评价三者关系

建设项目经济评价是项目建议书和可行性研究报告的重要组成部分,是项目决策科学化的重要手段。

项目建议书是项目投资者进行项目策划时向有关上级部门、领导提出要求建设某一项目的建议性文件,也是投资者决策前对拟建项目的轮廓性设想。它主要是从宏观上分析投资项目建设的必要性,是否符合市场需求和国家长远规划的方针和要求。初步分析项目建设的可能性,以及是否具备建设条件和有无投资价值。项目建议书被批准后,即可进行可行性研究。

可行性研究是根据审定的项目建议书,对拟建项目在技术、工程、经济、社会和外部协作条件等方面的可行性和合理性进行全面的分析论证,进行多方案的比较,并优选最佳方案,为项目决策提供可靠的依据。

可行性研究最终成果是提交可行性研究报告。一经批准,即完成了项目决策阶段的主要工作,也即该项目立项工作完成,就可以进行勘测设计。

建设项目经济评价主要包括财务评价、国民经济评价,还涉及投资估算、融资方案、风险分析等。

项目经济评价的目的是根据国民经济、社会发展战略和行业、地区发展规划的要求,在做好产品市场需求预测及厂址选择、工艺技术选择等工程技术研究的基础上,计算项目的效益和费用,通过多方案比较,对拟建项目的财务可行性和经济合理性进行分析论证,做出全面的经济评价,为项目的科学决策提供依据。

财务评价是在国家现行财税制度和价格体系的条件下,从项目财务角度分析、计算项目的财务盈利能力和清偿能力,据以判别项目的财务可行性。国民经济评价是从国家整体角度分析、计算项目对国民经济的净贡献,据以判别项目的经济合理性。

财务评价与国民经济评价的结论均可行的项目,应予通过。国民经济评价结论不可行的项目,一般应予否定。对某些国计民生急需的项目,如国民经济评价合理,而财务评价不可行,应重新考虑方案,必要时也可向主管部门提出采取相应经济优惠措施的建议,使项目具有财务上的生存能力。

可行性研究和策划阶段的任务和工作内容通常不能划分得十分清楚,两者往往互有渗透和影响,并且相互有反馈关系,故可行性研究与策划是为业主提供项目构思阶段中可靠的决策基础,同时,也有助于项目决策后的有效实施。

二、总监理工程师在项目决策阶段的主要任务

实现业主目标的方案通常较多,因此项目总监的任务就是要确定能够在限制条件下实现业主目标的最优方案。在与业主沟通的基础上,项目总监将考虑多种可行的方案并进行可行性研究,以确定最佳方案。

为了有效地进行可行性研究,总监所使用的信息应当尽可能的全面、准确,由专业人员和各专家提供。部分专家可能是业主方的人员或与工作有关的人员,包括:律师、财务顾问、保险顾问等。另一些专家则需专门聘请。

项目总监应提出并经业主确认可行性研究的预算和时间要求。

项目总监将代表业主聘请各类专家进行可行性研究,对不同的方案进行评价,并将其结论和建议提交业主。可行性研究报告中应当包括对各个方案的风险评价,包括将采用的发包方式及总体计划。业主会要求在报告中应包括对不同方案的“项目全寿命周期费用”的比较。

项目可行性研究过程中,项目总监将向业主汇报可行性研究的进展情况,当批准的预算可能被突破时,应向业主提出建议。项目可行性研究是项目全过程中最重要,同时不确定性也是最高的阶段。花费在这一阶段的时间和费用对于确保项目成功是完全值得的。可行性研究阶段所聘请的专家通常是按工作时间计算其费用,他们无需在项目可行性研究结束后继续履行其义务,但有时部分甚至全部可行性研究组成员会被邀请参与项目的设计。

英国皇家特许建造学会(CIOB)出版的《项目监理规程》中,业主要求项目总监应负职责的前7项即为总监在项目策划过程中应该做的工作,若能做到,则所建立的项目控制系统当更为完善。

三、项目决策阶段中项目监理单位的任务

在项目投资决策阶段，对项目的各项技术经济决策内容及项目建成后的经济效益，起决定性影响，是项目投资控制的重要阶段。

在该阶段中项目监理单位的主要任务是：项目的可行性研究，对建设项目在技术上的可行性及经济上的合理性进行全面分析、评价，选择最优的建设方案；编制建设项目投资估算，准确控制项目总投资。

项目可行性研究是对拟建项目是否值得投资建设和怎样建设提出意见，也就是为项目投资决策提供可靠的依据。因此，可行性研究即建设项目在投资前的决策研究，是项目投资决策的前提，它是保证建设项目以最小的消耗取得最佳经济效果的有效手段。故项目投资决策程序及内容，主要是项目可行性研究的程序及内容。

国家计委提出对可行性研究的程序是：各部、省、市或企业、事业单位，根据国家经济发展的长远规划，经济建设的方针和技术经济政策，结合资源情况，在广泛调查研究的基础上，提出需要进行可行性研究的"项目建议书"。各级计划部门对提出的项目建议书进行汇总、平衡之后，由主管部门或业主委托监理公司进行可行性研究，签订合同，规定研究的范围、进度和费用支付办法。大中型项目的可行性研究报告，由主管的部、省、市或全国性工业公司负责评审，报国家计委批准；重大建设项目的可行性研究报告，由国家计委会同各主管部门评审，报国务院批准。

文件指出，今后凡应编制可行性研究的建设项目，若没有可行性研究报告及评审意见的，不得审批设计任务书。凡是经过可行性研究说明不应建设的，即取消该项目。

随着我国社会主义市场经济体制的日益完善，确立起工程建设领域中的业主负责制。由于各类所有制企业及外资企业如雨后春笋般进入建设市场，竞争日趋激烈，建设业主更重视项目的可行性研究，以提高建设项目的投资效益、减少风险。

项目监理单位就是以业主的效益为其工作目标，故应以极认真的态度参与项目可行性研究。

第二节　建设项目可行性研究

可行性研究是项目投资前的一项研究工作，对拟建项目的必要性、可能性及经济、社会有利性进行全面、系统、综合的分析和论证，对项目正确决策进行的研究活动，是一项综合的经济分析技术。可行性研究的任务是以市场为前提，以技术为手段，以经济效果为最终目标，对拟建的投资项目，在投资前期全面、系统地论证该项目的必要性、可能性、有效性和合理性，得出项目可行或不可行的评价。

一、可行性研究的阶段

联合国工业发展组织(UNIDO)出版的《工业项目可行性研究手册》对可行性研究划分为如下三个阶段：

(一) 机会研究

机会研究主要是为项目投资者寻求具有良好发展前景、对经济发展有较大贡献且具有较大成功可能性的投资、发展机会，并形成项目设想。可以说，机会研究是项目生成的摇篮。机会研究的一般方法是从经济、技术、社会及自然情况等大的方面发生的变化中发掘潜在的

发展机会,通过创造性的思维提出项目设想。对于工业项目来说,机会研究主要通过以下几个方面的研究来寻找投资机会:

1. 在加工或制造方面有潜力的自然资源新发现;

2. 作为工业原材料的农产品生产格局的状况与趋向;

3. 由于人口或购买力增长而具有需求增长潜力的产品以及类似新产品的情况;

4. 有应用前景的新技术发展情况;

5. 现有经济系统潜在的不平衡,如原材料工业与加工制造业的不平衡;

6. 现有各工业行业前向或后向扩展与完善的可能性;

7. 现有工业生产能力扩大的可能性、多种经营的可能性和生产技术改造的可能性;

8. 进口情况以及替代进口的可能性;

9. 投资环境,包括宏观经济政策、产业政策等;

10. 生产要素的成本和可得性;

11. 出口的可能性等等。

总而言之,机会研究围绕着是否具有良好发展前景的潜在需求开展工作。这种研究是大范围的、粗略的,要求时间短、花钱少。

机会研究阶段相当于我国的项目建议书阶段,其主要任务是提供可能进行建设的投资项目。如果证明项目投资的设想是可行的,再进行更深入的调查研究。

(二) 初步可行性研究

初步可行性研究又称预可行性研究。

机会研究所提出的项目设想是否真正可行,这需要对项目设想作进一步的分析和细化,从产品的市场需求、经济政策、法律、资源、能源、交通运输、技术、工艺及设备等方面对项目的可行性进行系统的分析。然而,一个完善的可行性研究工作量是十分巨大的,需消耗大量的人力、物力、财力,且时间较长。因此,在投入必要的资金、人力及时间进行详细可行性研究之前,先进行初步可行性研究。初步可行性研究主要对项目在市场、技术、环境、选点、资金等方面的可行性进行初步分析,基本上是粗线条的。

1. 初步可行性研究的主要任务:

(1) 分析机会研究的结论,并在详尽资料的基础上作出投资决定;

(2) 根据项目设想产生的依据,确定是否进行下一步的详细可行性研究;

(3) 确定哪些关键性问题需要进行辅助性专题研究,如市场需求预测、实验室试验、实验工厂试验等;

(4) 判断项目设想是否有生命力,能否获得较大的利润。初步可行性研究是机会研究与详细可行性研究之间的一个中间阶段,它与机会研究的区别,主要在于所获资料的详细程度不同。如果项目机会研究有足够的资料,也可以越过初步可行性研究阶段,直接进行详细可行性研究。如果项目机会研究阶段项目的有关资料不足,获利情况不明显,则要通过初步可行性研究来判断项目是否值得投资建设。

2. 初步可行性研究主要解决的问题:

(1) 产品市场需求量的估计,预测产品进入市场的竞争能力;

(2) 机器设备、建筑材料和生产所需原材料、燃料动力的供应情况及其价格变动的趋势;

(3) 工艺技术在实验室或实验工厂试验情况的分析；

(4) 厂址方案的选择，重点是估算并比较交通运输费用和重大工厂设施的费用；

(5) 合理经济规模的研究，对几种不同生产规模的建厂方案，估算其投资支出、生产成本、产品售价和可获得的利润，从而选择合理的经济规模；

(6) 生产设备的选型，着重研究决定项目生产能力的主要设备和一些投资费用较大的设备。在提出初步可行性研究报告时，还要提出项目总投资。

(三) 详细可行性研究

详细可行性研究又称最终可行性研究。

通过初步可行性研究的项目一般都不会再被淘汰，但具体实施方案和计划还需要通过详细可行性研究来确定。项目采用哪种方案来实现以及实现后的实际效果主要取决于详细可行性研究的结果。详细可行性研究的主要任务是对项目的产品纲要、技术工艺及设备、厂址与厂区规划、投资需求、资金融通、建设计划以及项目的经济效果等多方面进行全面、深入、系统的分析和论证，通过多方案比较，选择最佳方案。虽然详细可行性研究的研究范围没有超出初步可行性研究的范围，但研究深度却远大于初步可行性研究的深度。

可行性研究各个阶段的研究深度不同，所花费的时间和费用也不同。一般来说，机会研究需用 1 个月左右的时间，研究费用约占项目总投资的 0.2%～1.0%；初步可行性研究需要 1～3 个月的时间，研究费用约占 0.25%～1.25%；详细可行性研究需要 3～6 个月或更长的时间，研究费用中大项目约占 0.8%～1.0%，小项目约占 1.0%～3.0%。

在实际工作中，可行性研究的 3 个阶段未必十分清晰。有些小型和简单项目，常把机会研究与初步可行性研究合二为一。在我国，许多项目的前两个阶段与详细可行性研究工作常常也是交织在一起进行的。下面介绍的可行性研究主要是指详细可行性研究。

二、可行性研究的内容、编写步骤与要求

国家计委 2002 年 15 号文同意按中国国际工程咨询公司出版的《投资项目可行性研究指南》进行可行性研究，有关可行性研究的主要内容、编写步骤与要求，摘要如下：

(一) 可行性研究主要内容与方法要点(表 2-1)

可行性研究主要内容与方法要点　表 2-1

序　号	可行性研究内容名称	分项名称	方 法 与 说 明
1	项目兴建理由与目标	根据批准的初步可行性研究报告(或项目建议书)进一步论证。	
		(1) 项目兴建理由	对项目建设的依据和主要理由进行分析论证。分以下两个层次： (1) 本项目层次分析 项目投资人兴建本项目的理由，是为了在向社会提供产品或者为了促进国家、某地区经济和社会发展。项目层次分析，应侧重从项目产品和投资效益角度论证兴建理由是否充分合理。 2) 国民经济层次分析 有些项目兴建的理由从项目层次上看可能是合理的、可行的，但从国民经济全局上看就不一定合理、可行。因此应进行国民经济层次分析。例如，分析拟建项目是否符合合理配置和有效利用资源的要求；是否符合区域规划、行业发展规划、城市规划、水利流域开发规划、交通路网规划的要求；是否符合国家技术政策和产业政策的要求；是否符合保护环境、可持续发展的要求等。 通过上述两个层次的分析，判别项目建设的理由是否充分、合理，以确定项目建设的必要性

续表

序 号	可行性研究内容名称	分项名称	方法与说明
1	项目兴建理由与目标	(2) 项目预期目标	对初步可行性研究报告提出的拟建项目的轮廓和预期达到的目标进行总体分析论证,内容主要有:项目建设内容和建设规模;技术装备水平;产品性能和档次;成本、收益等经济目标;项目建成后在国内外同行业中所处的位置或者在经济和社会发展中的作用等。 通过分析论证,判别项目预期目标与项目兴建理由是否相吻合,预期目标是否具有合理性与现实性
		(3) 项目建设基本条件	对于确需建设且目标合理的项目,应分析论证其是否具备建设的基本条件。一般应分析市场、资源、技术、资金、环境、社会、施工、法律条件,以及外部协作配套条件等对拟建项目支持和满足的程度,考察项目建设和运营的可能性
2	市场预测	是对项目的产出品和所需的主要投入品的市场容量、价格、竞争力,以及市场风险进行分析预测。为确定项目建设规模与产品方案提供依据	
		(1) 市场预测内容	主要围绕与项目产品相关的市场条件展开。内容主要有:市场现状调查,产品供应与需求预测,产品价格预测,目标市场与市场竞争力分析,以及市场风险分析。 市场预测的时间跨度应根据产品的生命周期,市场变化规律,以及占有数据资料的时效性等情况综合确定。竞争性项目的产品,预测时段一般为10年左右;更新换代快、生命周期短的产品,预测时段可适当缩短;大型交通运输、水利水电等基础设施项目,预测时段可适当延长。市场预测范围应包括国内外两个市场,并应进行区域市场分析
		(2) 市场现状调查	主要是调查拟建项目同类产品的市场容量、价格,以及市场竞争力现状。 1) 市场容量现状调查,主要是调查项目产品在近期和预测时段的市场供需总量及其地区分布情况,为项目产品供需预测提供条件。如:国内及国际市场供应现状、进口现状。国内及国际市场需求现状调查,不同消费群体对产品品种和服务的要求,消费结构状况等及出口现状。 2) 调查项目产品的国内外市场价格,价格变化过程及变化规律,最高价格和最低价格出现的时间和原因。调查价格形成机制,项目产品价格是市场形成价格还是政府调控价格。 3) 调查项目产品目前国内外市场竞争程度,市场竞争的主要对手的生产、营销及其竞争力情况等
		(3) 产品供需预测	产品供需预测是利用市场调查所获得的信息资料,对项目产品未来市场供应和需求的数量、品种、质量、服务进行定性与定量分析。 1) 产品供需预测应考虑的因素:如国民经济与社会发展、相关产业产品和上下游产品的情况变化、产品结构变化、产品升级换代情况、高新技术产品和新的替代产品、产品在其生命周期中所处阶段、不同地区和不同消费群体的消费水平、消费习惯、消费方式及其变化等方面对项目产品供需的影响。涉及进出口的项目产品,应考虑国际政治经济条件及贸易政策变化对供需的影响。 2) 产品供需预测的内容:预测拟建项目产品在生产运营期内全社会和目标市场的可供量,包括国内外现有供应量和新增供应量。预测拟建项目产品在生产运营期内全社会和目标市场需求总量。 3) 产品供需平衡分析:分析项目产品在生产运营期内的供需平衡情况和满足程度,以及可能导致供需失衡的因素和波及范围。 4) 目标市场分析:根据市场结构、市场分布与区位特点、消费习惯、市场饱和度,以及项目产品的性能、质量和价格的适应性等因素,选择确定项目产品的目标市场,预测可能占有的市场份额

续表

序　号	可行性研究内容名称	分项名称	方 法 与 说 明
2	市场预测	（4）价格预测	是测算项目投产后的销售收入、生产成本和经济效益的基础，对影响价格形成与导致价格变化的各种因素进行分析，初步设定项目产品的销售价格和投入品的采购价格。 1）价格预测需要考虑的因素：如项目产品和主要投入品国内外市场的供需情况、价格水平和变化趋势。投入品的运输方式、运输距离、各种费用、新技术、新材料产品和新的替代产品对价格的影响。国内外税费、利率、汇率、价格政策变化、项目产品的成本等对价格的影响。 进行价格预测时，不应低估投入品的价格和高估产出品的价格，避免预测的项目经济效益失真。 2）价格预测方法：*a*）回归法：采用这种方法预测价格，需占有充分资料数据，而且价格与影响因素之间应存在因果关系。 *b*）比价法：采用这种方法预测价格，产成品价格与原材料、半成品价格之间，以及不同产品价格之间应存在着比价关系。如果相关产品的现时价格是非正常的比价关系，则应剔除导致价格扭曲的因素，恢复到正常的比价关系
		（5）竞争力分析	是研究拟建项目在国内外市场竞争中获胜的可能性和获胜能力。进行竞争力分析，研究项目自身及对手的竞争力，进行对比。以此进一步优化项目的技术经济方案，扬长避短，发挥竞争优势。 从自然资源占有、工艺技术装备、规模效益、新产品开发能力、产品质量性能、价格、商标、商誉、品牌、区位、人力资源等方面的竞争力与国内外竞争对手之间进行对比分析。 对市场竞争比较激烈的项目产品，应进行营销策略研究，研究项目产品进入市场和扩大销售份额在营销方面应采取的策略。营销策略分析一般应包括：销售方式、销售渠道、销售网点、价格定位、宣传手段、结算方式、售后服务等。在可行性研究阶段，对实施营销方案必需的设施和费用，应计算所需投资和费用
		（6）市场风险分析	是在产品供需、价格变动趋势和竞争能力等常规分析已达到一定深度要求的情况下，对未来国内外市场某些重大不确定因素发生的可能性，及其可能对项目造成的损失程度进行分析。市场风险分析可定性描述，估计风险程度；也可定量计算风险发生概率，分析对项目的影响程度。产生市场风险的主要因素有： 1）技术进步加快，新产品和新替代产品的出现，减少了对项目产品的需求，影响项目产品的预期效益。 2）新竞争对手加入，市场趋于饱和，导致项目产品市场占有份额减少。 3）市场竞争加剧，出现产出品市场买方垄断，项目产出品的价格急剧下降；或者出现投入品市场卖方垄断，项目所需的投入品价格大幅上涨。这种激烈价格竞争，导致项目产品的预期效益减少。 4）国内外政治经济条件出现突发性变化，引起市场激烈震荡，导致项目主要投入品供应中断
3	资源条件评价	在可行性研究阶段，应对资源开发利用的可能性、合理性和资源的可靠性进行研究和评价，为确定项目的开发方案和建设规模提供依据	
		（1）资源开发利用的基本要求	1）资源开发项目应在总体开发规划的指导下进行合理开发； 2）符合资源综合利用的要求； 3）符合节约资源和可持续发展的要求，应处理好远期与近期的关系； 4）森林资源开发应符合国家保护生态环境的规定； 5）资源储量和品质的勘探深度应达到规定要求
		（2）资源评价	主要是对拟开发利用资源的合理性、可利用量、自然品质、赋存条件、开发价值进行评价。如：对于不可再生的资源，分析研究这些资源近期与远期开发量的关系，资源保护、储备与可持续发展的关系；根据拟建项目特点研究资源品质，为制定项目技术方案提供依据；研究分析资源的地质构造和开采难易程度，以便确定开采方式和设备方案；预测项目的经济效益

续表

<table>
<tr><th>序 号</th><th>可行性研究内容名称</th><th>分项名称</th><th>方 法 与 说 明</th></tr>
<tr><td rowspan="4">4</td><td rowspan="4">建设规模与产品方案</td><td colspan="2">是在市场预测和资源评价的基础上,论证比选拟建项目的建设规模和产品方案,作为确定项目技术方案、设备方案、工程方案、原材料燃料供应方案及投资估算的依据</td></tr>
<tr><td>(1)建设规模方案选择</td><td>建设规模是指项目设定的正常生产运营年份可能达到的生产能力或者使用效益。不同类型项目建设规模的表述不同,工业项目通常以年产量、年加工量、装机容量等表述。确定建设规模一般应研究以下主要因素和内容:
1)合理经济规模是指在一定技术经济条件下,项目投入产出比处于较优状态,资源和资金可以得到充分利用,并可获得较优经济效益的规模。
2)根据市场需求预测的市场容量、目标市场和可能占有的市场份额,确定拟建项目的建设规模。
3)根据拟建项目所必需、又能够获得的自然环境条件,确定建设规模。
4)根据资金、原材料以及主要外部协作条件等对项目规模的满足程度</td></tr>
<tr><td>(2)产品方案选择</td><td>确定产品方案一般应研究以下主要因素和内容:市场需求;产业政策;专业化协作;资源综合利用;环境条件;原材料燃料供应;生产储运条件;技术设备条件</td></tr>
<tr><td>(3)规模与产品方案比选</td><td>经过论证,提出两个以上方案进行比选。优选内容主要有:单位产品生产能力(或使用效益)投资;投资效益;多产品项目资源综合利用方案与效益等</td></tr>
<tr><td rowspan="3">5</td><td rowspan="3">场址选择</td><td colspan="2">是在初步可行性研究(或者项目建议书)规划选址已确定的建设地区和地点范围内,进行具体坐落位置选择</td></tr>
<tr><td>(1)场址选择的基本要求</td><td>1)节约用地,少占耕地。
2)减少拆迁移民。
3)有利于场区合理布置和安全运行。
4)有利于保护环境和生态,有利于保护风景区和文物古迹。
5)交通运输项目选线应有利于沿线地区的经济和社会发展。技术改造项目应充分利用原有场地</td></tr>
<tr><td>(2)场址选择研究内容</td><td>1)场址位置:坐落位置是否符合当地发展规划,与周边村镇、工矿企业等关系是否协调,当地政府和群众对项目场址能否接受。
2)占地面积:参照同类项目,计算拟建项目需要占用的土地面积,研究拟选场址面积能否满足项目的要求。占地面积应考虑留有发展余地。
3)研究拟选场址的地形、地貌、气象条件,如标高、坡度、降水量、日照、风向等,能否满足项目建设规模和建设条件的要求,并计算挖填土石方工程量及所需工程费用。
4)研究拟选场址所在地区及其周围的地震活动情况,包括地震类型、地震活动频度、震级、烈度,以及抗震设防要求。
5)研究工程地质和水文地质条件能否满足项目建设的要求。
6)研究拟选场址征地拆迁移民安置方案,包括移民数量、安置途径、补偿标准,移民迁入地情况,以及拆迁安置工作量和所需投资。
7)研究拟选场址的交通运输条件,如港口、铁路、公路、机场、通信等,能否满足项目的需要。
8)根据拟选场址所在地的水、电的供应(数量、质量、价格)现状及发展规划,研究其对项目的满足程度。项目场址在缺水地区的,应对可供水量和供水可靠性进行充分论证。
9)研究拟选场址的位置能否被当地环境容量所接受,是否符合国家环境保护法规的要求。
10)研究拟选场址所在地有关法规对项目建设和运营的支持程度及约束条件。
11)研究拟选场址所在地的生活福利设施(住宅、学校、医院、文化、娱乐、体育等)满足项目需要的程度。
12)研究拟选场址的施工场地、施工用电、用水等条件,能否满足工程施工的需要</td></tr>
</table>

续表

序 号	可行性研究内容名称	分项名称	方 法 与 说 明
5	场址选择	(3) 场址方案比选	对多个场址方案进行工程条件和经济性条件的比较。 1) 工程条件比选的内容:主要有占用土地种类及面积、地形地貌气候条件、地质条件、地震情况、征地拆迁移民安置条件、社会依托条件、环境条件、交通运输条件、施工条件等。 2) 经济性条件比选的内容:一是建设投资比较,主要有土地购置费、场地平整费、基础工程费、场外运输投资、场外公用工程投资、防洪工程投资、环境保护投资,以及施工临时设施费用等;二是运营费用比较,包括原材料及燃料运输费、产品运输费、动力费、排污费和其他费用等,应编制场址方案运营费用比较表。应编制场址方案建设投资费用比较表进行比较。 经过工程条件和经济性条件的比选,提出推荐场址方案,并绘制场址地理位置图。在地形图上,标明场址的四周界址、场址内生产区、办公区、场外工程、取水点、排污点、堆场、运输线等位置,以及与周边建筑物、设施的相互位置
6	技术方案、设备方案和工程方案	技术、设备与工程方案构成项目的主体,体现项目的技术和工艺水平,也是决定项目是否经济合理的重要基础,对其方案进行具体研究论证工作	
		(1) 技术方案选择	主要指生产方法、工艺流程 1) 技术方案选择的基本要求:选择其有先进性、适用性(所采用的技术应与建设规模、产品方案,以及管理水平相适应)、可靠性、安全性及经济合理性。 2) 技术方案选择内容:生产方法选择(分析其优缺点及发展趋势,与所采用的原材料相适应,技术来源的可得性,符合节能和清洁生产要求,力求能耗低、物耗低、废弃物少); 工艺流程方案选择(研究工艺流程方案对产品质量的保证程度,各工序之间的合理衔接,工艺流程应通畅、简捷,先进合理的物料消耗定额,提高收率和效率,优选主要工艺参数,如压力、温度、真空度、收率、速度、纯度等。保证主要工序生产的稳定性、产品在品种规格上保持一定的灵活性)。 3) 技术方案的比选论证:技术的先进、可靠程度,对产品质量性能保证程度,对原材料的适应性,工艺流程的合理性、自动化控制水平、技术获得的难易程度,对环境的影响程度,以及购买技术或者专利费用等技术经济指标。 技术改造项目技术方案的比选论证,还要与企业原有技术方案进行比较。 比选论证后提出推荐方案。应绘制主要工艺流程图,编制主要物料平衡表,车间(或者装置)组成表,主要原材料、辅助材料及水、电、汽等消耗定额表
		(2) 主要设备方案选择	是对所需主要设备的规格、型号、数量、来源、价格等进行研究比选。 1) 主要设备方案选择的基本要求:应与选定的建设规模、产品方案和技术方案相适应,满足项目投产后生产或者使用的要求。设备之间的能力相互配套,质量可靠、性能成熟、稳定。保证设备性能的前提下,力求经济合理,符合技术标准要求。 2) 主要设备选择内容:提出所需主要设备的规格、型号和数量;提出设备供应方式,提出相应的运输和安装的技术措施方案;技术改造项目利用或者改造原有设备的,应提出利用或者改造原有设备方案。 3) 主要设备方案比选:对拟选的主要设备作多方案比选,提出推荐方案。 比选各设备方案对建设规模的满足程度,对产品质量和生产工艺要求的保证程度,设备使用寿命,物料消耗指标,备品备件保证程度,安装试车技术服务,以及所需设备投资等。 比选方法主要采用定性分析,辅之以定量分析方法。定性分析是将各设备方案的内容进行分析对比;定量分析一般包括计算运营成本、寿命周期费用和差额投资回收期等指标。几种主要的定量分析方法如下: *a*) 运营成本比较。是对设备方案的原材料、能源消耗和运转维修费等运营成本进行比较。

续表

序 号	可行性研究内容名称	分项名称	方 法 与 说 明
6	技术方案设备方案和工程方案	(2) 主要设备方案选择	*b*) 寿命周期费用比较。包括年费用比较和现值比较。年费用比较是将一次投入的设备费用,按使用寿命换算成每年的费用支出,加上年运营费用,进行比较;现值比较是将每年运营费用通过折现系数换算成一次投资费用,加上设备投资,进行比较。 *c*) 差额投资回收期比较。是将两个设备方案的运营成本的差额与设备投资的差额相比,计算差额投资回收年限,少于预期投资回收期时,投资大的方案为优。 设备方案经比选后,提出推荐方案并编制主要设备表。 非主要设备在可行性研究阶段可不列出设备清单。为了估算设备总投资,可参考已建成的同类、同规模项目非主要设备所占比例或者采用行业通用比例,按单项工程估算非主要设备的吨数和投资
		(3) 工程方案选择	是在已选定项目建设规模、技术方案和设备方案的基础上,研究论证主要建筑物、构筑物的建造方案。 1) 工程方案选择的基本要求:满足生产使用功能要求,适应已选定的场址,符合工程标准规范要求,经济合理。技术改造项目的工程方案,应合理利用现有场地、设施,并力求新增的设施与原有设施相协调。 2) 工程方案研究内容:研究其建筑特征(面积、层数、高度、跨度)、结构型式、防火、防爆、防腐蚀、隔声、隔热、基础方案、抗震设防等。地质条件复杂、工程结构复杂、施工难度大、工程量大的桥梁、隧道分别研究提出相应工程方案。 工程方案经比选后,应编制推荐方案的建筑物、构筑物工程一览表,估算建筑安装工程量和"三材"用量,作为投资估算的依据
		(4) 节能措施	1) 节能措施:采用先进的技术和设备,提高能源利用效率,降低能源消耗。回收余热、余压及可燃气体。采取有效的保温措施,合理利用热能。 2) 能耗指标分析:计算单位产品消耗各种能源的实物量,折算成标煤消耗量,进行分析对比。能耗指标一般应达到国内外同行业先进水平
		(5) 节水措施	1) 节水措施:采用节水型工艺和设备,提高水资源利用率,降低水资源无效消耗。采取防渗、防漏措施。提高工业用水回收率和重复利用率,提高再生水回收率。 有条件的项目应采用海水替代技术。 2) 水耗指标分析:计算单位产品的耗水量,对水耗指标和水的重复利用率分析对比。水耗指标一般应达到国内外同行业先进水平,水的重复利用率应达到当地政府规定的指标
7	原材料燃料供应	对项目所需的原材料、辅助材料和燃料的品种、规格、成分、数量、价格、来源及供应方式,进行研究论证,以确保项目建成后正常生产运营,并为计算生产运营成本提供依据。	
		(1) 主要原材料供应方案	对所需主要原材料的品种、规格、成分、质量、数量、价格、来源、供应方式和运输方式进行研究。 1) 研究确定品种、质量和数量:根据项目建设规模和物料消耗定额计算各种物料的年消耗量,还要考虑保险储备量和季节储备量。为确保采购的原材料、辅助材料的质量符合生产工艺要求,应研究提出建立必要的检验、化验和试验设施。 2) 研究确定供应来源与方式:提出拟选择的供货企业及供货方案。投资建立原料基地,投资供货企业扩大生产能力。进口原材料的供应,应调查研究国际贸易情况,分析拟选择的制造企业和供应企业的资信情况,确保原材料供应的可靠性。大宗原材料的供应,应调查研究主要供应企业的生产经营情况,并在可行性研究阶段与拟选择的供应企业签订供货意向协议。 3) 研究确定运输方式:物料运输所需的设备和设施,应充分依靠社会运输解决。特殊物料运输,如易燃、易爆、易腐蚀、剧毒、有辐射性等物料,应按照政府部门发布的安全规范要求,提出相应的运输方案。大宗原材料的运输,一般应在可行性研究阶段与拟选择的运输企业签订运输意向协议。

续表

序　号	可行性研究内容名称	分项名称	方法与说明
7	原材料燃料供应	（1）主要原材料供应方案	4）研究选取原材料价格：对主要原材料的出厂价、到厂价，以及进口物料的到岸价和有关税费等做进一步计算，并进行比选
		（2）燃料供应方案	1）燃料品种、质量和数量：计算分析所需燃料的品种、数量和质量。生产工艺有特殊要求的，应分析论证确保燃料的品种、质量和性能满足生产工艺要求的方案。 2）燃料运输方式和来源：要研究运输条件，包括运输距离、接卸方式和运输设备等。 大宗燃料的来源和运输，在可行性研究阶段，应与拟选择的供应企业、运输企业签订燃料供应和运输意向协议。 3）燃料价格：对燃料价格（包括运输费用）进一步测算，并进行比选
		（3）主要原材料燃料供应方案比选	1）原材料、燃料在品种、质量、性能、数量上能否满足项目建设规模、生产工艺的要求。 2）采购来源的可靠程度，包括原材料、燃料供应的稳定程度（包括数量、质量）和大宗原材料、燃料运输的保证程度。 3）价格和运输费用是否经济合理
8	总图运输与公用辅助工程	是在已选定的场址范围内，研究生产系统、公用工程、辅助工程及运输设施的平面和竖向布置，以及工程方案	
		（1）总图布置方案	对项目各个组成部分的位置进行合成，使整个项目形成布置紧凑、流程顺畅、经济合理、使用方便的格局。 1）总图布置基本要求： *a*）功能分区，系统分明，布置整齐，在适用、经济的前提下注意美观。 *b*）生产系统、辅助生产系统和运输系统的布置科学合理，物流和人流路径短捷，方便作业，尽量避免物流与人流相互交叉、往复、迂回。 *c*）土地利用系数和建筑系数应科学合理，根据设计规范确定各建筑物、构筑物间的距离，保证生产运营和消防安全。 *d*）根据场址的风向、地形、地势特点及地质条件，因地制宜。 2）总图布置研究内容：确定各个单项工程建筑物、构筑物的平面尺寸和占地面积；研究功能区的合理划分；研究各功能区和各单项工程的总图布置合理布置场内外运输、消防道路、火车专用线走向，以及码头和堆场的位置；合理确定土地利用系数、建筑系数和绿化系数。 3）总图布置方案比选：技术经济指标比选，主要包括场区占地面积、建筑物构筑物占地面积、道路和铁路占地面积、土地利用系数、建筑系数、绿化系数、土石方挖填工程量、地上和地下管线工程量、防洪治涝措施工程量、不良地质处理工程量，以及总图布置费用。 功能比选，主要比选生产流程的短捷、流畅、连续程度，内部运输的便捷程度，以及满足安全生产程度。总图布置各种方案经比选论证后，提出推荐方案，并绘制总平面图
		（2）场内外运输方案	确定的主要投入品和产出品的品种、数量、特性、流向，研究提出项目内外部运输方案。 1）运输方案选择的要求：统筹规划场内和外部运输，做到物料流向合理；主要产出品、大宗原材料和燃料的运输，应避免多次倒运，降低运输成本；项目的外部运输，应尽量依托社会运输系统。 2）运输方案研究内容：运输量的计算，计算各种物料进出的年运量；研究选择物料的运输方式；运输设备选择，优先研究依托社会运输系统的可能性和经济性，尽量减少自备。需要自备运输设备的，应研究提出所需运输设备清单。项目运输方案经过比选后，提出推荐方案，并编制场外运输量一览表和场内运输量一览表

续表

序　号	可行性研究内容名称	分项名称	方 法 与 说 明
8	总图运输与公用辅助工程	(3) 公用工程与辅助工程方案	是为项目主体工程正常运转服务的配套工程。应尽可能依托社会进行专业化协作。技术改造项目应充分利用企业现有的公用和辅助设施。 1) 给水排水设施:给水,主要是确定用水量和水质要求,研究水源、取水、输水、净水、场内给水方案等;排水,主要是确定排水量,研究排水方案,计算生产、生活污水和自然降水的年平均排水量和日最大排水量,分析排水污染物成分。排出污水超过国家规定标准的,应提出污水处理方案,并列出排水的主要设施和设备。 2) 供电、通信设施:供电,主要是研究确定电源方案、用电负荷、负荷等级、供电方式以及是否需要建设自备电厂;通信设施,主要是研究项目生产运营所需的各种通信设施。 3) 供热设施:研究计算项目的热负荷,选择热源和供热方案。采用自备热电联供方案的,应单独编制可行性研究报告。供热方案经比选后,提出推荐方案,并绘制全厂热平衡图。 4) 空分空压制冷设施:研究计算项目生产所需的氧气、氮气、压缩空气用量,以及制冷负荷,分别提出供应参数,并提出依托社会供应方案或者自建方案。 5) 维修设施:主要指机械设备、电气设备、仪器仪表、工业炉窑、运输设施的维护和修理。 6) 仓储设施:计算主要原材料、燃料、中间产品和最终产品的仓储量和仓储面积
9	环境影响评价	是在研究确定场址方案和技术方案中,调查研究环境条件,识别和分析拟建项目影响环境的因素,研究提出治理和保护环境的措施,比选和优化环境保护方案。	
		(1) 环境影响评价基本要求	应注意保护场址及其周围地区的水土资源、海洋资源、矿产资源、森林植被、文物古迹、风景名胜等自然环境和社会环境。项目环境影响评价应坚持以下原则: 1) 符合国家环境保护法律、法规和环境功能规划的要求。 2) 坚持污染物排放总量控制和达标排放的要求。 3) 坚持“三同时”原则,即环境治理设施应与项目的主体工程同时设计、同时施工、同时投产使用。 4) 力求环境效益与经济效益相统一,在研究环境保护治理措施时,应从环境效益经济效益相统一的角度进行分析论证,力求环境保护治理方案技术可行和经济合理。 5) 注重资源综合利用,对环境治理过程中项目产生的废气、废水、固体废弃物,应提出回水处理和再利用方案
		(2) 环境条件调查	环境条件主要调查以下几方面的状况: 1) 自然环境:调查项目所在地的大气、水体、地貌、土壤等自然环境状况。 2) 生态环境:调查项目所在地的森林、草地、湿地、动物栖息、水土保持等生态环境状况。 3) 社会环境:调查项目所在地居民生活、文化教育卫生、风俗习惯等社会环境状况。 4) 特殊环境:调查项目周围地区名胜古迹、风景区、自然保护区等环境状况
		(3) 影响环境因素分析	主要是分析项目建设过程中破坏环境,生产运营过程中污染环境,导致环境质量恶化的主要因素。 1) 污染环境因素分析:分析生产过程中产生的各种污染源,计算排放污染物数量及其对环境的污染程度。如:废气、废水、固体废弃物、噪声、粉尘、其他污染物。 2) 破坏环境因素分析:对环境可能造成的破坏因素,预测其破坏程度,主要包括以下方面:对地形、地貌等自然环境的破坏;对森林草地植被的破坏,如引起的土壤退化、水土流失等;对社会环境、文物古迹、风景名胜区、水源保护区的破坏

续表

序 号	可行性研究内容名称	分项名称	方法与说明
9	环境影响评价	（4）环境保护措施	按照国家有关环境保护法律、法规的要求，研究提出治理方案。 1）治理措施方案：废气污染治理，可采用冷凝、吸附、燃烧和催化转化等方法；废水污染治理，可采用物理法、化学法、物理化学法、生物法等；固体废弃物污染治理，有毒废弃物可采用防渗漏池堆存；放射性废弃物可采用封闭固化；利用无毒害固体废弃物加工制作建筑材料或者作为建材添加物，进行综合利用。粉尘污染治理，可采用过滤除尘、湿式除尘、电除尘等方法；噪声污染治理，可采用吸声、隔声、减振、隔振等措施；建设和生产运营引起环境破坏的治理，对岩体滑坡、植被破坏、地面塌陷、土壤劣化等，应提出相应治理方案。在可行性研究中，应在环境治理方案中列出所需的设施、设备和投资。 2）治理方案比选：技术水平对比，分析对比不同环境保护治理方案所采用的技术和设备的先进性、适用性、可靠性和可得性；治理效果对比，分析对比不同环境保护治理方案在治理前及治理后环境指标的变化情况，以及能否满足环境保护法律法规的要求；管理及监测方式对比，分析对比各治理方案所采用的管理和监测方式的优缺点；环境效益对比，将环境治理保护所需投资和环保设施运行费用与所获得的收益相比较；效益费用比值较大的方案为优。治理方案经比选后，提出推荐方案，并编制环境保护治理设施和设备表
10	劳动安全卫生与消防		是在已确定的技术方案和工程方案的基础上，分析论证在建设和生产过程中存在的对劳动者和财产可能产生的不安全因素（如工伤和职业病、火灾隐患），并提出相应的防范措施
		（1）劳动安全卫生	1）危害因素和危害程度分析：分析其物理化学性质，引起火灾爆炸危险的条件，对人体健康的危害程度以及造成职业性疾病的可能性；分析高空、高温、高压作业，井下作业，辐射、振动、噪声等危险性作业场所，可能造成对人身的危害。 2）安全措施方案：针对不同危害和危险性因素的场所、范围以及危害程度，研究提出相应的安全措施方案，主要有：应尽可能选用安全生产和无危害的生产工艺和设备；对危险部位和危险作业应提出安全防护措施方案；按劳动安全规范提出合理的生产工艺方案和设置安全间距；应提出防止瓦斯爆炸、矿井涌水、塌方冒顶等技术和安全措施方案。应提出防护和卫生保健措施方案
		（2）消防设施	分析项目在生产运营过程中可能存在的火灾隐患和重点消防部位，根据消防安全规范确定消防等级，并结合当地公安消防设施状况，提出消防监控报警系统和消防设施配置方案。 1）火灾危险性分析：分析生产过程中所使用的原材料、中间产品、成品的火灾危险性，包括储存物品的火灾危险性，生产过程中易燃、易爆产生的部位及火灾危险性，运输过程中的火灾危险性等。 2）调查项目场址周围消防设施状况：调查场址周边公安消防机构的规模、装备，所在地公安消防队与场址的距离等，确定项目对公安消防机构的依托程度。 3）消防措施和设施：根据项目在生产运营过程中存在火灾隐患的部位、火灾危险类别以及可能波及的范围，确定应采用的消防等级，并结合项目场址周围消防设施状况，提出消防监控报警系统和消防设施配置方案
11	组织机构与人力资源配置		合理、科学地确定项目组织机构和配置人力资源是保证项目建设和生产运营顺利进行，提高劳动效率的重要条件。在可行性研究阶段，应对项目的组织机构设置、人力资源配置、员工培训等内容进行研究，比选和优化方案
		（1）组织机构设置及其适应性分析	研究确定相适应的组织机构模式、管理层次，设置相应的管理职能部门。分析项目法人的组建方案是否符合《公司法》和国家有关规定的要求；项目执行机构是否具备指挥能力、管理能力和组织协调能力；组织机构的层次和运作方式能否满足建设和生产运营管理的要求；项目法人代表及主要经营管理人员的素质能否适应项目建设和生产运营管理的要求，能否承担项目筹资建设、生产运营、偿还债务等责任

续表

<table>
<tr><th>序　号</th><th>可行性研究内容名称</th><th>分项名称</th><th>方 法 与 说 明</th></tr>
<tr><td rowspan="2">11</td><td rowspan="2">组织机构与人力资源配置</td><td>(2)人力资源配置</td><td>研究确定各类人员,数量和配置方案。
1)人力资源配置的依据:国家有关劳动法律、法规及规章;项目建设规模。生产运营复杂程度与自动化水平;人员素质与劳动生产率要求;组织机构设置与生产管理制度。国内外同类项目的情况。
2)人力资源配置的内容:研究制定合理的工作制度与运转班次,提出工作时间、工作制度和工作班次方案;研究员工配置数量,提出配备各职能部门、各工作岗位所需人员数量;研究确定各类人员应具备的劳动技能和文化素质;研究测算职工工资和福利费用;研究测算劳动生产率;研究提出员工选聘方案,特别是高层次管理人员和技术人员的来源和选聘方案。
3)人力资源配置方法:根据生产任务和生产人员的劳动效率计算生产定员人数;根据机器设备的数量、工人操作设备定额和生产班次等计算生产定员人数;根据工作量或生产任务量,按劳动定额计算生产定员人数;根据设备操作岗位和每个岗位需要的工人数计算生产定员人数;按服务人员占职工总数或者占生产人员数的比例计算所需服务人员人数;按组织机构职责范围、业务分工计算管理人员的人数</td></tr>
<tr><td>(3)员工培训</td><td>包括培训岗位、人数,培训内容、目标、方法、地点和培训费用等。为保证项目建成后顺利投入生产运营,应重点培训生产线关键岗位的操作运行人员和管理人员。
对培训人员的培训时间应与项目的建设进度相衔接,如设备操作人员,应在设备安装调试前完成培训工作,以便这些人员参加设备安装、调试过程,熟悉设备性能,掌握处理事故技能等,保证项目顺利投产</td></tr>
<tr><td rowspan="3">12</td><td rowspan="3">项目实施进度</td><td colspan="2">研究提出项目的建设工期和实施进度方案,科学组织建设过程中各阶段的工作,按工程进度安排建设资金,保证项目按期建成投产,发挥投资效益</td></tr>
<tr><td>(1)建设工期</td><td>是指从拟建项目永久性工程开工之日,到项目全面建成投产或交付使用所需的全部时间。建设工期可参考有关部门或专门机构制定的建设项目工期定额和单位工程工期定额结合项目建设内容、工程量大小、建设难易程度,以及施工条件等具体情况综合研究确定</td></tr>
<tr><td>(2)实施进度安排</td><td>项目建设工期确定后,应根据工程实施各阶段工作量和所需时间,对时序作出大体安排,并使各阶段工作相互衔接。应编制项目实施进度表,如下表所示。
项目实施进度表
<table>
<tr><th rowspan="2">序号</th><th rowspan="2">工 作 阶 段</th><th colspan="4">第1年(季)</th><th colspan="4">第2年</th><th colspan="4">第X年</th></tr>
<tr><th>1</th><th>2</th><th>3</th><th>4</th><th>1</th><th>2</th><th>3</th><th>4</th><th>1</th><th>2</th><th>3</th><th>4</th></tr>
<tr><td>1</td><td>土建施工(含施工准备和验收)</td><td></td><td></td><td></td><td></td><td></td><td></td><td></td><td></td><td></td><td></td><td></td><td></td></tr>
<tr><td>2</td><td>设备采购与安排</td><td></td><td></td><td></td><td></td><td></td><td></td><td></td><td></td><td></td><td></td><td></td><td></td></tr>
<tr><td>3</td><td>生产准备</td><td></td><td></td><td></td><td></td><td></td><td></td><td></td><td></td><td></td><td></td><td></td><td></td></tr>
<tr><td>4</td><td>设备调试</td><td></td><td></td><td></td><td></td><td></td><td></td><td></td><td></td><td></td><td></td><td></td><td></td></tr>
<tr><td>5</td><td>联合试车运转</td><td></td><td></td><td></td><td></td><td></td><td></td><td></td><td></td><td></td><td></td><td></td><td></td></tr>
<tr><td>6</td><td>交付使用</td><td></td><td></td><td></td><td></td><td></td><td></td><td></td><td></td><td></td><td></td><td></td><td></td></tr>
</table>
大型建设项目,应根据项目总工期要求,制定主体工程和主要辅助工程的建设起止时间及时序表</td></tr>
</table>

续表

<table>
<tr><th>序 号</th><th>可行性研究内容名称</th><th>分项名称</th><th>方 法 与 说 明</th></tr>
<tr><td rowspan="4">13</td><td rowspan="4">投资估算</td><td colspan="2">估算项目投入总资金，测算建设期内分年资金需要量。投资估算作为制定融资方案、进行经济评价，以及编制初步设计概算的依据</td></tr>
<tr><td>（1）建设投资估算内容</td><td>建设投资由建筑工程费、设备及工器具购置费、安装工程费、工程建设其他费用、基本预备费、涨价预备费、建设期利息构成。其中，建筑工程费、设备及工器具购置费、安装工程费形成固定资产；工程建设其他费用可分别形成固定资产、无形资产、递延资产。基本预备费、涨价预备费、建设期利息，在可行性研究阶段为简化计算方法，一并计入固定资产。
建设投资可分为静态投资和动态投资两部分。静态投资部分由建筑工程费、设备及工器具购置费、安装工程费、工程建设其他费用、基本预备费构成；动态投资部分由涨价预备费和建设期利息构成</td></tr>
<tr><td>（2）建设投资估算方法</td><td>1）建设投资估算的依据与要求
a）估算依据：估算指标、有关规定、计算方法、费用标准、物价指数、工程量。
b）估算精度要求：估算精度应能满足控制初步设计概算的要求；工程内容和费用构成齐全，计算合理，不重复计算，不提高或者降低估算标准，不漏项不少算。
2）建设投资估算步骤与方法
a）估算步骤：分别估算各单项工程所需的建筑工程费、设备及工器具购置费、安装工程费；在汇总各单项工程费用基础上，估算工程建设其他费用和基本预备费；估算涨价预备费和建设期利息。
b）估算方法：详见本章第四节项目投资估算</td></tr>
<tr><td>（3）流动资金估算</td><td>是指生产经营性项目投产后，为进行正常生产运营，用于购买原材料、燃料，支付工资及其他经营费用等所需的周转资金。有以下两种方法：
1）分项详细估算法
对构成流动资金的各项流动资产和流动负债应分别进行估算。在可行性研究中，为简化计算，仅对存货、现金、应收账款和应付账款四项内容进行估算，计算公式为：
流动资金＝流动资产－流动负债
流动资产＝应收账款＋存货＋现金
流动负债＝应付账款
流动资金本年增加额＝本年流动资金－上年流动资金
估算的具体步骤，首先计算各类流动资产和流动负债的年周转次数，然后再分项估算占用资金额。
a）周转次数计算，周转次数等于360天除以最低周转天数。存货、现金、应收账款和应付账款的最低周转天数，可参照同类企业的平均周转天数并结合项目特点确定。
b）应收账款估算，应收账款是指企业已对外销售商品、提供劳务尚未收回的资金，包括若干科目，在可行性研究时，只计算应收销售款。计算公式为：
应收账款＝年销售收入/应收账款周转次数
c）存货估算，存货是企业为销售或者生产耗用而储备的各种货物，主要有原材料、辅助材料、燃料、低值易耗品、维修备件、包装物、在产品、自制半成品和产成品等。为简化计算，仅考虑外购原材料、外购燃料、在产品和产成品，并分项进行计算。计算公式为：
存货＝外购原材料＋外购燃料＋在产品＋产成品
外购原材料＝年外购原材料/按种类分项周转次数
外购燃料＝年外购燃料/按种类分项周转次数
在产品＝（年外购原材料＋年外购燃料＋年工资及福利费＋年修理费＋年其他制造费用）/在产品周转次数
产成品＝年经营成本/产成品周转次数</td></tr>
</table>

续表

序号	可行性研究内容名称	分项名称	方法与说明
13	投资估算	(3)流动资金估算	（见下）

d）现金需要量估算，项目流动资金中的现金是指货币资金，即企业生产运营活动中停留于货币形态的那部分资金，包括企业库存现金和银行存款。计算公式为：

现金需要量=(年工资及福利费+年其他费用)/现金周转次数

年其他费用=制造费用+管理费用+销售费用-(以上三项费用中所含的工资及福利费、折旧费、维修费、摊销费、修理费)

e）流动负债估算，流动负债是指在一年或者超过一年的一个营业周期内，需要偿还的各种债务。在可行性研究中，流动负债的估算只考虑应付账款一项。计算公式为：

应付账款=(年外购原材料+年外购燃料)/应付账款周转次数

根据流动资金各项估算的结果，编制流动资金估算表，如下表所示。

流动资金估算表 单位：万元

序号	项目	最低周转天数	周转次数	投产期		达产期			
				3	4	5	6	…	*n*
1	流动资产								
1.1	应收账款								
1.2	存货								
1.2.1	原材料								
1.2.2	燃料								
1.2.3	在产品								
1.2.4	产成品								
1.3	现金								
2	流动负债								
2.1	应付账款								
3	流动资金(1-2)								
4	流动资金本年增加额								

2）扩大指标估算法

扩大指标估算法是一种简化的流动资金估算方法，一般可参照同类企业流动资金占销售收入、经营成本的比例，或者单位产量占用流动资金的数额估算

序号	可行性研究内容名称	分项名称	方法与说明
		(4)项目投入总资金及分年投入计划	（见下）

1）项目投入总资金

按投资估算内容和估算方法估算各项投资并进行汇总，分别编制项目投入总资金估算汇总表及主要单项工程投资估算表，并对项目投入总资金构成和各单项工程投资比例的合理性，单位生产能力(使用效益)投资指标的先进性进行分析。

项目投入总资金估算汇总表 单位：万元、万美元

序号	费用名称	投资额		占项目投入总资金的比例(%)	估算说明
		合计	其中：外汇		
1	建设投资				
1.1	建设投资静态部分				
1.1.1	建筑工程费				
1.1.2	设备及工器具购置费				
1.1.3	安装工程费				

续表

<table>
<tr><th>序　号</th><th>可行性研究内容名称</th><th>分项名称</th><th>方 法 与 说 明</th></tr>
<tr><td>13</td><td>投资估算</td><td>（4）项目投入总资金及分年投入计划</td><td>
续表
<table>
<tr><th rowspan="2">序号</th><th rowspan="2">费 用 名 称</th><th colspan="2">投　资　额</th><th rowspan="2">占项目投入总资金的比例(%)</th><th rowspan="2">估算说明</th></tr>
<tr><th>合计</th><th>其中:外汇</th></tr>
<tr><td>1.1.4</td><td>工程建设其他费用</td><td></td><td></td><td></td><td></td></tr>
<tr><td>1.1.5</td><td>基本预备费</td><td></td><td></td><td></td><td></td></tr>
<tr><td>1.2</td><td>建设投资动态部分</td><td></td><td></td><td></td><td></td></tr>
<tr><td>1.2.1</td><td>涨价预备费</td><td></td><td></td><td></td><td></td></tr>
<tr><td>1.2.2</td><td>建设期利息</td><td></td><td></td><td></td><td></td></tr>
<tr><td>2</td><td>流动资金</td><td></td><td></td><td></td><td></td></tr>
<tr><td>3</td><td>项目投入总资金(1+2)</td><td></td><td></td><td></td><td></td></tr>
</table>

主要单项工程投资估算表　　单位:万元
<table>
<tr><th>序号</th><th>工程名称</th><th>建筑工程费</th><th>设备及工器具购置费</th><th>安装工程费</th><th>工程建设其他费用</th><th>合计</th></tr>
<tr><td></td><td></td><td></td><td></td><td></td><td></td><td></td></tr>
<tr><td></td><td></td><td></td><td></td><td></td><td></td><td></td></tr>
<tr><td></td><td></td><td></td><td></td><td></td><td></td><td></td></tr>
<tr><td></td><td>合计</td><td></td><td></td><td></td><td></td><td></td></tr>
</table>

2）分年资金投入计划

估算出项目投入总资金后，应根据项目实施进度的安排，编制分年资金投入计划表，如下表所示。

分年资金投入计划表　　单位:万元、万美元
<table>
<tr><th rowspan="2">序号</th><th rowspan="2">名　　称</th><th colspan="3">人　民　币</th><th colspan="3">外　　汇</th></tr>
<tr><th>第一年</th><th>第二年</th><th>…</th><th>第一年</th><th>第二年</th><th>…</th></tr>
<tr><td></td><td>分年计划(%)</td><td></td><td></td><td></td><td></td><td></td><td></td></tr>
<tr><td>1</td><td>建设投资(不含建设期利息)</td><td></td><td></td><td></td><td></td><td></td><td></td></tr>
<tr><td>2</td><td>建设期利息</td><td></td><td></td><td></td><td></td><td></td><td></td></tr>
<tr><td>3</td><td>流动资金</td><td></td><td></td><td></td><td></td><td></td><td></td></tr>
<tr><td>4</td><td>项目投入总资金(1+2+3)</td><td></td><td></td><td></td><td></td><td></td><td></td></tr>
</table>
</td></tr>
<tr><td>14</td><td>融资方案</td><td colspan="2">是在投资估算的基础上，研究拟建项目的资金渠道、融资形式、融资结构、融资成本、融资风险，比选推荐项目的融资方案，并以此研究资金筹措方案和进行财务评价</td></tr>
</table>

续表

序 号	可行性研究内容名称	分项名称	方法与说明
14	融资方案	(1)融资组织形式选择	首先应明确融资主体,由融资主体进行融资活动,并承担融资责任和风险。项目融资主体的组织形式主要有以下两种形式: 1)既有项目法人融资形式:是指依托现有法人进行的融资活动,其特点:一是拟建项目不组建新的项目法人,由既有法人统一组织融资活动并承担融资责任和风险;二是拟建项目一般是在既有法人资产和信用的基础上进行的,并形成增量资产;三是从既有法人的财务整体状况考察融资后的偿债能力。 2)新设项目法人融资形式:这是指新组建项目法人进行的融资活动,其特点是:项目投资由新设项目法人筹集的资本金和债务资金构成;由新设项目法人承担融资责任和风险;从项目投产后的经济效益情况考察偿债能力
		(2)资金来源选择	在估算出项目所需要的资金量后,应根据资金的可得性、供应的充足性、融资成本的高低,选择资金渠道。资金渠道主要有: 1)项目法人自有资金; 2)政府财政性资金; 3)国内外银行等金融机构的信贷资金; 4)国内外证券市场资金; 5)国内外非银行金融机构的资金; 6)外国政府、企业、团体、个人等的资金; 7)国内企业、团体、个人的资金
		(3)资本金筹措	资本金是指项目投资中由投资者提供的资金,国家对经营性项目试行资本金制度,规定了经营性项目的建设都要有一定数额的资本金,在可行性研究阶段,需研究资本金筹措方案。 1)新设项目法人项目资本金筹措:是项目资本金来源主要有:政府财政性资金;国家授权投资机构入股的资金;国内外企业入股的资金;社会团体、个人入股的资金;受赠予资金。资本金出资形态可以是现金,也可以是实物、工业产权、非专利技术、土地使用权、资源开采权作价出资。用作资本金的实物、工业产权、非专利技术、土地使用权、资源开采权作价的资金,必须经过有资格的资产评估机构评估作价,并只能在资本金中占有一定比例。可行性研究中应说明资本金的出资人、出资方式、资本金来源及数额,资本金认缴进度等。 2)既有项目法人项目资本金筹措:资本金来源主要有:库存现金和银行存款等可用于项目投资的资金;变卖现有资产获得的资金;发行股票筹集的资金;国内外企业法人入股资金;受赠予资金。在可行性研究报告中,说明资本金的各种来源和数量,应考察主要投资方的出资能力
		(4)债务资金筹措	是项目投资中除资本金外,需要从金融市场借入的资金。债务资金来源主要有: 1)信贷融资:国内外信贷资金主要有政策性银行、商业银行、世行、亚行等提供的贷款;外国政府贷款;出口信贷以及信托投资公司等非银行金融机构提供的贷款。信贷融资方案应说明拟提供贷款的机构及其贷款条件,包括支付方式、贷款期限、贷款利率、还本付息方式及其他附加条件等。 2)债券融资:是指项目法人以自身的财务状况和信用条件为基础,通过发行企业债券筹集资金,用于项目建设的融资方式。除了一般债券融资外,还有可转换债券融资,这种债券在有效期限内,只需支付利息,债券持有人有权按照约定将债券转换成公司的普通股,如果债券持有人放弃这一选择,融资企业需要在债券到期日兑付本金。在可行性研究阶段,应对拟采用的债券融资方式进行分析、论证。 3)融资租赁:是资产拥有者将资产租给承租人,在一定时期内使用,由承租人支付租赁费的融资方式。采用这种方式,一般是由承租人选定设备,由出租人购置后租给承租人使用,承租人按期交付租金。租赁期满后,出租人可以将设备作价售让给承租人

续表

序　号	可行性研究内容名称	分项名称	方法与说明
14	融资方案	（5）融资方案分析	对融资方案进行分析，比选并推荐资金来源可靠、资金结构合理、融资成本低，融资风险小的方案。 1）资金来源可靠性分析：主要是分析项目建设所需总投资和分年所需投资能否得到足够的、持续的资金供应，力求使筹措的资金、币种及投入时序与项目建设进度和投资使用计划相匹配，确保项目建设顺利进行。 2）融资结构分析：主要分析项目融资方案中的以下三种结构比例是否合理，并分析其实现条件。 *a*）资本金与债务资金的比例，在一般情况下，项目资本金比例过低，债务资金比例过高，将给项目建设和生产运营带来潜在的财务风险。进行融资结构分析，应根据项目特点，合理确定项目资本金与债务资金的比例。 *b*）股本结构分析，股本结构反映项目股东各方出资额和相应的权益，在融资结构分析中，应根据项目特点和主要股东方参股意愿，合理确定参股各方的出资比例。 *c*）债务结构分析，债务结构反映项目债权各方为项目提供的债务资金的比例，在融资结构分析中，应根据债权人提供债务资金的方式，附加条件，以及利率、汇率、还款方式的不同，合理确定内债与外债比例，政策性银行与商业性银行的贷款比例，以及信贷资金与债券资金的比例。 3）融资成本分析：是指项目为筹集和使用资金而支付的费用。融资成本的高低是判断项目融资方案是否合理的重要因素之一。分别以下两种成本分析：*a*）债务资金融资成本由资金筹集费和资金占用费组成。资金筹集费是指资金筹集过程中支付的一次性费用，如承诺费、手续费、担保费、代理费等；资金占用费是指使用资金过程中发生的经常性费用，如利息。在比选融资方案时，应分析各种债务资金融资方式的利率水平、利率计算方式（固定利率或者浮动利率）、计息（单利、复利）和付息方式，以及偿还期和宽限期，计算债务资金的综合利率，并进行不同方案比选；*b*）资本金融资成本由资本金筹集费和资本金占用费组成。资本金占用费一般应按机会成本的原则计算，当机会成本难以计算时，可参照银行存款利率计算。 4）融资风险分析：为了使融资方案稳妥可靠，需要对下列可能发生的风险因素进行识别、预测。 *a*）资金供应风险：是指融资方案在实施过程中，可能出现资金不落实，导致建设工期拖长，工程造价升高，原定投资效益目标难以实现的风险。主要风险有：原定筹资额全部或部分落空；原定发行股票、债券计划不能实现；既有项目法人融资项目由于企业经营状况恶化，无力按原定计划出资；其他资金不能按建设进度足额及时到位； *b*）利率风险：利率水平随着金融市场情况而变动，如果融资方案中采用浮动利率计息，则应分析贷款利率变动的可能性及其对项目造成的风险和损失； *c*）汇率风险：是指国际金融市场外汇交易结算产生的风险
15	财务评价	详见本节三	
16	国民经济评价	详见本节四	
17	社会评价	是分析拟建项目对当地社会的影响和当地社会条件对项目的适应性和可接受程度，评价项目的社会可行性	
		（1）作用与范围	旨在系统调查和预测拟建项目的建设、运营产生的社会影响与社会效益，分析项目所在地区的社会环境对项目的适应性和可接受程度。通过分析项目涉及的各种社会因素，评价项目的社会可行性，提出项目与当地社会协调关系，规避社会风险，促进项目顺利实施，保持社会稳定的方案。

续表

序 号	可行性研究内容名称	分项名称	方 法 与 说 明
17	社会评价	(1) 作用与范围	社会评价适用于那些社会因素较为复杂,社会影响较为久远,社会效益较为显著,社会矛盾较为突出,社会风险较大的投资项目。其中主要包括需要大量移民搬迁或者占用农田较多的水利枢纽项目、交通运输项目、矿产和油气田开发项目,扶贫项目、农村区域开发项目,以及文化教育、卫生等公益性项目
		(2) 主要内容	从以人为本的原则出发,研究内容包括项目的社会影响分析、项目与所在地区的互适性分析和社会风险分析。 1) 社会影响分析:项目对所在地区居民收入的影响;项目对所在地区居民生活水平和生活质量的影响;项目对所在地区居民就业的影响;项目对所在地区不同利益群体的影响;项目对所在地区弱势群体利益的影响;项目对所在地区文化、教育、卫生的影响,项目对当地基础设施、社会服务容量和城市化进程等的影响;项目对所在地区少数民族风俗习惯和宗教的影响。 2) 互适性分析:分析预测项目能否为当地的社会环境、人文条件所接纳,以及当地政府、居民支持项目存在与发展的程度,考察项目与当地社会环境的相互适应关系。 *a*) 分析预测与项目直接相关的不同利益群体对项目建设和运营的态度及参与程度; *b*) 分析预测项目所在地区的各类组织对项目建设和运营的态度; *c*) 分析预测项目所在地区现有技术、文化状况能否适应项目建设和发展。 3) 社会风险分析:是对可能影响项目的各种社会因素进行识别和排序,选择影响面大、持续时间长,并容易导致较大矛盾的社会因素进行预测,分析可能出现这种风险的社会环境和条件。那些可能诱发民族矛盾、宗教矛盾的项目要注重这方面的分析,并提出防范措施
		(3) 步骤与方法	1) 社会评价步骤: *a*) 调查了解项目所在地区的社会环境等方面的资料。 *b*) 对影响人类生活和行为的因素、影响社会环境变迁的因素、影响社会稳定与发展的因素进行分析。 *c*) 论证比选方案对项目可行性研究拟定的建设地点、技术方案和工程方案中涉及的主要社会因素进行定性、定量分析,比选推荐社会正面影响大、社会负面影响小的方案。 2) 社会评价方法:项目涉及的社会因素、社会影响和社会风险不可能用统一的指标、量纲和判据进行评价,应采用以下两种评价法: *a*) 快速社会评价法:是在项目前期阶段进行社会评价常用的一种简捷方法,通过这一方法可大致了解拟建项目所在地区社会环境的基本状况,识别主要社会影响因素,粗略地预测可能出现的情况及其对项目的影响程度。着眼于负面社会因素的分析判断,一般以定性描述为主。步骤如下:识别主要社会因素,对影响项目的社会因素分组;确定利益群体,对项目所在地区的受益、受损利益群体进行划分;估计接受程度,大体分析当地现有经济条件、社会条件对项目存在与发展的接受程度。 *b*) 详细社会评价法:是在可行性研究阶段广泛应用的一种评价方法。其功能是在快速社会评价的基础上,进一步研究与项目相关的社会因素和社会影响,进行详细论证,并预测风险度。结合项目备选的技术方案、工程方案等,从社会分析角度进行优化。详细社会评价采用定量与定性分析相结合的方法,进行过程分析。主要步骤如下:识别社会因素并排序;识别利益群体并排序;论证当地社会环境对项目的适应程度;比选优化方案。将上述各项分析的结果进行归纳,比选、推荐合理方案
18	风险分析	在以上初步风险分析的基础上,进一步综合分析识别拟建项目在建设和运营中潜在的主要风险因素,揭示风险来源,判别风险程度,提出规避风险对策,降低风险损失	

续表

序　号	可行性研究内容名称	分项名称	方法与说明
18	风险分析	(1)风险因素识别	1) 市场风险:来自三个方面:一是市场供需实际情况与预测值发生偏离;二是项目产品市场竞争力或者竞争对手情况发生重大变化;三是项目产品和主要原材料的实际价格与预测价格发生较大偏离。 2) 资源风险:指资源开发项目,如金属矿、非金属矿、石油、天然气等矿产资源的储量、品位、可采储量、工程量等与预测发生较大偏离,导致项目开采成本增加,产量降低或者开采期缩短。 3) 技术风险:采用技术的先进性、可靠性、适用性和可得性与预测方案发生重大变化,导致生产能力利用率降低,生产成本增加,产品质量达不到预期要求等。 4) 工程风险:工程地质条件、水文地质条件与预测发生重大变化,导致工程量增加、投资增加、工期拖长。 5) 资金风险:资金供应不足或者来源中断导致项目工期拖期甚至被迫终止;利率、汇率变化导致融资成本升高。 6) 政策风险:指国内外政治经济条件发生重大变化或者政府政策作出重大调整,项目原定目标难以实现甚至无法实现。 7) 外部协作条件风险:交通运输、供水、供电等主要外部协作配套条件发生重大变化,给项目建设和运营带来困难。 8) 社会风险:预测的社会条件、社会环境发生变化,给项目建设和运营带来损失。 9) 其他风险
		(2)风险评估方法	1) 风险等级划分:一般风险:不影响项目的可行性;较大风险;造成的损失程度是项目可以承受的;严重风险:一是风险发生的可能性大,风险造成的损失大,使项目由可行变为不可行;二是风险发生后造成的损失严重,但是风险发生的概率很小,采取有效的防范措施,项目仍然可以正常实施;灾难性风险:风险发生的可能性很大,一旦发生将产生灾难性后果,项目无法承受。 2) 风险评估方法: *a*)简单估计法:其一是专家评估法,是以发函、开会或其他形式向专家咨询,对项目风险因素及其风险程度进行评定;其二是风险因素取值评定法,是通过估计风险因素的最乐观值 A. 最悲观值 B. 最可能值 C. 计算期望值 D. 将期望值的平均值与已确定方案的数值进行比较,计算两者的偏差值和偏差程度,据以判别风险程度。偏差值和偏差程度越大,风险程度越高。计算式如下:$D=[(A)+4(C)+(B)]/6$;期望平均值 $=\left[\sum_{i=1}^{n}(D)_i\right]/n$(式中　i——专家号;n——专家人数。);偏差值=期望平均值-已确定方案值;偏差程度=偏差值/已确定方案值。简单估计法只能对单个风险因素判断其风险程度。若需要研究风险因素发生的概率和对项目的影响程度,应进行概率分析。 *b*)概率分析:是运用概率方法和数理统计方法,对风险因素的概率分布和风险因素对评价指标的影响进行定量分析。按下列步骤进行: ·选定一个或几个评价指标,通常是将财务内部收益表、财务净现值等作为评价指标。 ·选定需要进行概率分析的风险因素,通常有产品价格、销售量、主要原材料价格、投资额,以及外汇汇率等。针对项目的不同情况,通过敏感性分析,选择最为敏感的因素进行概率分析。 ·预测风险因素变化的取值范围及概率分布。一般分为两种情况:一是单因素概率分析,即设定一个自变量因素变化,其他因素均不变化,进行概率分析;二是多因素概率分析,即设定多个自变量因素同时变化,进行概率分析。 ·根据测定的风险因素值和概率分布,计算评价指标的相应取值和概率分布。 ·计算评价指标的期望值和项目可接受的概率。 ·分析计算结果,判断其可接受性,研究减轻和控制风险因素的措施。

续表

序 号	可行性研究内容名称	分项名称	方法与说明
18	风险分析	(2) 风险评估方法	风险因素概率分布的测定是概率分析的关键,也是进行概率分析的基础。例如,将产品售价作为概率分析的风险因素,需要测定产品售价的可能区间和在可能区间内各价位发生变化的概率。风险因素概率分布的测定方法,应根据评价需要,以及资料的可得性和费用条件来选择,或者通过专家调查法确定,或者用历史统计资料和数理统计分析方法进行测定
		(3) 风险防范对策	风险分析的目的是研究如何降低风险程度或者规避风险,减少风险损失。在预测主要风险因素及其风险程度后,应根据不同风险因素提出相应的规避和防范对策,以期减小可能的损失。在可行性研究阶段可能提出的风险防范对策主要有以下几种: 1) 风险回避:断绝风险的来源。意味着可能彻底改变方案甚至否定项目建设。在某种程度上意味着丧失项目可能获利的机会,因此只有当风险因素可能造成的损失相当严重或者采取措施防范风险的代价过于昂贵,得不偿失的情况下,才应采用风险回避对策。 2) 风险控制:是对可控制的风险,提出降低风险发生可能性和减少风险损失程度的措施,并从技术和经济相结合的角度论证拟采取控制风险措施的可行性与合理性。 3) 风险转移:是将项目可能发生风险的一部分转移出去的风险防范方式。风险转移可分为保险转移和非保险转移两种。后者是将项目的一部分风险转移给项目承包方,如项目技术、设备、施工等可能存在风险,可在签订合同中将部分风险损失转移给合同方承担。 4) 风险自担:是将可能的风险损失留给拟建项目自己承担。这种方式适用于已知有风险存在,但可获高利回报且甘愿冒险的项目,或者风险损失较小,可以自行承担风险损失的项目
19	研究结论与建议		在前述各项研究论证的基础上,归纳总结,择优提出推荐方案,并对推荐方案进行总体论证。在肯定拟推荐方案优点的同时,还应指出可能存在的问题和可能遇到的主要风险,并作出项目和方案是否可行的明确结论,为决策者提供清晰的建议
		(1) 推荐方案总体描述	1) 推荐方案的主要内容和论证结果:市场预测;资源条件评价;建设规模与产品方案;场址选择方案;技术设备工程方案;原材料、燃料供应方案;环境影响评价;项目投入总资金及资金筹措;方案实施的基本条件;经济效益和社会效益;主要风险分析结论。 2) 对推荐方案的不同意见和存在的问题:应充分地、实事求是地反映在方案论证过程中提出的不同意见,阐述推荐方案存在的、有待解决的主要问题
		(2) 主要比选方案描述	在可行性研究过程中,还应对未被推荐的一些重大比选方案进行描述,阐述方案的主要内容、优缺点和未被推荐的原因,以便决策者从多方面进行思考并作出决策
		(3) 结论与建议	通过对推荐方案的详细分析论证,明确提出项目和方案是否可行的结论意见,并对下一步工作提出建议。建议主要包括两方面内容: 1) 对项目下一步工作的重要意见和建议。例如,在技术谈判、初步设计、建设实施中需要引起重视的问题和工作安排的意见、建议。 2) 项目实施中需要协调解决的问题和相应的意见、建议

(二)《可行性研究报告》编制步骤与要求

《可行性研究报告》是投资项目可行性研究工作成果的体现,是投资者进行项目最终决策的重要依据。为保证《可行性研究报告》的质量,应切实做好编制前的准备工作,占有充分信息资料,进行科学分析比选论证,做到编制依据可靠、结构内容完整、《可行性研究报告》文本格式规范、附图附表附件齐全,《可行性研究报告》表述形式尽可能数字化、图表化,《可行性研究报告》深度能满足投资决策和编制项目初步设计的需要。编制步骤与要求见表 2-2。

可行性研究报告编制步骤与要求　　**表 2-2**

序　号	编制步骤与要求名称	分项名称	要求与说明
1	编制步骤	(1) 签订委托协议	可行性研究报告编制单位与委托单位,就项目可行性研究报告编制工作的范围、重点、深度要求、完成时间、费用预算和质量要求交换意见,并签订委托协议,据以开展可行性研究各阶段的工作
		(2) 组建工作小组	根据委托项目可行性研究的工作量、内容、范围、技术难度、时间要求等组建项目可行性研究工作小组。一般工业项目和交通运输项目可分为市场组、工艺技术组、设备组、工程组、总图运输及公用工程组、环保组、技术经济组等专业组。为使各专业组协调工作,保证《可行性研究报告》总体质量,一般应由总工程师、总经济师负责统筹协调
		(3) 制定工作计划	内容包括研究工作的范围、重点、深度、进度安排、人员配置、费用预算及《可行性研究报告》编制大纲,并与委托单位交换意见
		(4) 调查研究收集资料	各专业组根据《可行性研究报告》编制大纲进行实地调查,收集整理有关资料,包括向市场和社会调查,向行业主管部门调查,向项目所在地区调查,向项目涉及的有关企业、单位调查,收集项目建设、生产运营等各方面所必需的信息资料和数据
		(5) 方案编制与优化	在调查研究收集资料的基础上,对项目的建设规模与产品方案、场址方案、技术方案、设备方案、工程方案、原材料供应方案、总图布置与运输方案、公用工程与辅助工程方案、环境保护方案、组织机构设置方案、实施进度方案以及项目投资与资金筹措方案等,研究编制备选方案。进行方案论证比选优化后,提出推荐方案
		(6) 项目评价	对推荐方案进行环境评价、财务评价、国民经济评价、社会评价及风险分析,以判别项目的环境可行性、经济可行性、社会可行性和抗风险能力。当有关评价指标结论不足以支持项目方案成立时,应对原设计方案进行调整或重新设计
		(7) 编写可行性研究报告	项目可行性研究各专业方案,经过技术经济论证和优化之后,由各专业组分工编写。经项目负责人衔接协调综合汇总,提出《可行性研究报告》初稿
		(8) 与委托单位交换意见	《可行性研究报告》初稿形成后,与委托单位交换意见,修改完善,形成正式《可行性研究报告》
2	编制依据	(1) 项目建议书(初步可行性研究报告)及其批复文件; (2) 国家和地方的经济和社会发展规划;行业部门发展规划,如江河流域开发治理规划、铁路公路路网规划、电力电网规划、森林开发规划等; (3) 国家有关法律、法规、政策; (4) 国家矿产储量委员会批准的矿产储量报告及矿产勘探最终报告; (5) 有关机构发布的工程建设方面的标准、规范、定额; (6) 中外合资、合作项目各方签订的协议书或意向书; (7) 编制《可行性研究报告》的委托合同; (8) 其他有关依据资料	

续表

序　号	编制步骤与要求名称	分项名称	要求与说明
3	信息资料采集与应用	编制可行性研究报告应有大量的、准确的、可用的信息资料作为支持。一般工业项目在可行性研究工作中,应逐步收集积累整理分析:市场分析资料、自然资源条件资料、原材料燃料供应资料、工艺技术资料、场(厂)址条件资料、环境条件资料、财政税收资料、金融贸易资料等方面的信息资料,并用科学的方法对占有资料进行整理加工。信息资料收集与应用一般应达到如下要求: (1)充足性要求:占有的信息资料的广度和数量,应能满足各方案设计比选论证的需要。 (2)可靠性要求:对占有的信息资料的来源和真伪进行辨识,以保证可行性研究报告准确可靠。 (3)时效性要求:应对占有的信息资料发布的时间、时段进行辨识,以保证可行性研究报告,特别是有关预测结论的时效性	
4	结构和内容	(1)总论	1)项目提出的背景; 2)项目概况; 3)问题与建议
		(2)市场预测	1)市场现状调查; 2)产品供需预测; 3)价格预测; 4)竞争力分析; 5)市场风险分析
		(3)资源条件评价	1)资源可利用量; 2)资源品质情况; 3)资源赋存条件; 4)资源开发价值
		(4)建设规模与产品方案	1)建设规模与产品方案构成; 2)建设规模与产品方案的比选; 3)推荐的建设规模与产品方案; 4)技术改造项目与原有设施利用情况
		(5)场址选择	1)场址现状; 2)场址方案比选; 3)推荐的场址方案; 4)技术改造项目现有场址的利用情况
		(6)技术、设备和工程方案	1)技术方案选择; 2)主要设备方案选择; 3)工程方案选择; 4)技术改造项目改造前后的比较
		(7)原材料燃料供应:	1)主要原材料供应方案; 2)燃料供应方案
		(8)总图运输与占用辅助工程	1)总图布置方案; 2)场内外运输方案; 3)公用工程与辅助工程方案; 4)技术改造项目现有公用辅助设施利用情况

续表

序　号	编制步骤与要求名称	分项名称	要求与说明
4	结构和内容	（9）节能措施	1）节能措施； 2）能耗指标分析
		（10）节水措施	1）节水措施； 2）水耗指标分析
		（11）环境影响评价	1）环境条件调查； 2）影响环境因素分析； 3）环境保护措施
		（12）劳动安全卫生与消防	1）危险因素和危害程度分析； 2）安全防范措施； 3）卫生保健措施； 4）消防设施
		（13）组织机构与人力资源配置	1）组织机构设置及其适应性分析； 2）人力资源配置； 3）员工培训
		（14）项目实施进度	1）建设工期； 2）实施进度安排； 3）技术改造项目建设与生产的衔接
		（15）投资估算	1）建设投资估算； 2）流动资金估算； 3）投资估算表
		（16）融资方案	1）融资组织形式； 2）资本金筹措； 3）债务资金筹措； 4）融资方案分析
		（17）财务评价	1）财务评价基础数据与参数选取； 2）销售收入与成本费用估算； 3）财务评价报表； 4）盈利能力分析； 5）偿债能力分析； 6）不确定性分析； 7）财务评价结论
		（18）国民经济评价	1）影子价格及评价参数选取； 2）效益费用范围与数值调整； 3）国民经济评价报表； 4）国民经济评价指标； 5）国民经济评价结论
		（19）社会评价	1）项目对社会影响分析； 2）项目与所在地互适性分析； 3）社会风险分析； 4）社会评价结论

续表

序 号	编制步骤与要求名称	分项名称	要 求 与 说 明
4	结构和内容	(20) 风险分析	1) 项目主要风险识别; 2) 风险程度分析; 3) 防范风险对策
		(21) 研究结论与建议	1) 推荐方案总体描述; 2) 推荐方案优缺点描述; 3) 主要对比方案; 4) 结论与建议
5	《可行性研究报告》深度要求	(1) 应能充分反映项目可行性研究工作的成果,内容齐全,结论明确,数据准确,论据充分,满足决策者定方案定项目要求。 (2) 选用主要设备的规格、参数应能满足预订货的要求。引进技术设备的资料应能满足合同谈判的要求。 (3) 重大技术、经济方案,应有两个以上方案的比选。 (4) 确定的主要工程技术数据,应能满足项目初步设计的要求。 (5) 构造的融资方案,应能满足银行等金融部门信贷决策的需要。 (6) 应反映在可行性研究过程中出现的某些方案的重大分歧及未被采纳的理由,以供委托单位与投资者权衡利弊进行决策。 (7) 应附有评估、决策(审批)所必需的合同、协议、意向书、政府批件等	
6	编制单位及人员资质要求	可行性研究报告的质量取决于编制单位的资质和编写人员的素质。承担可行性研究报告编写单位和人员,应符合下列要求: (1)《报告》编制单位应具有经国家有关部门审批登记的资质等级证明。 (2) 编制单位应具有承担编制可行性研究报告的能力和经验。 (3) 可行性研究人员应具有所从事专业的中级以上专业职称,并具有相关的知识、技能和工作经历。 (4)《报告》编制单位及人员,应坚持独立、公正、科学、可靠的原则,实事求是,对提供的可行性研究报告质量负完全责任	
7	《可行性研究报告》文本格式	(1)《可行性研究报告》排序	(1) 封面。项目名称、研究阶段、编制单位、出版年月、并加盖编制单位印章。 (2) 封一。编制单位资格证书。如工程咨询资质证书、工程设计证书。 (3) 封二。编制单位的项目负责人、技术管理负责人、法人代表名单。 (4) 封三。编制人、校核人、审核人、审定人名单。 (5) 目录。 (6) 正文。 (7) 附图、附表、附件
		(2)《可行性研究报告》文本外形尺寸	文本的外形尺寸统一为 A4(210mm×297mm)

(三) 一般工业项目可行性研究报告编制大纲(表 2-3)

一般工业项目可行性研究报告编制大纲 **表 2-3**

序 号	大纲分项名称	大纲子项名称	内 容 与 说 明
1	总论	(1) 项目背景	1) 项目名称; 2) 承办单位概况; 3) 可行性研究报告编制依据; 4) 项目提出的理由与过程

续表

序号	大纲分项名称	大纲子项名称	内容与说明
1	总论	(2) 项目概况	1) 拟建地点; 2) 建设规模与目标; 3) 主要建设条件; 4) 项目投入总资金及效益情况; 5) 主要技术经济指标
		(3) 问题与建议	(在总论中将可行性研究报告的结论概括地陈述使领导与审批人先有一个总的概念,是一种较好方式)
2	市场预测	(1) 产品市场供应预测	1) 国内外市场供应现状; 2) 国内外市场供应预测
		(2) 产品市场需求预测	1) 国内外市场需求现状; 2) 国内外市场需求预测
		(3) 产品目标市场分析	1) 目标市场确定; 2) 市场占有份额分析
		(4) 价格现状与预测	1) 产品国内市场销售价格; 2) 产品国际市场销售价格
		(5) 市场竞争力分析	1) 主要竞争对手情况; 2) 产品市场竞争力优势、劣势; 3) 营销策略
		(6) 市场风险	(作出市场风险分析)
3	资源条件评价	(1) 资源可利用量	矿产地质储量、可采储量,水利水能资源蕴藏量,森林蓄积量等
		(2) 资源品质情况	矿产品位、物理性能、化学成分,煤炭热值、灰分、硫分等
		(3) 资源赋存条件	矿体结构、埋藏深度、岩体性质,含油气地质构造等
		(4) 资源开发价值	资源开发利用的技术经济指标
4	建设规模与产品方案	(1) 建设规模	1) 建设规模方案比选; 2) 推荐方案及其理由
		(2) 产品方案	1) 产品方案构成; 2) 产品方案比选; 3) 推荐方案及其理由
5	场址选择	(1) 场址所在位置现状	1) 地点与地理位置; 2) 场址土地权属类别及占地面积; 3) 土地利用现状; 4) 技术改造项目现有场址利用情况
		(2) 场址建设条件	1) 地形、地貌、地震情况; 2) 工程地质与水文地质; 3) 气候条件; 4) 城镇规划及社会环境条件; 5) 交通运输条件;

续表

序号	大纲分项名称	大纲子项名称	内容与说明
5	场址选择	(2) 场址建设条件	6) 公用设施社会依托条件(水、电、气、生活福利); 7) 防洪、防潮、排涝设施条件; 8) 环境保护条件; 9) 法律支持条件; 10) 征地、拆迁、移民安置条件; 11) 施工条件
		(3) 场址条件比选	1) 建设条件比选; 2) 建设投资比选; 3) 运营费用比选; 4) 推荐场址方案; 5) 场址地理位置图
6	技术方案、设备方案和工程方案	(1) 技术方案	1) 生产方法(包括原料路线); 2) 工艺流程; 3) 工艺技术来源(需引进国外技术的,应说明理由); 4) 推荐方案的主要工艺(生产装置)流程图、物料平衡图,物料消耗定额表
		(2) 主要设备方案	1) 主要设备选型; 2) 主要设备来源(进口设备应提出供应方式); 3) 推荐方案的主要设备清单
		(3) 工程方案	1) 主要建、构筑物的建筑特征、结构及面积方案; 2) 扩建工程方案; 3) 特殊基础工程方案; 4) 建筑安装工程量及"三材"用量估算; 5) 技术改造项目原有建、构筑物利用情况; 6) 主要建、构筑物工程一览表
7	主要原材料、燃料供应	(1) 主要原材料供应	1) 主要原材料品种、质量与年需要量; 2) 主要辅助材料品种、质量与年需要量; 3) 原材料、辅助材料来源与运输方式
		(2) 燃料供应	1) 燃料品种、质量与年需要量; 2) 燃料供应来源与运输方式
		(3) 主要原材料、燃料价格	1) 价格现状; 2) 主要原材料、燃料价格预测
		(4) 编制主要原材料、燃料年需要量表	
8	总图运输与占用辅助工程	(1) 总图布置	1) 平面布置。列出项目主要单项工程的名称、生产能力、占地面积、外形尺寸、流程顺序和布置方案; 2) 竖向布置:场区地形条件、竖向布置方案、场地标高及土石方工程量; 3) 技术改造项目原有建、构筑物利用情况; 4) 总平面布置图(技术改造项目应标明新建和原有以及拆除的建、构筑物的位置); 5) 总平面布置主要指标表
		(2) 场内外运输	1) 场外运输量及运输方式; 2) 场内运输量及运输方式; 3) 场内运输设施及设备

续表

序　号	大纲分项名称	大纲子项名称	内容与说明
8	总图运输与占用辅助工程	(3) 占用辅助工程	1) 给排水工程：给水工程、用水负荷、水质要求、给水方案、排水工程、排水总量、排水水质、排放方式和泵站管网设施； 2) 供电工程：供电负荷(年用电量、最大用电负荷)、供电回路及电压等级的确定、电源选择、场内供电输变电方式及设备设施； 3) 通信设施通信方式通信线路及设施； 4) 供热设施； 5) 空分、空压及制冷设施； 6) 维修设施； 7) 仓储设施
9	节能措施	(1) 节能措施	
		(2) 能耗指标分析	
10	节水措施	(1) 节水措施	
		(2) 水耗指标分析	
11	环境影响评价	(1) 场址环境条件	
		(2) 项目建设和生产对环境的影响	1) 项目建设对环境的影响； 2) 项目生产过程产生的污染物对环境的影响
		(3) 环境保护措施方案	
		(4) 环境保护投资	
		(5) 环境影响评价	
12	劳动安全卫生与消防	(1) 危害因素和危害程度	1) 有毒有害物品的危害； 2) 危险性作业的危害
		(2) 安全措施方案	1) 采用安全生产和无危害的工艺和设备； 2) 对危害部位和危险作业的保护措施； 3) 危险场所的防护措施； 4) 职业病防护和卫生保健措施
		(3) 消防设施	1) 火灾隐患分析； 2) 防火等级； 3) 消防设施
13	组织机构与人力资源配置	(1) 组织机构	1) 项目法人组建方案； 2) 管理机构组织方案和体系图； 3) 机构适应性分析
		(2) 人力资源配置	1) 生产作业班次； 2) 劳动定员数量及技能素质要求； 3) 职工工资福利； 4) 劳动生产率水平分析； 5) 员工来源及招聘方案； 6) 员工培训计划
14	项目实施进度	(1) 建设工期	
		(2) 项目实施进度安排	
		(3) 项目实施进度表(横道图)	

续表

序　号	大纲分项名称	大纲子项名称	内 容 与 说 明
15	投资估算	(1) 投资估算依据	
		(2) 建设投资估算	1)建筑工程费; 2) 设备及工器具购置费; 3) 安装工程费; 4) 工程建设其他费用; 5) 基本预备费; 6) 涨价预备费; 7) 建设期利息
		(3) 流动资金估算	
		(4) 投资估算表	1) 项目投入总资金估算汇总表; 2) 单项工程投资估算表; 3) 分年投资计划表; 4) 流动资金估算表
16	融资方案	(1) 资本金筹措	1) 新设项目法人项目资本金筹措; 2) 既有项目法人项目资本金筹措
		(2) 债务资金筹措	
		(3) 融资方案分析	
17	财务评价	(1) 新设项目法人项目财务评价	1) 财务评价基础数据与参数选取:财务价格、计算期与生产负荷、财务基准收益率设定、其他计算参数; 2) 销售收入估算(编制销售收入估算表); 3) 成本费用估算(编制总成本费用估算表和分项成本估算表); 4) 财务评价报表:财务现金流量表、损益和利润分配表、资金来源与运用表、借款偿还计划表; 5) 财务评价指标: *a*) 盈利能力分析:项目财务内部收益率、资本金收益率、投资各方收益率、财务净现值、投资回收期、投资利润率; *b*) 偿债能力分析(借款偿还期或利息备付率和偿债备付率)
		(2) 既有项目法人项目财务评价	1) 财务评价范围确定; 2) 财务评价基础数据与参数选取:“有项目”数据、增量数据、“无项目”数据、其他计算参数; 3) 销售收入估算(编制销售收入估算表); 4) 成本费用估算(编制总成本费用估算表和分项成本估算表); 5) 财务评价报表:增量财务现金流量表、“有项目”损益和利润分配表、“有项目”资金来源与运用表、借款偿还计划表; 6) 财务评价指标; *a*) 盈利能力分析:项目财务内部收益率、资本金收益率、投资各方收益率、财务净现值、投资回收期、投资利润率; *b*) 偿债能力分析(借款偿还期或利息备付率和偿债备付率)
		(3) 不确定性分析	1) 敏感性分析(编制敏感性分析表,绘制敏感性分析图); 2) 盈亏平衡分析(绘制盈亏平衡分析图)
		(4) 财务评价结论	

续表

序　号	大纲分项名称	大纲子项名称	内 容 与 说 明
18	国民经济评价	(1) 影子价格及通用参数选取	
		(2) 效益费用范围调整	1) 转移支付处理; 2) 间接效益和间接费用计算
		(3) 效益费用数值调整	1) 投资调整; 2) 流动资金调整; 3) 销售收入调整; 4) 经营费用调整
		(4) 国民经济效益费用流量表	1) 项目国民经济效益费用流量表; 2) 国内投资国民经济效益费用流量表
		(5) 国民经济评价指标	1) 经济内部收益率; 2) 经济净现值
		(6) 国民经济评价结论	
19	社会评价	(1) 项目对社会的影响分析	
		(2) 项目与所在地互适性分析	1) 利益群体对项目的态度及参与程度; 2) 各级组织对项目的态度及支持程度; 3) 地区文化状况对项目的适应程度
		(3) 社会风险分析	
		(4) 社会评价结论	
20	风险分析	(1) 项目主要风险因素识别	
		(2) 风险程度分析	
		(3) 防范和降低风险对策	
21	研究结论与建议	(1) 推荐方案的总体描述	
		(2) 推荐方案的优缺点描述	1) 优点; 2) 存在问题; 3) 主要争论与分歧意见
		(3) 主要对比方案	1) 方案描述; 2) 未被采纳的理由
		(4) 结论与建议	
22	附图、附表、附件	(1) 附图	1) 场址位置图; 2) 工艺流程图; 3) 总平面布置图
		(2) 附表	1) 投资估算表:项目投入总资金估算汇总表、主要单项工程投资估算表、流动资金估算表; 2) 财务评价报表:销售收入、销售税金及附加估算表、总成本费用估算表、财务现金流量表、损益和利润分配表、资金来源与运用表、借款偿还计划表。 3) 国民经济评价报表:项目国民经济效益费用流量表、国内投资国民经济效益费用流量表

续表

序 号	大纲分项名称	大纲子项名称	内 容 与 说 明
22	附图、附表、附件	(3) 附件	1) 项目建议书(初步可行性研究报告)的批复文件; 2) 环保部门对项目环境影响的批复文件; 3) 资源开发项目有关资源勘察及开发的审批文件; 4) 主要原材料、燃料及水、电、气供应的意向性协议; 5) 项目资本金的承诺证明及银行等金融机构对项目贷款的承诺函; 6) 中外合资、合作项目各方草签的协议; 7) 引进技术考察报告; 8) 土地主管部门对场址批复文件; 9) 新技术开发的技术鉴定报告; 10) 组织股份公司草签的协议

三、可行性研究中的财务评价

(一) 财务评价中应用的基本方法

1. 各类利息计算方法

见表 2-4。

各类利息计算方法 **表 2-4**

序号	名 称	计算公式	系数的函数符 号	举 例	备 注
1	单 利	$S=P(1+i\cdot N)$ (2-1)		【例 2-1】 借款 1000 元,借款期为 3 年,年单利为 8%,则第三年的年终所欠总额是: $S=1000(1+0.08\times3)$ $=1240$ 元	P——现时资金的总额(现值); i——规定利息期(如:月、年)的单利率; N——利息期数; S——经 N 利息期后的资金总额(终值)
2	复 利	$S=P(1+i)^N$ (2-2)	已知:P,i,N 求:S $S/P,i,N$	【例 2-2】 借款 1000 元,借期为 3 年,年复利率为 8%,则第三年的年终所欠款总额是: $S=1000(1+0.08)^3$ $=1259.71$ 元	系数:$(1+i)^N$
3	未来款项的现时价 值	$P=S\frac{1}{(1+i)^N}$ (2-3)	已知:S,i,N 求:P $P/S,i,N$	【例 2-3】 某建设项目五年后可得到 1000 万元,其投资的利润率为 8%,则该 1000 万元的现值 P 为: $P=\frac{1000}{(1+0.08)^5}=680.58$ 万元	系数:$\frac{1}{(1+i)^N}$

续表

序号	名　称	计算公式	系数的函数符　号	举　例	备　注
4	相等支付款复利	$S=R\left[\frac{(1+i)^N-1}{i}\right]$ (2-4)	已知：R,i,N 求：S $S/R,i,N$	【例 2-4】 某建设项目每年年底存入银行 1000 元，复利率 8%，则 5 年后的累计总额(S)为多少？ $S=1000\left[\frac{(1+0.08)^5-1}{0.08}\right]$ $=5866.60$ 元	系数：$\frac{(1+i)^N-1}{i}$； R——年相等支付款（等值）
5	偿还债务基　金	$R=S\left[\frac{i}{(1+i)^N-1}\right]$ (2-5)	已知：R,i,N 求：P $P/R,i,N$	【例 2-5】 某建设项目要求在 5 年后存有 1000 万元储蓄，复利率为 8%，计算每年应存入银行的金额为： $R=\frac{1000\times0.08}{(1+0.08)^5-1}=170.46$ 万元	系数：$\frac{i}{(1+i)^N-1}$
6	资本再生利　息	$R=P\left[\frac{i(1+i)^N}{(1+i)^N-1}\right]$ (2-6)	已知：S,i,N 求：R $R/S,i,N$	【例 2-6】 借款 1000 元，5 年还清，年复利率 8%，计算 5 年内平均每年支付的款额？ $R=1000\times\left[\frac{0.08\times(1+0.08)^5}{(1+0.08)^5-1}\right]$ $=250.64$ 元	系数：$\frac{i(1+i)^N}{(1+i)^N-1}$
7	相等支付的现值	$P=R\left[\frac{(1+i)^N-1}{i(1+i)^N}\right]$ (2-7)	已知：P,i,N 求：R $R/P,i,N$	【例 2-7】 某项目在 5 年内，每年年底可得 1000 元，复利率为 8%，计算其现值 P。 $P=1000\left[\frac{(1+0.08)^5\ \ 1}{0.08\times(1+0.08)^5}\right]$ $=3992.71$ 元	系数：$\frac{(1+i)^N-1}{i(1+i)^N}$

注：上述六种系数（序号 2 至 7 备注内）可查复利系数表（见本章附录）取得。

2. 终值、现值和等值

【例 2-8】 终值和现值见表 2-5。

计算终值和现值举例　　表 2-5

名称	计算公式	3 种利率下，现值为 1 元的终值					3 种利率下，终值 1 元的现值				
		i \ N	1 年	5 年	10 年	20 年	i \ N	1 年	5 年	10 年	20 年
终值	$S=P(1+i)^N$ (2-2)	5%	1.05	1.276	1.629	2.653	5%	0.952	0.784	0.614	0.377
现值	$P=S\left[\frac{1}{(1+i)^N}\right]$ (2-3)	10%	1.10	1.611	2.594	6.728	10%	0.909	0.621	0.384	0.149
		20%	1.20	2.488	6.19	8.338	20%	0.833	0.402	0.162	0.062

【例 2-9】 等值:借款 8000 元,按照 10%的年利率计算,还款期为 4 年,可以有四种不同的还款方案,见表 2-6。

等值借还款举例:四种还款方案　表 2-6

① 年次	② 每年年初所欠金额	③=10%×② 该年所欠利息	④=②+③ 年终所欠金额	⑤ 本金付款	⑥=③+⑤ 年终付款总额
第一方案:每年年末付还 2000 元本金再加当年利息					
1	8000 元	800 元	8800 元	2000 元	2800 元
2	6000 元	600 元	6600 元	2000 元	2600 元
3	4000 元	400 元	4400 元	2000 元	2400 元
4	2000 元	200 元	2200 元	2000 元	2200 元
		2000 元		8000 元	10000 元
第二方案:每年年终只付所欠利息,本金到第四年年末一次付还					
1	8000 元	800 元	8800 元	0	800 元
2	8000 元	800 元	8800 元	0	800 元
3	8000 元	800 元	8800 元	0	800 元
4	8000 元	800 元	8800 元	8000 元	8800 元
		3200 元		8000 元	11200 元
第三方案:在四年中每年年末付还相等的款项					
1	8000 元	800 元	8800 元	1724 元	2524 元
2	6276 元	628 元	6904 元	1896 元	2524 元
3	4380 元	438 元	4818 元	2036 元	2524 元
4	2294 元	230 元	2524 元	2294 元	2524 元
		2096 元		8000 元	10096 元
第四方案:在第四年年末一次付还全部本金和利息					
1	8000 元	800 元	8800 元	0	0
2	8800 元	880 元	9680 元	0	0
3	9680 元	968 元	10648 元	0	0
4	10648 元	1065 元	11713 元	8000 元	11713 元
		3713 元		8000 元	11713 元

以上四种还款方案不但相互等值,而且还与 8000 元现款相等值。

3. 利率与计息期数的计算

(1) 已知 P、S、N、R,计算利率 i

【例 2-10】 建设项目的经济评价中,在已知 P、S、R、N 的情况下,计算投资利润率 i。见表 2-7。

(2) 已知 P、S、R、i,计算计息期数 N

【例 2-11】 建设项目经济评价中,在已知 P、S、R、i 的情况下计算计息期数 N。见表 2-8。

计算投资利润率 i 举例 表 2-7

已知	举例	计算过程和结果
$P \cdot S \cdot N$	某建设项目投资 $P=4000$ 万元,5 年后要求回收 6000 万元,($N=5$; $P=6000$ 万元) 求该项目的投资利润率 i	$\frac{S}{P}=\frac{6000}{4000}=1.5$;查复利表:当 $N=5$ 时;$i=8\%$,$\frac{S}{P}=1.4693$;$i=9\%$,$\frac{S}{P}=1.5386$;显然,i 值在 8%~9%之间。采用线性内插法,$i=8\%+\frac{(9\%-8\%)}{1.5386-1.4693}(1.5-1.4693)=8.44\%$

计算计息期数 N 举例 表 2-8

已知	举例	计算过程和结果
$P \cdot S \cdot i$	某建设项目今投资 1000 万元,利润率 $i=10\%$,求需多少年达到 2000 万元	$\frac{S}{P}=\frac{2000}{1000}=2.0$,查复利表;当 $i=10\%$时:$N=7$,$(S/P,10\%,7)=1.9487$ $N=8$,$(S/P,10\%,8)=2.1435$ 用线性内插法得到:$N=7.26$(年)需七年零三个月,才能达到 2000 万元

(二) 财务评价内容与步骤

财务评价是在确定的建设方案、投资估算和融资方案的基础上进行财务可行性研究。财务评价的主要内容与步骤如下:

1. 选取财务评价基础数据与参数,包括主要投入品和产出品财务价格、税率、利率、汇率、计算期、固定资产折旧率、无形资产和递延资产摊销年限,生产负荷及基准收益率等基础数据和参数。

2. 计算销售(营业)收入,估算成本费用。

3. 编制财务评价报表,主要有:财务现金流量表、损益和利润分配表、资金来源与运用表、借款偿还计划表。

4. 计算财务评价指标,进行盈利能力分析和偿债能力分析。

5. 进行不确定性分析,包括敏感性分析和盈亏平衡分析。

6. 编写财务评价报告。

(三) 财务评价基础数据与参数选取

1. 财务价格

财务评价是对拟建项目未来的效益与费用进行分析,应采用预测价格。预测价格应考虑价格变动因素,即各种产品相对价格变动和价格总水平变动(通货膨胀或者通货紧缩)。由于建设期和生产经营期的投入产出情况不同,应区别对待。基于在投资估算中已经预留了建设期涨价预备费,因此建筑材料和设备等投入品,可采用一个固定的价格计算投资费用,其价格不必年年变动。生产运营期的投入品和产出品,应根据具体情况选用固定价格或者变动价格进行财务评价。

(1) 固定价格。这是指在项目生产运营期内不考虑价格相对变动和通货膨胀影响的不变价格,即在整个生产运营期内都用预测的固定价格,计算产品销售收入和原材料、燃料动力费用。

(2) 变动价格。这是指在项目生产运营期内考虑价格变动的预测价格。变动价格又分为两种情况,一是只考虑价格相对变动引起的变动价格;二是既考虑价格相对变动,又考虑通货膨胀因素引起的变动价格。采用变动价格是预测在生产运营期内每年的价格都是变动的。为简化起见,有些年份也可采用同一价格。

进行盈利能力分析,一般采用只考虑相对价格变动因素的预测价格,计算不含通货膨胀因素的财务内部收益率等盈利性指标,不反映通货膨胀因素对盈利能力的影响。

进行偿债能力分析,预测计算期内可能存在较为严重的通货膨胀时,应采用包括通货膨胀影响的变动价格计算偿债能力指标,反映通货膨胀因素对偿债能力的影响。

在财务评价中计算销售(营业)收入及生产成本所采用的价格,可以是含增值税的价格,也可以是不含增值税的价格,应在评价时说明采用何种计价方法。财务评价报表均是按含增值税的价格设计的。

2. 税费

财务评价中合理计算各种税费,是正确计算项目效益与费用的重要基础。财务评价涉及的税费主要有增值税、营业税、资源税、消费税、所得税、城市维护建设税和教育费附加等。进行评价时应说明税种、税基、税率、计税额等。如有减免税费优惠,应说明政策依据以及减免方式和减免金额。

(1) 增值税是对生产、销售商品或者提供劳务的纳税人实行抵扣原则,就其生产、经营过程中实际发生的增值额征税的税种。财务评价的销售收入和成本估算均含增值税,项目应缴纳的增值税等于销项税减进项税。

(2) 营业税是对交通运输、商业、服务等行业的纳税人,就其经营活动营业额(销售额)为课税对象的税种。在财务评价中,营业税按营业收入额乘以营业税税率计算。

(3) 消费税是以消费品(或者消费行为)的流转额为课税对象的税种。在财务评价中,一般按销售额乘以消费税税率计算。

(4) 城市维护建设税和教育费附加是以增值税、营业税和消费税为税基乘以相应的税率计算。

(5) 资源税是对开采自然资源的纳税人征税的税种。通常按应课税矿产的产量乘以单位税额计算。

(6) 所得税是按应税所得额乘以所得税税率计算。

3. 利率

借款利率是项目财务评价的重要基础数据,用以计算借款利息。采用固定利率的借款项目,财务评价直接采用约定的利率计算利息。采用浮动利率的借款项目,财务评价时应对借款期内的平均利率进行预测,采用预测的平均利率计算利息。

4. 汇率

财务评价汇率的取值,一般采用国家外汇管理部门公布的当期外汇牌价的卖出、买入的中间价。

5. 项目计算期选取

财务评价计算期包括建设期和生产运营期。生产运营期,应根据产品寿命期(矿产资源项目的设计开采年限)、主要设施和设备的使用寿命期、主要技术的寿命期等因素确定。财务评价的计算期一般不超过 20 年。

有些项目的运营寿命很长，如水利枢纽，其主体工程是永久性工程，其计算期应根据评价要求确定。对设定计算期短于运营寿命期较多的项目，计算内部收益率、净现值等指标时，为避免计算误差，可采用年金折现、未来值折现等方法，将计算期结束以后年份的现金流入和现金流出折现至计算期末。

6．生产负荷

生产负荷是指项目生产运营期内生产能力发挥程度，也称生产能力利用率，以百分比表示。生产负荷是计算销售收入和经营成本的依据之一，一般应按项目投产期和投产后正常生产年份分别设定生产负荷。

7．财务基准收益率(i_c)设定

财务基准收益率是项目财务内部收益率指标的基准和判据，也是项目在财务上是否可行的最低要求，也用作计算财务净现值的折现率。如果有行业发布的本行业基准收益率，即以其作为项目的基准收益率；如果没有行业规定，则由项目评价人员设定。设定方法：一是参考本行业一定时期的平均收益水平并考虑项目的风险因素确定；二是按项目占用的资金成本加一定的风险系数确定。设定财务基准收益率时，应与财务评价采用的价格相一致，如果财务评价采用变动价格，设定基准收益率则应考虑通货膨胀因素。

资本金收益率，可采用投资者的最低期望收益率作为判据。

(四) 销售收入与成本费用估算

1．销售收入估算

销售(营业)收入是指销售产品或者提供服务取得的收入。生产多种产品和提供多项服务的，应分别估算各种产品及服务的销售收入。对不便于按详细的品种分类计算销售收入的，可采取折算为标准产品的方法计算销售收入。编制销售收入、销售税金及附加估算表。

2．成本费用估算

成本费用是指项目生产运营支出的各种费用。按成本计算范围，分为单位产品成本和总成本费用；按成本与产量的关系，分为固定成本和可变成本；按财务评价的特定要求，分为总成本费用和经营成本。成本估算应与销售收入的计算口径对应一致，各项费用应划分清楚，防止重复计算或者低估费用支出。

(1) 总成本费用估算。总成本费用是指在一定时期(如一年)内因生产和销售产品发生的全部费用。总成本费用的构成及估算通常采用以下两种方法：

1) 产品制造成本加企业期间费用估算法，计算公式为：

$$总成本费用 = 制造成本 + 销售费用 + 管理费用 + 财务费用 \tag{2-8}$$

其中：

$$\begin{aligned}制造成本 = {} & 直接材料费 + 直接燃料和动力费 + 直接工资 \\ & + 其他直接支出 + 制造费用\end{aligned} \tag{2-9}$$

2) 生产要素估算法，是从估算各种生产要素的费用入手，汇总得到总成本费用。将生产和销售过程中消耗的外购原材料、辅助材料、燃料、动力，人员工资福利，外部提供的劳务或者服务，当期应计提的折旧和摊销，以及应付的财务费用相加，得出总成本费用。采用这种估算方法，不必计算内部各生产环节成本的转移，也较容易计算可变成本和固定成本，计算公式为：

总成本费用 = 外购原材料、燃料及动力费 + 人员工资及福利费 + 外部提供的劳务及服务费 + 修理费 + 折旧费 + 矿山维简费(采掘、采伐项目计算此项费

用)+摊销费+财务费用+其他费用　　(2-10)

(2) 经营成本估算。经营成本是项目评价特有的概念,用于项目财务评价的现金流量分析。经营成本是指总成本费用扣除固定资产折旧费、矿山维简费、无形资产及递延资产摊销费和财务费用后的成本费用。计算公式为:

经营成本=总成本费用-折旧费-矿山维简费-
无形资产及递延资产摊销费-财务费用　　(2-11)

(3) 固定成本与可变成本估算。财务评价进行盈亏平衡分析时,需要将总成本费用分解为固定成本和可变成本。固定成本是指不随产品产量及销售量的增减发生变化的各项成本费用,主要包括非生产人员工资、折旧费、无形资产及递延资产摊销费、修理费、办公费、管理费等。可变成本是指随产品产量及销售量增减而成正比例变化的各项费用,主要包括原材料、燃料、动力消耗、包装费和生产人员工资等。

长期借款利息应视为固定成本,短期借款如果用于购置流动资产,可能部分与产品产量、销售量相关,其利息可视为半可变半固定成本,为简化计算,也可视为固定成本。

(4) 编制成本费用估算表。分项估算上述各种成本费用后,编制相应的成本费用估算表,包括总成本费用估算表和各分项成本估算表。

(五) 财务评价报表

新设项目法人项目财务评价的主要内容,是在编制财务报表的基础上进行盈利能力分析、偿债能力分析和抗风险能力分析。

财务评价报表主要有财务现金流量表、损益和利润分配表、资金来源与运用表、借款偿还计划表等。

1. 财务现金流量表,分为:

(1) 项目财务现金流量表,用于计算项目财务内部收益率及财务净现值等评价指标。

(2) 资本金财务现金流量表,用于计算资本金收益率指标。

(3) 投资各方财务现金流量表,用于计算投资各方收益率。

2. 损益和利润分配表,用于计算项目投资利润率。表中损益栏目反映项目计算期内各年的销售收入、总成本费用支出、利润总额情况;利润分配栏目反映所得税税后利润以及利润分配情况。

3. 资金来源与运用表,用于反映项目计算期各年的投资、融资及生产经营活动的资金流入、流出情况,考察资金平衡和余缺情况。

4. 借款偿还计划表,用于反映项目计算期内各年借款的使用、还本付息,以及偿债资金来源,计算借款偿还期或者偿债备付率、利息备付率等指标。

(六) 财务评价的获利性分析

获利性分析是项目财务评价的主要内容之一,是在编制现金流量表的基础上,计算财务内部收益率(或利润率)、财务净现值、投资回收期等指标。其中财务内部收益率为项目的主要盈利性指标,其他指标可根据项目特点及财务评价的目的、要求等选用。

建设项目财务评价获利性分析,按是否考虑资金的时间价值,可分静态分析和动态分析两类。

1. 静态分析

(1) 投资收益率

$$投资收益率=\frac{建设项目投产后一个正常年的净收益}{建设项目总投资}\times 100\% \tag{2-12}$$

(2) 投资回收期

$$投资回收期=\frac{项目的总投资}{一个正常年的利润+折旧费} \tag{2-13}$$

(3) 追加投资回收期

追加投资回收期即用不同项目生产成本的节约额来回收不同项目追加投资额的期限。

设　K_1 为甲方案的基建总投资；

K_2 为乙方案的基建总投资；

C_1 为甲方案的生产成本；

C_2 为乙方案的生产成本。

当甲方案的基建投资大于乙方案的基建投资(即 $K_1>K_2$),而甲方案的生产成本小于乙方案的生产成本(即 $C_2>C_1$)时,则追加投资回收期(T_D):

$$T_D=\frac{K_1-K_2}{C_2-C_1}\leqslant T_H; \tag{2-14}$$

T_H——标准投资回收期。

(4) 追加投资效果系数 E_D

$$E_D=\frac{C_2-C_1}{K_1-K_2}>E_H; \tag{2-15}$$

E_H——标准投资效果系数

当 $T_D<T_H$,或 $E_D>E_H$ 时,则甲方案合理；

当 $T_D>T_H$,或 $E_D<E_H$ 时,则乙方案合理。

在工业部门都可根据历年建设经验和生产水平规定本部门的 T_H 和 E_H。

【例 2-12】 某建设项目有甲、乙两个建厂方案,各项参数见表 2-9。用追加投资回收期 T_D 和追加投资效果系数 E_D 进行投资效果比较。

某建厂方案参数　**表 2-9**

方　案	总投资额(万元)	年生产成本经营费(万元/年)	年产量(台/年)	年单位产品投资(元/台)	年单位产品生产成本经营费(元/台)
0	[1]	[2]	[3]	[4]=[1]/[3]	[5]=[2]/[3]
甲	1500	400	1000	15000	4000
乙	1000	360	800	12500	4500

$$T_D=\frac{15000-12500}{4500-4000}=5\text{ 年}$$

$$E_D=\frac{1}{T_D}=\frac{1}{5}=0.2$$

假定标准投资回收期 T_H 为 5.5 年；标准投资效果系数 $E_H=\frac{1}{5.5}=0.18$。则说明甲方案虽然比乙方案投资要多，但是甲方案能够在比标准回收期要短的时间内，以自己经营费用的节约额来抵偿追加投资额，因而甲方案是经济合理的。衡量的标准是：

$$T_D < T_H; E_D > E_H$$

这里要提出一个值得讨论的问题，就是追加投资与节约生产成本经营费的时间价值，在本例中未加考虑，这些问题正是以下动态分析中讨论的问题。

2. 动态分析

(1) 追加投资回收期 T'_D

$$T'_D = \frac{\lg\Delta C - \lg(\Delta C - \Delta K \cdot i)}{\lg(1+i)}; \tag{2-16}$$

式中：$\Delta C = C_2 - C_1$；$\Delta K = K_1 - K_2$

【例 2-13】 同上例，$i = 5\%$，计算动态追加投资回收期 T'_D。

$$\Delta K = 15000 - 12500 = 2500 \text{ 元/(台·年)}$$

$$\Delta C = 4500 - 4000 = 500 \text{ 元/台}$$

则追加投资回收期　$$T_D = \frac{\lg500 - \lg(500 - 2500 \times 0.05)}{\lg1.05}$$

$$= \frac{2.699 - \lg875}{0.0212} = \frac{2.699 - 2.574}{0.0212} = 5.9 \text{ 年}$$

前例的静态分析计算结果 $T_D = 5$ 年，两者相差 0.9 年。故应用动态分析是比较符合贷款付息的实际情况。当追加投资回收期越长，两者的差距越大。

(2) 财务净现值($FNPV$)

净现值就是在一个项目经济寿命期内的现金流入和现金流出之差额(即净现金流量)并按预定的折现率折现到基准年的数值。

$$FNPV = \sum_{t=0}^{n} \frac{CF_t}{(1+i)^t} = \sum_{t=0}^{n} (CI_t - CO_t)\alpha_t \tag{2-17}$$

式中　$FNPV$——净现值；

CF_t——年份 t 的现金流量；

CI_t——年份 t 的现金流入；

CO_t——年份 t 的现金流出；

i——折现率；

α_t——t 年的折现系数[$\alpha_t = (1+i)^{-t}$，查复利系数表可得]；

t——项目的经济寿命期间的年份(即 $t = 1, 2, \cdots, n$)。

一个项目的净现值也可以将历年的净现金流量按固定的折现率，折算到基准年的数值之总和。

也可按下式计算：

$$FNPV = NCF_1 \times \alpha_1 + NCF_2 \times \alpha_2 + \cdots + NCF_n \times \alpha_n$$

式中　NCF_1、NCF_2、NCF_n——该项目在年份 1、2、…、n 的净现金流量；

α_2、…、α_n——在年份 1、2、…、n 中对应于所选折现率 i 的折现系数。

【例 2-14】 某建设项目的基建期为 2 年整，第 3 年初投产，投产后第一、第二年的产量达到设计生产能力的 40%、60%；第三年(即建厂算起的第五年)达到项目的设计生产能力。

该建设项目的寿命期计算到 12 年为止。其净现金流量分析见表 2-10,以获利性动态分析计算的净现值(*FNPV*)及动态投资回收期见表 2-11。

某建设项目投资现金流量计算表示例　　单位:万元　　**表 2-10**

	项　目	合计	基建时期		生　产　时　期									
			1	2	3	4	5	6	7	8	9	10	11	12
第一部分	计算产量		—	—	40	60	100	100	100	100	100	100	100	100
	一、现金流入													
	1. 销售收入	94500	—	—	4200	6300	10500	10500	10500	10500	10500	10500	10500	10500
	2. 回收固定资产残值	100	—	—	—	—	—	—	—	—	—	—	—	100
	3. 回收流动资金	2200	—	—	—	—	—	—	—	—	—	—	—	2200
	流入小计	96800	—	—	4200	6300	10500	10500	10500	10500	10500	10500	10500	12800
	二、现金流出													
	1. 基建投资	5300	2300	3000	—	—	—	—	—	—	—	—	—	—
	2. 流动资金	2200	—	—	1000	400	800	—	—	—	—	—	—	—
	3. 经营成本	67042	—	—	3480	4770	7349	7349	7349	7349	7349	7349	7349	7349
	4. 工商税	4725	—	—	210	315	525	525	525	525	525	525	525	525
	流出小计	79267	2300	3000	4690	5485	8674	7874	7874	7874	7874	7874	7874	7874
	三、净现金流量	17533	-2300	-3000	-490	815	1820	2626	2626	2626	2626	2626	2626	4926
	四、累计净现金流量		-2300	-5300	-5790	-4975	-3149	-523	2103	4720	7355	9981	12607	17533

获利性动态分析的财务净现值(*FNPV*)及动态投资回收期计算示例

单位:万元　　**表 2-11**

	项　目	合计	基建时期		生　产　时　期									
			1	2	3	4	5	6	7	8	9	10	11	12
第一部分	一、现金流入小计	96800	—	—	4200	6300	10500	10500	10500	10500	10500	10500	10500	10500
	二、现金流出小计	79267	2300	3000	4690	5485	8674	7874	7874	7874	7874	7874	7874	7874
	三、净现金流量	17533	-2300	-3000	-490	815	1820	2626	2626	2626	2626	2626	2626	4926
	四、累计净现金流量	—	-2300	-5300	-5790	-4975	-3149	-523	2103	4720	7355	9881	12607	17533
第二部分	财务净现值(*FNPV*)计算 (折现率 $i=15\%$)													
	一、折现率 $\alpha_t=\dfrac{1}{(1+i)^t}$	—	0.8696	0.7561	0.6575	0.5718	0.4972	0.4323	0.3759	0.3269	0.2843	0.2472	0.2149	0.1869
	二、财务净现值	2642	-2000	-2268	-322	466	905	1135	987	858	747	649	564	921
	三、累计净现值	—	-2000	-4268	-4590	-4124	-3219	-2084	-1097	-239	508	1157	1721	2642
	四、动态投资回收期	$8+\dfrac{239}{747}=8.3$ 年												

表2-11所得的财务净现值($FNPV$)为2642万元，比表2-10所求得的累计现金流量17533万元低得多。此外，动态投资回收期按表2-11计算为8.3年，与静态投资回收期比较要延长2年多。

(3) 净现值比($NPVR$)

$$NPVR = \frac{FNPV}{PVI} \tag{2-18}$$

式中　PVI——项目总投资的现值

(4) 财务内部利润率($FIRR$)

$$FNPV = \sum_{t=0}^{n} \frac{CI_t - CO_t}{(1+FIRR)^t} = 0 \tag{2-19}$$

用图解法求解(图2-1)

$$\frac{|PV|}{|NV|} = \frac{FIRR - i_1}{i_2 - FIRR} \tag{2-20}$$

故

$$FIRR = \frac{|PV|(i_2 - i_1)}{|PV| + |NV|} + i_1 \tag{2-21}$$

应注意：PV与NV都很接近于零，即i_1与i_2彼此很接近，两者相差不应超过1%～5%。否则用上式求得的财务内部利润率就不正确，因为折现率与净现值之间并非线性关系。

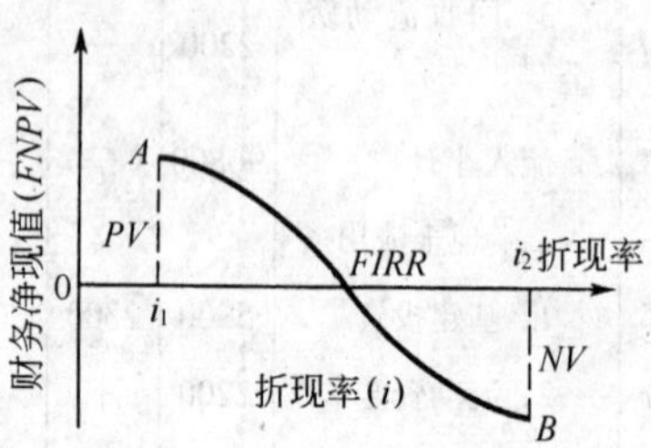

图2-1　图解法求财务内部利润率

【例2-15】　某建设项目按不同折现率求得的净现值如表2-12所示。求算其内部利润率。

不同折现率的净现值　　**表2-12**

折现率/%	7.0	11.0	14.0	14.7	14.8
净现值/百万元	141.2	52.95	3.32	1.014	-0.121

由表中看出，折现率增高则净现值减少，当折现率为14.7%时，净现值已是接近于零的正值，而当取14.8%，就使净现值降为接近于零的负值。可见财务内部利润率就在此两个折现率之间，按上述公式可求得：

$$FIRR = 14.7 + \frac{1.014(14.8 - 14.7)}{1.014 + 0.121} = 14.79\%$$

此外，用试差法求财务内部利润率见表2-13第四部分所示。

【例2-16】　建设项目整体现金流量计算、获利性静态分析及动态分析全部指标的计算过程和体系举例见表2-13。

建设项目全部指标计算　　单位：万元　　**表2-13**

	项　目	合计	基建时期		生产时期									
			1	2	3	4	5	6	7	8	9	10	11	12
第一部分	计算产量		—	—	40	60	100	100	100	100	100	100	100	100
	一、现金流入													
	1. 销售收入	94500	—	—	4200	6300	10500	10500	10500	10500	10500	10500	10500	10500

续表

	项　　目	合计	基建时期		生　产　时　期									
			1	2	3	4	5	6	7	8	9	10	11	12
第一部分	2．回收固定资产残值	100	—	—	—	—	—	—	—	—	—	—	—	100
	3．回收流动资金	2200	—	—	—	—	—	—	—	—	—	—	—	2200
	流入小计	96800	—	—	4200	6300	10500	10500	10500	10500	10500	10500	10500	12800
	二、现金流出													
	1．基建投资	5300	2300	2300	—	—	—	—	—	—	—	—	—	—
	2．流动资金	2200	—	—	1000	400	800	—	—	—	—	—	—	—
	3．经营成本	67042	—	—	3480	4770	7349	7349	7349	7349	7349	7349	7349	7349
	4．工商税	4725	—	—	210	315	525	525	525	525	525	525	525	525
	流出小计	79267	2300	3000	4690	5485	8674	7874	7874	7874	7874	7874	7874	7874
	三、净现金流量	17533	−2300	−3000	−490	815	1820	2626	2626	2626	2626	2626	2626	4926
	四、累计净现金流量		−2300	−5300	−5790	−4975	−3149	−523	2103	4720	7355	9981	12607	17533
第二部分	财务净现值（*FNPV*）													
	折现率 $i=15\%$ 的折现系数	—	0.8696	0.7561	0.6575	0.5718	0.4972	0.4323	0.3759	0.3269	0.2843	0.2472	0.2149	0.1869
	财务净现值	2642	−2000	−2268	−322	466	905	1135	987	858	747	649	564	921
	累计财务净现值	—	−2000	−4268	−4590	−4124	−3219	−2084	−1097	−239	508	1157	1721	2642
第三部分	财务内部利润率（*FIRR*）计算：													
	1．折现率 $i_1=23\%$ 的折现系数	—	0.8131	0.6610	0.5374	0.4369	0.3552	0.2888	0.2347	0.1908	0.1552	0.1262	0.1026	0.0834
	净现值	+180	−1870	−1983	−263	356	646	758	616	501	408	331	269	411
	2．折现率 $i_2=24\%$ 的折现系数	—	0.8065	0.6504	0.5245	0.4230	0.3411	0.2751	0.2218	0.1789	0.1443	0.1164	0.0938	0.0757
	财务净现值	−19	−1855	−1951	−257	345	621	722	582	470	379	306	246	373

第四部分

指标汇总：

一、获利性静态分析

1．投资收益率 $=\dfrac{2626}{5300+2200}\times 100\%=35\%$；

2．净现金流量 $=17533$ 万元；

3．投资回收期 $=6+\dfrac{523}{2626}=6.2$ 年；

二、获利性动态分析

1．财务净现值（*FNPV*）$=2642$ 万元（以折现率 $i=15\%$ 计）；

2．投资回收期 $=8+\dfrac{239}{747}=8.3$ 年（以折现率 $i=15\%$ 计）；

3．财务内部利润率（*FIRR*）$=23\%+\dfrac{180(24-23)}{180+19}=23.9\%$

注：为简化净现值计算，视净现金流量发生在年末。

财务内部利润率可根据财务现金流量表中净现金流量，用试差法计算，也可采用专用软件的财务函数计算。

3. 各项指标的说明

(1) 项目财务内部收益率(或利润率)，是指考察确定项目融资方案前(未计算借款利息)且在所得税前整个项目的盈利能力，供决策者进行项目方案比选和银行金融机构进行信贷决策时参考。

由于项目各融资方案的利率不尽相同，所得税税率与享受的优惠政策也可能不同，在计算项目财务内部收益率时，不考虑利息支出和所得税，是为了保持项目方案的可比性。

项目财务内部收益率($FIRR$)的判别依据，应采用行业发布或者评价人员设定的财务基准收益率(i_c)对比，当 $FIRR \geqslant i_c$ 时，即认为项目的盈利能力能够满足要求。资本金和投资各方收益率应与出资方最低期望收益率对比，判断投资方收益水平。

(2) 财务净现值是评价项目盈利能力的绝对指标，它反映项目在满足按设定折现率要求的盈利之外，获得的超额盈利的现值。财务净现值等于或者大于零，表明项目的盈利能力达到或者超过按设定的折现率计算的盈利水平。一般只计算所得税前财务净现值。

(3) 投资回收期越短，表明项目的盈利能力和抗风险能力越好。投资回收期的判别标准是基准投资回收期，其取值可根据行业水平或者投资者的要求设定。

(4) 投资利润率(或收益率)是指项目在计算期内正常生产年份的年利润总额(或年平均利润总额)与项目投入总资金的比例，它是考察单位投资盈利能力的静态指标。将项目投资利润率与同行业平均投资利润率对比，判断项目的获利能力和水平。

(5) 根据有关财务报表，计算借款偿还期、利息备付率、偿债备付率等指标，评价项目借款偿债能力。如果采用借款偿还期指标，可不再计算备付率，如果计算备付率，则不再计算借款偿还期指标。

1) 借款偿还期：借款偿还期是指以项目投产后获得的可用于还本付息的资金，还清借款本息所需的时间，一般以年为单位表示。这项指标可由借款偿还计划表推算。不足整年的部分可用内插法计算。指标值应能满足贷款机构的期限要求。

借款偿还期指标旨在计算最大偿还能力，适用于尽快还款的项目，不适用于已约定借款偿还期限的项目。对于已约定借款偿还期限的项目，应采用利息备付率和偿债备付率指标分析项目的偿债能力。

2) 利息备付率：利息备付率是指项目在借款偿还期内，各年可用于支付利息的税息前利润与当期应付利息费用的比值，即：

$$利息备付率 = 税息前利润/当期应付利息费用 \tag{2-22}$$

其中

$$税息前利润 = 利润总额 + 计入总成本费用的利息费用; \tag{2-23}$$

当期应付利息是指计入总成本费用的全部利息。

利息备付率可以按年计算，也可以按整个借款期计算。利息备付率表示项目的利润偿付利息的保证倍率。对于正常运营的企业，利息备付率应当大于 2，否则，表示付息能力保障程度不足。

3) 偿债备付率：偿债备付率是指项目在借款偿还期内，各年可用于还本付息资金与当期应还本付息金额的比值，即：

$$偿债备付率 = 可用于还本付息资金/当期应还本付息金额 \tag{2-24}$$

可用于还本付息的资金,包括可用于还款的折旧和摊销,在成本中列支的利息费用,可用于还款的利润等。当期应还本付息金额包括当期应还贷款本金及计入成本的利息。

偿债备付率可以按年计算,也可以按整个借款期计算。偿债备付率表示可用于还本付息的资金偿还借款本息的保证倍率。偿债备付率在正常情况应当大于1。当指标小于1时,表示当年资金来源不足以偿付当期债务,需要通过短期借款偿付已到期债务。

(七)既有项目法人项目财务评价

其与新设项目法人项目财务评价的主要区别,在于它的盈利能力评价指标,是按"有项目"和"无项目"对比,采取增量分析方法计算。偿债能力评价指标,一般是按"有项目"后项目的偿债能力计算。评价步骤与内容如下:

1.确定财务评价范围

应科学划分和界定效益与费用的计算范围。如果拟建项目建成后能够独立经营,形成相对独立的核算单位,项目所涉及的范围就是财务评价的对象;如果项目投产后的生产运营与现有企业无法分开,也不能单独计算项目发生的效益与费用,应将整个企业作为项目财务评价的对象。

2.选取财务评价数据

(1)"有项目"数据,是预测项目实施后各年的效益与费用状况的数据。

(2)"无项目"数据,是预测在不实施该项目的情况下,原企业各年的效益与费用状况的数据。

(3)"增量"数据,是指"有项目"数据减"无项目"数据的差额,用于增量分析。

3.编制财务报表

既有项目法人项目财务评价,应按增量效益与增量费用的数据,编制项目增量财务现金流量表、资本金增量财务现金流量表、项目损益和利润分配表、资金来源与运用表及借款偿还计划表等。

4.盈利能力分析

盈利能力分析指标、表达式和判别依据与上述(六)新设项目法人项目基本相同。

5.偿债能力分析

根据财务评价报表,计算借款偿还期或者利息备付率和偿债备付率,分析拟建项目自身偿还债务的能力。

(八)风险性分析

建设项目进行获利性经济分析时,需运用价格、折现率、寿命期及生产规模等一些基本变量。根据这些基本变量计算出建设资金、经营成本、销售效益等指标来进行经济评价,最后对投资项目作出建议性结论。由于在实践中,这些基本变量和评价指标都是对未来的政治、社会发展、技术发展、市场波动等方面进行的假设和预测,这些数据必然会因外界客观状况变化而变动。对未来的实际情况,不一定与假设和预测的一致,这是因为项目的评价人,不可能对未来与现在的认识,完全与客观现实一致的缘故。因而这些以后可能变化的不确定因素,将影响项目最后决策的可靠性。因此,要求在项目的获利性分析中,对其中有重大影响的各种不能肯定的可变因素进行剖析。随着可变因素变量的增减,计算出它们对项目资金收益的变化幅度,使项目的投资决策建立在较为可靠的基础上,以减少经济风险。这种分析由于风险因素变动而对建设项目投资经济效益产生多大影响的分析方法,称为风险分析。

建设项目的经济评价中产生风险性的主要因素如表 2-14 所示。

风险性因素　　表 2-14

风险性经济分析的主要因素	说　明
(1) 物价变动	多数项目的投入和产出的价格,往往随时间延伸和其他各种社会因素的变化而变化
(2) 工艺技术的改革	项目评价时的投入、产出的数量和价格,是根据当时的技术水平确定的。但有些项目投入生产以后往往随着新技术的引进,工艺技术的变动而变动
(3) 生产能力的变化	这是指项目投产后也可能不能达到预期的设计生产能力,这将影响经营成本和销售收益
(4) 建设资金估算不准	在经济分析和评价时低估了建设费用和流动资金的投资,这将要延长建设和投产时间,从而也会影响到投资规模、经营成本和销售收益
(5) 政策的变化	这不是规划与经济所能控制的范围,尤其是政治因素引起的经济政策的变化,将会给项目带来风险

因此,在决定工程项目是否可行时,必须把这些因素作为对项目的考核,研究该项目今后能否经受住这种风险。风险分析主要是根据其销售收益、生产成本、投资费用和产品价格与寿命期等可变因素在容许范围内的变化,研究其对项目的获利性的影响,以确定项目可行的程度。

风险分析主要有收支平衡和敏感性分析两种方法:

1. 收支平衡分析

收支平衡分析是分析项目的收益及成本与不同产量之间的关系。确定收支平衡点,即销售收入与生产成本相同之点,此点的产量即为项目不亏不盈的产量,用来确定项目的最低产量。收支平衡点越低,项目盈利的机会就越大,亏损的风险越小,因此该点表达了项目生产能力必须利用的最低程度。

收支平衡分析有三个变量:产量、售价与成本。成本又分为固定成本和可变成本两大部分。固定成本总保持不变;可变成本与产量成正比,即随原材料、劳力等生产因素的变化而变化。

确定某一项目的收支平衡点应依据一个正常生产年度内的投入和产出水平、价格、投资及成本的数据,用图解法或数学计算方法求得。

(1) 图解法

假设投资项目生产单一产品,先估算出总固定成本(C_1)、单位产品可变成本(C_2)、和单位产品销售价格(P)。按照正常生产年度的产量(Q)作出固定生产成本和可变生产成本线,即按公式 $C=C_1+C_2Q$ 绘出生产总成本线;按正常年度的生产销售量(Q)乘以单位产品销售价格(P),求得销售收入线($Y=Q\cdot P$)。生产总成本线与销售收入线相交的点即收支平衡点(见图 2-2)。从收支平衡图可看

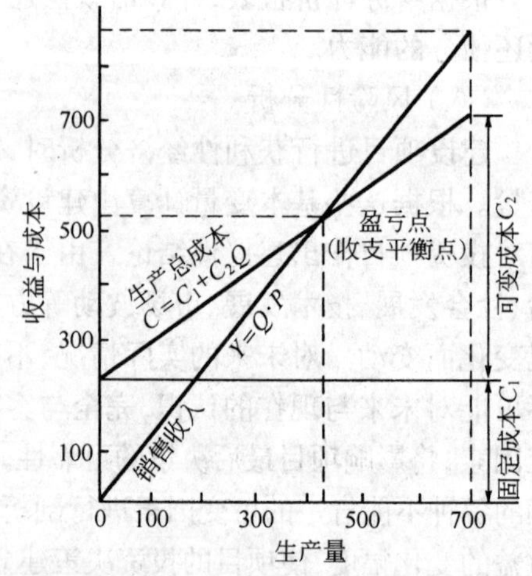

图 2-2　收支平衡图

出，在平衡点总成本与总收入相等。高于此点，项目获得利润；低于此点，项目就亏损。

(2) 数算法

可用以下三种形式进行计算：

1) 以实物单位（产品销售量 Q）表示的收支平衡点：销售收入（Y）= 销售量（Q）× 单位产品销售价格（P）

$$Y = Q \cdot P \tag{2-25}$$

$$生产成本(C) = 可变成本(C_2) \times 销售量(Q) + 固定成本(C_1)$$

$$C = C_2 \cdot Q \cdot C_1 \tag{2-26}$$

因为在平衡点上销售收入（Y）= 生产成本（C）

$$Q \cdot P = C_2 \cdot Q + C_1 \tag{2-27}$$

由此求出收支平衡点上的生产（销售）量（Q_0）

$$Q_0 = \frac{固定成本(C_1)}{单位产品销售价格(P) - 可变成本(C_2)}$$

即

$$Q_0 = \frac{C_1}{P - C_2} \tag{2-28}$$

2) 以销售收入（Y）表示的收支平衡点：

用实物单位计算的平衡点产量$\left(Q_0 = \dfrac{C_1}{P - C_2}\right)$乘以单位产品销售价格（$P$）而得：

$$Y = P \cdot \frac{C_1}{P - C_2} \tag{2-29}$$

3) 以达到项目的设计生产能力的利用率来表示收支平衡点：

$$R = \frac{收支平衡点上的产量\ Q_0}{达到项目设计能力的产量\ Q} \times 100\%$$

$$= \frac{\frac{C_1}{P \quad C_2}}{Q} \times 100\% = \frac{C_1}{Y - Q \cdot C_2} \times 100\% \tag{2-30}$$

式中　R——达到项目的设计生产能力的利用率；

Y——达到设计生产能力时的销售收入（即 $Q \cdot P$）。

应用数算法计算时需注意以下几点：

1) 项目只按生产一种产品来分析，若该项目同时生产几种类似的产品时，应转换为一种基本产品来分析。

2) 分析中要求在整个生产期内产品组合保持不变。如产品组合由两种产品组成，已知各产品的预期生产量和单位产品价格，则生产总成本可按下式计算：

$$Q_1 \cdot P_1 + Q_2 \cdot P_2 = C_1 + Q_1 \cdot C_{2.1} + Q_2 \cdot C_{2.2} \tag{2-31}$$

式中　Q_1、Q_2——产品 1 和产品 2 的生产量；

P_1、P_2——产品 1 和产品 2 的销售价格；

$C_{2.1}$、$C_{2.2}$——产品 1 和产品 2 的单位可变成本；

C_1——固定成本。

3) 计算数据均取项目某一正常生产年度的数据，生产成本是生产量的函数关系。

4) 假定单位产品的销售价格在生产各个时间均相同，即销售收入是单位销售价格与销售数量的线性函数。

5）单位产品销售价格、可变生产成本和固定生产成本不变，并且生产量等于销售量。

显然，以上这些约束条件在实际情况下不可能同时均满足，这会使收支平衡分析出现某些不确定性的不利影响。因此，这种分析方法也仅作为项目评价中的一种辅助手段。

此外，从上述的几种计算形式中可看出：固定生产成本与单位产品销售价格和可变单位成本的差额之间的关系，决定了收支平衡点的位置。因此，在收支平衡分析中可得出这样的几个结论：

1）收支平衡点高会使企业容易受生产与销售水平变化的影响。因此，平衡点越高对企业越不利。

2）固定成本越高，则会使收支平衡点提高。因此，要采取一切措施降低企业的固定生产费用，使平衡点下降，以增加项目的盈利。

3）单位销售价格可变单位成本之间的差额越大，收支平衡点就越低。因而降低可变单位成本；或提高单位销售价格，使企业获得更多盈利。

【例 2-17】 某制品厂年产饰面制品 200 万件，每件销售价格 6.25 元；单位产品生产成本 4.89 元，其中单位产品可变成本 3.25 元；如按年计算；销售收入为 200×6.25＝1250 万元；固定成本 328 万元，其中折旧为 73 万元；可变成本 200×3.25＝650 万元。试以数算法作收支平衡分析。

收支平衡点的产品 Q_0

$$Q_0=\frac{C_1}{P-C_2}=\frac{3280000}{6.25-3.25}=1093333\text{ 件}$$

说明该厂生产量达到 1093333 件就不会亏本。而超过此产量就可盈利。

收支平衡点的销售收入 Y

$$Y=Q_0\cdot P=\frac{C_1}{P-C_2}\cdot P=\frac{3280000}{6.25-3.25}\times 6.25=6833333\text{ 元}$$

说明该厂达到销售收入 6833333 元以后才不致亏本，而大于此销售收入就可盈利。

该厂实际生产能力的利用率（R）

$$R=\frac{C_1}{Y-QC_2}=\frac{3280000}{12500000-6500000}\times 100\%=55\%$$

说明该厂生产只要达到设计生产能力的 55%，企业就不会亏损，而把生产能力提高到 55%以上，就能增加收益。

收支平衡分析有助于确定由于单位价格变化、固定成本变化及可变成本变化对项目收支平衡点的影响。项目的特点、工艺类型和生产能力的不同，都会直接或间接地影响收支平衡点。例如项目规划者设计的工业项目生产能力不同就会引起固定成本的变化；工艺流程的改变也会影响可变成本；如采用先进技术的工艺流程可减少劳动成本，因而单位可变成本就随之下降。

2．敏感性分析

（1）敏感性分析的意义

敏感性分析就是研究由于客观条件的影响（如政治形势、通货膨胀、市场需求等）使项目的主要变量因素（如销售量、单位销售价格、单位成本等）发生变化，导致项目的主要经济效果评价指标(净现值、国民收入净增值、投资利润率、还本期等)的变动。如果变量的变动对评价指标的影响不大时,这种方案称为不敏感方案;反之,若变量的变化幅度甚小,而评价指标的反映很敏感,甚至否定了原方案,则该项目对变量的不确定性是敏感的,此项目的建设方案称为敏感性方案。由此可见,后者寓有较大的潜在风险,而前者较为可靠。

敏感性分析就是研究这些客观因素的变化对项目经济效果产生的影响,并从中发现哪些因素影响经济效果最大或最小?从而找出这些因素影响的根源,采取相应的有效措施,以改善项目的投资效果,为项目决策提供可靠的依据。

敏感性分析在项目规划阶段使用,可帮助选择项目建设的乐观或悲观方案;分析变量因素对项目经济效果的影响程度,以减少不确定性的成分;并能指出为保证项目在生产经营和商业上获得成功必须在管理上加以密切注意的一些生产要素(如原料、劳力和能源等),以及研究使用某种代用品的可能性等等。

(2) 编制敏感性分析表和绘制敏感性分析图

敏感性分析图如图 2-3 所示。图中每一条斜线的斜率反映内部收益率对该不确定因素的敏感程度,斜率越大敏感度越高。一张图可以同时反映多个因素的敏感性分析结果。每条斜线与基准收益率线的相交点所对应的不确定因素变化率,图中 C_1、C_2、C_3、C_4 等即为该因素的临界点。

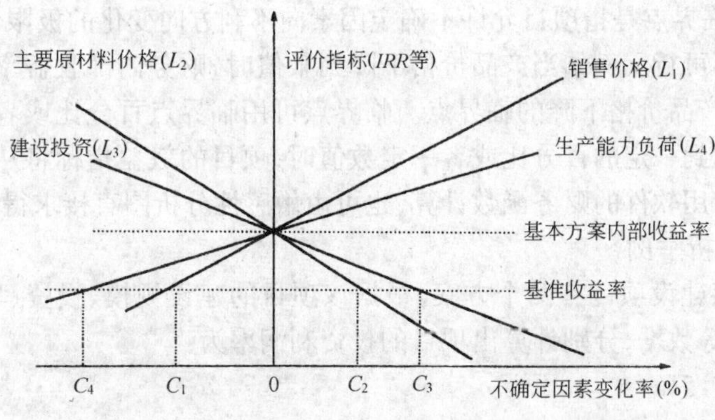

图 2-3　敏感性分析图

敏感性分析表如表 2-15 所示。表中所列的不确定因素是可能对评价指标产生影响的因素,分析时可选用一个或多个因素。不确定因素的变化范围可自行设定。可根据需要选定项目评价指标,其中最主要的评价指标是财务内部收益率。

敏感性分析表　　表 2-15

序　号	不确定因素	变化率(%)	内部收益率	敏感系数	临界点(%)	临界值
	基本方案					
1	产品产量(生产负荷)					
2	产品价格					

续表

序 号	不确定因素	变化率(%)	内部收益率	敏感系数	临界点(%)	临界值
3	主要原材料价格					
4	建设投资					
5	汇率					

(3) 计算敏感度系数和临界点

1) 敏感度系数。单因素敏感性分析可用敏感度系数表示项目评价指标对不确定因素的敏感程度。计算公式为:

$$E = \Delta A / \Delta F \tag{2-32}$$

式中 ΔF——不确定因素 F 的变化率,%;

ΔA——不确定因素 F 发生 ΔF 变化率时,评价指标 A 的相应变化率,%;

E——评价指标 A 对于不确定因素 F 的敏感度系数。

2) 临界点。临界点是指项目允许不确定因素向不利方向变化的极限值。超过极限,项目的效益指标将不可行。例如当产品价格下降到某值时,财务内部收益率将刚好等于基准收益率,此点称为产品价格下降的临界点。临界点可用临界点百分比或者临界值分别表示某一变量的变化达到一定的百分比或者一定数值时,项目的效益指标将从可行转变为不可行。临界点可用专用软件的财务函数计算,也可由敏感性分析图直接求得近似值。

(4) 敏感性分析举例

【例 2-18】 某建设项目有两个方案,根据该项目的建设规模、投资、单位产品的成本、销售价、建设期限等数据,分别计算出项目的投资利润率为:

甲方案 19.5%

乙方案 22.3%

由于投资、成本、原料价格、销售价格、产量及建设工期等可变因素变量的增减,分别重新计算得甲、乙两方案相应增减的投资利润率(见表 2-16)。

某建设项目两个规划方案的敏感性分析比较表 **表 2-16**

序号	可变因素变量的增减值		甲方案			乙方案		
			利润率/%	与原规划方案利润率之差值/%	该项变量增减1%时,利润率的变化值/%	利润率/%	与原规划方案利润率之差值/%	该项变量增减1%时,利润率的变化值/%
1	原规划方案		19.5	0	0	22.3	0	0
2	销售价格	增加 10% (20%)	26.7** (35.2)	+7.2	+0.72	25.8	+3.5	+0.35
3		降低 10% (20%)	11.2 (4.3)	-8.3	-0.83	18.2	-4.1	-0.41

续表

序号	可变因素变量的增减值		甲方案			乙方案		
			利润率/%	与原规划方案利润率之差值/%	该项变量增减1%时,利润率的变化值/%	利润率/%	与原规划方案利润率之差值/%	该项变量增减1%时,利润率的变化值/%
4	总投资	增加10% (20%)	18.2 (17.2)	-1.3	-0.13	21.5	-0.8	-0.08
5		降低10% (20%)	20.4 (21.2)	+0.9	+0.09	23.3	+1.0	+0.10
6	原料成本	增加10% (20%)	10.5 (2.2)	-9.0	-0.90	19.1	-3.2	-0.32
7		降低10% (20%)	27.3 (35.1)	+7.8	+0.78	26.2	+3.9	+0.39
8	产　量	增加10% (20%)	22.8 (27.0)	+3.3	+0.33	24.6	+2.3	+0.23
9		降低10% (20%)	15.5 (11.0)	-4.0	-0.40	19.6	-2.7	-0.27
10	建设工期	延迟一年 (二年)	17.2 (11.5)	-2.3	-0.23	21.4	-0.9	-0.09
11		提前一年 (二年)	22.2 (24.2)	+2.7	+0.27	23.5	+1.2	+0.12

注：1. 该项的建设工期(序号10、11)为延迟或提前一年对利润率的影响；
2. 括弧内的数字为当可变因素变量增减20%(建设工期延迟或提前二年)时的利润率。

由表2-16所示甲、乙两方案的敏感性分析比较中可看出：

甲方案当可变因素变量增减1%时,其投资利润率变动较大,尤其是甲方案的销售价格及原料成本两项,在发生不利因素时更为敏感。当销售价格下降及原料成本提高时,致使利润率大幅度下降；

乙方案的敏感性比甲方案小,即当不利因素有变化时所受影响较小。由此可见,这两个方案比较,乙方案胜于甲方案。

除以上分析比较外。还应分析这些因素产生不确定性的原因,并采取相应的措施和对策。

上例所计算的仅是单项可变因素的增减所引起的利润率的变化,实际上往往可能有几个可变因素同时有不同程度的增减,则可根据表2-16中可变因素变量每增减1%,对投资利润率的变化值来计算相应的利润率。

在敏感性分析中计算各种变量的经济效益指标是一项十分繁琐的工作,应采用专用软件作敏感性分析。

敏感性分析是可行性研究经济评价中不可缺少的重要环节。通过敏感性分析可为决策者提供比较真实的资料,并能反映某些不确定因素对经济效果指标的影响程度,使决策人更全面地了解到建设项目的规划方案可能出现的经济效果的变动情况,能分析其原因,可采取相应的措施来减少和避免这些不利因素。通过敏感性分析可选择经济效果最优的规划方案。

敏感性分析是用以考核一个投资项目对一个或几个变量变化时的敏感程度,它仅仅是作为一种方法。尽管它不能指导投资者确切估计某些变量的范围;也不能告诉投资者在悲观或乐观的估计中究竟哪一个出现的机会较大;更不能帮助投资者充分估计自己投资承担风险程度。但敏感性分析可以帮助决策者作出这样的结论:一个项目在所有变量都处于最好条件下,该项目是否有收益?在最坏情况下,项目是否仍有收益?在实践中,有些变化可能同时向同一方向或相反方向变动。因此,不能按单一变量的变化作结论,而应进行综合分析。

(5) 敏感性分析的作用

1) 确定影响项目经济效益的敏感因素。寻找出影响最大、最敏感的主要变量因素,进一步分析、预测或估算其影响程度,找出产生不确定性的根源,采取相应有效措施。

2) 计算主要变量因素的变化引起项目经济效益评价指标变动的范围,使决策者全面了解建设项目投资方案可能出现的经济效益变动情况,以减少和避免不利因素的影响,改善和提高项目的投资效果。

3) 通过各种方案敏感度大小的对比,区别敏感度大或敏感度小的方案,选择敏感度小的,即风险小的项目作投资方案。

4) 通过可能出现的最有利与最不利的经济效益变动范围的分析,为投资决策者预测可能出现的风险程度,并对原方案采取某些控制措施或寻找可替代方案,为最后确定可行的投资方案提供可靠的决策依据。

(6) 敏感性分析的局限性

敏感性分析只是用以考核某些主要变量的变化对项目投资经济效果影响程度的简单分析手段,但不能估计风险程度和出现的可能性。为此,尚需作进一步的综合分析。

例如某项目的投资方案进行敏感性分析后,找出的某一敏感因素在未来可能发生某一幅度变动的机率很小,甚至可完全不用考虑其变化结果;而另一个不敏感因素,可能产生某一幅度的变化几率很大,以致必须考虑这种变化对项目经济效益的影响;同时这些不确定因素的变化方向有可能是相反的。因此,这种在敏感性分析中主观确定的变动幅度与实际可能发生变动的不一致性,只有通过经济效益的综合分析得以解决。

由于敏感性分析的局限性,故首先只能分析对单个不确定因素的变化及其影响;其次还要对不确定因素进行定性分析;最后借助概率分析对不确定因素和风险作定量分析。

(九) 非盈利性项目财务评价

是指为社会公众提供服务或者产品,不以盈利为主要目的的投资项目,包括公益事业项目、行政事业项目和某些基础设施项目。这些项目的显著特点是为社会提供的服务或者使用功能,不收取费用或者只收取少量费用。这类项目的财务评价方法与盈利性项目有所不同,一般不计算项目的财务内部收益率、财务净现值、投资回收期,对于使用借款又有收入的项目,可计算借款偿还期指标。

评价内容与指标如下:

1. 单位功能(或者单位使用效益)投资

这项指标是指建设每单位使用功能所需的投资，如医院每张病床的投资，学校每个就学学生的投资，办公用房项目每个工作人员占用面积的投资。

单位功能（或者单位使用效益）投资 = 建设投资/设计服务能力或设施规模　　(2-33)

进行方案比较时，在功能相同的情况下，一般以单位投资较小的方案为优。

2．单位功能运营成本

这项指标是指项目的年运营费用与年服务总量之比，如污水处理厂项目处理每吨污水的运营费用，以此考察项目运营期间的财务状况。

单位运营成本 = 年运营费用/年服务总量　　(2-34)

其中

年运营费用 = 运营直接费用 + 管理费用 + 财务费用 + 折旧费用；　　(2-35)

年服务总量指拟建项目建设规模中设定的年服务量。

3．运营和服务收费价格

这项指标是指向服务对象提供每单位服务收取的服务费用，以此评价收费的合理性。评价方法一般是将预测的服务价格与消费者承受能力和支付意愿，以及政府发布的指导价格进行对比。

4．借款偿还期

一些负债建设且有经营收入的非盈利性项目，应计算借款偿还期，考核项目的偿债能力。

四、可行性研究中的国民经济评价

这是从国家和全社会的角度，评价项目的实现对国民经济发展战略目标和社会福利的贡献，也就是进行国家获利性分析，以确定项目的可行性。对于大中型建设项目的取舍，主要应取决于国民经济评价。

国民经济评价与企业经济评价都是进行项目的成本和效益的比较，这是二者在形式上的相似点。但两者是有区别的，除了评价的角度和范围不同外，在计算依据和指标上有不同。企业经济评价是采用市场价格、官方汇率和金融市场上的一般利率为折现率；而国民经济评价是按合理配置资源的原则，采用影子价格等国民经济评价参数，从国民经济的角度考察投资项目所耗费的社会资源和对社会的贡献，评价投资项目的经济合理性。

（一）评价范围和内容

财务评价是从项目角度考察项目的盈利能力和偿债能力，在市场经济条件下，大部分项目财务评价结论可以满足投资决策要求。但有些项目需要进行国民经济评价，从国民经济角度评价项目是否可行。需要进行国民经济评价的项目主要是铁路、公路等交通运输项目，较大的水利水电项目，国家控制的战略性资源开发项目，动用社会资源和自然资源较大的中外合资项目，以及主要产出物和投入物的市场价格不能反映其真实价值的项目。

国民经济评价的研究内容主要是识别国民经济效益与费用，计算和选取影子价格，编制国民经济评价报表，计算国民经济评价指标并进行方案比选。

（二）国民经济效益与费用识别

项目的国民经济效益是指项目对国民经济所做的贡献，分为直接效益和间接效益。项目的国民经济费用是指国民经济为项目付出的代价，分为直接费用和间接费用。

1．直接效益与直接费用

直接效益是指由项目产出物直接生成，并在项目范围内计算的经济效益。一般表现为增加项目产出物或者服务的数量以满足国内需求的效益；替代效益较低的相同或类似企业的产出物或者服务，使被替代企业减产（停产）从而减少国家有用资源耗费或者损失的效益；增加出口或者减少进口从而增加或者节支的外汇等。

直接费用是指项目使用投入物所形成，并在项目范围内计算的费用。一般表现为其他部门为本项目提供投入物，需要扩大生产规模所耗用的资源费用；减少对其他项目或者最终消费投入物的供应而放弃的效益；增加进口或者减少出口从而耗用或者减少的外汇等。

2．间接效益与间接费用

间接效益与间接费用是指项目对国民经济做出的贡献与国民经济为项目付出的代价中，在直接效益与直接费用中未得到反映的那部分效益与费用。通常把与项目相关的间接效益（外部效益）和间接费用（外部费用）统称为外部效果。

外部效果的计算范围应考虑环境及生态影响效果，技术扩散效果和产业关联效果。为防止外部效果计算扩大化，项目的外部效果一般只计算一次相关效果，不应连续计算。

3．转移支付

项目的某些财务收益和支出，从国民经济角度看，并没有造成资源的实际增加或者减少，而是国民经济内部的“转移支付”，不计做项目的国民经济效益与费用。转移支付的主要内容包括：

(1) 国家和地方政府的税收；

(2) 国内银行借款利息；

(3) 国家和地方政府给予项目的补贴。

如果以项目的财务评价为基础进行国民经济评价时，应从财务效益与费用中剔除在国民经济评价中计做转移支付的部分。

（三）影子价格的选取与计算

影子价格是进行项目国民经济评价，计算国民经济效益与费用时专用的价格，是指依据一定原则确定的，能够反映投入物和产出物真实经济价值，反映市场供求状况，反映资源稀缺程度，使资源得到合理配置的价格。进行国民经济评价时，项目的主要投入物和产出物价格，原则上都应采用影子价格。

1．市场定价货物的影子价格

随着我国市场经济发展和贸易范围的扩大，大部分货物的价格由市场形成，价格可以近似反映其真实价值。进行国民经济评价可将这些货物的市场价格加上或者减去国内运杂费等，作为投入物或者产出物的影子价格。

(1) 外贸货物影子价格，是以口岸价为基础，乘以影子汇率加上或者减去国内运杂费和贸易费用。

$$\text{投入物影子价格(项目投入物的到厂价格)} = \text{到岸价}(CIF) \times \text{影子汇率} + \text{国内运杂费} + \text{贸易费用} \tag{2-36}$$

$$\text{产出物影子价格(项目产出物的出厂价格)} = \text{离岸价}(FOB) \times \text{影子汇率} - \text{国内运杂费} - \text{贸易费用} \tag{2-37}$$

贸易费用是指外经贸机构为进出口货物所耗用的，用影子价格计算的流通费用，包括货物的储运、再包装、短途运输、装卸、保险、检验等环节的费用支出，以及资金占用的机会成本，但不包括长途运输费用。贸易费用，一般用货物的口岸价乘以贸易费率计算。

贸易费率由项目评价人员根据项目所在地区流通领域的特点和项目的实际情况测定。

(2) 非外贸货物影子价格，是以市场价格加上或者减去国内运杂费作为影子价格。投入物影子价格为到厂价，产出物影子价格为出厂价。

2. 政府调控价格货物的影子价格

有些货物或者服务不完全由市场机制形成价格，而是由政府调控价格，例如由政府发布指导价、最高限价和最低限价等。这些货物或者服务的价格不能完全反映其真实价值。在进行国民经济评价时，应对这些货物或者服务的影子价格采用特殊方法确定。确定影子价格的原则，投入物按机会成本分解定价，产出物按消费者支付意愿定价。

(1) 电价作为项目投入物的影子价格，一般按完全成本分解定价，电力过剩时按可变成本分解定价。电价作为项目产出物的影子价格，可按电力对当地经济边际贡献率定价。

(2) 铁路运价作为项目投入物的影子价格，一般按完全成本分解定价，对运能富裕的地区，按可变成本分解定价。

(3) 水价作为项目投入物的影子价格，按后备水源的边际成本分解定价，或者按恢复水功能的成本计算。水价作为项目产出物的影子价格，按消费者支付意愿或者按消费者承受能力加政府补贴计算。

3. 特殊投入物的影子价格

项目的特殊投入物是指项目在建设、生产运营中使用的劳动力、土地和自然资源等。项目使用这些特殊投入物所发生的国民经济费用，应分别采用下列方法确定其影子价格。

(1) 影子工资。影子工资反映国民经济为项目使用劳动力所付出的真实代价，由劳动力机会成本和劳动力转移而引起的新增资源耗费两部分构成。劳动力机会成本是指劳动力如果不就业于拟建项目而从事于其他生产经营活动所创造的最大效益。它与劳动力的技术熟练程度和供求状况(过剩与稀缺)有关，技术越熟练，稀缺程度越高，其机会成本越高，反之越低。新增资源耗费是指项目使用劳动力，由于劳动者就业或者迁移而增加的城市管理费用和城市交通等基础设施投资费用。

(2) 土地影子价格。土地影子价格反映土地用于该拟建项目后，不能再用于其他目的所放弃的国民经济效益，以及国民经济为其增加的资源消耗。土地影于价格按农用土地和城镇土地分别计算。

1) 农用土地影子价格是指项目占用农用土地后国家放弃的收益，由土地的机会成本和占用该土地而引起的新增资源消耗两部分构成。土地机会成本按项目占用土地后国家放弃的该土地最佳可替代用途的净效益计算。土地影子价格中新增资源消耗一般包括拆迁费用和劳动力安置费用。

农用土地影子价格可从机会成本和新增资源消耗两方面计算，也可在财务评价中土地费用的基础上调整计算。后一种具体做法是，属于机会成本性质的费用，如土地补偿费、青苗补偿费等，按机会成本的计算方法调整计算；属于新增资源消耗费用，如拆迁费用、剩余劳动力安置费用、养老保险费用等，按影子价格调整计算；属于转移支付的，如粮食开发基金、耕地占用税等，应予以剔除。

2) 城镇土地影子价格通常按市场价格计算，主要包括土地出让金、征地费、拆迁安置补偿费等。

(3) 自然资源影子价格，各种自然资源是一种特殊的投入物，项目使用的矿产资源、水资源、森林资源等都是对国家资源的占用和消耗。矿产等不可再生自然资源的影子价格按资源的机会成本计算,水和森林等可再生自然资源的影子价格按资源再生费用计算。

(四) 国民经济评价报表编制

编制国民经济评价报表是进行国民经济评价的基础工作之一。国民经济效益费用流量表有两种,一是项目国民经济效益费用流量表;二是国内投资国民经济效益费用流量表。项目国民经济效益费用流量表以全部投资(包括国内投资和国外投资)作为分析对象,考察项目全部投资的盈利能力;国内投资国民经济效益费用流量表以国内投资作为分析对象,考察项目国内投资部分的盈利能力。

国民经济效益费用流量表一般在项目财务评价基础上进行调整编制,有些项目也可以直接编制。

1. 在财务评价基础上编制国民经济效益费用流量表

以项目财务评价为基础编制国民经济效益费用流量表,应注意合理调整效益与费用的范围和内容。

(1) 剔除转移支付,将财务现金流量表中列支的销售税金及附加、增值税、国内借款利息作为转移支付剔除。

(2) 计算外部效益与外部费用,根据项目的具体情况,确定可以量化的项目外部效益和外部费用。分析确定哪些是项目重要的外部效益,需要采用什么方法估算,并保持效益费用的计算口径一致。

(3) 调整建设投资,用影子价格、影子汇率逐项调整构成投资的各项费用,剔除涨价预备费、税金、国内借款建设期利息等转移支付项目。

进口设备价格调整通常要剔除进口关税、增值税等转移支付。建筑工程费和安装工程费按材料费、劳动力的影子价格进行调整;土地费用按土地影子价格进行调整。

(4) 调整流动资金,财务账目中的应收、应付款项及现金并没有实际耗用国民经济资源,在国民经济评价中应将其从流动资金中剔除。如果财务评价中的流动资金是采用扩大指标法估算的,国民经济评价仍应按扩大指标法,以调整后的销售收入、经营费用等乘以相应的流动资金指标系数进行估算;如果财务评价中的流动资金是采用分项详细估算法进行估算的,则应用影子价格重新分项估算。

根据建设投资和流动资金调整结果,编制国民经济评价投资调整表。

(5) 调整经营费用,用影子价格调整各项经营费用,对主要原材料、燃料及动力费用用影子价格进行调整;对劳动工资及福利费,用影子工资进行调整。编制国民经济评价经营费用调整表。

(6) 调整销售收入,用影子价格调整计算项目产出物的销售收入。编制国民经济评价销售收入调整表。

(7) 调整外汇价值,国民经济评价各项销售收入和费用支出中的外汇部分,应用影子汇率进行调整,计算外汇价值。从国外引入的资金和向国外支付的投资收益、贷款本息,也应用影子汇率进行调整。

编制项目国民经济效益费用流量表和国内投资国民经济效益费用流量表。

2. 直接编制国民经济效益费用流量表

有些行业的项目可能需要直接进行国民经济评价,判断项目的经济合理性。可按以下步骤直接编制国民经济效益费用流量表。

(1) 确定国民经济效益、费用的计算范围，包括直接效益、直接费用和间接效益、间接费用；

(2) 测算各种主要投入物的影子价格和产出物的影子价格(交通运输项目国民经济效益不按产出物影子价格计算，而是采用由于节约运输时间、费用等计算效益)，并在此基础上对各项国民经济效益和费用进行估算；

(3) 编制国民经济效益费用流量表。

(五) 国民经济评价指标计算

根据国民经济效益费用流量表计算经济内部收益率和经济净现值等评价指标。

1. 经济内部收益率($EIRR$)

经济内部收益率是反映项目对国民经济净贡献的相对指标，它表示项目占用资金所获得的动态收益率，也是项目在计算期内各年经济净效益流量的现值累计等于零时的折现率。其表达式为：

$$\sum_{i=1}^{n}(B-C)_t(1+EIRR)^{-t}=0 \tag{2-38}$$

式中　B——国民经济效益流量；

C——国民经济费用流量；

$(B-C)_t$——第 t 年的国民经济净效益流量；

n——计算期。

经济内部收益率等于或者大于社会折现率，表示项目对国民经济的净贡献达到或者超过要求的水平，应认为项目可以接受。

2. 经济净现值($ENPV$)

经济净现值是反映项目对国民经济净贡献的绝对指标，是用社会折现率将项目计算期内各年的净效益流量折算到建设期初的现值之和。计算公式为：

$$ENPV=\sum_{t=1}^{n}(B-C)_t(1+i_s)^{-t} \tag{2-39}$$

式中　i_s——社会折现率。

项目经济净现值等于或者大于零，表示国家为拟建项目付出的代价可以得到符合社会折现率要求的社会盈余，或者除得到符合社会折现率要求的社会盈余外，还可以得到以现值计算的超额社会盈余。经济净现值越大，表示项目所带来的经济效益的绝对值越大。

按分析效益费用的口径不同，可分为整个项目的经济内部收益率和经济净现值，国内投资经济内部收益率和经济净现值。如果项目没有国外投资和国外借款，全投资指标与国内投资指标相同；如果项目有国外资金流入与流出，应以国内投资的经济内部收益率和经济净现值作为项目国民经济评价的评价指标。

(六) 国民经济评价参数

国民经济评价参数是国民经济评价的基础。正确理解和使用评价参数，对正确计算费用、效益和评价指标，以及比选优化方案具有重要作用。国民经济评价参数体系有两类，一类是通用参数，如社会折现率、影子汇率和影子工资等，这些通用参数由有关专门机构组织测算和发布；另一类是货物影子价格等一般参数，由行业或者项目评价人员测定。

1. 社会折现率(i_s)

社会折现率是用以衡量资金时间价值的重要参数,代表社会资金被占用应获得的最低收益率,并且作不同年份资金价值换算的折现率。社会折现率可根据国民经济发展多种因素综合测定。各类投资项目的国民经济评价都应采用有关专门机构统一发布的社会折现率作为计算经济净现值的折现率。社会折现率可作为经济内部收益率的判别标准。根据对我国国民经济运行的实际情况、投资收益水平、资金供求状况、资金机会成本以及国家宏观调控等因素综合分析,目前社会折现率取值为10%。

2. 影子汇率

影子汇率是指能正确反映外汇真实价值的汇率。在国民经济评价中,影子汇率通过影子汇率换算系数计算,影子汇率换算系数是影子汇率与国家外汇牌价的比值。投资项目投入物和产出物涉及进出口的,应采用影子汇率换算系数调整计算影子汇率。根据目前我国外汇收支状况、主要进出口商品的国内价格与国外价格的比较、出口换汇成本以及进出口关税等因素综合分析,目前我国的影子汇率换算系数取值为1.08。

3. 影子工资

影子工资是项目使用劳动力,社会为此付出的代价。影子工资由劳动力的边际产出和劳动就业或者转移而引起的社会资源耗费两部分构成。在国民经济评价中影子工资作为国民经济费用计入经营费用。

影子工资一般是通过影子工资换算系数计算。影子工资换算系数是影子工资与项目财务评价中劳动力的工资和福利费的比值。根据目前我国劳动力市场状况,技术性工种劳动力的影子工资换算系数取值为1,非技术性工种劳动力的影子工资换算系数取值为0.8。

第三节 投资项目多方案经济效果评价

一、建设周期与投资经济效果

建设周期对投资经济效果是一个比较重要的因素,建设周期长则占用的投资时间长,并且用耗费的总投资必然提高。但是并非建设周期越短,投资经济效果一定就越好。事实上不同的建设项目在不同的条件下都存在投资与建设周期的优化问题,对每一个建设项目应寻求其最优建设周期。建设周期应考虑建设项目建成投产后的利润和创造的价值,以及与国家对该项目的投资计划和相应原配套项目一致,才能达到应有的效果。

在研究最优建设周期的同时应考虑在建设期间投资占用时间这一因素。我们可以用建设周期系数 K_i 来表示,它是反映占用投资时间长短的一个指标。K_i 值越小则表示投资效果越好。K_i 可用下式计算:

$$K_i = \frac{C_1 n + C_2(n-1) + \cdots + C_n}{C_0} \tag{2-40}$$

式中 C_1、C_2、$\cdots C_n$——各种投资额(如 C_1 表示第一年投资额,C_n 表示第 n 年投资额);

n——建设期(年);

C_0——建设项目投资总额(即 $C_1 + C_2 + \cdots + C_n = C_0$)。

如果在建设期间,每年的投资额相同时,则建设周期系数用 K_c 表示,其计算式为:

$$K_c=\frac{\frac{C_0}{n}\cdot n+\frac{C_0}{n}(n-1)+\cdots+\frac{C_0}{n}}{C_0}=\frac{n+1}{2}\tag{2-41}$$

【例 2-18】 某建设项目的总投资额为 2000 万元，建设期 4 年，根据每年投资额共有两个方案(见表 2-17)。试比较哪一个方案的投资效果为优？

两方案各年投资额　**表 2-17**

方　案	第一年投资(万元)	第二年投资(万元)	第三年投资(万元)	第四年投资(万元)
第一方案	100	200	800	900
第二方案	1000	500	300	200

第一方案的建设周期系数 K_1：

$$K_1=\frac{100\times4+200\times3+800\times2+900\times1}{2000}=1.75\text{ 年}$$

第二方案的建设周期系数 K_2：

$$K_2=\frac{1000\times4+500\times3+300\times2+200\times1}{2000}=3.15\text{ 年}$$

如果建设期四年中每年投资额相同的建设周期系数 K_c：

$$K_c=\frac{4+1}{2}=2.5\text{ 年}$$

故第一方案的投资效果为优。

二、建设项目投资经济效果指标

(一) 投资经济效果评价指标

表 2-18 所示为投资经济效果评价指标及计算式。

投资经济效果评价指标　**表 2-18**

类别	指标名称	计算公式	备注
(1)国民经济评价	国民经济投资经济效果系数 K_K	$K_K=\frac{A}{C_K}$　(2-42)	A——新增固定资产投产后增加的国民收入；C_K——基本建设投资总额
	国民经济投资系数 K_D	$K_D=\frac{C_K}{A}=\frac{1}{K_K}$　(2-43)	
(2)项目所属部门评价	部门单位生产能力投资额 Z_B	$Z_B=\frac{C_B}{B_B}$　(2-44)	C_B——部门基本建设投资额；B_B——相应新增加的生产能力
	部门单位投资额的生产能力 Z_D	$Z_D=\frac{B_B}{C_B}=\frac{1}{Z_B}$　(2-45)	
	部门投资经济效果系数 K_B	$K_B=\frac{Y_B}{C_B}$　(2-46)	Y_B——部门的利润额
	部门投资系数 K_F	$K_F=\frac{C_B}{Y_B}=\frac{1}{K_B}$　(2-47)	

续表

类别	指标名称	计算公式	备注
(3)建设项目评价	建设项目单位生产能力投资额 Z_P	$Z_P=\frac{C_0}{E_P}$　(2-48)	C_0——建设项目投资额； E_P——建设项目的生产能力
	建设项目单位投资额的生产能力 Z_F	$Z_F=\frac{E_P}{C_0}=\frac{1}{Z_P}$　(2-49)	
	建设项目投资经济效果系数 K_P	$K_P=\frac{Y_P}{C_0}$　(2-50)	Y_P——建设项目投产后达到设计生产能力的利润额
	建设项目单位利润的投资额，即建设项目投资系数 K_Q	$K_Q=\frac{C_0}{Y_P}=\frac{1}{K_P}$　(2-51)	
	无息投资的建设项目投资经济效果系数 K_{P1}	$K_{P1}=\frac{Y_P}{C_0+mY_P-(Y_1+Y_2+\cdots+Y_m)}$　(2-52)	m——建设项目投产后至达到设计生产能力年度之间相隔的年数（如投产后第四年达到设计生产能力，$m=3$）； Y_1、Y_2，$\cdots Y_m$——投产后逐年的利润额
	单利计息的建设项目投资经济效果系数 K_{P2}	$K_{P2}=\frac{Y_P-C_0\cdot\frac{i}{2}}{C_0\left(1+i\cdot\frac{n+1}{2}\right)+mY_P-(Y_1+Y_2+\cdots+Y_m)}$　(2-53)	n——建设期
	复利计息的建设项目投资经济效果系数 K_{P3}	$K_{P3}=\frac{Y_P-C_0[(1+i)^n-1]\div 2}{C_0(1+i)^n}$　(2-54)	

【例 2-19】 某建设项目总投资为 1000 万元，投产后第一年的利润额为 100 万元，第二年的利润额为 200 万元，投产后第三年达到设计生产能力，其年利润额为 250 万元。该建设项目按三种不同计息方式计算其投资经济效果系数。

(1) 按无息投资计算建设项目投资经济效果系数 K_{P1}

$$K_{P1}=\frac{250}{1000+2\times 250-(100+200)}=0.208$$

(2) 按单利（$i=3\%$）计算建设项目投资经济效果系数 K_{P2}

$$K_{P2}=\frac{250-1000\times\frac{3\%}{2}}{1000(1+3\%\cdot\frac{3+1}{2})+2\times 250-(100+200)}=0.1865$$

(3) 按复利（$i=12\%$）计算建设项目投资经济效果系数 K_{P3}

$$K_{P3}=\frac{250-1000[(1+12\%)^3-1]\div 2}{1000(1+12\%)^3}=0.034$$

由此可见在不同计息的情况下,建设项目的投资经济效果系数相差较大。因此,在建设项目投资经济效果的评价中应特别注意计息的方式。

(二) 建设项目投资回收期 T_P

$$T_P=K_i+K_Q=\frac{C_1n+C_2(n-1)+\cdots+C_n}{C_0}+\frac{C_0}{Y_P} \tag{2-55}$$

每年投资额相同时为 T_{PS}

$$T_{PS}=\frac{n+1}{2}+\frac{C_0}{Y_0} \tag{2-56}$$

考虑到计息方式的不同,投资回收期的计算也有不同。

1. 无息投资的回收期 T_{P1}

$$T_{P1}=\frac{C_{1n}+C_2(n-1)+\cdots+C_n}{C_0}+\frac{C_0+mY_P-(Y_1+Y_2+\cdots+Y_m)}{Y_P} \tag{2-57}$$

2. 单利计息的投资回收期 T_{P2}

$$T_{P2}=\frac{C_1n+C_2(n-1)+\cdots+C_n}{C_0}+\frac{C_0\left(1+i\cdot\frac{n+1}{2}\right)+mY_P-(Y_1+Y_2+\cdots+Y_m)}{Y_P-C_0\cdot\frac{i}{2}} \tag{2-58}$$

3. 复利计算投资的回收期 T_{P3}

$$T_{P3}=\frac{C_1n+C_2(n-1)+\cdots+C_n}{C_0}+\frac{C_0(1+i)^n}{Y_P-C_0[(1+i)^n-1]\div2} \tag{2-59}$$

【例 2-20】 某建设项目总投资为 1000 万元;第一年投资 500 万元,第二年投资 400 万元,第三年投资 100 万元;投产后第一年的利润额为 100 万元,第二年的利润额为 200 万元,投产后第三年达到设计生产能力($m=2$),其年利润额为 250 万元。按不同计息方式计算投资回收期。

按无息投资计算投资回收期 T_{P1}

$$T_{P1}=\frac{500\times3+400\times2+100}{1000}+\frac{1000+2\times250\quad(100+200)}{250}=7.21\text{ 年}$$

如果按每年的投资额相等,并且投产后即达到平均年利润额,则无息投资回收期

$$T_{P1}=\frac{3+1}{2}+\frac{1000}{250}=6\text{ 年}$$

按单利($i=3\%$)计算投资回收期 T_{P2}举例:

$$T_{P2}=\frac{500\times3+400\times2+100}{1000}+\frac{1000\left(1+3\%\cdot\frac{3+1}{2}\right)+2\times250-(100+200)}{250-1000\cdot\frac{3\%}{2}}=7.76\text{ 年}$$

如果按每年的投资额相等,并且投产后即达到平均年利润额,则单利计息投资回收期:

$$T_{P2}=\frac{3+1}{2}+\frac{1000\left(1+3\%\cdot\frac{3+1}{2}\right)}{250-100\cdot\frac{3\%}{2}}=6.51\text{ 年}$$

按复利($i=12\%$)计算投资回收期 T_{P3}举例:

$$T_{P3}=\frac{500\times3+400\times2+100}{1000}+\frac{1000(1+12\%)^3}{250-1000[(1+12\%)^3-1]\div2}=31.97\text{ 年}$$

如果按每年的投资额相等计算复利计算的投资回收期 T_{P3}，按公式计算

$$T_{P3}=\frac{3+1}{2}+\frac{1000(1+12\%)^3}{250-1000[(1+12\%)^3-1]\div2}=31.57\text{ 年}$$

三、建设项目综合经济效果评价方法

即建设项目的方案在建设期和生产期年限内，按其总支出与收入，根据基准收益率换算成现值、等额年值、将来值及费用效益分析进行评价。

(一) 总现值(PW)

$$\begin{aligned}PW&=\text{投资现值}+\text{年经营成本的现值}-\text{固定资产残值的现值}\\&=P+R\left(\frac{P}{R},i,n\right)-S\left(\frac{P}{S},i,n\right)\end{aligned}\tag{2-60}$$

PW 小的方案即为优越的方案

【例 2-21】 某建设项目有两个方案可供选择(计算参数见表 2-19)。用总现值法优选($i=10\%$)。

计　算　参　数　　　　**表 2-19**

项　　目	方案 1	方案 2	项　　目	方案 1	方案 2
投资/万元	3000	4000	残值(万元)	200	300
年经营成本/万元	950	750	寿命(年)	5	5

$$\begin{aligned}PW_1&=3000+950(P/R,10\%,5)-200(P/S,10\%,5)\\&=3000+950\times3.7908-200\times0.6209=6477\text{ 万元}\\PW_2&=4000+750(P/R,10\%,5)-300(P/S,10\%,5)\\&=4000+750\times3.7908-300\times0.6209=6657\text{ 万元}\end{aligned}$$

$PW_1<PW_2$ 故方案 1 为优。

(二) 永久性工程($n=\infty$)的总现值

对永久性建筑工程(如:水利工程、铁路、桥梁等)的方案比较同样可用现值法，其项目寿命按无限长(即 $n=\infty$)计算。从已知年平均值 R 求现值 P 的公式可推导出:

$$P=R(P/R,i,n)=R\cdot\frac{(1+i)^n-1}{i(1+i)^n}=\frac{R}{i}\cdot\frac{(1+i)^n-1}{(1+i)^n}\tag{2-61}$$

当 $n=\infty$ 时，则 $\frac{(1+i)^n-1}{(1+i)^n}=1$

因此，$P=\frac{R}{i}$ 或 $R=P\cdot i$

【例 2-22】 某桥梁工程有两个方案可供选择，第一方案投资为 3500 万元，每年维护费用为 15000 元，每十年大修一次需 50000 元；第二方案投资 1500 万元，每年维护费用为 7000 元，每五年大修一次，需 40000 元。若利率 5%，试按永久性工程比较方案。

$$\begin{aligned}PW_1&=35000000+\frac{15000+50000(R/S,5\%,10)}{5\%}\\&=35000000+\frac{15000+50000\times0.07951}{0.05}\end{aligned}$$

$$=35379520\text{ 元}$$

$$PW_2=15000000+\frac{7000+40000(R/S,5\%,5)}{5\%}$$

$$=15000000+\frac{7000+40000\times0.8098}{0.05}$$

$$=15284780\text{ 元}$$

因 $PW_2<PW_1$,故第二方案为优。

(三) 年总成本(AC)

年成本法的计算要点是把所有的支出值或收入值用对应于设定的收益率换算为等额年成本,再加等额年经营成本,求出等额年总成本进行对比选优。

$$AC=\text{等额年经营成本}+\text{投资换算为等额年成本}-\text{残值换算等额年成本}$$

$$=R+P(R/P,i,n)-L(R/S,i,n)\tag{2-62}$$

【例 2-23】 某项目的初始投资为 9000 元,八年后的残值为 400 元,假定每年的经营成本为 700 元,年利率 6%,试计算等额年总成本 AC:

$$AC=700+9000\left(\frac{R}{P},6\%,8\right)-400\left(\frac{R}{S},6\%,8\right)$$

$$=700+9000\times0.161-400\times0.101$$

$$=2109\text{ 元}$$

(四) 将来值(SW)

是把所有现金收入和支出均转换到将来值 SW 进行比较。

$$SW=R\left(\frac{S}{R},i\%,N\right);\text{或 }SW=P\left(\frac{2}{P},i,N\right)\tag{2-63}$$

【例 2-24】 某建设项目投资 10000 元,在 5 年中每年平均收入 5310 元,5 年后残值 2000 元,每年支出的经营和修理费 2000 元,$i=10\%$。用将来值法评价该项目是否可行?

将题中列举数值转换到将来值 SW。

$$SW=5310\left(\frac{S}{R},10\%,5\right)+2000-10000\left(\frac{S}{P},10\%,5\right)-2000\left(\frac{S}{R},10\%,5\right)$$

$$=5310\times6.105+2000-10000\times1.611-2000\times6.105=6098\text{ 元}$$

该项目的将来值(5 年后)为 6098 元,大于零,是可行的。

(五) 费用效益分析

费用效益分析是通过项目的费用与效益的比较来评价。一个项目的费用和效益,有些是有形的、经济的、可以计量;有些是无形的、非经济的、不可计量的、有些是直接的、内部的,也有些是间接的、外部的,甚至是跨部门、跨行业或跨地区的。因此这种评价方法在计算上较难,一般是着重对经济方面可计量的费用和效益进行分析。

费用效益分析一般的计算方法是在现值或等额年成本的基础上,把项目(方案)以货币表示的(年的或寿命期的)总效益 B 和总费用 C 进行比较,求出绝对指标和净总效益($B-C$),或相对指标如效益费用比(B/C),以及增量效益与增量费用比($\Delta B/\Delta C$)等作为评价指标。通常是对项目寿命期的费用和效益,按动态方法进行计算。

1. 净总效益值(B)

净总效益是指项目寿命期内效益现值和费用现值之差,即净现值(NPV)。

$$B-C=\sum_{t=0}^{n} b_t a_t-\sum_{t=0}^{n} c_t a_t \tag{2-64}$$

式中　B——总效益现值；

C——总费用现值；

b_t——第 t 年的经济效益；

c_t——第 t 年的费用；

a_t——第 t 年的折现系数(与 i 相对应)；

n——项目寿命期。

净现值大于零的项目(方案),即总效益大于总费用的项目,才是可行的。在此前提下净现值大的项目(方案)为优。

2. 效益费用比(B/C)

是指项目寿命期内效益现值与费用现值之比。

$$B/C=\sum_{t=0}^{n} b_t a_t \Big/ \sum_{t=0}^{n} c_t a_t \tag{2-65}$$

如每年的效益均相等,设为 b;项目初期投资支出为 P,每年的经营成本均相等(即等额年经营成本),设为 R;资金回收系数为$(R/P,i,n)$则效益费用比亦可用下式表示。

$$B/C=\frac{b}{P(R/P,i,n)+R} \tag{2-66}$$

效益费用比大于 1 的项目(方案)是可行的,在此前提下,效益费用比高的项目(方案)为优

3. 增量效益与增量费用比($\Delta B/\Delta C$)

$$\text{净增量效益}=\Delta B-\Delta C \tag{2-67}$$

$$\text{增量效益与增量费用比}=\Delta B/\Delta C \tag{2-68}$$

净增量效益大于 0 或增量效益与增量费用比大于 1 的项目为可行。

【例 2-25】 修建某水库有高坝和底坝两个方案,见表 2-20。其投资及各项费用、年收益如表所示,设项目服务年限为 50 年,利率为 5%。试问哪个方案较好?

水库筑坝方案　　单位:万元　**表 2-20**

项　目	高坝方案(1)	低坝方案(2)
(1) 投资	360	150
(2) 年维护费用	4.5	2.5
(3) 年收益	25	15

两个方案的总效益 B 和总费用 C 等指标计算如下:

方案 1:$B_1=25(P/R,5\%,50)=25\times16.932=423$ 万元

$C_1=360+4.5(P/R,5\%,50)=360+4.5\times16.932=436$ 万元

$B_1-C_1=423-436=-13$ 万元<0

$B_1/C_1=423/436=0.97<0$

方案 2:$B_2=15(P/R,5\%,50)=254$ 万元

$C_2=150+2.5(P/R,5\%,50)=192$ 万元

∴　　$B_2-C_2=254-192=62$ 万元>0

　　　$B_2/C_2=254/192=1.32>1$

由计算结果可知,1 方案不可行;2 方案较好。

第四节　项目投资估算

项目投资估算是项目决策的重要依据之一。准确、全面地估算建设工程项目的投资额是项目可行性研究及整个工程项目投资决策阶段的重要任务。

一、项目投资估算的三个阶段

(一) 投资机会研究及项目建议书阶段的投资估算

该阶段估算投资较粗略,一般是通过已建类似项目对比。估算误差率在 30%左右。其作用是作为领导部门审批项目建议书、初步选择投资项目的依据之一,对初步可行性研究的投资估算起指导作用。

(二) 初步可行性研究阶段的投资估算

该阶段是在研究投资机会结论的基础上,进一步弄清项目的投资规模、原材料来源、工艺技术、厂址、组织机构、建设进度等情况,进行经济效益评价,判断项目的基本可行性,作出初步投资评价。估算的误差率在 20%左右。其作用是作为决定是否可进行可行性研究的依据之一,同时也是确定哪些关键问题需要进行辅助性专题研究的依据之一。

(三) 可行性研究阶段的投资估算

主要是进行全面、详细的技术经济分析论证,对拟建项目的投资方案进行比选,确定最佳投资方案,对项目的可行性作出结论。该阶段内容详实、资料全面,投资估算误差率应在 10%左右。此阶段的估算是进行详尽经济评价的阶段,也是编制初步设计文件、控制初步设计及概算的主要依据。

二、项目投资估算的主要方法

(一) 静态投资估算

是指构成固定资产的各项费用中,除了建设期利息、涨价预备费和固定资产投资方向调节税之外,对建筑安装工程费、设备和工具器具购置费、工程建设其他费用的估算。有下列方法:

1. 生产能力指数法

这种方法根据已建成的、性质类似的建设项目或生产装置的投资额和生产能力及拟建项目或生产装置的能力估算拟建项目的投资额。

根据实际统计资料,生产能力不同的两个同类企业投资生产能力的指数幂成正比。其计算公式为

$$I_2=I_1\cdot\left(\frac{C_2}{C_1}\right)^{e}\cdot f \tag{2-69}$$

式中　I_1,I_2——分别为已建和拟建工程或装置的投资额;

C_1,C_2——分别为已建和拟建工程或装置的生产能力;

e——投资、生产能力系数,$0<e<1$,根据不同类型企业的统计资料确定;

f——不同时期、不同地点的定额、单价费用变更等的调整系数。

根据统计资料，e 的平均值大约在 0.6 左右，又称为“0.6 指数法”。例如，生产能力指数值为 0.6 时，产量如果增加一倍，则固定资产的投资额仅增加到 $2^{0.6}$，约为 1.5 倍。

采用这种方法，计算简单、速度快，但要求类似工程的资料可靠，条件基本相同，否则误差就会加大。

【例 2-26】 已知建设年产 30 万 t 乙烯装置的投资额为 60000 万元，试估算建设年产 70 万 t 乙烯装置的投资额(生产能力指数 $e=0.6, f=1.2$)。

由 $I_2=I_1\left(\frac{c_2}{c_1}\right)^{e}\cdot f$ 得

$$I_2=60000\times\left(\frac{70}{30}\right)^{0.6}\times 1.2=119706.73 \text{ 万元}$$

2. 资金周转率法

这是一种用资金周转率来推测投资的简便方法。其公式如下

$$I=\frac{Q\cdot a}{t_{\mathrm{r}}} \tag{2-70}$$

式中 I——拟建项目投资额；

Q——产品的年产量；

a——产品的单价；

t_{r}——资金周转率。

其中，资金周转率为

$$t_{\mathrm{r}}=\text{年销售总额}/\text{总投资}=(\text{产品的年产量}\times\text{产品单价})/\text{总投资}$$

国外化学工业的资金周转率为 1.0，生产合成甘油的化工装置的资金周转率为 1.41。似建项目的资金周转率可以根据已建相似项目的有关数据进行估计，然后再根据拟建项目的预计产品的年产量单价，进行估算拟建项目的投资额。

这种方法比较简便，计算速度快，但精度较低，可用于第一阶段的估算。

3. 比例估算法

按设备费用推算：以拟建项目或装置的设备费为基数，根据已建成的同类项目或装置的建筑安装费和其他工程费等占设备的价值百分比，求出相应的建筑安装费及其他工程费用，再加上拟建项目的其他有关费用，总和即为项目或装置的投资，公式为

$$I=E\cdot(1+f_1P_1+f_2P_2+f_3P_3)+C \tag{2-71}$$

式中 I——拟建工程的投资额；

E——拟建工程设备购置费的总和；

P_1, P_2, P_3——分别为建筑工程、安装工程、其他费用占设备费用的百分比；

f_1, f_2, f_3——由于时间因素引起的定额、价格费用标准等变化的综合的调整系数；

C——拟建项目的其他费用。

设备总值计算，是根据各专业的统计方案提出的主要设备乘以现行设备出厂价格。

【例 2-27】 某建设项目拟用于购置设备的费用 800 万元，建筑工程、安装工程、其他工程费用分别占设备购置费用的 150%，60%，30%，3 种费用的调整系数分别为 1.2，1.3，1.1，其他费用为 20 万元。试估算此建设项目的总投资额。

由 $I=E\cdot(1+f_1P_1+f_2P_2+f_3P_3)+C$ 得：

$$I = 800 \times (1 + 1.5 \times 1.2 + 0.6 \times 1.3 + 0.3 \times 1.1) + 20 = 3148(万元)$$

4．系数估算法

系数估算法又称因子估算法、工艺设备投资系数法(或朗格系数法)，是以拟建工程的主体费用或主体设备为基数乘以适当的系数，来推算拟建项目总投资估算。

工艺设备是基本建设中最基本最活跃的与生产能力直接相关的部分，是确定项目内容的基本数据之一。其表达式为：

$$I = C \cdot K_1 \tag{2-72}$$

式中　I——拟建项目静态投资额；

C——工艺设备费；

K_1——朗格系数，$K_1 = (1 + \Sigma f_i) \cdot f_c$；

f_i——管线、仪表、建筑物等专业工程的投资系数；

f_c——管理费、合同费、应急费等间接费在内的总估算系数。

这种方法比较简单，但没有考虑设备规格、材质的差异，准确度较低，一般用于项目建议书阶段。

【例 2-28】　某压钢车间主厂房部门，各专业工程的投资系数如表 2-21 所示。

工程投资系数表　　**表 2-21**

工艺设备名称	专业工程投资系数 f_i	工艺设备名称	专业工程投资系数 f_i
主要工艺操作设备	$F_0 = 1.00$	土建工程	$F_1 = 0.70$
起重运输设备	$F_2 = 0.086$	工业炉	$F_3 = 0.121$
汽化冷却	$F_4 = 0.005$	供电及热传设备	$F_5 = 0.18$
余热锅炉设备	$F_6 = 0.04$	给水排水工程	$F_7 = 0.03$
车间照明	$F_8 = 0.007$	采暖通风	$F_9 = 0.02$
工艺管道	$F_{10} = 0.004$	自动化仪器	$F_{11} = 0.02$

若主要工艺操作设备费为 100 万元，设计与管理费为工程费用的 15%，未可预见费用为工程费用及管理费用之和的 5%，则车间主厂房全部建成后的费用计算是

$$\begin{aligned} K_1 &= (1 + \Sigma f_i) \cdot f_c \\ &= (1 + 0.7 + 0.086 + 0.121 + 0.005 + 0.18 + 0.04 + 0.03 + 0.007 + \\ &\quad 0.02 + 0.004 + 0.02)(1 + 0.15)(1 + 0.05) \\ &= 2.213 \times 1.15 \times 1.05 = 2.6722 \end{aligned}$$

$$I = C \cdot K_1 = 100 \times 2.6722 = 267.22(万元)$$

表 2-22 是国外的流体加工系统的典型经验系数值。

流体加工系统的典型经验系数值　　**表 2-22**

工艺设备费用名称	工艺设备费用系数(各分项工艺设备费用与主要工艺设备费用之比)
主要工艺设备费用 C	1.0
主要设备安装人工费	0.10～0.20
保　温　费	0.10～0.25
管　线　费	0.50～1.00

续表

工艺设备费用名称	工艺设备费用系数(各分项工艺设备费用与主要工艺设备费用之比)
基　础	0.03～0.13
建 筑 物	0.07
构　架	0.05
防　火	0.06～0.10
电　气	0.07～0.15
油漆粉刷	0.06～0.10
	$\Sigma f_i=1.04\sim1.93$
直接费用之和:$C\cdot(1+\Sigma f_i)$	
间接费(日常管理、合同费和利息)	0.30
工 程 费	0.13
不可预见费	0.13
	$f_c=1+0.56=1.56$
总费用:$I=C\cdot(1+\Sigma f_i)\cdot f_c=(3.18\sim4.57)\times C$	

5. 投资指标估算法

此法是根据编制好的各种具体的投资估算指标,计算单位工程投资额。在此基础上,汇总为某一单项工程的投资,据此再估算工程建设其他费用及预备费,即可得总投资额。房建投资估算多用此法,以元/m^2 表示。

套用投资估算指标时要注意:第一,若套用指标与具体工程之间的标准有差异时,需加以必要的换算和调整;第二,所用的指标单位应密切结合每个单位工程的特点,能正确反映其设计参数,不可盲目单纯套用一种单位指标。

(二) 流动资金估算

1. 扩大指标估算法

是按照流动资金占有某种基数的比率来估算流动资金。一般常用的基数有销售收入、经营成本、总成本和费用、固定资产投资等。究竟采用何种基数依行业习惯而定,所采用的比率依经验,或根据实际掌握的现有同类企业实际资料,或依照行业、部门的参考值来确定。这种方法估算的准确度不高,适用于项目建议书阶段的投资估算。

(1) 按产值或销售收入资金率进行估算:一般加工工业项目多采用产值或销售收入资金来估算。

$$流动资金额=年产值(年销售收入额)\times 产值(销售收入)资金率 \quad (2\text{-}73)$$

【例 2-29】 已知某项目的年产值为 5000 万元,其类似企业百元产值的流动资金占用额为 20 元,则该项目的流动资金为

$$5000\times20\%=1000\ 万元$$

(2) 按经营成本(或总成本)资金率估算:成本资金率是指流动资金占经营成本(或总成本)的比率。

由于经营成本或总成本是一项综合性指标,能反映项目的物资消耗、生产技术和经营管理水平以及自然资源赋予条件的差异等实际状况,一些工业项目,尤其是采掘工业项目经常

采用经营成本(总成本)资金率来估算流动资金。

流动资金额＝年经营成本(总成本)×经营成本(总成本)资金率　(2-74)

【例 2-30】　某铁矿年经营成本为 8000 万元,经营成本资金率为 35%,则该矿山的流动资金额为

8000×35%＝2800 万元

(3) 按固定资产价值资金率估算:是流动资金占用固定资产投资的百分比,如化工项目流动资金约占固定资产投资的 15%～20%,一般工业项目流动资金约占固定资产的 5%～12%。

流动资金额＝固定资产价值总额×固定资产价值资金率　(2-75)

(4) 按单位产量资金率估算:指单位产量占用流动资金的数额估算,如每吨原煤占用流动资金 5 元,即生产煤的单位产量资金率为 5 元/t。

流动资金额＝年生产能力×单位产量资金率　(2-76)

2. 分项详细估算法

也称分项定额估算法,即按流动资金的构成分项计算并汇总。先按照方案各年生产运行的强度,估算出各大类的流动资产的最低需要量,汇总以后减去该年估算出的正常情况下的流动负债(应付账款),就是该年所需的流动资金,再减去上年已注入的流动资金,就得到该年流动资金的增加额。当项目达到正常生产运行水平后,流动资金就可不再注入。

国际上通行的流动资金估算方法是按流动资产与流动负债差额来估算,具体估算方法见下列公式:

流动资金＝流动资产－流动负债　(2-77)

其中,

流动资产＝现金＋应收及预付账款＋存货　(2-78)

流动负债＝应付账款＋预收账款　(2-79)

(1) 现金的估算:

现金＝(年工资及福利费＋年其他费用)/周转次数　(2-80)

年其他费用＝制造费用＋管理费用＋财务费用＋销售费用－以上四项中所含的工资及福利费、折旧费、维护费、摊销费、修理费和利息支出　(2-81)

周转次数＝360/最低需要周转天数　(2-82)

(2) 应收(预付)账款的估算:

应收(预付)账款＝年经营成本/周转次数　(2-83)

(3) 存货的估算:存货包括各种外购原材料、燃料、包装物、低值易耗品、在产品、外购商品、协作配件、自制半成品和产成品等。

外购原材料、燃料＝年外购原材料燃料费用/周转次数　(2-84)

在产品＝(年外购原材料燃料及动力费＋年工资及福利费＋年修理费＋年其他制造费用)/周转次数　(2-85)

产成品＝年经营成本/周转次数　(2-86)

(4) 应付(预收)账款的计算:

应付账款＝年外购原材料燃料动力和备品备件费用/周转次数　(2-87)

3. 流动资金估算应注意的问题

(1) 在采用分项详细估算时，要分别确定现金、应收账款、存货和应付账款的最低周转天数。对于存货中的外购原材料、燃料要根据不同品种来源，考虑运输方式和距离等因素的影响。

(2) 不同生产负荷下的流动资金是按照相应负荷时的各项费用金额和给定的公式计算来的，而不能按满负荷下的流动资金乘以负荷百分数求得。

(3) 流动资金属于长期性资金，流动资金的筹措可通过长期负债和资金融资方式来解决。流动资金借款部分的利息应计入财务费用，项目计算期期末回收全部流动资金。

(三) 产品成本、费用构成与估算

1. 产品成本构成

成本作为一个综合性的经济指标，可以比较清楚地分析项目的经济效果，得出经济评价的结论，提供投资决策依据。成本与设计内容有着密切的联系，设计的工艺是否先进，设备选型是否合理，各项技术经济指标是否经济，公用设施和辅助生产部门的配置是否恰当，劳动定员和机构配置是否合理等等都集中反映在成本这个指标中。同时这个指标又影响其他经济指标。

要素成本指按生产费用的经济性质划分各种费用要素，即按制造产品时所耗费的原始形态划分，不论这些费用产生用途和发生的地点如何，只要性质相同都归为一类。国家规定的生产费用要素分为以下 9 项：外购材料、外购燃料、外购动力、工资、职工福利基金、折旧费、大修理基金、利息支出、其他支出(邮电费、旅差费、租赁费等)。

产品成本可划分如下：

(1) 固定成本与可变成本

按各种费用与产品产量的关系，可将产品成本划分为固定成本与可变成本两部分。

固定成本是指在一定生产规模限度内不随产品产量而变动的费用，如按平均年限法计提的固定资产折旧费、行政管理费、管理人员工资费用及实行固定基本工资制的生产工人的工资等。应该指出，固定成本并非永远固定不变，固定成本的概念只在产品产量发生短期波动或经营条件发生变化而企业还来不及根据这种变化调整固定生产要素(如厂房设备等)存量条件下使用。

可变成本是指产品成本中随产量变动而变动的费用，如构成产品实体的原材料、燃料、动力、实行计件工资制的工资等。

(2) 经营成本

经营成本是为经济分析方便，从产品总成本中分离出来的一部分费用。是在一定时间内(通常为 1 年)由于生产和销售产品或提供劳务而实际发生的现金支出，它不包括虽计入产品成本费用中，但实际没有发生现金支出的费用项目，如折旧、利息、摊销费。

经营成本的计算公式为

$$经营成本 = 总成本费用 - 固定资产折旧 - 计入成本的贷款利息 - 维护费 - 摊销费 \tag{2-88}$$

为了计算与分析的方便，将经营成本作为一个单独的现金流出项目。

(3) 沉没成本

沉没成本是指过去已经支出而现在无法得到补偿的成本，例如，已使用多年的设备，其沉没成本是指设备的账面净值与其现时市场价值之差。沉没成本在决策分析中，特别是在设备更新分析中是很重要的概念，但它与选择新设备的决策无关。

沉没成本是以往发生的与当前无关的费用。经济活动在时间上有连续性，但从决策角度看，以往发生只是造成当前状态的一个因素，当前状态是决策的出发点，当前决策所要考虑的是未来可能发生的费用及所能带来的利润。

(4) 平均成本与边际成本

平均成本是指产品总成本费用与产品总产量之比，即平均单位产品成本费用。实际工作中，常取平均成本作为单位产品成本。

边际成本是指每增加一个单位产品产量所增加的成本。例如，生产第一个产品时成本为100元，而生产两个产品时单位产品成本为130元，则增加第二个单位产品时，成本增加了30元，这30元就是第二个产品的边际成本。可以证明，当平均成本等于边际成本时，平均成本最低。边际成本是经济分析中一个很重要的概念。

2. 产品成本估算

可行性研究阶段的成本估算，大多要借助于有关资料分析同类产品各种费用的构成，以供参考利用。生产成本是经济分析中的基本数据，应尽可能估算准确。通常采用要素成本法进行成本估算。见表2-23所示。

要素成本法计算表　　**表2-23**

序号	成本要素	计算方法
1	外购原材料	消耗数量×原料单价
2	外购燃料、动力费	消耗数量×单价
3	工资及福利费	定员人数×工资标准；福利费为工资的14%
4	修理费	按折旧费的一定比例估算
5	折旧费	按相应规定计算
6	摊销费	按相应规定计算
7	利息支出、汇兑损失等	按相应规定计算
8	其他费用	按相应规定计算
9	总成本费用(固定、可变)	1+2+3+…+8
10	经营成本	9−5−6−7

3. 折旧费和摊销费的估算

在投资方案计算期内，折旧费和摊销费并不构成现金流出，但在估算利润总额和所得税时，它们是总成本费用的组成部分。从企业角度看，折旧的多少与快慢并不代表企业的这项费用的实际支出的多少与快慢，因为它们本身就不是实际的支出，而只是一种会计手段，是把以前发生的一次性支出在各计算期内进行分摊，以核算当期所缴付的所得税和可以分配的利润。因此，一般说来，企业总是希望多提和快提折旧和摊销费，以便少交和慢交所得税；另一方面，从政府角度看，也要防止企业的这种倾向，保证正常的税收来源。

(1) 折旧费估算

1) 平均年限法　也称直线折旧法。

$$\left.\begin{aligned}&\text{年折旧率}=\frac{1-\text{预计净残值率}}{\text{折旧年限}}\\&\text{年折旧额}=\text{固定资产原值}\times\text{年折旧率}\end{aligned}\right\}\tag{2-89}$$

净残值率按3%～5%确定。

【例 2-31】 通用机械设备的资产原值(包括购置、安装、单机调试和筹建期的借款利息)为2500万元,折旧年限为10年,净残值率为5%,按平均年限法计算折旧额。

$$年折旧率=\frac{1-5\%}{10}=9.5\%$$

$$年折旧额=2500\times 9.5\%=237.5万元$$

10年内相同。

2) 双倍余额递减法

$$年折旧率=\frac{2}{折旧年限}\times 100\% \tag{2-90}$$

$$年折旧额=固定资产净值\times 年折旧率 \tag{2-91}$$

实行双倍余额递减法的固定资产,应当在其固定资产折旧年限到期前两年内,将固定资产净值扣除预计净值后的净额平均摊销。

【例 2-32】 同上例题,按双倍余额递减法计算折旧。

$$年折旧率=\frac{2}{10}\times 100\%=20\%$$

因每年折旧额不同,计算结果见表2-24。

双倍余额递减法各年折旧额　　单位:万元　**表 2-24**

年限项目	1	2	3	4	5	6	7	8	9	10	残值合计
资产净值	2500	2000	1600	1280	1024	819	655	524	419	272	125
年折旧额	500	400	320	256	205	164	131	105	147	147	2375

$$最后两年折旧额=\frac{419-2500\times 5\%}{2}=147(万元)$$

总折旧额为2375万元。

3) 年数总和法

$$年折旧率=\frac{折旧年限-已使用年限}{折旧年限\times(1+折旧年限)\div 2}\times 100\% \tag{2-92}$$

$$年折旧额=(固定资产原值-预计净残值)\times 年折旧率 \tag{2-93}$$

年数总和法折旧额和折旧率每年是不同的。

【例 2-33】 同例题2-31,按年数总和法计算折旧。

【解】 固定资产原值-预计净残值=2500×(1-5%)=2375,计算结果见表2-25。

年数总和法各年折旧　**表 2-25**

项目年限	1	2	3	4	5	6	7	8	9	10	残值合计
年折旧率/%	18.18	16.36	14.54	12.73	10.91	9.09	7.27	5.45	3.64	1.82	
年折旧额/万元	432	389	345	302	259	216	173	130	86	43	2375

4) 工作量法计算

a) 按照行驶里程计算折旧的公式。

$$单位里程折旧额=\frac{原值\times(1-预计净产值率)}{总行使里程} \tag{2-94}$$

$$年折旧额=单位里程折旧额\times年行驶里程 \tag{2-95}$$

b）按照工作小时计算折旧的公式。

$$每工作小时的折旧额=\frac{原值\times(1-预计净产值率)}{总工作小时} \tag{2-96}$$

$$年折旧额=每工作小时折旧额\times年工作小时 \tag{2-97}$$

上述公式中的总行使里程、总工作小时由规定的同类资产折旧年限换算确定。

(2) 摊销费估算

摊销费是指无形资产和递延资产等一次性投入费用的分摊。它们的性质和固定资产折旧费相同。无形资产从开始之日起，在有效使用期限内平均计算摊销费。有效使用期限按以下原则确定：法律或合同或者企业申请书分别规定有法定有效期限和收益年限的，取两者较短者为有效使用年限；法律没有规定有效期限的，按照合同或者企业申请书规定的收益年限确定为有效使用年限；法律或合同或者企业申请书均未规定有效期或者受益年限的，按照不少于10年确定有效使用期限。

递延资产包括开办费和以经营租赁方式租入的固定资产改良支出等。开办费从企业开始生产经营算起，按照不短于5年的期限平均摊销；以租赁方式租入的固定资产改良支出，在租赁有效期内平均摊销。

4．税金构成与计算

与工程投资活动有关的税金有以下5类。

(1) 流转税类

流转税是对商品生产、商品流通和提供劳务销售和营业额征税的总称。流转税包括营业税、增值税、消费税等。对商品的交易和进口普遍征收增值税，并选择少数消费品征收消费税，对不实行增值税的劳务交易征收营业税。

1）增值税

增值税是以商品生产和流通中各环节的新增价值和商品附加值作为征税对象的一种流转税。我国实行的增值税基本属于生产型增值税，不允许扣除固定资产中所含的税金。

a）增值税征收对象：指纳税人在国内销售的货物、提供加工修理修配的劳务及进口的有关货物；

b）征税范围：包括生产环节销售的货物商业批发和零售环节所销售的货物、进口环节的货物。另外，基本建设单位从事建筑安装业务的企业附加工厂、车间生产的预制构件及其他构件等。

c）计税公式

$$应纳税额=当期销项税额-当期进项税额 \tag{2-98}$$

$$当期销项税额=当期销售额\times税率 \tag{2-99}$$

销项税额是指纳税人销售货物或提供应税货物，按销售额和规定的税率计算并向购买方收取的增值税额。增值税的基本税率为17%，对基本食品、图书、报纸、杂志等适用13%的低税率，零税率的适用范围只适用于出口货物。

进项税额是指纳税人购进货物或接受应税劳务向销售方支付的增值税额。在零售以前的各环节销售商品时，销售方必须按照规定，在增值税专用发票上分别注明增值税额和不含增值税的销售价格，购方根据从销售方取得的增值税专用发票（或海关的完税凭证）注明的增值税税额,确定本期进项税额,进行抵扣。

增值税专用发票与普通发票的区别在于,前者作为企业及有关单位专用,将销售货物或按供劳务价格与应承担的增值税款分开,克服重叠征收现象。

增值税在零售环节实行价内税,零售以前的其他环节实行价外税。所谓价内税是指商品售价中包含应纳的此项税额;所谓价外税是指商品销售价格中不包含此项税金。计算销项税额时,计算式中的销售额不包含增值税额。

【例 2-34】 设备增值税税率为 17%,生产正常年的产品销售收入(销售额,不含增值税)为 7200 万元,外购原材料、燃料和动力费用每年支出为 4900 万元,按扣税法计算的增值税为

$$7200\times17\%-4900\times17\%=391\text{ 万元}$$

增值税占销售收入的比例可定为:391/7200=5.34%。

2) 营业税

营业税是指对商业和服务性行业营业收入征收的一种税,是对工商盈利行业以营业额征税的各个税种的总称。

a) 纳税人:凡是在中华人民共和国境内提供应税劳务、转让无形资产或者销售不动产的单位和个人,都是营业税的纳税人,如在我国境内从事商业、物资经销、交通运输、建筑安装、金融保险、邮电通信、公用服务的单位和个人。

b) 营业税项目:共有 9 个,即交通运输业、建筑业、金融保险业、邮电通信业、文化体育业、娱乐业、服务业、转让无形资产、销售不动产。

c) 营业税计算公式:

$$\text{应纳税额}=\text{计税营业额}\times\text{适用税率} \tag{2-100}$$

营业税属于价内税,因而式中的营业额为纳税人提供应税劳务、转让无形资产或销售不动产时向对方收取的全部价款和价外费用,即含税营业收入。

(2) 所得税类

所得税是以单位(法人)或个人(自然人)在一定时期内的纯收入为征税对象的各个税种的总称。目前我国所得税分为企业所得税、外商投资企业和外国企业所得税、个人所得税。

1) 企业所得税

企业所得税以企业的生产、经营所得和其他所得为征税对象。

a) 纳税人:实行独立经营核算的企业或组织,有生产经营所得和其他所得者,皆为企业所得税的纳税人。这里所说的企业包括国有企业、私营企业、集体组织、联营企业、股份制企业以及有生产经营所得和其他所得的组织。

b) 纳税范围:指一切从事生产经营所得和其他所得,包括来源于中国境内、境外的所得。

c) 企业所得税计算公式:

$$\text{应纳税款}=\text{应纳税所得额}\times\text{适用税率} \tag{2-101}$$

应纳税所得额是纳税人每一纳税年的收入总额减去准予扣除项目后的余额。

收入总额是指生产经营收入、财产转让收入、利息收入、租赁收入、特许权使用费收入、股息收入和其他收入。准予扣除的项目包括纳税人取得收入有关的成本、费用和损失,其内

容包括生产经营成本、各项营业费用、按规定缴纳的税金、各项营业外支出、已发生的经营亏损和投资损失以及其他损失。不扣除的项目包括资本性支出，无形资产受让、开发支出，违法经营的罚款和被没收的财务的损失，各项税收的滞纳金、罚金和罚款，自然灾害或意外事故损失有赔偿的部分，与取得收入无关的其他各项费用支出。

企业所得税原则上实行33%的比例税率，但企业所得税暂行条例对民族自治区地方企业、高新技术产业开发区的高新技术企业、第三产业、利用废物为主要原料的企业、边穷地区的新办企业、校办企业等也规定了税收优惠政策。

2) 外商投资企业和国外企业所得税

是以我国境内的外商投资企业和外国企业的经营所得和其他所得为纳税对象的税种。

其纳税人为中国境内的外商投资企业和外国企业。外商投资企业是指中外合资经营企业、中外合作经营企业和外资企业；外国企业指中国境内设立机构、场所从事生产、经营和虽未设立机构、场所，而有来源于中国境内所得的外国公司、企业和其他经济组织。

外商投资企业和外国企业所得税率为30%，另加3%的地方所得税。

(3) 资源税类

资源税类是对我国境内从事资源开发或生产应征资源税的单位和个人所征收的一种税。以各种资源和土地为课税对象。多针对级差收入，实行差别征税的办法，以调节由于占有自然资源、土地的数量、质量的差别而形成的收入。

1) 资源税

a) 纳税人：凡在我国境内从事资源开采或生产的单位和个人，都是资源税的纳税人。

b) 征税范围　主要有原油、天然气、煤炭、其他非金属原矿、黑色金属原矿、有色金属原矿和盐等。

c) 资源税计算

$$应纳税款 = 课税数量 \times 单位税款 \tag{2-102}$$

其中，各应税项目的单位税款见表2-26。

各应税项目的单位税款　　**表2-26**

税　目	税 款 幅 度	税　目	税 款 幅 度
原　油	8～30元/t	黑金属原矿	20～30元/t
天 然 气	2～15元/km^3	有色金属原矿	0.4～30元/t
煤　炭	0.3～5元/t	固 体 盐	10～60元/t
其他非金属原矿	0.5～20元/t	液 体 盐	2～10元/t

2) 土地使用税

土地使用税是对使用城镇土地的单位和个人按土地单位面积定额征收的一种税。开征地区包括所有城市、县城、建制镇、工矿区，以纳税人实际占用土地的面积为计税依据。

(4) 行为税类

行为税类是国家规定以某一特定行为作为课税对象所征收的税类。属于这个税类有固定资产投资方向调节税、车船使用税、印花税、宴席税、车船使用牌照税等。

(5) 财产税类

财产税类是以纳税人或属于其支配的财产数量、价值为课税对象的税类。属于这个税类的有房产税、城市房地产税、契税等。房产税是这个税类的主要税种。它是以城镇中的房产为课税对象,按照房价或租价向房产所有人或经管人所征收的一种税。

5. 动态投资估算主要内容

动态投资估算即考虑了通货膨胀、利息、涨价预备费和各种应征税类等因素的投资估算。与项目投资估算有关的主要内容,阐明如下:

(1) 建筑工程费估算

1) 单位建筑工程投资估算法:以单位建筑工程量投资乘以建筑工程总量计算。一般工业与民用建筑以单位建筑面积(m^2)的投资,水库以水坝单位长度(m)的投资,铁路路基以单位长度(km)的投资,乘以相应的建筑工程总量计算建筑工程费。

2) 单位实物工程量投资估算法:以单位实物工程量的投资乘以实物工程总量计算。土石方工程按每 m^3 投资,矿井巷道衬砌工程按每延米投资,路面铺设工程按每 m^2 投资,乘以相应的实物工程总量计算建筑工程费。

3) 概算指标投资估算法:对于没有上述估算指标且建筑工程费占总投资比例较大的项目,可采用概算指标估算法。采用这种估算法,应占有较为详细的工程资料、建筑材料价格和工程费用指标,投入的时间和工作量较大。具体估算方法见有关专门机构发布的概算编制办法。

(2) 设备及工器具购置费估算

设备购置费估算应根据项目主要设备表及价格、费用资料编制。工器具购置费一般按占设备费的一定比例计取。

设备及工器具购置费,包括设备的购置费、工器具购置费、现场制作非标准设备费、生产用家具购置费和相应的运杂费。对于价值高的设备应按单台(套)估算购置费;价值较小的设备可按类估算。国内设备和进口设备的设备购置费应分别估算。

国内设备购置费为设备出厂价加运杂费。设备运杂费主要包括运输费、装卸费和仓库保管费等,运杂费可按设备出厂价的一定百分比计算。应编制国内设备购置费估算表。

进口设备购置费由进口设备货价、进口从属费用及国内运杂费组成。进口设备货价按交货地点和方式的不同,分为离岸价(FOB)与到岸价(CIF)两种价格。进口从属费用包括国外运费、国外运输保险费、进口关税、进口环节增值税、外贸手续费、银行财务费和海关监管手续费。国内运杂费包括运输费、装卸费、运输保险费等。

进口设备按离岸价计价时,应计算设备运抵我国口岸的国外运费和国外运输保险费,得出到岸价。计算公式为:

$$\text{进口设备到岸价} = \text{离岸价} + \text{国外运费} + \text{国外运输保险费} \tag{2-103}$$

其中:

$$\text{国外运费} = \text{离岸价} \times \text{运费率} \quad \text{或} \quad \text{国外运费} = \text{单位运价} \times \text{运量} \tag{2-104}$$

$$\text{国外运输保险费} = (\text{离岸价} + \text{国外运费}) \times \text{国外保险费率} \tag{2-105}$$

进口设备的其他几项从属费用通常按下面公式估算:

$$\text{进口关税} = \text{进口设备到岸价} \times \text{人民币外汇牌价} \times \text{进口关税率} \tag{2-106}$$

$$\text{进口环节增值税} = (\text{进口设备到岸价} \times \text{人民币外汇牌价} + \text{进口关税} + \text{消费税}) \times \text{增值税率} \tag{2-107}$$

$$\text{外贸手续费} = \text{进口设备到岸价} \times \text{人民币外汇牌价} \times \text{外贸手续费率} \tag{2-108}$$

$$\text{银行财务费} = \text{进口设备货价} \times \text{人民币外汇牌价} \times \text{银行财务费率} \tag{2-109}$$

海关监管手续费＝进口设备到岸价×人民币外汇牌价×海关监管手续费率　(2-110)

海关监管手续费是指海关对发生减免进口税或实行保税的进口设备，实施监管和提供服务收取的手续费。全额征收关税的设备，不收取海关监管手续费。

国内运杂费按运输方式，根据运量或者设备费金额估算。

现场制作非标准设备，由材料费、人工费和管理费组成，按其占设备总费用的一定比例估算。

(3) 安装工程费估算

需要安装的设备应估算安装工程费，包括各种机电设备装配和安装工程费用，与设备相连的工作台、梯子及其装设工程费用，附属于被安装设备的管线敷设工程费用；安装设备的绝缘、保温、防腐等工程费用；单体试运转和联动无负荷试运转费用等。

安装工程费通常按行业或专门机构发布的安装工程定额、取费标准和指标估算投资。具体计算可按安装费率、每吨设备安装费或者每单位安装实物工程量的费用估算，即：

安装工程费＝设备原价×安装费率　(2-111)

安装工程费＝设备吨位×每吨安装费　(2-112)

安装工程费＝安装工程实物量×安装费用指标　(2-113)

应编制安装工程费估算表。

(4) 工程建设其他费用估算

按各项费用科目的费率或者取费标准估算。应编制工程建设其他费用估算表。

例如：土地使用费、建设单位管理费、勘察设计费、研究试验费、建设单位临时设施费、工程建设监理费、工程保险费、施工机构迁移费、引进技术和进口设备其他费用、联合试运转费、生产职工培训费、办公及生活家具购置费等。

上述所列费用科目，仅供估算工程建设其他费用参考。项目的其他费用科目，应根据拟建项目实际发生的具体情况确定。

(5) 基本预备费估算

基本预备费是指在项目实施中可能发生难以预料的支出，需要事先预留的费用，又称工程建设不可预见费，主要指设计变更及施工过程中可能增加工程量的费用。基本预备费以建筑工程费、设备及工器具购置费、安装工程费及工程建设其他费用之和为计算基数，乘以基本预备费率计算。计算公式：

基本预备费＝(工程费用＋其他费用)×基本预备费率　(2-114)

(6) 涨价预备费估算

涨价预备费是对建设工期较长的项目，由于在建设期内可能发生材料、设备、人工等价格上涨引起投资增加，需要事先预留的费用，亦称价格变动不可预见费。涨价预备费以建筑工程费、设备及工器具购置费、安装工程费之和为计算基数。计算公式为：

$$PC = \sum_{t=1}^{n} I_t [(1+f)^t - 1] \tag{2-115}$$

式中　PC——涨价预备费；

I_t——第 t 年的建筑工程费、设备及工器具购置费、安装工程费之和；

f——建设期价格上涨指数；

n——建设期。

建设期价格上涨指数,政府部门有规定的按规定执行,没有规定的由可行性研究人员预测。

(7) 建设期利息估算

建设期利息是指项目借款在建设期内发生并计入固定资产的利息。计算建设期利息时,为了简化计算,通常假定借款均在每年的年中支用,借款第一年按半年计息,其余各年份按全年计息,计算公式为:

$$\text{各年应计利息}=(\text{年初借款本息累计}+\text{本年借款额}/2)\times\text{年利率} \quad (2\text{-}116)$$

有多种借款资金来源,每笔借款的年利率各不相同的项目,既可分别计算每笔借款的利息,也可先计算出各笔借款加权平均的年利率,并以此利率计算全部借款的利息。

三、项目投资估算示例

【例 2-34】

(一) 某新建工业项目概况

1. 该新建项目建设期为 2 年:第一年完成项目总投资的 40%;第 2 年完成 60%。第三年投产并项目达到 100%的设计能力。

2. 该项目固定资产投资中有 2000 万元来自国内银行贷款,其余为自有资金,根据借款协议,借款年利率为 10%,按季计息,生产期开始 10 年内还清本息。基本预备费费率为 10%。建设期内涨价预备费平均费率为 6%。按国家规定该项目的固定资产投资方向调节税税率为 5%,其他相关资料见表 2-27。

固定资产投资估算表　　**表 2-27**

序　号	工程费用名称	估　算　价　值				
		建筑工程	设备购置	安装工程	其他费用	合　计
1	工程费用					
1.1	主要生产项目	1550	900	100		2550
1.2	辅助生产项目	900	400	200		1500
1.3	公用工程	400	300	100		800
1.4	环境保护工程	300	200	100		600
1.5	总图运输	200	100			300
1.6	服务性工程	100				100
1.7	生活福利工程	100				100
1.8	厂外工程	50				50
2	其他费用				500	500
	其中:土地费用				(200)	(200)
	合计(1+2)	3600	1900	500	500	6500

3. 建设项目进入生产期后,第 1 年即全负荷生产。全厂职工为 200 人,工资与福利费按照每年每人 1 万元估算,每年的其他费用为 180 万元,年外购原材料、燃料和动力费用估算为 1600 万元。各项流动资金最低周转天数分别为:应收账款 40 天,现金 25 天,应付账款 45 天。每年按 365 天计。

4. 经过分析近几年同类产品市场价格,预测产品出厂价为 2 万元/t,正常年份年销售产量为 3 万 t,假设年产全部售完。生产期为 10 年,设备折旧年限为 10 年,净残值率为 4%。修理费按折旧费的 54%计。

5. 流动资金全部来源于贷款,生产期初一次投入,期末全部收回,年利率为 10%,利息每年偿还。

6. 经营成本中 5%的费用计入管理费,直接进入固定成本。经营成本的其余费用计入各年变动成本。

(二) 估算以下投资额及费用

1. 估算固定资产投资额,

2. 编制总成本费用表;

3. 估算流动资金并制表;

4. 估算总投资额;

5. 计算销售税金及附加费用。

(三) 编制固定资产投资估算表

1. 计算基本预备费按公式(2-114)计算。

基本预备费 = (工程费用 + 其他费用) × 10% = 6500 × 10% = 650 万元

2. 计算涨价预备费按公式(2-115)计算。

第 1 年涨价预备费:(6500 + 650) × 40% × 6% = 171.60 万元

第 2 年涨价预备费:(6500 + 650) × 60% × $[(1+6\%)^2-1]$ = 530.24 万元

建设期内涨价预备费为:171.60 + 530.24 = 701.84 万元

3. 计算预备费:

预备费 = 基本预备费 + 建设期内涨价预备费

= 650 + 701.84 = 1351.84 万元

4. 计算固定资产方向调节税:

税额 = (工程费用 + 其他费用 + 预备费) × 调节税率

= (6500 + 1351.84) × 5% = 392.59 万元

5. 建设期贷款利息:

如果有效利率的计息期不是 1 年,一年之中的计息为 m 周期数,则有效年利率按下式计算:

$$i=\frac{S-P}{P}=\frac{P\left(1+\frac{r}{m}\right)^m-P}{P}=\left(1+\frac{r}{m}\right)^m-1 \tag{2-117}$$

式中 i——有效年利率;

S——期末的本利和;

P——本金;

r——名义利率;

m——一年之中的计息周期数。

已知 $r=10\%$,按季计息,$m=4$,则贷款实际年利率为

$$i=(1+r/m)^m-1=(1+10\%/4)^4-1=10.38\%$$

建设期第 1 年贷款利息为:$A_1=1/2\times(2000\times40\%)\times10.38\%$

$=41.52$ 万元

建设期第 2 年贷款利息为：$A_2=(800+41.52+1/2\times1200)\times10.38\%$

$=149.63$ 万元

则建设期贷款利息为：$A_1+A_2=41.52+149.63=191.15$ 万元

6. 编制固定资产投资估算表，见表 2-28。

固定资产投资估算表 单位：万元 **表 2-28**

序号	工程费用名称	估算价值						占固定资产比例%	备注
		建筑工程	设备购置	安装工程	其他费用	合计	其中外币		
1	工程费用	3600	1900	500		6000		76.42	$\frac{1}{1+2+3}\times100\%$
1.1	主要生产项目	1550	900	100		2550			
1.2	辅助生产车间	900	400	200		1500			
1.3	公用工程	400	300	100		800			
1.4	环境保护工程	300	200	100		600			
1.5	总图运输	200	100			300			
1.6	服务性工程	100				100			
1.7	生活福利工程	100				100			
1.8	厂外工程	50				50			
2	其他费用				500	500	6.37		
	其中：土地费用				200				
	合计(1+2)	3600	1900	500	500	6500			
3	预备费					1351.84		17.22	
3.1	基本预备费				650	650			
3.2	涨价预备费				701.84	701.84			
4	投资方向调节税				392.59	392.59			
5	建设期贷款利息				191.15	191.15			
	合计(1+2+3+4+5)	3600	1900	500	2435.58	8435.58			

（四）估算流动资金并制表

1. 年经营成本等见总成本费用估算表 2-31。

年经营成本＝总成本费用－折旧费－摊销费－利息支出＝2400 万元

2. 计算应收账款：

应收账款＝年经营成本/周转次数＝2400/(365/40)＝263.01(万元)

3. 计算现金量：

现金＝(年工资及福利费＋其他费用)/年周转次数

＝(200＋180)/(365/25)＝26.03 万元

4．计算应付账款：

应付账款 =（外购原材料、燃料及动力费用）/年周转次数

= 1600/（365/45）= 197.26 万元

5．计算流动资金：

流动资金 = 流动资产 − 流动负债 =（263.01 + 26.03）− 197.26 = 91.78 万元

6．存货为 0。

7．编制流动资金估算表：

流动资金估算按分项详细估算法估算，估算总额为 91.78 万元，得表 2-29。

流动资金估算表　　单位：万元　**表 2-29**

序号	项　目	最低周转天数	周转次数	达到设计生产能力期（年）（3～12）
1	流动资产			289.04
1.1	应收账款	40	365/40	263.01
1.2	存货			
1.3	现金	25	365/25	26.03
2	流动负债			197.26
2.1	应付账款	45	365/45	197.26
3	流动资金（1−2）			91.78

（五）估算总成本并制表

1．折旧费估算

本项目固定资产原值包括：固定资产投资中的工程费用、土地费用和预备费、投资方向调节税、建设期利息，原值合计为：8435.56 − 500 + 200 = 8135.56（万元）。按平均年限折旧法计算折旧，折旧年限为 10 年，净残值率为 4%。

$$年折旧率 = \frac{1-4\%}{10} \times 100\% = 9.6\%$$

年折旧费 = 8135.56 × 9.6% = 781.01 万元

第 2 年净值 = 8135.56 − 781.01 = 7354.55 万元

第 3 年净值 = 7354.55 − 781.01 = 6573.54 万元

依次类推可得以后各年净值。

2．修理费的估算

修理费为折旧费的 54%，即为：781.01 × 54% = 420（万元）。

3．无形资产及递延资产摊销费估算

固定资产投资中第二部分费用（工程建设其他费用）除土地费用进入固定资产原值外，其余费用均计入项目的无形资产及递延资产。摊销费 = 500 − 200 = 300 万元。10 年摊销，每年 30 万元。

4．利息支出计算

根据资金筹措计划，固定资产中 2000 万元为银行借款，且投入计划第 1 年及第 2 年分别为 40% 及 60%，按 10% 计算，长期借款还款计划为在投产期第 1 年开始以收益偿还；流动资金由表 2-29 可得 91.78，在期末一次回收，每期还息。长期借款还本付息表如 2-30 所示。

长期借款还本付息表　　单位:万元　**表 2-30**

序号	项　目	1	2	3	4	5	6	7	8	9	10	11	12
1	年初累计长期借款	0	840	2184	2047.1	1896.5	1731.0	1548.8	1348.4	1127.9	885.4	618.6	325.2
2	本年新增长期借款	800	1200	0	0	0	0	0	0	0	0	0	0
3	本年应计利息	40	144	218.4	204.7	189.7	173.1	154.9	134.8	112.8	88.5	61.8	32.5
4	本年应还本息	0	0	355.3	355.3	355.3	355.3	355.3	355.3	355.3	355.3	355.3	355.3
4.1	本年应还本金	0	0	136.9	150.6	165.6	182.2	200.4	220.5	242.5	266.8	293.4	322.8
4.2	本年应还利息	0	0	218.4	204.7	189.7	173.1	154.9	134.8	112.8	88.5	61.9	32.5

表 2-30 中:本年应还本息 $=2184\times(R/P,i,N)=2184\times(R/P,10\%,10)$

$=2184\times0.1627=355.3$ 万元

系数 0.1627:查本章附录:复利系数表 $i=10\%$;$N=10$。

5. 总成本费用估算

见表 2-31。

总成本费用估算表　　单位:万元　**表 2-31**

序号	项　目	达到设计生产能力期(100%)									
		3	4	5	6	7	8	9	10	11	12
1	外购原料	1200	1200	1200	1200	1200	1200	1200	1200	1200	1200
2	购燃料动力	400	400	400	400	400	400	400	400	400	400
3	工资福利费	200	200	200	200	200	200	200	200	200	200
4	修理费	420	420	420	420	420	420	420	420	420	420
5	折旧费	781.01	781.01	781.01	781.01	781.01	781.01	781.01	781.01	781.01	781.01
6	摊销费	30	30	30	30	30	30	30	30	30	30
7	利息支出	227.58	213.88	198.88	182.28	164.08	143.98	121.98	97.68	71.08	41.68
	其中:										
	建设期贷款利息	218.4	204.7	189.7	173.1	154.9	134.8	112.8	88.5	61.8	32.5
	流动资金借款利息	9.18	9.18	9.18	9.18	9.18	9.18	9.18	9.18	9.18	9.18
8	其他费用	180	180	180	180	180	180	180	180	180	180
9	总成本费用	3438.59	3424.9	3409.9	3393.29	3375.1	3355	3332.99	3304.69	3282.1	3252.7
	其中:										
	固定成本	1351.01	1351.01	1351.01	1351.01	1351.01	1351.01	1351.01	1351.01	1351.01	1351.01
	可变成本	2087.53	2073.89	2058.89	2042.28	2024.09	2003.99	1981.98	1953.68	1931.09	1901.69
10	经营成本	2400	2400	2400	2400	2400	2400	2400	2400	2400	2400

表中各项费用计算过程:

(1) 流动资金 91.78 万元每年还息,则利息为:$91.78\times10\%=9.178$ 万元。

(2) 总成本费用为 1 至 8 项之和。固定成本为折旧、维修费、摊销费及管理费用之和(管理费按经营成本 5%记取)。

(3) 可变成本为总成本费用减去固定成本。

(4) 经营成本=总成本费用-折旧费-摊销费-利息支出。

6. 总投资额、产品销售收入和销售税金等估算

(1) 总投资额=固定资产投资+流动资产投资=8435.58+91.78
=8527.36(万元)

(2) 经分析近几年同类产品市场价格,预测产品出厂价为2万元/t(含税),正常年份年销售产量为3万t。

正常生产年份的年销售收入=2万元/t×30000t/年=60000万元(含税收入)。

(3) 销售税金(包括产品税、增值税、营业税、教育附加费、城乡维护建设税等)按国家规定计取:

增值税税率为17%,城市维护建设税按增值税的7%计,教育附加税按增值税的3%计,正常生产年份的年销售税金及附加估算值为703.25万元。其中:

$$\text{增值税}=\frac{\text{销售收入}}{1+17\%}\times 17\%-\frac{\text{外购原材料、燃料、动力费用}}{1+17\%}\times 17\%$$

$$=\frac{6000}{1+17\%}\times 17\%-\frac{1600}{1+17\%}\times 17\%$$

$$=639.32\text{ 万元}$$

城乡维护建设税=639.32×7%=44.75万元

教育附加费=639.32×3%=19.18万元

即销售税金及附加费用为

639.32+44.75+19.18=703.25万元。

四、投资估算的审查

为了保证项目投资估算的准确性和估算质量,以便确保其应有的作用,监理人员在参与投资估算活动时,必须加强对项目投资估算的审查工作。项目投资估算的审查部门和单位,在审查项目投资估算时,应注意审查以下几点。

(一) 审查投资估算编制依据的可信性

1. 审查选用的投资估算方法的科学性、适用性

因为投资估算方法很多,而每种投资估算方法都各有各的适用条件和范围,并具有不同的精确度。如果使用的投资估算方法与项目的客观条件和情况不相适应,或者超出了该方法的适用范围,那就不能保证投资估算的质量。

2. 审查投资估算采用数据资料的时效性、准确性

估算项目投资所需的数据资料很多,如已运行同类型项目的投资、设备和材料价格、运杂费率、有关的定额、指标、标准,以及有关规定等都与时间有密切关系,都可能随时间而发生不同程度的变化。因此,必须注意其时效性和准确程度。

(二) 审查投资估算的编制内容与规定、规划要求的一致性

(1) 审查项目投资估算包括的工程内容与规定要求是否一致,是否漏掉了某些辅助工程、室外工程等的建设费用。

(2) 审查项目投资估算的项目产品生产装置的先进水平和自动化程度等是否符合规划要求的先进程度。

(3) 审查是否对拟建项目与已运行项目在工程成本、工艺水平、规模大小、自然条件、环

境因素等方面的差异作了适当的调整。

（三）审查投资估算的费用项目、费用数额的符实性

(1) 审查费用项目与规定要求、实际情况是否相符，有否漏项或多项现象，估算的费用项目是否符合国家规定，是否针对具体情况作了适当的增减。

(2) 审查“三废”处理所需投资是否进行了估算，其估算数额是否符合实际。

(3) 审查是否考虑了物价上涨和汇率变动对投资额的影响，考虑的波动变化幅度是否合适。

(4) 审查是否考虑了采用新技术、新材料以及现行标准和规范比已运行项目的要求提高者所需增加的投资额，考虑的额度是否合适。

附录 2-1

复利系数表（$i=1\%$）　**表 2-32**

N	$(S/P,i,n)$	$(P/S,i,n)$	$(S/R,i,n)$	$(R/S,i,n)$	$(R/P,i,n)$	$(P/R,i,n)$
1	1.0100	0.9901	1.0000	1.0000	1.0100	0.9901
2	1.0201	0.9803	2.0100	0.4975	0.5075	1.9704
3	1.0303	0.9706	3.0301	0.3300	0.3400	2.9410
4	1.0406	0.9610	4.0604	0.2463	0.2563	3.9020
5	1.0510	0.9515	5.1010	0.1960	0.2060	4.8534
6	1.0615	0.9420	6.1520	0.1625	0.1725	5.7955
7	1.0721	0.9327	7.2135	0.1386	0.1486	6.7282
8	1.0829	0.9235	8.2857	0.1207	0.1307	7.6517
9	1.0937	0.9143	9.3685	0.1067	0.1167	8.5660
10	1.1046	0.9053	10.4622	0.0956	0.1056	9.4713
11	1.1157	0.8963	11.5668	0.0865	0.0965	10.3676
12	1.1268	0.8874	12.6825	0.0788	0.0888	11.2551
13	1.1381	0.8787	13.8093	0.0724	0.0824	12.1337
14	1.1495	0.8700	14.9474	0.0669	0.0769	13.0037
15	1.1610	0.8613	16.0969	0.0621	0.0721	13.8651
16	1.1726	0.8528	17.2579	0.0579	0.0679	14.7179
17	1.1843	0.8444	18.4304	0.0543	0.0643	15.5623
18	1.1961	0.8360	19.6147	0.0510	0.0610	16.3983
19	1.2081	0.8277	20.8109	0.0481	0.0581	17.2260
20	1.2202	0.8195	22.0190	0.0454	0.0554	18.0456
21	1.2324	0.8114	23.2392	0.0430	0.0530	18.8570
22	1.2447	0.8034	24.4716	0.0409	0.0509	19.6604
23	1.2572	0.7954	25.7163	0.0389	0.0489	20.4558
24	1.2697	0.7876	26.9735	0.0371	0.0471	21.2434
25	1.2824	0.7798	28.2432	0.0354	0.0454	22.0232
26	1.2953	0.7720	29.5256	0.0339	0.0439	22.7952

续表

N	(S/P,i,n)	(P/S,i,n)	(S/R,i,n)	(R/S,i,n)	(R/P,i,n)	(P/R,i,n)
27	1.3082	0.7644	30.8209	0.0324	0.0424	23.5596
28	1.3213	0.7568	32.1291	0.0311	0.0411	24.3164
29	1.3345	0.7493	33.4504	0.0299	0.0399	25.0658
30	1.3478	0.7419	34.7849	0.0287	0.0387	25.8077
31	1.3613	0.7346	36.1327	0.0277	0.0377	26.5423
32	1.3749	0.7273	37.4941	0.0267	0.0367	27.2696
33	1.3887	0.7201	38.8690	0.0257	0.0357	27.9897
34	1.4026	0.7130	40.2577	0.0248	0.0348	28.7027
35	1.4166	0.7059	41.6603	0.0240	0.0340	29.4086
36	1.4308	0.6989	43.0769	0.0232	0.0332	30.1075
37	1.4451	0.6920	44.5076	0.0225	0.0325	30.7995
38	1.4595	0.6852	45.9527	0.0218	0.0318	31.4847
39	1.4741	0.6784	47.4123	0.0211	0.0311	32.1630
40	1.4889	0.6717	48.8864	0.0205	0.0305	32.8347
41	1.5038	0.6650	50.3752	0.0199	0.0299	33.4997
42	1.5188	0.6584	51.8790	0.0193	0.0293	34.1581
43	1.5340	0.6519	53.3978	0.0187	0.0287	34.8100
44	1.5493	0.6454	54.9318	0.0182	0.0282	35.4555
45	1.5648	0.6391	56.4811	0.0177	0.0277	36.0945
46	1.5805	0.6327	58.0459	0.0172	0.0272	36.7272
47	1.5963	0.6265	59.6263	0.0168	0.0268	37.3537
48	1.6122	0.6203	61.2226	0.0163	0.0263	37.9740
49	1.6283	0.6141	62.8348	0.0159	0.0259	38.5881
50	1.6446	0.6080	64.4632	0.0155	0.0255	39.1961

复利系数表($i=2\%$) **表 2-33**

N	(S/P,i,n)	(P/S,i,n)	(S/R,i,n)	(R/S,i,n)	(R/P,i,n)	(P/R,i,n)
1	1.0200	0.9804	1.0000	1.0000	1.0200	0.9804
2	1.0404	0.9612	2.0200	0.4950	0.5150	1.9416
3	1.0612	0.9423	3.0604	0.3268	0.3468	2.8839
4	1.0824	0.9238	4.1216	0.2426	0.2626	3.8077
5	1.1041	0.9057	5.2040	0.1922	0.2122	4.7135
6	1.1262	0.8880	6.3081	0.1585	0.1785	5.6014
7	1.1487	0.8706	7.4343	0.1345	0.1545	6.4720
8	1.1717	0.8535	8.5830	0.1165	0.1365	7.3255
9	1.1951	0.8368	9.7546	0.1025	0.1225	8.1622
10	1.2190	0.8203	10.9497	0.0913	0.1113	8.9826
11	1.2434	0.8043	12.1687	0.0822	0.1022	9.7868

续表

N	(S/P,i,n)	(P/S,i,n)	(S/R,i,n)	(R/S,i,n)	(R/P,i,n)	(P/R,i,n)
12	1.2682	0.7885	13.4121	0.0746	0.0946	10.5753
13	1.2936	0.7730	14.6803	0.0681	0.0881	11.3484
14	1.3195	0.7579	15.9739	0.0626	0.0826	12.1062
15	1.3459	0.7430	17.2934	0.0578	0.0778	12.8493
16	1.3728	0.7284	18.6393	0.0537	0.0737	13.5777
17	1.4002	0.7142	20.0121	0.0500	0.0700	14.2919
18	1.4282	0.7002	21.4123	0.0467	0.0667	14.9920
19	1.4568	0.6864	22.8406	0.0438	0.0638	15.6785
20	1.4859	0.6730	24.2974	0.0412	0.0612	16.3514
21	1.5157	0.6598	25.7833	0.0388	0.0588	17.0112
22	1.5460	0.6468	27.2990	0.0366	0.0566	17.6580
23	1.5769	0.6342	28.8450	0.0347	0.0547	18.2922
24	1.6084	0.6217	30.4219	0.0329	0.0529	18.9139
25	1.6406	0.6095	32.0303	0.0312	0.0512	19.5235
26	1.6734	0.5976	33.6709	0.0297	0.0497	20.1210
27	1.7069	0.5859	35.3443	0.0283	0.0483	20.7069
28	1.7410	0.5744	37.0512	0.0270	0.0470	21.2813
29	1.7758	0.5631	38.7922	0.0258	0.0458	21.8444
30	1.8114	0.5521	40.5681	0.0246	0.0446	22.3965
31	1.8476	0.5412	42.3794	0.0236	0.0436	22.9377
32	1.8845	0.5306	44.2270	0.0226	0.0426	23.4683
33	1.9222	0.5202	46.1116	0.0217	0.0417	23.9886
34	1.9607	0.5100	48.0338	0.0208	0.0408	24.4986
35	1.9999	0.5000	49.9945	0.0200	0.0400	24.9986
36	2.0399	0.4902	51.9944	0.0192	0.0392	25.4888
37	2.0807	0.4806	54.0343	0.0185	0.0385	25.9695
38	2.1223	0.4712	56.1149	0.0178	0.0378	26.4406
39	2.1647	0.4619	58.2372	0.0172	0.0372	26.9026
40	2.2080	0.4529	60.4020	0.0166	0.0366	27.3555
41	2.2522	0.4440	62.6100	0.0160	0.0360	27.7995
42	2.2972	0.4353	64.8622	0.0154	0.0354	28.2348
43	2.3432	0.4268	67.1595	0.0149	0.0349	28.6616
44	2.3901	0.4184	69.5027	0.0144	0.0344	29.0800
45	2.4379	0.4102	71.8927	0.0139	0.0339	29.4902
46	2.4866	0.4022	74.3306	0.0135	0.0335	29.8923
47	2.5363	0.3943	76.8172	0.0130	0.0330	30.2866
48	2.5871	0.3865	79.3535	0.0126	0.0326	30.6731
49	2.6388	0.3790	81.9406	0.0122	0.0322	31.0521
50	2.6916	0.3715	84.5794	0.0118	0.0318	31.4236

复利系数表($i=3\%$)　　表 2-34

N	$(S/P,i,n)$	$(P/S,i,n)$	$(S/R,i,n)$	$(R/S,i,n)$	$(R/P,i,n)$	$(P/R,i,n)$
1	1.0300	0.9709	1.0000	1.0000	1.0300	0.9709
2	1.0609	0.9426	2.0300	0.4926	0.5226	1.9135
3	1.0927	0.9151	3.0909	0.3235	0.3535	2.8286
4	1.1255	0.8885	4.1836	0.2390	0.2690	3.7171
5	1.1593	0.8626	5.3091	0.1884	0.2184	4.5797
6	1.1941	0.8375	6.4684	0.1546	0.1846	5.4172
7	1.2299	0.8131	7.6625	0.1305	0.1605	6.2303
8	1.2668	0.7894	8.8923	0.1125	0.1425	7.0197
9	1.3048	0.7664	10.1591	0.0984	0.1284	7.7861
10	1.3439	0.7441	11.4639	0.0872	0.1172	8.5302
11	1.3842	0.7224	12.8078	0.0781	0.1081	9.2526
12	1.4258	0.7014	14.1920	0.0705	0.1005	9.9540
13	1.4685	0.6810	15.6178	0.0640	0.0940	10.6350
14	1.5126	0.6611	17.0863	0.0585	0.0885	11.2961
15	1.5580	0.6419	18.5989	0.0538	0.0838	11.9379
16	1.6047	0.6232	20.1569	0.0496	0.0796	12.5611
17	1.6528	0.6050	21.7616	0.0460	0.0760	13.1661
18	1.7024	0.5874	23.4144	0.0427	0.0727	13.7535
19	1.7535	0.5703	25.1169	0.0398	0.0698	14.3238
20	1.8061	0.5537	26.8704	0.0372	0.0672	14.8775
21	1.8603	0.5375	28.6765	0.0349	0.0649	15.4150
22	1.9161	0.5219	30.5368	0.0327	0.0627	15.9369
23	1.9736	0.5067	32.4529	0.0308	0.0608	16.4436
24	2.0328	0.4919	34.4265	0.0290	0.0590	16.9355
25	2.0938	0.4776	36.4593	0.0274	0.0574	17.4131
26	2.1566	0.4637	38.5530	0.0259	0.0559	17.8768
27	2.2213	0.4502	40.7096	0.0246	0.0546	18.3270
28	2.2879	0.4371	42.9309	0.0233	0.0533	18.7641
29	2.3566	0.4243	45.2189	0.0221	0.0521	19.1885
30	2.4273	0.4120	47.5754	0.0210	0.0510	19.6004
31	2.5001	0.4000	50.0027	0.0200	0.0500	20.0004
32	2.5751	0.3883	52.5028	0.0190	0.0490	20.3888
33	2.6523	0.3770	55.0778	0.0182	0.0482	20.7658
34	2.7319	0.3660	57.7302	0.0173	0.0473	21.1318
35	2.8139	0.3554	60.4621	0.0165	0.0465	21.4872
36	2.8983	0.3450	63.2759	0.0158	0.0458	21.8323
37	2.9852	0.3350	66.1742	0.0151	0.0451	22.1672
38	3.0748	0.3252	69.1594	0.0145	0.0445	22.4925

续表

N	(S/P,i,n)	(P/S,i,n)	(S/R,i,n)	(R/S,i,n)	(R/P,i,n)	(P/R,i,n)
39	3.1670	0.3158	72.2342	0.0138	0.0438	22.8082
40	3.2620	0.3066	75.4013	0.0133	0.0433	23.1148
41	3.3599	0.2976	78.6633	0.0127	0.0427	23.4124
42	3.4607	0.2890	82.0232	0.0122	0.0422	23.7014
43	3.5645	0.2805	85.4839	0.0117	0.0417	23.9819
44	3.6715	0.2724	89.0484	0.0112	0.0412	24.2543
45	3.7816	0.2644	92.7199	0.0108	0.0408	24.5187
46	3.8950	0.2567	96.5015	0.0104	0.0404	24.7754
47	4.0119	0.2493	100.3965	0.0100	0.0400	25.0247
48	4.1323	0.2420	104.4084	0.0096	0.0396	25.2667
49	4.2562	0.2350	108.5406	0.0092	0.0392	25.5017
50	4.3839	0.2281	112.7969	0.0089	0.0389	25.7298

复利系数表($i=4\%$)　　表 2-35

N	(S/P,i,n)	(P/S,i,n)	(S/R,i,n)	(R/S,i,n)	(R/P,i,n)	(P/R,i,n)
1	1.0400	0.9615	1.0000	1.0000	1.0400	0.9615
2	1.0816	0.9246	2.0400	0.4902	0.5302	1.8861
3	1.1249	0.8890	3.1216	0.3203	0.3603	2.7751
4	1.1699	0.8548	4.2465	0.2355	0.2755	3.6299
5	1.2167	0.8219	5.4163	0.1846	0.2246	4.4518
6	1.2653	0.7903	6.6330	0.1508	0.1908	5.2421
7	1.3159	0.7599	7.8983	0.1266	0.1666	6.0021
8	1.3686	0.7307	9.2142	0.1085	0.1485	6.7327
9	1.4233	0.7026	10.5828	0.0945	0.1345	7.4353
10	1.4802	0.6756	12.0061	0.0833	0.1233	8.1109
11	1.5395	0.6496	13.4864	0.0741	0.1141	8.7605
12	1.6010	0.6246	15.0258	0.0666	0.1066	9.3851
13	1.6651	0.6006	16.6268	0.0601	0.1001	9.9856
14	1.7317	0.5775	18.2919	0.0547	0.0947	10.5631
15	1.8009	0.5553	20.0236	0.0499	0.0899	11.1184
16	1.8730	0.5339	21.8245	0.0458	0.0858	11.6523
17	1.9479	0.5134	23.6975	0.0422	0.0822	12.1657
18	2.0258	0.4936	25.6454	0.0390	0.0790	12.6593
19	2.1068	0.4746	27.6712	0.0361	0.0761	13.1339
20	2.1811	0.4564	29.7781	0.0336	0.0736	13.5903
21	2.2788	0.4388	31.9692	0.0313	0.0713	14.0292
22	2.3699	0.4220	34.2480	0.0292	0.0692	14.4511
23	2.4647	0.4057	36.6179	0.0273	0.0673	14.8568

续表

N	(S/P,i,n)	(P/S,i,n)	(S/R,i,n)	(R/S,i,n)	(R/P,i,n)	(P/R,i,n)
24	2.5633	0.3901	39.0826	0.0256	0.0656	15.2470
25	2.6658	0.3751	41.6459	0.0240	0.0640	15.6221
26	2.7725	0.3607	44.3117	0.0226	0.0626	15.9828
27	2.8834	0.3468	47.0842	0.0212	0.0612	16.3296
28	2.9987	0.3335	49.9676	0.0200	0.0600	16.6631
29	3.1187	0.3207	52.9663	0.0189	0.0589	16.9837
30	3.2434	0.3083	56.0849	0.0178	0.0578	17.2920
31	3.3731	0.2965	59.3283	0.0169	0.0569	17.5885
32	3.5081	0.2851	62.7015	0.0159	0.0559	17.8736
33	3.6484	0.2741	66.2095	0.0151	0.0551	18.1476
34	3.7943	0.2636	69.8579	0.0143	0.0543	18.4112
35	3.9461	0.2534	73.6522	0.0136	0.0536	18.6646
36	4.1039	0.2437	77.5983	0.0129	0.0529	18.9083
37	4.2681	0.2343	81.7022	0.0122	0.0522	19.1426
38	4.4388	0.2253	85.9703	0.0116	0.0516	19.3679
39	4.6164	0.2166	90.4091	0.0111	0.0511	19.5845
40	4.8010	0.2083	95.0255	0.0105	0.0505	19.7928
41	4.9931	0.2003	99.8265	0.0100	0.0500	19.9931
42	5.1928	0.1926	104.8196	0.0095	0.0495	20.1856
43	5.4005	0.1852	110.0124	0.0091	0.0491	20.3708
44	5.6165	0.1780	115.4129	0.0087	0.0487	20.5488
45	5.8412	0.1712	121.0294	0.0083	0.0483	20.7200
46	6.0748	0.1646	126.8706	0.0079	0.0479	20.8847
47	6.3178	0.1583	132.9454	0.0075	0.0475	21.0429
48	6.5705	0.1522	139.2632	0.0072	0.0472	21.1951
49	6.8333	0.1463	145.8337	0.0069	0.0469	21.3415
50	7.1067	0.1407	152.6671	0.0066	0.0466	21.4822

复利系数表($i=5\%$) **表 2-36**

N	(S/P,i,n)	(P/S,i,n)	(S/R,i,n)	(R/S,i,n)	(R/P,i,n)	(P/R,i,n)
1	1.0500	0.9524	1.0000	1.0000	1.0500	0.9524
2	1.1025	0.9070	2.0500	0.4878	0.5378	1.8594
3	1.1576	0.8638	3.1525	0.3172	0.3672	2.7232
4	1.2155	0.8227	4.3101	0.2320	0.2820	3.5460
5	1.2763	0.7835	5.5256	0.1810	0.2310	4.3295
6	1.3401	0.7462	6.8019	0.1470	0.1970	5.0757
7	1.4071	0.7107	8.1420	0.1228	0.1728	5.7864
8	1.4775	0.6768	9.5491	0.1047	0.1547	6.4632
9	1.5513	0.6446	11.0266	0.0907	0.1407	7.1078

续表

N	(S/P,i,n)	(P/S,i,n)	(S/R,i,n)	(R/S,i,n)	(R/P,i,n)	(P/R,i,n)
10	1.6289	0.6139	12.5779	0.0795	0.1295	7.7217
11	1.7103	0.5847	14.2068	0.0704	0.1204	8.3064
12	1.7959	0.5568	15.9171	0.0628	0.1128	8.8633
13	1.8856	0.5303	17.7130	0.0565	0.1065	9.3936
14	1.9799	0.5051	19.5986	0.0510	0.1010	9.8986
15	2.0789	0.4810	21.5786	0.0463	0.0963	10.3797
16	2.1829	0.4581	23.6575	0.0423	0.0923	10.8378
17	2.2920	0.4363	25.8404	0.0387	0.0887	11.2741
18	2.4066	0.4155	28.1324	0.0355	0.0855	11.6896
19	2.5270	0.3957	30.5390	0.0327	0.0827	12.0853
20	2.6533	0.3769	33.0660	0.0302	0.0802	12.4622
21	2.7860	0.3589	35.7193	0.0280	0.0780	12.8212
22	2.9253	0.3418	38.5052	0.0260	0.0760	13.1630
23	3.0715	0.3256	41.4305	0.0241	0.0741	13.4886
24	3.2251	0.3101	44.5020	0.0225	0.0725	13.7986
25	3.3864	0.2953	47.7271	0.0210	0.0710	14.0939
26	3.5557	0.2812	51.1135	0.0196	0.0696	14.3752
27	3.7335	0.2678	54.6691	0.0183	0.0683	14.6430
28	3.9201	0.2551	58.4026	0.0171	0.0671	14.8981
29	4.1161	0.2429	62.3227	0.0160	0.0660	15.1411
30	4.3219	0.2314	66.4388	0.0151	0.0651	15.3725
31	4.5380	0.2204	70.7608	0.0141	0.0641	15.5928
32	4.7649	0.2099	75.2988	0.0133	0.0633	15.8027
33	5.0032	0.1999	80.0638	0.0125	0.0625	16.0025
34	5.2533	0.1904	85.0670	0.0118	0.0618	16.1929
35	5.5160	0.1813	90.3203	0.0111	0.0611	16.3742
36	5.7918	0.1727	95.8363	0.0104	0.0604	16.5469
37	6.0814	0.1644	101.6281	0.0098	0.0598	16.7113
38	6.3855	0.1566	107.7095	0.0093	0.0593	16.8679
39	6.7048	0.1491	114.0950	0.0088	0.0588	17.0170
40	7.0400	0.1420	120.7998	0.0083	0.0583	17.1591
41	7.3920	0.1353	127.8398	0.0078	0.0578	17.2944
42	7.7616	0.1288	135.2318	0.0074	0.0574	17.4232
43	8.1497	0.1227	142.9933	0.0070	0.0570	17.5459
44	8.5572	0.1169	151.1430	0.0066	0.0566	17.6628
45	8.9850	0.1113	159.7002	0.0063	0.0563	17.7741
46	9.4343	0.1060	168.6852	0.0059	0.0559	17.8801
47	9.9060	0.1009	178.1194	0.0056	0.0556	17.9810
48	10.4013	0.0961	188.0254	0.0053	0.0553	18.0772
49	10.9213	0.0916	198.4267	0.0050	0.0550	18.1687
50	11.4674	0.0872	209.3480	0.0048	0.0548	18.2559

复利系数表($i=6\%$) 表 2-37

N	(S/P, i, n)	(P/S, i, n)	(S/R, i, n)	(R/S, i, n)	(R/P, i, n)	(P/R, i, n)
1	1.0600	0.9434	1.0000	1.0000	1.0600	0.9434
2	1.1236	0.8900	2.0600	0.4854	0.5454	1.8334
3	1.1910	0.8396	3.1836	0.3141	0.3741	2.6730
4	1.2625	0.7921	4.3746	0.2286	0.2886	3.4651
5	1.3382	0.7473	5.6371	0.1774	0.2374	4.2124
6	1.4185	0.7050	6.9753	0.1434	0.2034	4.9173
7	1.5036	0.6651	8.3938	0.1191	0.1791	5.5824
8	1.5938	0.6274	9.8975	0.1010	0.1610	6.2098
9	1.6895	0.5919	11.4913	0.0870	0.1470	6.8017
10	1.7908	0.5584	13.1808	0.0759	0.1359	7.3601
11	1.8983	0.5268	14.9716	0.0668	0.1268	7.8869
12	2.0122	0.4970	16.8699	0.0593	0.1193	8.3838
13	2.1329	0.4688	18.8821	0.0530	0.1130	8.8527
14	2.2609	0.4423	21.0151	0.0476	0.1076	9.2950
15	2.3966	0.4173	23.2760	0.0430	0.1030	9.7122
16	2.5404	0.3936	25.6725	0.0390	0.0990	10.1059
17	2.6928	0.3714	28.2129	0.0354	0.0954	10.4773
18	2.8543	0.3503	30.9057	0.0324	0.0924	10.8276
19	3.0256	0.3305	33.7600	0.0296	0.0896	11.1581
20	3.2071	0.3118	36.7856	0.0272	0.0872	11.4699
21	3.3996	0.2942	39.9927	0.0250	0.0850	11.7641
22	3.6035	0.2775	43.3923	0.0230	0.0830	12.0416
23	3.8197	0.2618	46.9958	0.0213	0.0813	12.3034
24	4.0489	0.2470	50.8156	0.0197	0.0797	12.5504
25	4.2919	0.2330	54.8645	0.0182	0.0782	12.7834
26	4.5494	0.2198	59.1564	0.0169	0.0769	13.0032
27	4.8223	0.2074	63.7058	0.0157	0.0757	13.2105
28	5.1117	0.1956	68.5281	0.0146	0.0746	13.4062
29	5.4184	0.1846	73.6398	0.0136	0.0736	13.5907
30	5.7435	0.1741	79.0582	0.0126	0.0726	13.7648
31	6.0881	0.1643	84.8017	0.0118	0.0718	13.9291
32	6.4534	0.1550	90.8898	0.0110	0.0710	14.0840
33	6.8406	0.1462	97.3432	0.0103	0.0703	14.2302
34	7.2510	0.1379	104.1838	0.0096	0.0696	14.3681
35	7.6861	0.1301	111.4348	0.0090	0.0690	14.4982
36	8.1473	0.1227	119.1209	0.0084	0.0684	14.6210
37	8.6361	0.1158	127.2681	0.0079	0.0679	14.7368
38	9.1543	0.1092	135.9042	0.0074	0.0674	14.8460

续表

N	(S/P,i,n)	(P/S,i,n)	(S/R,i,n)	(R/S,i,n)	(R/P,i,n)	(P/R,i,n)
39	9.7035	0.1031	145.0585	0.0069	0.0669	14.9491
40	10.2857	0.0972	154.7620	0.0065	0.0665	15.0463
41	10.9029	0.0917	165.0477	0.0061	0.0661	15.1380
42	11.5570	0.0865	175.9505	0.0057	0.0657	15.2245
43	12.2505	0.0816	187.5076	0.0053	0.0653	15.3062
44	12.9855	0.0770	199.7580	0.0050	0.0650	15.3832
45	13.7646	0.0727	212.7435	0.0047	0.0647	15.4558
46	14.5905	0.0685	226.5081	0.0044	0.0644	15.5244
47	15.4659	0.0647	241.0986	0.0041	0.0641	15.5890
48	16.3939	0.0610	256.5645	0.0039	0.0639	15.6500
49	17.3775	0.0575	272.9584	0.0037	0.0637	15.7076
50	18.4202	0.0543	290.3359	0.0034	0.0634	15.7619

复利系数表($i=7\%$) **表 2-38**

N	(S/P,i,n)	(P/S,i,n)	(S/R,i,n)	(R/S,i,n)	(R/P,i,n)	(P/R,i,n)
1	1.0700	0.9346	1.0000	1.0000	1.0700	0.9346
2	1.1449	0.8734	2.0700	0.4831	0.5531	1.8080
3	1.2250	0.8163	3.2149	0.3111	0.3811	2.6243
4	1.3108	0.7629	4.4399	0.2252	0.2952	3.3872
5	1.4026	0.7130	5.7507	0.1739	0.2439	4.1002
6	1.5007	0.6663	7.1533	0.1398	0.2098	4.7665
7	1.6058	0.6227	8.6540	0.1156	0.1856	5.3893
8	1.7182	0.5820	10.2598	0.0975	0.1675	5.9713
9	1.8385	0.5439	11.9780	0.0835	0.1535	6.5152
10	1.9672	0.5083	13.8164	0.0724	0.1424	7.0236
11	2.1049	0.4751	15.7836	0.0634	0.1334	7.4987
12	2.2522	0.4440	17.8885	0.0559	0.1259	7.9427
13	2.4098	0.4150	20.1406	0.0497	0.1197	8.3577
14	2.5785	0.3878	22.5505	0.0443	0.1143	8.7455
15	2.7590	0.3624	25.1290	0.0398	0.1098	9.1079
16	2.9522	0.3387	27.8881	0.0359	0.1059	9.4466
17	3.1588	0.3166	30.8402	0.0324	0.1024	9.7632
18	3.3799	0.2959	33.9990	0.0294	0.0994	10.0591
19	3.6165	0.2765	37.3790	0.0268	0.0968	10.3356
20	3.8697	0.2584	40.9955	0.0244	0.0944	10.5940
21	4.1406	0.2415	44.8652	0.0223	0.0923	10.8355
22	4.4304	0.2257	49.0057	0.0204	0.0904	11.0612
23	4.7405	0.2109	53.4361	0.0187	0.0887	11.2722
24	5.0724	0.1971	58.1767	0.0172	0.0872	11.4693

续表

N	(S/P,i,n)	(P/S,i,n)	(S/R,i,n)	(R/S,i,n)	(R/P,i,n)	(P/R,i,n)
25	5.4274	0.1842	63.2490	0.0158	0.0858	11.6536
26	5.8074	0.1722	68.6765	0.0146	0.0846	11.8258
27	6.2139	0.1609	74.4838	0.0134	0.0834	11.9867
28	6.6488	0.1504	80.6977	0.0124	0.0824	12.1371
29	7.1143	0.1406	87.3465	0.0114	0.0814	12.2777
30	7.6123	0.1314	94.4608	0.0106	0.0806	12.4090
31	8.1451	0.1228	102.0730	0.0098	0.0798	12.5318
32	8.7153	0.1147	110.2182	0.0091	0.0791	12.6466
33	9.3253	0.1072	118.9334	0.0084	0.0784	12.7538
34	9.9781	0.1002	128.2588	0.0078	0.0778	12.8540
35	10.6766	0.0937	138.2369	0.0072	0.0772	12.9477
36	11.4239	0.0875	148.9135	0.0067	0.0767	13.0352
37	12.2236	0.0818	160.3374	0.0062	0.0762	13.1170
38	13.0793	0.0765	172.5610	0.0058	0.0758	13.1935
39	13.9948	0.0715	185.6403	0.0054	0.0754	13.2649
40	14.9745	0.0668	199.6351	0.0050	0.0750	13.3317
41	16.0227	0.0624	214.6096	0.0047	0.0747	13.3941
42	17.1443	0.0583	230.6322	0.0043	0.0743	13.4524
43	18.3444	0.0545	247.7765	0.0040	0.0740	13.5070
44	19.6285	0.0509	266.1209	0.0038	0.0738	13.5579
45	21.0025	0.0476	285.7493	0.0035	0.0735	13.6055
46	22.4726	0.0445	306.7518	0.0033	0.0733	13.6500
47	24.0457	0.0416	329.2244	0.0030	0.0730	13.6916
48	25.7289	0.0389	353.2701	0.0028	0.0728	13.7305
49	27.5299	0.0363	378.9990	0.0026	0.0726	13.7668
50	29.4570	0.0339	406.5289	0.0025	0.0725	13.8007

复利系数表($i=8\%$) **表 2-39**

N	(S/P,i,n)	(P/S,i,n)	(S/R,i,n)	(R/S,i,n)	(R/P,i,n)	(P/R,i,n)
1	1.0800	0.9259	1.0000	1.0000	1.0800	0.9259
2	1.1664	0.8573	2.0800	0.4808	0.5608	1.7833
3	1.2597	0.7938	3.2464	0.3080	0.3880	2.5771
4	1.3605	0.7350	4.5061	0.2219	0.3019	3.3121
5	1.4693	0.6806	5.8666	0.1705	0.2505	3.9927
6	1.5869	0.6302	7.3359	0.1363	0.2163	4.6229
7	1.7138	0.5835	8.9228	0.1121	0.1921	5.2064
8	1.8509	0.5403	10.6366	0.0940	0.1740	5.7466
9	1.9990	0.5002	12.4876	0.0801	0.1601	6.2469
10	2.1589	0.4632	14.4866	0.0690	0.1490	6.7101

续表

N	$(S/P,i,n)$	$(P/S,i,n)$	$(S/R,i,n)$	$(R/S,i,n)$	$(R/P,i,n)$	$(P/R,i,n)$
11	2.3316	0.4289	16.6455	0.0601	0.1401	7.1390
12	2.5182	0.3971	18.9771	0.0527	0.1327	7.5361
13	2.7196	0.3677	21.4953	0.0465	0.1265	7.9038
14	2.9372	0.3405	24.2149	0.0413	0.1213	8.2442
15	3.1722	0.3152	27.1521	0.0368	0.1168	8.5595
16	3.4259	0.2919	30.3243	0.0330	0.1130	8.8514
17	3.7000	0.2703	33.7502	0.0296	0.1096	9.1216
18	3.9960	0.2502	37.4502	0.0267	0.1067	9.3719
19	4.3157	0.2317	41.4463	0.0241	0.1041	9.6036
20	4.6610	0.2145	45.7620	0.0219	0.1019	9.8181
21	5.0338	0.1987	50.4229	0.0198	0.0998	10.0168
22	5.4365	0.1839	55.4568	0.0180	0.0980	10.2007
23	5.8715	0.1703	60.8933	0.0164	0.0964	10.3711
24	6.3412	0.1577	66.7648	0.0150	0.0950	10.5288
25	6.8485	0.1460	73.1059	0.0137	0.0937	10.6748
26	7.3964	0.1352	79.9544	0.0125	0.0925	10.8100
27	7.9881	0.1252	87.3508	0.0114	0.0914	10.9352
28	8.6271	0.1159	95.3388	0.0105	0.0905	11.0511
29	9.3173	0.1073	103.9659	0.0096	0.0896	11.1584
30	10.0627	0.0994	113.2832	0.0088	0.0888	11.2578
31	10.8677	0.0920	123.3459	0.0081	0.0881	11.3498
32	11.7371	0.0852	134.2135	0.0075	0.0875	11.4350
33	12.6760	0.0789	145.9506	0.0069	0.0869	11.5139
34	13.6901	0.0730	158.6267	0.0063	0.0863	11.5869
35	14.7853	0.0676	172.3168	0.0058	0.0858	11.6546
36	15.9682	0.0626	187.1021	0.0053	0.0853	11.7172
37	17.2456	0.0580	203.0703	0.0049	0.0849	11.7752
38	18.6253	0.0537	220.3159	0.0045	0.0845	11.8289
39	20.1153	0.0497	238.9412	0.0042	0.0842	11.8786
40	21.7245	0.0460	259.0565	0.0039	0.0839	11.9246
41	23.4625	0.0426	280.7810	0.0036	0.0836	11.9672
42	25.3395	0.0395	304.2435	0.0033	0.0833	12.0067
43	27.3666	0.0365	329.5830	0.0030	0.0830	12.0432
44	29.5560	0.0338	356.9496	0.0028	0.0828	12.0771
45	31.9204	0.0313	386.5056	0.0026	0.0826	12.1084
46	34.4741	0.0290	418.4261	0.0024	0.0824	12.1374
47	37.2320	0.0269	452.9002	0.0022	0.0822	12.1643
48	40.2106	0.0249	490.1322	0.0020	0.0820	12.1891
49	43.4274	0.0230	530.3427	0.0019	0.0819	12.2122
50	46.9016	0.0213	573.7702	0.0017	0.0817	12.2335

复利系数表($i=9\%$) 表 2-40

N	$(S/P,i,n)$	$(P/S,i,n)$	$(S/R,i,n)$	$(R/S,i,n)$	$(R/P,i,n)$	$(P/R,i,n)$
1	1.0900	0.9174	1.0000	1.0000	1.0900	0.9174
2	1.1881	0.8417	2.0900	0.4785	0.5685	1.7591
3	1.2950	0.7722	3.2781	0.3051	0.3951	2.5313
4	1.4116	0.7084	4.5731	0.2187	0.3087	3.2397
5	1.5386	0.6499	5.9847	0.1671	0.2571	3.8897
6	1.6771	0.5963	7.5233	0.1329	0.2229	4.4859
7	1.8280	0.5470	9.2004	0.1087	0.1987	5.0330
8	1.9926	0.5019	11.0285	0.0907	0.1807	5.5348
9	2.1719	0.4604	13.0210	0.0768	0.1668	5.9952
10	2.3674	0.4224	15.1929	0.0658	0.1558	6.4177
11	2.5804	0.3875	17.5603	0.0569	0.1469	6.8052
12	2.8127	0.3555	20.1407	0.0497	0.1397	7.1607
13	3.0658	0.3262	22.9534	0.0436	0.1336	7.4869
14	3.3417	0.2992	26.0192	0.0384	0.1284	7.7862
15	3.6425	0.2745	29.3609	0.0341	0.1241	8.0607
16	3.9703	0.2519	33.0034	0.0303	0.1203	8.3126
17	4.3276	0.2311	36.9737	0.0270	0.1170	8.5436
18	4.7171	0.2120	41.3013	0.0242	0.1142	8.7556
19	5.1417	0.1945	46.0185	0.0217	0.1117	8.9501
20	5.6044	0.1784	51.1601	0.0195	0.1095	9.1285
21	6.1088	0.1637	56.7645	0.0176	0.1076	9.2922
22	6.6586	0.1502	62.8733	0.0159	0.1059	9.4424
23	7.2579	0.1378	69.5319	0.0144	0.1044	9.5802
24	7.9111	0.1264	76.7898	0.0130	0.1030	9.7066
25	8.6231	0.1160	84.7009	0.0118	0.1018	9.8226
26	9.3992	0.1064	93.3240	0.0107	0.1007	9.9290
27	10.2451	0.0976	102.7231	0.0097	0.0997	10.0266
28	11.1671	0.0895	112.9682	0.0089	0.0989	10.1161
29	12.1722	0.0822	124.1354	0.0081	0.0981	10.1983
30	13.2677	0.0754	136.3075	0.0073	0.0973	10.2737
31	14.4618	0.0691	149.5752	0.0067	0.0967	10.3428
32	15.7633	0.0634	164.0370	0.0061	0.0961	10.4062
33	17.1820	0.0582	179.8003	0.0056	0.0956	10.4644
34	18.7284	0.0534	196.9823	0.0051	0.0951	10.5178
35	20.4140	0.0490	215.7108	0.0046	0.0946	10.5668
36	22.2512	0.0449	236.1247	0.0042	0.0942	10.6118
37	24.2538	0.0412	258.3759	0.0039	0.0930	10.6530
38	26.4367	0.0378	282.6298	0.0035	0.0935	10.6908

续表

N	(S/P,i,n)	(P/S,i,n)	(S/R,i,n)	(R/S,i,n)	(R/P,i,n)	(P/R,i,n)
39	28.8160	0.0347	309.0665	0.0032	0.0932	10.7255
40	31.4094	0.0318	337.8824	0.0030	0.0930	10.7574
41	34.2363	0.0292	369.2919	0.0027	0.0927	10.7866
42	37.3175	0.0268	403.5281	0.0025	0.0925	10.8134
43	40.6761	0.0246	440.8457	0.0023	0.0923	10.8380
44	44.3370	0.0226	481.5218	0.0021	0.0921	10.8605
45	48.3273	0.0207	525.8587	0.0019	0.0919	10.8812
46	52.6767	0.0190	574.1860	0.0017	0.0917	10.9002
47	57.4176	0.0174	626.8628	0.0016	0.0916	10.9176
48	62.5852	0.0160	684.2804	0.0015	0.0915	10.9336
49	68.2179	0.0147	746.8656	0.0013	0.0913	10.9482
50	74.3575	0.0134	815.0836	0.0012	0.0912	10.9617

复利系数表($i=10\%$) **表 2-41**

N	(S/P,i,n)	(P/S,i,n)	(S/R,i,n)	(R/S,i,n)	(R/P,i,n)	(P/R,i,n)
1	1.1000	0.9091	1.0000	1.0000	1.0000	0.9091
2	1.2100	0.8264	2.1000	0.4762	0.5762	1.7355
3	1.3310	0.7513	3.3100	0.3021	0.4021	2.4869
4	1.4641	0.6830	4.6410	0.2155	0.3155	3.1699
5	1.6105	0.6209	6.1051	0.1638	0.2638	3.7908
6	1.7716	0.5645	7.7156	0.1296	0.2296	4.3553
7	1.9487	0.5132	9.4872	0.1054	0.2054	4.8684
8	2.1436	0.4665	11.4359	0.0874	0.1874	5.3349
9	2.3579	0.4241	13.5795	0.0736	0.1736	5.7590
10	2.5937	0.3855	15.9374	0.0627	0.1627	6.1446
11	2.8531	0.3505	18.5312	0.0540	0.1540	6.4951
12	3.1384	0.3186	21.3843	0.0468	0.1468	6.8137
13	3.4523	0.2897	24.5227	0.0408	0.1408	7.1034
14	3.7975	0.2633	27.9750	0.0357	0.1357	7.3667
15	4.1772	0.2394	31.7725	0.0315	0.1315	7.6061
16	4.5950	0.2176	35.9497	0.0278	0.1278	7.8237
17	5.0545	0.1978	40.5447	0.0247	0.1247	8.0216
18	5.5599	0.1799	45.5992	0.0219	0.1219	8.2014
19	6.1159	0.1635	51.1591	0.0195	0.1195	8.3649
20	6.7275	0.1486	57.2750	0.0175	0.1175	8.5136
21	7.4002	0.1351	64.0025	0.0156	0.1156	8.6487
22	8.1403	0.1228	71.4027	0.0140	0.1140	8.7715
23	8.9543	0.1117	79.5430	0.0126	0.1126	8.8832

续表

N	(S/P,i,n)	(P/S,i,n)	(S/R,i,n)	(R/S,i,n)	(R/P,i,n)	(P/R,i,n)
24	9.8497	0.1015	88.4973	0.0113	0.1113	8.9847
25	10.8347	0.0923	98.3471	0.0102	0.1102	9.0770
26	11.9182	0.0839	109.1818	0.0092	0.1092	9.1609
27	13.1100	0.0763	121.0999	0.0083	0.1083	9.2372
28	14.4210	0.0693	134.2099	0.0075	0.1075	9.3066
29	15.8631	0.0630	148.6309	0.0067	0.1067	9.3696
30	17.4494	0.0573	164.4940	0.0061	0.1061	9.4269
31	19.1943	0.0521	181.9434	0.0055	0.1055	9.4790
32	21.1138	0.0474	201.1378	0.0050	0.1050	9.5264
33	23.2252	0.0431	222.2515	0.0045	0.1045	9.5694
34	25.5477	0.0391	245.4767	0.0041	0.1041	9.6086
35	28.1024	0.0356	271.0244	0.0037	0.1037	9.6442
36	30.9127	0.0323	299.1268	0.0033	0.1033	9.6765
37	34.0039	0.0294	330.0395	0.0030	0.1030	9.7059
38	37.4043	0.0267	364.0434	0.0027	0.1027	9.7327
39	41.1448	0.0243	401.4478	0.0025	0.1025	9.7570
40	45.2593	0.0221	442.5926	0.0023	0.1023	9.7791
41	49.7852	0.0201	487.8518	0.0020	0.1020	9.7991
42	54.7637	0.0183	537.6370	0.0019	0.1019	9.8174
43	60.2401	0.0166	592.4007	0.0017	0.1017	9.8340
44	66.2641	0.0151	652.6408	0.0015	0.1015	9.8491
45	72.8905	0.0137	718.9048	0.0014	0.1014	9.8628
46	80.1795	0.0125	791.7953	0.0013	0.1013	9.8753
47	88.1975	0.0113	871.9749	0.0011	0.1011	9.8866
48	97.0172	0.0103	960.1723	0.0010	0.1010	9.8969
49	106.7190	0.0094	1057.1896	0.0009	0.1009	9.9063
50	117.3909	0.0085	1163.9085	0.0009	0.1009	9.9148

复利系数表($i=12\%$) **表 2-42**

N	(S/P,i,n)	(P/S,i,n)	(S/R,i,n)	(R/S,i,n)	(R/P,i,n)	(P/R,i,n)
1	1.1200	0.8929	1.0000	1.0000	1.1200	0.8929
2	1.2544	0.7972	2.1200	0.4717	0.5917	1.6901
3	1.4049	0.7118	3.3744	0.2963	0.4163	2.4018
4	1.5735	0.6355	4.7793	0.2092	0.3292	3.0373
5	1.7623	0.5674	6.3528	0.1574	0.2774	3.6048
6	1.9738	0.5066	8.1152	0.1232	0.2432	4.1114
7	2.2107	0.4523	10.0890	0.0991	0.2191	4.5638
8	2.4760	0.4039	12.2997	0.0813	0.2013	4.9676
9	2.7731	0.3606	14.7757	0.0677	0.1877	5.3282
10	3.1058	0.3220	17.5487	0.0570	0.1770	5.6502

续表

N	(S/P,i,n)	(P/S,i,n)	(S/R,i,n)	(R/S,i,n)	(R/P,i,n)	(P/R,i,n)
11	3.4785	0.2875	20.6546	0.0484	0.1684	5.9377
12	3.8960	0.2567	24.1331	0.0414	0.1614	6.1944
13	4.3635	0.2292	28.0291	0.0357	0.1557	6.4235
14	4.8871	0.2046	32.3926	0.0309	0.1509	6.6282
15	5.4736	0.1827	37.2797	0.0268	0.1468	6.8109
16	6.1304	0.1631	42.7533	0.0234	0.1434	6.9740
17	6.8660	0.1456	48.8837	0.0205	0.1405	7.1196
18	7.6900	0.1300	55.7497	0.0179	0.1379	7.2497
19	8.6128	0.1161	63.4397	0.0158	0.1358	7.3658
20	9.6463	0.1037	72.0524	0.0139	0.1339	7.4694
21	10.8038	0.0926	81.6987	0.0122	0.1322	7.5620
22	12.1003	0.0826	92.5026	0.0108	0.1308	7.6446
23	13.5523	0.0738	104.6029	0.0096	0.1296	7.7184
24	15.1786	0.0659	118.1552	0.0085	0.1285	7.7843
25	17.0001	0.0588	133.3339	0.0075	0.1275	7.8431
26	19.0401	0.0525	150.3339	0.0067	0.1267	7.8957
27	21.3249	0.0469	169.3740	0.0059	0.1259	7.9426
28	23.8839	0.0419	190.6989	0.0052	0.1252	7.9844
29	26.7499	0.0374	214.5828	0.0047	0.1247	8.0218
30	29.9599	0.0334	241.3327	0.0041	0.1241	8.0552
31	33.5551	0.0298	271.2926	0.0037	0.1237	8.0850
32	37.5817	0.0266	304.8477	0.0033	0.1233	8.1116
33	42.0915	0.0238	342.4294	0.0029	0.1229	8.1354
34	47.1425	0.0212	384.5210	0.0026	0.1226	8.1566
35	52.7996	0.0189	431.6635	0.0023	0.1223	8.1755
36	59.1356	0.1069	484.4631	0.0021	0.1221	8.1924
37	66.2318	0.0151	543.5987	0.0018	0.1218	8.2075
38	74.1797	0.0135	609.8305	0.0016	0.1216	8.2210
39	83.0812	0.0120	684.0102	0.0015	0.1215	8.2330
40	93.0510	0.0107	767.0914	0.0013	0.1213	8.2438
41	104.2171	0.0096	860.1424	0.0012	0.1212	8.2534
42	116.7231	0.0086	964.3595	0.0010	0.1210	8.2619
43	130.7299	0.0076	1081.0826	0.0009	0.1209	8.2696
44	146.4175	0.0068	1211.8125	0.0008	0.1208	8.2764
45	163.9876	0.0061	1358.2300	0.0007	0.1207	8.2825
46	183.6661	0.0054	1522.2176	0.0007	0.1207	8.2880
47	205.7061	0.0049	1705.8838	0.0006	0.1206	8.2928
48	230.3908	0.0043	1911.5898	0.0005	0.1205	8.2972
49	258.0377	0.0039	2141.9806	0.0005	0.1205	8.3010
50	289.0022	0.0035	2400.0182	0.0004	0.1204	8.3045

复利系数表($i=15\%$) 表 2-43

N	$(S/P,i,n)$	$(P/s,i,n)$	$(S/R,i,n)$	$(R/S,i,n)$	$(R/P,i,n)$	$(P/R,i,n)$
1	1.1500	0.8696	1.0000	1.0000	1.1500	0.8696
2	1.3225	0.7561	2.1500	0.4651	0.6151	1.6257
3	1.5209	0.6575	3.4725	0.2880	0.4380	2.2832
4	1.7490	0.5718	4.9934	0.2003	0.3503	2.8550
5	2.0114	0.4972	6.7424	0.1483	0.2983	3.3522
6	2.3131	0.4323	8.7537	0.1142	0.2642	3.7845
7	2.6600	0.3759	11.0668	0.0904	0.2404	4.1604
8	3.0590	0.3269	13.7268	0.0729	0.2229	4.4873
9	3.5179	0.2843	16.7858	0.0596	0.2096	4.7716
10	4.0456	0.2472	20.3037	0.0493	0.1993	5.0188
11	4.6524	0.2149	24.3493	0.0411	0.1911	5.2337
12	5.3503	0.1869	29.0017	0.0345	0.1845	5.4206
13	6.1528	0.1625	34.3519	0.0291	0.1791	5.5831
14	7.0757	0.1413	40.5047	0.0247	0.1747	5.7245
15	8.1371	0.1229	47.5804	0.0210	0.1710	5.8474
16	9.3576	0.1069	55.7175	0.0179	0.1679	5.9542
17	10.7613	0.0929	65.0751	0.0154	0.1654	6.0472
18	12.3755	0.0808	75.8364	0.0132	0.1632	6.1280
19	14.2318	0.0703	88.2118	0.0113	0.1613	6.1982
20	16.3665	0.0611	102.4436	0.0098	0.1598	6.2593
21	18.8215	0.0531	118.8101	0.0084	0.1584	6.3125
22	21.6447	0.0462	137.6316	0.0073	0.1573	6.3587
23	24.8915	0.0402	159.2764	0.0063	0.1563	6.3988
24	28.6252	0.0349	184.1678	0.0054	0.1554	6.4338
25	32.9190	0.0304	212.7930	0.0047	0.1547	6.4641
26	37.8568	0.0264	245.7120	0.0041	0.1541	6.4906
27	43.5353	0.0230	283.5688	0.0035	0.1535	6.5135
28	50.0656	0.0200	327.1041	0.0031	0.1531	6.5335
29	57.5755	0.0174	377.1697	0.0027	0.1527	6.5509
30	66.2118	0.0151	434.7451	0.0023	0.1523	6.5660
31	76.1435	0.0131	500.9569	0.0020	0.1520	6.5791
32	87.5651	0.0114	577.1005	0.0017	0.1517	6.5905
33	100.6998	0.0099	664.6655	0.0015	0.1515	6.6005
34	115.8048	0.0086	765.3654	0.0013	0.1513	6.6091
35	133.1755	0.0075	881.1702	0.0011	0.1511	6.6166
36	153.1519	0.0065	1014.3457	0.0010	0.1510	6.6231
37	176.1246	0.0057	1167.4975	0.0009	0.1509	6.6288

续表

N	(S/P,i,n)	(P/s,i,n)	(S/R,i,n)	(R/S,i,n)	(R/P,i,n)	(P/R,i,n)
38	202.5433	0.0049	1343.6222	0.0007	0.1507	6.6338
39	232.9248	0.0043	1546.1655	0.0006	0.1506	6.6380
40	267.8635	0.0037	1779.0903	0.0006	0.1506	6.6418
41	308.0431	0.0032	2046.9539	0.0005	0.1505	6.6450
42	354.2495	0.0028	2354.9969	0.0004	0.1504	6.6478
43	407.3870	0.0025	2709.2465	0.0004	0.1504	6.6503
44	468.4950	0.0021	3116.6334	0.0003	0.1503	6.6524
45	538.7693	0.0019	3585.1285	0.0003	0.1503	6.6543
46	619.5847	0.0016	4123.8977	0.0002	0.1502	6.6559
47	712.5224	0.0014	4743.4824	0.0002	0.1502	6.6573
48	819.4007	0.0012	5456.0047	0.0002	0.1502	6.6585
49	942.3108	0.0011	6275.4055	0.0002	0.1502	6.6596
50	1083.657	0.0009	7217.7163	0.0001	0.1501	6.6605

复利系数表($i=20\%$)　**表 2-44**

N	(S/P,i,n)	(P/S,i,n)	(S/R,i,n)	(R/S,i,n)	(R/P,i,n)	(P/R,i,n)
1	1.2000	0.8333	1.0000	1.0000	1.2000	0.8333
2	1.4400	0.6944	2.2000	0.4545	0.6545	1.5278
3	1.7280	0.5787	3.6400	0.2747	0.4747	2.1065
4	2.0736	0.4823	5.3680	0.1863	0.3863	2.5887
5	2.4883	0.4019	7.4416	0.1344	0.3344	2.9906
6	2.9860	0.3349	9.9299	0.1007	0.3007	3.3255
7	3.5832	0.2791	12.9159	0.0774	0.2774	3.6046
8	4.2998	0.2326	16.4991	0.0606	0.2606	3.8372
9	5.1598	0.1938	20.7989	0.0481	0.2481	4.0310
10	6.1917	0.1615	25.9587	0.0385	0.2385	4.1925
11	7.4301	0.1346	32.1504	0.0311	0.2311	4.3271
12	8.9161	0.1122	39.5805	0.0253	0.2253	4.4392
13	10.6993	0.0935	48.4966	0.0206	0.2206	4.5327
14	12.8392	0.0779	59.1959	0.0169	0.2169	4.6106
15	15.4070	0.0649	72.0351	0.0139	0.2139	4.6755
16	18.4884	0.0541	87.4421	0.0114	0.2114	4.7296
17	22.1861	0.0451	105.9306	0.0094	0.2094	4.7746
18	26.6233	0.0376	128.1167	0.0078	0.2078	4.8122
19	31.9480	0.0313	154.7400	0.0065	0.2065	4.8435
20	38.3376	0.0261	186.6880	0.0054	0.2054	4.8696
21	46.0051	0.0217	225.0256	0.0044	0.2044	4.8913
22	55.2061	0.0181	271.0307	0.0037	0.2037	4.9094

续表

N	(S/P,i,n)	(P/S,i,n)	(S/R,i,n)	(R/S,i,n)	(R/P,i,n)	(P/R,i,n)
23	66.2474	0.0151	326.2369	0.0031	0.2031	4.9245
24	79.4968	0.0126	392.4842	0.0025	0.2025	4.9371
25	95.3962	0.0105	471.9811	0.0021	0.2021	4.9476
26	114.4755	0.0087	567.3773	0.0018	0.2018	4.9563
27	137.3706	0.0073	681.8528	0.0015	0.2015	4.9636
28	164.8447	0.0061	819.2233	0.0012	0.2012	4.9697
29	197.8136	0.0051	984.0680	0.0010	0.2010	4.9747
30	237.3763	0.0042	1181.8816	0.0008	0.2008	4.9789
31	284.8516	0.0035	1419.2579	0.0007	0.2007	4.9824
32	341.8219	0.0029	1704.1095	0.0006	0.2006	4.9854
33	410.1863	0.0024	2045.9314	0.0005	0.2005	4.9878
34	492.2235	0.0020	2456.1176	0.0004	0.2004	4.9898
35	590.6682	0.0017	2948.3411	0.0003	0.2003	4.9915
36	708.8019	0.0014	3539.0094	0.0003	0.2003	4.9929
37	850.5622	0.0012	4247.8112	0.0002	0.2002	4.9941
38	1020.674	0.0010	5098.3735	0.0002	0.2002	4.9951
39	1224.809	0.0008	6119.0482	0.0002	0.2002	4.9959
40	1469.771	0.0007	7343.8578	0.0001	0.2001	4.9966
41	1763.725	0.0006	8813.6294	0.0001	0.2001	4.9972
42	2116.471	0.0005	10577.3553	0.0001	0.2001	4.9976
43	2539.765	0.0004	12693.8263	0.0001	0.2001	4.9980
44	3047.718	0.0003	15233.5916	0.0001	0.2001	4.9984
45	3657.262	0.0003	18281.3099	0.0001	0.2001	4.9986
46	4388.714	0.0002	21938.5719	0.0000	0.2000	4.9989
47	5266.457	0.0002	26327.2863	0.0000	0.2000	4.9991
48	6319.748	0.0002	31593.7436	0.0000	0.2000	4.9992
49	7583.698	0.0001	37913.4923	0.0000	0.2000	4.9993
50	9100.438	0.0001	45497.1908	0.0000	0.2000	4.9995

复利系数表($i=25\%$) **表 2-45**

N	(S/P,i,n)	(P/S,i,n)	(S/R,i,n)	(R/S,i,n)	(R/P,i,n)	(P/R,i,n)
1	1.2500	0.8000	1.0000	1.0000	1.2500	0.8000
2	1.5625	0.6400	2.2500	0.4444	0.6944	1.4400
3	1.9531	0.5120	3.8125	0.2623	0.5123	1.9520
4	2.4414	0.4096	5.7656	0.1734	0.4234	2.3916
5	3.0518	0.3277	8.2070	0.1218	0.3718	2.6893
6	3.8147	0.2621	11.2588	0.0888	0.3388	2.9514
7	4.7684	0.2097	15.0735	0.0663	0.3163	3.1611
8	5.9605	0.1678	19.8419	0.0504	0.3004	3.3289

续表

N	(S/P,i,n)	(P/S,i,n)	(S/R,i,n)	(R/S,i,n)	(R/P,i,n)	(P/R,i,n)
9	7.4506	0.1342	25.8023	0.0388	0.2888	3.4631
10	9.3132	0.1074	33.2529	0.0301	0.2801	3.5705
11	11.6415	0.0859	42.5661	0.0235	0.2735	3.6564
12	14.5519	0.0687	54.2077	0.0184	0.2684	3.7251
13	18.1899	0.0550	68.7596	0.0145	0.2645	3.7801
14	22.7374	0.0440	86.9495	0.0115	0.2615	3.8241
15	28.4217	0.0352	109.6868	0.0091	0.2591	3.8593
16	35.5271	0.0281	138.1085	0.0072	0.2572	3.8874
17	44.4089	0.0225	173.6357	0.0058	0.2558	3.9099
18	55.5112	0.0180	218.0446	0.0046	0.2546	3.9279
19	69.3889	0.0144	273.5558	0.0037	0.2537	3.9424
20	86.7362	0.0115	342.9447	0.0029	0.2529	3.9539
21	108.4202	0.0092	429.6809	0.0023	0.2523	3.9631
22	135.5253	0.0074	538.1011	0.0019	0.2519	3.9705
23	169.4066	0.0059	673.6264	0.0015	0.2515	3.9764
24	211.7582	0.0047	843.0329	0.0012	0.2512	3.9811
25	264.6978	0.0038	1054.7912	0.0009	0.2509	3.9849
26	330.8722	0.0030	1319.4890	0.0008	0.2508	3.9879
27	413.5903	0.0024	1650.3612	0.0006	0.2506	3.9903
28	516.9879	0.0019	2063.9515	0.0005	0.2505	3.9923
29	646.2349	0.0015	2580.9394	0.0004	0.2504	3.9938
30	807.7936	0.0012	3227.1743	0.0003	0.2503	3.9950
31	1009.742	0.0010	4034.9678	0.0002	0.2502	3.9960
32	1262.177	0.0008	5044.7098	0.0002	0.2502	3.9968
33	1577.721	0.0006	6306.8872	0.0002	0.2502	3.9975
34	1972.152	0.0005	7884.6091	0.0001	0.2501	3.9980
35	2465.190	0.0004	9856.7613	0.0001	0.2501	3.9984
36	3081.487	0.0003	12321.9516	0.0001	0.2501	3.9987
37	3851.859	0.0003	15403.4396	0.0001	0.2501	3.9990
38	4814.824	0.0002	19255.2994	0.0001	0.2501	3.9992
39	6018.531	0.0002	24070.1243	0.0000	0.2500	3.9993
40	7523.163	0.0001	30088.6554	0.0000	0.2500	3.9995
41	9403.954	0.0001	37611.8192	0.0000	0.2500	3.9996
42	11754.94	0.0001	47015.7740	0.0000	0.2500	3.9997
43	14693.67	0.0001	58770.7175	0.0000	0.2500	3.9997
44	18367.09	0.0001	73464.3969	0.0000	0.2500	3.9998
45	22958.87	0.0000	91831.4962	0.0000	0.2500	3.9998
46	28698.59	0.0000	114790.3702	0.0000	0.2500	3.9999
47	35873.24	0.0000	143488.9627	0.0000	0.2500	3.9999
48	44841.55	0.0000	179362.2034	0.0000	0.2500	3.9999
49	56051.93	0.0000	224203.7543	0.0000	0.2500	3.9999
50	70064.92	0.0000	280255.6929	0.0000	0.2500	3.9999

复利系数表($i=30\%$)　　表 2-46

N	(S/P,i,n)	(P/S,i,n)	(S/R,i,n)	(R/S,i,n)	(R/P,i,n)	(P/R,i,n)
1	1.3000	0.7692	1.0000	1.0000	1.3000	0.7692
2	1.6900	0.5917	2.3000	0.4348	0.7348	1.3609
3	2.1970	0.4552	3.9900	0.2506	0.5506	1.8161
4	2.8561	0.3501	6.1870	0.1616	0.4616	2.1662
5	3.7129	0.2693	9.0431	0.1106	0.4106	2.4356
6	4.8268	0.2072	12.7560	0.0784	0.3784	2.6427
7	6.2749	0.1594	17.5828	0.0569	0.3569	2.8021
8	8.1573	0.1226	23.8577	0.0419	0.3419	2.9247
9	10.6045	0.0943	32.0150	0.0312	0.3312	3.0190
10	13.7858	0.0725	42.6195	0.0235	0.3235	3.0915
11	17.9216	0.0558	56.4053	0.0177	0.3177	3.1473
12	23.2981	0.0429	74.3270	0.0135	0.3135	3.1903
13	30.2875	0.0330	97.6250	0.0102	0.3102	3.2233
14	39.3738	0.0254	127.9125	0.0078	0.3078	3.2487
15	51.1859	0.0195	167.2863	0.0060	0.3060	3.2682
16	66.5417	0.0150	218.4722	0.0046	0.3046	3.2832
17	86.5042	0.0116	285.0139	0.0035	0.3035	3.2948
18	112.4554	0.0089	371.5180	0.0027	0.3027	3.3037
19	146.1920	0.0068	483.9734	0.0021	0.3021	3.3105
20	190.0496	0.0053	630.1655	0.0016	0.3016	3.3158
21	247.0645	0.0040	820.2151	0.0012	0.3012	3.3198
22	312.1839	0.0031	1067.2796	0.0009	0.3009	3.3230
23	417.5391	0.0024	1388.4635	0.0007	0.3007	3.3254
24	542.8008	0.0018	1806.0026	0.0006	0.3006	3.3272
25	705.6410	0.0014	2348.8033	0.0004	0.3004	3.3286
26	917.3333	0.0011	3054.4443	0.0003	0.3003	3.3297
27	1192.533	0.0008	3971.7776	0.0003	0.3003	3.3305
28	1550.293	0.0006	5164.3109	0.0002	0.3002	3.3312
29	2015.381	0.0005	6714.6042	0.0001	0.3001	3.3317
30	2619.995	0.0004	8729.9855	0.0001	0.3001	3.3321
31	3405.994	0.0003	11349.9811	0.0001	0.3001	3.3324
32	4427.792	0.0002	14755.9755	0.0001	0.3001	3.3326
33	5756.130	0.0002	19183.7681	0.0001	0.3001	3.3328
34	7482.969	0.0001	24939.8985	0.0000	0.3000	3.3329
35	9727.860	0.0001	32422.8681	0.0000	0.3000	3.3330
36	12646.21	0.0001	42150.7285	0.0000	0.3000	3.3331
37	16440.08	0.0001	54796.9471	0.0000	0.3000	3.3331
38	21372.10	0.0000	71237.0312	0.0000	0.3000	3.3332
39	27783.74	0.0000	92609.1405	0.0000	0.3000	3.3332
40	36118.86	0.0000	120392.8827	0.0000	0.3000	3.3332

复利系数表($i=35\%$) 表 2-47

N	(S/P,i,n)	(P/S,i,n)	(S/R,i,n)	(R/S,i,n)	(R/P,i,n)	(P/R,i,n)
1	1.3500	0.7407	1.0000	1.0000	1.3500	0.7407
2	1.8225	0.5487	2.3500	0.4255	0.7755	1.2894
3	2.4604	0.4064	4.1725	0.2397	0.5897	1.6959
4	3.3215	0.3011	6.6329	0.1508	0.5008	1.9969
5	4.4840	0.2230	9.9544	0.1005	0.4505	2.2200
6	6.0534	0.1652	14.4384	0.0693	0.4193	2.3852
7	8.1722	0.1224	20.4919	0.0488	0.3988	2.5075
8	11.0324	0.0906	28.6640	0.0349	0.3849	2.5982
9	14.8937	0.0671	39.6964	0.0252	0.3752	2.6653
10	20.1066	0.0497	54.5902	0.0183	0.3683	2.7150
11	27.1439	0.0368	74.6967	0.0134	0.3634	2.7519
12	36.6442	0.0273	101.8406	0.0098	0.3598	2.7792
13	49.4697	0.0202	138.4848	0.0072	0.3572	2.7994
14	66.7841	0.0150	187.9544	0.0053	0.3553	2.8144
15	90.1585	0.0111	254.7385	0.0039	0.3539	2.8255
16	121.7139	0.0082	344.8970	0.0029	0.3529	2.8337
17	164.3138	0.0061	466.6109	0.0021	0.3521	2.8398
18	221.8236	0.0045	630.9247	0.0016	0.3516	2.8443
19	299.4619	0.0033	852.7483	0.0012	0.3512	2.8476
20	404.2736	0.0025	1152.2103	0.0009	0.3509	2.8501

复利系数表($i=40\%$) 表 2-48

N	(S/P,i,n)	(P/S,i,n)	(S/R,i,n)	(R/S,i,n)	(R/P,i,n)	(P/R,i,n)
1	1.4000	0.7143	1.0000	1.0000	1.4000	0.7143
2	1.9600	0.5102	2.4000	0.4167	0.8167	1.2245
3	2.7440	0.3644	4.3600	0.2294	0.6294	1.5889
4	3.8416	0.2603	7.1040	0.1408	0.5408	1.8492
5	5.3782	0.1859	10.9456	0.0914	0.4914	2.0352
6	7.5295	0.1328	16.3238	0.0613	0.4613	2.1680
7	10.5414	0.0949	23.8534	0.0419	0.4419	2.2628
8	14.7579	0.0678	34.3947	0.0291	0.4291	2.3306
9	20.6610	0.0484	49.1526	0.0203	0.4203	2.3790
10	28.9255	0.0346	69.8137	0.0143	0.4143	2.4136
11	40.4957	0.0247	98.7391	0.0101	0.4101	2.4383
12	56.6939	0.0176	139.2348	0.0072	0.4072	2.4559
13	79.3715	0.0126	195.9287	0.0051	0.4051	2.4685
14	111.1201	0.0090	275.3002	0.0036	0.4036	2.4775
15	155.5681	0.0064	386.4202	0.0026	0.4026	2.4839
16	217.7953	0.0046	541.9883	0.0018	0.4018	2.4885
17	304.9135	0.0033	759.7837	0.0013	0.4013	2.4918
18	426.8789	0.0023	1064.6971	0.0009	0.4009	2.4941
19	597.6304	0.0017	1491.5760	0.0007	0.4007	2.4958
20	836.6826	0.0012	2089.2064	0.0005	0.4005	2.4970

第三章　设计阶段的工程造价控制

第一节　设计阶段项目监理中造价控制要点

一、设计阶段造价控制的目标

拟建项目一经决策确定后，设计就成了工程建设和控制工程造价的关键。初步设计可基本上决定工程建设的规模、产品方案、结构形式和建筑标准及使用功能，形成设计概算，确定投资的最高限额。施工图设计完成后，编制出施工图预算，准确地计算出工程造价。可见，工程设计是影响和控制工程造价的关键环节。

设计质量、深度是否达到国家标准、功能是否满足使用要求，不仅关系到建设项目一次性投资的多少，而且影响到建成交付使用后经济效益的良好发挥，如产品成本、经营费、日常维修费、使用年限内的大修费和部分更新费用的高低，还关系到国家有限资源的合理利用和国家财产以及人民群众生命财产安全等重大问题。

设计阶段造价控制是指在工程项目投资范围内得到控制，造价控制的目标是：使该项目的总投资小于该项目的计划投资，即在计划投资范围内，通过控制的手段，以实现项目的功能、建筑的造型和材料质量的优化。

在工程设计阶段对建设项目造价的影响极大，对建筑工程来说，其材料和设备的消耗费用约占工程成本的70%左右，如此高的费用，主要在设计阶段形成和控制的。

(一) 控制目标值

1. 促使设计在满足质量及功能要求的前提下，不超过计划投资，并尽可能地节约费用。

2. 为了不超计划投资，就要以初步设计开始前的项目计划投资(匡算或估算)为目标，使初步设计的概算不超过匡算。

3. 大型项目在技术设计完成时，控制其修正概算不超过初步设计概算。

4. 施工图设计完成时，控制其施工图预算不超过概算或修正概算。

(二) 造价控制的思路与方法

1. 完善造价控制的管理手段。

2. 应用价值工程的原理和方法协调设计的目标关系。

3. 通过技术经济分析确定工程造价的影响因素，从而提出降低造价的措施。

4. 采用技术手段和方法进行优化设计以降低造价。

5. 在设计过程中，监理工程师一方面要及时对设计图纸中的工程内容进行估价和设计跟踪。并且还要及时审查概算、修正概算和预算，如发现超投资，要向业主提出建议，在业主的指示下通知设计单位修改设计，以控制项目投资。

6. 监理工程师要对设计进行技术经济比较，通过比较寻求在设计上挖潜的可能性。

7. 监理工程师要督促、协助设计人员采用限额设计、优化设计及价值工程法等先进的有利于造价控制和节约项目费用的方法。

（三）设计阶段造价控制的宏观管理

1．政府主管部门宏观管理的内容是审批可行性研究和设计任务书，主管部门在审查初步设计时，应严格审查设计概算。

2．审查施工图预算不能超过批准的概算，应建立对施工图设计质量的监督制度，既有利于对设计质量把关，又可克服和减少投资的不合理现象和资金的节约，这是监理工程师的职责和任务。

3．造价控制宏观管理的另一方面是严格审查概算的真实性和准确性，应对概算编制方法的审查实行严密有效的监督管理。监理公司在制定造价控制的规划时，应慎重全面地审查概算文件，以确定控制目标。

（四）设计阶段造价控制的微观管理

1．优选设计单位。采用设计招标，通过竞争，选择最优的设计方案，鼓励竞争，促使设计单位改进管理，采用先进技术，降低工程造价，缩短工期，提高投资效益。因此，在设计招标文件中对降低工程造价要有明确要求，有相应的降低工程造价的具体措施。

2．推行限额设计。对设计单位提出工程造价的限制范围，如果各设计阶段的造价计算超过限额，就须进一步修改设计，修正造价，直至概（预）算造价控制在限额以内。这是一种投资控制的管理方法。但必须具备下列条件，才能达到限额设计的效果。

（1）要有能力对设计概、预算工程造价进行审查；

（2）能通过技术经济分析确定降低工程造价的主要设计因素；

（3）明确设计单位限额设计的职责；

（4）处理好限额设计与其他方面的关系；

（5）要具备相适应的管理基础。

3．对初步设计的总图方案及单项设计方案进行评价。通过技术经济指标的计算、比较与分析，在满足设计要求和投资控制的前提下，选取最合理的方案。若干设计监理试点工程正反经验表明，好的设计方案，既可满足功能要求，又可节省投资。

4．审查设计概算和施工图预算。这是我国目前设计监理中控制造价的常用方法之一，如果与前述三种方法结合使用，效果将更好。

5．管理中处理好设计费用与控制工程造价及经常使用费的关系。适当增加设计成本，做好详细的数据收集、设计试验和优化设计工作，对于工程造价的控制与节约经常使用费大有好处。

（五）设计阶段造价控制的措施

1．编制详细的投资计划，用于控制各子项目、各设计工种限额（在规定的投资计划值范围内）设计。

2．随设计的进展进行投资跟踪（动态控制）。

3．定期向总监理工程师、业主提供造价控制报表，反映投资计划值和按设计需要的投资值（实际值）的比较结果。

（六）监理工程师在设计监理中要控制设计变更

1．监理工程师在审查设计时若发现超投资现象，要通过代换结构型式或设备，或请求业主降低装修等标准来修改设计，从而降低设计所需投资。

2. 在设计进展过程中,经常会因业主要求变更设计。对此,监理工程师要慎重对待,认真分析,要充分研究设计变更对投资和进度带来的影响,并把分析的结果提交给业主,由业主最后审定是否要变更设计。

3. 监理工程师要认真做好设计变更记录,并向业主提供月(季)设计变更报告。

(七) 监理工程师要控制主要材料、设备的选用

1. 主要设备、材料的投资约占整个工程投资的70%左右,其对造价控制极为重要,必须谨慎从事。

2. 监理工程师要充分研究主要材料、设备的用途和功能,了解业主的需求,以使主要材料、设备的选用及采购经济实惠,既能满足业主的功能要求,又价格较低。

二、设计阶段监理工程师参与设计方案的经济评价

在工程项目的设计过程,监理工程师所关心的实质上是综合解决项目功能、技术和经济效益既合理又先进的过程。在满足适用美观要求前提下可以用不同的结构形式、不同的建筑材料、不同的平面组合和空间体形,设计出若干方案。从中选优,对设计方案进行技术经济分析,用科学的定量的数据,说明设计方案技术的先进性和经济的合理性,作为决策的依据。在这一过程中,监理工程师必须尽力、尽职参与。

(一) 监理工程师要参与设计方案的技术经济评价

通过方案的技术经济评价选择最佳设计方案。其内容包括:

1. 工程项目方案的技术经济评价。

2. 单体工程方案的技术经济评价。

3. 专业工程方案的技术经济评价。这又包括:工艺方案、运输方案。给水系统方案、排水系统方案、供热方案等的技术经济评价。

4. 主要建筑设计参数的技术经济评价。主要建筑设计参数有:

建筑密度、建筑标准、建筑层数、层高、跨度与跨数。平面尺寸(柱网尺寸)、平面单元数等。

5. 建筑构造方案的技术经济评价。主要包括:建筑结构方案、屋盖系统方案、围护结构方案、基础结构方案、内外装饰方案、室内设计的技术经济评价等。

6. 材料选用的技术经济评价。

(二) 设计方案经济因素的分析

通过设计方案经济因素的分析,用以研究设计参数变化对方案经济性的影响,一方面有助于正确评价设计方案,另一方面又为我们指出进一步提高设计方案经济性的方向和途径。主要内容有:

1. 建筑密度与投资关系的分析;

2. 建筑系数对造价影响的分析;

3. 建筑层高对造价影响的分析;

4. 建筑层数对造价影响的分析;

5. 柱网尺寸、平面开间尺寸对造价的影响分析;

6. 建筑标准(如面积标准、户室比、采光、通风、采暖标准等)合理性的研究等;

(三) 设计方案技术经济评价的一般程序

1. 根据评价的目的,明确方案评价的任务和范围。

2. 探讨和建立可能的技术方案，必要时还应确定某些对比方案。

3. 确定反映方案特征的指标体系。

技术经济指标体系分为适用性指标，经济性指标及其他。从阶段分有建设阶段的指标和使用阶段的指标。

4. 指标及对比参数的计算。为了使指标有可比性。计算时应用相同的计算口径和计算方法。

5. 方案的分析和评价。

6. 综合论证方案抉择。

(四) 工业项目设计方案的主要评价指标

1. 投资：

(1) 总投资；

(2) 单位生产能力的投资。

2. 工期：

(1) 总工期；

(2) 工期的变化率，即相对于定额工期(或规定工期)提前或延迟的量。

3. 主要材料的耗用量。指项目所需的主要建筑材料和各种特殊材料，贵稀材料的需要量。

4. 占地面积：

(1) 厂区占地面积(hm^2)。指厂区围墙(或规定界限)以内的用地面积。

(2) 建筑物和构筑物的占地面积(m^2)。建筑物占地面积按上述规定计算。构筑物的占地面积按外轮廓计算。

(3) 有固定装卸设备的堆场(如露天栈桥、龙门吊堆场)和露天堆场(如原料、燃料堆场)的占地面积(m^2)。

(4) 铁路、道路、管线和绿化占地面积(m^2)。铁路、道路的长度乘以宽度即为占地面积。但厂外铁路专用线用地不计在此项内。

5. 建筑密度。指建筑物、构筑物、有固定装卸设备的堆场，露天堆场的占地面积之和与厂区占地面积之比。

6. 土地利用系数。指建筑物、露天仓库、堆场、铁路、道路、管线等占地面积之和与厂区占地面积之比。

7. 实物工程量指标。主要实物工程量指标有：场地平整土方工程量，铁路长度，道路及广场铺砌面积，排水、给水管线长度，围墙长度，绿化面积等。

(五) 民用工程项目设计方案的技术经济评价指标

1. 居住建筑设计评价指标

(1) 平均每户建筑面积 $=\dfrac{\text{建筑总面积}}{\text{总户数}}(m^2/\text{户})$； (3-1)

(2) 平均每户居住面积 $=\dfrac{\text{居住总面积}}{\text{总户数}}(m^2/\text{户})$； (3-2)

(3) 平均每人居住面积 $=\dfrac{\text{居住总面积}}{\text{总人数}}(m^2/\text{人})$； (3-3)

(4) 平均每户居室数及户型比(即：$\dfrac{\text{某户型的户数}}{\text{总户数}}$) (3-4)

(5) 居住面积系数 K_1，反映居住面积与建筑面积的比例

$$K_1=\frac{\text{标准层的居住面积}}{\text{建筑面积}}\times100\% \tag{3-5}$$

$K_1>56\%$为佳，$<50\%$为最差。

(6) 辅助面积系数 K_2，反映辅助面积与使用面积之比例

$$K_2=\frac{\text{标准层的辅助面积}}{\text{使用面积}}\times100\% \tag{3-6}$$

使用面积也称有效面积等于居住面积加辅助面积，K_2 一般在 20%～27%之间。

(7) 结构面积系数 K_3，反映结构面积与建筑面积之比例

$$K_3=\frac{\text{墙体等结构所占面积}}{\text{建筑面积}}\times100\% \tag{3-7}$$

K_3 一般在 20%左右。

(8) 建筑周长系数 K_4，即建筑物外墙周长与建筑面积之比

$$K_4=\frac{\text{建筑周长}}{\text{建筑占地面积}}(\mathrm{m/m^2}) \tag{3-8}$$

2. 公共建筑设计方案评价指标

(1) 平均单位建筑面积：

$$\text{单位建筑面积}=\frac{\text{建筑面积总数}}{\text{使用单位(人、座位、床位)总数}}[\mathrm{m^2}/\text{人(座、床)}] \tag{3-9}$$

影剧院、体育馆、餐馆等按座位计算建筑面积；旅馆、医院按床位计算建筑面积；教学楼、办公楼则按人数计算建筑面积(同理可计算单位使用面积)

(2) 平均单位使用面积：公共建筑中的使用面积包括主要使用面积：如教室、实验室、病房、营业厅、观众厅等的面积和辅助房间面积：如厕所、储藏室、电气、水暖设备用房的面积。

$$\text{单位使用面积}=\frac{\text{使用面积总数}}{\text{使用单位(人、床位、座位)总数}}[\mathrm{m^2}/\text{人(床、座)}] \tag{3-10}$$

(3) 建筑平面系数：

$$\text{建筑平面系数}=\frac{\text{使用部分面积}}{\text{建筑面积}} \tag{3-11}$$

$$\text{使用部分面积}=\text{使用房间面积}+\text{辅助房间面积} \tag{3-12}$$

平面系数越大，说明方案的平面有效利用率越高。

(4) 辅助面积系数：

$$\text{辅助面积系数}=\frac{\text{辅助面积}}{\text{使用面积}} \tag{3-13}$$

辅助面积系数小，则方案在辅助面积上的浪费小，这也说明方案的平面有效利用率高。

(5) 结构面积系数：

$$\text{结构面积系数}=\frac{\text{结构面积}}{\text{建筑面积}} \tag{3-14}$$

结构面积系数越小，说明有效使用面积增加，这是评价采用新材料、新结构的重要指标。

3. 居住小区规划设计方案评价指标

(1) 占用土地(hm^2)

指生活居住用地、公共建筑用地、道路用地、绿化用地、其他用地的总和。

(2) 居住总人口(人)

(3) 人口密度

1) 人口毛密度

$$人口毛密度=\frac{居住总人口}{总用地面积}(人/hm^2) \tag{3-15}$$

2) 人口净密度

$$人口净密度=\frac{居住总人口}{总居住建筑用地面积}(人/hm^2) \tag{3-16}$$

(4) 平均每人居住用地

$$每人居住用地=\frac{总居住建筑用地面积}{居住总人口}(m^2/人) \tag{3-17}$$

(5) 建筑密度

$$建筑密度=\frac{建筑占地面积}{占地总面积}\times 100\% \tag{3-18}$$

(6) 建筑面积密度

$$建筑面积密度=\frac{总建筑面积}{占地总面积}(m^2/hm^2) \tag{3-19}$$

(7) 居住建筑密度

$$居住建筑密度=\frac{居住建筑占地面积}{占地总面积}\times 100\% \tag{3-20}$$

居住建筑密度，是衡量用地经济性和保证居住区必要的卫生条件的主要技术经济指标，其数值的大小与建筑层数、房屋间距、层高、房屋排列方式等因素有关，适当提高建筑密度可节省用地，但应保证日照、绿化、通风、防火、交通安全的基本需要。

(8) 居住建筑面积密度

$$居住建筑面积密度=\frac{总居住建筑面积}{居住建筑占地面积}(m^2/hm^2) \tag{3-21}$$

三、工程设计的技术经济分析

(一) 工业建筑设计与工程造价的关系

1. 厂区总图设计与造价

厂区总平面图设计是否经济合理，对整个企业设计和施工以及投产后的生产、经营都有重大的影响。正确合理的总平面设计可以大大减少建筑工程量，节约建设用地，节省建设投资，降低工程造价和生产后的使用成本，加快建设速度，并为企业创造良好的生产组织、经营条件和生产环境以及企业形象，还可以增添优美的艺术整体。据此，总平面图设计必须遵循以下原则：

(1) 节约用地。减少占地指标，降低造价；在符合防火、卫生和安全距离要求并满足工艺要求和使用功能的条件下，应尽量减少建筑物、生产区之间距离，应尽可能地设计外形规整的建筑，以提高场地的有效使用面积，降低造价。

(2) 按功能分区,因地制宜、合理布置车间及设施。在满足生产工艺要求和使用功能条件下,应利用厂区道路将厂区按功能划分为生产区、辅助生产区、动力区、仓库区、厂前区等,并充分结合地形地貌、地质条件、因地制宜、依山就势地布置各功能区的建筑物、构筑物,力求工艺流程顺畅、生产系统完整;力求物料运输简便、线路短捷,总平面布置紧凑、安全、卫生、美观;避免大填大挖,防止滑坡与塌方,减少土石方量和节约用地,降低工程造价。

(3) 合理布置厂内运输和选择运输方式。运输设计应根据生产工艺和各功能区的要求以及建设场地等具体情况,合理布置线路,力求缩短运输和管线输送距离;力求选用无交叉、无反复、投资少、运费低、载运量大、运输迅速灵活的运输方式。

(4) 合理组织建筑群体。工业建筑群体的组合设计,在满足生产功能的前提下,应力求使厂区建筑物、构筑物组合设计整齐、简洁、美观,并与同一工业区相邻厂房在体型、色彩等方面相互协调。在城镇区的厂房应与城镇建设规划相一致,注意建筑群体的整体艺术和环境空间的统一安排,美化城市。

评价总图设计的主要技术经济指标:

1) 建筑系数(即建筑密度)。是指厂区内建筑物、构筑物和各种露天仓库及堆场、操作场地等的占地面积与整个厂区建设用地面积之比。它是反映总平面图设计用地是否经济合理的指标,建筑系数大,表明布置紧凑,节约用地,减少土石方量,又可缩短管线距离,降低工程造价。

2) 土地利用系数。是指厂区内建筑物、构筑物、露天仓库及堆场、操作场地、铁路、道路、广场、排水设施及地上地下管线等所占面积与整个厂区建设用地面积之比,它综合反映出总平面布置的经济合理性和土地利用效率。

3) 工程量指标。它是反映企业总图运输投资的经济指标,包括场地平整土石方量、铁路道路和广场铺砌面积、排水工程、围墙长度及绿化面积。

4) 运营费用指标。它是反映企业运输设计是否经济合理的指标,包括铁路、无轨道路每吨货物的运输费用及其经营费用等。

2. 工业建筑空间平面设计

主要包括平面布置形式、房屋的层数和层高、柱网、跨距、面积和体积的设计与选择等。空间平面设计是否合理,不仅影响建筑工程造价和使用费用,而且还直接影响到节约用地和建筑工业化水平的提高。

(1) 合理确定厂房建筑的平面布置。平面布置应满足生产工艺的要求,力求为工人创造良好的工作条件和采用最经济合理的建造方案,其主要任务是合理确定厂房的平面与组合形式,各车间、各工段的位置和柱网、走道、门窗等。如单层厂房的平面形式最好是方形,其次是矩形,长∶宽＝2～3∶1为好,并尽量避免设置纵横跨,以便采用统一的结构方案,尽量减少构件类型和简化构造,使厂房面积得到最有效的利用。

(2) 厂房层数尽量采用经济层。

1) 单层厂房。对于工艺上要求跨度大和层高高,拥有重型生产设备和起重设备,生产时常有较大振动和散发大量热与气体的重工业厂房,采用单层厂房是经济合理的。

2) 多层厂房。对于工艺紧凑、可采用垂直工艺流程和利用重力运输方式、设备与产品重量不大,并要求恒温条件的各种轻型车间,采用多层厂房。多层厂房具有占地少、可减少基础工程量、缩短运输线路以及厂区的围墙的长度等,可以降低屋盖和基础的单方造价,经济效果良好。层数多少应根据地质条件、建筑材料性能、建筑结构形式、建筑面积、施工方法和自然条件(地震、强风)等因素以及工艺要求等具体情况确定。

多层厂房经济层的确定主要考虑两个因素:一是厂房展开面积大小,展开面积越大,经济层数越可增加;二是与厂房长度和宽度有关,长度和宽度越大,经济层数越可增加,造价也随之降低。如厂房长度为120m,宽度为30m时,经济层数为3～4层;而当厂房长度是150m,宽度为37.5m时,经济层数为4～5层。多层工业厂房的经济层数为3～5层。

(3) 合理确定厂房高度和层高。相同建筑面积的厂房,高度和层高增加,工程造价也随之增加。决定厂房高度的因素是厂房内的运输方式、设备高度和加工尺寸以及操作高度,其中以运输方式选择较灵活。因此,为降低厂房高度,常选用悬挂式吊车、架空运输、皮带输送、落地式龙门吊以及地面上的无轨运输方式。层高和单位面积造价是成正比例的,因此在满足工艺流程和设备正常运转与操作方便以及工作环境良好的条件下,总是力求降低层高。这是因为,层高增加,墙与隔墙的建造费用、粉刷费用、装饰费用都要增加;水电、暖通的空间体积与线路增加,使造价增加;楼梯间与电梯间及其设备费用也会增加;起重运输设备及有关费用都会提高;还会增加顶棚施工费等等。据有关资料表明:单层厂房层高每增加1m,单位面积造价增加1.8%～3.6%;多层建筑厂房的层高每增加0.6m,单位面积造价增加8.3%左右。

(4) 柱网选择要经济合理。柱网的布置是确定柱子的行距(跨度)和间距(每行柱子中间两个柱间的距离)的依据。柱网布置是否合理,对工程造价和厂房面积的利用都有较大的影响。对单跨厂房当柱距不变时,跨度越大则单位面积造价越小,这是因为除屋架外,其他结构分摊在单位面积上的平均造价随跨度增大而减少;对于多跨厂房,当跨度不变时,中跨数量越多越经济,这是因为柱子和基础分摊在单位面积上的造价减少。

在工艺生产线长度不变的情况下,柱距不变跨度加大,或跨度不变柱距加大,则生产占用厂房面积有所减少。这是因为跨度或柱距增大,扩大了节间范围内的面积、减少了柱子所占面积,有利于工艺设备的紧凑而灵活的布置。从而相对地减少了设备占用厂房面积,降低总造价。

(5) 尽量减少厂房的体积和面积。在满足工艺要求和生产能力的前提下,尽量减少厂房体积和面积以减少工程量和降低工程造价。为此,要求设计者尽可能地选用先进生产工艺和高效能设备,合理而紧凑布置总平面图和设备流程图以及运输路线;尽可能把可以露天作业的设备尽量露天而不占厂房的设计方案,如冶金、化工的炉窑、反应塔类设备等;尽可能将小跨度、小柱距的分建小厂房合并为大跨度、大柱距的大厂房的设计方案,提高平面利用率、减少工程量、降低工程造价。

3. 建筑结构与建筑材料的选择

建筑结构与建筑材料选择是否合理,直接影响建筑工程造价的高低,这是因为材料费一般占直接工程费的70%左右,同时直接工程费的高低必会导致间接费的高低。设计中采用先进实用的结构形式和高强度轻质材料,能更好地满足功能要求,减轻建筑物的自重,简化和减轻基础工程,减少建筑材料和构配件的费用及运输费,能提高劳动生产率和缩短工期,经济效果明显。因此,工业建筑结构正在向轻型、大跨度、大空间、薄壁的方向发展。

建筑材料的选择不仅直接影响工程质量、使用寿命、耐火抗震性能,而且对工程造价高低关系极大,这是由于材料费所占比重大,一般占直接费的70%左右。我们在满足生产技术和工艺要求条件下,一方面要尽量选用轻质高强材料,以减轻建筑自重,提高保温防火和抗震性能;另一方面要就地取材,减少运输费用,降低造价。因此,设计工程师和监理工程师应通过调查研究,选择各项性能好、经济合理的建筑材料。

4. 工艺技术方案的选择

应从我国实际出发,以提高投资的经济效益和企业投产后的运营效益为前提,积极而稳妥地采用先进的技术方案和成熟的新技术、新工艺。一般来说,先进的技术方案所需投资较大(含软件与硬件)、劳动生产率高、产品质量好。因此,要认真进行经济分析,根据我国国情和企业的经济与技术实力,确定先进适度、经济合理、切实可行的工艺技术方案。

5. 设备的选型与设计

根据所确定的生产规模、产品方案和工艺流程的要求,选择先进适用、经济合理、经久耐用、稳妥可靠、立足国内和配套、能耗低、高效率的设备和机械、装置,并按上述要求对非标准设备进行设计。在工业建设项目中,设备投资比重大,常占总投资的40%~50%。因此,设备的选型与设计对控制工程造价具有重要的意义。

(二) 民用建筑设计与工程造价的关系

1. 住宅小区规划设计与造价

小区规划设计必须满足人们居住和日常生活的基本需要。在节约用地的前提下,既要为居民的生活、工作和生产创造方便、舒适、优美的环境,又能体现独特的城市风貌。一般情况下,城市道路不需要穿越小区,日常生活必须的生活福利设施能在小区内解决。

小区规划设计应根据小区的基本功能要求确定小区构成部分的合理层次与关系,据此安排住宅建筑、公共建筑、管网、道路及绿地的布局,确定合理的人口与建筑密度、房屋间距与建筑层数,合理布置公共设施项目的规模及其服务半径,以及水、电、热、燃气的供应等,并划分包括土地开发在内的上述各部分的投资比例。

2. 住宅建筑平面布置与造价

在多层住宅建筑中,墙体所占比重大,是影响造价高低的主要原因。衡量墙体比重大小,常采用墙体面积系数(=墙体面积/建筑面积)。尽量减少墙体面积系数,它与住宅建筑平面布置、层高、单元组成等均有密切关系。

合理加大建筑进深(宽度),减少外墙长度是减少墙体面积系数,降低造价、提高经济效果的主要措施之一。在相同建筑面积时,住宅建筑的平面形状不同,住宅的建筑周长系数K_4(即每平方米建筑面积所占外墙长度)也不同。K_4按圆形、正方形、矩形、T形、L形的次序依次增大,即外墙面积、墙身基础、墙身内外表面装修面积依此次序逐渐增大。但由于圆形建筑施工复杂,施工费用较矩形建筑增加20%~30%,故其墙体工程量的减少不能使建筑工程造价降低,而且用户使用不便。因此,一般都建造矩形和正方形住宅,既有利于施工,又能降低造价和使用方便。在矩形住宅建筑中,又以长:宽=2:1为佳。因为当房屋长增加到一定程度时,就要设置带有二层隔墙的变温伸缩缝;当长度超过90m时,就必须有贯通式过道。这些都要增加造价,所以一般住宅单元以3~4个住宅单元、房屋长度60~80m较为经济。

在满足住宅功能和质量前提下,加大住宅进深(宽度),即采用大开间,对降低工程造价有明显效果。这是由于进深加大,墙体面积系数相应减少,造价降低。评价住宅平面布置的主要经济技术指标如下:

$$平面系数(K_1)=\frac{居住净面积(m^2)}{建筑面积(m^2)}; \tag{3-22}$$

$$辅助面积系数(K_2)=\frac{辅助面积(m^2)}{使用面积(m^2)}\left(\begin{array}{l}式中辅助面积是指住宅建筑中楼梯、走道、\\卫生间、厨房、阳台、贮藏室等的面积等。\end{array}\right); \tag{3-23}$$

$$结构面积系数(K_3)=\frac{结构面积(m^2)}{建筑面积(m^2)}\left(\begin{array}{l}式中结构面积是住宅建筑各层平面\\中的墙、柱等结构所占的面积。\end{array}\right); \tag{3-24}$$

$$外墙周长系数(K_4)=\frac{建筑物外墙周长(m)}{建筑物建筑面积(m^2)}。 \tag{3-25}$$

3．住宅层高、净高与造价

住宅的层高和净高，直接影响工程造价，这是因为层高和净高增加，墙体面积增加，柱体积增加，并带来基础、管线、采暖等因素也使造价增加。当住宅层高每降低 0.2m，平均每套住宅综合造价下降 4%～4.5%，并可节省材料、节约能源，有利于抗震。

4．住宅层数与造价

民用建筑按层数划分为低层住宅(1～3 层)、多层住宅(4～6 层)、中层住宅(7～9 层)和高层住宅(10 层以上)。在民用建筑中，多层住宅具有降低造价和使用费用以及节约用地的优点。

住宅层数与工程造价的关系式为：

$$B_n=\frac{1}{n}(y_{地}+y_{屋})+\frac{n+1}{n}y_{楼}+\Sigma y_k \tag{3-26}$$

式中 B_n——n 层住宅造价指标(元/m^2)；

n——住宅层数；

$y_{地}$——地坪单位综合单价(元/m^2 地面)，包括地坪土方、垫层、面层、护坡、踏步等；

$y_{屋}$——屋盖单位综合单价(元/m^2 屋盖)，包括屋面基层、防水层、隔热层或屋面支撑、屋面、顶棚及檐口等；

$y_{楼}$——楼盖单位综合单价(元/m^2 楼盖)，包括梁板、楼梯、阳台等；

Σy_k——门、窗、墙体等垂直部位构件的单位建筑面积造价之和(元/m^2)。

将相应的综合单价代入上式，可得出各层数的住宅与工程造价的关系如表 3-1 所示。

多层住宅与造价关系 表 3-1

住宅层数		一	二	三	四	五	六
单方造价系数(%)	不含基础费用	122.85	109.13	104.57	102.27	100.86	100
	含基础费用	138.05	116.95	108.38	103.51	101.68	100

由表 3-1 可见，6 层以内住宅的层数越多，造价越低，而且相邻层次间造价差值也越小。这是因为，多层住宅在一定范围内层数增加，则房间内部和外部的设施费、供水管道、煤气管道电力照明和交通道路等费用是随层数增加而降低的。所以，多层住宅以采用 5～6 层为经济。

由于目前黏土砖的强度一般为 7.5MPa 强度，则建 7 层以上的住宅需改变承重结构，使造价增加，因此不经济。同时，住宅超过 7 层，要设置价格较高的电梯，需要较多的交通面积

(过道、走廊需要加宽)和补充设备(垃圾道、供水设备、供电设备等)。特别是高层住宅,要经受较强的风力荷载和抗震能力,需要提高结构强度,改变结构形式,使工程造价大幅度增加。因此,一般来讲,在中小城市以建造多层住宅较为经济,在大城市可沿主要街道建设一部分中、高层住宅,以合理利用空间,美化市容。对于土地特别昂贵的地段来讲,建造高层住宅也是经济的。

5. 住宅单元组成、户型、住户面积与造价

每栋住宅单元数以3~4单元较为经济。住宅单元的组成是否合理是关系到适用与经济的重要问题,应根据家庭成员的组成情况、职业情况来确定每单元的房间大小和房间的组合,以便于居民的休息、工作和日常生活。

户型即户室数,是指每户有几个居室和组合方式以及厨房、卫生间的合理布置。户型分为一居室户、二居室户、三居室户和多居室户。

衡量单元组成、户型设计的指标是结构面积系数,这个系数越小设计方案越经济。因为,结构面积小,有效面积就增加。结构面积系数除与房屋结构有关外,还与房屋外形及其长度和宽度有关,同时也与房间平均面积大小和户型组成有关。房屋平均面积越大,内墙、隔墙在建筑面积所占比重就越小。

(三) 设计方案的经济分析

设计方案从纵向(设计深度)上可分为总体设计方案、初步设计方案、技术设计方案、施工图设计方案;从横向可分为:(1)专业工程方案,包括:工艺方案、运输方案、给水系统方案、排水系统方案、供热方案等;(2)建筑构造方案,包括:建筑结构方案、屋盖系统方案、围护结构方案、基础结构方案、内外装饰结构方案、室内设计方案等。

设计方案的经济分析比较常用的有多指标和单指标两种方法:

1. 多指标综合评价方法

在设计方案的选择中,采用方案竞选和设计招标方式选择设计方案时,通常采用多指标的综合评价法。

采用设计方案竞选方式的一般是规划方案和总体设计方案,通常由组织竞选单位聘请有关专家组成专家评审组。专家评审组按照技术先进、功能合理、安全适用、满足节能和环境要求、经济实用、美观的原则,并同时考虑设计进度的快慢、设计单位与建筑师的资历信誉等因素综合评定设计方案优劣,择优确定中选方案。评定优劣时通常以一个或两个主要指标为主,再综合考虑其他指标。

设计招标中对设计方案的选择,通常由设计招标单位组织的评标委员会按设计方案优劣、投入产出经济效益好坏、设计进度快慢、设计资历和社会信誉等方面进行综合评审确定最优标。评标时,可根据主要指标再综合考虑其他指标选优的方法,也可采用打分的方法,并对各指标考虑“权”值,最后统计出一个综合评价值来确定最优的方案。

2. 单指标评价方法

单指标可以是效益性指标也可以是费用性指标。效益性指标主要是对于其收益或者功能有差异的多方案的比较选择。

对于专业工程设计方案和建筑结构方案的比选来说,更常见的是:尽管设计方案不同,但方案的收益或功能没有太大的差异,这种情况下可采用单一的费用指标,即采用最小费用法选择方案。

采用费用法比较设计方案也有两种方法：一种是只考察方案初期的一次费用，即造价或投资；另一种方法是考察设计方案全寿命期的费用。设计方案全寿命期费用包括：工程初期的造价（投资），工程交付使用后的经常性开支费用（包括经常费用、日常维护修理费用、使用过程中的大修费用和局部更新费用等），以及工程使用期满后的报废拆除费用等。考虑全寿命周期费用是比较全面合理的分析方法，但对于一些设计方案，如果建成后的工程在日常使用费用上没有明显的差异或者以后的日常使用费难以估计时，可直接用造价（投资）来比较优劣。

以下举例说明设计方案的经济比较与优选。

【例 3-1】 某六层单元式住宅共 54 户，建筑面积为 3949.62m²。原设计方案为砖混结构，内外墙为 240mm 砖墙。现拟定的新方案为内浇外砌结构，外墙做法不变，内墙采用 C20 混凝土浇筑。新方案内横墙厚为 140mm，内纵墙厚为 160mm。其他部位的做法、选材及建筑标准与原方案相同。

两方案各项数据与指标值见表 3-2。

两方案数据和指标值　　　　**表 3-2**

设计方案	建筑面积/m²	使用面积/m²	总投资（元）（包括地价）	指标						
				平面布局		使用功能	造价	使用面积	经济效益	结构安全
				权值	0.15	0.20	0.20	0.15	0.20	0.10
第 1 方案	3949.62	2797.20	8163789	指标	8	8	9	7	7	7
第 2 方案	3949.62	2881.98	8300 342		8	8	8	8	9	8

分别从造价和销售方面对此两方案进行经济分析，并优选方案。

【解】 该两方案在功能与日常运营费用一般不会受到房屋结构方案不同的影响，因此该例子的方案比较主要是考察初期的投资或销售收入的差异。造价与销售可用单指标分析；用多指标综合评价法进行方案优选。

(1) 表 3-3 是各方案单位建筑面积和单位使用面积投资额的计算值。

单位面积投资额计算表　　　　**表 3-3**

方　案	单位建筑面积投资（元/m²）	单位使用面积投资（元/m²）
1　砖混	8 163 789/3949.62 = 2066.98	8 163 789/2797.20 = 2918.56
2　内浇外砌	8300 342/3949.62 = 2109.57	8300 342/2881.98 = 2880.08

从表 3-3 中可看出，按单位建筑面积计算，方案 2 的投资高于方案 1 的投资；如按单位使用面积计算，方案 2 的投资低于方案 1 的投资。由于只有使用面积才会真正发挥居住的功能，如果不考虑其他因素，显然方案 2 优于方案 1。

也可换种角度和方法来分析。每户平均增加使用面积为

$$(2881.98-2797.20)/54=1.57\text{m}^2$$

为此，每户多投资

$$(8300\ 342-8163789)/54=2528.76\ \text{元}$$

折合单位使用面积投资为

$$2528.76/1.57=1610.68\ \text{元}/\text{m}^2$$

即方案 2 比方案 1 的每户多增加的使用面积 1.57m^2，其单位使用面积的投资为 1610.68 元/m^2。和方案 1 的单位使用面积2918.56 元/m^2 的投资相比，增加面积的投资是合算的。

(2) 如果作为商品房出售，假设方案 2 与方案 1 的单位面积售价是相同的，可从不同的角度来分析：

1) 按使用面积出售的情况分析：对于购房人来说，如果不考虑其他因素，不同的结构对其选择是没有影响的，即不管房屋是什么结构的，他花费同样的钱只能购买同样使用面积的住房。

而对于房产商来说，选择方案 2 是很有利的，因为就该住宅分析，方案 2 比方案 1 每单位使用面积净收入增加 2918.56 − 2880.08 = 38.48 元/m^2，而整个住宅至少可增加净收入 38.48×2881.98 = 110 898.59 元。

2) 按建筑面积出售的情况分析：对于房产商来说，选用不同的方案总收入并不增加，但方案 2 比方案 1 的投资额却增加了，单位建筑面积增加额为 2109.57 − 2066.98 = 42.59 元/m^2，投资总增加额为 42.59×3949.62 = 168214.32 元。所以，选择方案 2 对房产商并不有利。

但对于购房人来说，购买一套房子的购房款总额不变，但其所得的使用面积，方案 2 比方案 1 每户要多 1.57m^2，所以如果选择方案 2 对购房人来说是有利的。

(3) 两个方案可按多指标综合评价法来确定最优方案。根据指标得分情况，可以计算出各方案的综合评价总分值。

方案 1 的综合评价值(总分)为

$$8\times0.15+8\times0.20+9\times0.20+7\times0.15+7\times0.20+7\times0.10=7.75$$

方案 2 的综合评价值为

$$8\times0.15+8\times0.20+8\times0.20+8\times0.15+9\times0.20+8\times0.10=8.20$$

方案 2 的综合评价值高于方案 1，因此方案 2 为优。

【例 3-2】 某工厂拟建几幢仓库，初步拟定 A，B，C 3 种结构设计方案。3 种方案的费用如表 3-4 所示。试分析在不同的建筑面积范围采用哪个方案最经济(i_c = 10%)？

A，B，C 3 种结构设计方案的费用表　　**表 3-4**

方案	造价(元/m^2 建筑面积)	寿命(年)	维修费(元/年)	其他费(元/年)	残值(元)
A	600	20	28000	12000	0
B	725	20	25000	7500	造价×3.2%
C	875	20	15000	6250	造价×1.0%

【解】

本例中 A，B，C 三种方案的功能是相同的因此可采用最小费用法比较各方案费用后进行优选；其次，3 个方案在初期投资有差异，各方案的年度费用也不相同，一般来说，这种情况下应该考虑方案的全寿命期的费用。依据上述两点，就该方案进行进一步比较。

设仓库的建筑面积为 $x\text{m}^2$，则三个方案的费用现值(PC_A，PC_B，PC_C)计算如下：

$$\begin{aligned}PC_A&=600x+(28000+12000)(P/R,10\%,20)\\&=600x+40\,000\times8.5135\\&=340540+600x\end{aligned}$$

$$PC_B = 725x + (25000 + 7500)(P/R, 10\%, 20) - 725x \times 3.2\% \times (P/S, 10\%, 20)$$
$$= 725x + 32500 \times 8.5135 - 725x \times 3.2\% \times 0.1486$$
$$= 276689 + 721.6x$$

$$PC_C = 875x + (15000 + 6250)(P/R, 10\%, 20) - 875x \times 1.0\% \times (P/S, 10\%, 20)$$
$$= 725x + 21250 \times 8.5135 - 875x \times 1.0\% \times 0.1486$$
$$= 180\,912 + 873.7x$$

显然,3个方案的费用现值 PC 与建筑面积 x 之间成函数关系,利用优劣平衡分析法,求出3个方案的优劣平衡分歧点:$x_{AB} = 525m^2$,$x_{BC} = 629m^2$,$x_{AC} = 583m^2$(如图3-1)。

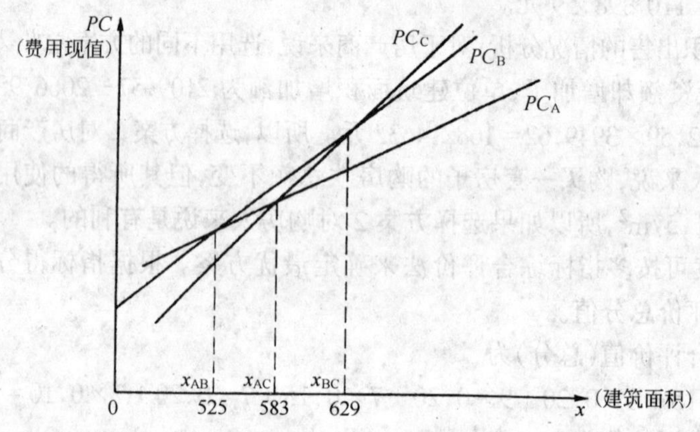

图3-1　A,B,C方案的优劣平衡分析

根据图3-1分析,得出以下分析结论:

(1) 当仓库的面积小于583m²,选择C方案经济;

(2) 当仓库的面积大于583m²,选择A方案经济;

(3) B方案在任何情况下都是不经济的。

从上述列举两个设计方案,用技术经济比较方法优选的例子,说明设计方案经济比较的重要性。监理工程师在项目设计阶段的投资控制中应予重视。在与设计人员配合下共同对设计方案的经济比较和优选作为设计工作的一项任务和必须的环节,以提高设计质量和降低项目投资。

(四) 优化设计

设计工程师面临的一个重要问题是:一方面既要考虑设计需要实现的功能,以及工程安全性和可靠性,另一方面又要考虑工程造价的高低,要在这两者之间进行权衡,即要以最低的费用来实现设计产品的必要的功能,这就是最优设计。最优设计包括两个方面的内容:

1. 设计自身的优化

是指结构设计本身的最优化问题,即设计优化,它是在给定结构类型、材料、结构拓扑的情况下,优化各个组成构件的截面尺寸,使结构最轻或最经济。

例如:结构工程师在结合某工程特定条件、地质资料与环境情况下,对桩基础的设计方案优选后,采用钢筋混凝土灌注桩。不仅可以加快基础工程的施工进度,而且还会降低造价。同预制桩相比,可节约造价30%,节约钢材50%。

2. 考虑全寿命优选最合理的设计标准

即对于某个具体工程，确定一个合适的设计标准，使得工程既能满足功能、质量和安全的要求，又能使得预期的工程全寿命期的费用最低。图 3-2 表示了工程全寿命期总费用与设计标准之间的关系。

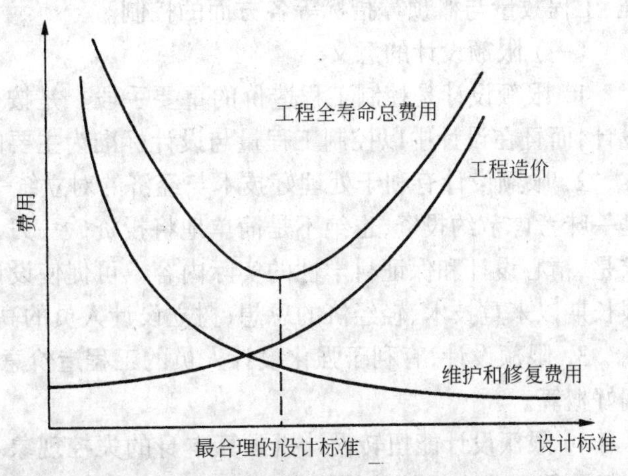

图 3-2　最合理的设计标准

例如南京扬子乙烯石化公司乙二醇装置采用循环供水方案，与直流供水方案相比，虽然初期的投资费用较高，但每年可节省用水 1.12 亿 t，年降低生产成本约 560 万元。

监理工程师对项目设计阶段的造价控制，就是在确保项目功能与质量的前提下，与设计人员通力协作，优选设计方案和标准。

监理工程师和设计工程师在工程实践中，采用的优化方法通常有以下几种：

(1) 直觉优化：直觉优化又分直觉选择性优化和直觉判断性优化。前者是设计者在设计过程中根据有限的几个方案，经过初步的分析计算，按照设计指标的好坏选择其最佳方案的一种方法；后者是设计者根据经验和直觉知识，不需要通过分析计算就做出判断性选择的一种方法。直觉优化方法是一种重要的简易的方法，但它取决于设计者直觉知识的广泛性、经验判断的推理能力及丰富的设计技艺。

(2) 试验优化：当对设计对象的机理不很清楚或对其制造与施工经验不足、各个参数以及设计指标的主次影响难以分清时，试验优化是一种可行的优化设计方法。根据模型试验所得结果，可以寻找出最优方案。

(3) 经济分析比较优化：即通过经济分析比较的方法，确定最优方案。

(4) 数值计算优化：数值计算优化是指一些用数学方法寻求最优方案的方法。现代的数值计算优化都是以使用计算机的数值计算为特征的。在工程优化设计中，应用效果较好的是数学规划中的几种方法。

第二节　项目设计阶段造价控制的手段

一、项目限额设计

限额设计就是按照批准的可行性研究报告及投资估算控制初步设计，按照批准的初步设计总概算控制技术设计和施工图设计，同时各专业在保证达到使用功能的前提下，按分配的投资限额控制设计，严格控制不合理变更，保证总投资额不被突破。

投资分解和工程量控制是实行限额设计的有效途径和主要方法。限额设计是将上阶段设计审定的投资额和工程量先分解到各专业，然后再分解到各单位工程和各分部工程而得到的，限额设计体现了设计标准、规模、原则的合理确定及有关概预算基础资料的合理取定，通过层层限额设计，实现了对投资限额的控制与管理，也就同时实现了对设计规范、设计标准、工程数量与概预算指标等各方面的控制。

（一）限额设计的意义

1．限额设计是控制工程造价的重要手段。是按上一阶段批准的投资控制下一阶段的设计，而且在设计中以控制工程量与设计标准为主要内容，克服“三超”。

2．限额设计有利于处理好技术与经济的对立统一关系，提高设计质量。限额设计并不是一味考虑节约投资，也绝不是简单地将投资砍一刀，而是包含了尊重科学、尊重实际、实事求是、精心设计和保证科学性的实际内容。可促使设计单位加强技术与经济的对立统一，克服长期以来重技术、轻经济的思想，树立设计人员的高度责任感。

3．限额设计，有利于强化设计人员的工程造价意识，使设计人员重视造价，实事求是地编好概算。

4．限额设计能扭转设计概预算本身的失控现象。限额设计在设计院内部可促使设计与概预算形式有机的整体。在监理工程师配合、协作下，更能增强设计人员的经济观念，在整个设计过程中，各自检查本专业的工程费用，切实做好造价控制工作，改变设计过程不算账的现象。

（二）限额设计的目标

各阶段已批准的设计文件即下一阶段进行限额设计控制的目标。限额设计的造价控制目标，是对设计规模、设计标准、工程数量与概算指标等多方面的控制。

1．在初步设计阶段应进行多方案比较，特别注意对造价影响大的因素，将任务与规定的投资限额按专业下达设计人员，以控制造价。

2．施工图设计必须严格按批准的初步设计确定的原则、范围、内容、项目和投资额进行。当涉及建设规模、产品方案、开拓方案、工艺流程或设计方案的重大变更时，原初步设计已经失去指导施工图设计的意义，则必须重新编制或修改初步设计文件。随着初步设计的重编和修改，要另行编制修改初步设计的概算报原审查单位审批。投资控制额即以批准的修改初步设计概算额为准。

3．要建立相应设计管理制度，尽可能把设计变更控制在设计阶段，对影响工程造价的重大设计变更，更要用先算账后变更的办法解决，使工程造价得到有效控制。

（三）项目限额设计作用与目的

1．限额设计就是在计划投资范围内进行设计，实现项目造价控制的目标。

2．限额设计绝非限制设计人员的设计思想，而是要让设计人员把设计与经济二者统一结合起来。即要求设计人员在设计过程中必须考虑经济性。

3．监理工程师在设计进展过程中及各阶段设计完成时，要主动地对已完成的图纸内容进行估价，并与相应的概算、预算进行比较对照，若发现超投资情况，找其中原因，并向业主提出建议，从而在业主授权后，指示设计人员修改设计，使投资降低到投资额内。必须指出，未经业主同意，监理工程师无权提高设计标准和设计要求。

4．限额设计必须贯穿于设计的各个阶段，实现限额设计的投资纵向控制。

（1）在初步设计阶段要重视方案选择，控制在设计任务书批准的投资限额内。

（2）在施工图设计阶段要掌握施工图设计造价变化情况，严格按批准的初步设计确定的原则、内容、项目和投资额进行。但在设计过程中由于条件改变对设计局部修改、变更是正常现象。如果对初步设计有重大的变更时，则需通过原初步设计审批部门重审，以重新批准的投资控制额为准。

(四) 设计限额的确定

1. 在设计任务书批准的投资限额内,进一步落实投资限额的实现。

初步设计是方案比较优选的结果,是项目投资估算的进一步具体化。在初步设计开始时,将设计任务书的设计原则、建设方针和各项控制经济指标向设计人员交底,对关键设备、工艺流程、总图方案、主要建筑和各种费用指标要提出技术经济方案选择,研究实现设计任务书中投资限额的可能性,特别注意对投资有较大影响的因素。

2. 将施工图预算严格控制在批准的概算以内

设计单位的最终产品是施工图设计,它是工程建设的依据。设计部门在进行施工图设计的过程中,要随时控制造价、调整设计,要求从设计部门发出的施工图,其造价严格控制在批准在概算以内,并有所降低。

3. 加强设计变更管理工作

对必须的设计变更,应尽量提前提出,避免施工后再提出变更设计而造成重大损失。对影响工程造价重大的设计变更,必须先算账再变更,使工程造价得到有效控制。

4. 在限额设计中采用动态控制

为考虑物价变化引起的价差,在设计概预算中引入"原值"、"现值"、"终值"三个概念。原值是指在编制估算、概算时,根据当时价格预计的工程造价,不包括价差因素;现值是指在工程批准开工年份,按当时的价格指数对原值进行调整后的工程造价,不包括以后年度的价差;终值是指工程开工后分年度投资各自产生的不同价差叠加到现值中去算得的工程造价,还包括考虑资金的时间价值在内。为排除价格上涨时限额设计的影响,限额设计指标均以原值为准,设计概、预算的计算均采用投资估算或造价指标所依据的同年份的价格。

(五) 项目限额设计是加强设计的经济责任制

限额设计是健全和加强设计单位对建设单位以及设计单位内部的经济责任制,实现限额设计的横向控制。

1. 明确设计单位内部各专业科室对限额设计的责任,建立各专业投资配考核制;

2. 设计开始前根据估算、概算、预算不同阶段将工程投资按专业分配,分段考核。

下一阶段指标不得突破上一阶段指标。哪一专业突破控制投资指标时,应首先分析突破原因,用修改设计的方法解决,在本阶段处理,责任落实到个人,建立限额设计的奖惩机

(六) 项目限额设计中设计单位应承担的责任范围

1. 凡永久建筑、水电、设备等项目的工程量增加、型号规格变动等造成的投资增加;

2. 设计单位未经原审批单位同意,违反规定,擅自提高标准,增列初步设计范围以外的工程项目等原因造成的投资增加;

3. 由于初步设计深度不够或设计标准选用不当,未经原审查部门同意而导致下一设计阶段增加投资;

4. 未经原审批部门同意,其他部门要求设计单位提高工程建设标准,增加建设项目,并经设计单位出图增加的投资。

(七) 设计单位对以下情况造成的项目投资增加不承担责任

1. 国家政策变动和设计调整;

2. 工资、物价调整后的价差;

3. 与工程无关的不合理摊派；

4. 土地征用费标准、水库淹没处理补偿费标准的改变；

5. 建设单位和地方承包项目超出国家规定及初步设计审批意见需开支的费用；

6. 经原审批部门同意，超出已审批的初步设计范围以外的重大设计变动及工程项目增加；

7. 其他单位强行干预设计，而设计单位又提出了不同的初步意见，并报送上级主管部门和投资方，仍然发生的项目投资增加；

8. 经原审批部门批准补充增加的勘察设计工作量相应增加的勘察设计科研费；

9. 审查单位对设计单位报审的初步设计中推荐的主要设计方案修改不当，致使设计方案审定后在技术设计和施工图设计阶段又有较大的修改，致使投资的增加；

10. 其他特殊情况，如施工过程中发生超标准洪水和地震等所增加的投资。

(八) 初步设计中的限额设计

1. 对关键设备、工艺流程、主要建筑和各种费用指标要提出技术方案比选；研究实现可行性研究报告中投资限额的可行性，特别注意，对造价影响较大的因素，将设计任务和投资限额分专业下达到设计人员，促使设计人员进行多方案比选。

2. 初步设计的主要设计方案与可行性研究的工程设想方案相比较发生重要变化所增加的投资，应本着节约的原则，在概算不超过估算10%的前提下，经方案优化，报有关领导批准后，方可列入工程概算。

3. 因采用新技术、新设备、新工艺确能降低运营成本又符合“安全、可靠、经济、适用、符合国情”的原则，而使工程投资有所增加，或因可行性研究阶段深度不够，造成初步设计阶段修改方案而增加投资，应进行经济技术综合评价并通过复审可行的前提下，由总设计师安排技经人员在投资分解时解决。

4. 初步设计阶段应按照批准的可行性研究阶段的投资估算进行限额设计，控制概算不超投资估算，主要是对工程量和设备、材质的控制。为此，初步设计阶段的限额设计工程量应以可行性研究阶段审定的设计工程量和设备、材质标准为依据，对可行性研究阶段不易确定的某些工程量，可参照参考设计和通用设计或类似已建工程的实物工程量确定。

5. 初步设计阶段工程量控制的主要内容包括：建筑工程的结构形式、设计标准、体积、面积、长度(高度)和三材总量等，设备的型号、规格、数量，安装工程的各类管道重量(含管件、阀门、支吊架)，炉墙砌筑、保温和油漆数量，各类电缆长度、桥架重量、封闭母线长度和重量、金属结构件材质及重量等。

6. 在初步设计限额中，各专业设计人员要增强工程造价意识，在拟定设计原则、技术方案和选择设备材料过程中应先掌握工程的参考造价和工程量，严格按照限额设计所分解的投资额和控制工程量以及保证使用功能的条件下进行设计，并以单位工程为考核单元，事先作好专业内部的平衡调整，提出节约投资的措施，力求将工程造价和工程量控制在限额内。

7. 为鼓励、促使设计人员做好设计方案选择，要把竞争机制引入设计中，实行设计招标，促使设计人员增强竞争意识，增加危机感和紧迫感，克服和杜绝方案比选中的片面性和局限性以及经验主义。要鼓励设计者解放思想，开拓思路，激发创造灵感，从而使功能好、造价低、效益高、技术经济合理的设计方案脱颖而出。

(九) 施工图设计阶段的限额设计

施工图设计是设计单位的最终产品,是指导工程建设的重要文件,是施工企业实施施工的依据。设计单位发出的施工图及其预算造价要严格控制在批准的预算内,并有所节约。

1. 施工图设计必须严格按照批准的初步设计所确定的原则、范围、内容、项目和投资额进行。施工图阶段限额设计的重点应放在工程量控制上,控制的工程量是经审定的初步设计工程量,并作为施工图设计工程量的最高限额,不得突破。

2. 施工图设计阶段的限额设计应在专业设计、总图设计阶段下达任务书,并附上审定的概算书、工程量和设备单价表等,供设计人员在限额设计中参考使用。

3. 施工图设计阶段的投资分解和工程量控制的项目划分应在与概算书相一致的前提下,由设计和技经人员协商并经总设计师审定。条件具备时,主要项目也可按施工图分册进行投资分解与工程量控制。为便于设计人员掌握投资情况并及时实施控制,在进行单位工程投资分解时,只分解到基本直接费。其他直接费、现场经费、间接费、计划利润和税金等由技经人员扣减,不纳入限额设计任务书;施工图设计与初步设计间的年份价差影响,在投资分解时也不予考虑,均以初步设计时的价格水平为准。

4. 限额设计应贯穿于设计工作全过程。在施工阶段,造价工程师应参加项目实施的全过程,并做到严格把关。由设计变更产生的新增投资额不得超过基本预备费的三分之一。限额设计范围内工程发生的总投资额不超过限额设计的总投资额为原则。

5. 当建设规模、产品方案、工艺流程或设计方案发生重大变更时,必须重新编制或修改初步设计及其概算,并报原主管部门审批。其限额设计的投资控制额也以新批准的修改或新编的初步设计的概算造价为准。

(十) 加强限额设计的管理制度和经济责任制

要明确各设计单位及其内部各专业、科室以及设计人员的职责和经济责任,并赋予相应权力,但赋予的决定权要与责任相一致;建立设计部门内各专业的投资分配考核制度;建立在考核各专业完成设计任务质量和实现限额指标的好坏的基础上,实行奖惩制度。

1. 由主管院长、总工程师和总经济师若干人组成,对限额设计全面负责,批准下达限额设计指标,负责执行设计方案审定,并对重大方案变更及时组织研究和报请有关部门批准,定期检查限额设计执行情况和审批节奖超罚有关事项。

2. 由限额设计的项目正、副经理和该项目总设计师等若干人具体组织、负责实施限额设计,认真编制设计计划和限额设计指标计划以及认真执行院长下达的执行计划;掌握控制设计变更,对重大设计变更及时研究和方案论证后,报院级审批;及时了解、掌握各专业的限额设计执行情况并及时调整限额设计控制数,控制主要工程量;签发各专业限额高计任务书和变更通知单,做好总体设计单位的归口协调工作及其他有关事宜。

3. 由各设计室正、副主任和主任工程师若干人组成,具体负责本专业内限额设计的落实,事先提交本专业限额设计指标意见,一经批准,认真在工程设计中贯彻执行,并对设计任务及其指标计划,及时进行中间检查和验收图纸,力求将本专业投资控制在下达的限额指标范围内。

4. 为使限额设计落实到实处,应建立和健全限额设计的奖惩制度。国家计委有关规定。国家计委规定,自 1991 年起,凡因设计单位错误、漏项或扩大规模和提高标准而导致工程静态投资超支,要扣减设计费:

(1) 累计超过原批准概算 2%～3%的,扣减全部设计费的 3%。

(2) 累计超过原批准概算 3%～5%的，扣减全部设计费的 5%。

(3) 累计超过原批准概算 5%～10%的，扣减全部设计费的 10%。

(4) 累计超过原批准概算 10%以上的，扣减全部设计费的 20%。

(5) 设计院对承担的设计项目，必须按合同规定，在施工现场派驻熟悉业务的设计人员，负责及时解决施工中出现的设计问题，否则，视情况的严重程度，扣罚全部设计费用的 5%～10%。

(十一) 限额设计的不断完善

1. 在价值工程中，常遇到适当提高造价，可得到功能的大提高；或造价不变，功能也可得到提高，而这两条提高功能，即提高产品价值的途径在限额设计中往往不能通过，尤其是前者，在限额设计中不能得到充分地运用，即对项目的全寿命费用考虑较少。这要求领导人提高政策和技术经济水平，不能生搬硬套，而以科学态度对待和处理。使建设项目的全寿命费用得以充分的考虑。

2. 为合理确定设计限额，要在各设计阶段运用价值工程原理进行设计，尤其在限额设计目标值(限额额度)确定之前的可行性研究、方案设计时，加强价值工程活动分析，认真选择出工程造价与功能最佳匹配的设计方案，包括适当提高造价、功能大提高和造价不变、功能提高两种情况。

3. 如确实在投资限额确定之后，才发现有更好设计方案，包括适当增加投资，可获得功能大改善的设计方案，经认真、全面、科学可靠的方案论证，技术经济评价，并报请主管部门批准之后，允许调整或重新确定限额。这就是对"限额"的理解和认识上取得共识，进而完善之处。

4. 根据项目的具体情况适当增加调节使用比例，如留 15%～20%作调节使用，按 80%～85%下达分解。这样就为设计过程中出现的具有创造性、确有成效的设计方案脱颖而出创造了有利条件，也为好的设计变更提供了方便。

5. 为合理使用设计限额，应实行对设计限额的动态管理，各专业从投资分配的限额设计中再分离出一个"实际设计限额"。采用折现法的实际设计限额计算公式为：

$$\text{实际设计限额} = \text{投资分配设计的限额}(1+i)^{-n} \tag{3-27}$$

式中 i——有关部门公布的工程造价上涨指数(%)；

n——工程建设年限(年)。

二、项目价值分析

价值分析亦称价值工程，是一门科学的现代化管理技术，是一项新兴的技术与经济结合的分析方法，是降低产品成本的一种行之有效的管理技术。它广泛应用于产品设计与工艺设计和提高项目建设的经济效果。是研究用最少的成本支出，实现必要的功能，从而达到提高产品价值的一门科学。

价值分析并不单纯追求降低成本，也不片面追求提高功能，而是要求提高它们之间的比值。如因降低成本而引起产品功能大幅度的下降，损害用户利益，这样的降低成本不是价值分析的做法。同样，片面追求提高功能使成本大幅度提高，结果使用用户买不起，这样的提高功能也是不可取的。因此，在项目设计时，应当研究功能和成本的最佳匹配。

(一) 价值分析的定义

价值分析是分析项目功能和成本间关系，力求以最低的项目寿命周期投资实现项目的必要功能的有组织的活动。

这个定义包含了以下三方面的内容：

1. 其目的是以最低的总投资(总费用称寿命周期投资)获得项目的必要功能；

2. 其核心是对项目进行功能分析；

3. 价值分析是一种依靠集体智慧所进行的有组织有领导的系统活动。

它不是通过一般的方法来实现成本的降低，而是通过功能分析，明确分析对象的必要功能，然后设法以最低的总费用来实现这个必要功能。

(二) 应用价值分析对项目设计进行技术经济比较

1. 在设计过程中，监理工程师要应用价值分析进行项目全寿命费用分析，不仅考虑一次性投资，还要考虑到项目使用后的经常维修和管理费用。

2. 监理工程师对设计的经济性要全面考虑、权衡分析。与限额设计相对应的是过分设计(即安全系数过大的设计)，这种保守设计对设计的经济性考虑得不多。

3. 在设计中应用价值分析既可提高项目功能，又可降低项目造价。通过设计的多方案技术经济比较和价值分析，或在保证项目功能不变情况下，降低项目造价；或在项目造价不变的情况下提高工程功能，因而最终降低建设项目造价；或在工程主要功能不变、次要功能略有下降情况下，使项目造价大幅度降低；或在项目造价略有上升情况下，使工程功能大幅度提高。

(三) 价值分析在设计阶段造价控制中的运用

在项目设计中组织价值分析小组，从分析功能入手，设计项目的多种方案，选出最优方案，极为有效。

1. 项目设计阶段开展价值分析最为有效，因为成本降低的潜力是在设计阶段。

2. 设计与施工过程的一次性比重大。建筑产品具有固定性的特点，工程项目从设计到施工是一次性的单件生产。因而耗资巨大的项目更应开展价值分析，其节约的投资颇大。

3. 影响项目总费用的部门多，进行任何一项工程的价值分析，都需要组织各有关方面参加，发挥集体的智慧才能取得成效。

4. 项目设计是决定建筑物使用性质、建筑标准、平面和空间布局的工作。建筑物的寿命周期很长，使用期间费用大，所以在进行价值分析时，应按整个寿命周期来计算全部费用。既要求降低一次性投资；又要求在使用过程中节约经常性费用。

(四) 价值分析的重点对象

由于价值分析的对象介价值低、降低成本潜力大的，故工程设计价值分析的对象应以下述内容为重点：

1. 选择数量大，应用面广的构配件。例如外墙、楼板、防水材料、人工地基等。因为它们降低成本的潜力大。

2. 选择成本高的工程的构配件，因为它们改进的潜力大，对产品的价值影响大。

3. 选择结构复杂的工程和构配件，它们有简化的可能性。

4. 选择体积与重量大的工程和构配件，因为它们是节约原材料和改进施工(生产)工艺的重点。

5. 选择对产品功能提高起关键作用的构配件，以期改进后提高功能有显著效果。

6. 选择在使用中维修费用高、耗能量大或使用期的总费用较大的工程和构配件。

7. 选择畅销产品,以保持优势,提高竞争力。

8. 选择在施工中容易保证质量的工程和构配件。

9. 选择施工难度大、费材料和工时的工程和构配件行。

10. 选择可利用新材料、新设备、新工艺、新结构及在科研上已有先进成果的工程和构配件。

总之,选择或可提高功能,或可降低成本,或有利于价值提高的那些对象。防止忽视价值水平而单独考虑提高功能或单纯考虑降低成本,而结果导致价值降低的倾向。对于每项设计任务,应具体对待,不可一概而论。

(五) 做好价值分析应注意的问题

1. 进行价值分析,应广泛收集和积累资料,包括费用资料、质量标准、用户的要求,施工单位的期望以及市场、科技动态等。

2. 设计人员在设计时,要重视造价限额、功能要求和现实成本。现实成本不能超过造价限额,功能要求要以符合规范和标准的要求为前提。三者以功能要求为主。

3. 设计人员必须有创新精神,勇于打破旧框框,不断开拓新领域,善于吸收科研成果。

4. 提高建筑工业化水平是建设领域价值分析的最重要原则,而设计人员首先要执行这项原则。

5. 项目监理单位应配合设计技术人员进行价值分析。项目监理工程师不仅进行事后的技术经济分析,更重要的是在设计过程中进行动态的技术经济分析,进行价值分析跟踪是项目监理工程师的责任。

6. 项目监理工程师进行价值分析时应当同有关设计专业、建筑材料、设备制造、及施工方面的专家结合。

(六) 价值分析在设计阶段造价控制中的运用

1. 价值分析在建设项目实施中运用难度较大,这是由建设项目的生产及其产品的技术经济特征所决定的。每座建筑物的用途、规模、施工条件各不相同,不适于大批量重复生产,只有在设计部门组织价值分析小组,从分析功能入手,设计多种方案,选出最优方案,开展价值分析方可奏效。

2. 设计阶段开展价值分析最有效,成本降低的潜力最大。建筑产品具有建造和使用地点固定性的特点,工程项目从设计到施工是一次性的单件生产,不再重复进行。但是,对每一建筑工程,特别是耗资巨大的工程开展价值分析,虽然只影响一次设计和施工,而其节约的投资常常是很大的。

3. 对建筑工程中标准化、定型化大批量工厂化生产的构配件,以及住宅标准图等开展价值分析,从设计标准、材料供应、生产工艺、运输吊装、使用等各个环节寻求降低成本的可能。

4. 设计是决定建筑物使用性质、建筑标准、平面和空间布局的工作。建筑物的寿命周期很长,使用期间费用大,所以在进行价值分析时,应按整个寿命周期来计算全部费用。既要求降低造价,又要求在使用过程中节约经常性费用。

5. 在工程设计期间,积极向设计部门提出提高工程价值的合理化建议;在不影响设计功能和质量标准的前提下,积极采用可以降低成本的代用材料(包括构配件);改进施工工艺,合理选择设备,降低工程成本;改善施工组织与计划,降低工程成本。

主要是通过功能分析与评价不断改进设计，从而相应地提高功能、降低成本。在研究设计阶段应用价值分析，其效果显著。

（七）价值分析优化设计方案示例

价值工程侧重于设计阶段开展工作，以提高产品价值为中心，并把功能分析作为独特的研究方法。通过功能和价值分析，可将技术问题与经济问题紧密地结合起来。一般来说，提高产品的价值，有以下 5 个途径：

功能提高，成本降低（这是最理想的途径）；

功能不变，成本降低；

成本不变，提高功能；

成本略提高，带来功能的大提高；

功能略下降，带来成本大降低。

价值分析并不是单纯追求降低成本，也不片面追求提高功能，而是力求正确处理好功能与成本的对立统一关系，提高它们之间的比值，研究产品功能和成本的最佳配置。

以住宅为价值分析对象，说明价值工程在设计中的应用。具体步骤是：

1. 对住宅进行功能定义和评价。现把住宅作为一种完整独立的"产品"进行功能定义和评价：

(1) 平面布局；

(2) 采光通风（包括保温、隔热、隔声）；

(3) 层高与层数；

(4) 牢固耐久；

(5) "三防"（防火、防震和防空）设施；

(6) 建筑造型；

(7) 室外装修（指色彩、光影、质感等）；

(8) 室内装饰和室内设备；

(9) 环境设计（指日照、绿化、噪声、景观、及卫生间距等方面）；

(10) 技术参数（包括平面系数、每户平均用地等指标）；

(11) 便于施工；

(12) 便于设计。

这种定义基本上表达了住宅功能。这 12 种功能在住宅功能中占有不同的地位，因而需要确定相对重要系数。确定相对重要系数可用多种方法，这里采用用户、设计、施工单位三家加权评分法，把用户的意见放在首位，结合设计、施工单位的意见综合评分。三者的"权数"可分别定为 60%、30% 和 10%，并求出重要系数 ϕ，如表 3-5 所示。

功能重要系数的评分　　**表 3-5**

功能		用户评分		设计人员评分		施工人员评分		$\phi=\frac{0.6F_{\text{I}}+0.3F_{\text{II}}+0.1F_{\text{III}}}{100}$
		得分 F_{I}	$F_{\text{I}}\times0.6$	得分 F_{II}	$F_{\text{II}}\times0.3$	得分 F_{III}	$F_{\text{III}}\times0.1$	
适用	平面布置 F_1	40.25	24.15	31.63	9.489	35.25	3.525	0.3718
	采光通风 F_2	17.375	10.43	14.38	4.314	15.5	1.55	0.1629
	层高层数 F_3	2.875	1.725	4.25	1.275	3.875	0.388	0.0339

续表

功能		用户评分		设计人员评分		施工人员评分		$\phi=\frac{0.6F_{I}+0.3F_{II}+0.1F_{III}}{100}$
		得分 F_I	$F_I\times0.6$	得分 F_{II}	$F_{II}\times0.3$	得分 F_{III}	$F_{III}\times0.1$	
安全	牢固耐用 F_4	21.25	12.75	14.25	4.275	20.63	2.063	0.190 9
	"三防"设施 F_5	5.347	2.625	5.25	1.575	2.875	0.288	0.0449
美观	建筑造型 F_6	2.25	1.35	5.875	1.763	1.55	0.155	0.0327
	室外装修 F_7	1.75	1.05	4.5	1.35	0.975	0.098	0.025
	室内装饰 F_8	6.25	3.75	6.625	1.988	5.875	0.588	0.0633
其他	环境设计 F_9	1.15	0.69	8	2.4	5.5	0.55	0.0364
	技术参数 F_{10}	1.05	0.63	2	0.6	1.875	0.188	0.0142
	便于施工 F_{11}	0.875	0.525	1.813	0.544	4.75	0.475	0.0154
	容易设计 F_{12}	0.55	0.33	1.437	0.431	1.35	0.135	0.009
合计		100	60	100	30	100	10	1

2．方案创造。根据地质等其他条件，对一住宅设计提供了多种方案，拟选用表 3-6 所列 5 个方案作为评价对象。

5 个方案的特征和造价 **表 3-6**

方案名称	主要特征	单方造价	成本系数
A	7 层混合结构，层高 3m，240mm 内外砖墙，预制桩基础，半地下室储存间，外装修好，室内设备较好	196	0.2342
B	7 层混合结构，层高 2.9m，240mm 内外砖墙，120mm 非承重内砖墙，条形基础（地基经过真空预压处理），外装修较好	149	0.1780
C	7 层混合结构，层高 3m，240mm 内外砖墙，沉重灌注桩基础，外装修一般，内装修和设备较好，半地下室储车间	185	0.2210
D	5 层混合结构，层高 3m，空心砖内墙，满堂基础，装修及设备一般	151	0.1804
E	层高 3m，其他特征同 B	156	0.1864

3．求成本系数（C）。

某方案成本系数（C）= 某方案成本（或造价）/各方案成本（或造价）和 (3-28)

如表 3-6 中，A 方案成本系数 = 196/(196 + 149 + 185 + 151 + 156) = 196/837 = 0.2342

由此类推，分别求出 B、C、D、E 方案成本系数为 0.1780，0.2210，0.180 4，0.1864，详见表 3-6。

4．求功能评价系数（F）。按照功能重要程度，采用 10 分制加权评分法，对 5 个方案的 12 项功能的满足程度分别评定分数，如表 3-7，各方案满足分 S。

$$某方案评定总分 = \Sigma\phi_i S_{ij}$$

如：A 方案评定总分 $= \Sigma\phi_i S_{ij} = 0.3718\times10 + 0.1629\times10 + 0.0339\times9 + 0.190\ 9\times10 + 0.0449\times8 + 0.0327\times10 + 0.025\times6 + 0.0633\times10 + 0.0364\times9 + 0.0142\times8 + 0.0154\times8 + 0.009\times6 = 9.646$；

同理可求出 B、C、D、E 方案评定总分分别为：9.114，9.095，8.455，9.145。

5 个方案功能满足程度评分 表 3-7

评价因素		方案名称	A	B	C	D	E
功能因素	重要系数 ϕ						
F_1	0.3718	方案满足分数 S	10	10	9	9	10
F_2	0.1629		10	9	10	10	9
F_3	0.0339		9	8	9	10	9
F_4	0.190 9		10	10	10	8	10
F_5	0.0449		8	7	8	7	7
F_6	0.0327		10	8	9	7	8
F_7	0.025		6	6	6	6	6
F_8	0.0633		10	6	8	6	6
F_9	0.0364		9	8	9	8	8
F_{10}	0.0142		8	10	8	6	4
F_{11}	0.0154		8	8	7	6	4
F_{12}	0.009		6	10	6	8	10
方案总分		$\sum_i \phi_i S_{ij}$	9.646	9.114	9.095	8.455	9.145
功能评价系数		$\dfrac{\sum_i \phi_i S_{ij}}{\sum_i \sum_j \phi_i S_{ij}}$	0.2122	0.2005	0.2001	0.1860	0.2012

$$某方案功能评价系数(F)=\frac{某方案评定总分}{各方案评定总分和}=\frac{\sum_i \phi_i S_{ij}}{\sum_i \sum_j \phi_i S_{ij}} \tag{3-29}$$

如:A 方案功能评价系数$(F)=\dfrac{9.646}{9.646+9.114+9.095+8.455+9.145}=9.646/45.455$

$=0.2122$

同理可求出 B、C、D、E 方案功能评价系数分别为 0.200 5,0.200 1,0.1860,0.2012,详见表 3-7。

5. 求出价值系数(V)并进行方案评价。按 $V=F/C$ 公式分别求出各方案价值系数列于表 3-8 中,B 方案价值系数最大,则 B 方案为最佳方案。

方案价值系数的计算 表 3-8

方案名称	功能评价系数 F	成本系数 C	价值系数 $V=F/C$	最优
A	0.2122	0.2342	0.9061	
B	0.2005	0.1780	1.1264	√
C	0.2001	0.2210	0.9054	
D	0.1860	0.1804	1.031	
E	0.2012	0.1864	1.0794	

在本例中,当得出 B 方案的单位成本 149 元为最低时,还不能断然决定它为最优方案,

还应看它对12种功能的满足程度,即价值系数如何。如果价值系数不是最大,也不能为最优方案。满足必要功能的费用,消除不必要功能的费用,是价值分析的要求,实际上也是工程造价控制本身的要求。如此不断改进方案设计,求得最佳方案。

价值分析在工程设计中对于控制项目投资,提高工程"价值",是大有可为的。特别是随"勘察设计施工一体化总承包"方式的尝试和推广,价值工程会越来越显示出它对控制项目投资所能发挥的巨大作用。

(八) 价值分析改进方案示例

以某市大模板高层住宅外墙板工程用价值分析改进外墙方案,步骤如下:

1. 选择价值分析对象

某市用大模板工艺建造了一批高层住宅楼,分析其造价,发现结构造价占土建工程的70%,而外墙造价又占结构造价的1/3,但外墙体积在结构混凝土量中只占1/4强。从造价的构成上看,外墙是降低造价的主要矛盾,应作为价值分析的主攻目标。

2. 功能分析

通过调研和功能分析,可以明确的问题如表3-9所示:

大模板高层住宅经调研、功能分析后明确的问题　　表3-9

序　号	调研、功能分析的问题	调研、功能分析后的结论
(1)	在大模板住宅建筑体系中,外墙的功能是什么	1) 作为围护部件,挡风防雨,隔热防寒; 2)作为受力部件,抵抗水平力
(2)	外墙用什么材料做成	配钢筋的陶粒混凝土墙板
(3)	规格尺寸如何	长×高×厚=330cm×290cm×28cm,重量约4t,净面积7.3m^2
(4)	有几道生产工艺?成本如何分配	1) 在构件厂预制板材,300元,占87%; 2) 专用拖车运到工地,30元,占3.7%; 3) 搭式起重机吊装,15元,占4.3%
(5)	在哪些可供选择的代替方案	1) 现浇混凝土贴钙塑保暖板; 2) 加气混凝土拼装整间大板; 3) 玻璃纤维增强水泥复合板

3. 评价代替方案

经过建筑师、结构工程师、混凝土制品工艺技术人员、工人、施工技术人员、材料供应人员,以及预算人员的共同分析后,选出以膨胀珍珠岩做保暖层的玻璃纤维增强水泥复合板,作为优先考虑的代替方案,并拟定产品规格为:

长×高×厚=630cm×290cm×12cm

重量约5t

生产工艺及成本分配预计为:

构件厂预制板材,320元,占93.3%

专用拖车运到工地,8元,占2.3%

塔式起重机吊装,15元,占4.4%

代替方案与原方案的成本比较,见表3-10。

不同方案的成本比较　表 3-10

成本项目	原方案（元）		代替方案（元）	
	每块墙板净面积 7.3m²	每平方米墙面成本	每块墙板净面积 13.3m²	每平方米墙面成本
板材预制	300	41.10	320	23.19
运　输	30	4.11	8	0.58
吊　装	15	2.05	15	1.09
合　计	345	47.26	343	24.86

经过测试,代替方案的物理性能和力学性能都可满足功能要求,代替方案的经济效益是很显著的。从表中可以看出,每平方米墙体可节约成本:

47.26 元－24.86 元＝22.40 元,节约率高达 47.4%。据此,建议采用该代替方案。

建设项目应从新技术、新结构的采用,工艺改进,设备改进,设备选择,材料的代用,构配件的选择,地方资源、工业废料的利用,物资定货、采购、运输、包装、保管、使用状况的改善,质量检测和研究试验工作的改进,合理使用与维修各种固定资产,节约各种间接费用,剔除不必要的功能或过剩功能等多方面来提高建筑产品、制品和劳务的价值。

第三节　工程项目设计概算的编制

一、工程项目设计概算的含义

在初步设计(或扩大初步设计)阶段,设计单位根据初步设计(或扩大初步设计)图纸、概算定额或概算指标、材料价格、费用定额和有关取费规定,对编制的工程对象进行概略的费用计算,称为设计概算。

设计概算是初步设计文件的重要组成部分,它是工程初步设计阶段计算建筑物、构筑物的造价以及从筹建开始起至交付使用时止所发生的全部建设费用的文件。根据国家有关规定,建设工程在初步设计阶段,必须编制设计概算;在报批设计文件的同时,必须要报批设计概算;施工图设计,必须按照批准的初步设计及其设计概算进行。

(一) 设计概算编制的依据

1. 经批准的可行性研究报告。工程项目的可行性研究报告,由国家或地方计划或建设主管部门批准,其内容随建设项目的性质而异,见第二章、第二节。

2. 初步设计或扩大初步设计图纸和说明书。据此计算工程量是编制设计概算的基础资料,并在此基础上制定概算的编制方案、编制内容和编制步骤。

3. 概算定额、概算指标。概算定额、概算指标是由国家或地方建设主管部门编制颁发的,是计算概算价格的依据,不足部分可参照综合预算定额或其他有关资料。

4. 设备价格资料。各种定型的标准设备(如各种用途的泵、空压机、蒸汽锅炉等)均按国家有关部门规定的现行产品出厂价格计算。非标准设备按非标准设备制造厂的报价计算。此外,还应具备计算供销部门的手续费、包装费、运输费及采购保管费等费用的资料。

5. 地区材料价格、工资标准。

6. 有关取费标准和费用定额。地区规定的各种费用、取费标准、计算范围、材差系数等有关文件内容,必须符合建设项目主管部门制定的基本原则。

7. 投资估算文件。经批准的投资估算是设计概算的最高额度标准。投资概算不得突破投资估算,投资估算应切实控制投资概算。根据国家有关规定,如果投资概算超过投资估算的10%以上,则要进行概算修正,重新调整、修改初步设计。

(二) 设计概算编制的准备工作

1. 深入现场,调查研究,掌握第一手材料。对新结构、新材料、新技术和非标准设备价格要搞清楚并落实,认真收集其他有关基础资料(如定额、指标等)。

2. 根据设计要求、总体布置图和全部工程项目一览表等资料,对工程项目的内容、性质、建设单位的要求、建设地区的施工条件等,作一概括性的了解。

3. 在掌握和了解上述资料与情况的基础上,拟出编制设计概算的提纲,明确编制工作的主要内容、重点、步骤和审核方法。

4. 根据已拟定的设计概算编制提纲,合理选用编制依据,明确取费标准。

(三) 设计概算编制的条件

1. 建设工程项目进行至初步设计阶段时,编制设计概算。

2. 施工图设计阶段,对结构简单、造价不大的辅助及附属生产用工程、服务性工程等,可编制设计概算。

3. 工具、器具及生产家具购置、其他工程费用可编制概算。

二、概算定额

(一) 概算定额的概念

概算定额是指生产一定计量单位的经扩大的建筑工程结构构件或分部分项工程所需要的人工、材料和机械台班的消耗数量及费用的标准。

概算定额是在综合预算定额或预算定额的基础上,根据有代表性的建筑工程通用图和标准图等资料,进行综合、扩大和合并而成。因此,建筑工程概算定额,亦称“扩大结构定额”。

概算定额是以建(构)筑物各个结构部分和分部分项工程为单位表示的,内容也包括人工、材料和机械台班使用量定额三个基本部分,并列有基准价。

$$\begin{aligned}\text{定额基准价} &= \text{定额单位人工费} + \text{定额单位材料费} + \text{定额单位机械费} = \\ &\quad \text{人工概算定额消耗量} \times \text{人工工资单价} + \\ &\quad \Sigma(\text{材料概算定额消耗量} \times \text{材料预算价格}) + \\ &\quad \Sigma(\text{施工机械概算定额消耗量} \times \text{机械台班费用单价})\end{aligned} \tag{3-30}$$

概算定额与(综合)预算定额的不同处,在于项目划分和综合扩大程度上的差异,同时,概算定额主要用于设计概算的编制。由于概算定额综合了若干分项工程的预算定额,因此使概算工程量计算和概算表的编制,都比编制施工图预算简化了很多。

编制概算定额时,应考虑到能适应规划、设计、施工各阶段的要求。概算定额与预算定额应保持一致水平,即在正常条件下,反映大多数企业的设计、生产及施工管理水平。

概算定额的内容和深度是以预算定额为基础的综合与扩大。在合并中不得遗漏或增加细目,以保证定额数据的严密性和正确性。概算定额务必达到简化、准确和适用。

(二) 概算定额的作用

建筑工程概算定额的正确性和合理性,对提高概算准确性,合理使用建设资金,加强建设管理,控制工程造价及充分发挥投资效果起积极的作用。

为了合理确定工程造价和有效控制工程建设投资,全国各省和自治区均编制颁发了各地区建筑工程概算定额在本地区范围内施行,并不断修正、改进。概算定额的作用是:

1. 编制初步设计概算的依据;

2. 快速编制施工图预算、工程标底和投标报价参考之用;

3. 设计人员在初步设计阶段做多方案技术经济比较之用。

(三) 概算定额的内容和特点

概算定额由文字说明和定额项目表组成。文字说明包括总说明和各分部说明。总说明中主要说明定额的编制目的、编制依据、适用范围、定额作用、使用方法、取费计算基础以及其他有关规定等。各分部说明中主要阐述本分部综合分项工程内容、使用方法、工程量计算规则以及其他有关规定等。

全国各地区的建筑工程概算定额基本形式相似,一般内容包括土方工程,基础工程,墙体工程,柱、梁工程,楼地面、天棚工程,屋盖工程,门窗及木装修工程,构筑物工程,附属工程及零星项目,外墙面脚手架、建筑物超高增加费,钢筋、铁件、套管接头增减调整表,大型机械进(退)场费。

表 3-11 为某省建筑工程概算定额中现浇钢筋混凝土柱示例。

现浇钢筋混凝土柱概算定额示例 **表 3-11**

工程内容:模板制作、安装、拆除,钢筋制作、安装、混凝土浇捣,抹灰、刷浆。 计量单位:$10m^3$

概算定额编号				4－3		4－4	
项目		单位	单价/元	矩形柱			
				周长 1.8m 以内		周长 1.8m 以外	
				数量	合价	数量	合价
基准价		元		13428.76		12947.26	
其中	人工费	元		2116.40		1728.76	
	材料费	元		10 272.03		10 361.83	
	机械费	元		1040.33		856.67	
	合计工	工日	22.00	96.20	2116.40	78.58	1728.76
材料	中(粗)砂(天然)	t	35.81	9.494	339.98	8.817	315.74
	碎石 5～20mm	t	36.18	12.207	441.65	12.207	441.65
	石灰膏	m^3	98.89	0.221	20.75	0.155	14.55
	普通木成材	m^3	1000.00	0.302	302.00	0.187	187.00
	圆钢(钢筋)	t	3000.00	2.188	6564.00	2.407	7221.00
	组合钢模板	kg	4.00	64.416	257.66	39.848	159.39
	钢支撑(钢管)	kg	4.85	34.165	165.70	21.134	102.50
	零星卡具	kg	4.00	33.954	135.82	21.001	84.02
	铁钉	kg	5.96	3.091	18.42	1.912	11.40
	镀锌铁丝 22#	kg	8.07	8.368	67.53	9.206	74.29
	电焊条	kg	7.84	15.644	122.65	17.212	134.94
	803 涂料	kg	1.45	22.901	33.21	16.038	23.26
	水	m^3	0.99	12.700	12.57	12.300	12.21

续表

概算定额编号				4-3		4-4	
				矩形柱			
项目		单位	单价/元	周长1.8m以内		周长1.8m以外	
				数量	合价	数量	合价
材料	水泥425#	kg	0.25	664.459	166.11	517.117	129.28
	水泥525#	kg	0.30	4141.200	1242.36	4141.200	1242.36
	脚手费	元			196.00		90.60
	其他材料费	元			185.62		117.64
机械	垂直运输费	元			628.00		510.00
	其他机械费	元			412.33		346.67

概算定额的特点是：

1．项目划分贯彻简明适用的原则，在综合预算定额项目划分的基础上，进一步综合扩大，适当合并相关项目，拉大步距，以简化编制概算手续。

概算定额项目内容，包括完成该工程项目的全部施工过程所需的人工、材料、成品、半成品和施工机械台班费用。例如：基础工程均综合了挖、运、回填土方、垫层，设备基础还包括了预埋螺栓、钢固定架、螺栓套、二次灌浆等全部工作内容。

2．全部工程项目基本形成独立、完整的单位产品价格，便于设计人员做多方案技术经济比较，提高设计质量。

例如：屋面工程项目综合了保温层、防水层，该保温层、防水层是一个完整的项目，同时综合了它们相关的找平层。如设计要更换另一种保温层、防水层材料时，可按单项定额调整或换算。该单项定额也已综合了它的相关项目。

单项定额实质上是差价定额，其中已扣去了定额项目中综合的一种材料单位价格，调整时只要将单项定额差价加上或减去综合项目价格。

采用调差价办法的项目有：墙体工程的内墙面抹灰、贴砖，楼地面工程，天棚工程，屋盖工程。

3．以综合预算定额为基础，充分考虑到定额水平合理的前提，取消换算和系数，原则上不留活口，为有效控制建设投资创造条件。例如：有关定额项目中均综合了钢筋和铁件含量，如与设计规定不符时，应调整。计算构件含钢量时，设计图纸未说明的钢筋接头，不计算；混凝土和钢筋混凝土强度等级，如与设计规定不同时，也应调整；砌筑砂浆等级和抹灰砂浆配合比，编制概算时不调整。

4．基本保持综合预算定额水平，略有余地。经测算，概算定额加权综合平均水平比综合预算定额增加造价2.06%。这个水平是比较合适的。

(四) 概算定额的编制

1．概算定额编制依据

全国各地对概算定额编制的依据类似，一般依据是：

(1) 全国统一建筑工程基础定额各地区估价表；

(2) 各地区建筑工程综合预算定额；

(3) 各地区建筑工程单位估价表;

(4) 各地区建筑装饰工程预算定额。

2. 概算定额的编制原则

概算定额的编制深度,要适应设计的要求,在保证设计概算质量的前提下,应贯彻社会平均水平和简明适用的原则。概算定额是工程概算计价的依据,应符合价值规律和反映现阶段社会生产力水平。

概算定额的项目划分,应简明和便于计算。要求计算简单和项目齐全,但它只能综合,而不有漏项。在保证一定准确性的前提下,以主体结构分部工程为主,合并相关联的子项,并考虑应用电子计算机编制概算的要求。

概算定额在综合过程中,应使概算定额与预算定额之间留有余地,即两者之间将产生一定的允许幅度差,一般应控制在5%以内,这样才能使设计概算起到控制施工图预算的作用。

为了稳定概算定额水平,统一考核和简化计算工作量,并考虑到扩大初步设计图的深度条件,概算定额的编制尽量不留活口或少留活口。如对混凝土和砌筑砂浆的强度等级、钢筋及预埋铁件用量等,可根据工程结构的不同部位,通过测算、统计而综合定出合理数据。

3. 概算定额的编制步骤

概算定额编制一般分三个阶段:准备阶段、编制阶段、审批阶段。

准备阶段:主要是成立编制机构,确定组成人员;进行调查研究,了解现行概算定额执行情况及存在问题;明确编制范围及编制内容。在此基础上,制定概算定额的编制细则和定额项目划分。

编制阶段:根据已制定的编制细则、定额项目划分和工程量计算规则,对收集到的设计图纸、技术资料,进行细致的测算和分析,编制出概算定额初稿;将该初稿的定额总水平与预算定额水平相比较,分析二者在水平上的一致性。如果水平差距较大时,则应进行必要的调整。

审批阶段:在征求意见修改之后,形成审批稿,再经批准后即可交付印刷。

三、概算指标

(一) 概算指标的含义与作用

概算指标比概算定额更为综合和概括,它是对各类建筑物以面积、体积或万元造价为计算单位所整理的造价和人工、主要材料用量的指标。

建筑工程概算指标的作用是:

1. 在初步设计阶段编制建筑工程设计概算的依据。这是指在没有条件计算工程量时,只能使用概算指标。

2. 设计单位在建筑方案设计阶段,进行方案设计技术经济分析和估算的依据。

3. 在建设项目的可行性研究阶段,作为编制项目的投资估算的依据。

4. 在建设项目规划阶段,估算投资和计算资源需要量的依据。

(二) 概算指标的内容

概算指标是指整个房屋或建筑物单位面积(或单位体积)的消耗指标。概算指标的总说明中,说明指标的用途、依据、适用范围和计算方法等。

概算指标有以下几类:

1. 建设投资参考指标

表3-12中,一为各类工业项目投资参考指标;二为建筑工程每100m² 消耗工料指标的示例。

建设投资参考指标 **表3-12**

一、各类工业项目投资参考指标

序号	项目	投资分配/%					
		建筑工程			设备及安装工程		其他
		工业建筑	民用建筑	厂外工程	设备	安装	
1	冶金工业	33.4	3.5	1.3	48.2	5.7	7.9
2	电工器材工业	27.7	5.4	0.8	51.7	2.2	12.2
3	石油工业	22	3.5	1	50	10	13.5
4	机械制造工业	27	3.9	1.3	56	2.3	9.5
5	化学工业	33	3	1	46	11	9
6	建筑材料工业	35.6	3.1	3.5	50	2.8	7.8
7	轻工业	25	4.4	0.5	55	6.1	9
8	电力工业	30	1.6	1.1	51	13	3.3
9	煤炭工业	41	6	2	38	7	6
10	食品工业(冻肉厂)	55	3	0.5	30	9	2.5
11	纺织工业(棉纺厂)	29	4.5	1	53	4	8.5

二、建筑工程每100m² 消耗工料指标

项目	人工及主要材料												
	人工	钢材	水泥	模板	成材	砖	黄沙	碎石	毛石	石灰	玻璃	油毡	沥青
	工日	t	t	m³	m³	千块	t	t	t	t	m²	m²	kg
工业与民用建筑综合	315	3.04	13.57	1.69	1.44	14.76	44	46	8	1.48	18	110	240
(一) 工业建筑	340	3.94	14.45	1.82	1.43	11.56	46	51	10	1.02	18	133	300
(二) 民用建筑	277	1.68	12.24	1.50	1.48	19.58	42	36	6	2.63	17	67	160

2. 各类工程的主要项目费用构成指标

表3-13中,一为单层工业建筑单位工程主要项目占直接费百分比指标;二为多层工业建筑框架结构人工耗用及工程费用构成参考指标;三为多层民用建筑砖混结构人工耗用及工程费用构成参考指标。

上述指标仅适用在项目规划阶段估算投资和资源之用。

3. 各类工程技术经济指标

表3-14中,一为办公楼技术经济指标汇总表;二为工业厂房技术经济指标汇总表;三为某12层框架结构办公楼的技术经济明细指标;四为某3层框架工业厂房的技术经济明细指标;五为宾馆建筑技术经济指标汇总表。

各类工程的主要项目费用构成指标　　表 3-13

一、单层工业建筑单位工程主要项目占直接费百分比(%)指标

工程名称	工程规模	结构类型	土方	基础	砖石	钢筋混凝土	木结构	金属	楼地面	屋面	装饰	其他	人工费	材料费	机械费
装配车间	3 680m²	钢筋混凝土	3.02		8.03	43.45		17.18	8.94	4.95	1.50	12.93	8.02	89.86	2.12
印染车间	2927 m²	钢筋混凝土	0.78	1.77	7.81	55.20	2.59	0.01	18.95	7.94	4.86		7.96	88.47	3.57
木器车间	873m²	钢筋混凝土	0.65	8.78	22.23	36.03	5.33	0.46	16.04	3.31	7.17		9.75	86.73	3.52
浆纱车间	1 769m²	钢筋混凝土	1.59	6.15	17.66	52.97	4.45		2.32	9.7	5.16		8.06	89.55	2.39
针织车间	627m²	钢筋混凝土	1.41	10.43	21.33	35.18	6.32	0.64	16.84	2.53	5.32		10.23	88.26	1.51
电镀车间	275m²	钢筋混凝土	1.68	9.43	19.94	39.13	6.28	2.81	9.8	4.96	5.70	0.36	9.20	87.49	3.31
仓　库	395m²	混　合	0.52	7.57	24.32	34.29	4.68	2.04	14.57	5.92	6.09		8.66	88.32	3.02
食　堂	465m²	混　合	1.10	9.05	24.85	31.26	6.24	1.33	11.96	5.64	8.57		8.82	88.90	2.28
锅炉房	297m²	混　合	0.50	7.78	22.16	37.20	9.28	3.82	9.23	5.06	4.97		8.91	88.90	2.19
变电所	90m²	混　合	1.20	23.18	19.70	21.50	6.55	2.95	9.46	9.57	5.89		10.41	87.19	2.40
水　塔	100t	混　合	0.53	9.77	34.65	33.64	0.95	6.34	2.13		8.68	3.31	9.95	87.75	2.30
烟　囱	30m	砖	0.89	11.60	86.03				0.31			1.17	7.66	91.35	0.99
无阀滤池	100t	混　合	2.01	11.52	9.60	62.86		0.62			13.39		12.63	85.15	2.22
清水池	400t	砖	35.08	21.65	15.32	17.86		1.71			8.38		15.95	32.29	1.76

二、多层工业建筑框架结构人工耗用及工程费用构成参考指标

工程名称	层数	面积 m²	每100m²用工		各种费用占土建工程造价/%								土建工程分部工程费用构成/%							
			土建	设备	人工费	材料费	机械费	其他直接费	直接费小计	间接费	独立费	利润	基础	结构	屋面	门窗	楼地面	内装修	外装修	其他
湖北省武汉市某车间	3	3 640	544	—	7.62	64.82	3.25	0.73	76.42	15.20	6.11	2.27	27.1	49.67	4.53	4.13	9.89	3.24	1.44	—
河北省石家庄市某生产楼	4	2 678	641	137	8.75	66.26	5.36	0.92	81.29	11.86	4.57	2.28	11.61	56.10	3.96	15.67	3.11	4.07	5.48	—
四川省成都市某仓库	5	3 523	418	19	6.30	68.64	4.47	1.90	81.31	9.97	6.48	2.24	14.13	52.62	5.79	13.05	5.32	4.07	5.02	—
江苏省苏州市某综合车间	6	6 198	528	27	8.10	66.57	6.42	0.70	81.79	10.62	5.41	2.15	17.39	58.38	1.46	10.82	4.01	3.22	1.93	2.79
陕西省宝鸡市某车间	7	2 478	918	9	6.04	54.48	13.93	1.99	76.44	15.85	5.41	2.30	42.90	47.67	1.45	1.56	3.04	2.02	1.35	—

三、多层民用建筑砖混结构人工耗用及工程费用构成参考指标

续表

工程名称	层数	面积 m²	每100m²用工		各种费用占土建工程造价/%								土建工程分部工程构成比率/%							
			土建	设备	人工费	材料费	机械费	其他直接费	直接费小计	间接费	独立费	利润	基础	结构	屋面	门窗	楼地面	内装修	外装修	其他
1. 住宅																				
广东省广州市某离休干部楼	4	1 899	972	46	12.83	66.94	2.60	0.43	82.80	8.38	7.12	2.60	14.85	34.55	1.75	20.96	8.07	13.40	6.78	—
安徽省合肥市某住宅	5	2 376	648	53	8.53	67.03	2.56	1.08	79.20	12.33	6.13	2.29	12.09	45.73	2.83	19.45	3.82	5.36	10.72	—
陕西省西安市某住宅	6	4 547	408	74	6.25	63.86	6.62	1.86	78.59	14.20	5.07	2.14	9.48	52.30	4.12	16.30	4.89	9.40	3.51	—
黑龙江省哈尔滨市某住宅	7	2 584	713	63	9.05	73.52	6.99	—	89.56	7.62	2.82	—	21.7	46.49	3.68	10.63	3.93	7.63	5.92	—
2. 单身宿舍																				
山西省晋南地区某单身宿舍	3	1 834	351	37	7.39	65.25	5.02	—	77.66	14.90	4.68	2.36	11.05	54.36	5.90	15.13	4.29	6.00	3.37	—
陕西省商洛地区某单身宿舍	4	1 771	324	15	6.96	66.34	3.45	2.68	79.43	13.11	5.15	2.31	9.00	64.03	5.25	2.80	6.58	9.47	2.87	—
河南省新乡市某单身宿舍	5	3 106	407	16	8.06	67.08	4.47	—	79.61	11.91	6.20	2.28	37.34	38.88	3.06	9.99	3.41	4.87	2.45	—
3. 办公楼																				
辽宁省营口市某办公楼	3	1 870	459	116	7.30	70.07	4.01	0.23	81.61	9.67	6.84	1.88	10.63	52.72	7.36	11.00	5.52	7.36	5.36	—
山东省德州市某办公楼	4	2 108	472	44	9.40	70.21	2.16	0.55	82.32	9.96	5.42	2.30	10.44	39.85	2.98	16.63	9.73	13.58	6.79	—
黑龙江省佳木斯市某办公楼	5	3 303	666	32	9.53	63.36	4.22	1.95	79.06	13.10	5.54	2.30	23.15	41.11	7.83	8.25	5.01	11.07	3.53	—
4. 教学楼																				
河南省信阳市某教学楼	3	1 423	465	28	10.79	65.80	3.40	—	79.99	11.41	6.34	2.26	13.67	51.99	8.30	11.02	3.42	9.05	2.55	—
吉林省吉林市某教学楼	4	3 128	354	72	6.04	67.24	7.34	—	80.62	10.63	6.89	1.86	19.07	49.81	8.61	12.72	2.52	5.10	2.37	—
黑龙江省牡丹江市某教学楼	5	5 170	488	21	8.55	64.78	4.48	—	77.81	15.03	6.87	2.29	11.48	45.38	5.89	14.39	9.97	9.01	3.98	—
5. 科研楼																				
四川省自贡市某科研楼	4	1 446	432	64	7.50	65.64	4.97	1.02	79.13	12.93	5.87	2.06	15.02	57.10	1.76	9.23	5.13	7.76	4.00	—
黑龙江省牡丹江市某科研楼	4	2 567	552	95	9.56	66.48	3.96	0.12	80.12	12.24	5.34	2.30	12.22	46.85	5.81	16.59	5.72	9.29	3.52	—
6. 医院																				
天津市某产院	4~5	3 162	362	43	6.18	69.64	3.84	1.12	80.78	11.51	5.41	2.30	15.14	44.93	4.40	13.59	4.32	14.03	3.59	—

注：本表仅作审核各分项工程的小计价值占直接费用的百分比是否有特殊过大或过小时参考。

各类工程技术指标　　**表 3-14**

一、办公楼技术经济指标汇总表

层楼及结构形式			2层混合结构	4层混合结构	6层框架结构	9层框架结构	12层框架结构	29层框剪结构
总建筑面积		m^2	435	1377	4865	5378	14800	21179
总造价		万元	27.8	86.7	243	309	1595	2008
檐高		m	7.1	13.5	23.4	29	46.9	90.9
工作特征及设备选型			混合结构，钢筋混凝土带基，桩基（0.2m × 0.2m×8m×109 根），铝合金茶色玻璃窗，硬木弹簧门，外墙石屑砂浆面层，内墙刷乳胶漆，2件卫生洁具	混合结构，无梁带基，外墙刷 PA－1 涂料，2件卫生洁具，吊扇，立式空调器，50门电话交换机1套	框架结构，钢筋混凝土有梁满堂基础，内外墙面刷涂料，地面做777涂料，吊扇，50门共电式交换机1套，窗式空调器，2t电梯1台	框架结构，独立柱基，桩基（0.4m × 0.4m×26.5m × 365 根），铝合金门窗，外墙做水刷石，地面做777涂料，2件卫生洁具，吊扇，1t电梯2台	框架结构，独立柱基，桩基（0.4m × 0.4m × 17m × 262 根），古铜色铝合金茶色玻璃门窗，外墙石屑砂浆面层，局部泰山面砖，彩磨地面，2件卫生洁具，窗式空调器，400门自动电话交换机，1t电梯3台	框剪结构，箱基（底板厚 $\delta = 1200$），桩基（0.45m × 0.45m×38.2m ×251 根），铝合金弹簧门，铝合金窗，外墙贴马赛克，局部轻钢龙骨吊顶，水磨石地面，3件卫生洁具，0.5t电梯2台，1t电梯4台
建筑面积总造价元/m^2			639	631	500	573	1078	948
其中：土建			601	454	382	453	823	744
设备			35	176	112	115	242	191
其他			3	1	6	5	13	13
主要材料消耗指标	水泥	kg/m^2	251	212	234	247	292	351
	钢材	kg/m^2	28	28	55	57	79	74
	钢模	kg/m^2	1.2	2.2	2.5	3	5.2	7.4
	原木	m^3/m^2	0.022	0.018	0.015	0.023	0.029	0.018
	混凝土折厚	cm/m^2	19	12	23	54	48	58

二、工业厂房技术经济指标汇总表

续表

层楼及结构形式			单层排架结构	单层排架结构	2层框架结构	3层框架结构	3层框架结构	4层框架结构
总建筑面积		m^2	1698	4974	4605	1042	2247	1311
总造价		万元	159	297.4	277.2	64.4	130.1	78.1
檐高		m	11.7	10.5	9.6	10.8	16.1	15.4
工程特征及设备选型			排架结构，独立柱基，大型屋面板，行车起吊重量10t，跨度22.5t，轨高8.2m，1.5t钢板水箱1座，离心水泵及齿轮油泵各4台	排架结构，杯基，桩基(0.4m×0.4m×24m×248根)，大型屋面板，10t桥式吊车2台，跨度22.5m，轨高8m	框架结构，有梁带基，铝合金卷帘门，外墙贴面砖，局部内墙贴墙纸，轻钢龙骨石膏板吊顶，3.9t钢板水箱1座，480kVA变压器设备1套，立式空调器，1t锅炉1台，2t电梯1台	框架结构，有梁带基，铝合金弹簧门，外墙贴玻璃马赛克，水磨石地面，立式冷风机3台，窗式空调器1台，500门共电式交换机1套	框架结构，有梁带基，行车起吊重量3t，跨度10.5m，轨高5.2m，0.5t、1t电动葫芦各1台，外墙马赛克，1t电梯1台	框架结构，独立柱基，10t钢筋混凝土水箱1座，2t电梯1台
建筑面积总造价元/m^2			936	597	602	618	579	596
其中:土建			752	579	418	474	484	482
设备			164	13	173	139	88	107
其他			20	5	11	5	7	7
主要材料消耗指标	水泥	kg/m^2	409	269	244	282	270	327
	钢材	kg/m^2	120	100	41	44	75	59
	钢模	kg/m^2	2.1	1.6	2.8	2.9	2.2	3.5
	原木	m^3/m^2	0.03	0.017	0.026	0.02	0.014	0.022
	混凝土折厚	cm/m^2	39	41	30	25	28	36

三、某12层框架结构办公楼技术经济明细指标

续表

<table>
<tr><td>项目名称</td><td colspan="3">办　公　楼</td><td rowspan="6">每m²主要材料及其他指标</td><td colspan="2">水　泥</td><td>kg/m²</td><td>292</td></tr>
<tr><td>檐高/m</td><td>46.9</td><td>建筑占地面积/m²</td><td>2455</td><td colspan="2">钢　材</td><td>kg/m²</td><td>79</td></tr>
<tr><td>层数/层</td><td>12</td><td>总建筑面积/m²</td><td>14800</td><td colspan="2">钢　模</td><td>kg/m²</td><td>5.20</td></tr>
<tr><td>层高/m</td><td>3.6</td><td>其中:地上面积/m²</td><td>14800</td><td colspan="2">原　木</td><td>m³/m²</td><td>0.029</td></tr>
<tr><td>开间/m</td><td>7</td><td>地下面积/m²</td><td></td><td rowspan="3">混凝土折厚</td><td>地　上</td><td>cm/m²</td><td>30</td></tr>
<tr><td>进深/m</td><td>6</td><td>总造价/万元</td><td>1595</td><td>地　下</td><td>cm/m²</td><td>9</td></tr>
<tr><td>间</td><td>132</td><td>单位造价/(元·m⁻²)</td><td>1078</td><td></td><td>桩　基</td><td>cm/m²</td><td>102</td></tr>
<tr><td>工程特征</td><td colspan="8">框架结构,独立柱基,桩基(0.4m×0.4m×17m×262根,0.45m×0.45m×30m×294根),古铜色铝合金茶色玻璃门窗,外墙石屑砂浆面层,局部泰山面砖,内墙乳胶漆,彩色水磨石地面</td></tr>
<tr><td>设备选型</td><td colspan="8">2件卫生洁具,局部窗式空调器,400门自动电话交换机1套,3台1t全自动电梯</td></tr>
</table>

项目名称	总值/元	占分部造价/%	占总造价/%	技术经济指标				
				单位	数量	单价1	单价2	单价3
土　建	6290330	100	70.2	m²	14800	425	823	1440
地上部分	5145700	81.8		m²	14800	348	674	1180
地下部分								
打　桩	1144640	18.2		m²	14800	78	144	252
设　备	2469710	100	27.6	m²	14800	167	242	424
给排水	209510	8.5		m²	14800	14	20	35
照明、防雷	284880	11.5		m²	14800	19	28	49
电　力	38790	1.6		kW	273	142	206	361
空　调	190160	7.7		m²	14800	13	19	33
弱　电	1359360	55.0		m²	14800	91	132	231
动　力	9940	0.4		m²	14800	0.63	0.91	2
冷冻设备	53780	2.2		kcal	184000	0.29	0.42	0.74
电　梯	323210	13.1		台	3	107360	155672	272426
其他费用	194750		2.2	m²	14800	13	13	23
合　计	8954790		100	m²	14800	605	1078	1887

注：1cal＝4.1855J。

四、某3层框架工业厂房的技术经济明细指标　　续表

项目名称	多层厂房			每 m^2 主要材料及其他指标	水泥		kg/m^2	282
檐高/m	10.8	建筑占地面积/m^2	466		钢材		kg/m^2	44
层数/层	3	总建筑面积/m^2	1042		钢模		kg/m^2	2.90
层高/m	3.3	其中:地上面积/m^2	1042		原木		m^3/m^2	0.020
开间/m	3.5	地下面积/m^2			混凝土折厚	地上	cm/m^2	19
进深/m	11.6	总造价/万元	64.4			地下	cm/m^2	13
间		单位造价/(元·m^{-2})	618			桩基	cm/m^2	
工程特征	框架结构,钢筋混凝土有梁带形基础,铝合金弹簧门,木门、钢窗,外墙玻璃马赛克,内墙803涂料,水磨石地面							
设备选型	50门共电式交换机1套,3台立式冷风机,1台窗式空调器							

项目名称	总值/元	占分部造价/%	占总造价/%	单位	数量	技术经济指标/(元·m^{-2})		
						单价1	单价2	单价3
土　建	239510	100	69.5	m^2	1042	230	474	730
地上部分	239510			m^2	1042	230	474	730
地下部分								
打　桩								
设　备	100 390	100	29.1	m^2	1042	96	139	214
给排水	3750	3.7		m^2	1042	4	6	9
照　明	42540	42.4		m^2	1042	41	59	91
电　力	1550	1.6		kW	19	82	119	183
空　调	31360	31.2		m^2	1042	30	44	68
弱　电	21190	21.1		m^2	1042	20	29	45
其他费用	4920		1.4	m^2	1042	5	5	8
合　计	344820		100	m^2	1042	331	618	952

五、旅馆建筑技术经济指标汇总表

续表

层楼及结构形式			10层框架结构	13层框剪结构	4层混合结构
总建筑面积		m^2	10 748	15607	5090
总投资		万元	1768	1385	1026
客房间数		间	120	228	83
每间总面积		m^2/间	89.6	68.5	61.3
檐　高		m	36.45	44.6	14.85
层　数		层	9	13	4
构造特征 建筑装修 设备选型			框架结构,杯形基础,桩基,古铜色铝合金门窗,外墙贴花岗石,泰山面砖及马赛克,客房走道铺地毯,进厅磨光花岗石地面,大理石墙面,3件卫生洁具,全空调,电梯3台,8t锅炉,100万千卡冷冻设备	框架结构,局部剪力墙,箱基,桩基,铝合金门窗,外墙玻璃马赛克,客房彩色水磨石地面,进厅人造大理石地面、墙面,3件卫生洁具,电梯2台,6t锅炉,客房预留风管,局部空调,10万千卡冷冻设备	混合结构,有梁满堂基础,古铜色铝合金门窗,外墙刷丙烯涂料,进厅和多功能大厅大理石地面、墙面,3件卫生洁具,全空调,电梯4台,6t锅炉,80万千卡冷冻设备
每平方米建筑面积总投资	含甲方费	元	1645	888	2015
	不含甲方费	元	1528	872	1922
每间总投资		万元	14.74	6.08	12.36
建设工程和甲方费用比			13.03:1(扩建)	—	20.74:1(扩建)
土建和设备投资比			0.84:1	2.33:1	0.49:1
土建和装修投资比			0.94:1	2.15:1	0.99:1
主要材料指标	水　泥	kg/m^2	358	324	244
	钢　材	kg/m^2	67	92	40
	钢　模	kg/m^2	3.3	5.8	2.4
	原　木	m^3/m^2	0.02	0.025	0.04
	混凝土折厚	cm/m^2	39(杯形基础)	57	36
概算编制日期			1987.3.17	1987.6.29	1986.11.10

注：1千卡＝4.1868×10^3J。

某省住宅建筑工程综合形式概算指标参考示例　　**表 3-15**

编号	工程名称	结构特征	适用范围 (m^2)	每 m^2 造价 (%)	其中 (%)			方案指数 (%)	主要材料消耗量/100m^2				
					土建	水暖	电照		水泥 (t)	钢材 (t)	木材 (m^3)	红砖 (1000块)	玻璃 (m^2)
住—1	二层住宅	混合	600	100	83.52	10.34	6.15	100.00	14.19	1.24	3.13	28.38	26
住—2	三层住宅	混合	1080	100	84.22	9.89	5.88	104.47	14.30	1.84	3.30	30.40	29
住—3	四层住宅	混合	2540	100	84.55	10.73	4.71	106.70	15.75	1.28	4.32	31.80	32
住—4	五层住宅	混合	2000	100	84.80	9.07	6.13	113.97	14.50	1.48	3.93	30.10	40
住—5	六层住宅	混合	3200	100	82.32	11.62	6.05	115.36	16.35	2.28	3.75	29.28	39
住—6	七层住宅	混合	2600	100	83.42	10.40	6.19	112.85	16.15	1.75	3.71	28.71	36
住—7	七层住宅	轻板框架	3400	100	87.19	8.70	4.12	122.07	16.60	3.01	4.63	5.58	30
住—8	七层住宅	轻板框架	7000	100	85.81	9.77	4.42	120.11	17.83	3.03	2.61	9.64	29
住—9	七层住宅	轻板框架	3700	100	88.33	7.78	3.89	122.07	14.60	2.45	3.81	8.17	29
住—10	六层住宅	内浇外砌	4200	100	86.17	8.24	5.59	105.03	18.10	3.38	4.10	15.10	29

注：造价比较指数是以编号 1 为基准。

某省工业建筑工程综合形式概算指标参考示例　　**表 3-16**

编号	工程名称	结构特征	适用范围 (m^2)	每 m^2 造价 (%)	其中 (%)			方案指数 (%)	主要材料消耗量/100m^2				
					土建	水暖	电照		水泥 (t)	钢材 (t)	木材 (m^3)	红砖 (1000块)	玻璃 (m^2)
工—1	机加车间	砖木	500	100	89.02	7.13	3.85	100.00	13.38	1.25	11.43	30.90	57.20
工—2	机加车间	砖木	780	100	88.55	7.51	3.94	107.71	13.55	1.50	6.70	39.63	55.00
工—3	机加车间	砖木	710	100	95.58		4.42	56.65	9.54	1.92	5.05	12.48	29.50
工—4	机加车间	混合	1000	100	89.74	6.32	2.93	112.72	36.83	3.18	4.26	38.60	45.00
工—5	机加车间	混合	2000	100	89.60	7.04	3.35	115.03	38.14	3.33	4.50	44.80	56.00
工—6	机修车间	砖木	1000	100	88.53	7.58	3.90	89.02	11.10	0.32	9.44	24.30	41.00
工—7	机修车间	混合	1400	100	89.60	7.03	3.36	126.01	39.60	5.06	4.90	40.70	53.00
工—8	机修车间	框架	1000	100	89.04	6.92	4.04	100.19	25.20	3.73	2.85	36.77	46.00
工—9	修配车间	砖木	350	100	87.37	8.35	4.28	89.98	13.02	0.51	11.10	30.80	47.00
工—10	修配车间	砖木	1000	100	89.02	7.32	3.66	110.60	14.14	1.54	10.10	45.40	59.00

注：工—8 为局部二层。

续表

编号	工程名称	结构特征	适用范围(m^2)	每 m^2 造价(%)	其中(%)			方案指数(%)	主要材料消耗量/100m^2				
					土建	水暖	电照		水泥(t)	钢材(t)	木材(m^3)	红砖(1000块)	玻璃(m^2)
工—11	铸造车间	钢混	2500	100	89.00	6.77	4.23	113.87	15.17	4.85	8.71	44.06	47
工—12	锻工车间	混合	1000	100	88.10	7.62	4.29	161.85	45.8	5.10	7.19	68.45	58
工—13	装配车间	混合	750	100	88.14	7.81	4.05	128.32	39.24	2.95	5.49	38.45	55
工—14	铆焊车间	混合	750	100	87.79	7.64	4.37	141.32	19.80	5.18	3.06	8.60 (27.90)	42
工—15	木工车间	砖木	550	100	88.22	7.78	3.99	96.53	11.66	0.71	9.82	31.8	49
工—16	工具车间	混合	600	100	87.45	7.87	4.68	102.89	22.61	3.21	4.09	35.4	46
工—17	化工车间	混合	1000	100	82.37	10.41	6.33	94.41	18.60	1.80	3.50	39.7	34
工—18	构件厂房	框架	1000	100	82.79	7.95	9.26	147.78	33.37	5.22	6.74	28.67	13
工—19	印染厂房	框架	750	100	81.65	8.82	9.52	137.57	24.50	6.31	3.30	33.40	91
工—20	喷漆车间	砖混	400	100	85.82	8.88	5.29	101.92	20.64	6.10	4.43	30.20	55

注：化工车间为二层,其余为一层;红砖栏括号中数字为加气块。

某省办公楼建筑工程综合形式概算指标参考示例　　　表 3-17

编号	工程名称	结构特征	适用范围(m^2)	每 m^2 造价(%)	其中(%)			方案指数(%)	主要材料消耗量/100m^2				
					土建	水暖	电照		水泥(t)	钢材(t)	木材(m^3)	红砖(1000块)	玻璃(m^2)
办—1	一层办公房	混合	300	100	95.84		4.16	100.00	9.09	0.75	8.01	28.28	28.00
办—2	一层办公房	混合	150	100	94.43		5.57	87.37	11.87	0.92	2.04	28.19	36.00
办—3	二层办公楼	混合	750	100	86.75	8.33	5.09	105.62	18.68	1.23	3.10	33.50	33.00
办—4	二层办公楼	混合	500	100	88.34	7.62	4.04	109.05	24.20	2.32	3.68	28.89	30.00
办—5	三层办公楼	混合	800	100	86.58	9.09	4.33	112.96	11.53	2.30	5.10	32.40	30.00
办—6	三层办公楼	混合	1200	100	88.24	7.92	3.85	108.07	19.00	1.43	4.60	33.00	33.00
办—7	三层办公楼	混合	2000	100	84.62	9.86	5.53	101.71	13.30	1.20	6.42	34.00	39.00
办—8	五层办公楼	混合	1300	100	87.16	9.01	3.83	108.56	18.19	1.80	3.20	32.45	31.00
办—9	五层办公楼	混合	2800	100	87.21	7.08	5.71	107.09	15.02	1.80	3.50	34.70	32.00
办—10	五层办公楼	混合	1500	100	86.00	7.71	6.27	101.47	18.98	1.53	3.40	33.20	32.00

某省教学楼建筑工程综合形式概算指标参考示例 **表 3-18**

编号	工程名称	结构特征	适用范围(m^2)	每 m^2 造价(%)	其中(%)			方案指数(%)	主要材料消耗量/100m^2				
					土建	水暖	电照		水泥(t)	钢材(t)	木材(m^3)	红砖(1000 块)	玻璃(m^2)
教—1	二层教学楼	混合	1500	100	86.10	7.52	6.38	100.00	18.10	1.84	4.60	30.90	46.00
教—2	二层培训楼	混合	1400	100	86.85	7.94	5.21	91.80	17.14	1.81	3.84	24.08	39.34
教—3	三层小学校	混合	3200	100	84.90	9.61	5.49	99.54	16.70	1.96	3.41	28.83	30.00
教—4	三层中学校	混合	3300	100	85.05	9.58	5.37	97.49	16.00	2.27	3.58	28.18	30.00
教—5	三层教学楼	混合	3500	100	86.54	8.13	5.42	92.42	16.70	1.82	2.90	28.00	50.00
教—6	三层教学楼	混合	2500	100	82.03	8.33	5.64	92.93	14.50	2.10	5.40	26.40	45.00
教—7	四层中学校	混合	3800	100	86.28	8.60	5.12	97.95	18.00	1.73	3.50	27.00	41.00
教—8	五层中学校	混合	4300	100	86.73	7.82	5.45	96.13	19.80	2.31	2.21	27.80	41.00
教—9	五层中学校	框架	4200	100	86.81	8.13	5.05	103.64	20.24	3.64	2.82	26.00	47.00
教—10	六层教务楼	混合	4200	100	87.14	7.54	5.32	102.73	19.60	2.78	6.06	27.00	40.00

某省高层建筑工程综合形式概算指标参考示例 **表 3-19**

编号	工程名称	结构特征	适用范围(m^2)	每 m^2 造价(%)	其中(%)			方案指数(%)	主要材料消耗量/100m^2						
					土建	水暖	电照		水泥(t)	钢材(t)	木材(m^3)	红砖(千块)	加气块(m^3)	复合板(m^2)	玻璃(m^2)
高—1	11/1 层综合楼	框架	12000	100	84.30	9.15	6.55	100.00	39.73	4.91	4.38	13.77	23.42		31
高—2	12/1 层学院	框架	13000	100	81.62	9.95	8.43	90.40	31.82	5.15	3.12	12.06	12.86		29
高—3	12/2 层学院	框架	15000	100	76,80	10.62	10.12	87.50	37.31	5.96	3.94	15.06	10.54		35
高—4	14/2 层学院	框架	13000	100	85.28	7.87	6.85	104.57	40.25	5.58	4.50	29.58	7.95		52
高—5	15 层学院	框架	13500	100	82.45	9.40	8.15	97.26	31.73	5.06	3.66	14.10	24.80		31
高—6	15/1 层住宅	框架	9000	100	84.80	10.47	4.72	74.24	21.69	3.48	3.77	16.20	6.23	墙板 3m^3	30
高—7	18/1 层医院	钢混	9000	100	79.84	12.97	7.19	76.37	29.67	3.46	4.56	5.58			28
高—8	18/1 层住宅	混合	11000	100	82.41	13.00	4.59	79.73	21.16	3.47	5.96			64.85	31
高—9	18/2 层住宅	钢混	10000	100	85.10	9.50	5.40	70.58	23.72	5.17	3.13	5.50	13.60	51.20	29
高—10	20/1 层宾馆	框架	11000	100	79.05	10.32	10.63	96.04	36.40	4.99	4.64	13.32	22.56		28

注：层数的分子为地上层数；分母为地下层数。

某省汽车库建筑工程综合形式概算指标参考示例　　表 3-20

编号	工程名称	结构特征	适用范围(m^2)	每 m^2 造价(%)	其中(%)			方案指数(%)	主要材料消耗量/100m^2				
					土建	水暖	电照		水泥(t)	钢材(t)	木材(m^3)	红砖(1000 块)	玻璃(m^2)
汽—1	4 台车库	砖木	200	100	88.02	8.35	3.63	100.00	16.40	1.52	10.12	23.21	28
汽—2	5 台车库	砖木	250	100	90.65	7.52	3.86	89.29	16.22	1.05	10.40	23.59	29
汽—3	6 台车库	砖木	350	100	88.36	7.82	3.82	95.10	16.06	1.13	10.84	23.74	30
汽—4	6 台车库	砖木	350	100	88.63	7.51	3.86	84.59	14.60	0.78	8.46	23.54	29
汽—5	8 台车库	砖木	400	100	88.42	7.90	3.68	98.73	16.19	2.18	10.72	23.63	30
汽—6	10 台车库	砖木	450	100	88.70	7.46	3.84	85.12	14.60	0.78	10.36	22.20	30
汽—7	12 台车库	混合	500	100	87.73	8.10	4.17	78.40	14.69	1.42	3.57	20.12	25
汽—8	12 台车库	砖木	530	100	88.17	8.42	3.40	101.27	15.92	1.31	11.73	23.50	28
汽—9	48 台车库	混合	2220	100	89.08	7.44	3.47	73.14	16.94	3.65	2.29	24.56	19

某省构筑物工程综合形式概算指标参考示例　　表 3-21

编号	工程名称	结构特征	适用范围(m^2)	每 m^2 造价(%)	其中(%)			方案指数(%)	主要材料消耗量/座				
					土建	水暖	电照		水泥(t)	钢材(t)	木材(m^3)	红砖(1000 块)	玻璃(m^2)
构—1	24m 水塔	砖	100t	100	81.73	12.67	5.60	100.00	46.48	7.78	11.74	139.43	9.92
构—2	25m 水塔	钢混	200t	100	86.49	8.26	5.24	121.55	75.80	17.31	34.92	44.84	14.55
构—3	水池	钢混	50m^3	100	94.52	5.48		100.00	4.18	1.41	2.26		
构—4	水池	钢混	100m^3	100	95.10	4.90		148.75	6.86	1.99	3.38		
构—5	水池	钢混	150m^3	100m^2	96.78	3.22		231.26	12.55	3.44	6.17		
构—6	水池	钢混	200m^3	100	96.77	3.23		275.93	15.39	4.16	7.57		
构—7	水池	钢混	300m^3	100	97.69	2.31		402.94	22.65	5.99	11.14		
构—8	水池	钢混	400m^3	100	98.13	1.87		497.02	28.04	7.35	13.79		
构—9	水池	钢混	500m^3	100	98.39	1.61		641.89	35.82	9.30	17.61		

注：水塔与水池的指数分别比较。

四、单位工程设计概算编制方法

单位工程设计概算是初步设计文件的重要组成部分。设计单位在进行初步设计时，必须同时编制出建筑工程设计概算。

单位工程设计概算，是在初步设计阶段，利用国家颁发的概算指标、概算定额或综合预算定额等，按照设计要求，概略地计算建筑物或构筑物的造价，以及确定工人、材料和机械等需用量。

一般情况下，施工图预算造价不允许超过设计概算造价，以使设计概算能起到控制施工图预算的作用。建筑单位工程设计概算的编制，既要保证它的及时性，又要保证它的正确性。

建筑单位工程设计概算，一般有下列三种编制方法：一是根据概算指标进行编制；二是根据概算定额进行编制;三是根据预算定额进行编制。

(一) 利用概算指标编制设计概算

1. 编制特点

概算指标一般是以建筑面积为单位,以整幢建筑物为依据而编制的指标。它的数据均来自各种已建的建筑物预算或竣工结算资料,即该幢建筑物耗用的各种人工、材料等的总数除以该建筑面积而得出。

由于概算指标通常是按每幢建筑物每 $100m^2$ 建筑面积表示的价值或工料消耗量,因此,它比概算定额更为扩大、综合,所以按此编制的设计概算比按概算定额编制的设计概算更加简化,精确度显然也要比用概算定额编制的设计概算低一些,是一种对工程造价估算的方法。但由于编制速度快,能解决时间紧迫的要求,该法仍有一定的实用价值。

2. 编制方法

在初步设计阶段编制设计概算,如已有初步设计图纸,则可根据初步设计图纸、设计说明和概算指标,按设计的要求、条件和建筑物特征(如结构类型、基础、内外墙、楼板、屋架;建筑外形、层数、层高、檐高、屋面、地面、门窗、建筑装饰等),查阅概算指标中的相同类型的建筑物的简要说明和结构特征,来编制设计概算;如无初步设计图纸无法计算工程量或在可行性研究阶段只具有轮廓方案,也可用概算指标来编制设计概算。

(1) 直接套用概算定指标编制概算

如果拟编工程项目在设计上与概算指标中的某建筑物相符,则可直接套用指标进行编制。以指标中所规定的土建工程每百平方米或每平方米的造价或人工、主要材料消耗量,乘以设计工程项目的概算建筑面积,即可得出该设计工程的全部概算价值(即直接费)和主要材料消耗量。具体步骤及计算公式如下:

1) 根据概算指标中的人工工日数及工资标准计算人工费:

$$\text{每平方米建筑面积人工费} = \text{指标人工工日数} \times \text{地区日工资标准} \tag{3-31}$$

2) 根据概算指标中的主要材料数量及材料预算价格计算材料费:

$$\text{每平方米建筑面积主要材料费} = \Sigma(\text{主要材料数量} \times \text{地区材料预算价格}) \tag{3-32}$$

3) 按求得的主要材料费及其他材料费占主要材料费中的百分比,求出其他材料费:

$$\text{每平方米建筑面积其他材料费} = \text{每平方米建筑面积主要材料费} \times \left(\frac{\text{其他材料费}}{\text{主要材料费}}\right) \tag{3-33}$$

4) 按求得的人工费、材料费、机械费,求出直接费:

$$\text{每平方米建筑面积直接费} = \text{人工费} + \text{主要材料费} + \text{其他材料费} + \text{机械费} \tag{3-34}$$

施工机械使用费在概算指标中一般是用“元”表示的,故不需计算,可直接按概算指标确定。

5) 按求得的直接费及地区规定取费标准,求出间接费、税金等其他费用及材料价差。

6) 将直接费和其他费用相加,得出概算单价:

$$\text{每平方米建筑面积概算单价} = \text{直接费} + \text{间接费} + \text{材料价差} + \text{税金} \tag{3-35}$$

7) 用概算单价和建筑面积相乘,得出概算价值:

$$\text{设计工程概算价值} = \text{设计工程建筑面积} \times \text{每平方米建筑面积概算单价} \tag{3-36}$$

8) 最后计算主要材料和人工用量:

$$\text{设计所需主要材料、人工用量} = \text{设计工程建筑面积} \times \text{每平方米建筑面积主要材料、人工耗用量} \tag{3-37}$$

(2) 换算概算指标编制概算

由于随着建筑技术的发展，新结构、新技术、新材料的应用，设计做法也在不断地发展。因此，在套用概算指标时，设计的内容不可能完全符合概算指标中所规定的结构特征。此时，就不能简单地按照类似的或最相近的概算指标套算，而必须根据差别的具体情况，对其中某一项或某几项不符合设计要求的内容，分别加以修正和换算。经换算后的概算指标，方可使用。换算方法如下：

$$\text{单位建筑面积造价换算概算指标}=\text{原概算指标单价}-\text{换出结构构件单价}+\text{换入结构构件单价} \tag{3-38}$$

$$\text{换出(或换入)结构构件单价}=\text{换出(或换入)结构构件工程量}\times\text{相应的概算定额单价} \tag{3-39}$$

设计内容与概算指标规定不符时，需要换算概算指标，其目的是为了保证概算价值的正确性。具体编制步骤如下：

1) 根据概算指标求出每平方米建筑面积的直接费；

2) 根据求得的直接费，算出与设计对象不符的结构构件的价值；

3) 将换入结构构件工程量与相应概算定额单价相乘，得出设计对象所要的结构构件价值；

4) 将每平方米建筑面积直接费，减去与设计对象不符的结构构件价值，加上设计对象所要的结构构件价值，即为修正后的每平方米建筑面积的直接费；

5) 求得修正后的每平方米建筑面积的直接费后，就可按照"直接套用概算指标法"，编制出单位工程概算。

(二) 利用概算定额编制设计概算

1. 编制依据

(1) 初步设计或扩大初步设计的图纸资料和说明书；

(2) 概算定额；

(3) 概算费用指标；

(4) 施工条件和施工方法。

2. 编制方法

利用概算定额编制建筑单位工程设计概算的方法，与利用预算定额编制建筑单位工程施工图预算的方法基本上相同，概算书所用表式与预算书表式亦基本相同。不同之处在于设计概算项目划分较施工图预算粗略，是把施工图预算中的若干个项目合并为一项，并且采用的是概算工程量计算规则。

利用概算定额编制概算，其编制对象必须是设计图纸中对建筑、结构、构造均有明确的规定，图纸内容比较齐全、完善，能够计算工程量。该法编制精度高，是编制设计概算的常用方法。

利用概算定额编制设计概算的具体步骤如下：

(1) 熟悉设计图纸，了解设计意图、施工条件和施工方法

由于初步设计图纸比较粗略，一些结构构造尚未能详尽表示出来，如果不熟悉结构方案和设计意图，就难以正确地计算出工程量，因而也就不能准确地计算出土建工程的造价；同样，如果不了解地质情况、土壤类别、挖土方法、余土外运等施工条件和施工方法，也会影响编制设计概算的准确性。

(2) 列出建筑工程设计图中各分部分项的工程项目，并计算其工程量

在熟悉设计图纸和了解施工条件的基础上，按照概算定额分部分项工程的划分，列出各分项工程项目。工程量计算应按概算定额中规定的工程量计算规则进行，并将各分项工程量按概算定额编号顺序，填入工程概算表内。

由于设计概算项目内容比施工图预算项目内容扩大，在计算工程量时，必须熟悉概算定额中每个项目所包括的工程内容，避免重算和漏算。

(3) 确定各分部分项工程项目的概算定额单价(基价)和工料消耗指标

工程量计算完毕并经复核整理后，即按照概算定额中分部分项工程项目的顺序，查概算定额的相应项目，将项目名称、定额编号、工程量及其计量单位、定额基准价和人工、材料消耗量指标，分别填入工程概算表和工料分析表中的相应"栏"内。

当设计图中的分项工程项目名称、内容与采用的概算定额中相应的项目完全一致时，即可直接套用定额进行计算；如遇有某些不相符时，则按规定对定额进行换算后才可以套用定额进行计算。

(4) 计算各分部分项工程的直接费和总直接费

将已算出的各分部分项工程的工程量及已查出的相应定额基准价相乘，即可得出各分项工程的直接费；汇总各分项工程的直接费，即可得到该单位工程的总直接费。

直接费计算结果，均可取整数，小数点后四舍五入。如果规定有地区的人工、材料价差调整指标，计算直接费时，还应按规定的调整系数进行调整计算。

(5) 计算间接费和税金等费用

根据总直接费、各项施工取费标准，分别计算间接费和税金等费用。

(6) 计算预备费

预备费是指设计中无法预先估计而在施工中可能出现的费用。如不扩大工程范围、不改变结构方案的设计变更所增加的费用，其计算方法是在直接费、间接费、税金等的总和基础上，乘以一个合理的费率(如5%)。

(7) 计算单位工程概算总造价

将上面算得的直接费、间接费、税金、预备费等，相加起来，即得到单位工程概算总造价。

(8) 计算每平方米建筑面积造价

将建筑面积除概算总造价，即求出每平方米建筑面积的概算造价。

(9) 进行概算工料分析

工料分析指对主要工种人工和主要建筑材料进行分析，计算出人工、材料的总耗用量。

(10) 编写概算编制说明

3. 编制程序

按照表3-22所列程序编制概算。

建筑工程概算编制程序 **表3-22**

顺序	项目	计算方法	备注
1	计算直接费	按概算定额计算	计算各分项工程的工程量，分别乘以相应定额，累计所得
2	计算综合间接费	(1)×各工程类别综合间接费率	按建安费用定额计算
3	利润	(1)×建安费用定额规定费率	

续表

顺　序	项　　目	计 算 方 法	备　　注
4	劳动保险费	(1)×劳动保险费率	按核定费率计算
5	材料价差	概算编制期的价差	按各地区价差系数计算
6	税　　金	[(1)+(2)+(3)+(4)+(5)]×税金率	按规定税金率计算
	小　　计	(1)+(2)+(3)+(4)+(5)+(6)	
7	预 备 费	建设期价差和可能发生的其他有关费用	根据工期长短、工程特点按"小计"的5%～10%计算
	合　　计	(1)+(2)+(3)+(4)+(5)+(6)+(7)	

(三) 利用预算定额编制概算

1. 编制依据

(1) 初步设计或扩大初步设计的图纸资料及说明书；

(2) 建筑工程综合预算定额；

(3) 地区单位估价表及地区材料价格；

(4) 有关费用指标。

2. 编制方法

(1) 熟悉图纸和预算定额

(2) 列出主要分项工程项目

根据初步设计图纸和预算定额，按设计内容和要求，依照预算定额中分部分项工程划分，列出主要分项工程项目。次要的零星项目，可以不分列而合并归列于"其他零星工程"项目内，例如小型抹灰、局部装修、零星砌砖等即可如此处理。

(3) 计算主要分项工程的工程量

主要分项工程量，按预算定额的工程量计算规则进行。

(4) 计算主要分项工程的直接费和总直接费

按所列的主要分项工程项目，查综合预算定额或单位估价表中的相应项目，套单价，计算出分项工程的直接费，汇总相加，即得到主要分项工程总直接费。

(5) 计算材料价差

计算方法与施工图预算中计算材料价差方法相同。

(6) 计算其他零星工程的直接费

将已算出的"主要分项工程总直接费"乘以一个适当的系数，即得到"其他零星工程直接费"。零星工程系数的取值大小，应根据零星工程包括的范围测算确定，一般为5%～10%不等。

(7) 计算概算幅度差

根据预算定额编制概算，应预留一定的幅度差，以使按照预算定额编制的设计概算，能起控制施工图预算的作用。幅度差的标准，应根据国家有关规定和各地区的具体情况确定，一般控制在5%以内。

(8) 计算单位工程直接费

汇总以上算出的主要分项工程总直接费、材料价差、其他零星工程直接费及概算幅度差，即得到该单位工程总直接费。

(9) 计算间接费和税金等费用

计算方法同利用概算定额编制设计概算的方法。

(10) 计算单位工程总造价及技术经济指标

计算方法同利用概算定额编制设计概算的方法。

五、监理工程师对设计概算的审查

审查人先要熟悉各地区和各部门编制概算的有关规定,了解其项目划分及其取费规定,掌握其编制依据、编制程序和编制方法。其次,要从分析技术经济指标入手,选好审查重点,依次进行。

(一) 审查概算编制的依据

1. 审查编制依据的合法性。

采用的各种编制依据必须经过国家或授权机关的批准,符合国家的编制规定,未经批准的不能采用。也不能强调情况特殊,擅自提高概算定额、指标或费用标准。

2. 审查编制依据的时效性。

各种依据,如概算定额、概算指标、价格、取费标准等,都应根据国家有关部门的现行规定进行,注意有无调整和新的规定。有的虽然颁发时间较长,不能全部适用,应按有关部门作的调整系数执行。

3. 审查编制依据的适用范围。

各种编制依据都有规定的适用范围,如各主管部门规定的各种概算定额及其取费标准,只适用于该部门的专业工程;各地区规定的各种定额及其取费标准,只适用于该地区的范围以内。特别是地区的材料预算价格区域性更强。

4. 审查概算编制采用的《概算指标》的特征。

是否与初步设计相符,其材料、设备的价格和各项取费标准是否遵守国家或地区的规定。

(二) 审查概算的方式和步骤

1. 审查方式

审查设计概算一般采用会审方式。可以先由会审单位分头审查,然后集中共同研究定案;也可以组织有关部门,组成专门审查班子,按照审查人员的业务专长,划分若干小组,将概算费用进行分解,分头审查,最后集中起来讨论定案。

2. 审查步骤

(1) 掌握有关情况

要熟悉设计概算的组成内容;弄清编制的依据和编制的方法;弄清建设项目的规模、设计能力和工艺流程;弄清设计图纸和说明书的主要内容;弄清概算所列的工程项目费用的构成;弄清概算各表和设计文字说明相互之间的关系,同时还要收集概算定额或指标等有关规定文件资料。弄清这些情况,为审查工作做好必要的准备。

(2) 进行分析对比

利用规定的概算定额或指标以及有关技术经济指标与设计概算进行分析对比,根据设计和概算列明的工程性质、结构类型、建设条件、费用构成、投资比例、占地面积、生产规模、建筑面积、设备数量、造价指标、劳动定员等与国内外同类型工程进行对比分析,从大的方面找出和同类型工程的距离,为审查提供线索。

(3) 处理概算中的问题

在审查概算中对遇到的一些新问题、新情况，要在技术经济指标分析找出差距的基础上，深入现场进行调查研究，弄清工程建设的内外条件，了解设计是否经济合理，概算采用的定额、指标、价格、费用标准是否符合现行规定和施工现场实际，了解有无扩大规模、多估投资或预留缺口等情况。根据调查资料按照国家规定的核实概算投资。对于当地没有同类型的企业而不能进行对比分析时，可向国内同类型企业进行调查，搜集资料，作为审查的参考。

(4) 研究、定案、调整概算

对概算审查过程中发现的问题，应一部分一部分地整理清楚，向上级主管部门报告，以便研究、定案。经过会审决定的定案问题应及时调整概算，并经原批准单位下达文件。

(三) 审查概算内容

1. 审查设计文件所包括的设计内容是否完整

审查设计项目有无遗漏或多列，工程项目是否按照设计要求确定；审查总图布置是否紧凑合理，是否符合生产或生活需要；审查总图占地面积是否与规划指标相符，在规划局批准的建筑红线范围内。

2. 审查工程量

当按概算定额编制概算时，根据初步设计图纸及所采用的概算定额中的工程量计算规则来审查工程量。先审查概算编制方法、工程量计算表和采用定额单价是否正确，工程项目有否漏项或余项。审查工程量是一项十分细致而重要的工作，因为设计概算中的工程量是各分部分项的总数，故审查人无疑要对整个工程量重新计算一遍，从中发现问题。

3. 审查材料价格

着重对材料原价和运输费用进行审查。在审查材料运输费同时，要审查节约材料运输费用的措施，以努力降低材料费用。为了有效地做好材料概算价格的审查工作，首先要根据设计文件确定材料耗用量，以耗用量大的主要材料作为审查的重点。

4. 审查其他各项费用

如土地征购费、障碍物清除费、青苗赔偿费、施工机械搬迁费、大型机械进退场费等的计算是否符合国家、地区的有关规定及遵照实际，若不属建设项目范围的费用不得列入，凡无规定者要根据情况核实后，方可列入。

5. 审查概算文件的组成

概算文件反映的设计内容必须完整，概算所反映的建设规模、建筑结构、建筑面积、建筑标准、总投资是否符合计划任务书和设计文件的要求；非生产性建设项目是否符合规定的面积和定额，是否采用最经济的结构和适用材料，不要超前选用进口、高级、豪华的装饰、家具等；概算投资是否完整地包括建设项目从筹建到竣工投产的全部费用等。

6. 设备及安装工程概算的审查

审查设备及安装工程概算时，应把注意力集中在设备清单和安装费用的计算方面。对标准设备原价的审查，对非标设备原价的审查，对进口设备费用及设备运杂费的审查。

对设备安装工程概算的审查，包括编制方法、编制依据等。当采用预算单价或扩大综合单价计算安装费时，要审查采用的各种单位是否合适，计算的安装工程量是否符合规则要求，是否准确无误；当采用概算指标计算安装费时，要审查采用的概算指标是否合理，计算结果是否达到精度要求。另外，还要审查计算安装费的设备数量及种类是否符合设计要求，避免一些不需要安装的设备也计算了安装费。

7. 对价值大的工程全面审查

某些概算价值较大，工程量数值大而计算又复杂，或单价需换算的分部分项工程项目，应进行全面的审查。

8. 审查概算单位造价和技术经济指标

审查概算中的单价或概算指标基价，将其与已建工程类似预算的单价，或国家颁发的控制指标进行比较，检查是否符合。同时，审查概算技术经济指标有无错误，是否合理或超过国家控制数字。通常可按同类工程的技术经济指标作对比，查找分析高低的原因。

9. 对定额单价和取费标准进行逐项审查

应根据工程项目的投资规模、工程类型性质、结构复杂程度对各分部分项工程的单价和取费标准，进行逐项地审查，审查其定额单价和取费标准的选用是否恰当。

10. 审查内容的归类

综合以上审查概算的内容，可以归纳为以下四部分审查具体项目：

(1) 审查各项技术经济指标是否经济合理。技术经济指标包括综合指标和单项指标，是概算价值的综合反映，可按同类工程的经济指标对比，分析投资高低的原因。

(2) 审查建筑工程费。生产性建设项目的建筑面积和造价指标，要根据设计要求和同类工程计算确定。做到主要生产项目和辅助生产项目相适应，建筑面积和工艺设备安装相吻合。对非生产性项目，要按照国家和所在地区的主管部门规定的建筑标准，审查建筑面积标准和造价指标。

(3) 审查设备及安装工程费。审查设备数量是否符合设计要求，详细核对设备清单，防止采购计划外设备和设备的规格、数量、种类不对口；审查设备价格的计算是否符合规定，标准设备的价格与国家规定的价格是否相符，非标准设备的价格计算的依据是否合理；安装工程费要与需要安装的设备相符合。需要安装的设备不能只列设备费而不列安装费，或只列安装费而不列设备费，但也不允许不需要安装的设备列入安装费。安装工程费必须按国家规定的安装工程概算定额或概算指标计算。

(4) 审查各项其他费用。这一部分费用包括的内容较多，要按照国家和地区的规定，逐项详细审查，不属于基建范围内的费用不能列入概算，没有具体规定的费用要根据实际情况核实后再列入。

审查概算也是降低造价的一个重要途径，如陕京输气管道工程中的地下储气库站的钻井工程概算审查中，取消了重复计算和高估冒算，核减某投资 1.9 亿项目的 33.16%，即 6300 万元，亦足可见概算审查的必要性！

第四章　项目招标阶段造价控制和合同价确定

第一节　项目招标阶段造价控制总述

一、项目招标阶段对造价的影响

项目招投标制是我国建筑业和固定资产投资管理体制改革的主要内容之一，也是我国建筑市场走向规范化、完善化的重要举措之一。发包从计划分配转变到投标竞争，使我国承发包方式发生了质的变化。推行建设工程招投标制，对降低工程造价，进而使工程造价得到合理的控制具有非常重要的影响，特别是推行工程量清单招标，将招投标引向更深层次，并与国际接轨。

（一）对造价的主要影响

1．推行招投标制最明显的表现是若干投标人之间出现激烈竞争，这种市场竞争最直接、最集中的表现就是在价格上的竞争。通过竞争确定出工程价格，使其趋于合理或下降，使工程价格更加趋于合理。这将有利于节约投资、提高投资效益。

2．推行招投标制能够不断降低社会平均劳动消耗水平，使工程价格得到有效控制。在建筑市场中，不同投标者的个别劳动消耗水平是有差异的。通过推行招投标，必定是劳动消耗水平最低或接近最低的投标者获胜，这样便实现了生产力资源较优配置，也对不同投标者实行了优胜劣汰。面对激烈竞争的压力，为了自身的生存与发展，每个投标者都必须切实在降低自己个别劳动消耗水平上下功夫，这样将逐步而全面地降低社会平均劳动消耗水平。

3．推行招投标制便于供求双方更好地相互选择，使工程价格更加符合价值基础，进而更好地控制工程造价。由于供求双方各自出发点不同，存在利益矛盾，因而单纯采用“一对一”的选择方式，成功的可能性较小。采用招投标方式就为供求双方在较大范围内进行相互选择创造了条件，选择那些报价较低、工期较短、具有良好业绩和管理水平的供给者，这样即为合理控制工程造价奠定了基础。

4．推行招投标制有利于规范价格行为，使公开、公平、公正的原则得以贯彻。我国招投标活动有特定的机构进行管理，有严格的程序必须遵循。

5．推行招投标制能够减少交易费用，节省人力、物力、财力，进而使工程造价有所降低。我国目前从招标、投标、开标、评标直至定标，均有一些法律、法规规定，已进入制度化操作。招投标中，若干投标人在同一时间、地点报价竞争，在专家支持系统的评估下，以群体决策方式确定中标者，必然减少交易过程的费用，这本身就意味着招标人收益的增加，对控制工程造价必然产生积极的影响。

（二）监理工程师在项目招标阶段的工作

1．在项目可行性研究批准并立项后，监理工程师的任务首先是为业主按程序策划项目招标工作，包括监理、设计、施工、设备采购等招标。

招投标制具有上述降低投资的若干优点，对业主来说，招标工作极为重要，必须做好，否则将后患无穷。特别是对一些没有招标经验的业主，监理工程师更应向业主介绍、交待有关招标的法规、程序和注意事项。监理工程师在对待此项工作时，必须尊重业主的意愿，遵守、执行招标工作委托的内容。每一环节的主要内容，必须向业主汇报，并听取业主意见，务必做到廉政第一、公正第一。

(1) 监理招标

目的是为业主选择好一家优秀的监理公司，这是关键的第一步。如果业主能优选到理想的监理公司，它能真心诚意地为业主提供最佳服务，把业主利益放在首位，并且监理人员技术精湛、品质优秀、工作认真、负责。则业主对该项目建设就可放心，否则将适得其反。

《中华人民共和国招标投标法》中第三条已确认将建设监理纳入强制招标的范畴。

首先由业主确定监理公司介入的阶段与监理范围内容。最理想是在立项之前先予考虑。根据建设项目的规模与特点，以及业主对咨询服务、建设监理的认识深度，来确定监理单位在哪个阶段介入，如项目立项、项目投资策划、可行性研究、设计、施工，以及各阶段监理工作的内容。根据国内外项目建设实践经验，项目监理单位越早介入，对业主越有利。有丰富经验的项目业主是体会到这一真谛的。

业主在选择监理单位时，应注重监理投标单位之间的能力和技术水平等诸方面的比较，具体包括以下主要因素：

1) 监理单位的实力和信誉。主要考察总监和专业监理人员的能力和资格，以及过去他们在监理工作中的业绩和业主单位对他们在监理工作中的履约情况和执业责任性方面的评价。

2) 项目监理的组织机构及人员构成。主要观察其人员结构配备的合理性及其技术水平与经验。

3) 技术装备及测试手段。

4) 监理费报价。只是其中的因素之一，不占主要比重，只有在其他方面同等条件下，适当予以考虑。

(2) 设计招标

工程设计招投标是指招标单位就拟建工程的设计任务发布招标公告，以吸引设计单位参加竞争，经招标单位审查符合投标资格的设计单位，按照招标文件要求，在规定的时间内向招标单位填报投标文件，招标单位从而择优确定中标设计单位来完成工程设计任务的活动，称之为工程设计招投标。工程设计招标投标的目的是：鼓励竞争、促使设计单位改进管理，采用先进技术，降低工程造价，缩短工期，提高投资效益。工程设计招标和投标是双方法人之间的经济活动，受国家法律的保护和监督。监理单位按如下设计招标的程序协助业主做好设计招标工作：

1) 招标单位编制招标文件。

2) 招标单位发布招标公告或发出投标邀请书。

3) 投标单位购买或领取招标文件，并按招标文件要求和规定时间报送投标文件。

4) 招标单位对投标单位进行资格审查。主要审查单位性质和隶属关系、工程设计证书等级和证书号，单位成立时间和近期承担的主要工程设计情况，技术力量和装备水平以及社会信誉等。

5) 招标单位向合格设计单位发售或发送招标文件。

6) 招标单位组织投标单位踏勘工程现场,解答招标文件中的问题。

7) 投标单位编制投标文件并按规定时间地点密封报送。投标文件内容一般应包括:方案设计综合说明书;方案设计内容和图纸;建设工期;主要施工技术和施工组织方案;工程投资估算和经济分析;设计进度和收费。

8) 招标单位当众开标,组织评标,确定中标单位,发出中标通知书。按我国规定:开标、评标至确定中标单位的时间一般不得超过 1 个月。确定中标的依据是:设计方案优劣;投入产出经济效益好坏;设计进度快慢;设计资历和社会信誉等。

9) 招标单位与中标单位签订合同。招标投标法规定,招标单位和中标单位应当自中标通知书发出之日起 30 日内签订书面设计合同。

在设计招标阶段监理单位也可以协助业主进行方案设计竞选活动,方案设计竞选具有如下的优点:

1) 有利于多种设计方案的选择和竞争,从中选择最佳方案。

2) 有利于控制项目投资。因为中选的设计方案所作出的投资估算一般控制在竞选文件规定的投资范围内。

3) 能集思广益,吸取多种方案设计的优点。因为设计方案竞选与设计招标是有区别的,它可以吸取未中选方案的优点,这样以中选方案作为设计方案的基础,并把其他方案的优点加以吸收和综合,取长补短,使设计更完美。但应根据劳动量大小,对于吸收未中选方案之优点部分给予必要的补偿。

(3) 施工招标

运用竞争机制,开展正常的招标,是优选工程承包商,确保工程质量,节约和控制项目投资的一个积极有效的办法。我国从 1984 年试行工程招投标办法以来的实践,充分证明这一论点是十分正确的。据不完全统计,凡实行招投标办法,优选施工队伍的工程,中标价约比标的价降低 3%～10%。

例如:广西岩滩水电站工程的中标价仅为最高报价的 37%,中标单位充分发挥了管理优势,工程质量达到优良,工期较合同要求提前了一年。承包单位也盈利 961.6 万元,占中标价的 27.4%。业主与承包商双双满意,皆大欢喜;又如:西安至三原的西三高级公路工程,按国际招标办法实行国际性竞争招标,中标价仅占标的价的 64.5%,节减工程造价 3253 万元。我国率先进行体制改革试点的云南鲁布革水电站,中标价仅为标的价的 54%,节减工程投资 6440 万元。

实行竞争性公开招标,既能大幅度降低造价,同时又为项目投资的进一步控制打下了基础。

监理工程师是工程招标工作的具体执行者,依据业主的要求,编制招标文件,安排招标计划,拟定评标议标方案及办法,而这些工作的质量,既影响招标成果的质量,也影响着项目实施中的工期,质量和造价。对此监理工程师应有清醒的认识。

施工招标的主体是业主,必须建立公正、无私的立场,并排除一切干扰。施工招标的成败,多数是人为因素,应予重视。

如果事先已优选出若干家信誉、质量极好的建筑公司,并在此基础上再行竞选,则可采用我国目前已试行,并在国际上通用的工程量清单计价招标法。实践证明,在保证工程质量和工期的前提下,以总承包价最低为优选标准,是为上策。而承包价则不留或少留缺口,并估计到事后将有争议的问题,在合同专用条款中加以具体明确,以免事后产生纠纷。

在施工招标中,业主是主导决策人,监理人员则必须以调查研究、科学分析为依据,协助业主决策。

2. 与业主研究招标方式和合同价款方式

在招标前,监理工程师要当好业主的参谋,结合拟建工程实际情况和分析地区条件,列举出各种招标方式的优缺点,并向业主详细介绍。在各个主要环节的决策上,业主始终是第一位的,但如果监理工程师发现业主有错误决策时,则要更细致地摆事实、讲道理给予清晰分析。在这种情况下监理工程师更要客观、理智、冷静,决不能主观、武断,将好事变成坏事。

在招标方式上,监理工程师结合实际情况来分析公开招标与邀请招标的特点,结合本项目和本地区情况,将调查研究后掌握的第一手信息和据此所作的建议提供给业主,由业主决策。

在总承包条件下的合同价,目前主要分为固定总价和按实结算价。对建筑公司来说,按实结算价不承担市场涨落的任何风险,是建筑公司极愿接受的结算方式。对固定总价合同却刚相反,对业主不承担市场价格上下的风险,故这种方式建筑公司往往不愿接受。监理工程师在处理此类问题时,始终要以业主利益为重,但也要考虑建筑公司能够接受,最终还是需要业主决策。

此外,关于总承包招标的工程范围,是一个对总投资影响颇大的问题,既要符合国家规定,又要维护业主利益。在这种情况下,要发挥监理工程师的智慧、学识、经验和能力,在错综复杂的关系下,寻求以项目最大效益为目标的最佳选择。

对于大、中型建设项目,分成若干阶段进行招标的效果较好。此类成功的例子极多。不同阶段往往对应着不同的专业对象,更能发挥各专业队伍的特长和优势,有利于业主优选施工队伍,这在国际建筑业中是通常的做法。

例如:上海南浦大桥工程招标时,划分了8个标段,主桥又分为地下结构和地上结构两个标段,这样做的结果,不仅大大缩短了招标时间,争取了工期,同时也使工程造价得到了有效的控制。

上海磁悬浮高速列车工程施工,线路仅30km长,却分为六个标段,两个车站、一个维修基地、一个制梁基地,另外还有若干外加工钢梁、功能件、连结件等分别招标,从中优选若干家施工、制作、监理单位竞争投标。实践证明其效果极佳。

最近正在施工的上海高架轻轨工程亦分成三个标段,分别由三家建筑公司、三家监理公司中标,在施工中可相互评比。是若干竞争者中优选的结果。

对于由独家企业独包到底的做法,已不适合当前快速、高效、竞争的时代,弊病较多。

又如美国纽约世界贸易中心工程(即9·11事件被毁的一对建筑物),业主聘请了有超大规模工程建设管理和物业开发经验的TISHMAN公司负责工程管理。该公司曾将整个工程的建筑安装任务划分成170个标段,分别进行招标,使工程造价节约达3000多万美元。其中更值得一提的是,整个工程的钢结构总重量达20万t,最初采用一次性招标方式,连最低报价都大大超过了标底。于是该公司采取了“化整为零”的策略,将钢结构工程分解为15个标段,再行招标。某些有专长的、有竞争力的中小公司也能参加竞标,使该部分的中标造价控制在标底之内,这是一个很成功的例子。

一般来说，划小标段，能节约投资，这是毫无异议的，但这样做将使未来的现场协调管理工作量增加，界面增多。

在项目招标阶段，监理工程师根据委托合同首先编制"招标阶段工作计划"，详细列出每项工作的要求、负责人、执行人、完成时间及检查人。该计划确定前，对其中相关人员事先征求有关人的意见，亦可进行相应调整。一旦计划确定，必须严格、认真执行。

二、招投标工作的法律依据

我国现行招标投标主要法规、文件：

(一)《中华人民共和国招标投标法》

本法于1999年8月30日由中华人民共和国主席令第21号公布，并于2000年1月1日起施行。该法共六章68条，第一章为总则，其他五章分别为招标，投标，开标、评标和中标，法律责任和附则等。

(二)《工程建设项目施工招标投标办法》

本办法系2003年3月8日由中华人民共和国国家发展计划委员会、中华人民共和国建设部、中华人民共和国铁道部、中华人民共和国交通部、中华人民共和国信息产业部、中华人民共和国水利部、中国民用航空总局令第30号发布，规定自2003年5月1日起施行。

办法共6章92条，也是以总则，招标，投标，开标、评标和定标，法律责任，附则分别与《中华人民共和国招标投标法》相对应。

(三)《关于国务院有关部门实施招标投标活动行政监督的职责分工的意见》

2000年3月4日中央机构编制办公室拟文，2000年5月3日国务院办公厅以国办发[2000]34号文《国务院办公厅印发国务院有关部门实施招标投标活动行政监督的职责分工意见的通知》颁发执行。

该意见共5条。主要说明有关各部门应制定与《招标投标法》配套的法规，内容有关于招标方式和范围，关于违法活动的监督执法，关于招标代理业务机构的资格，关于国家重大建设项目的稽查特派员等问题。

(四)《工程建设项目招标范围和规模标准规定》

本规定于2000年4月4日经国务院批准，2000年5月1日由国家发展计划委员会令第3号发布。全文12条，是《工程建设项目施工招标投标办法》的第三条所指定执行的配套文件。

(五)《房屋建筑和市政基础设施工程施工招标投标管理办法》

本办法于2001年6月1日，由中华人民共和国建设部令第89号发布。

本办法全文60条共分六章，与《招标投标法》对应配套。

(六)《工程建设项目自行招标试行办法》

本办法于2000年7月1日由中华人民共和国国家发展计划委员会令第5号发布。

本办法系根据《招标投标法》及国务院办公厅(国办发[2000]34号)文制定，招标范围和规模标准适用《工程建设项目招标范围和规模标准规定》(国家计委第3号令)。全文共14条。

第二节　工程量清单计价招标及计价规范

一、工程量清单计价招标概念

(一) 工程量清单计价招标是国际惯用的方式

推行工程量清单计价是与国际通行做法接轨的需要，国外一些工业发达国家及世界银行等国外金融机构、政府机构贷款项目的招标中，大多采用工程量清单计价办法。随着我国加入世界贸易组织，在全球经济一体化趋势下，建筑市场将进一步对外开放。在我国建立和推行工程量清单计价办法，既为建筑市场创造与国际惯例接轨的市场竞争环境，也有利于提高工程建设的管理水平，促进工程建设的发展。

（二）建设主管部门明确了工程量清单方法在招投标中应用

建设部第107号部令发布了《建筑工程施工发包与承包计价管理办法》，明确投标人可以采用工程量清单报价的方法；投标报价应当依据企业定额和市场价格信息，按照工程造价管理部门发布的计价办法编制。

该管理办法第八条：招标投标工程可以采用工程量清单方法编制招标标底和投标报价。工程量清单应当依据招标文件、施工设计图纸、施工现场条件和国家制定的统一工程量计算规则、分部分项工程项目划分、计量单位等进行编制。

建设部第107号部令颁布后，全国各地均开始试行工程量计价方法，并取得成效。

《建筑工程施工发包与承包计价管理办法》见本章附录4-1。

（三）工程量清单作为招标文件的重要组成部分

工程量清单招标是指具有招标文件编制资格的招标人或招标人委托具有相应资质的机构，依据招标文件、施工图及相关技术资料，按照统一的工程量计算规则和统一的施工项目划分规定，将施工图所涵盖的实物工程量和技术措施，以统一的计量单位，计算出工程量清单，作为招标文件的重要组成部分。是招标人控制工程造价，编制标底的依据。也是投标人策划投标策略，确定投标报价的依据及工程竣工结算价调整的依据。

（四）工程量清单计价的方法与特点

投标人按招标文件提供的工程量清单，根据本企业消耗标准、利润目标，结合工程情况、市场竞争情况和企业实力，并充分考虑各种风险因素，自主填报清单开列项目中包括工程直接成本、间接成本、利润和税金在内的承诺单价与合价，并以所报的单价作为竣工结算时增减工程量的计价标准调整工程造价。有以下特点：

1. 符合市场经济运行规律和市场竞争规则。工程量清单计价的本质是价格市场化，投标人可以根据本企业的工料机三项生产要素的消耗标准、间接费发生额度以及预期的利润要求，参与投标报价竞争，还可以将各种经济、技术、质量、进度的因素细化考虑到单价的确定上。投标人虽然掌有价格的决定权，但与社会平均水平相比，只有效高质优、成本低廉的企业才能形成利润空间，才能被市场接受和承认。因此，工程量清单计价可以提高投资人的资金使用效益，促进施工企业加快技术进步，改善经营管理。

2. 符合国际习惯做法。工程量清单计价是世界上绝大多数国家使用的计价方法，已趋于成熟并被普遍认可。在我国，世行、亚行和外商投资的项目以及国内的装饰装修工程项目，在施工招投标时，均要求采用工程量清单报价。

3. 符合合理的风险分担原则。由于建设工程工期长，不可预见因素多，因而风险也大。采用工程量清单计价，招标人对其所编制清单数量的计算错误和以后的设计变更工程量负责，并相应承担此部分带来的投资风险，而投标人只对其所报单价的合理性负责，风险相对减小，实现了双方的风险共担，责权利对等。

4. 能够保证具体的施工项目计价的准确度和合理性。投标人为在竞争中取胜并获得利益，减少结算时工程量调整和设计变更造成的风险，方便工程分包核算，会根据施工用工技术程度的不同、材料价值的差异确定各个施工项目的人工价格和间接费用标准，并以单项的准确度确保投标报价总价的合理性。这和预算定额计价时的平均工资、固定费率相比，将会具有明显的优势。

5. 能够节约大量的人力物力和时间。工程量并非投标竞争的内容，但以往投标报价时，投标人却需计算工程量，而工程量的计算过程，约占投标报价工作量的70%～80%。有了招标人提供的工程量清单，投标人只需填报单价和计算合价。同时，避免了招、投、审三方投入大量人力、物力、财力按照同一图纸计算工程数量的重复劳动，节省了大量的社会财富以及建设项目的前期准备时间。

（五）工程量清单招标与施工图预算招标

施工图预算招标是一种以标底为中心的招标方式，严重地遏制了竞争的全面性，投标竞争往往成为投标单位工程预算人员水平的较量，或是一种偶然性巧合，不能充分体现企业的综合实力和管理水平。作者遇到几次招标的决标结果，中标人与落榜人之间仅相差0.1%，有的甚至为0.01%，中标如同中签一般，也说不上是水平的较量。而且容易诱导投标单位采取不正当手段去探听标底，滋生了腐败，阻碍了招投标的规范化运作，扰乱了建筑市场秩序。

此外，定额项目和水平往往与市场相脱节，有些动态因素如材料价格变化、新材料新工艺的出现、人工费用增加、风险和利息变化等，在定额中通常没有予以考虑。虽然，造价管理部门每个季度对市场上一些主要材料的信息价进行公开发布，但还是出现信息价明显高于市场价的情况。因此，以预算定额为基础的工程造价不能真实地反映出建筑产品的市场价。

实行工程量清单招标有以下优点：

1. 淡化了标底，真正实现了量价分离，风险分担。招标方确定工程量，投标方确定单价，招标方承担工程量误差的风险，投标方承担价的风险。定额不再是指令性标准，而是指导性依据，标底则起参考性作用，作为建设方预测控制造价的依据，标底审查这一环节可以被取消，甚至可以不设标底。

2. 统一了计算口径，所有投标单位均在统一量的基础上，结构工程具体情况和企业实力，并充分考虑各种市场风险因素，自主进行报价，是企业综合实力和管理水平的真正较量。有利于公平竞争、优胜劣汰，完善了市场竞争机制，为企业参与国际竞争奠定了坚实的基础。

3. 由招标方向各投标方提供工程建设项目的实物工程量和技术性措施项目的数量清单，各投标单位不必再花费大量的人力、物力和财力去重复做预算，节约了时间，提高了工作效率，降低了社会成本。

4. 有利于评标定标。评标时，价格的评定是最重要的环节，而对工期、质量标准只作符合性评审，施工组织设计评审所占比重也不大，评标委员会成员对各投标报价进行评审时，由于工程量是一致的，只要综合比较其单价就可以确定最佳投标报价了。

5. 有利于未来计价。工程竣工结算时，由于招标方原因造成工程量清单漏项或计算误差以及工程设计变更都应予以调整，工程量清单中原有的项目，按中标方所报的综合单价确定；工程量清单中没有的项目，按现行预算定额乘中标下浮率。其中中标下浮率＝[（标底价—中标价）/标底价]×100%。

二、工程量清单的编制要求

(一) 合理划分工程量清单项目

1. 按统一的工程项目划分、统一的计量单位和统一的工程量计算规则;

2. 属于不同等级要求的工程项目要分开;

3. 属于同一性质,但属于不同部位的项目要分开;

4. 属于不同报价范围的项目要分开;

5. 项目子目划分可依据工程所在地现行的预算定额或综合预算定额的定额子目来划分,并根据工程现场情况,考虑合理的施工方法和施工机械。对于定额缺项须补充增加的子目,应根据图纸内容做补充,补充的子目应力求表达清楚以免影响报价。

(二) 工程量清单复核

确保工程量清单内容符合实际,科学合理。工程量清单编制完成后应认真进行全面复核。一般可采用如下方法:

1. 技术经济指标法。将编制好的工程量清单进行套定额,然后从工程造价指标、主要材料消耗量、主要工程量指标等方面与类似工程进行比较分析。

2. 分组计算复核法。是一种快速复核工程量的方法,它把工程量清单中的项目划分为若干组,并把相邻且有一定内在联系的项目编为一组,复核可计算同组中某个分项工程量,利用同组工程量间具有相同或相似计算基础的关系,判断同组中其他几个分项工程量计算的准确程度。如:土槽挖土、基础砌体、基础垫层、槽坑回填土、运土可编为一组,它们存在如下关系:

回填土量=挖土量-(基础砌体+垫层体积);余土外运量=基础砌体+垫层体积。如此等等。

(三) 采用直接费单价工程招标的工程量清单的编制

1. 工程量清单说明:

(1) 工程量清单应与投标须知、合同条件、合同协议条款、技术规范和图纸一起使用。

(2) 工程量清单所列的工程量系招标单位暂估的,作为投标报价的共同基础。付款以实际完成的符合合同要求工程的工程量为依据。工程量由承包单位计量,监理工程师核准。

(3) 工程量清单中所填入的单价和合价,应按照现行预算定额的工、料、机消耗标准及预算价格确定,作为直接费的基础。其他直接费、间接费、利润、有关文件规定的调价、材料差价、设备差价、现场因素费用、施工技术措施费,以及采用固定价格的工程所测算的风险金、税金等按现行的计算方法计取,计入其他相应的报价表中。

(4) 工程量清单不再重复或概括工程及材料的一般说明,在编制和填写工程量清单的每一项的单价和合价时,应参考投标须知和合同文件的有关条款。

2. 工程量清单报价表:工程量清单报价表包括"报价汇总表"、"工程量清单报价汇总及取费表"、"工程量清单报价表"、"材料清单及材料差价报价表"、"设备清单及报价表"、"现场因素施工技术措施及赶工措施费用报价表"等。

(四) 采用部分费用单价(也称综合单价)工程招标的工程量清单的编制

工程量清单说明:

1. 建筑工程产品价格,实行按工程实物量,以部分费用单价(综合单价"一、二、三号标书")的形式编制。

2. 工程计价实行统一的工程项目划分,统一的工程量计算规则,统一的计量单位,统一的项目编码,统一的消耗量标准。

3. 一号标书(称"公共(综合)费用项目报价表")。其内容是指为完成施工设计图纸的工程项目,在施工前、后及施工期间必须或可能发生的费用。

4. 二号标书(称"分部分项工程实物量计价表")指施工图纸内分部分项工程量和相应各子目的工程成本、费用及利润的组成。分部分项工程项目的划分、工程量的计算、计量单位等必须与综合价格的规定相一致。如有缺项,可另增列项目,但需说明。

5. 三号标书(称"总(报)价表")。是包括上述两个标书费用之和再加税金的总(报)称。

6. "一号标书"的项目费一经报价即为固定价。在此所谓的固定价指结算时除因经批准的重大变更及其引起施工方法的重大改变,或招标文件与承包合同另有说明外,不因分部分项工程的项目、工程量的变化等其他原因而调整。

7. "二号标书"中的项目单价为单位实际工程量的综合价格,属于固定价,结算时不予调整。下列情况可以调整:

(1) 招标文件提供的实物量与招标图纸实际工程量不符,其工程量差应给予调整,单价以工程投标中标后确认的单价为准。

(2) 因设计修改而引起的实物量变化,应予以调整,其单价以修改时的综合价格为准。

(3) 工期较长的(如在 18 个月以上或按约定),风险费未列入施工合同的,其主要材料价格可给予调整。

(五) 采用全费用单价(国际惯例)工程招标工程量清单的编制

1. 工程量清单说明的编制

(1) 工程量清单应结合投标人须知,构成合同文件组成的合同通用条件、专用条款、技术规范及图纸等本工程招标文件同时阅读。

(2) 工程量清单中所列数量是估算的和暂定的,是为投标提供一个共同的基础。支付应以本工程清单之计量说明的计量方法计量数量,由承包人测量,监理工程师计量确认,其定价应按已标价的工程量清单中的单价及价格计算,否则按监理工程师依合同条件确定的单价或价格计算。

(3) 除非合同另有规定,标价工程量清单中的单价与价格,应包括完成符合合同文件规定要求的项目所必需的施工机具、劳务、材料、设备、施工、安装、维护、工程管理、保险、利润、税金,以及合同明示或暗示的所有应由承包人承担的工程风险、责任和义务等的费用。

(4) 无论在工程量清单中是否标明某一工程项目的数量,工程量清单中的每一项目均须填入单价或价格。承包人没有填写单价或价格的项目,其费用应视为已分配在相关工程项目的单价与价格之中。

(5) 在标价工程量清单所列各项目中,应计入符合合同文件规定的全部费用,未列的项目,其费用应视为已分配在相关工程项目的单价和价格之中。

(6) 对工程、材料和设备安装和一般指标或可说明在工程量清单中不必重复或概括。给工程量清单各项目标价前,投标人须参阅招标文件的有关部分。

(7) 在工程量清单中计入和标明的属暂定金额包含的工程内容,投标人均应填写单价和价格。如投标人未在标价工程量清单中标明,投标人中标后,在合同执行中,若监理工程师要求承包人完成标价款的工作,则承包人有义务完成,并且不能据此向监理工程师提出任何对业主的索赔。暂定金额由监理工程师根据合同文件全部或部分使用。

(8) 已完成工程的计量方法和支付按合同通用条件、专用条款和技术规范有关规定计量与支付的规定办理。

2. 单位工程与工程量清单分表关系说明的编制

(1) 工程量清单根据工程的类别、性质、时间分组,工程量清单分成工程量清单分表、计日工清单表、汇总表三部分。

(2) 工程项目与工程量清单分表对应关系应在工程量清单汇总表中有所表明。

(3) 投标人应对照招标范围的合同标段及工程量清单的对应项目一般用人民币报价,并应在投标书附录中指明应支付的外国货币的种类及比例。

3. 计量一般说明的编制

(1) 变更

按照“投标人须知”,投标人应在符合“合同通用条件”、“合同专用条件”及“技术规范”的前提下可对设计提出变更。所有变更设计均应在相应的资料表中加以阐述,并在清单报价中单独加以说明,但不作为标价采用的依据。

(2) 计量方法

1) 工程合同为单价合同形式,即在合同履行中,标价工程量清单中的单价除合同规定可调整的外,一律不得调整。

2) 工程量清单中所列的全部项目,均按计量具体说明办理。施工中如发生变更工程项目或意外工程项目,并且在清单中找不到相应的项目单价目时,按合同文件有关程序确定单价。

3) 项目计量时,在工程量清单中所列全部均系依设计图按净值计,投标人在报价中应将各类损耗返销到相应项目的单价中,业主不为损耗额外支付。

4) 在工程量清单中所列的工程量仅作为评标依据,供投标人投标报价使用;承包人在报价时应核定工程数量,并将自己计算的工程数量与工程量清单中的数量差别进行对应比较,在投标书中作为附录进行说明。此类说明作为投标书中不可缺少的部分,但不作为合同文件的一部分;在合同执行中,承包人不得以此类数量差别依合同中单价调整条款,要求变更标价工程量清单中的单价。合同执行中,工程量在计量时按监理工程师批准的设计施工图确认。

5) 在合同履行中,出现由于工程变更而引起工程数量增减,如增减量不超过合同条件中单价调整条款规定时,清单项目的单价不变;若超出,按合同文件执行。

(3) 计量单位

用于工程数量清单中的计量单位,中文与简写符号表达同效。

(4) 计量精度

除非另有注明,为了付款目的,所有数字的小数点均按四舍五入法保留小数点后两位有效数字。

(5) 工程量清单项目标价

1) 工程量清单项目标价计算依据。

2) 本工程量清单项目中的项目号不能改变;本合同范围内存在的但没有数量的项目,投标人仍应标定单价;本合同范围没有的项目可以缺写。

3) 在各清单中数量和单价都要相应填入，未填单价和数量的项目将视为承包人采取的报价策略或对业主的优惠，并认为已分摊到清单中的其他项目单价或数量里，在合同履行中将不对单价进行调整。

(6) 清单项目所包括的价值

投标人应首先明确自己是一个有经验的承包人，能够承担属于承包人的各类工程风险，在投标报价中充分考虑并包含了如下因素后，标定工程量清单中的各项目单价：

1) "计算具体说明"中各项目和对应的标价工程量清单中的单价，是从项目的计划开始至项目竣工并完成缺陷责任期止的全部费用及相应的利益。

2) 包括所有的人工、材料、设备、机具、临时工程(工程量清单中的暂定金额项目除外)。

3) 包括所有满足技术规范和设计文件(图纸、工程地质资料等)要求的有关费用。

4) 包括履行合同的所有权利、义务和承包人应承担的风险。

5) 包括现场管理费、公司管理费。

6) 包括保函手续费、银行贷款利息、各类保险费、物价上涨因素、货币汇率变动以及所有的税金、利润和其他类似费用。

7) 包括所履行合同中明显的必然要求和满足国家、地方如劳动保护、环境保护、安全等法律法规所必需的费用支出。

(7) 暂定金额

暂定金额指的是合同通用条件中定义为暂定金额的部分，使用时按合同中相应条款规定办理。投标人投标时，工程量清单中此项不填入金额，但在工程量清单汇总时按其编号累计金额计入总价。

(8) 项目号索引编目说明

工程量清单具体说明编目号与工程量清单分表中所有项目名称(含子目号)从前向后排序一一对应。

(9) 工程量清单计量具体说明和计日工说明中的词语含义。

1) 所有计量具体说明和计日工说明中有"相应费用、利润、税金"均表示依照工程量清单的"清单项目所包括的价值"确定的项目单价扣除人工、材料、机械三项费用的其余价值。

2) 所有计量具体说明中的"有关计算规则"词语均表示现行建筑工程、市政工程、安装工程的单位估算表或定额中的工程量计算规则。

4. 计量具体说明

(1) 指暂定金额计量具体说明。如保险费，第三方责任险，关税如何计量，都应在该项目计量具体说明中确定。

(2) 土建工程计量具体说明。在土建工程计量具体说明中应阐明分部分项工程的计量方法和单价包括的费用。

(3) 给水排水安装工程计量具体说明。

(4) 电气安装工程计量具体说明。

(5) 设备安装工程计量具体说明。

(6) 环保工程计量具体说明。

5. 计日工表说明

计日工表说明应对照合同的通用条件和专用条件的有关计日工规定使用。未经工程师书面指令,不得将工程按计日工计量。投标人应在计日工表中填列计日工项目的单价,该单价适用于监理工程师指令的任何类别的计日工。每项计日工应列出正常的估数量,累计的计日工总额应作为暂定金额之一,转入工程量清单汇总金额中。计日工的支付可以按合同条件中有关调价的规定,予以调价。

三、工程量清单计价的实践问题

通过工程量清单报价的试点,发现无论从业主方面、招标代理机构方面,还是投标方面都存有这样那样的问题,归纳起来主要有:

(一) 业主方面

对工程量清单报价的理解深度不够,认为清单报价就是最低价格中标,愿意花最少的价值获取最优工程。对于业主来说,以最低消耗获取最优工程的心意是正常的。而实施工程量清单报价后,在评标中以最低价中标,将越来越普遍,特别是政府投资工程。

由于多年来建设工程粗预算、多签证、下功夫结算的现实影响,往往认为后续还有结算把关,不能把问题充分考虑在工程建设前期。受急于开工心态的影响,在完成项目登记后,业主就要求在短时间内结束招投标工作,确定施工单位。而工程量清单报价,若在短时间完成工程量清单的编制,势必影响工程量清单及招标文件的编制质量,大大降低了工程量清单的准确性。

(二) 投标方方面

在传统计价方式的作用下,以预算价为基础反算项目的综合单价,作为工程量清单报价。由于多年来习惯于政府部门下发的定额,预算人员缺乏成本测算的经验和资料,不能真正体现企业成本价格和工程项目的实际造价。企业预算人员在工程量清单报价方面应该从理论上和实践上进行深造。需要造就一支编制企业定额的高层经常管理人员队伍,借以提高工程量清单报价准确性。

(三) 招标代理机构

各招标代理机构要增强从事工程量清单计价的专业人员,使编制工程量清单报价总体概念清晰、认识深度对位、文件编制水平提高,工程量清单计算方能掌握得当,计算无误,保证代理质量。在试点中遇到过由于未能真正掌握清单报价的方法,给投标单位造成理解中的多头思路、报价差异大、计价困难等问题;评标时给专家评委造成不应有的麻烦。

(四) 有待完善的问题

工程量清单招标尚有以下问题有待完善:

1. 现行的预算定额已严重阻碍了工程量清单招标的发展。预算定额对于项目的划分过细,过于繁琐,工程量清单的形成过于依赖定额,在量的列项和计算上过死、过细。必须改进定额项目的划分和工程量计算规则,使其符合工程量清单招标清单列项比较粗集化的要求。

2. 由于采用工程量清单招标时,计算口径统一,工程量计算的准确程度对中标结果基本没有影响,因此,标底编制单位对工程量清单的编制质量重视不够,中标价与结算价严重不符,从而使造价失控,给招投标工作带来了负面影响。

如果明确规定一旦中标,除非有设计变更,工程量清单将不再作调整,这样既提高了工程量清单的准确度,又方便了工程竣工结算。

3. 现行的许多招标评标办法运用于工程量清单招标都存在着不同程度的缺陷,惟有最低价中标评标办法最适合于工程量清单招标。因为工程量清单招标标底不再是中标的直接依据,各企业都是自主报价,风险自担,价格的竞争是关键,是竞争的核心,而工期、质量和施工组织设计只作符合性和合格性评审。在评标时,首先对投标方工期、质量和组织设计进行论证,对于符合要求的标书进行报价比较,剔除确实低于成本的报价,在剩余的报价中确定最低报价为中标报价。这样,招投标既易于操作,减少了人为因素,做到比较客观公正,又达到了降低工程造价的目的。

4. 为了保障推行工程量清单计价方式的顺利实施,必须设计研制出界面直观、动作快捷、功能齐全的高水平工程量清单计价系统软件,解决编制招标文件和投标报价中的繁杂运算程序,为推行工程量清单计价提供方便,以满足运用工程量清单计价方法各方的需求。系统软件不但可以编制出规范的招标文件、投标文件,也可以在评标过程中随机抽查详细的报价分析,借以判定其所报综合单价的组成是否合理,同时也可确定有无低于成本报价现象,系统软件可充分体现高科技手段在工程造价管理中的应用。

5. 工程量清单是招标文件中的重要组成部分,是投标企业进行投标报价和进行公平竞争的基础。结合招标文件和工程量清单的特点,根据有关法律、法规,参照 FIDIC 合同文本,重新修订施工合同示范文本中的相关条款很有必要。对建设工程施工合同示范文本中涉及价格的部分,应将工程量清单报价的相关条款列入其中,将建设工程管理与控制的内容融入施工合同之中。同时要加强对施工合同的跟踪管理,通过合同备案制和合同跟踪管理制度的实施,做好对工程造价变更、工程索赔和工程结算的管理工作,以保证工程量清单计价方式的顺利施行。

四、工程量清单计价招标投标中若干概念解释

(一) 关于工程量清单

1. 工程量清单应包括下列内容:

(1) 分部分项工程名称以及相应的计算单位和工程数量;

(2) 说明:

1) 分部分项工程"工作内容"的补充说明;

2) 分部分项工程施工工艺特殊要求说明;

3) 分部分项工程中主要材料规格、型号及质量要求的说明;

4) 现场施工条件、自然条件;

5) 其他需要说明的问题。

2. 工程量清单依据建设行政主管部门颁发的工程量计算规则、分部分项工程项目划分及计量单位的规定,施工设计图纸,施工现场情况和招标文件中的有关要求进行编制。

3. 工程量清单是编制招标工程标底价、投标报价和工程结算时调整工程量的依据。

4. 工程量清单应由具有编制招标文件能力的招标人或委托具有相应资质的中介机构进行编制。

(二) 关于投标报价、标底价构成

1. 投标报价、标底价由直接成本、间接成本、利润和税金构成。

2. 直接成本:是指施工过程中耗用的构成工程实体和有助于工程形成的各种费用,包括:

(1) 人工费:是指直接从事建设工程施工的生产工人开支的各项费用。

(2) 材料费:是指施工过程中耗用的构成工程实体的原材料、辅助材料、构配件、零件、半成品的费用和周转使用材料的摊销(或租赁)费用。

(3) 施工机械使用费:是指使用施工机械作业所发生的机构使用费以及机械安装、拆除和进出场费用。

3. 间接成本:是指施工企业为施工准备、组织施工生产和经营管理发生在现场和企业的各项费用。包括:

(1) 管理费:是指施工企业为组织施工生产而发生在现场和企业的各项同管理费用,主要包括:

1) 管理人员工资;

2) 办公费;

3) 差旅交通费;

4) 固定资产使用费;

5) 财务费用。

(2) 规费:是指按照国家或省、自治区、直辖市人民政府规定,允许计入工程造价的各项税和费,主要包括:

1) 房产税、车船使用税、土地使用税、印花税及土地使用费等;

2) 企业财产或高空、井下、海上作业等特殊工种安全保险费;

3) 用于支付企业离、退休、退职职工、六个月以上病假人员的各项费用及劳动保险费;

4) 职工养老、失业保险费;

5) 工程排污费;

6) 工程定额测定费;

7) 工会经费;

8) 职工教育费;

9) 其他有关规费。

(3) 其他费用:是指根据施工现场和工程实际需要,为保证正常施工及工程质量、发生的各项费用。主要包括:

1) 临时设施费;

2) 冬、雨期施工增加费;

3) 夜间施工增加费;

4) 二次搬运费;

5) 特殊地区施工增加费;

6) 仪器、仪表使用费;

7) 检验、试验费;

8) 安全措施费;

9) 生产工具、用具使用费;

10) 风险金。

4. 利润:是指施工企业在生产经营中所获得的不属于直接成本、间接成本的部分。

5. 税金:是指国家规定应计入工程造价内的营业税、城市维护建设税及教育费附加。

(三) 关于投标报价、标底价的编制

1. 投标报价的编制应符合下列规定：

(1) 直接成本的计算：

1) 人工、材料、施工机械台班消耗量应依据招标文件中提供的工程量清单和有关资料，按企业定额或参照建设行政主管部门颁发的预算定额确定；

2) 人工、材料、施工机械台班单价应参照工程造价管理机构发布的市场价格自主确定。

(2) 间接成本的计算

1) 管理费依据本企业的管理水平，按照本办法规定的费用组成、参照工程造价管理机构发布的费率及其计算办法自主确定；

2) 规费按照本办法规定的费用组成，依据国家规定的相应费率及其计算办法确定；

3) 其他费用。依据施工现场情况及工程的实际需要，按照本办法规定的费用组成、参照工程造价管理机构发布的费率及其计算办法自主确定。

(3) 利润的计算：根据建设市场和本企业的实际情况自主确定。

(4) 税金的计算：根据国家规定的税率及其计算办法确定。

2. 标底价的编制应符合下列规定：

(1) 直接成本的计算：

1) 人工、材料、施工机械台班消耗量清单和有关资料，按照建设行政主管部门颁发的预算定额确定；

2) 人工、材料、施工机械台班单价应依据工程造价管理机构发布的市场价格确定。

(2) 间接成本的计算：

管理费、规费和其他费用应依据本办法规定的费用组成，按照工程造价管理机构发布的费率及其计算办法确定；

(3) 利润的计算：依据工程造价管理机构发布的利润率及其计算办法确定；

(4) 税金的计算：依据国家规定的税率及其计算办法规定。

3. 报价或标底价中的分部分项单价采用综合单价法、工料单价法，由各省、自治区、直辖市建设行政主管部门和国务院有关部门确定。

(四) 关于工程量调整

1. 工程量清单中的工程量。在工程结算时，应根据实际完成的工程量，按合同约定的办法进行调整。

2. 工程量的调整由承包人提出，经发包人核实认定后，作为工程结算的依据。

(1) 当报价中有适于调整工程量的价格时，按报价中已有的价格确定。

(2) 当报价中有类似于调整工程量的价格时，可参照报价中已有的价格确定。

(3) 当报价中没有适用或类似于调整工程量的价格时，由发包人与承包人协商确定价格，协商不成，报工程所在省级或国务院有关部门的工程造价管理机构审核确定。

五、《建设工程工程量清单计价规范》介绍

《建设工程工程量清单计价规范》(以下称《计价规范》)为国家标准 GB 50500—2003。国家建设部、国家质量监督检验检疫总局于 2003 年 2 月 17 日联合发布，自 2003 年 7 月 1 日起实施。并郑重说明：以下第一条第三款，第二条第二款第二、三项及第四项第一小项，第五项及第六项第一小项为强制性条文，必须严格执行。

计价规范是根据《中华人民共和国招标投标法》、建设部令第 107 号《建筑工程施工发包与承包计价管理办法》(见本章附录 4-1),按照我国工程造价管理改革的要求,本着国家宏观调控、市场竞争形成价格的原则制定的。

计价规范在编制过程中,总结了我国建设工程工程量清单计价试点工作的经验,并借鉴了国外工程量清单计价的做法。计价规范批准发布前广泛征求了有关施工单位、建设单位、工程造价咨询机构和工程造价、招标投标管理部门的意见,对其中主要问题进行了多次讨论和修改。

计价规范共分五章和五个附录,包括总则、术语、工程量清单编制、工程量清单计价、工程量清单及其计价格式等。

(一) 计价规范总则

1. 为规范建设工程工程量清单计价行为,统一建设工程工程量清单的编制和计价方法,根据《中华人民共和国招标投标法》及建设部令第 107 号《建设工程施工发包与承包计价管理办法》,制订本规范。

2. 本规范适用于建设工程工程量清单计价活动。

3. 全部使用国有资金投资或国有资金投资为主的大中型建设工程应执行本规范。

4. 建设工程工程量清单计价活动应遵循客观、公正、公平的原则。

5. 建设工程工程量清单计价活动,除应遵循本规范外,还应符合国家有关法律、法规及标准、规范的规定。

6. 本规范附录 A、附录 B、附录 C、附录 D、附录 E 应作为编制工程量清单的依据。

(1) 附录 A 为建筑工程工程量清单项目及计算规则,适用于工业与民用建筑物和构筑物工程。

(2) 附录 B 为装饰装修工程工程量清单项目及计算规则,适用于工业与民用建筑物和构筑物的装饰装修工程。

(3) 附录 C 为安装工程工程量清单项目及计算规则,适用于工业与民用安装工程。

(4) 附录 D 为市政工程工程量清单项目及计算规则,适用于城市市政建设工程。

(5) 附录 E 为园林绿化工程工程量清单项目及计算规则,适用于园林绿化工程。

(二) 工程量清单编制

1. 一般规定

(1) 工程量清单应由具有编制招标文件能力的招标人,或受其委托具有相应资质的中介机构进行编制。

(2) 工程量清单应作为招标文件的组成部分。

(3) 工程量清单应由分部分项工程量清单、措施项目清单、其他项目清单组成。

2. 分部分项工程量清单

(1) 分部分项工程量清单应包括项目编码、项目名称、计量单位和工程数量。

(2) 分部分项工程量清单应根据附录 A、附录 B、附录 C、附录 D、附录 E 规定的统一项目编码、项目名称、计量单位和工程量计算规则进行编制。

(3) 分部分项工程量清单的项目编码,一至九位应按附录 A、附录 B、附录 C、附录 D、附录 E 的规定设置;十至十二位应根据拟建工程的工程量清单项目名称由其编制人设置,并应自 001 起顺序编制。

(4) 分部分项工程量清单的项目名称应按下列规定确定。

1）项目名称应按附录A、附录B、附录C、附录D、附录E的项目名称与项目特征并结合拟建工程的实际确定。

2）编制工程量清单，出现附录A、附录B、附录C、附录D、附录E中未包括的项目，编制人可作相应补充，并应报省、自治区、直辖市工程造价管理机构备案。

（5）分部分项工程量清单的计量单位应按附录A、附录B、附录C、附录D、附录E中规定的计量单位确定。

（6）工程数量应按下列规定进行计算：

1）工程数量应按附录A、附录B、附录C、附录D、附录E中规定的工程量计算规则计算。

2）工程数量的有效位数应遵守下列规定：

以"吨"为单位，应保留小数点后三位数字，第四位四舍五入；

以"立方米"、"平方米"、"米"为单位，应保留小数点后两位数字，第三位四舍五入；

以"个"、"项"等为单位，应取整数。

3．措施项目清单

（1）措施项目清单应根据拟建工程的具体情况，参照表4-1列项。

措施项目一览表　　**表4-1**

序　号	项　目　名　称
	1　通用项目
1.1	环境保护
1.2	文明施工
1.3	安全施工
1.4	临时设施
1.5	夜间施工
1.6	二次搬运
1.7	大型机械设备进出场及安拆
1.8	混凝土、钢筋混凝土模板及支架
1.9	脚手架
1.10	已完工程及设备保护
1.11	施工排水、降水
	2　建筑工程
2.1	垂直运输机械
	3　装饰装修工程
3.1	垂直运输机械
3.2	室内空气污染测试
	4　安装工程
4.1	组装平台
4.2	设备、管道施工的安全、防冻和焊接保护措施

续表

序号	项目名称
	4 安装工程
4.3	压力容器和高压管道的检验
4.4	焦炉施工大棚
4.5	焦炉烘炉、热态工程
4.6	管道安装后的充气保护措施
4.7	隧道内施工的通风、供水、供气、供电、照明及通讯设施
4.8	现场施工围栏
4.9	长输管道临时水工保护设施
4.10	长输管道施工便道
4.11	长输管道跨越或穿越施工措施
4.12	长输管道地下穿越地上建筑物的保护措施
4.13	长输管道工程施工队伍调遣
4.14	格架式抱杆
	5 市政工程
5.1	围堰
5.2	筑岛
5.3	现场施工围栏
5.4	便道
5.5	便桥
5.6	洞内施工的通风、供水、供气、供电、照明及通讯设施
5.7	驳岸块石清理

(2) 编制措施项目清单,出现表4-1未列的项目,编制人可作补充。

4. 其他项目清单

(1) 其他项目清单应根据拟建工程的具体情况,参照下列内容列项。

预留金、材料购置费、总承包服务费、零星工作项目费等。

(2) 零星工作项目表应根据拟建工程的具体情况,详细列出人工、材料、机械的名称、计量单位和相应数量,并随工程量清单发至投标人。

(3) 编制其他项目清单,出现4.(1)条未列的项目,编制人可作补充。

(三) 工程量清单计价

1. 实行工程量清单计价招标投标的建设工程,其招标标底、投标报价的编制、合同价款确定与调整、工程结算应按本规范执行。

2. 工程量清单计价应包括按招标文件规定,完成工程量清单所列项目的全部费用,包括分部分项工程费、措施项目费、其他项目费和规费、税金。

3. 工程量清单应采用综合单价计价。

4. 分部分项工程量清单的综合单价,应根据本规范规定的综合单价组成,按设计文件或参照附录A、附录B、附录C、附录D、附录E中的“工程内容”确定。

5. 措施项目清单的金额,应根据拟建工程的施工方案或施工组织设计,参照本规范规定的综合单价组成确定。

6. 其他项目清单的金额应按下列规定确定。

(1) 招标人部分的金额可按估算金额确定。

(2) 投标人部分的总承包服务费应根据招标人提出要求所发生的费用确定,零星工作项目费应根据“零星工作项目计价表”确定。

(3) 零星工作项目的综合单价应参照本规范规定的综合单价组成填写。

7. 招标工程如设标底,标底应根据招标文件中的工程量清单和有关要求、施工现场实际情况、合理的施工方法以及按照省、自治区、直辖市建设行政主管部门制定的有关工程造价计价办法进行编制。

8. 投标报价应根据招标文件中的工程量清单和有关要求、施工现场实际情况及拟定的施工方案或施工组织设计,依据企业定额和市场价格信息,或参照建设行政主管部门发布的社会平均消耗量定额进行编制。

9. 合同中综合单价因工程量变更需调整时,除合同另有约定外,应按照下列办法确定:

(1) 工程量清单漏项或设计变更引起新的工程量清单项目,其相应综合单价由承包人提出,经发包人确认后作为结算的依据。

(2) 由于工程量清单的工程数量有误或设计变更引起工程量增减,属合同约定幅度以内的,应执行原有的综合单价;属合同约定幅度以外的,其增加部分的工程量或减少后剩余部分的工程量的综合单价由承包人提出,经发包人确认后,作为结算的依据。

10. 由于工程量的变更,且实际发生了除(9)条规定以外的费用损失,承包人可提出索赔要求,与发包人协商确认后,给予补偿。

(四) 工程量清单及其计价格式

1. 工程量清单格式

(1) 工程量清单应采用统一格式。

(2) 工程量清单格式应由下列内容组成:

1) 封面(见表 4-2)。

2) 填表须知(见表 4-3)。

3) 总说明(见表 4-4)。

4) 分部分项工程量清单(见表 4-5)。

5) 措施项目清单(见表 4-6)。

6) 其他项目清单(见表 4-7)。

7) 零星工作项目表(见表 4-8)。

(3) 工程量清单格式的填写应符合下列规定:

1) 工程量清单应由招标人填写。

2) 填表须知除本规范内容外,招标人可根据具体情况进行补充。

3) 总说明应按下列内容填写。

① 工程概况:建设规模、工程特征、计划工期、施工现场实际情况、交通运输情况、自然地理条件、环境保护要求等。

② 工程招标和分包范围。

③ 工程量清单编制依据。

④ 工程质量、材料、施工等的特殊要求。

⑤ 招标人自行采购材料的名称、规格型号、数量等。

⑥ 预留金、自行采购材料的金额数量。

⑦ 其他需说明的问题。

封　面　　**表 4-2**

______________________工程 工 程 量 清 单 招标人：______________________(单位签字盖章) 法定代表人：______________________(签字盖章) 中介机构法定代表人：______________________(签字盖章) 造价工程师及注册证号：______________________(签字盖执业专用章) 编制时间：______________

填 表 须 知　　**表 4-3**

1　工程量清单及其计价格式中所有要求签字、盖章的地方，必须由规定的单位和人员签字、盖章。 2　工程量清单及其计价格式中的任何内容不得随意删除或涂改。 3　工程量清单计价格式中列明的所有需要填报的单价和合价，投标人均应填报，未填报的单价和合价，视为此项费用已包含在工程量清单的其他单价和合价中。 4　金额(价格)均应以______________币表示。

总 说 明　　**表 4-4**

工程名称：　　第　页共　页

分部分项工程量清单　　**表 4-5**

工程名称：　　第　页共　页

序　　号	项 目 编 码	项 目 名 称	计 量 单 位	工 程 数 量

措施项目清单　　　　**表 4-6**

工程名称：　　　　第　页共　页

序　号	项　目　名　称

其他项目清单　　　　**表 4-7**

工程名称：　　　　第　页共　页

序　号	项　目　名　称

零星工作项目表　　　　**表 4-8**

工程名称：　　　　第　页共　页

序　号	名　称	计　量　单　位	数　量
1	人　工		
2	材　料		
3	机　械		

2. 工程量清单计价格式

(1) 工程量清单计价应采用统一格式。

(2) 工程量清单计价格式应随招标文件发至投标人。工程量清单计价格式应由下列内容组成：

1) 封面(见表 4-9)。

2) 投标总价(见表 4-10)。

3) 工程项目总价表(见表 4-11)。

4) 单项工程费汇总表(见表 4-12)。

5) 单位工程费汇总表(见表 4-13)。

6) 分部分项工程量清单计价表(见表 4-14)。

7) 措施项目清单计价表(见表 4-15)。

8) 其他项目清单计价表(见表 4-16)。

9) 零星工作项目计价表(见表 4-17)。

10) 分部分项工程量清单综合单价分析表(见表 4-18)。

11) 措施项目费分析表(见表 4-19)。

12) 主要材料价格表(见表 4-20)。

封　面　　**表 4-9**

____________________工程

工程量清单报价表

投标人:____________________(单位签字盖章)

法定代表人:____________________(签字盖章)

造价工程师及注册证号:____________________(签字盖执业专用章)

编制时间:__________

投 标 总 价　　**表 4-10**

建设单位:____________________

工程名称:____________________

投标总价(小写):____________________

(大写):____________________

投标人:____________________(单位签字盖章)

法定代表人:____________________(签字盖章)

编制时间:__________

工程项目总价表　　**表 4-11**

工程名称:　　第　页共　页

序号	单项工程名称	金　额(元)
	合　计	

单项工程费汇总表　　表 4-12

工程名称：　　第　页共　页

序号	单项工程名称	金额(元)
	合　计	

单位工程费汇总表　　表 4-13

工程名称：　　第　页共　页

序　号	项目名称	金　额(元)
1	分部分项工程量清单计价合计	
2	措施项目清单计价合计	
3	其他项目清单计价合计	
4	规　费	
5	税　金	
	合　计	

分部分项工程量清单计价表　　表 4-14

工程名称：　　第　页共　页

序　号	项目编码	项目名称	计量单位	工程数量	金　额(元)	
					综合单价	合　价
		本页小计				
		合　计				

措施项目清单计价表　　表 4-15

工程名称：　　第　页共　页

序　号	项目名称	金　额(元)
	合　计	

其他项目清单计价表　　表 4-16

工程名称：　　第　页共　页

序　号	项目名称	金　额(元)
1	招标人部分	
	小　计	
2	投标人部分	
	小　计	
	合　计	

零星工作项目计价表 表 4-17

工程名称： 第 页共 页

序号	名称	计量单位	数量	金额(元)	
				综合单价	合价
1	人工				
	小计				
2	材料				
	小计				
3	机械				
	小计				
	合计				

分部分项工程量清单综合单价分析表 表 4-18

工程名称： 第 页共 页

序号	项目编码	项目名称	工程内容	综合单价组成					综合单价
				人工费	材料费	机械使用费	管理费	利润	

措施项目费分析表 表 4-19

工程名称： 第 页共 页

序号	措施项目名称	单位	数量	金额(元)					
				人工费	材料费	机械使用费	管理费	利润	小计
	合计								

主要材料价格表 表 4-20

工程名称： 第 页共 页

序号	材料编码	材料名称	规格、型号等特殊要求	单位	单价(元)

3. 工程量清单计价格式的填写应符合下列规定：

(1) 工程量清单计价格式应由投标人填写。

(2) 封面应按规定内容填写、签字、盖章。

(3) 投标总价应按工程项目总价表合计金额填写。

(4) 工程项目总价表。

1) 表中单项工程名称应按单项工程费汇总表的工程名称填写。

2) 表中金额应按单项工程费汇总表的合计金额填写。

(5) 单项工程费汇总表。

1）表中单位工程名称应按单位工程费汇总表的工程名称填写。

2）表中金额应按单位工程费汇总表的合计金额填写。

(6) 单位工程费汇总表中的金额应分别按照分部分项工程量清单计价表、措施项目清单计价表和其他项目清单计价表的合计金额和按有关规定计算的规费、税金填写。

(7) 分部分项工程量清单计价表中的序号、项目编码、项目名称、计量单位、工程数量必须按分部分项工程量清单中的相应内容填写。

(8) 措施项目清单计价表。

1）表中的序号、项目名称必须按措施项目清单中的相应内容填写。

2）投标人可根据施工组织设计采取的措施增加项目。

(9) 其他项目清单计价表。

1）表中的序号、项目名称必须按其他项目清单中的相应内容填写。

2）投标人部分的金额必须按本规范第四条一款三项条中招标人提出的数额填写。

(10) 零星工作项目计价表。

表中的人工、材料、机械名称、计量单位和相应数量应按零星工作项目表中相应的内容填写，工程竣工后零星工作费应按实际完成的工程量所需费用结算。

(11) 分部分项工程量清单综合单价分析表和措施项目费分析表，应由招标人根据需要提出要求后填写。

(12) 主要材料价格表。

1）招标人提供的主要材料价格表应包括详细的材料编码、材料名称、规格型号和计量单位等。

2）所填写的单价必须与工程量清单计价中采用的相应材料的单价一致。

(五) 工程量清单项目及计算规则附录示例摘录

《计价规范》共A、B、C、D、E五项附录(见本节五·(一))。以下摘录附录A中A.4混凝土及钢筋混凝土工程的工程量计算规则的A.4.1及A.4.2内容。

A.4 混凝土及钢筋混凝土工程

A.4.1 现浇混凝土基础。工程量清单项目设置及工程量计算规则，应按(表4-21)的规定执行。

现浇混凝土基础(编码:010401) 表4-21

项目编码	项目名称	项目特征	计量单位	工程量计算规则	工程内容
010401001	带形基础	1. 垫层材料种类、厚度 2. 混凝土强度等级 3. 混凝土拌和料要求 4. 砂浆强度等级	m^3	按设计图示尺寸以体积计算。不扣除构件内钢筋、预埋铁件和伸入承台基础的桩头所占体积	1. 铺设垫层 2. 混凝土制作、运输、浇筑、振捣、养护 3. 地脚螺栓二次灌浆
010401002	独立基础				
010401003	满堂基础				
010401004	设备基础				
010401005	桩承台基础				

A.4.2 现浇混凝土柱。工程量清单项目设置及工程量计算规则，应按表4-22的规定执行。

现浇混凝土柱(编码:010402)　　**表 4-22**

项目编码	项目名称	项目特征	计量单位	工程量计算规则	工程内容
010402001	矩形柱	1. 柱高度; 2. 柱截面尺寸; 3. 混凝土强度等级; 4. 混凝土 拌和料要求	m^3	按设计图示尺寸以体积计算。不扣除构件内钢筋、预埋铁件所占体积。 柱高: 1. 有梁板的柱高,应自柱基上表面(或楼板上表面)至上一层楼板上表面之间的高度计算; 2. 无梁板的柱高,应自柱基上表面(或楼板上表面)至柱帽下表面之间的高度计算; 3. 框架柱的柱高,应自柱基上表面至柱顶高度计算; 4. 构造柱按全高计算,嵌接墙体部分并入柱身体积; 5. 依附柱上的牛腿和升板的柱帽,并入柱身体积计算	混凝土制作、运输、浇筑、振捣、养护
010402002	异形柱				

第三节　标底编制与审核

标底是建筑安装工程造价的表现之一,它是由招标单位自行编制或委托具有编制标底资格和能力的中介机构代理编制,并按规定经审定后的招标工程预期价格。

一、标底的作用、内容及编制原则、依据(见表 4-23)

编制标底的作用、内容、原则及依据　　**表 4-23**

序号	名　称	说　　明
(一)	标底作用	1. 标底是招标人为招标工程确定的预期价格。 2. 给上级主管部门提供核实建设规模的依据。 3. 衡量投标单位标价的准绳。只有有了标底,才能正确判断投标者所投报价的合理性、可靠性。 4. 是评价的重要尺度。在有标底的招标中,标底是评审投标报价的重要尺度和参考依据。只有制定了科学的标底,才能在定标时作出更正确的选择

续表

序号	名　称	说　明
(二)	标底的内容	1. 标底的综合编制说明。 2. 标底价格审定书、标底价格计算书、带有价格的工程量清单、现场因素、各种施工措施费的测算明细以及采用固定价格时的风险系数测算明细等。 3. 主要材料用量。 4. 标底附件,如各项交底纪要、各种材料及设备的价格来源、现场地质、水文、地上情况的有关资料、编制标底所依据的施工方案或施工组织设计等
(三)	编制标底原则	1. 根据国家公布的统一工程项目划分、统一计量单位、统一计算规则以及施工图纸、招标文件,并参照国家制订的基础定额和国家、行业、地方规定的技术标准规范,以及要素市场价格确定工程量和编制标底。 2. 按工程项目类别计价。 3. 标底作为建设单位的期望价格,应力求与市场的时间变化吻合,要有利于竞争和保证工程质量。 4. 标底应由成本、利润、税金等组成,应控制在批准的总概算及投资包干的限额内。 5. 标底应考虑人工、材料、设备、机械台班等价格变化因素,还应包括不可遇见费(特殊情况)、预算包干费、措施费(赶工措施费、施工技术措施费)、现场因素费、保险以及采用固定价格的工程风险金等。工程要求优良的还应增加相应的费用。 6. 一个工程只能编制一个标底。 7. 标底编制完成后,应密封报送招标管理机构审定。审定后必须及时妥善封存,直至开标时,所有接触过标底价格的人员均负有保密责任,不得泄露
(四)	编制标底依据	1. 招标文件的商务条款。 2. 工程施工图纸、工程量计算规则。 3. 施工现场地质、水文、地上情况的有关资料。 4. 施工方案或施工组织设计。 5. 现行工程预算定额、工期定额、工程项目计价及取费标准、国家或地方价格调整文件规定等。 6. 招标时建筑安装材料及设备的市场价格

二、标底的编制方法

(一) 工料单价法

具体做法是根据施工图纸及技术说明,按照预算定额规定的分部分项工程子目,逐项计算出工程量,填入工程量清单内,再套用定额单价(或单位估价)计算出招标项目的全部工程直接费,然后按规定的费用定额确定其他直接费、现场经费、间接费、计划利润和税金,还要加上材料调价系数和适当的不可预见费,汇总后即为工程预算总价,也就是标底的基础,这是通常编制标底的方法。

在实施中工料单价法也可采用工程综合预算定额,对分项工程子目作适当的归并和综合,使标底价格的计算有所简化。采用综合预算定额编制标底,既可提高计算结果的可靠性,又可减少工作量,节省人力和时间。全国各地区目前的建筑工程综合预算定额的总说明中,均注明本综合预算定额可供编制标底用。

(二) 综合单价法

是将各分部分项工程的单价,包括人工费用、材料费、机械费、间接费、有关文件规定的调价、利润、税金以及采用固定价格的风险金等全部费用,合并为一个综合单价。确定后,再与各分部分项的工程量相乘并汇总,即可得标底价格。

这一方法,是在国外工程招标投标中惯用的方式。目前我国的工程量清单计价招标,也就是采用该法。

在一般住宅、公用设施、工业项目工程中亦有采用此法的。在积累造价经验、数据的基础上,此法在使用上比较简便、有效。

1. 一般住宅和公用设施工程中,以平方米包干为基础编制标底。这种标底主要适用于采用大量建造的住宅工程。一般做法是由地方工程造价管理部门经过多年实践,对不同结构体系的住宅造价进行测算分析,制订每平方米造价包干标准。在具体工程招标时,再根据装修、设备情况进行适当的调整,确定标底综合单价。考虑到基础工程因地基条件不同而有很大差别,平方米造价多以工程的±0以上为对象,基础及地下室仍以施工图预算为基础编制标底,二者之和构成完整标底。

2. 在工业项目工程中,尽管其结构复杂、用途各异,但整个工程中分部工程的构成则大同小异,主要有土方工程、桩基工程、砌筑工程、混凝土及钢筋混凝土工程、防腐防水工程、管道工程、金属结构工程、机电设备安装工程等。按照分部工程分类,在施工图、材料、设备及现场条件具备的情况下,经过科学的测算,可以得出综合单价。有了这个综合单价即可计算出该工业项目的标底。

三、编制标底需要考虑的因素

目前,招标工程的标底大多是在施工图预算基础上作出的,但它不完全等同于施工图预算。编制一个合理、可靠的标底还必须在此基础上考虑以下因素:

(一) 标底必须适应目标工期的要求,对提前工期因素有所反映

招标工程的工期一般应按现行《建筑安装工程工期定额》为准。但实际上招标工程的目标工期往往不等于国家规定的定额工期,要缩短工期。施工单位此时要考虑赶工措施,增加人员和设备数量,加班加点,付出比正常工期更多的人力、物力、财力,这样就会提高工程成本。因此,编制招标工程的标底时,必须考虑这一因素,把目标工期对照定额工期,给出必要的赶工费和奖励,并列入标底。

(二) 标底必须适应招标单位的质量要求,对高于国家验收规范的质量因素有所反映

标底中对工程质量的反映,首先应按国家相关的施工验收规范的要求,为合格的建筑产品。但建设单位往往还要提出要达到高于国家验收规范的质量要求,为此,施工单位要付出比合格水平更多的费用。标底的计算应体现优质优价。

(三) 标底必须适应建筑材料采购渠道和市场价格的变化,考虑材料差价因素

在编制标底时所用的市场价格有变化的材料及其价格,应列出清单,随同招标文件、图纸发给投标单位,供报价时参考,也要将某些市场采购的大宗的、主要的材料分别注明。如全部材料采购委托投标单位办理的,须按市场价格,并将全部差价列入标底。

(四) 标底必须充分考虑招标工程范围

应将地下工程及“三通一平”等招标工程范围内的费用正确地计入标底价格。这主要是指施工单位代建设单位做的施工前准备工作(如“三通一平”、伐树等)及其他原规定应由建设单位承担的任务,在招标文件中预先加以说明,由施工单位来代办,在编制标底时应该加入此项费用。

(五) 标底要合理考虑现场条件和合理的施工方案

不同施工现场的条件,对工程造价影响较大。在编制标底时,应对现场实际情况认真了解,考虑由于自然条件导致的施工不利因素。只有这样,才能把标底的编制建立在实事求是的基础上。

编制一个比较理想的标底,要有一个比较先进、比较切合实际的施工组织设计,包括合理的施工方案、施工进度安排、施工总平面布置和施工资源估算,要认真分析国内的施工水平和可能前来投标的施工单位的实际水平,从而采用比较合理的编制依据。

1. 施工方法给定条件

编制标底所依的方案应先进、可行、经济、合理,并能指导施工。各分部分项工程与工程造价有关的施工方法和布置至少包括:

(1) 各分部分项工程的完整的施工方法,保证质量的措施。

(2) 各形象部位施工进度计划。

(3) 施工机械的进场计划。

(4) 工程材料的进场计划。

(5) 施工现场布置图及施工道路平面图。

(6) 冬、雨期施工措施。

(7) 地下管线及其他地上地下设施的加固措施。

(8) 保证安全生产、文明施工,减少扰民,降低环境污染和噪声的措施。

2. 工程建设地点现场条件

(1) 现场自然条件。包括:现场环境、地形、地貌、地质、水文、地震烈度及气温、雨雪量、风向、风力等。

(2) 现场施工条件。包括:建设用地面积、建筑物占用面积、场地拆迁及平整情况、施工用水、用电及有关勘探资料等。

3. 临时设施布置

招标单位应提交一份施工现场临时设施布置图表并附文字说明,说明临时施工、加工车间、现场办公、设备及仓储、供电、供水、卫生、生活等设施的情况和布置。

四、编制标底应注意点

(一) 做好标底编制前的各项准备工作

1. 认真研究招标文件。

2. 踏勘现场。标底编制切不可“闭门造车”,一定要踏勘现场,了解现场供水、供电、道路、通讯和场地状态。

3. 清点和熟悉施工图。首先要检查接收的施工图是否数量齐全,其工程内容,是否属于招标范围,属于招标范围的工程项目或内容是否都表达在施工图内。其次将图纸目录与各张施工图校对,防止目录与实际图纸不一致。

(二) 计算工程量

工程量是标底编制中最基本和最重要的数据,漏项和错算都会直接影响标底的正确程度,而且工程量又作为招标文件的组成内容,即工程量清单,投标单位按工程量清单确定的工程数量进行报价。

工程量的工程分项名称,以及工程量的计算方法,应与所使用的定额的规定一致。用什么定额,就按所用的定额列出分项工程名称,依据相应计算规则计算工程量。

分项工程名称的描述要全面、一致。如名称含糊不清,容易造成理解错误,并且工作内容要完全相同,否则必须换算。

(三) 正确使用定额和补充单价

凡与定额不一致的分项,必须正确换算和补充,有定量依据,不能凭主观想象,生搬硬套。

标底中的单价以当地现行的预算定额为依据。对定额中的缺项或有特殊要求的项目,应编制补充单价分析。

另外,各种预制构件的加工地点的远近,影响运输费;大型施工机械的进退场费、一次性安装拆卸费用等也要慎重仔细考虑。

(四) 正确计算材料价差

计算材料价差一般都遵循当地工程造价管理部门颁发的材差调整的文件。但是标底有别于施工图预算。材料价差系数的颁发有一定的时点,该时点过后才相继出现标底编制时点、工程竣工时点。材料价差系数仅仅考虑了该系数颁发前那一阶段的材料价格的浮动,而没有考虑也不可能考虑其后阶段的材料价差问题。如果招标工程采用固定总价合同,要求在编制标底时要特别注意未来市场价格的变化,合理估计涨价因素,原则上要考虑施工单位的风险承受能力。

目前常用的处理方法有:

1. 先按有关文件规定使用材料价差系数。

2. 对地方材料,调查价差系数颁发以来的价格浮动,预测下阶段的价格浮动。对工期长的工程,这种预测尤为重要。综合各项材料,如浮动幅度不大,略去不计,如浮动有一定的幅度,可以采取下述方法:

(1) 按具体材料品名、数量、浮动价格计算价差,列入标底。

(2) 把价差折合成系数,在原材料价差系数基础上递增,列入标底。

3. 钢材、水泥、木材等主要材料,如由建设单位供应,则价差直接发生在建设单位,不列入标底,施工单位投标报价也不包括这部分价差。如由施工单位采购,则材料价差应在标底内估列;工程竣工结算时,或允许高进高出调整,或不予调整,应视招标文件规定。

(五) 正确计算施工措施性费用

施工措施性费用,是标底编制中较难处理的问题之一。设计单位只提供施工图,一般不提供施工方案。所以标底编制人员,平时要注意积累收集有关这方面的资料。如缺少资料,要做好调查研究,进行多方案的比较,特别是对一些深基础工程、超重和超大构件的吊装和运输、大规模的混凝土结构工程、工期要求比定额工期缩短过多的工程,要采取抢工施工措施、施工机械搬迁费等,更应慎重考虑。

(六) 计算直接费、间接费及总造价

在准确核对各项目工程量及相应的预算单价基础上,计算分项直接费后并汇总,然后按地区规定的取费率计算出间接费及利润等,最后加入材料价差、施工措施性费用、代办项目费等,即可得出预算总造价,即招标工程的标底。标底造价汇总表见表4-24。

招标工程的标底应包括如下内容:

1. 工程量清单;

2. 工程项目分部分项的单价,包括补充单价分析表;

3. 招标工程的直接费;

4. 按各地区规定的取费标准计算的间接费及利润;

5. 其他不可预见的费用估计;

6. 招标工程项目的总造价,即标底总价;

7. 钢材、水泥、木材三大材料需用量。钢筋的耗用量应按施工图实际配筋为准。

标底的取费标准,应按照工程主要特征(如:高度、跨度、工程结构、技术要求、用途等)和企业等级,以直接费为计算基础,宜采用综合费率(各地区均有规定费率标准)。

标底造价汇总表　　金额单位:人民币元　**表4-24**

项目	标底造价组成					合计	备注
	工程直接费合计	工程间接费合计	利润	其他费用	税金		
一、工程量清单汇总及取费							
二、材料差异							
三、设备价(含运杂费)							
四、现场各项措施费用							
五、其他							
六、风险金							
七、合计							
八、标底总价　　元							

五、应用工程量清单编制标底的说明

(1) 工程量清单应与投标须知、合同条件、合同协议条款、技术规范和图纸一起使用。

(2) 工程量清单所列的工程量是招标单位估算的和临时的,作为编制标底造价及投标报价的共同基础。付款以实际完成的图纸工程量为依据。

(3) 工程量清单造价采用工料单价法所填入的单价和合价,应按照现行预算定额的工、料、机消耗标准及预算价格确定,作为直接费的基础。其他直接费、间接费、利润、有关文件规定的调价、材料价差、设备价、现场因素费用、施工技术措施费、赶工措施费以及采用固定总价合同的所测算的风险金、税金等费用,计入其他相应标底造价计算表中。

(4) 工程量清单不再重复或概括工程及材料的一般说明,在编制和填写工程量清单的每一项的单价和合价时应参考投标须知和合同文件的有关条款。

六、标底的审查

标底应在开标前送招标管理部门或相关机构审定。

（一）标底审查时应提交的各类文件

标底报送招标管理机构审查时，应提交工程施工图纸、方案或施工组织设计、填有单价与合价的工程量清单、标底计算书、标底汇总表、标底审定书、采用固定价格的工程的风险系数测算明细，以及现场因素、各种施工措施测算明细、主要材料用量、设备清单等。

（二）标底的审定

1. 采用工料单价法编制的标底价格，主要审查以下内容：

(1) 标底计价内容，包括承包范围、招标文件规定的计价方法及招标文件的其他有关条款。

(2) 预算内容，包括工程量清单单价、补充定额单价、直接费、其他直接费、有关文件规定的调价、间接费、现场经费、预算包干费、利润、税金、设备费以及主要材料设备数量等。

(3) 预算外费用，包括材料、设备的市场供应价格、措施费（赶工措施费、施工技术措施费）、现场因素费、不可预见费（特殊情况）、材料设备差价、对于采用固定价格的工程测算的在施工周期价格波动风险系数等。

2. 采用综合单价法编制的标底价格，主要审查以下内容：

(1) 标底计价内容，包括承包范围、招标文件规定的计价方法及招标文件的其他有关条款。

(2) 工程量清单单价组成分析，人工、材料、机械台班计取的价格、直接费、其他直接费、有关文件规定的调价、间接费、现场经费、预算包干费、利润、税金、采用固定价格的工程预算在施工周期价格波动风险系数、不可预见费（特殊情况），以及主要材料数量等。

(3) 标底的保密。标底的编制人员应在保密的环境中编制，完成之后应密封送审标底。标底审定完后应及时封存，直至开标。

第四节　承包合同价的确定

项目招标投标阶段中最后一项工作是业主与中标单位签订承包合同，其中最重要的内容是确定承包合同价及其相关的条款，作如下介绍：

一、承包合同的种类

（一）总价合同

总价合同是指：业主支付给承包方的工程总款项，在承包合同中确定的一个“固定金额”，即总价。固定总价是以图纸和工程说明书为依据，由承、发包双方事先商定的。总价合同的主要特征是：

1. 总价是根据事先确定的由承包方实施的全部任务，按承包方在投标报价中提出的总价确定。

2. 待实施的工程内容和工程量，事先明确商定，即建筑安装承包合同标的物的详细内容及其各种技术经济指标。

3. 总价合同是指由发包方或监理公司将发包工程按图纸和规定，分解成若干分项工程量，由承包方据以标出分项工程单价。分项工程单价与分项工程量的乘积和，即分项工程总

价。各分项工程总价之和，再加上各类取费、利润和税金等，即合同总价。

4. 总价合同中的各分项工程单价，也可以纳入各类取费、利润和税金等相应值，均匀分摊入各分项工程的单价内，最终计算所得的总价是一致的。所有这些，均遵照招标文件的要求填报。在国际招标投标中，往往是采用这种综合单价的方式，使业主和评标人一目了然地可以看出相应值比例。

5. 在固定工程量总价合同中，承包方不需测算工程量，只需计算在实际施工中工程量的变更。因此，只要实际工程量变动不大，这种形式的合同较易于管理。

同时，由于发包方在招标前已详细划定了分部分项工程，这就有利于评标时的对比分析。而且，这个分项工程量表也可作为工程实施期间因工程变更而调整价格的一个固定基础。这种方式，在我国亦称工程量清单计价。对于业主在招标书中提供的各分部分项工程量清单值，目前亦有两种做法：一是该工程量清单值是竣工结算的依据，如果施工图未有变更，则按清单量结算，若设计有变更，按实际变更值结算；二是凡工程量清单值计算有误，则结算时再按图更正。或者双方设定在某一误差正负百分率范围以内的，不予调整，超过设定的误差值以外，予以调整。所有这些均在承包合同中详细阐明。

6. 总价合同的两种形式

总价合同按其是否可以调值，又可分为以下两种不同形式：

(1) 不可调值总价合同

这种合同的价格计算是以图纸及规定、规范为基础，承发包双方就承包项目协商一个固定的总价，由承包方一笔包死，不能变更。

采用这种合同，合同总价只有在设计和工程范围发生变更的情况下，才能随之作相应的变更，除此之外，合同总价不能变动。因此，为合同价格计算依据的图纸及规定、规范应对工程作出详尽的描述。这就意味着承包方要承担实物工程量、工程单价、地质条件、气候和其他一切客观因素造成亏损的风险。在合同执行过程中，承发包双方均不能因为工程量、设备、材料价格、工资等变动和地质条件恶劣、气候恶劣等理由，提出对合同总价调值的要求。因此承包方要在投标时对一切费用的上升因素作出估计，并包含在投标报价之中。因为承包方将要为许多不可预见的因素付出代价，所以承包方往往加大不可预见费用，致使这种合同一般报价都较高。

这种形式的合同适用于工期较短(一般不超过一年)，对最终产品的要求又非常明确的工程项目，这就要求项目的内涵清楚，项目设计图纸完整齐全，项目工作范围及工程量计算依据确切。

(2) 可调值总价合同

这种合同的总价一般也是以图纸及规定、规范为计算基础，但它是按“时价”进行计算的。这是一种相对固定的价格。在合同执行过程中，由于通货膨胀而使所用的工料成本增加，因而对合同总价进行相应的调值。但是合同总价依然不变，只是增加调值条款。

可调值总价合同均明确列出有关调值的特定条款，是在合同专用条款中列明。调值工作必须按照这些特定的调值条款进行。

这种合同与不可调值总价合同不同之处在于，它对合同实施中出现的风险作了分摊，发包方承担了通货膨胀这一不可预测费用因素的风险，而承包方只承担了实施中实物工程量、成本和工期等因素的风险。

在我国,对人力不可抗拒的各种自然灾害、国家统一调整价格、设计有重大修改等情况出现时,可对合同总价进行调值。

可调值总价合同适用于工程内容和技术经济指标规定很明确的项目,由于合同中列明调值条款,所以工期在一年以上的项目较适于采用这种合同形式。

在所有形式的总价合同文件中,施工说明书尤为重要。施工说明书的条款只有在承包方与发包方双方一致同意的情况下才能修改。总价合同一般在能够完全详细确定工程任务的情况下采用。但在实践中,合同标的物往往包括可定性质的工程量部分和不可定性质的工程量部分。因此,承包工程中往往出现工程量变更问题。对于这个问题,在一般情况下,签订合同时都写进机动条款,即规定工程量变化导致总价变更的极限,超过这个极限,就必须签订附加条款或另行签订合同。

(二) 单价合同

在施工图不完整或当准备发包的工程项目内容、技术经济指标一时尚不能明确,具体地予以规定时,往往要采用单价合同形式。这样在不能比较精确地计算工程量的情况下,可以避免使发包方或承包方任何一方承担过大的风险。工程单价合同可细分为以下两种不同形式:

1. 估算工程量的单价合同

这种合同是以工程量表和工程单价表为基础计算合同价格。亦可称为计量估价合同。通常是由发包方委托设计单位或专业估算师提出总工程量估算表,即“工程量概算表”或“暂估工程量清单”,列出分部分项工程量,由承包方以此为基础填报单价。最后工程的总价应按照实际完成工程量计算,由合同中分部分项工程单价乘以实际工程量,得出工程结算的总价。

采用这种合同时,要求实际完成的工程量与原估计的工程量不能有实质性的变更。因为承包方给出的单价是以相应的工程量为基础的,如果工程量大幅度增减可能影响工程成本。不过在实践中往往很难确定工程量究竟多大范围的变更才算实质性变更,这是这种合同形式的一个缺点。有些固定的单价合同规定,如果实际工程量与报价表中的工程量相差超过±20%时,允许承包方调整合同单价。此外,也有些固定单价合同允许材料价格变动较大时允许承包方调整单价。

采用估计工程量单价合同可以使承包方对其投标的工程范围有一个明确的概念。这种合同一般适用于工程性质比较清楚,但任务及其要求标准不能完全确定的情况。

采用这种合同时,工程量是统一计算出来的,承包方只要经过复核并填上适当的单价就可以了,承担风险较小;发包方也只要审核单价是否合理即可,对双方都方便。目前国际上采用这种合同形式的比较多。

实施这种合同的标的工程施工时要求建立施工日志,施工过程中及时测量并建立月份明细账目,以便确定实际工程量。

2. 纯单价合同

采用这种形式的合同时,发包方只向承包方给出发包工程的有关分部分项工程以及工程范围,不需对工程量作任何规定。承包方在投标时只需要对这种给定范围的分部分项工程作出报价即可,而工程量则按实际完成的数量结算。这种合同形式主要适用于没有施工图,工程量不明,却急需开工的紧迫工程。当然,对于工程单价合同来说,发包方必须对工程

单位的划分做出明确的规定,以使承包方能够合理地定价。

(三) 成本加酬金合同

这种合同形式主要适用于工程内容及其技术经济指标尚未全面确定,投标报价的依据尚不充分的情况下,发包方因工期要求紧迫,必须发包的工程;或者发包方与承包方之间具有高度的信任,承包方在某些方面具有独特的技术、特长和经验的工程。

以这种形式签订的建筑安装承包合同,有两个明显缺点:一是发包方对工程总价不能实施实际的控制;二是承包方对降低成本也不太感兴趣。因此,采用这种合同形式,其条款必须非常严格。成本加酬金合同有几种形式:

1. 成本加固定百分比酬金合同

根据这种合同,发包方对承包方支付的人工、材料和施工机械使用费、其他直接费、施工管理费等按实际直接成本全部据实补偿,同时按照实际直接成本的固定百分比付给承包方一笔酬金,作为承包方的利润。

这种合同形式,建筑安装工程总造价及付给承包方的酬金随工程成本而水涨船高,这不利于鼓励承包方关心降低成本,这也是此种合同形式的弊病所在,因而很少被采用。

2. 成本加固定金额酬金合同

这种合同形式与成本加固定百分比酬金合同相似。其不同之处仅在于所增加费用是一笔固定金额的酬金。酬金一般是按估算的工程成本的一定百分比确定,数额是固定不变的。

采用上述两种合同计价方式时,为了避免承包方企图获得更多的酬金而对工程成本不加控制,往往在承包合同中规定一些“补充条款”,以鼓励承包方节约资金,降低成本。

3. 成本加奖罚合同

采用这种形式的合同,首先要确定一个目标成本,这个目标成本是根据粗略估算的工程量和单价表编制出来的。在此基础上,根据目标成本来确定酬金的数额,可以是百分数的形式,也可以是一笔固定酬金。然后,根据工程实际成本支出情况,另外确定一笔奖金,当实际成本低于目标成本时,承包方除从发包方获得实际成本、酬金补偿外,还可根据成本降低额来得到一笔奖金。当实际成本高于目标成本时,承包方仅能从发包方得到成本和酬金的补偿。此外,视实际成本高出目标成本情况,若超过合同规定的限额,还要处以一笔罚金。除此之外,还可设工期奖罚。

这种合同形式可以促使承包商关心降低成本,缩短工期,而且目标成本是随着设计的进展而加以调整的,故承发包双方都不会承担太大风险,故这种合同形式应用较多。

4. 最高限额成本加固定最大酬金合同

在这种形式的合同中,首先要确定最高限额成本、报价成本和最低成本,当实际成本没有超过最低成本时,承包方花费的成本费用及应得酬金等都可得到发包方的支付,并与发包方分享节约额;如果实际工程成本在最低成本和报价成本之间,承包方只有成本和酬金可以得到支付;如果实际工程成本在报价成本与最高限额成本之间,则只有全部成本可以得到支付;实际工程成本超过最高限额成本,则超过部分,发包方不予支付。这种合同形式有利于控制工程造价,并能鼓励承包方最大限度地降低工程成本。

二、《建设工程施工合同》(GF-1999—0201)中对合同价与支付的规定

(一) 合同价款确定与依据

有关合同价款的确定在合同文本的第六条23款至24款有明确规定。

1. 招标工程的合同价款由发包人、承包人依据中标通知书中的中标价格在协议书内约定。非招标工程的合同价款由发包人、承包人依据工程预算书在协议书内约定。

2. 合同价款在协议书内约定后,任何一方不得擅自改变。

在三种确定合同价款的方式(固定价、可调价、成本加酬金)中,双方可在专用条款内约定采用其中一种。

3. 可调价格合同中合同价款的调整因素包括:

(1) 法律、行政法规和国家有关政策变化影响合同价款;

(2) 工程造价管理部门公布的价格调整;

(3) 一周内非承包人原因停水、停电、停气造成的停工累计超过 8 小时;

(4) 双方约定的其他因素。

4. 承包人应当在上款情况发生后 14 天内,将调整原因、金额以书面形式通知监理工程师,监理工程师确认调整金额后作为追加合同价款,与工程款同期支付。监理工程师收到承包人通知后 14 天内不予确认也不提出修改意见,视为已经同意该项调整。

5. 实行工程预付款的,双方应当在专用条款内约定发包人向承包人预付工程款的时间和数额,开工后按约定的时间和比例逐次扣回。预付时间应不迟于约定的开工日期前 7 天。发包人不按约定预付,承包人在约定预付时间 7 天后向发包人发出要求预付的通知,发包人收到通知后仍不能按要求预付,承包人可在发出通知后 7 天停止施工,发包人应从约定应付之日起向承包人支付应付款的贷款利息,并承担违约责任。

(二) 关于工程量的确认和工程款支付

有关工程量确认和工程款支付,见合同文本第六条 25、26 款。

1. 承包人应按专用条款约定的时间,向监理工程师提交已完工程量的报告。监理工程师接到报告后 7 天内按设计图纸核实已完工程量(以下称计量),并在计量前 24 小时通知承包人,承包人为计量提供便利条件并派人参加。承包人收到通知后不参加计量,计量结果有效,作为工程价款支付的依据。

2. 监理工程师收到承包人报告后 7 天内未进行计量,从第 8 天起,承包人报告中开列的工程量即视为被确认,作为工程价款支付的依据。监理工程师不按约定时间通知承包人,致使承包人未能参加计量,计量结果无效。

3. 对承包人超出设计图纸范围和因承包人原因造成返工的工程量,监理工程师不予计量。

4. 在确认计量结果后 14 天内,发包人应向承包人支付工程款(进度款)。按约定时间发包人应扣回的预付款,与工程款(进度款)同期结算。

5. 由于工程变更调整的合同价款及其他条款中约定的追加合同价款,应与工程款(进度款)同期调整支付。

6. 发包人超过约定的支付时间不支付工程款(进度款),承包人可向发包人发出要求付款的通知,发包人收到承包人通知后仍不能按要求付款,可与承包人协商签订延期付款协议,经承包人同意后可延期支付。协议应明确延期支付的时间和从计量结果确认后第 15 天起计算应付款的贷款利息。

7. 发包人不按合同约定支付工程款(进度款),双方又未达成延期付款协议,导致施工无法进行,承包人可停止施工,由发包人承担违约责任。

(三) 关于设计变更和价款变更

关于工程变更和价款变更见于文本第八条之29、31两款。

1. 施工中发包人需对原工程设计进行变更,应提前14天以书面形式向承包人发出变更通知。变更超过原设计标准或批准的建设规模时,发包人应报规划管理部门和其他有关部门重新审查批准,并由原设计单位提供变更的相应图纸和说明。承包人按照工程师发出的变更通知及有关要求,进行下列需要的变更:

(1) 更改工程有关部分的标高、基线、位置和尺寸;

(2) 增减合同中约定的工程量;

(3) 改变有关工程的施工时间和顺序;

(4) 其他有关工程变更需要的附加工作。

因变更导致合同价款的增减及造成的承包人损失,由发包人承担,延误的工期相应顺延。

2. 施工中承包人不得对原工程设计进行变更。因承包人擅自变更设计发生的费用和由此导致发包人的直接损失,由承包人承担,延误的工期不予顺延。

3. 承包人在施工中提出的合理化建议涉及对设计图纸或施工组织设计的更改及对材料、设备的换用,须经工程师同意。未经同意擅自更改或换用时,承包人承担由此发生的费用,并赔偿发包人的有关损失,延误的工期不予顺延。

监理工程师同意采用承包人合理化建议,所发生的费用和获得的收益,发包人承包人另行约定分担或分享。

4. 承包人在工程变更确定后14天内,提出变更工程价款的报告,经监理工程师确认后调整合同价款。变更合同价款按下列方法进行:

(1) 合同中已有适用于变更工程的价格,按合同已有的价格变更合同价款;

(2) 合同中只有类似于变更工程的价格,可以参照类似价格变更合同价款;

(3) 合同中没有适用或类似于变更工程的价格,由承包人提出适当的变更价格,经工程师确认后执行。

5. 承包人在双方确定变更后14天内不向工程师提出变更工程价款报告时,视为该项变更不涉及合同价款的变更。

6. 监理工程师应在收到变更工程价款报告之日起14天内予以确认,监理工程师无正当理由不确认时,自变更工程价款报告送达之日起14天后视为变更工程价款报告已被确认。

7. 监理工程师不同意承包人提出的变更价款,按争议条款关于争议的约定处理。

8. 监理工程师确认增加的工程变更价款作为追加合同价款,与工程款同期支付。

9. 因承包人自身原因导致的工程变更,承包人无权要求追加合同价款。

承包合同中合同价款及相关的条款极为重要,务必周密、谨慎处理,不得有丝毫疏忽,否则将导致损失。特别是专用条款,这是根据本工程实际出发双方约定的特殊条款。签订合同的当事人都要力争起草权,不能轻易放弃应有的权益。

三、《建筑工程施工发包与承包计价管理办法》(建设部令第107号)的计价规定

(一) 施工图预算、标底及报价的构成

见本章附录4-1计价管理办法的第五、第六和第七条。

(二) 关于采用工程量清单计价

见计价管理办法第八、第九和第十条。

(三) 关于合同价的确定

见计价管理办法第十一、第十二和第十三条。

(四) 关于工程款结算

见计价管理办法第十四、第十五和第十六条。

(五) 关于罚则

见计价管理办法第十九、第二十和第二十一条。

附录 4-1

建筑工程施工发包与承包计价管理办法

建设部令第 107 号

第一条　为了规范建筑工程施工发包与承包计价行为，维护建筑工程发包与承包双方的合法权益，促进建筑市场的健康发展，根据有关法律、法规，制定本办法。

第二条　在中华人民共和国境内的建筑工程施工发包与承包计价(以下简称工程发承包计价)管理，适用本办法。

本办法所称建筑工程是指房屋建筑和市政基础设施工程。

本办法所称房屋建筑工程，是指各类房屋建筑及其附属设施和与其配套的线路、管道、设备安装工程及室内外装饰装修工程。

本办法所称市政基础设施工程，是指城市道路、公共交通、供水、排水、燃气、热力、园林、环卫、污水处理、垃圾处理、防洪、地下公共设施及附属设施的土建、管道、设备安装工程。

工程发承包计价包括编制施工图预算、招标标底、投标报价、工程结算和签订合同价等活动。

第三条　建筑工程施工发包与承包价在政府宏观调控下，由市场竞争形成。

工程发承包计价应当遵循公平、合法和诚实信用的原则。

第四条　国务院建设行政主管部门负责全国工程发承包计价工作的管理。

县级以上地方人民政府建设行政主管部门负责本行政区域内工程发承包计价工作的管理。其具体工作可以委托工程造价管理机构负责。

第五条　施工图预算、招标标底和投标报价由成本(直接费、间接费)、利润和税金构成。其编制可以采用以下计价方法：

(一) 工料单价法。分部分项工程量的单价为直接费。直接费以人工、材料、机械的消耗量及其相应价格确定。间接费、利润、税金按照有关规定另行计算。

(二) 综合单价法。分部分项工程量的单价为全费用单价。全费用单价综合计算完成分部分项工程所发生的直接费、间接费、利润、税金。

第六条　招标标底编制的依据为：

(一) 国务院和省、自治区、直辖市人民政府建设行政主管部门制定的工程造价计价办

法以及其他有关规定;

(二)市场价格信息。

第七条 投标报价应当满足招标文件要求。

投标报价应当依据企业定额和市场价格信息,并按照国务院和省、自治区、直辖市人民政府建设行政主管部门发布的工程造价计价办法进行编制。

第八条 招标投标工程可以采用工程量清单方法编制招标标底和投标报价。

工程量清单应当依据招标文件、施工设计图纸、施工现场条件和国家制定的统一工程量计算规则、分部分项工程项目划分、计量单位等进行编制。

第九条 招标标底和工程量清单由具有编制招标文件能力的招标人或其委托的具有相应资质的工程造价咨询机构、招标代理机构编制。

投标报价由投标人或其委托的具有相应资质的工程造价咨询机构编制。

第十条 对是否低于成本报价的异议,评标委员会可以参照建设行政主管部门发布的计价办法和有关规定进行评审。

第十一条 招标人与中标人应当根据中标价订立合同。

不实行招标投标的工程,在承包方编制的施工图预算的基础上,由发承包双方协商订立合同。

第十二条 合同价可以采用以下方式:

(一)固定价。合同总价或者单价在合同约定的风险范围内不可调整。

(二)可调价。合同总价或者单价在合同实施期内,根据合同约定的办法调整。

(三)成本加酬金。

第十三条 发承包双方在确定合同价时,应当考虑市场环境和生产要素价格变化对合同的影响。

第十四条 建筑工程的发承包双方应当根据建设行政主管部门的规定,结合工程款、建设工程和包工包料情况在合同中约定预付工程款的具体事宜。

第十五条 建筑工程发承包双方应当按照合同约定定期或者按照工程进度分段进行工程款结算。

第十六条 工程竣工验收合格,应当按照下列规定进行竣工结算:

(一)承包方应当在工程竣工验收合格后的约定期限内提交竣工结算文件。

(二)发包方应当在收到竣工结算文件后的约定期限内予以答复。逾期未答复的,竣工结算文件视为已被认可。

(三)发包方对竣工结算文件有异议的,应当在答复期内向承包方提出,并可以在提出之日起的约定期限内与承包方协商。

(四)发包方在协商期内未与承包方协商或者经协商未能与承包方达成协议的,应当委托工程造价咨询单位进行竣工结算审核。

(五)发包方应当在协商期满后的约定期限内向承包方提出工程造价咨询单位出具的竣工结算审核意见。

发承包双方在合同中对上述事项的期限没有明确约定的,可认为其约定期限均为28日。

发承包双方对工程造价咨询单位出具的竣工结算审核意见仍有异议的,在接到该审核意见后一个月内可以向县级以上地方人民政府建设行政主管部门申请调解,调解不成的,可以依法申请仲裁或者向人民法院提起诉讼。

工程竣工结算文件经发包方与承包方确认即应当作为工程决算的依据。

第十七条 招标标底、投标报价、工程结算审核和工程造价鉴定文件应当由造价工程师签字,并加盖造价工程师执业专用章。

第十八条 县级以上地方人民政府建设行政主管部门应当加强对建筑工程发承包计价活动的监督检查。

第十九条 造价工程师在招标标底或者投标报价编制、工程结算审核和工程造价鉴定中,有意抬高、压低价格,情节严重的,由造价工程师注册管理机构注销其执业资格。

第二十条 工程造价咨询单位在建筑工程计价活动中有意抬高、压低价格或者提供虚假报告的,县级以上地方人民政府建设行政主管部门责令改正,并可处以一万元以上三万元以下的罚款;情节严重的,由发证机构注销工程造价咨询单位资质证书。

第二十一条 国家机关工作人员在建筑工程计价监督管理工作中,玩忽职守、徇私舞弊、滥用职权的,由有关机关给予行政处分;构成犯罪的,依法追究刑事责任。

第二十二条 建筑工程以外的工程施工发包与承包计价管理可以参照本办法执行。

第二十三条 本办法由国务院建设行政主管部门负责解释。

第二十四条 本办法自 2001 年 12 月 1 日起施行。

第五章　项目施工阶段工程造价控制

第一节　项目施工阶段造价控制的目标与措施

一、造价控制是三大控制的枢纽

项目监理在施工阶段的中心任务就是控制工程项目的造价、进度和质量目标。这三大目标是相互关联、相互制约的目标系统，它们既对立又统一。监理工程师对三大目标中任何一项目标失去监控，都意味着对确立的整个目标失去控制，也就是说失去了对造价的监控，质量与进度目标也难以实现。一项工程的建成动用，归根结底是一项投资的实现。从项目的提出到项目的实现，始终贯穿着资金的运作，此外监理工程师始终离不开技术与经济的分析与对比。如果没有监理工程师来做这项工作，那么建设单位的委托监理就失去了最根本的意义。为了取得目标控制的预期成果，监理工程师要从多方面采取措施实施控制，其中经济措施是目标控制的必要措施。如果没有监理工程师用经济措施来监理承包单位，投资目标就难以实现。尤其在当前社会主义市场经济转轨时期和承包商不规范行为较为普遍的条件下，对其采取经济措施，恐怕是最为见效也最为有力的控制措施。

(一) 施工阶段中的造价控制是项目监理的一项主要任务

造价控制贯穿于施工阶段监理工作的各个环节中。对项目造价监控是否成功，既影响到业主的利益，也影响监理工作的开展。在发达国家里，监理工程师被誉为工程建设的经济专家和管理财务的经理。由此可见，监理工程师对造价控制的作用。

施工阶段造价控制可分为事前、事中、事后三个阶段。

1．事前造价控制

(1) 做好业主与承包单位签订施工承包合同时的造价控制。监理工程师应协助业主签订施工承包合同，并做好施工承包合同管理。对合同条款的合法性、合理性进行审查，审查合同条款是否真实、齐全，并对承包方投标文件进行了解(指监理未参与施工招投标的情况下)，通过审查和了解，对不合法、不合理的条款，要予以纠正，不齐全的条款要增补。使施工承包合同在实施中减少合同纠纷或违约，避免使业主造成不必要的费用支出。

(2) 做好施工图会审及技术交底工作。监理工程师要对设计的技术指标、使用功能、结构形式和选用的建筑材料进行审查，对设计图纸提出意见，使设计达到经济、适用、安全，避免在施工中多处变更造成投资增加，甚至造成费用损失。

(3) 施工前，监理工程师对施工组织设计、施工技术方案进行审定，尤其是施工技术措施费用要严格审定。对工程质量、工期、施工工艺、施工技术力量、机械设备、技术措施费用进行比较，提出改进意见，努力促使人力、物力、机械设备、材料、技术、资金等生产要素的优化组合，充分发挥各生产要素的作用，提高综合经济效益。

(4) 为控制工程项目投资，监理工程师必须编制资金使用计划，资金支付控制程序及措施，对工程项目分解划分，合理地确定工程项目投资控制目标值，确定设计图纸、材料、设备及有关文件，按质、按量、按时间提供，以免延误影响工程进展。

(5) 由于工程复杂、现场条件及气候环境的变化及其他原因的影响，经常导致索赔。因此监理工程师要制定避免索赔和反索赔措施，明确索赔程序及要求，减少或避免索赔要素的形成。

2. 事中造价控制

(1) 在施工过程中，监理工程师要主动进行跟踪控制，配合工程进度做好计量工作，定期进行投资实际值与计划值的比较，审核承包方的进度计划。发现偏差及进度拖延，立即采取纠正措施，使工程费用及工程进度始终处于受控状态。审核承包方的工作量及报表，提出支付工程款意见，避免超额支付和提前支付。

通过计量来控制项目投资支出，是体现监理工程师公正履行合同的重要环节。对于采用单价合同的项目，工程量的大小，对项目造价的控制起着重要的影响。因此监理工程师应严格掌握工程量的变化。

(2) 在工程项目实施过程中，由于多方面的情况引起的设计变更、进度变更、施工条件变更，经常出现工程量的变化、施工进度变化。这些变化，都有可能使项目投资超出原来的预算额度，监理工程师必须严格予以控制，密切注意对未完工程投资支出的影响以及对工期的影响。

(3) 在施工阶段造价控制中，监理工程师要协调好业主与承包方因施工条件不具备、工程变更和其他非承包方原因的影响所发生的经济争议，力求减少停工、窝工及其引发的索赔损失。

3. 事后造价控制

主要是对承包方提出的结(决)算的审查，其次是工程保修期对保修金的使用控制。

(1) 工程竣工后，监理工程师要对承包方提出的工程结(决)算进行审查。在审查时要按照国家及地方的法规、政策和有关规定，结合工程项目的招投标文件、合同条款及工程项目实施过程具体情况的记录，对工程项目的新增量、取费内容、定额子目进行审查，使结算能真实反映工程项目实际的消耗费用。

(2) 工程项目竣工验收后，虽然通过了交工前的各种检验，但仍可能存在质量问题或隐患，有的直到使用过程中才能逐步暴露出来。再者，工程项目情况比较复杂，有些问题往往是由多种原因造成的。因此，监理工程师要调查了解原因所在，正确地做出责任界定，根据造成问题的原因以及具体的返修内容，控制好费用支付。若给业主造成其他损失，监理工程师应向承包方提出反索赔。

总之，在工程项目施工阶段造价控制中，监理工程师要针对项目特点、内容、环境、业主的授权等，主动监理、动态控制、动态结算、重点预控，切实做好有利于项目资金的使用和降低造价。

(二) 施工阶段造价控制的任务

确定建设项目在施工阶段的造价控制目标值，包括项目的总目标值、分目标值、各细目标值。在项目施工过程中采取有效措施，控制投资的支出，将实际支出值与造价控制的目标值进行比较，并作出分析及预测，加强对各种干扰因素的控制，及时采取措施，确保项目造价控制目标的实现。同时，根据实际情况，允许对造价控制目标进行必要的调整，调整的目的是使造价控制目标永远处于最佳状态和切合实际。但应注意，调整既定目标应严肃对待并按规定程序。

施工阶段造价控制的任务如下：

1. 编制造价控制流程和计划

编制施工阶段造价控制详细的工作流程图和投资计划。

2. 施工阶段造价控制的措施

施工阶段的造价控制工作周期长、内容多、潜力大，需要采取多方面的控制措施，确保投资实际支出值小于计划目标值。监理工程师在本阶段采取的造价控制措施如下：

(1) 组织措施

1) 建立项目监理的组织保证体系，在项目监理班子中落实从造价控制方面进行投资跟踪、现场监督和控制的人员，明确任务及职责，如发布工程变更指令、对已完工程的计量、支付款复核、设计挖潜复查、处理索赔事宜，进行投资计划值和实际值比较，造价控制的分析与预测，报表的数据处理，资金筹措和编制资金使用计划等。

2) 每项任务需专人检查，规定确切完成日期和提出质量要求。

(2) 经济措施

1) 进行已完成的实物工程量的计量或复核，对未完工程量的预测。

2) 工程进度款、工程结算、备料款和预付款及其合理回扣数量的审核、签证。

3) 在施工实施全过程中进行投资跟踪、动态控制和分析预测，对投资目标计划值按费用构成、工程构成、实施阶段、计划进度进行分解。

4) 定期向监理负责人、建设单位提供造价控制报表、投资支出计划与实际分析对比。

5) 编制施工阶段详细的费用支出计划，依据投资计划的进度要求编制，并控制其执行和复核付款账单，编制资金筹措计划和分阶段到位计划。

6) 及时办理和审核工程结算。

7) 制订行之有效的节约投资的激励机制和约束机制。

(3) 技术措施

1) 严格控制设计变更，并对设计变更进行技术经济分析和审查。

2) 进一步寻找通过完善设计、施工工艺、材料、设备、管理等多方面挖潜以节约投资，组织“三查四定”(即查漏项、查错项、查质量隐患、定人员、定措施、定完成时间、定质量验收)，查出的问题整改，组织审核降低造价的技术措施。

3) 加强设计交底和施工图会审工作，把问题解决在施工之前。

(4) 合同措施

1) 参与处理索赔事宜时，以合同为依据。

2) 参与合同的修改、补充、管理工作，并分析研究合同条款对投资控制的影响。

3) 监督、控制、处理工程建设中有关问题时以合同为依据。

3. 对造价控制人员素质的要求

造价控制的性质绝不是单纯的经济工作，造价控制的任务也不仅是财务部门的工作，而是技术、经济、管理的综合工作。造价控制的立足点是节约项目的一次性投资和项目全寿命的经济分析，即进行全面考虑。因此对造价控制人员素质的要求很高。

(1) 经济技能

1) 能充分掌握所有信息和数据,能进行数据分析、处理;

2) 懂得建设项目投资费用的划分和掌握各类费用的依据;

3) 能进行概预算的编制和审核;

4) 对每项付款能进行审核;

5) 对建设项目投资能进行全寿命经济分析;

6) 能完成各类技术经济比较和论证。

(2) 管理能力

1) 能进行建设项目规划和投资分解;

2) 能组织建设项目的设计竞赛;

3) 能组织项目施工招标和发包;

4) 掌握项目投资动态控制方法;

5) 进行项目承包合同管理。

(3) 技术知识

具备包括建筑、结构、施工、工艺、设备、材料等方面的知识。

4. 加强对项目投资支出的分析和预测

(1) 投资计划值与实际值比较关系

造价控制的方法之一是进行动态控制,以控制循环理论为指导,对计划值与实际值进行比较,发现偏离目标,及时采取纠偏措施,再发现偏离,再采取纠偏措施,最终确保工程造价总目标的实现。

(2) 投资支出的分析对比和预测调整

施工阶段造价控制的另一方法是在项目实施全过程中,进行投资跟踪、动态控制,定期对工程已完成的实际投资支出进行分析,对工程未完成部分尚需的投资进行重新预测,对实际投资支出值和项目造价控制计划目标值进行对比,发现偏差采取纠偏措施。

通过对项目各单位工程、分部分项工程完成的实物工程量、实际完成的工程预算值和已完工程实际投资支出的统计汇总,定期提出工程进度表和财务支付汇总表,应用"项目投资差异分析法"对投资进行分析和预测。通过差异分析找出工程预算值和实际投资支出值之间的偏差,从已完工程实际投资支出来预测未完工程竣工验收时尚需投资支出,找出原因采取纠偏措施。同时可编制项目投资、预算、进度计划综合图表,使整个工程进度和项目投资的现状和趋势明白地表示出来。项目投资差异分析,见表 5-1。

项目投资差异分析(单位:元)　　**表 5-1**

<table>
<tr><th colspan="13">差　　异</th></tr>
<tr><th rowspan="2">月末</th><th rowspan="2">计划完成工程预算值</th><th rowspan="2">实际完成工程预算值</th><th rowspan="2">待完成工程预算值</th><th rowspan="2">按计划工程总预算值</th><th rowspan="2">已完成工程实际投资支出</th><th rowspan="2">到竣工时尚需支出预算</th><th rowspan="2">完成项目的投资支出最新估算</th><th rowspan="2">修正值</th><th rowspan="2">预算执行情况</th><th colspan="2">其　中</th><th rowspan="2">总投资复核</th></tr>
<tr><th>工作量</th><th>效　率</th></tr>
<tr><td></td><td>1</td><td>2</td><td>3</td><td>4=1+3</td><td>5</td><td>6</td><td>7=5+6</td><td>8=7-初始估算</td><td>9=2-1</td><td>10=5-1</td><td>11=2-5</td><td>12=7-4</td></tr>
<tr><td>0</td><td></td><td></td><td>100,000</td><td>100,000</td><td></td><td></td><td></td><td></td><td></td><td></td><td></td><td></td></tr>
</table>

续表

月末	差异											
	计划完成工程预算值	实际完成工程预算值	待完成工程预算值	按计划工程总预算值	已完成工程实际投资支出	到竣工时尚需支出预算	完成项目的投资支出最新估算	修正值	预算执行情况	其中		总投资复核
										工作量	效率	
1	10,000	8,000	90,000	100,000	9,000	93,000	102,000	2,000	−2,000	−1,000	−1,000	2,000
2	…	…	…	…	…	…	…	…	…	…	…	…

注：1. 计划投资完成工程预算值是指按计划所要完成以价值表示的工作量＝计划完成的工程量×预算的计划综合单价；

2. 实际完成工程预算值＝实际完成的工程量×预算的计划综合单价；

3. 待完成工程预算值＝待完成的工程量×预算的计划综合单价；

4. 按计划工程总预算值＝工程项目的支出预算＋定期对其支出预算的调整；在项目刚开始时，按计划工程总预算值＝初始估算的项目造价控制目标；

5. 已完工程实际投资支出＝已完工程的实际建设成本；

6. 到竣工验收时尚需支出预算＝尚需完成工程量×预算的计划综合单价；

7. 完成项目的投资支出最新估算＝已完成工程实际投资支出＋到竣工验收时尚需支出预算；

8. 修正差异值＝完成项目的投资支出最新估算－初始估算，用以衡量项目最终的投资超出或节余，如本表为超出 2000 元；

9. 预算执行情况差异＝实际完成工程预算值－计划完成工程预算值＝工作量差异＋效率差异，用以衡量工程进展程度，如本表为少完成工程预算值 2000 元；

10. 工作量差异＝已完成工程实际投资支出－计划完成工程预算值，用以衡量工程进展比计划提前或落后，如本表少完成工作量 1000 元；

11. 效率差异＝实际完成工程预算值－已完成工程实际投资支出，用以衡量实际投资支出比预算值超支或节约，如本表超支 1000 元；

12. 总投资复核＝完成项目的投资支出最新估算－按计划工程总预算值，用以衡量项目最终投资支出比最初造价控制计划值超出或减少，如本表为超出 2000 元。

二、监理工程师在施工阶段的造价控制方法

(一) 监理工程师在施工阶段造价控制时注意要点

1. 研究、分析施工合同

监理工程师要认真研究、分析施工合同，特别是要对投资控制、索赔、支付进度款、工程变更、计量、罚则、结算等有关条款，进行分解，重新按进度列出各阶段的造价控制要点，如：

(1) 监理工程师应研究合同价的确定形式，分清业主与承包商在造价变动时各自的财务责任；

(2) 监理工程师应对合同通用条款及专用条款中涉及工程款支付的内容、时间、支付条件、预付款项及支付中应扣除项目等认真理解，并列表记录跟踪；

(3) 监理工程师应根据施工合同明确自己的工作内容和工作深度，选择适当的方法进行工程造价控制，详细列出各阶段造价控制的具体内容。

2. 监理工程师应现场调查、现场计量

(1) 工程实践说明，某些承包商在结算时工程量计量不准确、不按工程实际进度申报的情况较为普遍，如果监理工程师不注意施工现场调查，可能使实际支付与工程进度有较大偏差。当支付金额大大超过工程进度，监理工程师的造价控制就处于被动状态。

(2) 监理工程师对工程计量环节要严格把关，经实测确认工程量计量，遵照工程计量的原则与方法，进行有效的监督。

(3) 负责造价审核的监理工程师应经常到施工现场调查，参加工地例会，阅读监理日

记,对变更项目在隐蔽前进行现场监督计量,使自己对工程造价的发生了如指掌。特别是结算中的工程量计量,直接影响总造价的正确度,必须一笔一笔核实。

3. 监理工程师要经常与业主沟通、协调

我国施工合同示范文本中提出"在确认计量结果后14天内,发包人应向承包人支付工程款(进度款)",但实践中,往往会发生一定延迟,造成承包商工程建设的资源资金消耗不能得到及时补偿。这时,监理工程师应主动与业主沟通,积极协调,及时结算和支付,避免引起索赔和合同纠纷。即使只是产生短期的支付延迟,亦应取得承包商的理解,所有这些,均是监理工程师应起的协调作用。

4. 监理工程师要注意积累资料

这对于负责审核造价的监理工程师十分重要。如:

(1) 有关工程造价的政策法规。监理工程师只有注意收集理解这些法规,才能使自己的审核成果,有据可查,是审核的凭据。

(2) 工程建设资料。包括施工合同文本、承包商投标报价书、施工组织设计等,逐条逐句地分析其中与造价相关的条文。

(3) 现场资料。如监理工程师联系函、监理工作日记、各种相关签证及变更通知书等,并注意与现场监理工程师交流。

(4) 工程结算资料。如承包商进度报表、工程计量表、支付表格等,同时应对每次进度款计算中,各分部分项工程进度款申报额、监理工程师审批额、业主实际支付额、累计工程款支付额进行记录,并对每次结算中的申报额、审批额、支付额的偏差予以备注说明。所有这些发生的数据,应列表输入计算机,便于工程竣工结算。特别是支付项的凭据,要笔笔清晰。

(5) 关于工程变更和索赔(签证)部分的资料。如工程签证、索赔文件等。注意以表格形式记录并对产生费用的金额作简单说明,并保留全部签证凭据。

5. 监理工程师应重视监理工作的时效

监理工程师应本着对工作认真负责的态度,及时进行造价审核。按规定要求,如:"实行工程预付款的,预付时间应不迟于约定的开工日期前7天";"在确认计量结果后14天内,发包人应向承包人支付工程款(进度款)";"发包人收到承包人递交的竣工结算报告及结算资料后28天内进行核实,给予确认或者提出修改意见。发包人确认竣工结算报告后通知经办银行向承包人支付工程竣工结算价款。"作为监理工程师应尽心尽职,加快结算进度,了结每一项工程全部造价控制工作。

(二) 监理工程师审核造价的方法

1. 当前监理工程师审核造价的两种方法

(1) 全面审查法

是要求监理工程师在熟悉设计文件的基础上,根据定额、合同、政策法规、价格信息等造价审核依据,对建筑工程中间结算和竣工结算所涉及的工程量和工程单价进行全面重新计算并核对审查的方法。这种审查方法全面、细致,是对造价控制一丝不苟的认真做法。特别要求对钢筋要逐根按实计算,对所有承包商提出的每一分部、分项工程,逐一审核其工程量、单价、换算单价、材料调整价以及每项取费标准。

对于工程竣工结算更是一笔不能放过。有的监理公司,是在监理工程师编制该项目的结算后,再与承包商提出的结算核对。

(2) 重点审查法

重点即包括以下三部分：

1) 工程量大、单价高的分部分项工程，如工程结算中的商品混凝土用量、钢筋用量等；

2) 监理工程师根据实践经验认为容易发生疏漏的项目，如土石方运输的方量和运距等；

3) 监理工程师可采用一些方法判断出存在问题的项目。如某地面工程铺贴地砖面积与建筑面积的比例过大，这时如建筑面积计算没有差错，地面铺贴地砖面积就是审查的重点。

重点审查是将项目的技术经济指标与相似工程指标进行类比，判断预算或结算清单的质量；在认定清单质量达到监理工程师满意的标准后，可采用重点审查法。

虽然重点审查法速度快、工作强度小，但是不能达到全面、全过程、全部数据、全金额的审查。故对监理在施工阶段的造价控制审查，特别是项目结算的审查，采用这种方法，是不妥当的。但对于施工过程中，阶段性进度款支付的审核，尚可采用。

2. 对于各类施工合同价的审查

(1) 固定总价合同造价的审查。监理工程师对于承包商应承担的风险范围，只需按照承包报价书对承包商申报的工程进度款进行重点审查，基本保证其发生额与工程进度同步，工程竣工结算时按工程总价扣除保修金后予以支付。而对合同范围以外的工程变更、建设规模的变化及装饰水平的提高等项目发生的费用，监理工程师应进行全面审查，参照承包商报价书和有关定额资料调整合同价格。

(2) 可调价格合同造价的审查。建设部 1999 年在《建设工程施工发包与承包价格管理暂行规定》中提出了三种合同价格调整办法，即"按主材计算价差"、"主材按抽料计算价差，其他材料按系数计算价差"、"按工程造价管理机构公布的竣工调价系数及调价计算方法计算价差"等三种方法。监理工程师根据施工合同确定的价格调整办法，不但要审查结算工程量的大小，而且应审查工程单价及依据建设主管部门确定的价差、系数与价格调整的结果是否相匹配。此时，采用全面审查法审查工程造价比较合适。

(3) 成本加酬金合同造价的审查。由于成本加酬金计价不利于造价控制，在我国工程实践中较少采用。当监理工程师遇到此类合同形式的工程时，应对结算的实物工程量及成本单据进行全面审查，核算工程施工成本及主要材料消耗，进行工料分析，以控制成本支出。此类合同在拟订有关造价计算的条款时，务必绝对详细，不得有些许含糊，特别是定量的数据、计算公式要具有可操作性。并且在实施过程中对成本的"中间审查"、"过程审查"要加强，要全过程跟踪审查，才能达到要求。

(4) 单价合同造价的审查。对于单价合同，工程计量是审核造价的关键工作。现场监理工程师在质量确认的前提下，采用图纸计量、现场监督承包商计量及用仪器现场自行测量等方法计量确认工程量。当发生工程变更或索赔时，可选用或参照清单中的工程单价结算。对于工程量清单中未包括的新增项目，监理工程师应进行全面审查。

单价合同造价审查时，监理工程师先对承包商申报的工程量经过实测，计算确认，根据工程量清单中已实施项目的合同单价计算应付给承包商的款项。

(5) 暂定合同价的审查。因工期紧，设计文件尚不完善等原因，可由业主和承包商协商暂定合同价，以造价咨询部门测算的标底上下浮动一定百分比为依据，在工程竣工后，根据实物工程量、定额与合同中约定的信息价格进行结算。此时，中间结算可采用重点审查法；竣工结算时，由于合同价是暂定价格，实际项目工程量和工程单价都会发生一定幅度的变动，监理工程师可采用全面审查法对工程造价予以全面、细致地计算审查。

（三）施工阶段的现场签证

现场签证是在施工现场由业主代表、监理工程师、施工单位负责人共同签署的，用以证实施工活动中某些特殊情况的一种书面手续。它不包含在施工合同和图纸中，也不像设计变更文件那样有一定的程序和正式手续。它的特点是临时发生，具体内容不同，没有规律性，是施工阶段造价控制的重点，也是影响工程造价的关键因素之一。监理工程师必须严格审核，对金额较大，理由不充足的签证必须经业主方领导同意。但是有一个共同遵守的原则是，必须先经同意，签证后再施工。

1. 现场签证的主要内容

(1) 零星用工。施工现场发生的与主体工程施工无关的用工，如定额费用以外的搬运拆除用工等。

(2) 零星工程。指施工图以外的零星工程。

(3) 临时设施增补项目。首先应当在施工组织设计中写明，并按现场实际发生情况签证，才能作为工程结算的依据。

(4) 隐蔽工程签证。由于工程建设自身的特性，很多工序会被下一道工序覆盖，如基础土石方工程。因此必须办理隐蔽工程签证。

(5) 窝工、非施工单位原因停工造成的人员、机械经济损失。如停水、停电，业主供料不足或不及时，因设计图纸修改而延时交图等所造成的工期拖延。

(6) 议价材料价格认价单。结算资料汇编规定允许计取议价材差价的材料，需要在施工前确定材料价格。

(7) 其他需要签证的费用。

2. 现场签证的作用

(1) 作为工程结算的依据

工程结算的主要依据有：施工合同、招投标文件、图纸、设计变更、现场签证、定额，以及结算资料汇编等法规性文件。现场签证以书面形式记录了施工现场发生的特殊费用，直接关系到业主与施工单位的切身利益，是工程结算的重要依据。特别是对一些投标报价包死的工程，结算时更是只对设计变更和现场签证进行调整。

(2) 作为索赔和反索赔的依据

可分为费用索赔和工期索赔。现场签证是记录现场发生情况的第一手资料。通过对现场签证的分析、审核，可为索赔事件的处理提供依据，并据以正确地计算索赔费用。索赔费用的确定必须经三方同意、认可。

3. 现场签证中应注意的问题

现场签证的处理是工程结算中最容易引起争议的部分，主要是参加建设的各方(包括业主、监理、施工单位等)不够重视。具体有以下几方面：

(1) 应当签证的未签证

有一些签证，如零星工程、零星用工等，发生的时候就应当及时办理。有很多业主在施工过程中随意性较强，施工中经常改动一些部位，既无设计变更，也不办现场签证，到结算时往往发生补签困难，引起纠纷。还有一些施工单位不清楚哪些费用需要签证，缺少签证的意识。

(2) 不规范的签证

现场签证一般情况下需要业主、监理、施工单位三方共同签字才能生效。缺少任何一方都属于不规范的签证，不能作为结算和索赔的依据。

(3) 违反规定的签证

有些业主没有配备专业的投资控制人员，不了解工程造价方面的有关规定，个别施工单位就采取欺骗手段，获得一些违反规定的签证。这类签证也是不能被认可的。

4. 监理工程师要把好现场签证关

(1) 熟悉合同

是监理工程师做好造价控制工作的第一步，即特别注意承包合同中有关造价控制的条款。因为在很多合同中，业主会根据自身的条件和要求而约定一些特别条款，例如在某项目中，合同就要求现场签证必须有总监签字才能生效，无总监签字的现场签证是不能作为结算审核和索赔的依据。

(2) 签证要及时处理

由于工程建设自身的特点，很多工序会被下一道工序覆盖，如隐蔽工程，此外，参加建设的各方人员都有可能变动。因此，现场签证应当做到每一项工作及时签证并编号，要求及时审核和填写“变更(签证)费用审定表”，计算费用，上报有关各部门作后期处理。

(3) 严格审核现场签证

监理工程师要严格审核现场签证，避免违反规定的签证出现。

(4) 监理工程师必须精通法规、定额与业务

造价控制监理工程师要具有工程造价方面的专业知识，熟悉定额和有关文件、法规，可从专业的角度分析、审核签证是否合理、正确，是否实事求是。例如：有一些基础土石方大开挖签证，施工单位往往把实际土石方量写在签证上，并要求业主代表和监理工程师签字确认。这种做法，粗看好像是对的，但实际上存在问题。因为有些地区的综合预算定额中规定了专门的计算规则，综合考虑了多种因素，应按规则计算工程量而非按实际土石方量计算。类似的例子尚有不少。在合同中规定采用何种预算定额结算，就要按相应规定的一切计价办法，不得有半点差错。

(5) 施工阶段造价控制实行双向控制

造价双向控制即监理公司与项目现场的双重控制，可最大限度地减少不规范和违反规定的签证出现，保证现场签证的公平性和正确性。必将使项目监理造价控制走向一个新阶段，会得到业主的赞同，只有实施项目管理的监理公司才能做到这一境界。在项目监理中要坚持“守法、诚信、公正、科学”的监理准则，认真细致地处理每一份签证，才能达到造价控制的目的。

(四) 项目监理在施工准备阶段的造价控制要点

有经验的业主和项目监理均十分重视施工准备阶段的经济工作。投入最精干的管理力量，成立造价控制组来完成这一阶段的相关任务。

1. 成立造价控制组负责施工准备阶段工作

(1) 负责各类招投标组织工作，起草合同，参与合同技术谈判；首先从合同角度把握住业主所要求的控制目标。

(2) 监督合同双方按合同规定履行责任和义务。如有违约迹象时，应及时向责任方发出警示。

(3) 受理违约索赔事宜,及时准确地做好违约事件的调查分析、协调及处理。并将有关资料及时归档。

(4) 办理各类工程款项审核复算工作,签发付款通知单。

(5) 审批施工单位申报的定额外特殊材料的价格。

(6) 负责收集市场材料价格信息和机电设备、成品半成品的询价调查工作。

(7) 编制工程造价控制规划和资金投入计划,协助业主做好资金运行工作,以满足工程进度对资金的需要。

(8) 做好实际工程价款支付的准备工作,及时分析资金投入亏超原因,提出控制办法。

2. 对单位工程造价的分解

为了有效地控制项目造价,项目监理应于施工准备阶段认真做好项目造价控制的规划工作。目的在于通过对项目造价控制规划的实施,把实际发生的投资额度控制在合同确定的造价之内。项目造价控制一般按下列程序进行:确定投资目标→分解目标→比较分析→制定预控措施→实施控制→纠偏检查。而在规划的编制过程中,则应突出做好投资目标的分解细化,各种失控因素的分析比较,找出主要矛盾,制定有效的控制措施三项工作。因为投资目标早已确定,即中标价或合同价,而控制实施和纠偏检查是项目实施中的事。

造价控制目标的分解,实质上是将控制目标值按照工程的分部分项和预算构成进行切块分解。即把目标总额按其组成顺序拆解成一个个有数量、有单价、有合价的细部小块,以方便将来分析与控制。分块细化的程度,应结合项目规模、控制手段和控制业务水平综合考虑确定。总的原则是便于分析比较,利于控制实施,分解后的准确程度要高,误差要小,同时要突出重点,抓住大头。图 5-1 为某单位工程投资分解图示例,它可根据需要,按预算构成的分部分项工程进行再分解。

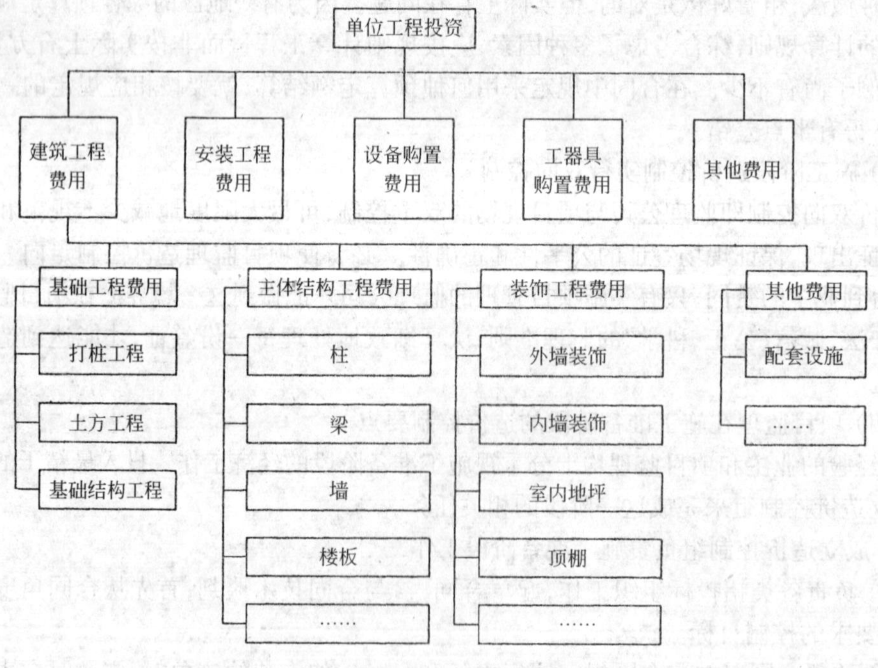

图 5-1 单位工程投资分解图

造价控制目标分解之后，再对影响每项造价的各种干扰因素进行排队分析，析解出各种可变部分和固定不变部分。重点对可变部分做深入细致的分析调查。以便制定可行措施，实行有效控制。同时在分析各种因素的基础上，用动态可变的观点，对可引起造价变化的幅度，做出初步估算，测出一个概数，并相应对分解后的目标值进行适当的调整补充。这个可变幅值称不可预见费或备用费。如果在控制实施过程中，突出了重点，抓住了影响造价的主要方面，就可以把可变因素的影响减弱，甚至可以消失，于是造价增加的幅度即将随之减少或消除，最多也不会突破预留的费用。如此，就应该说造价控制的效果是好的。

总监理工程师应该清醒地知道，任何一项控制工作都是靠人执行的，造价控制亦应如此。他应该将分解细化了的投资份额，按专业分配落实到部门和人。形成人人负责，层层设防，处处把关的局面。从设计变更、技术措施、现场签证、计量支付到新技术、新材料、新工艺的使用，都要从严掌握。真正从技术、合同、经济、管理各个方面，把造价控制好。

3. 编制资金投入计划

造价控制规划制订以后，就可以根据综合进度计划与有关合同条款，来编制资金投入计划。各期的资金投入数额，除按照控制目标分解的数值考虑外，还应考虑一个该期可能发生的调增数。以便实际上发生超增时，有所准备。如该期超增数，因控制得当而未发生时，可通知业主减调下期的筹措资金。同时在编排资金投入计划时要注意可能发生的工期提前现象。所以，业主在按照资金投入计划筹措资金时，最好能做到有 2～3 个月的资金储备。图 5-2 是某项目资金投入计划示例。

资金投入计划的编制要切实注意质量，并应参照进度计划，结合实际工程进度灵活掌握。这个计划执行得好，就能保证工期，促进施工，同时又可使业主避免在资金支付方面的违约行为，减少索赔事件。

三、项目监理在施工阶段造价控制的主要工作

(一) 监理工程师应详细了解和分析影响造价的各因素

监理工程师在施工阶段造价控制的重要任务是必须吃透设计及其变更的每一个方面，并及时了解和分析所有影响造价的各种因素，不断总结和预测，提出造价控制报告。主要有以下几方面：

1. 对项目监理发布的各项有关造价指令的效果反应；
2. 所有变更对造价的预期影响；
3. 发布变更指令的预期效果；
4. 对不符合原费用计划的各项工作进行重新估算后采取的调整措施；
5. 不可预见费的监控情况；
6. 进度延迟或提前，索赔申诉的预期效应；
7. 与造价控制有关的其他问题。

这些问题概括了造价控制要掌握和分析的基本情况。它们要求监理工程师必须付出大部分的精力，必须与业主、设计单位、承包商保持密切合作的工作关系。

监理工程师必须向业主和设计单位及时通报造价控制情况。如果待局面发展到难以补救的时候再行通报，是监理工程师的失职，不顾潜在的超造价和索赔隐患是极不负责和违背职业道德的做法。

(二) 监理工程师在施工阶段对造价控制的主要内容

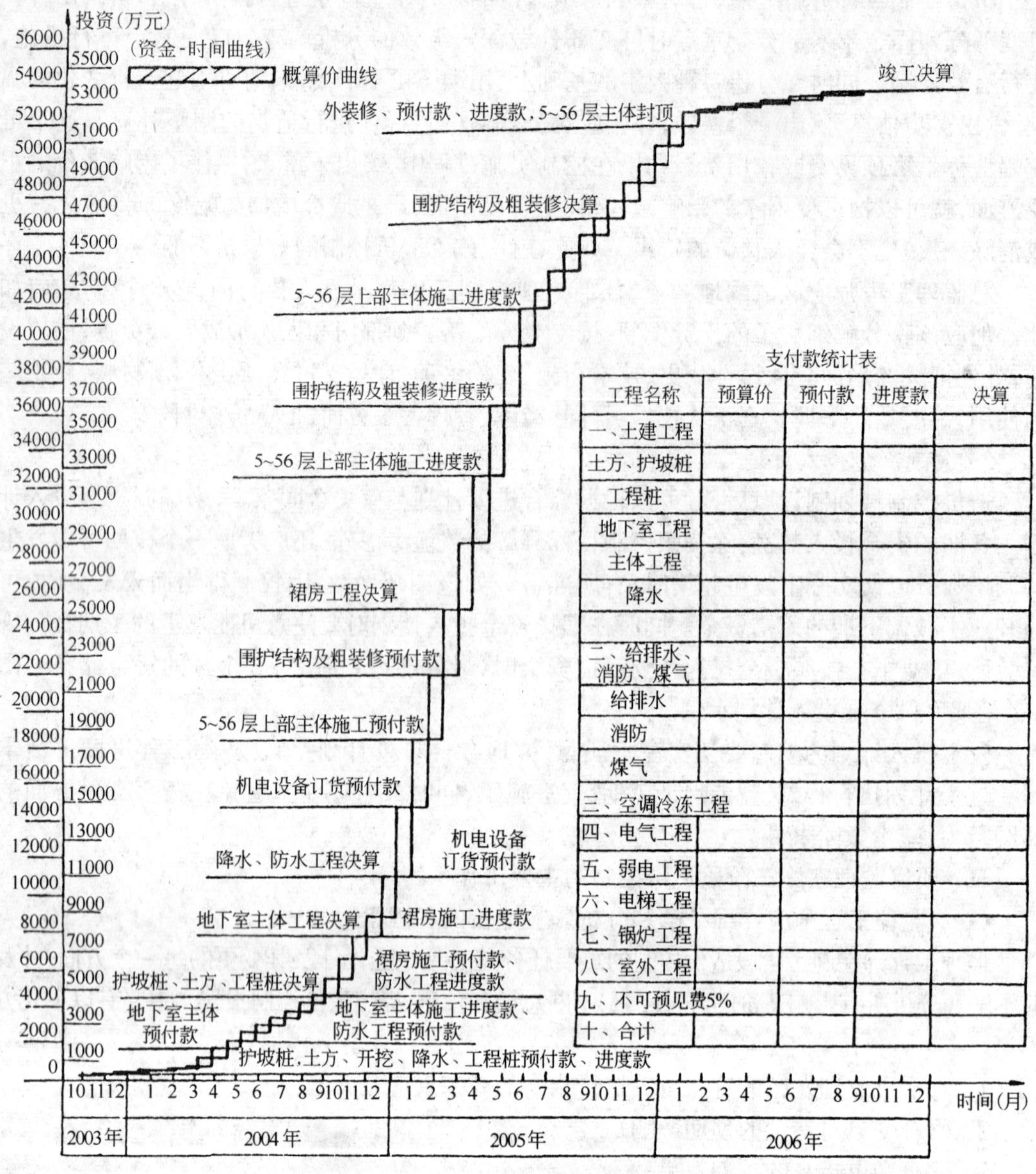

工程名称	预算价	预付款	进度款	决算
一、土建工程				
土方、护坡桩				
工程桩				
地下室工程				
主体工程				
降水				
二、给排水、消防、煤气				
给排水				
消防				
煤气				
三、空调冷冻工程				
四、电气工程				
五、弱电工程				
六、电梯工程				
七、锅炉工程				
八、室外工程				
九、不可预见费5%				
十、合计				

图 5-2　施工阶段资金投入计划示例

1. 准备工作

(1) 核查承包商是否按合约要求，向银行及保险公司办理了履约及保险担保；

(2) 向设计单位及业主发出书面函件，请求他们在整个施工过程中及时传送各种设计指令、变更、补充说明资料及一切有关会议纪要，证明文件等；

(3) 向总承包商发出书面函件，提请他们必须按合约要求，将有关的原始发票，材料进场记录，拆除工作的实际耗用人工数等资料及时送达，以便索赔、结算等事务的及时处理；

(4) 建立文件档案系统。文件档案系统，是造价控制的一项重要业务工作，是监理业务文件之一，分类归纳为：

1）一般信函；

2）现场会议纪要；

3）设计变更通知单；

4）承包商索赔信函；

5）装饰材料实际购货价格；

6）工程量的调整资料；

7）项目费用的调整及补充图纸；

8）工程进度估计及中期付款证明；

9）工程总成本估算报告；

10）有关人工、材料价格变动的调整信息。

以上造价控制的文件档案由监理工程师建立并归档。

2．审核工程进度款

承包商提出当月进度款，项目监理根据实际完成量审核后签批。特别应指出的是，所核实工程量的质量和进度必须符合规定要求，严格控制，如果不符合要求，则不能签证。

3．编制工程总造价财务报告

即工程总成本估算报告。实际工作中，因工程进度款，仅能反映出已完成工程量的费用。随着工程的深入，会随种种原因出现设计变更；对一些大、中型工程，设计师会逐渐补充招标阶段来不及绘制考虑的详图，这时，监理工程师在设计组的密切配合下，分门别类整理设计变更通知单、建筑师指令及大量的详图，初步调整暂定项目的费用。特别是建筑装饰材料价格、工程款及物价上涨对总造价的影响，定期汇总编制出一份在当前情况下，工程总造价的估计报告，即工程总造价财务报告。按工程各主要阶段，分别提出。

工程进展中"工程总造价财务报告"对工程的造价控制，特别是对那些设计更改大的工程，起着极其重要的作用。因为它能动态反映出工程总造价及各项费用开支情况，使费用在未发生时，即作出对策：或追加投资；或修改其他项目，千方百计想办法平衡总投资。

这份报告能有效控制业主及设计人员在施工阶段未顾及经济性而增加工程内容，提高设计标准致使投资突破的情况发生。

4．设计变更的调整及鉴认工作

通常的做法是：对施工过程中设计单位的各项通知分类归档，对那些对造价有影响的指令做一个初步的估算，因设计可能前后修改多次，等到竣工结算时，才会按最新的指令细致计算调整费用及处理暂估项目费用。

设计变更的鉴认工作是很严格地按合约要求去执行的，除设计单位的书面指令外，还有许多口头指令，承包商若要取得费用的补偿，需填写"证明书"由设计单位认可，并经监理工程师审核，签证后方才有效。

（三）工程竣工结算的编制和审查

工程完成后，监理工程师把所有方面的增减账、暂估数的调整及各类签证单分门别类列出，汇总编制成总结算书，经承包商、设计单位、业主签字认可，监理工程师全过程的工程造价控制工作即告完成。

在结算过程中，往往还会出现对承包商提出的索赔的处理，这也是监理工程师一个十分重要且要求专业技术水平较高的一项工作。

一般来说,监理工程师审查由承包商提出的结算,逐项精确核对。有的监理单位由监理工程师编制结算,然后与承包商的结算核对,各方认可后签认。后者是较好的方法,国外监理公司亦往往用此做法,很少失误。

第二节 编制资金使用计划

合理地确定建设项目造价控制目标值,包括建设项目的总目标值、分目标值、各细目标值。如果没有明确的造价控制目标,就无法进行项目投资实际支出值与目标值的比较,不能进行比较也就不能找出偏差,不知道偏差程度,就会使控制措施缺乏针对性。

因此,项目监理在施工阶段的造价控制必须编制资金使用计划,这是国际上极为普遍的做法。

监理工程师在编制项目资金使用计划时,所确定的项目造价控制目标值,应与本工程的工程量、人工单价、材料预算价、设备价、各项有关费用及各种取费标准相一致。资金使用计划的编制方法如下:

一、按层层分解的不同分项编制资金使用计划

建设项目由若干单项工程、单位工程及分部分项工程组成。故首先对工程项目合理划分,精确分解造价控制目标,合理分配资金。

一般来说,将造价控制目标分解到各单项工程和单位工程是比较容易办到的,结果也是比较合理可靠的。按这种方式分解时,不仅要分解建筑工程费用,而且要分解安装工程、设备购置以及工程建设其他费用。这样分解将有助于检查各项具体投资支出对象是否明确和落实,并可从数字上校核分解的结果有无错误。

二、按工程进度编制资金使用计划

建设项目投资是分阶段支出的,资金应用是否合理与资金时间安排密切相关。为了编制资金使用计划,从资金筹措开始,尽可能减少资金占用和利息支付,必须将总造价控制目标按使用时间和各分项细目进行分解,确定各分目标值。

按时间进度编制的资金使用计划,可以网络计划为基础,即对网络计划的每项工作,填入该项工作的资金,形成利用网络计划控制时间与造价的资金使用计划,并可以实施项目造价与时间(即资金与工期)的优化。在拟定工程项目执行计划时,一方面确定完成某项工作所耗用的时间,另一方面确定完成这一工作合理的资金支出。将资金纳入网络计划,二者结合起来,形成资金使用计划。故资金使用计划往往是用网络计划形式表达。利用确定的网络计划便可以计算各项工作的最早及最迟开工时间,可绘制按时间进度坐标划分的投资累计曲线,一般称S形曲线,绘制步骤如下文。

1. 绘制该工程的网络计划

目前一般均可利用计算机编绘网络计划。网络计划的每项工作填入相应的资金额。特别应指出的是:每项工作的资金额要包括相应的间接费等,按比例分摊到工作中。因此,项目全部工作的资金之和即项目投资总额。

2. 计算出该工程的时间-投资累计曲线(即S形曲线)

若应用计算机按网络计划与输入的每项工作投资额,可迅速输出该项目的时间-投资累计曲线。如图5-3所示。

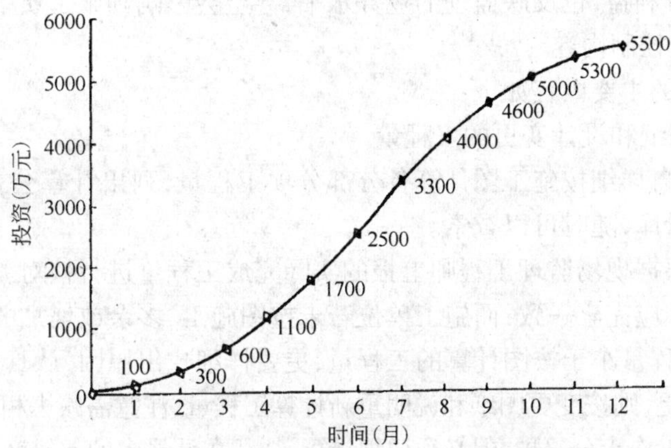

图 5-3　时间-投资累计曲线(S曲线)

3. 根据各规定时间的计划累计完成投资额,按最早开始和最迟开始时分别绘制时间-投资累计曲线(S形曲线),形成如图5-4所示的香蕉曲线图。该图作如下说明:该工程网络计划的非关键路线中存在许多有时差的工作,因而S形曲线(投资计划值曲线)必然包括在由全部工作都按最早开始时间开始和全部工作都按最迟必须开始时间开始的曲线所组成的图形,图5-4中:a 曲线是所有工作按最迟开始时间开始的曲线,b 曲线是所有工作按最早开始时间开始的曲线。

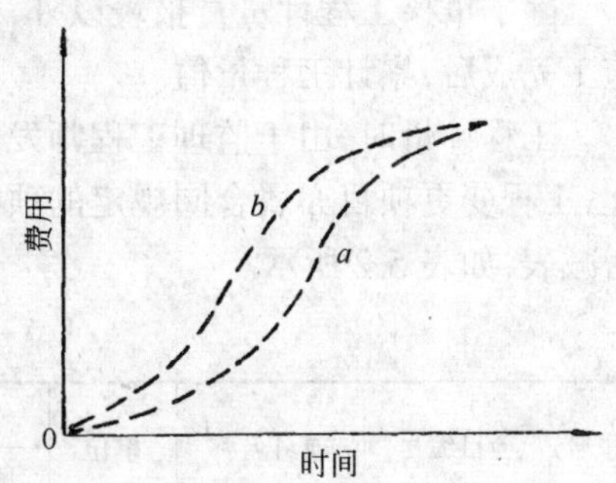

图 5-4　投资计划值的香蕉图

监理公司可根据编制的投资支出预算来合理安排资金,同时监理单位也可以根据筹措的建设资金来调整S形曲线,即通过调整非关键路线上的工作最早或最迟开始时间,力争将实际的投资支出控制在预算的范围内。图5-4中 a、b 两曲线形成的图像如同香蕉,故亦称香蕉曲线。

监理工程师在编制资金使用计划时,一般应将所有工作都按最迟开始时间(即与 a 曲线相一致),这对节约建设资金贷款利息有利。虽然 a、b 两曲线的竣工期相同,但降低了项目按期竣工的保证率,因为如果施工中有意外情况发生,就不能再利用时差。因此,在编制资金使用计划时,要合理地确定资金支出的预算,达到既节约资金支出,又要控制项目工期的双重目的。即造价控制与进度控制二者密切相关。只有通过监理公司的统一控制与监管才能做到。

第三节　工程计量与工程变更的造价控制

一、工程计量控制

施工阶段工程计量是监理工程师根据合同,审核施工单位按时段实际完成的各项工程数量。工程计量控制的前提有三:一是所计量的分项按施工进度及时或提前完成;二是质量符合要求;三是按施工图要求完成。

工程计量是施工阶段造价控制的一个重要环节,计量的准确与否,直接关系到建设单位、施工单位的切身利益,也反映监理的业务水平,甚至会影响到施工质量和进度。

(一) 工程计量控制内容

工程计量监控的主要内容如下:

1. 审核施工图纸和设计变更的工程量

监理工程师亲自详细按施工图计算各分部分项工程量,列出计算公式,分层、分部位列表计算,建立工程量库,随时可以查索。

实际施工后,根据现场监理工程师上报的实际完成工程量进行核对。完全按图施工,无设计变更的部分,理应完全一致;而施工单位若未按图施工,多余或增加的工程量,不能作为计量数。若实际工程量小于按图计算的工程量,更要详细找出原因,认真处理。

如果有设计变更,则按变更图纸和说明重新计算工程量,注意需减去相应原变更前按图计算的工程量。该项工作十分繁琐,但必须详细计算,往往在计量中的差错就在此发生。

2. 审核施工工程计量月报表

除了审核工程计量月报表以外,对每一工程阶段、部位(如基础、群房、各结构层等),在施工完成后,累计工程量值。

工程计量时,由于监理工程师发出的工程变更指令必须是属于合同文件的组成部分,因此,工程变更项目亦属合同规定的项目,当变更项目完成时需及时计量,并填写工程量清单增减表,如表 5-2 所示。

工程量清单增减表 表 5-2

序号	项目编号	项目名称	单位	工程数量		单 价		金额(元)		差额(元)	
				原有	现在	原有	现在	原有	现在	增(+)	减(-)
1	2	3	4	5	6	7	8	9=5×7	10=6×8	11=10-9	12=10-9
1											
2											

3. 分析工程变更签证的原因,复核变更工程量

工程签证的原因繁多,其中有的签证将直接改变工程量,均需通过设计单位签出变更通知,然后按程序审批、签证,监理工程师要严格把关。任职造价控制的监理工程师应及时计算出工程量,并在该部分工程完成以后,立即邀集双方统计、核实准确的工程量,以免日久后,产生差错。

4. 处理合同外临时承包项目的工程计量

该部分合同外的工程计量,计量时另立编目,注意需附入补充合同,写明单价、总价及结算价。完成后一笔一笔结清。

5. 审核专项施工技术方案及其相应工程量

必须以合同为依据,在承包合同中应纳入的相应条款及计价方式。如果不属合同组成部分或已包括在定额单价中的费用,前者需要重新计价,要先计价后施工;后者则不能重复计量、计价。

工程计量的必要条件是已完成的工程必须在质量上达到合同规定的技术标准,各种试验检测数据齐全,并经过质量监理工程师验收合格,颁发工程检验认可书后方可进行计量。

(二) 工程计量的方法

工程计量是监理工程师、监理人员一项十分细致而繁琐的工作,应予重视。

1. 按形象进度的计量法

这是为支付进度款的中间工程计量，根据月度实际完成的工程形象进度来计算。在工程竣工后，仍需精确实测后计量。逐月分部、分项按部位详细计量后列表分别填入本月完成量与累计完成量。

2. 按图纸计算法

这是分部、分项工程完全按图施工，在实际完工并经监理人员实测检查后，确实尺寸准确的工程，方可按图计算。要遵照工程量计算规则精确计算。

3. 按实际完成工程量实测计算

监理人员对工程中的每一分部、分项工程均实测后计算。即使是按图施工，未变更的分项工程，只有经过监理人员实测后方能确认。对设计变更的分项工程，更要格外重视，实测必须与图纸计算相一致。对于土方开挖、回填土等分部工程，在施工过程中，分阶段验收、实测、计量，严格分清不同土质、深度、体积、地下水、放坡、支撑、排水措施等详细列表细填，不得有半点遗漏。并且及时请双方有关领导签证确认，而且要分门别类，分清不同单价的工程量，且分别列清单，绝对不能只填入一个总工程量数，难以核对。必须指出，工程计量中必须分别列出"计算公式"，并且清楚填入各项数据。

作者曾对某工程玻璃幕墙进行计量，虽然是按图施工，但实测的工程量与按图计算不一致，实际上少做一部分。这类单价较高的分部工程，实测计量极重要，不能仅靠目估或按图算。未按图正确施工而多增加的工程量，监理工程师不能确认。

(三) 工程计量监控的管理措施

1. 选用优秀的计量监理人员，要求具有较高的业务水平和较宽的知识面，且具有良好的职业道德。

2. 要合理安排机构职能分工和制定完善的审批制度。现场监理人员要做好记录和收集施工中的有关资料数据，并向造价监理工程师提供证明材料和意见；监理工程师组织审查施工单位递交的各种工程量文件，提出审查意见并上报总监理工程师；总监理工程师核定和签发工程计量的最终审批意见。遇到特殊或重大的项目，可将意见呈报建设单位或主管部门批示后再签发。

3. 要求做好信息收集和资料管理。只有可靠而又充分的信息凭据，正确的计量才有保证；如果资料管理混乱，那么，要及时完成计量是很难做到的。为此需要收集质量信息，尤其是质量缺陷或事故的信息，定期做好质量评定的登记和统计工作；收集进度信息，做好合同内外各工程部位实际完成的进度标注工作；及时整理好图纸和各种来往文件。

4. 加强人员管理。要求土建监理人员积极深入现场，掌握施工动态，取得第一手资料，以保证计量审核时有根有据。土建监理人员要养成做好监理日记和及时逐级汇报的习惯，日记是最好的备忘材料，及时汇报有利于各级监理人员都能熟悉某一项工程量的实际发生过程。

(四) 工程计量控制的注意点示例

进行工程计量监控工作时，是依照合同文件和国家及部颁规范，根据各工程部位实际完成的施工图或监理、建设单位文件中的各项工程量进行计量。

对于混凝土工程、土石方工程和建筑装修工程计量的注意点如下：

1. 混凝土工程：因施工方法不当造成超挖从而引起回填混凝土量的增加，则不予考虑。

2. 土石方工程：开挖料作为永久或者临时填料时，其开挖工程量不得重计，要么仅计算填筑量;要么计了开挖量之后,填筑量则按直接利用方计算。

在开挖过程中,若遇到淤泥等较差的地质基础,为了加快施工进度,征得总监理工程师同意,铺设石砟道路之后,可以单独计算石砟量。

由于地质原因,开挖沿线出现坍塌,施工单位为此进行清除和修坡,则要考虑增加计量。

料场开挖完成之后,清理工程量不再计量。但若另有要求(如设围栏或植草绿化等),可单独计量。

3. 建筑装修工程:对于已完成的砌体,设计或者监理部门要求凿洞或者拆除,可以另计工程量。在进行室内外建筑装修时,遇有机电设备保护要求或者因工程需要改变作业顺序或者有特殊的施工难度等,在征得总监理工程师同意的前提下,可以考虑增加相应的工程量。

4. 计量的几何尺寸要以设计图纸为依据:监理工程师对承包商超出设计图纸要求增加的工程量和自身原因造成返工的工程量,不予计量。例如:某工程灌注桩的计量与支付条款中规定按照设计图纸以延长米计量,桩的设计长度 30m,施工单位做了 35m,则只计量 30m,建设单位按 30m 付款。

二、工程变更控制

在施工阶段发生工程变更是使参建各方人员最感为难亦是最不愿意发生之事,非但会延长工期还会造成损失。但是在施工实施过程中总会产生工程变更,这就要求监理工程师将其处理好,使损失最小。

工程变更是包括设计、进度、施工条件的变更及原招标文件的工程量清单中未包括的新增工程。由于上述工程变更有的往往对工程造价的影响较大,是项目监理中造价控制的重点之一,应予重视。

工程变更的原因主要来自业主对工程项目在设计完成后的修改、变更;其次是由于工作过程中考虑或估计不足;另外是因自然、社会等客观原因所引起的不可预见事故,致使产生不可避免的工程变更。

(一) 监理工程师的工程变更通知

承包方遵照监理工程师发生的工程变更通知及有关事项,对工程需进行变更的内容有:

1. 更改工程有关部分的标高、基线、位置和尺寸;
2. 增减合同中约定的工程量;
3. 改变有关工程的施工时间和顺序;
4. 其他有关工程变更需要的附加工作;
5. 更改工程局部设计。

监理工程师所发出的工程变更,均需通过业主签证认可。凡修改、变更设计图,必经通过设计单位签发,项目监理单位无权修改设计图。但是,凡工程变更均需监理工程师认可。

(二) 工程变更程序

工程变更直接使造价、工期变化,故任何方提出的工程变更,必经监理工程师签发指令。

1. 监理工程师在签发工程变更的指令前需经认真研究的过程是:

(1) 各有关方向监理工程师提出工程变更内容;

(2) 监理工程师分析提出工程变更对本工程项目目标的影响;

(3) 根据有关的合同条款和会议、通信记录等,分析所提出的工程变更依据合理性;

(4) 初步确定处理变更所需的费用、时间范围和质量要求,并向业主提交变更评估报告;

(5) 业主签批本工程变更事项;

(6) 根据业主签批意见,确认本工程变更。

工程变更是发生于项目施工阶段。由于工程变更所引起的造价改变、索赔、工期延长,均会损害投资效益,不利于项目目标控制,甚至使投资失控。

2. 业主提出对工程变更的程序:

凡业主提出工程设计变更时,首先应向项目监理单位、项目总监提出工程变更的意图、设想、目的及内容。监理工程师以项目目标、效益、效果为准则,提出意见。如果变更超过原设计标准或批准的建设规模时,须经原规划管理部门和其他有关部门重新审查批准,并由原设计单位提供变更的相应图纸和说明。业主办妥上述事项后,承包方根据变更通知并按监理工程师要求进行变更实施。因变更将导致合同价款的增减及造成承包方损失,经监理工程师审核后,费用由业主承担,延误的工期相应顺延。

凡对原工程设计进行变更,根据《建设工程施工合同》的规定,应以书面形式向承包方发出变更通知。合同履行中发包方要求变更工程的质量标准及发生其他相应产生的实质性变更,由双方协商解决。

对业主所提出的设计变更,其控制程序如图 5-5 所示。

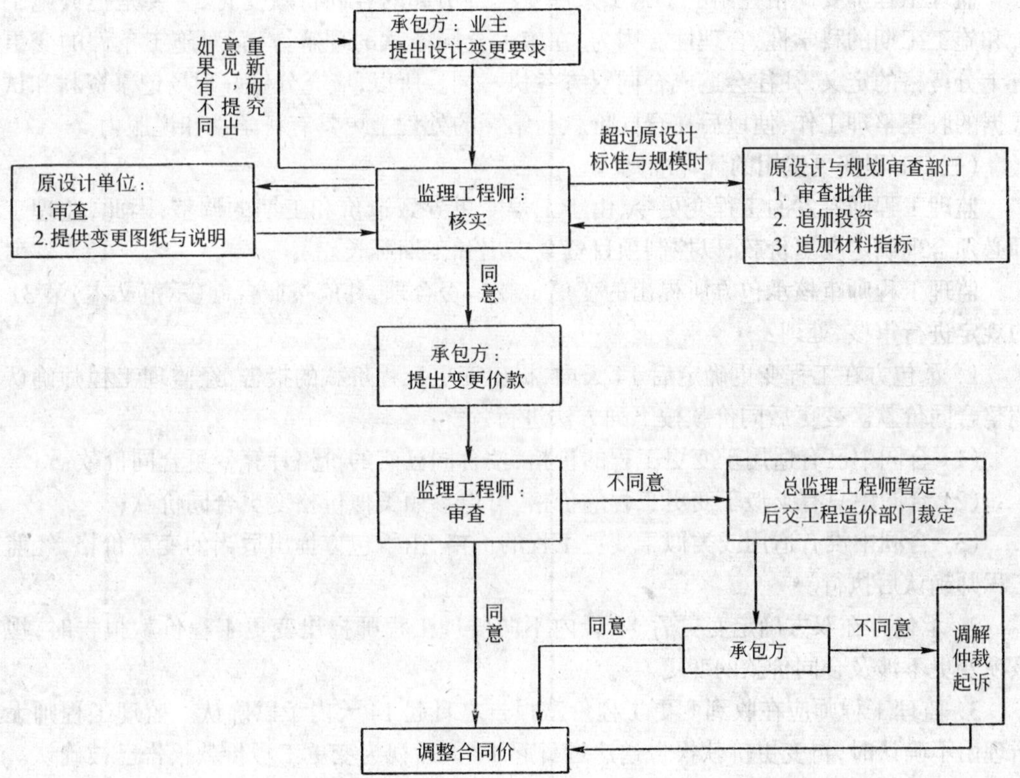

图 5-5 业主方提出的设计变更控制程序图

3. 承包方提出对工程变更的程序:

在施工阶段监理工程师对承包方提出的工程变更需格外重视和细致分析,并遵照以下规定程序:

(1) 施工中承包方不得对原工程设计进行变更。如果由于承包方擅自变更设计,则所发生的费用和由此导致业主的直接损失,由承包方承担,延误的工期不予顺延。

(2) 承包方在施工中提出的合理化建议涉及对设计图纸或施工组织设计的更改及对原材料、设备的换用,须经监理工程师同意。未经同意擅自更改或换用时,承包方承担由此发生的费用,并赔偿发包方的有关损失,延误的工期不予顺延。

(3) 监理工程师同意采用承包方合理化建议,所调整的费用和获得的收益,发包方、承包方另行约定分担或分享。

(4) 承包方有时往往以便于施工为理由提出变更工程方案,监理工程必须严谨审查其对工程质量、工期、投资影响的程度,如果发现确对工程不利,虽然便于施工,亦不能接受。

承包方提出对工程变更的程序,可参照图 5-5 所示的程序。

4. 监理工程师要控制因施工条件变化所引起的变更:

施工条件的变更往往较复杂,需要特别重视,否则会由此而引起索赔的发生。对于施工条件的变更,是指未能预见的现场条件或不利的自然条件,即在施工中实际遇到的现场条件同招标文件中描述的现场条件有本质的差异,如实际的地质情况变更等,使承包商向业主提出施工单价和工期的变更要求。

监理工程师要严格控制由于施工条件变化所引起的合同价款变化,主要是把握施工单价和施工工期的科学性、合理性。因为,在施工合同条款的理解方面,对施工条件的变更没有十分严格的定义,往往会造成合同双方各执一词。所以,应充分做好现场记录资料和试验数据的收集整理工作,使以后在合同价款与结算的处理上更具有科学性和说服力。

(三) 工程变更费用的计算准则

监理工程师签发的工程变更令,由于工程变更导致造价和工期的调整,因此,监理工程师必须合理确定变更价款,以控制项目资金支出和工期延长。

监理工程师审核承包方所提出的变更价款是否合理,并应按照合同(示范文本)第 31 条的规定进行审核、处理:

1. 承包方在工程变更确定后 14 天内,提出变更工程价款的报告,经监理工程师确认后调整合同价款。变更后同价款按下列方法进行:

(1) 合同中已有适用于变更工程的价格,按合同已有的价格计算变更合同价款;

(2) 合同中只有类似于变更工程的价格,可以参照类似价格变更合同价款;

(3) 合同中没有适用或类似于变更工程的价格,由承包方提出适当的变更价格,经监理工程师确认后执行。

2. 承包方在双方确定变更后 14 天内不向监理工程师提出变更工程价款报告时,视为该项变更不涉及合同价款的变更。

3. 监理工程师应在收到变更工程价款报告之日起 14 天内予以确认。监理工程师无正当理由不确认时,自变更价款报告送达之日起 14 天后视为变更工程价款报告已被确认。

4. 监理工程师不同意承包方提出的变更价款,可以和解或者要求合同管理及其他有关主管部门调解。和解或调解不成的,双方可以采用仲裁或向人民法院起诉的方式解决。

5. 监理工程师确认增加的工程变更价款作为追加合同价款,与工程款同期支付。

6. 因承包方自身原因导致的工程变更,承包方无权要求追加合同价款。

(四) 工程变更指令的内容

1．变更的原因和依据

如由于图纸的错误，应由设计单位提出图纸错误情况及相应变更的图纸和说明；如由于承建单位方便施工条件（如改变结构和建设内容），则由承建单位提出变更原因及相应变更的图纸和说明，应用的技术规范和技术标准；由于建设单位提出的变更（如施工进度计划变更），应附有要求变更的文件；对建设单位要求增加的工程项目，除说明原因外，还应附有关部门的文件或主管部门批准文件；涉及合同条款的变更，应附有承发包双方对有关变更部分的协议书；对设计技术规范和技术标准变更时，要予以说明及附相应的技术文件；监理工程师发现设计不足或错误时，也可提出工程变更。

2．变更的内容和范围

对原有工程项目变更，指出变更的内容和范围，其数量的增减情况，列出变更工程的工程量清单；对新增工程项目，指出新增的内容和范围，列出增加的详细工程量清单及其计量方法的规定。

3．变更价格的确定

工程变更价款的计算一般是：对原有工程项目的变更部分，一般采用原合同单价和监理工程师经计量变更后的工程数量为依据；对新增工程项目，采用原合同单价或新的单价和新增的工程数量为依据；再求得变更后和新增后的估价与原相应的合同价款进行增减后，求得变更后的合同价款。

对工程变更价格的确定，在变更通知单中要确定变更项目的内容、范围、数量及变更项目的费用，因为当变更数量很大时，将直接影响到总投资。此外，监理工程师要审核承包方提出的变更项目费用。必须按照变更程序，而变更费用达成一致意见后再实施变更工程。

第四节　合同、索赔及风险管理

建筑工程承包合同、索赔、风险分析与工程造价控制之间密切相关，本节是以监理工程师地位，如何处理好它们之间产生的问题，作如下阐明。

一、监理工程师与工程承包合同

监理工程师的合同、索赔工作的内容，取决于工程监理委托合同中业主所赋予的任务，一般是遵照《建设工程监理规范》所规定的要求。主要是严格贯彻执行以《建设工程施工合同》示范文本为依据的施工承包合同。要求监理工程师掌握示范文本的全部内容和条款，在工作中反复对照查阅。对其中专用条款，在制订时要格外认真。

《建设工程施工合同》（GF-1999-0201）（示范文本）系中华人民共和国建设部与中华人民共和国国家工商行政管理局于 1999 年 12 月 24 日以建建［1999］313 号文联合颁发。文本共分协议书、通用条款、专用条款三部分。监理工程师在合同管理中的主要问题，在下文中分别叙述。

（一）在《工程施工合同》中明确工程造价相关的专用条款

工程造价相关的专用条款是工程施工承包合同中关键条款，如果约定不明确，埋下隐患，日后必定会发生合同争议和纠纷。因此，在施工承包中必须确定以下问题。

1．确定承包商得到施工图后提供相应工程预算的期限。经监理工程师审核后，作为备料款和进度款的付款依据。

2. 确定承包商按经监理工程师认可的分段施工组织设计和分段进度计划组织基础、结构、装修阶段施工。合同规定的分阶段进度计划具有决定合同是否继续履行的直接约束力。

3. 确定承包商完成分阶段工程并经质量检查符合合同约定条件,向监理工程师递交该形象进度阶段的工程进度款的期限,监理工程师审核期限。

4. 确定发包方支付承包商各分阶段预算工程款的比例,以及备料款、进度、工作量增减值和设计变更签证、新型特殊材料差价的分阶段结算方法。

5. 确定全部工程竣工通过验收后承包商递交工程结算的期限,以及监理工程师审核是否同意及提出异议的期限和方法。双方约定经监理工程师提出异议,承包商作修改、调整后双方能协商一致的工程结算,再经过有关审计机构审计核实或通过后,并经各方签认同意的最终结算,作为支付依据。

6. 确定承发包双方对工程结算有异议时,可委托审计机构审计,该审计机构的审计对双方均具有约束力,双方均承认该机构的审定,即为工程最终结算价。

7. 确定最终结算价支付及工程保修金的处理方法。

(二)《工程施工合同》中关于造价的确定是合同最关键的主要条款

1. 关于造价的确定

我国《建筑法》第 18 条规定:"建筑工程造价应当按照国家有关规定,由发包单位与承包单位在合同中约定。公开招标发包的,其造价的约定,须遵守招标投标法律的规定。"

2. 关于预付款、进度款和结算款的确定

按照约定支付价款主要包括预付款、进度款和结算款三类。对如何约定这三类款项及其支付以及违约责任,示范文本在通用条款中都作了比较详尽的规定。

3. 预付工程款的确定

示范文本通用条款第 24 条对预付工程款作了规定。主要内容是:如果实行工程预付款的,承发包双方应当在专用条款中约定支付预付款的时间和数额,以及开工后逐次扣回的时间和比例;预付款支付应提前的期限;发包方如未依约支付,承包方在约定期限后应发书面通知要求支付的期限;以及经承包方书面通知后发包方仍未支付,承包方有权在再发出书面通知后停工的期限,上述期限均为 7 天。发包方逾期支付预付款的,应承担应付款自应支付日起的贷款利息,并承担约定的顺延工期和赔偿损失的违约责任。

4. 进度款的确定

示范文本通用条款第 26 条对工程进度款作了规定。主要内容是:对承包方已完工程量计量结果确认后,发包方应向承包方支付进度款,在约定时间扣回预付款应同时结算,经确认的追加进度款和调整变更价款应同期支付。发包方未能按期支付进度款,可由承发包双方协商并签订延期付款协议,此协议应明确延期付款的时间,并从工程计量确认后 15 天起支付利息。发包方不同意签订延期付款协议,承包方可停止施工,并有权追究发包方的违约责任。

5. 工程结算款的确定

示范文本通用条款第 33 条对工程结算款作了规定。主要内容是:

(1) 承包方应在工程验收通过后 28 天内向发包方递交竣工结算报告及资料,依约进行合同价款调整和结算;

(2) 发包方应在收到竣工结算和资料后 28 天内进行核实、确认或提出修改意见,并在确认后及时付清结算款,承包人在收到结算款后 14 天内将竣工工程交付发包人;

(3) 发包方在收到竣工结算及资料后 28 天内无正当理由不确认、支付结算款,自第 29 天起支付承包方贷款利息,并承担相应违约责任;

(4) 发包方在收到竣工结算和资料 28 天内不确认、支付结算款,在承包方发出书面报告后 56 天内仍不支付,双方可以协商折价或由承包人向人民法院申请拍卖并优先受偿;

(5) 如承包商不及时提交竣工结算报告和完整的结算资料,造成不能及时结算以及结算款不能及时支付的,发包方要求交付工程,承包方应当交付;发包方不要求交付工程的,则由承包方承担保管责任。

示范文本对约定工程造价款的有关规定,是参照国际承包工程的通常惯例制定的,对施工企业而言,脱离通用条款的规定要想自行洽商达成上述约定会非常困难。因此,要充分运用通用条款关于预付款、进度款、结算款等工程造价的规定,具体约定在承发包双方签订的专用条款中,使之成为有约束力的合同依据。

(三) 监理单位的合同管理系统

监理单位要设置专门的合同管理机构和专职管理人员来实施合同管理体系,而合同专门管理机构的建立和人员的配备必须遵循监理企业的条件来决定,并且明确其具体权责。

建筑施工企业具有一套严密的合同管理机构和专职合同管理人员。因此,监理企业的合同管理机构应是与之对等的。

监理单位参与合同管理工作的内容,是根据业主授权的任务来定,但一般来说,具有以下内容。

1. 监理公司的合同管理任务

(1) 协助、参与业主确定本项目的合同结构

包括:勘察合同、设计合同、施工合同、加工合同、材料与设备订货合同、运输合同等。合同结构是指合同的框架、主要部分和条款构成。

(2) 协助业主起草合同及参与合同谈判

参加上述建设合同在签订前的谈判和拟订合同初稿,提供业主决策。

(3) 合同管理和检查

在建设项目实施阶段,对上述合同进行全过的、监控、检查和管理。

(4) 处理合同纠纷和索赔

协助业主和秉公处理建设工程各阶段中产生的索赔;参与协商、调解、仲裁甚至法院解决合同的纠纷。

(5) 其他

合同的鉴证和合同涉及第三方等关系的处理,除以上内容以外有关合同的所有事项。

2. 合同管理系统

建设项目实施阶段,由业主委托的监理公司进行合同的监控、检查、管理。借鉴国外工程项目管理公司的经验,根据我国实际情况,提出以下合同管理系统,供各监理单位参考。

合同管理系统由以下 5 个部分组成,其中前三部分是合同监督的基础,合同监督又是索赔和反索赔的前提条件。这五部分形成了一个完整的合同系统,它们之间的关系十分密切,缺少其中任何一部分,合同管理将失去它的效果。

(1) 合同分析

合同分析就是对工程承包合同中共同承担风险的合同条款、法律条款分别进行仔细的

分析解释。同时也要对合同条款的更换、延期说明、投资变化等事件进行仔细分析。

对于那些与业主有关的活动都必须分别存档,以防漏项。合同分析和工程检查等工作要同工期联系起来。合同分析是解释双方合同责任的根据。

合同分析是在订立合同的过程中即要按条款逐条分析,如果发现有对本方产生风险较大的条款,要相应增加抵御的条款。要详细分析哪些条款与业主有关、与总包有关、与分包有关、与设计部门有关、与工程检查有关、与工期有关等,分门别类分析各自责任和相互联系的关系,做到一清二楚,心中有数。

(2) 建立合同数据档案

合同数据档案就是把合同条款分门别类的归纳起来,将它们存放在计算机中,以便于检索。合同中的不同规则、特殊情况、技术规范、特殊的技术规则、协商结果等等都可以计算机检索。这就大大的方便了合同工作,能得到关于合同条款的最新情报。同时,根据计算机提供的主题词,可以对合同中的条款进行分解和组合,使合同双方的责任清楚明了。

图表也是一个重要的管理工具,可以使合同中的各个程序具体化,是合同管理者使当事人双方明白合同特殊条款的各方职责。这些图表有试验数据、质量控制、运输保险、工程移交手续等。

(3) 形成合同网络系统

合同网络系统就是把合同中的时间、工作、投资用网络形式表达。合同计划表是用来处理时间控制,合同管理是从计划到维护施工过程中每一个活动。这些计划表包括:图纸目录、试验数据表、到货报告等。形成合同网络系统后,使合同的时间概念、逻辑关系更明确,便于监督。

(4) 合同监督

合同监督就是要对合同条款经常进行解释,以便根据合同来掌握工程的进展。保证设计、试验报告的精确性,保证发票、订货手续、工作指示等符合合同的要求。图表是解释复杂条款的最好的方法。此外,流程图和质量检查表也是合同监督的好办法,它能保证合同监督步骤的正确性。

合同监督的另一个重要的内容是检查解释双方来往的信函和文件,以及会议记录、业主指示等,因为这些内容对合同管理是非常重要的。

(5) 索赔管理

索赔管理是合同管理工作中的最后一个部分,它包括索赔和反索赔。由于索赔和反索赔没有一个确切的标准,只能根据实际发生的事件为依据进行实事求是的评价分析,从中找出索赔的理由和条件。所以说合同管理中前几个部分是索赔管理的根据。如果合同档案处理得不好,索赔工作就很难开展。

(四) 签订合同的经验

1. 少说多写,以书面凭证为据,重点是“写入合同条款”

在整个合同管理过程(包括合同谈判、拟稿)中切记“少说多写”,以书面凭证为据。无论口头说得如何,并不能作为当事人双方的合同依据。因此,必须写入合同条款方能认账。

2. 原则问题必须写入合同条款,所谓“丑话讲在前面”

拟定合同务必贯彻俗称“丑话讲在前面”的原则。要写清细节,不要怕条款多。应列入合同的各种问题必须写入,不能回避,以免日后产生枝节和纠纷,甚至失误。

3．合同要争取自己拟稿

工程合同要争取拟稿权。这不同于请客吃饭："请…请…"。如果当事人双方都要争取拟稿，则各自起草后统一归纳，切忌"先入为主"的教训，让对方"牵着鼻子走"，否则会吃亏上当。

4．合同中避免词意表达不清和"含混"的字句

合同中不要有种种"含糊"的、笼统的提法，要有针对性的、确切的用词。因为施工过程中发生任何的细节问题，不可能在签订合同时都估计到，"含混"的提法会导致以后合同纠纷。

例如：

(1) 在某些材料供应合同中，常规是写："…材料送到现场"。但是有些工地现场范围极大，对方只要送进工地围墙以内，就理解为"送到现场"。这对购买方很不利，要增加二次搬运费。严密的写法，应写成："……材料送到操作现场"。

(2) 某总包与分包签订的合同中有："总包同意在分包完成工程，经监理工程师签发证书，并在业主支付总承包商该项已完工程款后 30 天内，向分包付款"。表面看似乎合理，实际是总包转移风险的手段。因为业主与总包之间的原因有多方面，而监理工程师不签发证书，致使业主拒绝或拖延向总包付款，并非是分包的原因。这种笼统地把总包得到付款，作为向分包付款的前提是不合理的。应补充以下条款：

"如果监理工程师未签发证书，或总包未能收到业主付款，并非分包违约。那么，总包应向分包支付其实际完成的工程款和最后结算款"。

(五) 合同拟订与管理要务

1．合同中的权利与义务是对等的。对方的权利即我方的义务；我方的权利即对方的义务。而且，双方的义务、权利也是对等的。例如，要施工单位："按时间开工"，业主必须"按时交付现场"。

2．预防对方将风险转嫁我方。如果发现，要有同样相应的条款来抵御。

一个亏本合同，即合同的权利与义务失衡，则在施工过程的合同管理中很难挽回；但是，一个好的合同，如果在日后的合同管理中失误，同样也是失败的。

3．根据德国国际工程项目管理公司(IPM)经验："通过工程项目管理中技术最优化，可使工程增加利润，但最多不超过 3%～5%；而合同管理得好，却能使利润增加 10%～20%"。可见在国外项目管理中合同管理的优化要比技术优化更为重要。

4．弄清合同中的每一项内容，因为合同是工程的核心。

5．用文字记录代替口头协议。特别是大型工程，因施工时间较长。

6．考虑问题要灵活，管理工作要做在其他工作的前面。要积累施工中一切资料、数据、文件。

7．工程细节文件的记录应包括下列内容：信件、会议记录、业主的规定、指示、更换方案的书面记录及特定的现场情况等。

8．有效的合同管理能使妨碍双方关系的事件得到很好的解决，这需要我们具有灵活、敏捷的头脑。只有具备这种能力，才有信心排除另一方设置的困难。

9．应该想办法把弥补工程损失的条款写到合同中去，以减少风险。

10．有效的合同管理是管理而不是控制。合同管理做得好，可以避免双方责任的分歧，是约束双方遵守合同规则的武器。当代合同管理的效果说明：由于现在承包市场竞争日益

激烈，合同条款越来越复杂、繁琐，国际工程合同约一万页左右，承包商将担当的风险会在合同中处理，故监理工程师应有鉴别能力，拟订合理、公正的合同，并做好合同管理。

(六) 监理单位的合同管理制度

业主往往委托监理工程师代拟合同，这就必须在事前充分了解业主意图。由于监理工程师全面掌握法规、政策、规程，也要坚持原则性、公正性，抵制一些不符合法规的条款。合同的最终决策权在业主。业主在签订合同之前，要与相关部门会签，特别是财务、采购、设备等部门，有利于调动企业各部门的积极性，发挥各部门管理职能作用，群策群力，集思广益，以保证合同履行的可行性，并促使相互衔接和协调，确保合同的全面实际履行。在监理单位内各相关专业监理工程师，在签约前充分征求各方意见，特别是造价控制的监理工程师，需认真审阅有关造价的专用条款和补充条款。

监理企业必须要有一套完善、合理的合同管理制度，以供合同管理机构和人员在工作中参照执行，将合同管理工作落到实处。监理企业合同管理制度主要有：

1. 审查批准制度

为了使施工承包合同签订后合法、有效，必须在签订前履行审查、批准手续。审查是指将准备签订的合同在各相关部门提出意见之后，送业主管理合同的机构或法律顾问进行审查；批准是由业主主管或法定代表人签署意见，同意对外正式签订合同。通过严格的审查批准手续，可以使合同的签订建立在可靠的基础上，尽量防止合同纠纷的发生，以维护业主的合法权益。

2. 合同的检查制度

发现和解决合同履行中的问题，协调各相关部门履行合同中的关系，业主与监理企业应建立合同签订、履行的监督检查制度。通过检查及时发现合同履行管理中的薄弱环节和矛盾，以利提出改进意见，促进各相关部门不断改进合同履行管理工作，提高监理企业合同管理水平。定期的检查和考核，是保证全面履行合同的极其有利的措施。

3. 合同统计考核制度

完善合同统计考核制度，是运用科学的方法，利用统计数字，反馈合同订立和履行情况，通过对统计数字的分析，总结经验，找出教训，为监理企业合同管理提供重要依据。监理企业合同考核制度包括统计范围、计算方法、报表格式、填报规定、报送期限和部门等，监理企业一般是对合同履约率进行统计考核。

4. 建立合同管理评估制度

合同管理制度是合同管理活动及其运行过程的行为规范，合同管理制度是否健全是合同管理的关键所在。因此，建立一套有效的合同管理评估制度是十分必要的。

合同管理评估制度的主要项目是：

(1) 合同的合法性。指合同的内容是符合国家有关法律、法规的规定；

(2) 合同的规范性。指合同的整体符合规范合同行为的作用，对合同管理行为进行评价、指导、预测，对合法行为进行保护鼓励，对违法行为进行预防、警示或制裁等；

(3) 合同的实用性。合同管理制度能适应合同管理的需求，以便于操作和实施；

(4) 合同的系统性。指各类合同的管理制度是一个有机结合体，互相制约、互相协调，在工程建设合同管理中，能够发挥整体效应的作用；

(5) 合同的科学性。指合同管理制度能够正确反映合同管理的客观经济规律，能保证人们利用客观规律进行有效的合同管理。

(七) 工程变更条款引起的合同调整

1. 工程变更不能随心所欲,将会造成损失

工程变更不能超过合同规定的工程范围,如果超过这个范围,承包商有权不执行变更或坚持先商定价格后再进行变更。

业主往往通过监理工程师对材料的认可权提高材料的质量标准、对设计的认可权提高设计质量标准、对施工工艺的认可权提高施工质量标准。如果合同条文规定比较含糊或设计不详细,则容易产生争执。但是,如果这种认可权超过合同明确规定的范围和标准,承包商应争取业主或监理工程师的书面确认,从而提出工期和费用索赔。

此外,与业主、与总包之间的任何书面信件、报告、指令等都应经监理单位的合同管理人员进行技术和法律方面的审查,这样才能保证任何变更都在控制中,不会出现合同问题。

2. 工程变更尽可能事先提出

变更决策时间过长和变更程序太慢会造成很大的损失。常有两种现象:一种现象是施工停止,承包商等待变更指令或变更会谈决议;另一种现象是变更指令不能迅速作出,而现场继续施工,造成更大的返工损失。这就要求变更程序尽量快捷,故即使仅从自身出发,承包商也应尽早发现可能导致工程变更的种种迹象,尽可能促使监理工程师提前作出工程变更。

施工中发现图纸错误或其他问题,需进行变更,首先应通知监理工程师,经监理工程师同意或通过变更程序再进行变更。否则,承包商可能不仅得不到应有的补偿,而且还会带来麻烦。

应该注意到,工程变更与造价、合同、索赔密切相关。

3. 对超出监理工程师权限范围的工程变更的处理

工程变更不能免去承包商的合同责任。对已收到的变更指令,特别对重大的变更指令或在图纸上作出的修改意见,应予以核实。对超出监理工程师权限范围的变更,应要求监理工程师出具业主的书面批准文件。对涉及双方责权利关系的重大变更,必须有业主的书面指令、认可或双方签署的变更协议。

4. 各相关方要迅速、全面落实工程变更指令

变更指令作出后,各相关方应迅速、全面、系统地落实变更指令。应全面修改相关的各种文件,例如有关图纸、规范、施工计划、采购计划等,使它们一直反映和包容最新的变更。各方应在相关的部门和分包商的工作中落实变更指令,并提出相应的措施,对新出现的问题予以解释和处理,同时又要协调好各方面工作。

合同变更指令应立即在工程实施中贯彻并体现出来。在实际工程中,这方面问题常很多。由于合同变更与合同签订不一样,没有一个合理的计划期,变更时间紧,难以详细地计划和分析,使责任落实不全面,容易造成计划、安排、协调方面的漏洞,引起混乱,导致损失。因此,更要格外重视。

5. 分析工程变更的影响

承包商往往将工程变更引起的合同调整当作是索赔机会,将不失时机地在合同规定的索赔有效期内完成对它的索赔处理。监理工程师对此就应记录、收集、整理所涉及的各种文件,如图纸、各种计划、技术说明、规范和业主的批示、意见,作为进一步分析的依据和处理索赔的证据。

合同变更前必须事先能就价款及工程的谈判达成一致后再进行合同变更。在商讨变更、签订变更协议过程中,处理好一切造价问题及支付时间等。在实践中,工程变更的实施、价格谈判

和业主批准三者之间存在时间上的矛盾。业主往往只急于工程变更的施工,却不先确定变更造价,这是最不明智的办法,监理工程师应予提示,先确定价格,然后施工的原则。

(八)遵循工程造价控制程序

图5-6为工程造价控制程序。图中的括号内数字,如(23)、(29)、…等,为《建设工程施工合同示范文本》通用条款中的条款号。

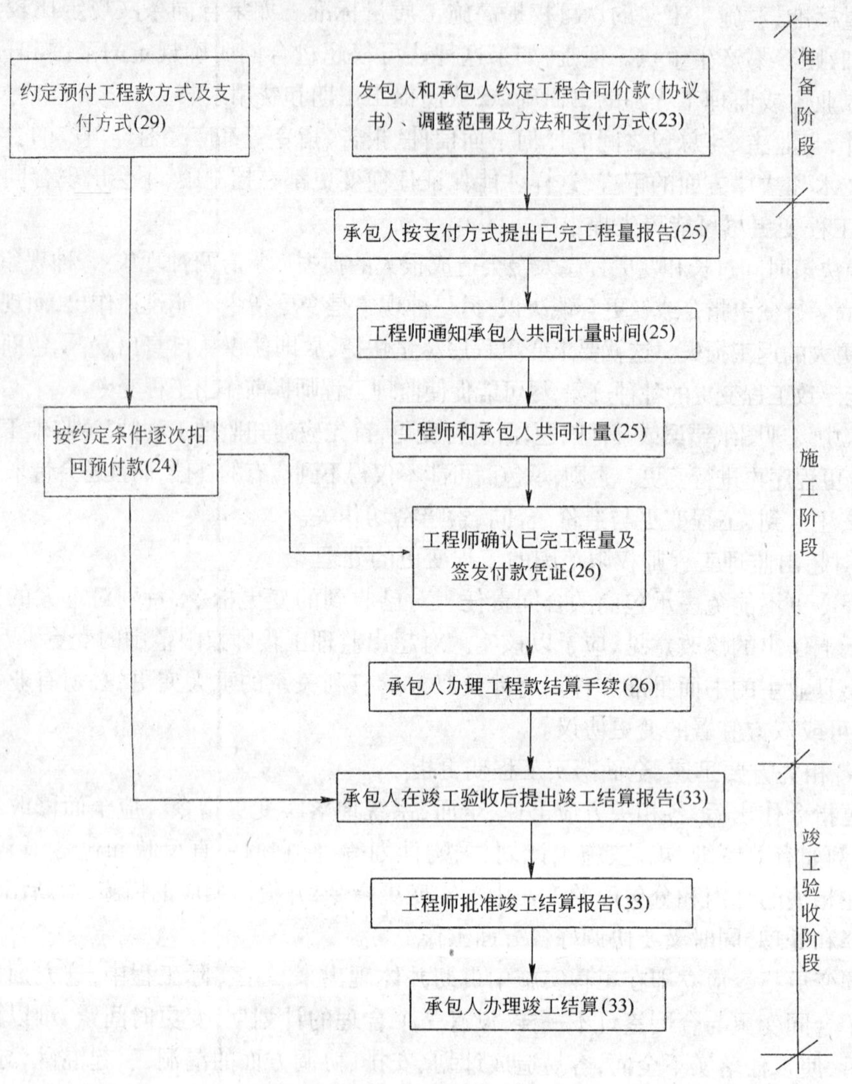

图5-6 工程造价控制程序

(九)合同分析

1. 合同分析概念

合同分析是指从监理方的角度分析、补充、解释合同,将合同目标和合同规定落实到合同实施的具体问题上和具体事件上,用合同管理的具体工作,使合同能符合日常项目管理的需要,使工程按合同要求施工、竣工和维修。

从项目管理的角度来看,合同分析就是为合同控制确定依据。合同分析确定合同控制的目标，并结合项目进度控制、质量控制、投资控制的计划，为合同控制提供相应的合同工作、合同对策、合同措施。从这个意义上讲，合同分析是监理方项目管理的起点。

合同分析侧重于技术、经济的分析及主要的合同条款的分析。

2. 合同分析的内容

(1) 分析合同缺陷、解释有争议内容

工程施工的实际情况千变万化，一份再标准的合同也难免会有漏洞。目前施工承包合同均按照《建设工程施工合同示范文本》中的通用条款，重点是专用条款和补充条款，故比较简单，诸多的合同条款均未详细和合理地约定。在这种情况下，通过分析这些合同缺陷，并将分析的结果作为合同的履行依据就非常必要。

在合同实施过程中，合同双方会有许多争执。合同争执常常起因于合同双方对合同条款理解的不一致。要解决这些争执，首先必须作合同分析，按合同条文的表达，分析它的意思，以判定争执的性质。要解决争执，双方必须就合同条文的理解达成一致。特别是在索赔中，合同分析为索赔提供了理由和根据。因此，监理工程师首先应对合同进行分析，作为合同管理的基础。

(2) 分析合同风险、制定风险对策

经规范的招标投标程序后签订的工程施工承包合同对双方仍存在诸多风险，这些风险在合同实施前有必要作进一步的全面分析，对风险进行确认和界定，具体落实对策和措施。如果不能透彻地分析出风险，就不可能对风险有充分的准备，则在实施中很难进行有效的合同控制和风险管理。

监理单位首先应以项目利益为重，进行风险分析并提出措施。

(3) 简化分解合同

合同本身条文往往不直观明了，一些法律语言不容易理解，遇到具体问题，即使查阅合同，查阅人也很难准确全面地理解。合同实施前的合同分析，则可以将合同约定用最简单易懂的语言和形式表达出来，使得日常合同管理工作容易、方便。

项目监理职能人员所涉及的活动和问题不是全部合同文件内容，而仅为合同的部分内容。为此，由合同管理专门人员先作全面的合同分析，再向各监理人员进行合同交底不失为较好的方法。

(4) 分解合同工作并落实合同责任

合同事件和工程活动的具体要求(如工期、质量、技术、费用等)、合同当事人双方的责任关系、事件和活动之间的逻辑关系极为复杂，要使工程按计划有条理地进行，必须在工程开始前将它们落实下来，从工期、质量、造价、相互关系等各方面定义合同事件和工程活动，这就需要通过合同分析，分解合同工作，落实合同各条款和各相关人的责任，将合同管理与各监理人员的监理工作紧密结合起来，并承担一定的相应责任。

3. 合同分析的要求

(1) 合同分析力求准确、客观

合同分析的结果应准确、全面地反映合同内容。如果分析中出现误差，它必然导致合同实施更大的失误。所以不能透彻、准确地分析合同，就不能有效、全面地管理合同。许多工程失误和争执都起源于不能准确地理解合同。

客观性，就是要根据合同约定及法律规定的原则，不偏不倚地探究合同的公正性。分析合同的风险,划分合同双方义务,都必须实事求是地按照合同条文,按合同精神进行,而不能以当事人单方面的主观愿望解释合同,否则必然导致实施过程中的合同争执。

合同双方对合同理解应一致性。合同分析实质上是双方对合同的详细解释。分析中要落实各方面的责任界面,否则极容易引起争执。所以合同分析结果应能为对方认可。

(2) 合同分析要简单、清晰

合同分析的结果必须采用使监理单位不同层次的监理人员都能够接受的表达方式,使用简单易懂的工程语言,如图、表等形式,对不同层次的监理人员提供不同要求、不同内容的合同分析资料。使监理人员人人参与合同管理。

(3) 合同分析的全面性

合同分析应是全面的,对全部的合同文件作解释。对合同中的每一条款、每句话甚至每个词都应认真推敲,细心琢磨,全面落实。合同分析不能只观其大略,不能错过一些细节问题,这是一项非常细致的工作。在实际工作中,常常一个词甚至一个标点就能关系到争执的性质,关系到一项索赔的成败,关系到工程的效益。

(十) 合同缺陷补充与解释

1. 合同缺陷补充

合同缺陷指当事人应当约定的合同条款而未约定或者约定不明确、无效或者被撤销而使合同处于不完整的状态。法律要求对合同缺陷应尽量予以补充,使之足够明确、清楚,达到使合同能全面履行的条件。

补充合同缺陷有如下方式:

(1) 约定补充

当事人享有订立合同的自由,也就享有补充合同漏洞的自由。因此,《合同法》规定当事人可以通过协议补充合同漏洞。即当事人对于合同的疏漏之处按照合同订立的规则,在平等自愿的基础上另行协商,达成一致意见作为合同的补充协议,并与“原合同”共同构成一份完整的合同。

(2) 解释补充

解释补充是指以合同的客观内容为基础,依据诚实信用原则并斟酌交易惯例对合同的漏洞作出符合合同目的的填补。解释补充分为两种:

1) 按照合同有关条款确定。合同条款虽可相互独立,但更相互关联。例如,履行方式条款与履行地点条款、合同价款等就存在较为密切的联系。如果履行地点不明,但合同规定了履行方式,就有可能从中确定履行的地点。

2) 根据交易习惯确定。此外的交易习惯既包括某种行业或者交易的惯例,也包括当事人之间已经形成的习惯做法。

(3) 法定补充

在由当事人约定补充和解释补充仍不足以补充合同漏洞时,适用《合同法》关于法定补充的规定。所谓法定补充,是指根据法律的直接规定,对合同的漏洞加以补充。现分述如下:

1) 质量要求不明确的,按照国家标准、行业标准履行;没有国家标准、行业标准的,按照通常标准或者符合合同目的的特定标准履行。质量等级要求不明确的,最低应当按质量合格的标准进行施工,不允许质量不合格的工程交付使用。如发包方要求质量等级为优良的,承包方可适时主张优质优价。

2）价款或者报酬不明确的，按照订立合同时履行地的市场价格履行；依法应当执行政府定价或者政府指导价的，按照规定履行。工程价款不明确的，根据国家建设标准定额进行计算。

3）合同工期不明确的，除国务院另有规定的以外，应当执行各省、市、自治区和国务院主管部门颁发的工期定额，按照工期定额计算得出合同工期。法律暂时没有规定工期定额的特殊工程，合同工期由双方协商，协商不成的，报建设工程所在地的定额管理部门审定。

4）付款期限不明确的，则开工前发包方即应支付进场费和工程备料款；根据承包方的工作报表，经审核后即应拨付工程进度款，以免影响后续施工；工程竣工后，工程造价一经确认，即应在合理的期限内付清。

5）履行方式不明确的，按照有利于实现合同目的的方式履行。

6）履行费用的负担不明确的，由履行义务一方负担。

2. 合同歧义解释

根据《合同法》第125条"当事人对合同条款的理解有争议的，应当按照合同所使用的词句、合同的有关条款、合同的目的、交易习惯以及诚实信用原则，确定该条款的真实意思"的规定，合同的解释有如下原则：

(1) 以合同文义为出发点，客观主义结合主观主义原则

确定合同词句含义的一般规则是，从通常的意义上揭示其涵义，无论当事人任何一方的理解到底是什么。对当事人签订合同时采用的含义，有主观主义和客观主义之分。客观主义原则要求法官以一个普通的、理性的社会成员的身份，置身于合同缔结的情境中，探究合同用语的含义以解释合同。但在合同因欺诈、胁迫、乘人之危、错误等原因致使当事人意思表示不自由、不真实时，应采取主观主义原则，充分考虑当事人的内心真意。

(2) 整体解释原则

要求将争议的合同条款视为合同的一个有机组成部分，从该合同条款、整个合同中的位置等方面阐释合同用语的含义。该方法要求：

1）在合同中，一般应坚持概念用语的意义的统一性；

2）不能仅限于正式的合同文本，而应与合同有关的合同草案、谈判记录、信件、电报、电传等与合同有关的文件放在一起进行合同解释。

(3) 参照交易习惯原则

是指在合同文字或条款的含义发生歧义时，按照交易习惯予以明确或补充。运用交易习惯进行合同解释时，应遵循以下规则：

1）必须是双方均知悉该交易时，方可参照交易习惯；

2）交易习惯是双方已经知道或应当知道而没有明确排斥者；

3）交易习惯依其范围可分为一般习惯（通行于全国的习惯）和特殊习惯（地域习惯或特殊群众习惯）以及当事人之间的习惯。在合同没有明示时，当事人之间的习惯应优于特殊习惯，特殊习惯应优于一般习惯。

(4) 诚实信用原则

在合同解释中主要体现为探究当事人的真意，调和自由与公平，充分平衡双方当事人的利益。具体而言，这要求合同解释的结果不得有失公平，双方的利益大致是平衡的。

(5) 符合合同目的原则

符合合同目的可以用来印证文义解释、体系解释、交易习惯的解释是正确的，或在出现无数个正确解释结果时决定各解释结果的取舍。尽管本条没有规定，合同条款可以作两种以上的解释时，应当以符合合同目的的解释为准。一般而言，依据诚实信用原则，符合目的解释原则有决定解释结果的效力。

合同条文的解释必须有统一性和同一性。如果在合同实施前，不对合同作分析和统一的解释，而让各人在执行中翻阅合同文本，极容易造成解释不统一和工程实施中的混乱。特别对复杂的合同，以及各方面合同关系比较复杂的工程，该工作极为重要。

(十一) 合同结构分解

合同结构分解是指按照系统规则和要求将对象分解成互相独立、互相影响、互相联系的单元。根据结构分解的一般规律和施工合同条件自身的特点，施工合同条件结构分解应遵守如下规则：

1. 保证施工合同条件的系统性和完整性。施工合同条件分解和结果应包含所有的合同要素，这样才能保证应用这些分解结果时能等同于应用施工合同条件。

2. 保证各分解单元间界限清晰、意义完整、内容大体上相当，这样才能保证应用分解结果明确、有序且各部分工作量相当。

3. 易于理解和接受，便于应用，即要充分尊重人们已形成的概念、习惯，只在根本违背施工合同原则的情况下才作出更改。

4. 便于按照项目的组织分工落实合同工作和合同责任。

为此，结合国内、国际施工合同条件的结构，可将工程施工合同进行分解，分解结构图见图 5-7。

二、索赔管理

(一) 索赔事件与索赔起因

索赔事件又可称之为干扰事件，即影响合同的正常履行，对合同双方造成损失的事件。事件的产生即为索赔的起因。监理工程师应对索赔的起因有敏锐的预见，通过有力的合同管理，避免或减少这些干扰事件的发生。

产生索赔事件的原因有如下几种：

1. 业主违约

(1) 没有按合同规定提供设计资料，图纸，未及时地下达指令，答复请示等，使工程延期。

(2) 没按合同规定的日期交付施工场地、行驶道路、提供水电、提供应由业主供应的材料和设备，使承包商不能及时开工，或造成工程中断。

(3) 业主未按合同规定按时支付工程款，业主已处于破产境地，或不能再继续履行合同。

(4) 下达错误的指令，提供错误的信息。

(5) 在工程施工和保修期间，由于非承包商原因造成未完或已完工程的损坏。

2. 由于监理工程师的原因的索赔事件

(1) 监理工程师及监理人员到达现场前，未按合同规定时间通知施工单位，致使施工造成不利影响。

(2) 监理工程师发出的指令、通知有误，影响了施工的正常进行或对施工造成不利影响。

(3) 监理工程师未按合同规定及时提供必须由其发出的指令，对施工造成不利影响。

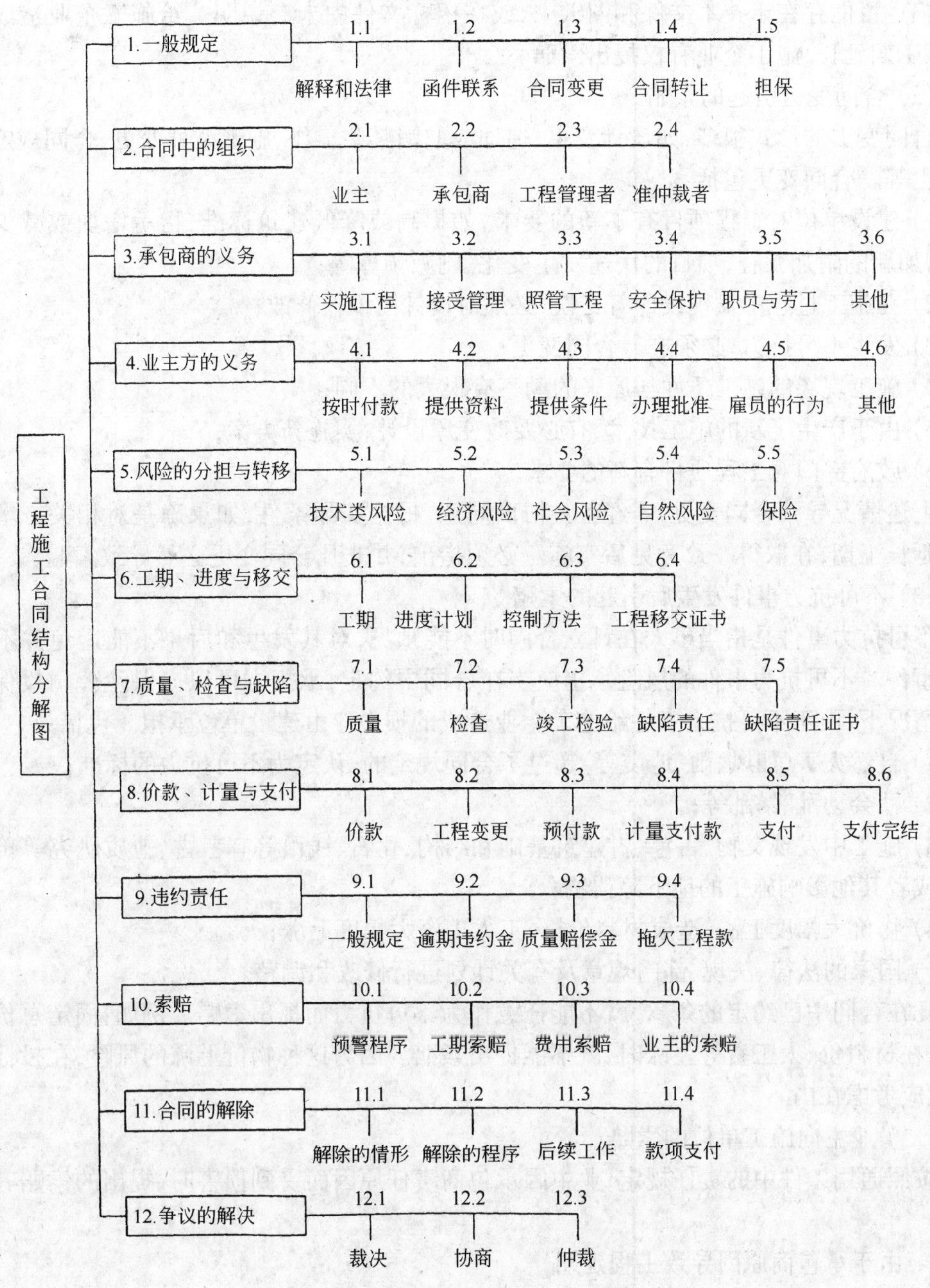

图 5-7　工程施工合同结构分解图

(4) 监理工程师未按合同规定及时履行其必须履行的其他义务，以致造成对施工不利影响。

(5) 监理工程师对施工单位的施工组织进行不合理干预，或超越其职权的不合理干预，影响施工正常进行，而造成对施工不利影响。

3．合同文件的错误、缺陷和合同变更

(1) 合同文件的缺陷

由于合同文件本身存在缺陷，如条文不全、不具体、错误，合同条款之间存在矛盾等。这种缺陷也可能存在于技术文件和图纸中,或在招标文件中未有说明。给施工企业造成费用增加、工期延长,施工企业有权提出索赔。

(2) 合同变更引起的索赔

合同变更的形式很多,如设计变更、追加或取消某些工作、施工条件变更、合同规定的其他变更等。合同变更包括:

1) 建设单位对工程项目有了新的要求,如提高或降低建筑标准,指示增加或减少工作量,增加新的附加工程,项目的用途发生变化、删减预算等;

2) 在施工过程中发现设计有错误,必须对设计图纸作修改;

3) 发生不可抗力,必须进行合同变更;

4) 施工现场的施工条件与原来的勘察有很大的不同;

5) 由于产生了新的施工技术,有必要改变原设计,实施新方案;

6) 政府部门对工程项目有新的要求。

上述情况导致合同变更,需经各方协商同意,根据实际条件,如果确是对相关方增加费用或延长工期,在取得一致意见后实施。必须指出,并非凡合同变更必然导致索赔。

(3) 不可抗力事件发生后引起的索赔

不可抗力事件是指当事人在订立合同时不能预见,对其发生和后果不能避免并不能克服的事件。不可抗力事件的风险承担应当在合同中约定,承担方可以向保险公司投保。在很多情况下,由于不可抗力事件给施工企业造成的损失应由建设单位承担。包括:

1) 自然灾害(如风、雨、地震等)超过了合同规定的,认定为不可抗力的标准;

2) 社会动乱、暴乱等;

3) 施工中发现文物、古墓、古建筑基础和结构、化石、钱币等有考古、地质研究等价值的物品或者其他影响施工的地下障碍物;

4) 物价大幅度上涨,造成材料价格、工人工资大幅度上涨;

5) 国家的法律、法规、部门规章及有关计划进行修改和调整。

凡在合同中已约定的条款,就不能任意作为不可抗力而提出索赔。例如:固定总价的合同价,在材料价、人工费等上涨时,就不能提出索赔。因为这种物价上涨的风险,在投标报价时,就应考虑在内。

(二) 业主向施工单位的索赔

按照通用条件中的责任规定,业主因承包商责任原因而受到损害时,提出的索赔有以下情况:

1. 由于承包商原因导致工程延期

承包商没有合法的理由展延工期,而又不能按时竣工,他都要承担延期违约赔偿责任。合同条件内规定的延期违约赔偿费并不是"罚款",只是要求承包商补偿由于业主不能将合同工程按期投入使用蒙受的经济损失。

延期违约赔偿费的计算办法是,按照合同内约定的每延误一天的损失赔偿费乘以拖延的天数。但延期违约赔偿费最高不得超过合同内约定的最高限额。

如果在整个合同约定的竣工日期以前,已对分阶段移交的部分工程颁发了工程移交证书,且证书中注明的该部分工程竣工日期并未超过约定的分阶段竣工时间,则全部工程剩余部分的延期违约日赔偿额,在合同中没有另外规定时,应相应折减。折减的原则应为,将未颁发证书部分的工程金额除以整个工程的总金额所得比例来折算,但不影响约定的最高赔偿限额。这个原则,同样适用于合同内约定竣工日期的分阶段移交的单位工程。折减的方法为:

$$\text{折减的误期损害赔偿金/天} = \text{合同约定赔偿金/天} \times \frac{\text{未颁发移交证书部分工程金额}}{\text{全部工程总金额}}$$

$$\text{拖期赔偿费总金额} = \text{折减的误期损害赔偿金/天} \times \text{延误天数}(\leqslant \text{最高赔偿限额})$$

2. 承包商原因导致施工缺陷的索赔

承包商的原因导致施工质量不符合技术规范的要求,或使用的材料、设备质量不满足要求,以及在缺陷责任期满前未完成应进行的缺陷工程修复工作时,业主有权追究承包商的责任。在承包商没能于监理工程师规定时间内完成质量缺陷的补救工作,业主有权向承包商进行索赔。这部分索赔内容可以是直接损失,也可以包括与违约行为有因果关系的间接损失。如承包商施工质量低劣导致屋顶漏水,淋坏了室内的电气设备,不仅要求承包商自费修理工程缺陷,而且可以要求赔偿电气设备的损失,以及房屋延期使用的损失。

3. 承包商原因导致其他损失的索赔

(1) 承包商在运输材料设备过程中,因承包商应承担的责任,如损坏了公路和桥梁等设施。因而业主受到交通管理部门的罚款后,向承包商的索赔;

(2) 对承包商不合格材料或设备进行的重复检验费;

(3) 承包商应以双方共同名义投保失效,给业主带来的损失;

(4) 因承包商原因工程延期,需加班赶工时,所增加的监理服务费。

(三) 监理工程师对索赔管理的任务和处理原则

1. 监理工程师对索赔管理的主要任务

在索赔管理中监理工程师起十分重要的作用。一个监理项目能否顺利处理索赔与反索赔,以及解决结果是否圆满,这与监理工程师的能力、经历、经验和工作状况有直接关系。

监理工程师索赔管理的主要任务有如下几方面:

(1) 对导致索赔的原因有充分的预测和防范;

(2) 通过有力的合同条款与管理,防止引起索赔的干扰事件发生;

(3) 对已发生的干扰事件及时采取措施,以降低它的影响,降低损失,避免或减少索赔;

(4) 参与索赔的处理过程,审查索赔报告,反驳承包商不合理的索赔要求或索赔要求中不合理的部分,敦促业主接受合理的索赔要求,使索赔得到圆满解决。

2. 监理工程师处理索赔的管理原则

监理工程师是接受委托于业主进行工程监理的,同时他又作为第三者,不属于合同当事人任何一方。他在行使监理任务赋予的权力,进行索赔管理时必须遵循如下原则。

(1) 尽量将可能引起争执的问题解决于签合同之前

监理工程师在签订合同前就应对干扰事件,对合同中的漏洞有充分预测和分析,在工作中减少失误,减少索赔事件的产生。根据经验,在合同中将可能引起索赔的问题予以阐明。

(2) 公平合理

监理工程师在行使权力,作出决定,下达指令,决定价格,调解争执时不能偏袒任何一方,站在公正的立场上行事。由于业主和承包商之间目的和经济利益有矛盾的,所以监理工程师应照顾双方利益,调整双方的经济关系,务必有理有据。

(3) 与业主和承包商协商一致

监理工程师在处理和解决索赔事件时(如决定价格,提出解决方案等),必须充分地与业主、承包商协商,考虑双方要求,做好两方面的工作,使之尽早达成一致。这是减少争执的有效途径。

(4) 实事求是

监理工程师在处理索赔事件时必须以合同和相应的法律为准绳,以事实为根据,完整地、正确地理解合同,严格地执行合同。只有监理工程师严格按合同办事,才能促使业主和承包商履行合同,工程才能顺利实施。

(5) 迅速、及时地处理问题

监理工程师在行使自己权力,处理索赔事务,解决争执时,必须迅速行事,在合同规定的期限内,或在通常认为合理的时间履行自己的职责,否则不仅会给承包商提供新的索赔机会,而且不能保证索赔及时、公正、合理地解决,使许多问题积累起来,造成混乱。

3. 监理工程师索赔管理主要工作

(1) 索赔源头——招标文件拟订

这是监理工程师为防止、减少索赔的预先工作。招标文件中包含着主要的合同文件(草案)和相关资料。它是业主的初次要约,包括业主对工程范围、工程技术、质量的定义,合同实施中双方责任界限和权益的划分,工程的总体安排等。承包商是根据招标文件理解业主的意图和要求,了解工程状况、合同条件来编制报价和投标文件的。如果招标文件不完备,必然会导致索赔的产生。监理工程师在起草招标文件时应注意如下问题:

1) 内容齐全,合同条款完备。对合同实施中的各种问题,各个工程活动,以及双方的责任和权益的划分都有定义。内容不全不仅会导致双方的争执,而且会导致计划和设计的修改甚至失败。

2) 招标文件应表达清楚,语言、图纸、规范的使用准确,有条理,没有二义性,使投标人能迅速、准确地理解。

3) 内容具体、详细,不能笼统、含糊其辞。

4) 招标文件,特别是其中的合同条件应体现公平合理原则,不用责权利不平衡条款、单方面约束性条款。监理工程师应把握在合同双方合理地分摊风险。

招标文件的完备性对索赔事件的产生和解决有非常大的影响。

(2) 对招标文件澄清疑问,解答问题

监理工程师应帮助承包商正确地理解招标文件,对其中提出的疑问和不清楚的地方作澄清。这种书面澄清和答复有法律效力,因此,常常会作为承包商索赔的理由。所以监理工程师既要认真、诚实、善意地澄清和解答,又要注意避免导致工程实施过程中索赔的可能,被对方抓住把柄。故澄清和解答必须以书面为准,消除索赔的隐患。

(3) 认真研究投标文件,正确评标

投标文件也是合同的一部分。为了减少工程过程中的索赔事件,应尽可能将争执解决于合同签订之前。双方充分沟通,达到理解一致。监理工程师应做好评标工作,重点分析:

1) 投标文件的完备性和正确性;

2) 报价的客观性和正确性;

3) 投标者的附加说明;

4) 实施方案,组织措施的可行性等。

对有疑问的地方应及时请投标人澄清,对不符合业主要求和意图的地方业主应予明确指出。业主应选择有实施工程的能力和报价合理,有信誉的,诚实、可靠的承包商。这是减少索赔的重要途径。

中标后,对于投标文件中凡业主不能接受的部分内容,经双方协商并取得一致意见后,在合同中写明。

(4) 正确的合同管理,减少索赔事件

监理工程师必须通过有力的合同管理以减少承包商的索赔机会,要做到:

1) 监理工程师在工程实施前拟定周密的合同管理计划,提高合同管理的准确性和防止索赔的预见性,减少盲目性。

2) 在工程实施中认真、及时、正确地完成监理工程师的合同责任,充分地行使自己的权力,及时下达各种指令。作检查承包商的工程和工作。

3) 监理工程师在行使权力时应有充分的预见性。在对承包商下达指令,作出决定时,应审查合同有关条款,注意不能产生漏洞、矛盾、失误,不能有违约或超出合同的行为,而使承包商提出索赔的机会。

4) 及时地收集、处理和保存各种工程资料,建立完整的文档管理系统,为索赔和反索赔准备证据。

(5) 公平、合理地处理索赔和反索赔,妥善解决争执

在工程实施过程中,干扰事件是不可避免的,所以索赔同样是不可避免的。监理工程师在索赔的处理和解决过程中主要有如下几方面工作:

1) 审查承包商的索赔报告:承包商在干扰事件发生后首先必须向监理工程师递交索赔意向书,然后递交索赔报告。监理工程师必须审查索赔要求的合理性、合法性、计算的准确性,以反驳不合理的索赔要求或剔除其中不合理的部分。

2) 提出索赔解决方案:监理工程师在审查索赔报告后提出审查意见和解决办法,再递交业主,由业主作出处理决定。

3) 作为调解人调解争执:如果承包商的索赔要求与业主的认可之间存在大的差异,即业主对承包商的索赔要求不认可,或承包商对业主的最终解决方案不满意,提出反驳,则产生了争执。监理工程师作为第一调解人,可以在其中斡旋,提出协调方案。但他的调解不是终局性的,没有强制约束力。无论哪方不满意,可以按合同规定的争执解决程序提出仲裁或诉讼要求。

4) 提出证据:监理工程师作为工程监理方和见证人,在争执的仲裁或诉讼过程中提出证据。

(四) 索赔的特点和程序

1. 索赔没有统一标准,但有若干影响因素

对一特定干扰事件的索赔没有预定的统一解决标准。要达到索赔的目的需要许多条件。它的主要影响因素有:

(1) 合同背景,即合同的具体规定。不同的合同,对风险有不同的定义和规定,有不同的赔偿范围、条件和方法,则索赔会有不同的解决结果。

(2) 承包商的工程管理水平是影响索赔的主要原因,例如:承包商能全面完成合同责任,不违约,工程管理中亦没有失误行为,往往索赔就极少发生。

(3) 承包商的索赔业务能力。如果承包商熟悉索赔业务,有索赔经验,注重索赔策略和方法,更容易取得索赔的成功。在这种情况下,业主与监理工程师更应发挥反索赔的水平和

采取对策，以合法、合理为准则，以事实为依据，不能使对方的索赔轻易得手。

所以对索赔事件必须具体问题具体分析，不可盲目照搬以往案例，或一味凭经验办事。在国际工程中，许多相同或相近的干扰事件却得到不同，甚至完全相悖的结果。这并不奇怪。

2. 不"索"则不"赔"

对由于干扰事件造成的损失，对方如果放弃索赔机会(如不会索赔，超过合同规定的索赔有效期等)，或放弃索赔权力(如不敢索赔，不要索赔)，则另一方就没有赔偿责任，对方必须承担自己的损失。

3. 成功的索赔基于国家法规

索赔的成败常常不仅在于事件本身的实情，而且在于能否找到有利于自己的证据，能否找到为自己辩护的法律条文。所以合同和事实根据(证据)是索赔中两个最重要的影响因素。

4. 索赔人往往不辨是非

即索赔人通过索赔使自己的损失得到补偿，争取自己合理的收益，是从索赔人立场出发，往往不是以辨明是非为目的。而监理工程师处理索赔事件，必须以事实为依据，辨明是非，以理服人。

由于索赔要求只有最终获得业主、调解人、仲裁人等的认可才有效，并最终获得赔偿才算成功。所以索赔的双方均十分注重索赔处理技巧和策略。

5. 索赔程序

我国《建设工程施工合同示范文本》第36条规定索赔事件发生后28天内，向监理工程师发出索赔意向通知。索赔工作即告开始。图5-8为索赔工作程序。

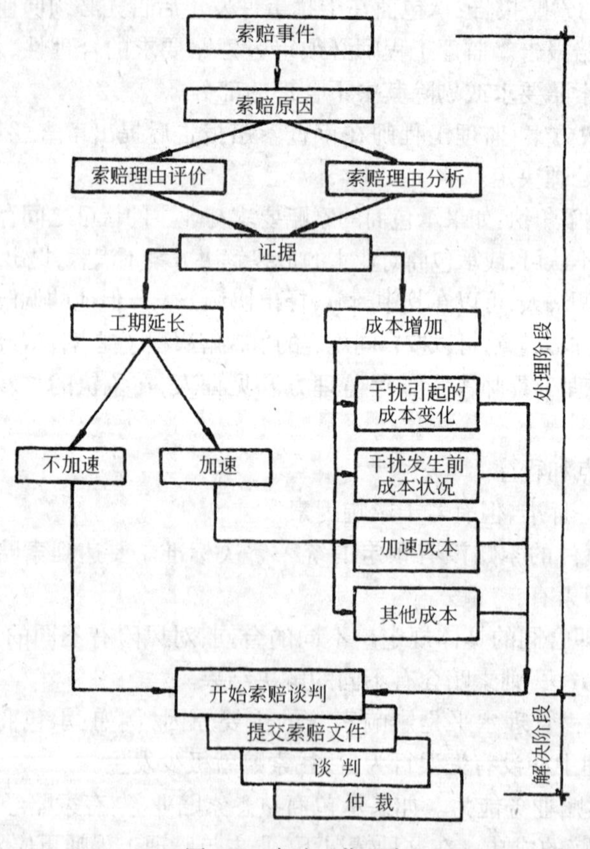

图5-8　索赔工作程序

(五) 分析合同寻找索赔(或反索赔)理由

干扰事件一旦发生后,即为对方造成索赔的机会,但这些索赔机会能否导致索赔事件,或能否索赔成功,还要根据这些索赔要求是否符合合同的规定,即索赔方能否找到有利于为自己辩护的理由、合同条款或法律依据。

合同是索赔方的主要索赔依据,不同的合同有不同的索赔规定(如索赔条件和范围等)。因此,在实际工程中,相同的干扰事件,有时会导致不同的甚至完全相悖的结局,这完全由合同条款(又被称为干扰事件的合同背景)所决定。同样,反索赔的理由主要也是根据合同条款。在索赔处理过程中,通过合同分析可以寻找索赔或反索赔的理由。

1. 合同总体分析

分析的重点是干扰事件与索赔有关的合同条款,以寻求索赔与反索赔的理由。

(1) 合同总体分析的作用

1) 提供索赔或反索赔的理由;

2) 合同总体分析文件是索赔或反索赔报告的一部分;

3) 作为干扰事件责任分析的依据;

4) 提供索赔值的计算方法和计算基础;

5) 在索赔或反索赔谈判中提供依据和理由。

(2) 合同总体分析的内容

1) 本合同的法律基础、法律依据;

2) 本合同类型(如属总承包合同、固定总价合同等)。合同双方应承担的责任、风险、赔补偿条件和范围;

3) 如为国际合同,则本合同用哪种语言的合同文本作为最终有效的文本;

4) 合同双方的责任和权利,如基本任务,工作范围和有关工程变更方面的规定;

5) 监理工程师的责任和权利;

6) 合同价格,包括计价方法、量方、付款方式、索赔范围、索赔条件等;

7) 合同工期、工期索赔范围、索赔条件、处理方法;

8) 违约责任,未履行或未正确履行合同时,应承担的法律后果;

9) 合同争执的解决方式、程序、地点及依据的法律。

2. 特殊问题的合同法律分析

在合同实施和索赔处理过程经常会遇到一些在合同签订时未预料到的特殊问题,合同中未明确规定或它们已超过合同的范围,但却构成索赔(反索赔)的理由,所以必须提出作特殊分析。特殊问题的分析在实际工作中通常有两种:

(1) 特殊问题的合同分析

这仅针对合同实施和索赔处理中出现的一些合同中未明确规定的特殊的细节问题。它们影响到工程施工、双方合同责任界限的划分和索赔的性质。对它们的分析通常仍在合同范围内进行。通常从如下两个角度进行:

1) 对合同作全面地整体地理解,对合同条文的意义作拓展或推理,从而得到对特殊问题的解决办法。合同基于双方诚信基础之上,它不仅包括书面明确定义的要求和承诺,而且应包括暗示的,或隐含着的要求和承诺。

2) 按照工程惯例分析和处理问题,即合同中未明确规定,可以按照通常情况下人们采用的处理方法解决问题。

由于合同中未明确规定,所以对特殊问题的分析和处理更要注重公平合理原则。

(2) 特殊问题的合同法律扩展分析

在合同的实施和索赔(反索赔)过程中有时会遇到重大的法律问题。这里有两种情况:

1) 这些问题已超过合同的范围,必须在适用于合同关系的法律中寻求解答。

2) 双方签订的合同属于无效合同,或相关的合同条款无效,则必须对相应的争执或索赔问题作合同的法律扩展分析,即分析合同的法律基础。由于这些问题都是重大的法律问题,常常关系到索赔(反索赔)的成败,所以争执双方都必须认真对待。

(六) 索赔的分析方法

索赔与反索赔的要求,通常反应在工期和费用的增减上。对索赔的分析目的是定量地确定其工期和费用值,即准确计算索赔值。

1. 分析的基础

(1) 索赔事件确实存在并有详细的事实经过及具有法律效力的书面证据。如:施工日志、月报、各类签证、验收证明、天气报告、各种会计核算资料、凭证、账单、报表等。

(2) 索赔事件发生的双方责任。如由于承包商管理不善、施工技术和施工组织失误所造成的损失,应由承包商自己承担。

(3) 合同是索赔值的主要依据,特别是合同中对索赔的专门规定,如:合同价格的调整条件和计算方法;工程变更的补偿计算方法;增加工程的价格确定方法(例如:某承包合同是固定总价合同,即在任何情况下不增加合同价格。但业主有权调整合同的工程内容,即增加和减少工程量不超过合同金额15%范围内,承包商无权要求任何补偿,如上述事件发生,虽非承包商责任,但确是受到损失,却不能提出索赔,是属合同规定的承包商应承担的风险)。

2. 分析方法

(1) 分清责任

索赔分析中首先必须剔除由于自己责任引起的损失及合同规定的各自应承担的风险。但在实际分析中往往比较复杂,双方的责任难以具体分清。

(2) 合同状态分析

根据签订合同时的经济、社会、法律、自然环境,合同条件,工程范围,实施方案和计划等因素来确定合同工期和价格。因此,对上述任一因素的变化,都可能导致合同工期和价格的变化,从而产生索赔。上述这些因素与合同工期和价格之间的联系,称为合同状态,它是合同分析的基础,分析以下内容:

1) 合同签订时的工程环境(或报价所依据的工程环境)。如材料、人工费的价格水平,外汇汇率,法律状况,现场的自然条件等。

2) 合同文件。如协议书,合同条件,投标书,中标函等。

3) 合同规定的工程范围。如工程量表,施工图、规范等。

4) 合同双方一致同意的实施方案和计划。如施工方案,组织措施,总工期和进度计划等。

5) 合同报价。包括各分项工程报价(单价和总价),人工费报价,机械费报价,合同总价等。

6) 各分项工程的工程量,人工单价。

7) 各项工作的进度、工期。

8) 材料、机械使用计划和费用,各种附加费用。

索赔是以合同状态分析为索赔值计算的基础。在实际工作中,人们往往仅以自己的实际生产值、生产效率、工资水平和费用支出作为索赔值的计算基础,以为这即为赔偿实际损失原则。这是一种误解。这样常常会过高地计算了索赔值,而使整个索赔报告被对方否定。

(3) 可能状态分析

在合同状态分析结果的基础上,加上外界干扰事件的影响。这里的干扰事件必须符合合同规定的赔补偿条件,扣除承包商自己责任造成的损失和合同规定应由他承担的风险的影响。仍然引用合同状态的分析方法和分析过程,再一次进行工程量核算,网络计划的分析,确定这种状态下的劳动力、管理人员、机械设备、材料、工地临时设施和各种附加费用的需要量,最终得到这种状态下的工期和费用。

这种状态实质上仍为一种计划状态,是合同状态在受到外界干扰后的可能情况,所以被称为可能状态。

干扰事件的影响,归根结底可以认为由于干扰事件发生,造成合同状况中的几个主要因素(例如工程环境,合同条件,工程范围,实施方案和计划等)的变化,最终导致工期的延长和价格的提高。

(4) 实际状态分析

按照实际的工程量、生产效率、人力安排、价格水平、施工方案和施工进度安排等确定实际的工期和费用。这种分析以承包商的实际工程资料为依据。

(5) 上述三种状态(合同、可能、实际)分析结果

1) 实际状态和合同状态之差,即为工期的实际延长和成本的实际增加量。这里包括所有因素的影响,如业主责任的,承包商责任的,其他外界干扰的等。

2) 可能状态和合同状态结果之差,即为按合同规定承包商真正有理由提出工期和费用索赔的部分。它直接可以作为工期和费用的索赔值。

3) 实际状态和可能状态结果之差,为承包商自身责任造成的损失和合同规定的承包商应承担的风险。它应由承包商自己承担,得不到补偿。

3. 分析的注意点

上述分析方法从总体上将双方的责任区分开来,同时又体现了合同精神,比较科学和合理。分析时应注意:

(1) 按照索赔处理方法不同,分析的对象有所不同。在日常的单项索赔中仅需分析与该干扰事件相关的分部分项工程或单位工程的各种状态;而在一揽子索赔(总索赔)中,必须分析整个工程项目的各种状态。

(2) 三种状态的分析必须采用相同的分析对象,相同的分析方法,相同的分析过程和相同的分析结果表达形式,如相同格式的表格。它的好处有:

方便分析结果的对比;

方便索赔值的计算;

方便对方对索赔报告的审查分析;

方便索赔的谈判和最终解决,使谈判人员对干扰事件的影响一目了然。

(3) 分析应尽可能详细,要能分离出干扰事件对各个费用项目,各个工程活动,各分项

工程的影响。这样索赔值计算非常方便、清楚。

(4) 在实际工程中常常会有不同种类,不同性质,不同责任人的干扰事件搅在一起,要分离它们各自的影响极为困难,特别在一揽子索赔中。通常对许多干扰事件,既要分别分析它们各自对施工过程的影响,同时又要分析它们之间的互相影响(即可能重复计算)。对双方都有责任的干扰事件,一般可按各自责任的大小分摊损失。

(5) 由于分析资料多,对于复杂的工程或重大的索赔,采用人工处理必然花费许多时间和人力,常常达不到索赔的期限(索赔有效期限制)和准确度要求。若在这方面采用计算机数据处理方法,可极大地提高工作效率,而这方面的计算和处理程序并不复杂。

(七) 费用索赔的计算

1. 计算原则

(1) 赔偿索赔方实际损失

1) 直接损失与间接损失

直接损失是在实际工程中由于干扰事件导致实际成本增加和费用超支;间接损失即可能获得的利益的减少,例如:由于业主拖欠工程款,使承包商的利息收入减少。

2) 实际损失均要有证据

对所有干扰事件引起的实际损失,以及这些损失的计算,都应有详细的证明,作为索赔报告的证据。没有证据的索赔是不能成立的。这些证据通常有:各种费用支出的账单、工资表,现场实际用工、用料、用机的证明,财务报表,工程成本核算资料等。

(2) 费用索赔必须符合合同规定

1) 符合合同规定的赔补偿条件和范围。在索赔值的计算中必须扣除合同规定应由承包商承担的风险和承包商自己失误造成的损失。

2) 符合合同规定的计算方法,如合同价格的调整方法和调整计算公式。

3) 以合同报价作为计算基础。除合同有专门规定以外,费用索赔必须以合同报价中的分部分项工程单价、人工费单价、机械分班费单价、各费率标准作为计算基础。

(3) 符合通常的会计核算原则

费用索赔中常常需要进行工程实际成本的核算,通过计划成本与实际工程成本的对比得到索赔值。实际工程成本的核算必须符合通常适用的会计核算方法和原则,例如成本项目的划分及费用的分摊方法等。

(4) 符合工程惯例的原则

费用索赔的计算必须采用符合人们习惯的、合理的计算方法,要能够为业主、监理工程师、调解人、仲裁人接受。

(5) 充分准备好全部计算资料

在索赔报告中必须出具所有的计算基础,计算过程的资料作为证明。这里包括报价分析,成本计划和实际成本、费用开支资料。

在计算前必须对实际的各项开支,工程收入和总部的管理费等作详细的审核分析。

为了审查、计算和取证的方便,应建立该工程如下各种费用的数据库:

人工费;

材料费;

机械费;

工地管理费；

总部管理费；

其他附加费，如保证金、保险费、保函费、利息支出等。

将这些数据存入计算机中。这会对索赔的整个处理和解决如计算索赔值，起草索赔报告，索赔谈判有极大的帮助。

2．费用损失的计算方法

（1）总费用法

1）基本思路

这是一种最简单的计算方法。它的基本思路是，把固定总价合同转化为成本加酬金合同，以承包商的额外成本为基点，加上管理费和利息等附加费作为索赔值。

例如，某工程原合同报价如下：

总成本（直接费＋工地管理费）	3800000 元
公司管理费（总成本×10％）	380000 元
利润＝（总成本＋公司管理费）×7％	292600 元
合同价	4472600 元

在实际工程中，由于完全非承包商原因造成实际总成本增加至 4200000 元。现用总费用法计算索赔值如下：

总成本增加量（4200000－3800000）	400000 元
总部管理费（总成本增量×10％）	40000 元
利润（仍为 7％，440000×7％）	30800 元
利息支付（按实际时间和利率计算）	4000 元
索赔值	474800 元

2）使用条件

这种计算方法用得较少，且不容易被对方和仲裁人认可，因为它的使用有几个条件：

a．合同实施过程中的总费用核算是准确的；工程成本核算符合普遍认可的会计原则；成本分摊方法、分摊基础选择合理；实际总成本与报价总成本所包括的内容一致。

b．承包商的报价是合理的，反映实际情况。如果报价计算不合理，则按这种方法计算的索赔值也不合理。

c．费用损失的责任，或干扰事件的责任全在于业主或其他人，承包商在工程中无任何过失。这通常不太可能。

d．合同争执的性质不适用其他计算方法。这种计算方法常用于对索赔值的估算。有时，业主和承包商签订协议，或在合同中规定，对附加工程采用这种方法计算。

3）计算过程中的注意点

a．索赔值计算中的管理费率一般采用承包商总部的实际管理费分摊率。这符合赔偿实际损失的原则。但也可用合同报价中的管理费率，这全在于双方商讨。

b．一般在索赔中不计利润，而以保本为原则，特别在中东阿拉伯国家的工程中更要注意这个问题。

c．由于工程成本增加使承包商支出增加，而业主支付不足，会引起工程的负现金流量的增加。在索赔中可以计算利息支出（作为资金成本）。它可按实际索赔数额、拖延时间和承包商向银行贷款的利率（或合同中规定的利率）计算。

（2）分项法

分项法是按引起损失的干扰事件，以及这些事件所引起损失的费用项目，分别分析计算索赔值的方法。它的特点有：

1）它比总费用法复杂，处理起来困难。

2）它反映实际情况，比较合理、科学。

3）它为索赔报告的进一步分析、评价、审核，双方责任的划分，双方谈判和最终解决提供方便。

4）应用面广，人们在逻辑上容易接受。

所以，通常承包工程的费用索赔计算都采用分项法。但对具体的事件和具体的费用项目，分项法的计算方法又是千差万别。

3．费用索赔的计算过程

由于分项法比较合理，有利于对索赔报告的分析、评价和索赔的解决，所以实际工程中绝大多数的索赔都采用分项法计算。

分项法计算，通常分三步：

（1）分析干扰事件所影响的费用项目，即干扰事件引起哪些项目的费用损失。

（2）计算各费用项目的损失值。

（3）将各费用项目的计算值列表汇总，得到总费用索赔值。

4．索赔的费用项目

用分项法计算索赔值的项目应与合同价的内容一致，有以下项目：

（1）人工费

1）增加劳动力的投入和工作时数；

2）工作效率降低；

3）由于工资上涨、福利增加、工资税增加造成工资单价提高。

（2）机械费

1）增加机械投入；

2）增加机械台班，或延长在工地上的逗留时间；

3）机械使用效率降低；

4）增加机械进出场次数。

（3）材料费

1）增加材料投入；

2）材料价格上涨；

3）增加材料的订货、运输等费用。

（4）管理费

1）现场管理人员费用；

2）现场临时设施费用；

3）工作人员的其他费用，如工地补贴、交通费、劳保、工器具、度假等；

4）现场办公费，通讯费，水电费等。

(5) 其他费用

1）分包商索赔；

2）保证金；

3）保险费；

4）利息；

5）由于通货膨胀对未完工程合同价格的调整；

6）总部管理费；

7）利润。

5．常见索赔费用项目及其计算

(1) 工期拖延

由于业主原因造成工期拖延，除合同工期顺延外，还应赔偿承包商由此发生的实际损失。其主要费用见表 5-3。

工程延期的费用索赔分析表　　**表 5-3**

<table>
<tr><th>费用项目</th><th>内容说明</th><th>计算基础</th></tr>
<tr><td rowspan="3">1．人工费</td><td>平均工资上涨</td><td>按工资价格指数和人工费调整</td></tr>
<tr><td>现场生产工人停工、窝工</td><td>按实际停工时间和报价中的人工费单价</td></tr>
<tr><td>低生产效率损失</td><td>按正常状态下的生产效率，或计划生产效率，或双方商定的生产效率，实际生产效率和报价中的人工费单价</td></tr>
<tr><td>2．材料费</td><td>由于工期延长，材料价格上涨</td><td>材料价格指数，未完工程中材料费含量</td></tr>
<tr><td>3．机械设备费</td><td>因机械设备延长在工地逗留时间引起固定费用支出的增加，主要项目有：大修理费、保养费、折旧、利息、保险、租金等</td><td>按延长时间和报价中的费率</td></tr>
<tr><td rowspan="4">4．工地管理费</td><td>现场管理人员工资支出</td><td>按延长月数，管理人员计划用量，报价中的工资标准</td></tr>
<tr><td>人员的其他费用如工地补贴，交通费，劳保费，工器具费，度假费用等</td><td>按实际延长时间，人员使用量和报价中的费率标准</td></tr>
<tr><td>现场临时设施</td><td>按实际延长时间和报价中的费率</td></tr>
<tr><td>现场日常管理费支出</td><td>实际延长月数，报价中的费用，计划总工期</td></tr>
<tr><td rowspan="4">5．其他附加费</td><td>分包商索赔</td><td>按分包商已提出或可能提出的合理的索赔额</td></tr>
<tr><td>由于通货膨胀对未完工程合同价格的调整</td><td>未完工程计划工作量，价格指数，或工资、材料、各分项工程价格指数。
(注：不得与上述人工费，材料费调整重复)</td></tr>
<tr><td>各种保险费、保函和银行的费用</td><td>实际延长月数，报价中的费率</td></tr>
<tr><td>总部管理费</td><td>上述各项之和(除去通货膨胀的影响)和总部实际管理费率或按日费率分摊法计算</td></tr>
</table>

上表中计算基础所用的报价中的费用标准、费率、单价等，有时须按合同规定或实际情况作相应调整。

(2) 工程变更

1) 工程量增加

工程量的增加在一定范围内（通常为合同价的5%）作为承包商的风险，已在不可预见风险费中包括。超过这个限制，业主应给予价格的调整。

这种价格调整的计算方法与合同报价计算相似。通常，合同价格调整所用的单价与工程的增加量有一定的关系。这由合同规定。例如，某合同规定工程量增加的计算方法如表5-4所示。

工程量增加的费用索赔分析 表5-4

费用项目	条件	计算基础
同报价内容	工程量增加量小于5%合同总价	为合同规定的承包商应承担的风险，不予补偿
	工程量增加量在5%至10%合同价内	按相应分部分项工程合同单价和工程量增加量计算
	工程量增加超过15%合同总价	合同规定，合同双方可重新商定单价

如果合同单价仅包括直接费，如我国所采用的预算定额单价，则工程量增加量与单价之积仅为直接费，还应考虑管理费等综合费、利润及税金等。

2) 工程量减少或删除部分工程

如果业主或监理工程师指令减少工程量或删除部分工程，承包商相应的工程款收入将降低。对此，承包商可以按合同规定要求提出索赔。

如果承包商已为该分项工程订购或采购了材料，则可提出材料订货费用和已采购材料的损失索赔。

3) 附加工程

附加工程索赔值的计算与报价相似。其附加工程的工程量按施工图纸或实际量方计算，其费用索赔计算可按合同规定或双方商定的单价结算。

4) 其他

对由于设计变更以及设计错误造成返工，我国承包合同条例规定，业主必须赔偿承包商由此而造成的停工、窝工、返工、倒运、人员和机械设备调迁、材料和构件积压的实际损失。

同时还规定，工程未经验收，业主提前使用或擅自动用，由此而发生的质量或其他问题，由业主承担责任。

对此通常要计算已完成工程的费用，返工（如拆卸、清理等）的花费，人员和机械的窝工的花费，重新建造（或修复）的费用等。

(3) 加速施工

业主指令承包商采取赶工措施，对此，通常可按实际费用支出计算索赔值。其费用项目和计算基础见表5-5。

加速施工的费用索赔分析　表 5-5

费用项目	内容说明	计算基础
人工费	增加劳动力投入,不经济地使用劳动力,使生产效率降低	报价中的人工费单价,实际劳动力使用量,已完成工程中劳动力计划用量
	节假日加班,夜班补贴	实际加班数,合同规定或劳资合同规定的加班补贴标准
材料费	增加材料投入,不经济地使用材料	实际材料使用量,已完成工程中材料计划使用量,报价中的材料价格或实际价格
	因材料提前交货给材料供应商的补偿	实际支出
	改变运输方式	材料数量,实际运输价格,合同规定的运输方式的价格
	材料代用	代用数量,价格差
机械费	增加机械投入,不经济地使用机械	实际费用,报价中的机械费,实际租金等
工地管理费	增加管理人员的工资	计划用量,实际用量,报价标准
	增加的人员的其他费用,如福利费、工地补贴、交通费、劳保、假期等	实际增加人·月数,报价中的费率标准
	增加临时设施费	实际增加量,实际费用
	现场日常管理费支出	实际开支数,原报价中包含的数量
其他附加费	分包商索赔 总部管理费	同“工期延长索赔”的计算基础
扣除:工地管理费	由于赶工,计划工期缩短,减少支出:工地交通费、办公费、工具器具使用费、设施费用等	缩短月数,报价中的费率标准
扣除:其他附加费	保险、保函、总部管理费等	

(4) 工程中断

由于某种原因工程被迫中断,在一段时间后又继续开工的索赔,可按直接实际费用支出计算,不由在这期间工程进度付款来补偿。

工程中断,索赔的费用项目和其计算基础见表 5-6。

工程中断的费用索赔补充分析　表 5-6

费用项目	内容说明	计算基础
人工费	人员的遣返费、赔偿金以及重新招雇费用	实际支出
机械费	额外的进出场费用	实际支出或按合同报价标准
其他费用	如工地清理、重新计划、安排、重新准备施工等	按实际支出

(5) 合同终止

在工程竣工前,合同被迫终止,并不再进行。它的原因通常有:

1) 业主认为该项目已不再需要。如技术已过时,项目的环境出现大的变化,使项目无继续实施价值;国家计划有大的调整,项目被取消。

2) 业主违约。濒于破产或已破产,无力支付工程款,按合同和合同条件承包商有权终止合同。

3) 政府、城建、环保等部门的干预。

4) 不可抗力因素和其他原因。

对此进行索赔的前提是,合同中有相应的赔偿规定。索赔值一般按实际费用损失确定。这时工程项目已处于清算状态,首先必须进行工程的全盘清查,结清已完工程价款,结算未完工程成本,以核定损失。另外还可以提出索赔的主要费用项目以及计算基础见表5-7。

合同中止的费用索赔分析 表5-7

费用项目	内容说明	计算基础
人工费	遣散工人的费用,给工人的赔偿金,善后处理工作人员的费用	按实计算
机械费	已交付的机械租金, 为机械运行已作的一切物质准备费用, 机械作价处理损失(包括未提折旧), 已交纳的保险费等	按实计算
材料费	已购材料,已订购材料的费用损失,材料作价处理损失	按实际损失计算
其他附加费用	现场管理人员的遣散,赔偿费,工地临时设施投入尚未收回部分等 分包商索赔 已交纳的保险费,银行费用等	按实计算
	总部管理费	上述费用损失之和,实际管理费分摊率

(6) 特殊服务

业主要求承包商提供的特殊服务,通常按点工计算。除直接劳务费价格外,在索赔中还要考虑节假日的额外工资、加班费、保险费、税收、交通费、住宿费、膳食补贴、总部管理费等。

(7) 其他原因

例如未及时支付工程款,物价上涨造成工资和材料价格上涨,关税提高,汇率变化等,它们的影响比较单一,计算比较简单。通常按合同规定的计算方法和计算基础计算索赔值。

三、工程项目风险管理

工程建设项目投资巨大、工期漫长、参与者众多,整个过程都存在着各种各样的风险。工程项目风险管理事关工程项目各方的生死存亡。重视并善于进行风险管理的企业则会降低发生意外的可能,并在难以避免的风险发生时,减少自己的损失。

其次,工程项目风险管理直接影响企业的经济效益。通过有效的风险管理,有关企业可以对自己的资金、物资等资源作出更合理的安排,从而提高其经济效益。

此外,工程项目风险管理有助于项目建设顺利进行,化解各方可能发生的纠纷。风险管理不仅预防风险,更是在各方间合理平衡、分配风险,将大大降低发生风险的可能性和风险带来的损失。同时,明确各类风险的负责方,也可在风险发生后明确责任,及时解决善后事宜,避免互相推诿,导致进一步纠纷。

总之,工程项目风险管理是业主、承包商和设计、监理单位等在日常经营、重大决策过程中必须认真对待的工作。它不单纯是消极避险,更有助于企业积极地避害趋利,进而在竞争中处于优势地位。

(一) 工程项目风险管理的目标与范围

1. 风险管理目标

(1) 维持生存;

(2) 安定局面;

(3) 降低成本;

(4) 稳定收入;

(5) 避免经营中断;

(6) 不断发展壮大;

(7) 树立信誉,扩大影响;

(8) 应付特殊变故。

2. 风险管理范围

(1) 确定和评估风险,识别潜在损失因素及估算损失大小。

(2) 制定风险的财务对策(确定自负额水平和保险限额、投保还是自留风险,确定投保范围)。

(3) 采取预防措施。

(4) 制定保护措施,提出保护方案。

(5) 落实安全措施。

(6) 管理索赔,负责一切可索赔事项的准备、谈判并签订有关索赔的协议和文件。

(7) 负责保险会计、分配保费、统计损失。

(8) 完成有关风险管理的预算。

(二) 工程项目风险归类

1. 工程风险

指工程建设中由于人为的或自然的原因而影响建设工程顺利完工的风险,如对建设工程的投资、工期、质量以及竣工造成不利影响的风险,包括设计失误、工艺不善,原材料缺陷、工程损毁、施工人员伤亡、第三者财产的损毁或人身伤亡、自然灾害、工程间接损失等。

2. 市场风险

建筑市场是一个竞争日益激烈的市场。如业主错选能力差、责任心不强的监理公司和承包商,导致工程失败。工程进展中,业主的资金不到位、拖延,致使工程无法正常进行等。

3. 信用风险

由于市场体制的不健全带来的一个突出的问题就是信用。业主是否能保证按期支付工程款,承包商是否能保证保质、按期完工,订购的材料、设备是否保证质量等。

4. 环境风险

如征地、拆迁、原居民安置、自然条件、洪水、天灾、运输等对环境的影响。在作用与反作用的结果下,工程建设不得不面对环境风险。

5. 政治风险

稳定的政治环境,会对工程建设产生有利的影响;反之,将会给各市场主体带来顾虑和阻力,加大工程建设的风险。

6. 法律风险

一般涉外工程承发包合同中,都会有"法律变更"或"新法适用"的条款。一国建筑、外汇管理、税收管理、公司制度等方面法律法规规章的颁布和修订,将直接影响到建筑市场各方的权利义务,从而进一步影响其根本利益。现在,我国的建筑市场主体也愈发关注法律规定对其自身的影响。

(三)来自工程参与各方的风险

1. 来自业主的风险

(1) 业主的支付能力差,企业的经营状况恶化,资信不好,企业倒闭,撤走资金,或改变投资方向,改变项目目标;

(2) 业主违约、苛求、刁难、随便改变主意,但又不赔偿,错误的行为和指令,非程序地干预工程;

(3) 业主不能完成他的合同责任,如不及时供应他负责的设备、材料,不及时交付场地,不及时支付工程款。

2. 来自承包商(包括分包商及供应商)的风险

(1) 技术能力和管理能力不足,没有适合的技术专家和项目经理,不能积极地履行合同,由于管理和技术方面的失误,造成工程中断;

(2) 没有得力的措施来保证进度,安全和质量要求;

(3) 财务状况恶化,无力采购和支付工资,企业处于破产境地;

(4) 他们的工作人员罢工、抗议或软抵抗;

(5) 错误理解业主意图和招标文件,方案错误,报价失误,计划失误;

(6) 设计单位设计错误,工程技术系统之间不协调、设计文件不完备、不能及时交付图纸,或无力完成设计工作。

3. 来自监理工程师的风险

(1) 监理工程师的管理能力、组织能力、工作热情和积极性、职业道德、公正性差;

(2) 监理工程师的管理风格、文化偏见可能会导致他不正确地执行合同,在工程中苛刻要求;

(3) 监理工程师在工程中起草错误的招标文件、合同条件,下达错误的指令;

(4) 监理工程师未能做到廉政自洁。

4. 来自其他方面的风险

中介人的资信、可靠性差;政府机关工作人员、城市公共供应部门(如水、电等部门)的干预、苛求和个人需求;项目周边或涉及的居民或单位的干预、抗议或苛刻的要求等。

(四) 风险的对策

对上述所分析的风险可采取:可以承受、消除、减小、转移等处理方法。任何人对自己承担的风险应有准备和对策,应有计划,应充分利用自己的技术、管理、组织的优势和过去经验。不同的人对风险有不同的态度,有不同的对策。通常的风险对策有:

1. 回避风险大的项目,选择风险小或适中的项目

即放弃明显导致亏损的项目。对于风险超过自己的承受能力,成功把握不大的项目,不参与投标,不参与合资。甚至有时在工程进行到一半时,预测后期风险更大,必然有巨大的

亏损，不得不采取中断项目的措施。但要充分估计到中断项目的损失和影响，要综合加以考虑，不能一推了之。事先就要考虑到风险降临的后路。

2. 技术措施

选择有弹性的，抗风险能力强的技术方案，而不用新的未经过工程实用的不成熟的施工方案；对地理、地质情况进行详细勘察或鉴定，预先进行技术试验、模拟，准备多套备选方案，采用各种保护措施和安全保障措施。

3. 组织措施

对风险很大的项目加强计划工作，选派最得力的技术和管理人员，特别是项目总监理工程师；将风险责任落实到各个组织单元，使大家有风险意识；在资金、材料、设备、人力上对风险大的工程予以保证，在同期项目中提高其优先级别，在实施过程中严密地控制。

4. 保险是转移风险的措施

对一些无法排除的风险，例如常见的工程损坏、第三方责任、人身伤亡、机械设备的损坏等可以通过购买保险的办法解决。当风险发生时由保险公司承担（赔偿）损失或部分损失。对任何一种保险要注意它的保险范围、赔偿条件、理赔程序、赔偿额度、保险费金额等。

5. 要求对方提供担保

主要针对合作伙伴的资信风险。例如由银行出具投标保函、预付款保函、履约保函，合资项目由政府出具保证。

6. 风险准备金

风险准备金是从财务的角度为风险作准备，在投标报价中额外增加的一笔费用。例如在投标报价中，承包商经常根据工程技术、业主的资信、自然环境、合同等方面的风险的大小以及发生的概率，在报价中加上一笔不可预见风险费。

风险越大，则风险准备金越高。从理论上说，准备金的数量应与风险损失期望相等，但风险准备金有如下基本矛盾：

(1) 在工程项目实施过程中，经济、自然、政治等方面的风险难以捉摸。许多风险的发生很突然，规律性难于掌握，有时仅5%概率的风险发生了，而95%概率的风险却没有发生。

(2) 风险如果没有发生，对业主而言则风险准备金造成一种浪费，对承包商却增加盈利。例如合同风险很大，承包商报出了一笔不可预见风险费，结果风险没有发生，则业主损失了一笔费用。有时项目的风险准备金会在没有风险的情况下被用掉。

(3) 如果风险发生，这一笔风险金又不足以弥补损失，因为它是仅按一定的折扣（概率）计算的，则仍然会带来许多问题。

(4) 准备金的多少是一个管理决策问题，除了要考虑到理论值的高低外，还应考虑到项目边界条件和项目状态。例如对承包商来说，决定报价中的不可预见风险费，要考虑到竞争者的数量，中标的可能性，项目对企业经营的影响等因素。

如果风险准备金高，报价竞争力降低，中标的可能性很小，即不中标的风险大。

7. 采取合作方式共同承担风险

任何项目往往须与其他企业或部门合作。

(1) 有合作就有风险的分担。但不同的合作方式，风险不一样，各方的责权利关系不一样，例如借贷、租赁业务、分包、承包、合伙承包、联营和BOT项目，它们有不同的合作紧密程度，有不同的风险分担方式，则有不同的利益分享。

(2) 寻找抗风险能力强的可靠的有信誉的合作伙伴。双方合作越紧密,则要求合作者越可靠。例如合资者为政府、大的可靠的公司、金融集团等,则双方结合后,项目的抗风险能力会大大增强。

(3) 通过合同分配风险。在许多情况下通过合同排除(推卸)风险是最重要的手段。合同规定风险分担的责任及谁对风险负责。例如对承包商来说要减少风险,在承包合同中要明确规定:

业主的风险责任,即哪些情况应由业主负责;

承包商的索赔权力,即要求调整工期和价格的权力;

工程付款方式、付款期,以及对业主不付款的处置权力;

对业主违约行为的处理权力;

承包商权力的保护性条款;

采用符合惯例的通用的合同条件;

注意仲裁地点和适用法律的选择。

对于业主来说,同样要有相对应的条款来抵御对方风险的转移和保护性条款,往往是对等的。对于风险的对策,各方均不会轻易让步。

8. 采取其他方式分散风险

如采用多领域、多地域、多项目的投资以分散风险。理论和实践都证明:多项目投资,当多个项目的风险之间不相关时,其总风险最小,所以抗风险能力最强。这是目前许多国际投资公司的经营手段,既扩大了投资面,扩大了经营范围,扩大了资本的效用,能够进行独自不能承担的项目,同时又能与许多企业共同承担风险,进而降低了总经营风险。

上述风险的预测和对策措施应包括在项目计划中,对特别重大的风险应提出专门的分析报告。对作出的风险对策措施,应考虑是否可能产生新的风险,因为任何措施都可能带来新的问题。

(五) 工程建造过程中的保险

工程保险作为一种将建设工程中可能发生的人为或意外的风险损失转嫁于保险公司的风险转移制度。

工程保险介入的时间一般从建设工程开始建造之时起。随着勘察、设计合同的订立和工程施工合同的签订,就应当产生建设工程一切险(包括建筑工程一切险和安装工程一切险)、执业责任险(包括勘察、设计责任险和监理责任险)和其他人身或财产保险。主要是工程建造过程中的保险。

工程完工之后,建设工程依然存在着潜在风险。对此问题,我国至今并无明文法律规定。但有关法律规定已经加重了承包商的保修责任。如:

《建筑法》第六十条规定了建筑物在合理使用寿命内,必须确保地基基础和主体结构工程的质量。第六十二条规定了建筑工程实行质量保修制度,并将地基基础和主体结构工程纳入保修范围。第八十条规定了在建筑物的合理使用寿命内,因建筑工程质量不合格受到损害的受害者有权向责任者要求赔偿。《建设工程质量管理条例》更明确了最低保修年限。

上述国家法规已十分明确,在整个工程使用寿命期内必须确保工程地基基础和主体结构工程的质量。

在工程建造过程中的险种说明如下:

1. 工程一切险

工程一切险可分为建筑工程一切险和安装工程一切险。第三方责任险通常是其附加险种,其实质是对业主的财产进行保障,保险费一般由业主承担。工程一切险是对各种工程建设项目提供全面的保障,即对施工期间工程本身、建筑设备所遭受的损失予以保险。工程一切险的被保险人包括业主、承包商、分包商、工程师以及贷款银行等其他主体。如果被保险人不止一家,则各家接受赔偿的权利将以不超过其对保险标的的可保利益为限。工程一切险适用于所有房屋工程和公共工程。工程一切险的承保范围包括各种自然灾害、意外事故、外来原因以及人为过失。因被保险人违章建造或故意破坏造成的损失、因设计错误造成的损失、因战争原因造成的损失以及保单中规定应由被保险人自行承担的免赔额等属于除外责任。工程一切险的保险期,自工程开工或首批投保的材料设备卸至工程现场之日起开始生效,到工程竣工验收合格或保单开列的终止日期终止结束。建筑工程一切险没有固定的费率,其保险费率要视风险程度具体确定,一般为合同总价的0.2%~0.45%。确定保险费率时,需要考虑的风险因素包括:承包责任范围的大小,工程本身的危险程度,承包商的资信水平,保险公司承保同类业务的损失记录,免赔额高低以及特种危险的赔偿限额等。安装工程一切险的保险费率一般为合同总价的0.3%~0.5%。考虑到安装工程一切险的自身特点及特殊风险,其费率一般高于建筑工程一切险。

2. 承包商设备险

承包商驻现场机构所拥有的或租赁的设施、设备、材料、商品等只要未曾列入工程一切险保险标的的范围内,都可以列入财产保险标的,投财产保险。保险期间为以该设备开始运往现场时到该设备不再使用的期间。该险种完全是对承包商财产的保障,保险费一般由承包商自行承担。

3. 第三方责任险

该险种一般附加在工程一切险中。该险种承保施工造成的工程、永久设备及承包商设备以外的财产,以及承包商雇员以外的人身损失或损害赔偿责任;保险期间为从该保险生效之日起,至保修期满为止的期间。

4. 雇主责任险

该险种是承包商为其雇员办理的保险。该险种承保承包商应承担的其雇员在工程实施期间因意外事件导致的伤害、疾病或死亡的经济赔偿责任。如果雇员在受雇期间因工作原因而遭受意外,导致伤亡或患有与工作有关的职业性疾病,将获得医疗费用、伤亡赔偿、工伤休假期间工资、康复费用以及必要的诉讼费用等。绝大多数国家实行的雇主责任险具有四个特点:

(1) 伤害损失由雇主负担,不以雇主是否有过失为前提;

(2) 伤害保险的赔付金额并不基于实际损失,而是基于实际需要;

(3) 因伤残亡的赔付以年金形式代替一次性抚恤金;

(4) 法律强制雇主为其雇员投保,对于雇员可能遭受的伤害提供补偿保障,不因雇主破产或停产受到影响。

5. 意外伤害险

意外伤害险是指被保险人在保险有效期间,因遭遇非本意的、外来的、突然的意外事故,致使其身体蒙受伤害而残疾或死亡时,保险人依照合同规定给付保险金的保险。意外伤害险与雇主责任险的保险标的相同,但两者之间又存在着重要区别,雇主责任险由雇主为雇员投保,保费由雇主承担,所指的伤害应与雇员的工作有关;尽管意外伤害险的被保险人亦为雇员,但意外伤害险并不一定要由雇主投保,投保人可以是雇主,也可以是雇员本人,还可以是个体生产者或自由职业者。意外伤害险和雇主责任险同属伤害保险。

6. 职业责任险

职业责任保险,又称为专业责任保险、职业赔偿保险或业务过失责任保险。出现职业责任事故的原因包括:现有的工作条件并非尽善尽美;材料设备存在缺陷;技术经验上的局限性;主观上的疏忽或过失等。职业责任保险可分为普通职业责任保险和个人职业责任保险两类。前者由单位投保,以在投保单位工作的个人作为保险对象;后者由个人投保,保障投保人自己的职业责任风险。建筑师、结构工程师、监理工程师等专业人士均要购买职业责任险,由于其设计错误、工作疏忽等原因给业主或承包商造成的损失,保险公司将负责进行赔偿。

7. 其他保险

除上述保险与工程建设密切相关外,其他保险如对机动车辆及其可引起的第三方责任进行保险的机动车辆险,对运输中的工程材料设备进行保险的货物运输险等也与工程建设相关,在此不再详述。

(六) 办理保险手续和及时索赔

1. 及时办理保险手续

先由投保人提出投保要求,保险人同意承保,即可签订保险合同。保险合同通常是以保单的书面形式订立的。由于保单通常为格式合同,所以订立时须仔细审查保单中的内容。如需修改,可在固定保单外增加补充条款或删除有关保单条款。如果投保人并不了解保单的内容就签订了该保单,事后投保人就很难否认该保险合同的成立。

在申办工程保险时,应当注意以下事项:

(1) 在合同中明确各方风险责任的划分和物权的转移,明确投保工程险的责任人及费用承担、险别等。

(2) 在工程项目的成本计划中列入保险费的开支。

(3) 熟悉合同或保单中的承保责任范围、除外责任、保险有效期、保险金额等约定内容,以利于一旦发生理赔事件,能够及时依约索赔。

(4) 除承发包合同约定应办理的保险外,应科学合理地积极办理能够维护自己利益的其他保险。

2. 把握保险索赔机会

所谓保险索赔,是指在保险合同有效期间发生的建设工程项目由于保险合同中列明的保险事故而给建设工程带来损失时,投保人向保险公司提出要求保险公司根据保险合同的条款给予赔偿或给予偿付保险金的行为。在事故发生后,立即向保险人提交理赔通知,便于保险人及时调查保险事故,或采取有效的防止风险扩大的措施。索赔取得成功有赖于及时告知保险人保险事故发生的时间、地点、原因、有关保险单证的号码、保险标的、保险期限等。在索赔报告书中,应充分论证索赔权、收集并准备索赔证据且合理计算索赔款。

第五节　施工图预算编制与审查

一、施工图预算编制

任职造价控制的监理工程师，必须熟练掌握施工图预算编制。这是其基本技能，是造价控制、审查施工图预算的基础。不少监理工程师在审查进度款及预结算时，往往亲自编制预结算、建立工程量库及定额库，事先做到心中有数，审查时会得心应手，效果颇佳。

施工图预算是施工图设计完成后，以施工图为依据，根据预算定额和设备、材料预算价格进行编制的预算造价，是确定建筑工程预算造价的文件。

建筑工程预算又分为一般土建工程预算、给排水工程预算、暖通工程预算、电气照明工程预算、工业管道工程预算和特殊构筑物工程预算。本节仅介绍一般土建工程施工图预算的编制。

(一) 施工图预算的内容

单位工程施工图预算是根据施工图设计、施工组织设计、现行建筑工程预算定额及取费标准、建筑材料价格和国家的其他取费规定进行计算和编制的单位工程建设费用的文件。施工图预算也称为设计预算。

单位工程施工图预算的编制内容，必须反映该单位工程的各分部分项工程的名称、定额编号、工程量、单价及合价(即分项工程定额直接费)，反映单位工程的直接费、间接费、利润、税金及其他费用。此外，还应有补充或换算单价分析。

编制施工图预算，必须深入现场，进行充分的调查研究，使预算的内容既能反映实际，又能适应施工管理工作的需要。同时，必须严格遵守国家工程建设的各项方针、政策和法令，做到实事求是，不弄虚作假，并注意不断研究和改进编制方法，提高效率，准确、及时地编制出高质量的预算，以满足工程建设的需要。

(二) 施工图预算的编制依据

1. 施工图纸及其说明

施工图纸及其说明，是编制预算的主要工作对象和依据。施工图纸必须要经过建设、设计和施工单位共同会审确定后，才能着手进行预算编制，使预算编制工作既能顺利地开展，又可避免不必要的返工计算。

2. 现行预算定额或地区单位估价表

现行建筑工程预算定额，是编制预算的基础资料。编制工程预算，从划分分部分项工程到计算分项工程量，都必须以预算定额为标准和依据。

地区单位估价表是根据现行预算定额、地区人工工资标准、施工机械台班使用定额和材料预算价格表等进行编制的，地区单位估价表是预算定额在该地区的具体表现形式，也是该地区编制工程预算直接的基础资料。根据地区单位估价表，可以直接查出工程项目所需的人工、材料、机械台班使用费及其分项工程的单价。

3. 建筑工程综合预算定额

建筑工程综合预算定额是为了适应建设事业的改革与发展，实行招标承包制的需要，在建筑工程单位估价表的基础上，以其主体项目为主，综合有关项目进行编制。该定额既可作为编制施工图预算的依据，亦可作为编制概算的依据，也可作为编制建筑工程标底或编制竣工结算的依据。

4. 施工组织设计或施工方案

施工组织设计或施工方案，是建筑工程施工中的重要文件，它对工程施工方法、施工机械选择、材料构件的加工和堆放地点都有明确的规定。这些资料直接影响计算工程量和选套预算单价。

5. 费用定额及取费标准

各省、市、自治区都有本地区的建筑工程费用定额和各项取费标准，它是计算工程造价的重要依据。

6. 预算工作手册和建材五金手册

各种预算工作手册和五金手册上载有各种构件工程量及钢材重量等，是工具性资料，可供计算工程量和进行工料分析参考。

7. 批准的初步设计及设计概算

设计概算是拟建工程确定投资的最高限额，一般预算价值不得超过概算价值，否则要调整初步设计。

8. 地区人工工资、材料及机械台班预算价格

预算定额中的工资标准仅限定额编制时的工资水平，在实际编制预算时应结合当时当地的相应工资单价调整。同样，在一段时期内，材料价格和机械费都可能变动很大，必须按照当地规定调整价差。

9. 工程量计算规则

目前工程量计算规则有：

(1)《全国统一建筑工程预算工程量计算规则》(土建工程 GJD_{GZ}—101—95)，详见本章附录 5-1。

(2)《全国统一安装工程预算工程量计算规则》(GYD_{GZ}—201—2000)，部分摘录见本章附录 5-2。

(三) 施工图预算的编制方法

单位工程施工图预算，通常有单价法和实物法两种编制方法。

1. 单价法

单价法是首先根据单位工程施工图计算出各分部分项工程的工程量，然后从预算定额中查出各分项工程相应的定额单价，并将各分项工程量与其相应的定额单价相乘，其积就是各分项工程的价值；再累计各分项工程的价值，即得出该单位工程的定额直接费；根据地区费用定额和各项取费标准(取费率)，计算出间接费、利润、税金和其他费用等；最后汇总各项费用即得到单位工程施工图预算造价。

这种编制方法，既简化编制工作，又便于进行技术经济分析。但在市场价格波动较大的情况下，用该法计算的造价可能会偏离实际水平，造成误差，因此需要对价差及人工、机械费进行调整。

2. 实物法

实物法是首先根据单位工程施工图计算出各个分部分项工程的工程量；然后从预算定额中查出各相应分项工程所需的人工、材料和机械台班定额用量，再分别将各分项工程的工程量与其相应的定额人工、材料和机械台班需用量相乘，累计其积并加以汇总，就得出该单位工程全部的人工、材料和机械台班的总耗用量；再将所得的人工、材料和机械台班总耗用

量,各自分别乘以当时当地的工资单价、材料预算价格和机械台班单价,其积的总和就是该单位工程的直接费;根据地区费用定额和取费标准,计算出间接费、利润、税金和其他费用;最后汇总各项费用即得出单位工程施工图预算造价。

这种编制方法适合于工、料因时因地发生价格变动情况下的市场经济需要。

(四) 施工图预算的编制步骤(单价法)

施工图预算应由有编制资格的单位和人员进行编制。应用“单价法”编制施工图预算的步骤如下:

1. 熟悉施工图纸

施工图纸是编制预算的基本依据。只有熟悉图纸,才能了解设计意图,正确地选用定额,从而准确地计算出工程量。对建筑物的造型、平面布置、结构类型、应用材料以及图注尺寸、说明及其构配件的选用等方面的熟悉程度,将直接影响到能否准、全、快地编制预算。

土建工程施工图分为建筑图和结构图。建筑图一般包括平面图、立面图、剖面图及构件大样图等,是关于建筑物的型式、大小、构造、应用材料等方面的图纸;结构图一般包括基础平面图、楼板和屋面结构布置图、梁柱和楼梯大样图等,是关于承重结构部分设计尺寸和用料等方面的图纸。

收到施工图之后,应进行图纸的清点、整理和核对,经审核无短缺即装订成册。在阅读过程中如遇有文字说明不清、构造做法不详、尺寸或标高不一致以及用料和标号有差错等情况时,应做好记录,这些问题在编制预算之前必须予以解决。

此外,预算人员还要参加图纸会审及技术交底工作,以便进一步分析施工的可能性,发现问题后可向设计部门提出建议,使设计更加经济和合理。

2. 了解现场情况和施工组织设计资料

应全面了解现场施工条件、施工方法、技术组织措施、施工设备、器材供应情况,并通过踏勘施工现场补充有关资料。例如,预算人员了解施工现场的地质条件、周围环境、土壤类别情况等,就能确定建筑物的标高,土方挖、填、运的状况和施工方法,以便能正确地确定工程项目的单价,达到预算正确,真正起到控制工程造价的作用。同时,预算人员应和施工人员相配合,按照施工需要,分层分段计算工程量,为编制材料供应计划,制定月、季度施工形象进度计划和安排全年施工任务提供方便,避免重复劳动。

3. 熟悉预算定额

预算定额是编制工程预算的基础资料和主要依据。在每一单位建筑工程中,其分部分项工程的预算单价(基价)和人工、材料、机械台班使用消耗量,都是依据预算定额来确定的。必须熟悉预算定额的内容、形式和使用方法,才能在编制预算过程中正确应用;只有对预算定额的内容,形式和使用方法有了较明确的了解,才能结合施工图纸,迅速而准确地确定其相应一致的工程项目和计算工程量。

4. 列出工程项目

在熟悉图纸和预算定额的基础上,根据预算定额的工程项目划分,列出所需计算的分部分项工程。如果定额上没有列出图纸上表示的项目,则需补充该项目。一般应首先按照预算定额分部工程项目的顺序进行排列,初学者更应这样,否则容易出现漏项或重项。

5. 计算工程量

工程量是编制预算的原始数据,计算工程量是一项繁重而又细致的工作,不仅要求认真、细致、及时和准确，而且要按照一定的计算规则和顺序进行，从而避免和防止重算与漏算等现象的产生，同时也便于校对和审核。工程量计算必须分层、分部位、分段分别编序、编号列表计算。并列出计算公式和简图，以便核对和复查。

6. 编制预算表

建筑工程预算书是采用“建筑工程预算表”进行编制的，其表格形式见本书第六、七章“预算示例”。

当分部分项工程量计算完成并经自检无误后，就可按照定额分项工程的排列顺序，在表格中逐项填写分项工程项目名称、工程量、计量单位、定额编号及预算单价等。

应当注意的是，在选用预算单价时，分项工程的名称、材料品种、规格、配合比及做法等，必须与定额中所列的内容完全相符合。在确定预算单价及定额编号过程中，常有以下三种情况：

(1) 直接套用预算单价

如果分项工程的名称、材料品种、规格、配合比及做法等与定额取定内容完全相符者（或虽有某些不符，但定额规定不换算者），就可将查得的分项工程预算单价及定额编号，直接抄写入预算表中。

(2) 换算预算单价

如果分项工程的名称、材料品种、规格、配合比及做法等与定额取定不完全相符者（部分不相符内容，定额规定又允许换算者），则可将查得的分项工程预算单价，换算成所需要的预算单价，并在其定额编号后加添“换”字，以示区别。然后，再将其抄写入预算表中。

(3) 编制补充单价

如果分项工程的名称、材料品种规格、配合比及做法等与定额取定内容不相符者（即预算定额中没有的项目，定额又规定不允许换算者），则应进行估工估料，并结合地区工资标准、材料和机械台班预算价格，编制出补充预算单价。补充单价的定额编号可写“补”字，如果同一个分部工程有几个分项工程的补充单价时，可写“补1”、“补2”等等。补充单价应作为预算书附件。然后，再将其抄写入预算表中。

7. 计算定额直接费

(1) 将预算表内每一分项工程的工程量乘以相应预算单价所得出的积数，称为“合价”或“复价”，即为分项工程的直接费。其计算式为

合价（即分项工程直接费）= 分项工程量 × 相应预算单价

(2) 将预算表内某一个分部工程中各个分项工程的合价相加所得出的和数，也称为“合计”，即为分部工程的直接费。其计算式为

合计（即分部工程直接费）= ∑分项工程量 × 相应预算单价

合价和合计计算出来之后，分别将其填写入预算表的相应栏内。

(3) 汇总各分部合计即得单位工程定额直接费。

8. 工料分析及注意事项

在计算工程量和编制预算表之后，对单位工程所需用的人工工日数及各种材料需要量进行的分析计算，称为“工料分析”。

工料分析以一个单位工程为编制对象，其编制步骤如下：

(1) 按施工图预算的工程项目和定额编号，从预算定额中查出各分项工程的各种工、料的定额用量，并填入工料分析表中各相应分项工程的“定额”栏内。

(2) 将各分项工程量分别乘以该分项工程的定额用工、用料数量，逐项进行计算就得到相应的各分部分项的各种人工和材料需要量。其计算式如下：

人工需要量(工日)＝分项工程量×相应时间定额

材料需要量＝分项工程量×相应材料消耗定额

(3) 将各分部分项工程人工和材料的需要量，按工种人工和各种材料项目分别汇总，最后即得出该单位工程的工种人工和各种材料的总需要量。

计算时最好要根据分部工程顺序进行计算和汇总。

工料分析一般都采用一定格式的表格进行，表 5-8 所示为一种常用格式。

工料分析表　　第　页　共　页　　**表 5-8**

序号	定额编号	分部分项工程名称	单位	数量	人　工		红　砖		32.5 级水泥	
					单位:工日		单位:百块		单位:t	
					定额	用量	定额	用量	定额	用量

(4) 对于材料、成品、半成品的场内运输和操作损耗，场外运输和保管损耗，均已在定额和材料预算价格内考虑，不得另行加算。

(5) 预算定额中的“其他材料费”，工料分析时不计算其用量。

(6) 混凝土结构中绑扎钢筋所用的铁丝，不必按定额逐项计算，可按每吨钢筋需要 5～6kg 铁丝计算。

(7) 如果定额给出的是每立方米砂浆或混凝土体积，则必须根据定额手册“附录”中的配合比表，通过“二次分析”后才可得出所需的砂、石、水泥、石灰膏的重量。

(8) 凡由加工厂制作、现场安装的构件，应按制作和安装分别计算工料。

(9) 门窗五金应单独列表进行计算，分析工料数量。

(10) 三大材料数量应按品种、规格不同，分别进行计算。

9. 计算单位工程预算造价

(1) 综合间接费＝定额直接费×综合间接费率。

(2) 其他费用、材料差价和税金：按有关规定计算。

(3) 单位工程预算造价＝定额直接费＋综合间接费＋其他费用＋材料差价＋税金。

(4) 单方造价＝$\dfrac{\text{单位工程预算造价}}{\text{建筑面积}}$(元/$m^2$)。

将以上计算所得的各项费用，分别填写入预算表的“预算费用”项目栏内。

10. 复核

复核是指预算编制出来之后，由预算编制人所在单位的其他预算专业人员进行的检查核对工作。其内容主要是查核分项工程项目有无漏项或余项；工程量有无少算、多算或错算；预算单价、换算单价或补充单价是否选用合适；各项费用及取费标准是否符合规定。

11. 编写预算编制说明

工程量和预算表编制完成后，还应填写预算编制说明。其目的是使有关单位了解预算编制依据、施工方法、材料差价以及其他编制情况等。预算编制说明无统一内容和格式，但一般应包括以下内容：

(1) 施工图名称及编号；

(2) 预算编制所依据的预算定额名称；

(3) 预算编制所依据的费用定额及材料调差的有关文件名称、文号；

(4) 预算所取定的承包方式及取费等级；

(5) 是否已考虑设计修改或图纸会审记录；

(6) 有哪些遗留项目或暂估项目；

(7) 存在的问题及处理的办法、意见。

12. 装订签章

将单位工程的预算书封面、预算编制说明、工程预算表、工料分析表、补充单价编制表、工程量计算表等，按顺序编排并装订成册。

预算书封面应填写的内容包括：工程编号和工程名称，建设单位和施工单位名称，建筑面积和结构类型，预算总造价和单方造价，预算编制单位、单位负责人、编制人及编制日期，预算审核单位、单位负责人、审核人及审核日期等。

在已经装订成册的工程预算书上，预算编制人应填写封面有关内容并签字，加盖有资格证号的印章，经有关负责人审阅签字后，最后加盖公章，至此完成了预算编制工作。

二、施工图预算审查

(一) 审查施工图预算的目的

1. 了解编制者的取费意向

施工图预算由总承包单位编制，作为项目监理首先必须审核，以确切了解施工单位取费的意向，进而作为控制造价和编制投资计划的依据，对降低工程造价具有现实意义。

2. 有利于节约本工程建设资金

通过监理工程师对施工图预算认真、准确核实、复算，可以消除预算中高估冒算，排除工程预算造价偏高的现象。

监理工程师是为投资方控制造价的。偏高的预算会使承包商轻而易举地获取不应得到的利润。故监理工程师要加强审查施工图预算，可以堵塞预算中的漏洞，使建设商品的价值量符合社会必要劳动消耗。从而促使承包商加强经济核算，端正经营方向，改善经营管理，采取增收节支措施，降低工程成本。

3. 有利于发挥领导层、银行的监督职能作用

施工图预算是上级领导层、银行作为管理、实施财务监督的重要依据。如果施工图预算质量不高，价值不准，项目的财务管理就失去了监督凭据，就不能正确实施财务和信用监督。因此，必须加强施工图预算的审查。

4. 有利于积累和分析各项技术经济指标

经审核后的施工图预算，详细标明本项目各分部、分项的单价、合价，主要材料含量及人工含量，加以归纳后，有利于本工程各项技术经济指标的分析、比较和优选，从而为提高工程设计水平提供参考，为方案优选提供素材。

(二) 施工图预算的审核内容

审查施工图预算的重点是：工程量计算是否准确；分部分项单价套用是否正确；各项取费标准是否符合现行规定等方面。

1. 施工图预算各分部工程的工程量审核的重点内容见表5-9。

施工图预算各分部工程的工程量审查的重点内容　　表5-9

序号	分部工程名称	施工图预算工程量审核的重点内容
(1)	土方工程	1) 平整场地、挖地槽、挖地坑土方工程量的计算是否符合定额计算规定和施工图纸标示尺寸,土壤类别是否与勘察资料一致,地槽与地坑放坡、挡土板是否符合设计要求,有无重算和漏算; 2)回填土工程量应注意地槽、地坑回填土的体积是否扣除了基础、垫层所占体积,地面和室内填土的厚度是否符合设计要求; 3) 运土方的审查除了注意运土距离外,还要注意运土数量是否扣除了就地回填的土方,运土距离应是最短运距,需作比较
(2)	打桩工程	1) 注意审查各种不同桩料,必须分别计算,施工方法必须符合设计要求。如果改变施工方法,需经设计院同意; 2) 桩料长度必须符合设计要求,桩料长度如果超过一般桩料长度需要接桩时,注意审查接头数是否正确; 3) 必须核算实际钢筋量(抽筋核算)
(3)	砖石工程	1) 墙基与墙身的划分是否符合规定; 2) 按规定不同厚度的墙、内墙和外墙是否是分别计算的,应扣除的门窗洞口及埋入墙体各种钢筋混凝土梁、柱等是否已经扣除; 3) 不同砂浆强度的墙和定额规定按立方米或按平方米计算的墙,有无混淆、错算或漏算
(4)	混凝土及钢筋混凝土工程	1) 现浇构件与预制构件是否分别计算; 2) 现浇柱与梁,主梁与次梁及各种构件计算是否符合规定,有无重算或漏算; 3) 有筋和无筋构件是否按设计规定分别计算,有没有混淆; 4) 钢筋混凝土的含钢量与预算定额的含钢量发生差异时,是否按规定予以增减调整; 5) 钢筋按图抽筋计算
(5)	木结构工程	1) 门窗是否按不同种类按框外面积或扇外面积计算; 2) 木装修的工程量是否按规定分别以延长米或平方米计算; 3) 门窗孔面积与相应扣除的墙面积中的门窗孔面积对应一致
(6)	地面工程	1) 楼梯抹面是否按踏步和休息平台部分的水平投影面积计算; 2) 细石混凝土地面找平层的设计厚度与定额厚度不同时,是否按其厚度进行换算
(7)	层面工程	1) 卷材层面工程是否与屋面找平层工程量相等; 2) 屋面保温层的工程量是否按屋面层的建筑面积乘保温层平均厚度计算,不做保温层的挑檐部分是否按规定不作计算; 3) 瓦材规格如实际使用与定额所定的规格不同时,其数量应换算; 4) 屋面找平层的工程量同卷材屋面,其嵌缝油膏已包括在定额内,不另计算; 5) 刚性屋面按图示尺寸水平投影面积乘以屋面坡度系数以平方米计算,不扣除房上烟囱、风帽底座、风道所占面积
(8)	构筑物工程	1) 烟囱和水塔脚手架是以座编制的,凡地下部分已包括在定额内,按规定不能再另行计算。审查是否符合要求,有无重算; 2) 凡定额按钢管脚手架与竹脚手架综合编制,包括挂安全网和安全笆的费用。如实际施工不同,均换算或调整。如施工需搭设斜道,则可另行计算
(9)	装饰工程	1) 内墙抹灰的工程量是否按墙面的净高和净宽计算,有无重算或漏算; 2) 抹灰厚度,如设计规定与定额取定不同时,在不增减抹灰遍数的情况下,一般按级增减1mm定额调整; 3) 油漆、喷涂的操作方法和颜色不同时,均不调整。如设计要求的涂刷遍数与定额规定不同时,可按"每增加一遍"定额项目进行调整

续表

序号	分部工程名称	施工图预算工程量审核的重点内容
(10)	金属构件制作	1) 金属构件制作工程量多数以吨为单位。在计算时,型钢按图示尺寸求出长度,再乘每米的重量;钢板要求出面积,再乘以每平方米的重量。审查是否符合规定。 2) 除注明者外,定额均已包括现场(工厂)内的材料运输、下料、加工、组装及成品堆放等全部工序; 3) 加工点至安装点的构件运输,应另按"构件运输定额"相应项目计算
(11)	水暖工程	1) 室内外排水管道、暖气管道的划分是否符合规定; 2) 各种管道的长度、口径是否按设计规定计算; 3) 室内给水管道不应扣除阀门、接头零件所占的长度,但应扣除卫生设备(浴盆、卫生盆、冲洗水箱、淋浴器等)本身所附带的管道长度。审查是否符合要求,有无重算; 4) 室内排水工程采用插铸铁管,不应扣除异形管及检查口所占长度。审查是否符合要求,有无漏算; 5) 室外排水管道是否已扣除了检查井与连接井所占的长度; 6) 暖气片的数量是否与设计一致
(12)	电气照明工程	1) 灯具的种类、型号、数量是否与设计图一致; 2) 线路的敷设方法、线材品种等,是否达到设计标准,有无重复计算预留线的工程量
(13)	设备及其安装工程	1) 设备的种类、规格、数量是否与设计相符; 2) 需要安装的设备和不需要安装的设备是否分清,有无把不需要安装的设备作为需要安装的设备计算了工程量

2. 施工图预算各分部、分项工程单价审核要点

(1) 施工图预算中各分部、分项工程单价及相应编号,其工程内容、名称、规格、计量单位必须与工程实际及相应预算定额(或单位估价表)一致。决不能"相似"或"相近",不能只看其名称,主要是实质必须完全一致,否则应予"换算"。

(2) "换算单价"是十分细致的工作,首先审查本分部分项工程定额是否允许换算。然后逐项审核换算是否符合实际。注意换算的计量、规格、单价、方法是否正确。

(3) 对于新工艺、新技术及原预算定额的缺项的"补充定额"审核,首先审查制定该补充定额的方法是否正确,然后逐项审核有无多算或漏算项,可以参考相应的某些分项定额。对主要的或有争论的"补充定额",应听取当地定额站的意见。

3. 审核施工图预算的其他取费标准

各地区施工图预算的其他取费标准均不相同,应执行当地的统一规定。审核重点如下:

(1) 根据工程性质、类别及建筑承包公司级别,核实各类取费标准套用是否正确。

(2) 审核各类取费的计取基数是否正确。计算顺序是否正确。

(3) 审核其他取费中对调整后的材料差价费的正确计算。

(4) 审核不需要安装的设备,而计取为安装工程的取费额。

(5) 除按章正规纳入工程造价以外的费用,原则上不得计入造价的,均应严格审核。

(三) 施工图预算审核的方法

1. 全面审核施工图预算

从施工图预算立项有无重复或遗漏,到工程量复核,定额编号套用,单价换算,取费标准以及数据核实等逐项严审,这是作为项目监理必须应该承担的审核工作。这种方法的审核质量高,收效好,应予推广使用。

2. 分组计算审核施工图预算

这是将施工图预算中各相应项目划分为若干组，利用同组中一个数据审查分项工程量的一种方法。采用这种方法，首先把若干分部分项工程，按相邻且有一定内在联系项目进行编组。利用同组中分项工程间具有相同或相近计算基数的关系，审查一个分项工程数量，就能判断同组中其他几个分项工程具有相同或相近计算基数的关系，审查一个分项工程数量，就能判断同组中其他几个分项工程量的准确程度。例如，一般的建筑工程中的底层建筑面积、地面面层、地面垫层、楼面面层、楼面找平层、楼板体积、天棚抹灰、天棚刷浆及屋面层可编为一组。首先把底层建筑面积、楼(地)面面积求出来，楼面找平层、天棚抹灰、刷白的面积与楼(地)面面积相同。用地面面积乘垫层厚度，求出垫层的工程量，用楼面的面积乘楼板折算厚度，就可求出楼板的工程量。本组中的其他分项工程的工程量也根据底层建筑面积同样计算。此法特点是审查速度快、工作量小。特别是对工程量审核，是较好的方法，已为多数审核人员所应用。

3. 项目监理自行编制施工图预算后，逐项核对审查施工图预算

这是行之有效并最为精确的审核方法，虽然会增加项目监理单位的审核工作量和人力，但可大大提高审核质量，并可从中找出被审施工图预算中的实质问题所在。

作者在监理实践中曾应用过这种方法，效果较好，并为业主所接受、赞同。实际项目监理所用的审核工作量与审核效果比较，是事半功倍。

此外，英国项目监理过程中对某些费用计划和工程结算，均要求项目监理单位自行编制计划和工程结算书，以提高审核质量。

对于其他一些抽查、对比、筛选等近似的审核施工图预算的方法，与实际审核效果差别较大，作为代表业主利益的项目监理单位，宜采用全面、精确的方法审核施工图预算，而不宜采用近似的方法。虽然监理企业为节约审核时间与人力，亦有采用者，本书作者不敢苟同。

(四) 施工图预算审核步骤

1. 做好审查前的准备工作

(1) 熟悉施工图纸。施工图是编审预算分项数量的重要依据，必须全面熟悉了解。一是核对所有的图纸，清点无误后，依次识读；二是参加技术交底，解决图纸中的疑难问题，至完全掌握图纸。

(2) 了解预算包括的范围。根据预算编制说明，了解预算包括的工程内容。例如，配套设施，室外管线，道路以及会审图纸后的设计变更等。

(3) 弄清编制预算采用的单位工程估价表。任何单位估价表或预算定额都有一定的适用范围。根据工程性质，搜集熟悉相应的单价、定额资料。特别是市场材料单价和取费标准等。

2. 选择合适的审查方法，按相应内容审查

由于工程规模、繁简程度不同，施工企业情况也不同，所编工程预算繁简和质量也不同，因此需选择针对性相应的审查方法进行审核。

3. 与编制单位逐条核实，编制调整预算

经过审查，如发现有差错，需要进行增加或核减的，经与编制单位逐项核实，统一意见后，修正原施工图预算，汇总核减值。

第六节　某项目监理造价控制实施细则示例

一、项目管理造价控制特点

本工程施工承包合同总金额为______万元(含土建、水、电、空调、电梯、弱电、装修等,以施工图为准)。

总施工承包单位:某市某建筑有限公司。建筑面积:______ m^2;地上8层钢筋混凝土现浇框架结构的工业厂房。

本项目造价控制特点如下:

(一) 合同价款及调整

1. 本工程合同价款采用可调价格合同方式确定,合同价款的调整方法:

承包人先向监理工程师提交合同价款的调整理由及调整金额,并提供有关证明文件或资料,经监理工程师确认后,双方方可调整合同价款。

2. 本工程合同价款调整的依据为:

(1)《某市建筑工程综合预算定额》(1999);

(2)《某市建筑安装工程预算定额费用标准》;

(3)《全国统一安装工程预算定额某市单位估价汇总表》;

(4) 1999年某市定额配套及补充文件中的价格;

(5) 本工程按某市1999年定额二类标准取费,材料结算按《某工程造价信息》中发布的中准价分项工程施工期的算术平均值执行,无中准价的材料设备价格以监理工程师签证及业主认可为准;

(二) 双方约定合同价款的其他调整因素

承包人按某市1999年定额结算价格税前下浮5% ,材料中准价按下浮2%,让利于发包人(不包括指定分包价、指定设备价、指定材料价及监理工程师的核定价)。指定材料价及监理工程师核定价的下浮为:其核定材料部分不下浮,但费率部分仍按下浮5%计算。

(三) 工程预付款

本工程发包人向承包人预付工程款的时间:在本合同生效且承包人收到中标通知书后的7天内。

发包人向承包人预付工程款的金额为人民币______万元整。

扣回工程预付款的时间和比例:在工程正常施工的第2个月起,每月扣回______万元,当月工程款不足以扣回时,累积至下个月扣回。

(四) 工程量的确认

承包人向监理工程师提交已完工程量报告的时间:从开工之日起的每个月的25日提交一次。

(五) 工程进度款的支付

本工程在工程开工后,将每隔30天支付一次工程进度款,具体支付方式为:当监理工程师得出的已完工程量报告结果与承包人的施工进度相符时,则在得出计量结果后的15天内,发包人以开具支票方式向承包人支付经审定的工程进度款,支付金额=计量金额×80%。

工程竣工决算审定后15天内付至决算总价的96%止,留4%的质量保修金。当保修期满二年后，一周内支付保修金总额的85％，当保修期满三年后，一周内支付完全部保修金。

二、造价控制工作流程

图5-9所示为造价控制工作流程。

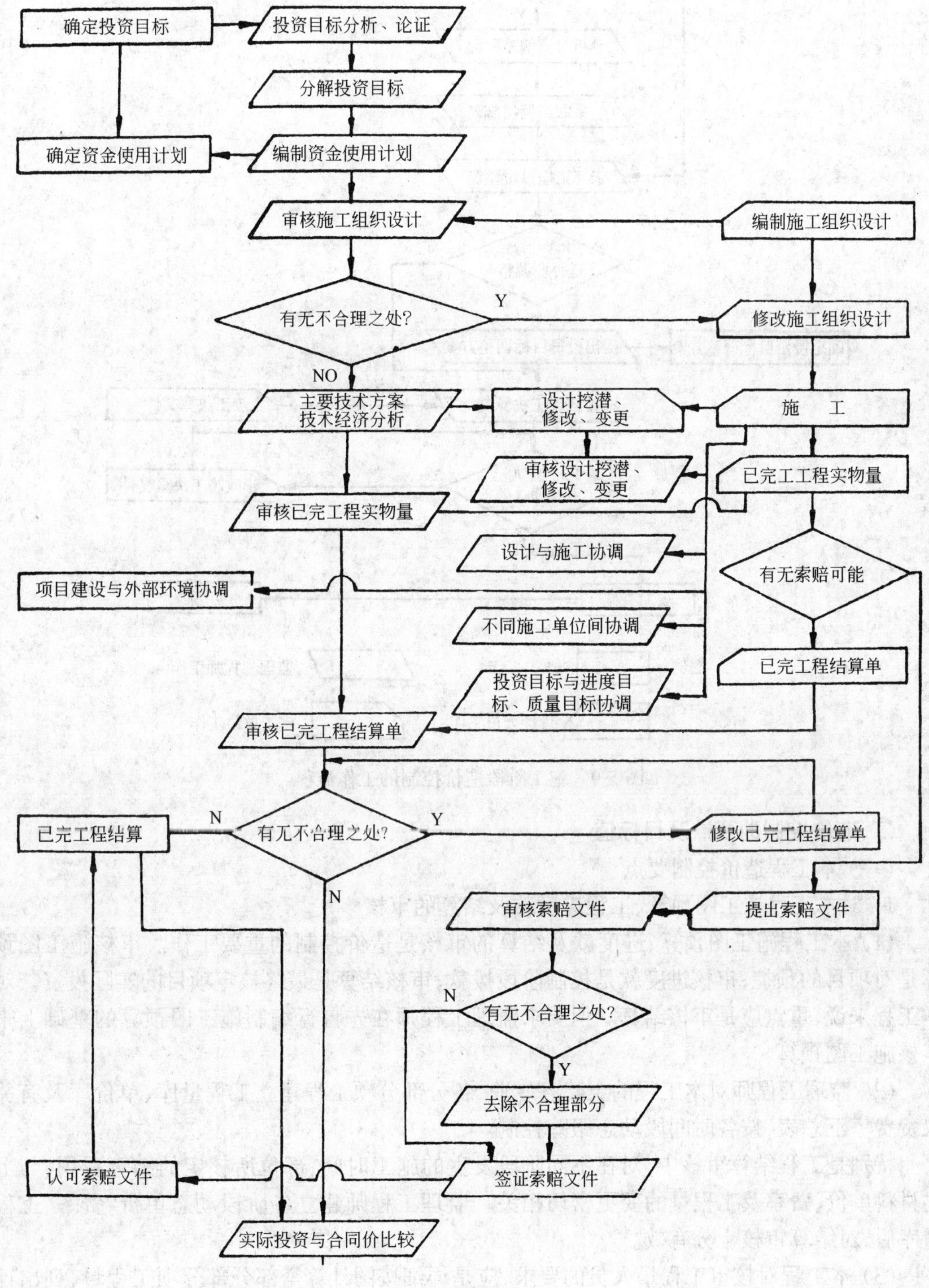

（图接下页）

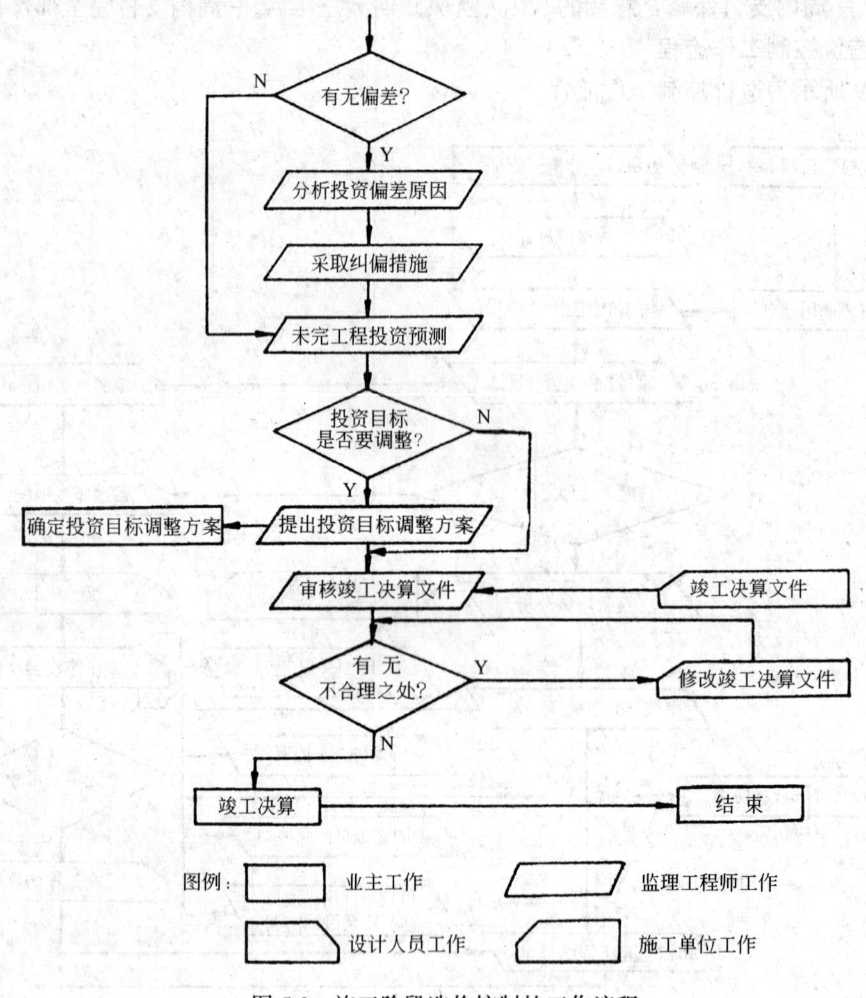

图 5-9　施工阶段造价控制的工作流程

三、造价控制的要点及目标值

(一) 本工程造价控制要点

1. 对本工程施工图预算、工程进度款及结算的审核

(1) 本工程施工图预算、进度款及结算的审核是造价控制的重要工作。审核施工图预算是对项目的预控;审核进度款是控制阶段拨款;审核结算是最终核定项目的实际投资。对本工程来说,重点应是审核结算。但要求监理工程师在先自行编制施工图预算的基础上来审核施工图预算。

(2) 监理工程师对本工程的土建各专业、各分部分项工程建立工程量库、单价库及有关取费费率汇总表,按各时间段动态跟踪控制。

特别是工程结算审核中,对在不同阶段发生的施工时间、部位所核定的结算费用,与上述材料单价、费率及工程量的变更密切相关。监理工程师建立各阶段动态单价、费率、工程量库后,对结算审核十分有效。

(3) 本工程对核审工程量人员的要求,应是详细按图计算全部分部分项工程量,列出计算公式,标出轴线号及相应区段,必要时绘计算简图。钢筋工程量要按施工图逐根计算。工程量计算要详细列出清单，便于复核。监理工程师亲自详细计算出各分部分项的工程量之后，并与承包商提出的工程量逐项核对，准确无误后，才是真正达到审核工程量的目标。

(4) 本工程以审查单价是否正确作为重点，着重审查工程名称、种类、规格、计量单位，与预算定额或单位估价表上所列的内容是否一致。如果一致时才能套用，如果某分部分项工程与定额内容并非一致时，要合理换算或按实际计算单价，经监理工程师核实。

(5) 经审核后的建设项目预(结)算，必须再通过中国建设银行或政府指定的有关部门审查。

2. 对本工程施工阶段进行造价控制

(1) 确定本项目在施工阶段的造价控制目标值，包括项目的总目标值、分目标值、各细目目标值。在项目施工过程中采取有效措施，控制投资的支出，将实际支出值与造价控制的目标值进行比较，并作出分析及预测，加强对各种干扰因素的控制，及时采取措施，确保项目造价控制目标的实现。同时，根据实际情况，允许对造价控制目标进行必要的调整，调整的目的是使造价控制目标永远处于最佳状态和切合实际。但应注意，调整既定目标应严肃对待并按规定程序。这是本监理公司对本工程施工阶段造价控制的重点。

(2) 编制本工程施工阶段造价控制详细的工作流程图和投资计划。拟订本工程在施工阶段降低造价的技术经济措施。

(3) 对设计变更部分进行技术经济比较，通过设计的修正挖潜寻求节约投资的可能。

(4) 在本工程施工阶段造价控制中对合同进行管理，主动参与处理工程索赔工作；参与合同修改、补充工作，着重考虑它对造价控制有影响的条款。

(5) 本工程在施工阶段造价控制的立足点是节约项目的一次性投资和项目全寿命的经济分析，即进行全面考虑 。因此本监理公司在造价控制部门中投入的监理工程师的素质要求较高。

(6) 本工程在施工阶段造价控制中的技术经济分析旨在提高本工程的经济效益，降低造价和提高工程质量，对施工方案技术经济分析更为重视，这是有效的手段。

3. 对本工程竣工阶段的造价控制

(1) 本工程及时按施工合同的有关规定进行竣工结算，并对竣工结算的价款总额与建设单位和承包单位进行协商、核实。

(2) 经本监理公司审核的工程结算总额是本工程结算依据。本监理公司以维护建设单位利益为重，公正、合理地核减一切理应核减的工程结算总额。

(3) 本工程的总监理工程师组织专业监理工程师，依据有关法律、法规、工程建设强制性标准、设计文件及施工合同，对承包单位报送的竣工资料严格进行审查，并对工程质量进行竣工预验收。对存在的问题，及时要求承包单位整改。整改完毕由总监理工程师签署工程竣工报验单，并在此基础上提出工程质量评估报告。工程质量评估报告经总监理工程师和本监理单位技术负责人审核签字。

(4) 本公司参加由建设单位组织的竣工验收，并提供相关监理资料。对验收中提出的整改问题，本监理公司要求承包单位进行整改。工程质量符合要求，由总监理工程师会同参加验收的各方签署竣工验收报告。

(二) 本工程造价控制目标值

本工程投资目标:严格控制在经监理公司审核后的施工图预算为基数的总投资额为工程限额(即承包合同价)。

严格审核工程结算,特别是工程量计算、工程计量的造价等。争取达到5%以上的核减率。

四、施工阶段造价控制的方法及措施

(一)施工阶段造价控制的方法

1.审核工程量

详细按图计算全部分部分项工程量,列出计算公式,标出轴线号及相应区段,必要时绘计算简图,钢筋工程量要按施工图逐根计算。工程量要详细列出清单,便于复核。

根据实践经验,只有监理工程师亲自详细计算出各分部分项的工程量之后,并与承包商提出的工程量逐项核对,准确无误后,才是真正达到审核工程量。

工程量审核是否认真、准确,直接关系到工程投资,这项较繁琐、细致的工作,监理公司在造价控制中,应作为重要工作之一。

在审查工程量过程中还应注意构造中的若干细节,现举例说明如下:

(1)墙基挖土。先根据基础埋深和土质情况,审查槽壁是否需要放坡,坡度系数是否符合规定;其次审查墙基槽长度计算是否符合规定,是否重叠多算。

(2)墙基与墙身的分界线。通常,砖墙基础计算时,以室内地坪为界线;而石墙墙身计算时,却以室外地坪为界线。因此,审查其是否有重叠多算的情况存在。

(3)内外墙砌体。应审查砌体扣除的部分,是否按规定扣除,有否不应增加的砌体部分被增加了(如腰线挑砖)。

(4)钢筋混凝土框架中的梁和柱分界。钢筋混凝土框架柱与梁按柱内边线为界,在计算框架柱和框架梁体积时,应列入柱内的就不要再在梁中重复计算。

(5)整个单位工程钢筋混凝土结构中的钢筋和铁件。在设计用量与定额规定发生差异时,应按规定作增减调整。但不能按定额项目只调增而不调减,应审查总用量。

(6)定额内已包括者就不得再另行重算。室外工程的散水、台阶、斜坡等的工程量,是按水平投影面积计算;定额规定已包括挖土、运土、垫层、找平层及面层等工程内容在内,则不应再重复计算挖、运、垫、找平及面层的工程量。

(7)严格遵照所使用的预算定额所规定的工程量计算规则。

2.审核定额单价

(1)审查单价是否正确。应着重审查工程名称、种类、规格、计量单位、与预算定额或单位估价表上所列的内容是否一致,如果一致时才能套用。

(2)审查换算单价。《预算定额》规定允许换算部分的分项工程单价,应根据《预算定额》的分部分项说明、附注和有关规定进行换算;《预算定额》规定不允许换算部分的分项工程单价,则不得强调工程特殊或其他原因,而任意加以换算。

(3)审查补充单价。目前,各省、市、自治区都有统一编制,并经过审批的《地区单位估价表》,是具有法令性的指标,这就无需再进行审查。但对于某些采用新结构、新技术、新材料的工程,在定额确实缺少这些项目,尚需编制补充单位估价时,就应进行审查。审查其分项项目和工程量是否属实,套用单价是否正确;审查其补充单价的工料分析是根据工程测算数据,还是估算数字确定的。

3. 审查直接费

决定直接费用的主要因素，是各分部分项工程量及其预算定额(或单位估价表)单价。因此，审查直接费，也就是审查直接费部分的整个预算表，即根据已经过审查的分项工程量和预算定额单价，审查单价套用是否准确，有否套错和应换算的单价是否已换算，以及换算是否正确等。审查时应注意：

(1) 预算表上所列的各分项工程名称、内容、做法、规格及计量单位，与单位估价表中所规定的内容是否相符；

(2) 在预算表中是否有错列已包括在定额内的项目，从而出现重复多算情况；或因漏列定额未包括的项目，而少算直接费的情况。

4. 审查间接费

依据施工企业性质、等级、规模和承包工程性质不同，间接费的计算方法，有按直接费或按人工费为基础的百分比进行计算的。因此，主要审查以下内容：

(1) 中央、省、市属国有企业与市、区、县、乡镇、街道属集体施工企业，在套用间接费定额时，是否符合各地区规定，有否集体企业套用全民企业定额标准；

(2) 各种费用的计算基础是否符合规定；

(3) 各种费用的费率，是否按地区的有关规定计算；

(4) 计划利润是否按国家规定标准计取；

(5) 各种间接费采用是否正确合理；

(6) 单项定额与综合定额有无重复计算情况。

如果一个单位建筑工程内，有混凝土构件厂制作的混凝土构件，有金属加工厂制作的钢结构构件，有土方基础工程公司施工的打桩工程等，这些工程的间接费，应根据各地区的不同规定计取。

5. 编制投资计划

遵照业主要求随工程进展不断更新投资计划。

编制月度费用报告，内容包括：本月份批准的变更工程(含超支或节约原因分析)，当前项目总投资目标，项目现金流量，预测未来可能的总投资超支。

编制现金流量计划和实际投资报告。

6. 项目投资计划值与实际值控制

(1) 造价控制的方法之一是进行动态控制，以控制循环理论为指导，对计划值与实际值进行比较，发现偏离目标，及时采取纠偏措施，再发现偏离，再采取纠偏措施，最终确保工程造价总目标的实现。

(2) 投资支出的分析对比和预测调整。如前所述，施工阶段造价控制的方法之一是在项目实施全过程中，进行投资跟踪、动态控制，定期对工程已完成的实际投资支出进行分析，对工程未完成部分尚需的投资进行重新预测，对实际投资支出值和项目造价控制计划目标值进行对比，发现偏差采取纠偏措施。

(3) 通过对项目各单位工程、分部分项工程完成的实物工程量、实际完成的工程预算值和已完工程实际投资支出的统计汇总，定期提出工程进度表和财务支付汇总表，应用“项目投资差异分析法”对投资进行分析和预测。通过差异分析找出工程预算值和实际投资支出值之间的偏差，从已完工程实际投资支出来预测未完工程竣工验收时尚需投资支出，找出原因采取纠偏措施。同时可编制项目投资、预算、进度计划综合图表,使整个工程进度和项目投资的现状和趋势明白地表示出来。项目投资差异分析表如表5-10所示。

项目投资差异分析(单位:元) 表5-10

月末	计划完成工程预算值	实际完成工程预算值	待完成工程预算值	按计划工程总预算值	已完成工程实际投资支出	到竣工时尚需支出预算	完成项目的投资支出最新估算	修正值	预算执行情况	其中		总投资复核
										工作量	效率	
	1	2	3	4=1+3	5	6	7=5+6	8=7-初始估算	9=2-1	10=5-1	11=2-5	12=7-4
0			100000	100000								
1	10000	8000	90000	100000	9000	93000	102000	2000	-2000	-1000	-1000	2000
2	…	…	…	…	…	…	…	…	…	…	…	…

7. 审核工程结算

(1) 核对施工图预算和增减变更的工程量、定额单价、取费标准、材料价差、计划利润和税金是否按规定计算,防止错漏;

(2) 审查工程结算编制的依据;

(3) 审查实际完成工作量与工程结算内容是否相一致;

(4) 审查材料使用量和材料结算价格;

(5) 审查工程结算的编制是否符合合同条款的要求;

(6) 审查工程结算编制的内容是否完整齐全。

(二) 施工阶段造价控制措施

建设项目施工阶段是项目在建设实施中的一个十分重要的阶段,本阶段的造价控制工作周期长、内容多、潜力大,需要采取多方面的控制措施,确保投资实际支出值小于计划目标值。监理工程师在本阶段采取的造价控制措施如表5-11所示。

建设项目施工阶段的投资控制措施 表5-11

措施	内容
组织措施	(1) 建立项目监理的组织保证体系,在项目监理班子中落实从造价控制方面进行投资跟踪、现场监督和控制的人员,明确任务及职责,如发布工程变更指令,对已完工程的计量、支付款复核,设计挖潜复查,处理索赔事宜,进行投资计划值和实际值比较,造价控制的分析与预测,报表的数据处理,资金筹措和编制资金使用计划等; (2) 编制本阶段造价控制详细工作流程图
经济措施	(1) 进行已完成的实物工程量的计量或复核,未完工程量的预测; (2)工程价款预付、工程进度付款、工程款结算、备料款和预付款的合理回扣等审核、签署; (3) 在施工实施全过程中进行投资跟踪、动态控制和分析预测,对投资目标计划值按费用构成、工程构成、实施阶段、计划进度分解; (4) 定期向监理负责人和建设单位提供投资控制报表、必要的投资支出分析对比; (5)依据投资计划的进度要求编制施工阶段详细的费用支出计划,并控制其执行和复核付款账单,进行资金筹措和分阶段到位; (6) 及时办理和审核工程结算; (7) 制订行之有效的节约投资的激励机制和约束机制

续表

措　施	内　　容
技术措施	(1) 对设计变更严格把关,并对设计变更进行技术经济分析和审查认可; (2) 进一步通过设计、施工工艺、材料、设备、管理等多方面寻找挖潜节约投资的可能,组织“三查四定”查出的问题整改,组织审核降低造价的技术措施; (3) 加强设计交底和施工图会审工作,把问题解决在施工之前
合同措施	(1) 参与处理索赔事宜时以合同为依据; (2) 参与合同的修改、补充工作,并分析研究其对造价控制的影响; (3) 监督、控制、处理工程建设中的有关问题时以合同为依据

注:三查四定,即查漏项、查错项、查质量隐患,定人员、定措施、定完成时间、定质量验收。

(三) 工程资料积累

1. 监理工程师必须注意资料的积累:

(1) 积累一切可能涉及论证的有关资料,同承包单位、建设单位研究的技术问题、进度问题和其他重大问题的会议应当做好文字记录,并争取会议参加者签字,作为正式文档资料。

(2) 同时建立严密的监理日志,要记录承包单位对监理工程师指令的执行情况,抽查试验记录、工序验收记录、计量记录、日进度记录以及每天发生的可能影响到合同协议的事件的具体情况等,同时还应建立业务往来的文件编号档案等业务记录制度,做到处理时以事实和数据为依据。

2. 在工程发包阶段,编制施工招标文件起草施工合同条款,作出工程量清单及工料说明,编制标底协助业主考察投标单位的资质实力、信誉等情况,组织施工招标,进行投标分析,提出专业意见参加谈判及协助签订施工合同。

3. 在施工阶段参加例会同时了解工程进度情况,每月审核承包单位申报的月付款申请,及时作出付款证书;对设计变更、施工工艺的变更或其他费用情况提出专业意见,并编制相应的费用增减计算书,制订最新的成本估算报告;审核及估评承包单位提出的索赔。

4. 在竣工验收阶段,对承包单位提交的结算清单进行审核,编制工程决算书和工程竣工决算报告。

(四) 工程索赔

1. 监理工程师处理双方所提出的索赔必须以合同为依据

(1) 尽管监理工程师受雇于业主,但当其遇到索赔事件时,则必须以完全独立的身份,站在客观公正的立场上审查索赔要求的正当性。

(2) 监理工程师必须对合同条件、协议条款等有详细的了解,以合同为依据来公平处理合同双方的利益纠纷。

2. 监理工程师必须及时、合理地处理索赔

(1) 索赔发生后,监理工程师必须依据合同的准则及时地对索赔进行处理。

(2) 尽量将单项索赔在执行过程中陆续加以解决,从而体现监理工程师处理问题的独立性,既能维护业主的利益,同时又照顾承包单位的实际情况。

(3) 监理工程师处理索赔必须注意双方计算索赔的合理性。

3. 加强主动监理,减少工程索赔

(1) 不要等到工程完工后才进行验收。要在工程的实施过程中,将预料到的可能发生的问题告诉承包单位,避免由于工程返工所造成的工程成本上升,这样也可以减轻承包单位的心理压力,减少承包单位想方设法通过索赔途径弥补工程成本上升所造成的利润损失。

(2) 监理工程师在项目实施过程中,应对可能引起的索赔进行预测,尽量采取一些预防措施,避免索赔的发生。

第七节　施工阶段工程造价鉴证

实施项目监理制的造价控制后,工程造价的管理日趋规范化和科学化。但在工程造价问题上的纠纷还时有发生,纠纷一般要委托相关专业咨询机构对工程造价进行鉴证,提供仲裁机构作为定案的依据。

一、根据委托方的要求进行工程造价鉴证

常见的工程造价纠纷涉及工程量、工程款、合同、材料等,当仲裁机构受理后,往往委托专业咨询机构对工程造价进行鉴证。对工程造价的调查、分析、鉴证活动是一种技术专业行为,非行政、司法行为,更不是国家行为。被委托方对提出的鉴证结论承担责任。对鉴证的分析有理、有据,以严谨的科学态度,逐笔数据详尽计算。委托方最重要的是选定社会信誉好、技术水平高、道德高尚、作风正派、客观公正、工作认真负责的鉴证机构及工程造价鉴证人员。鉴证机构及鉴证人员与所鉴证的项目本身没有相应的利害关系。鉴证人员及机构不是以其权力,而是以其综合专业实力和职业道德建立起客观的权威性。

二、鉴证要重视证据和资料的收集、分析

资料的真实性、可靠性、准确性、全面性是鉴证的基础。它涉及设计图纸、工程变更、施工过程、材料、验收、招投标文件、合同价、定额与取费标准等。资料的重点集中在当事人纠纷的焦点,清晰地列出全部相关数据,进行多方面取证后进行分析。一般来说引起纠纷的造价问题往往比较复杂,鉴证人员除要具有丰富的实践经验和理论水平以外,对法律、法规、规范、政策也十分熟悉并切实掌握。

三、充分听取当事人的各种意见

收集双方当事人提供的资料、数据、证据,并且通过调查,落实其真实性。分析当事人双方的观点与分歧,找出其关键性的实质。对原则性的是非问题,鉴证人员要立场鲜明、公正,结论确切。对有些可容商讨的问题,则从中协调,以取得一致的观点,逐步筛选,最后归纳、集中关键性焦点,全力以赴,求得解决。

对于重大而复杂的鉴证项目,鉴证单位需要邀请各相关方的专家,召开鉴证会,听取各方意见,再进行综合、分析,使鉴证的结论正确而公正。

四、鉴证报告

在完成上述一系列鉴证过程以后,鉴证人员拟定鉴证结论文件初稿,由鉴证单位邀请有关人员对初稿进行审核、讨论、修正。取得统一意见后提出鉴证结论文件,即鉴证报告。

鉴证报告包括内容如下:

(一) 鉴证项目情况

简明介绍项目情况,包括项目名称、位置、结构、面积、装修,建设单位、施工单位、设计单位及纠纷情况等。

(二) 鉴证的原则与依据

鉴证工作以独立、客观、公平、公正为原则,鉴证的依据主要有:国家有关的政策、法规和规章及鉴证中引用的有效证据(合同、洽商等)。技术资料有:图纸、定额、市场信息、施工组织设计等。

(三) 鉴证范围及要求

根据鉴证委托方提出的要求、范围和界定鉴证工作的全部内容,在鉴证委托合同中详细列出,双方确认。

(四) 鉴证过程及鉴证结论

是鉴证报告中的核心,有如下要求:

1. 各分部工程鉴证过程及鉴证结论得出的依据;

2. 在鉴证报告撰写前对鉴证结论要进行审查和判断,主要审查鉴证结论是否与鉴证前提相适应;

3. 鉴证人员得出的结论是否受外界他人干扰;

4. 鉴证依据的材料是否真实可靠;

5. 采用的鉴证方法是否科学;

6. 鉴证的最终结论是否合理等,经检查无误后,再将此列入报告并阐述清楚。

(五) 鉴证说明

鉴证说明在鉴证报告中起责任界定的作用,包括以下几方面内容:

1. 鉴定结果仅限于委托方提供资料和证据的范围内;

2. 委托方提供资料的真实性由委托方负责;

3. 其他情况说明包括:如需由委托方定性的问题、需向委托方说明的问题及部分无法鉴定的项目说明等。

(六) 附录文件

附录中应包括委托书、工程概算书、鉴定会笔录及合同、洽商记录等,对以上资料应顺序编号列入附录。

附录 5-1

全国统一建筑工程预算工程量计算规则

(土建工程 GJD_{GZ}—101—95)

国家建设部于 1995 年 12 月 15 日颁布本工程量计算统一规则。目前各地区制订的地区预算定额,根据地区预算定额,尚有相应补充的工程量计算规则,在使用各地区预算定额时,按照相关地区补充的工程量计算规则。

第一章 总 则

第 1.0.1 条 为统一工业与民用建筑工程预算工程量的计算,制定本规则。

第 1.0.2 条 本规则适用于工业与民用房屋建筑及构筑物施工图设计阶段编制工程预算及工程量清单，也适用于工程设计变更后的工程量计算。本规则与《全国统一建筑工程基础定额》相配套，作为确定建筑工程造价及其消耗量的依据。

第 1.0.3 条 建筑工程预算工程量除依据《全国统一建筑工程基础定额》及本规则各项规定外，尚应依据以下文件：

1. 经审定的施工设计图纸及其说明；
2. 经审定的施工组织设计或施工技术措施方案；
3. 经审定的其他有关技术经济文件。

第 1.0.4 条 本规则的计算尺寸，以设计图纸表示的尺寸或设计图纸能读出的尺寸为准。除另有规定外，工程量的计量单位应按下列规定计算：

1. 以体积计算的为立方米 (m^3)；
2. 以面积计算的为平方米 (m^2)；
3. 以长度计算的为米 (m)；
4. 以重量计算的为吨或千克 (t 或 kg)；
5. 以件(个或组)计算的为件 (个或组)。

汇总工程量时，其准确度取值：立方米、平方米、米以下取两位；吨以下取三位；千克、件取整数。

第 1.0.5 条 计算工程量时，应依施工图纸顺序，分部、分项，依次计算，并尽可能采用计算表格及计算机计算，简化计算过程。

第二章 建筑面积计算规则

第一节 计算建筑面积的范围

第 2.1.1 条 单层建筑物不论其高度如何，均按一层计算建筑面积。其建筑面积按建筑物外墙勒脚以上结构的外围水平面积计算。单层建筑物内设有部分楼层者，首层建筑面积已包括在单层建筑物内，二层及二层以上应计算建筑面积。高低联跨的单层建筑物，需分别计算建筑面积时，应以结构外边线为界分别计算。

第 2.1.2 条 多层建筑物建筑面积，按各层建筑面积之和计算，其首层建筑面积按外墙勒脚以上结构的外围水平面积计算，二层及二层以上按外墙结构的外围水平面积计算。

第 2.1.3 条 同一建筑物如结构、层数不同时，应分别计算建筑面积。

第 2.1.4 条 地下室、半地下室、地下车间、仓库、商店、车站、地下指挥部等及相应的出入口建筑面积，按其上口外墙(不包括采光井、防潮层及其保护墙)外围水平面积计算。

第 2.1.5 条 建于坡地的建筑物利用吊脚空间设置架空层和深基础地下架空层设计加以利用时，其层高超过 2.2m，按围护结构外围水平面积计算建筑面积。

第 2.1.6 条 穿过建筑物的通道，建筑物内的门厅、大厅，不论其高度如何均按一层建筑面积计算。门厅、大厅内设有回廊时，按其自然层的水平投影面积计算建筑面积。

第 2.1.7 条 室内楼梯间、电梯井、提物井、垃圾道、管道井等均按建筑物的自然层计算建筑面积。

第 2.1.8 条 书库、立体仓库设有结构层的，按结构层计算建筑面积，没有结构层的，按承重书架层或货架层计算建筑面积。

第 2.1.9 条 有围护结构的舞台灯光控制室,按其围护结构外围水平面积乘以层数计算建筑面积。

第 2.1.10 条 建筑物内设备管道层、贮藏室其层高超过 2.2m 时,应计算建筑面积。

第 2.1.11 条 有柱的雨篷、车棚、货棚、站台等,按柱外围水平面积计算建筑面积;独立柱的雨篷、单排柱的车棚、货棚、站台等,按其顶盖水平投影面积的一半计算建筑面积。

第 2.1.12 条 屋面上部有围护结构的楼梯间、水箱间、电梯机房等,按围护结构外围水平面积计算建筑面积。

第 2.1.13 条 建筑物外有围护结构的门斗、眺望间、观望电梯间、阳台、橱窗、挑廊、走廊等,按其围护结构外围水平面积计算建筑面积。

第 2.1.14 条 建筑物外有柱和顶盖走廊、檐廊,按柱外围水平面积计算建筑面积;有盖无柱的走廊、檐廊挑出墙外宽度在 1.5m 以上时,按其顶盖投影面积一半计算建筑面积。无围护结构的凹阳台、挑阳台,按其水平面积一半计算建筑面积。建筑物间有顶盖的架空走廊,按其顶盖水平投影面积计算建筑面积。

第 2.1.15 条 室外楼梯,按自然层投影面积之和计算建筑面积。

第 2.1.16 条 建筑物内变形缝、沉降缝等,凡缝宽在 300mm 以内者,均依其缝宽按自然层计算建筑面积,并入建筑物建筑面积之内计算。

第二节 不计算建筑面积的范围

第 2.2.1 条 突出外墙的构件、配件、附墙柱、垛、勒脚、台阶、悬挑雨篷、墙面抹灰、镶贴块材、装饰面等。

第 2.2.2 条 用于检修、消防等室外爬梯。

第 2.2.3 条 层高 2.2m 以内设备管道层、贮藏室、设计不利用的深基础架空层及吊脚架空层。

第 2.2.4 条 建筑物内操作平台、上料平台、安装箱或罐体平台;没有围护结构的屋顶水箱、花架、凉棚等。

第 2.2.5 条 独立烟囱、烟道、地沟、油(水)罐、气柜、水塔、贮油(水)池、贮仓、栈桥、地下人防通道等构筑物。

第 2.2.6 条 单层建筑物内分隔单层房间,舞台及后台悬挂的幕布、布景天桥、挑台。

第 2.2.7 条 建筑物内宽度大于 300mm 的变形缝、沉降缝。

第三节 其　他

第 2.3.1 条 建筑物与构筑物连接成一体的,属建筑物部分按本章第一、二节规定计算。

第 2.3.2 条 本规则适用于地上、地下建筑物的建筑面积计算,如遇有上述未尽事宜,可参照上述规则办理。

第三章 土建工程预算工程量计算规则

第一节 土石方工程

第3.1.1条 计算土石方工程量前,应确定下列各项资料:

1. 土壤及岩石类别的确定:

土石方工程土壤及岩石类别的划分,依工程勘测资料与《土壤及岩石分类表》对照后确定(见表3.1.1);

2. 地下水位标高及排(降)水方法;

3. 土方、沟槽、基坑挖(填)起止标高、施工方法及运距;

4. 岩石开凿、爆破方法、石砟清运方法及运距;

5. 其他有关资料。

第3.1.2条 土石方工程量计算一般规则:

1. 土方体积,均以挖掘前的天然密实体积为准计算。如遇有必须以天然密实体积折算时,可按表3.1.2所列数值换算。

土方体积折算表 **表3.1.2**

虚方体积	天然密实度体积	夯实后体积	松填体积
1.00	0.77	0.67	0.83
1.30	1.00	0.87	1.08
1.50	1.15	1.00	1.25
1.20	0.92	0.80	1.00

2. 挖土一律以设计室外地坪标高为准计算。

第3.1.3条 平整场地及辗压工程量,按下列规定计算:

1. 人工平整场地是指建筑场地挖、填土方厚度在±30cm以内及找平。挖、填土方厚度超过±30cm以外时,按场地土方平衡竖向布置图另行计算。

2. 平整场地工程量按建筑物外墙外边线每边各加2m,以平方米计算。

3. 建筑场地原土碾压以平方米计算,填土碾压按图示填土厚度以立方米计算。

第3.1.4条 挖掘沟槽、基坑土方工程量,按下列规定计算:

1. 沟槽、基坑划分:

凡图示沟槽低宽在3m以内,且沟槽长大于槽宽三倍以上的,为沟槽。

凡图示基坑底面积在20m^2以内的为基坑。

凡图示沟槽底宽3m以外,坑底面积20m^2以外,平整场地挖土方厚度在30cm以外,均按挖土方计算。

2. 计算挖沟槽、基坑、土方工程量需放坡时,放坡系数按表3.1.4-1规定计算。

3. 挖沟槽、基坑需支挡土板时,其宽度按图示沟槽、基坑底宽,单面加10cm,双面加20cm计算。挡土板面积,按槽、坑垂直支撑面积计算,支挡土板后,不得再计算放坡。

4. 基础施工所需工作面,按表3.1.4-2规定计算。

放 坡 系 数 表 表 3.1.4-1

土壤类别	放坡起点(m)	人工挖土	机械挖土	
			在坑内作业	在坑上作业
一、二类土	1.20	1:0.5	1:0.33	1:0.75
三类土	1.50	1:0.33	1:0.25	1:0.67
四类土	2.00	1:0.25	1:0.10	1:0.33

注:1. 沟槽、基坑中土壤类别不同时,分别按其放坡起点、放坡系数、依不同土壤厚度加权平均计算。
2. 计算放坡时,在交接处的重复工程量不予扣除,原槽、坑作基础垫层时,放坡自垫层上表面开始计算。

基础施工所需工作面宽度计算表 表 3.1.4-2

基础材料	每边各增加工作面宽度(mm)
砖基础	200
浆砌毛石、条石基础	150
混凝土基础垫层支模板	300
混凝土基础支模板	300
基础垂直面做防水层	800(防水层面)

5. 挖沟槽长度,外墙按图示中心线长度计算;内墙按图示基础底面之间净长线长度计算;内外突出部分(垛、附墙烟囱等)体积并入沟槽土方工程量内计算。

6. 人工挖土方深度超过 1.5m 时,按下表增加工日。

人工挖土方超深增加工日表 单位:$100m^3$

深 2m 以内	深 4m 以内	深 6m 以内
5.55 工日	17.60 工日	26.16 工日

7. 挖管道沟槽按图示中心线长度计算,沟底宽度,设计有规定的,按设计规定尺寸计算,设计无规定的,可按表 3.1.4-3 规定宽度计算。

管道地沟沟底宽度计算表 表 3.1.4-3

单位:m

管径(mm)	铸铁管、钢管、石棉水泥管	混凝土、钢筋混凝土、预应力混凝土管	陶土管
50~70	0.60	0.80	0.70
100~200	0.70	0.90	0.80
250~350	0.80	1.00	0.90
400~450	1.00	1.30	1.10
500~600	1.30	1.50	1.40
700~800	1.60	1.80	
900~1000	1.80	2.00	
1100~1200	2.00	2.30	

续表

管　径 (mm)	铸铁管、钢管、 石棉水泥管	混凝土、钢筋混凝土、 预应力混凝土管	陶　土　管
1300～1400	2.20	2.60	

注：1. 按上表计算管道沟土方工程量时，各种井类及管道(不含铸铁给排水管)接口等处需加宽增加的土方量不另行计算，底面积大于20m² 的井类，其增加工程量并入管沟土方内计算。

2. 铺设铸铁给排水管道时其接口等处土方增加量，可按铸铁给排水管道地沟土方总量的2.5%计算。

8. 沟槽、基坑深度，按图示槽、坑底面至室外地坪深度计算；管道地沟按图示沟底至室外地坪深度计算。

第3.1.5条　人工挖孔桩土方量按图示桩断面积乘以设计桩孔中心线深度计算。

第3.1.6条　岩石开凿及爆破工程量，区别石质按下列规定计算：

1. 人工凿岩石，按图示尺寸以立方米计算。

2. 爆破岩石按图示尺寸以立方米计算，其沟槽、基坑深度、宽允许超挖量：

次坚石：200mm

特坚石：150mm

超挖部分岩石并入岩石挖方量之内计算。

第3.1.7条　回填土区分夯填、松填按图示回填体积并依下列规定，以立方米计算：

1. 沟槽、基坑回填土，沟槽、基坑回填体积以挖方体积减去设计室外地坪以下埋设砌筑物(包括：基础垫层、基础等)体积计算。

2. 管道沟槽回填，以挖方体积减去管径所占体积计算。管径在500mm以下的不扣除管道所占体积；管径超过500mm以上时按表3.1.7规定扣除管道所占体积计算。

管道扣除土方体积表　　**表3.1.7**

管 道 名 称	管 道 直 径 (mm)					
	501～600	601～800	801～1000	1101～1200	1201～1400	1401～1600
钢　管	0.21	0.44	0.71			
铸铁管	0.24	0.49	0.77			
混凝土管	0.33	0.60	0.92	1.15	1.35	1.55

3. 房心回填土，按主墙之间的面积乘以回填土厚度计算。

4. 余土或取土工程量，可按下式计算：

$$余土外运体积 = 挖土总体积 - 回填土总体积$$

式中计算结果为正值时为余土外运体积，负值时为须取土体积。

第3.1.8条　土方运距，按下列规定计算：

1. 推土机推土运距：按挖方区重心至回填区重心之间的直线距离计算。

2. 铲运机运土运距：按挖方区重心至卸土区重心加转向距离45m计算。

3. 自卸汽车运土运距：按挖方区重心至填土区(或堆放地点)重心的最短距离计算。

第3.1.9条　地基强夯按设计图示强夯面积，区分夯击能量，夯击遍数以平方米计算。

第3.1.10条　井点降水区别轻型井点、喷射井点、大口径井点、电渗井点、水平井点，按不同井管深度的井管安装、拆除,以根为单位计算,使用按套、天计算。

井点套组成:

轻型井点:50 根为一套;

喷射井点:30 根为一套;

大口径井点:45 根为一套;

电渗井点阳极:30 根为一套;

水平井点:10 根为一套。

井管间距应根据地质条件和施工降水要求,依施工组织设计确定,施工组织设计没有规定时,可按轻型井点管距 0.8~1.6m,喷射井点管距 2~3m 确定。

使用天应以每昼夜 24 小时为一天,使用天数应按施工组织设计规定的使用天数计算。

土壤及岩石(普氏)分类表　　**表 3.1.1**

定额分类	普式分类	土壤及岩石名称	天然湿度下平均容重(kg/m^3)	极限压碎强度(kg/cm^2)	用轻钻孔机钻进 1m 耗时(分)	开挖方法及工具	紧固系数(f)
一、二类土壤	Ⅰ	砂 砂壤土 腐殖土 泥炭	1500 1600 1200 600			用尖锹开挖	0.5~0.6
	Ⅱ	轻镶土和黄土类土 潮湿而松散的黄土,软的盐渍土和碱土 平均 15mm 以内的松散而软的砾石 含有草根的密实腐殖土 含有直径在 30mm 以内根类的泥炭和腐殖土 掺有卵石、碎石和石屑的砂和腐殖土 含有卵石或碎石杂质的胶结成块的填土 含有卵石、碎石和建筑料杂质的沙壤土	1600 1600 1700 1400 1100 1650 1750 1900			用锹开挖并少数用镐开挖	0.6~0.8
三类土壤	Ⅲ	肥粘土其中包括石炭纪、侏罗纪的粘土和冰粘土 重壤土、粗砾石,粒径为 15~40mm 的碎石和卵石 干黄土和掺有碎石或卵石的自然含水量黄土 含有直径大于 30mm 根类的腐殖土或泥炭 掺有碎石或卵石和建筑碎料的土壤	1800 1750 1790 1400 1900			用尖锹并同时用镐开挖(30%)	0.81~1.0

续表

定额分类	普式分类	土壤及岩石名称	天然湿度下平均容重(kg/m³)	极限压碎强度(kg/cm²)	用轻钻孔机钻进1m耗时(分)	开挖方法及工具	紧固系数(f)
四类工程	Ⅳ	土含碎石重粘土　其中包括侏罗纪和石炭纪的硬粘土	1950			用尖锹并同时用镐和撬棍开挖(30%)	1.0～1.5
		含有碎石、卵石、建筑碎料和重达25kg的顽石(总体积10%以内)等杂质的肥粘土和重壤土	1950				
		冰碛粘土,含有重量在50kg以内的巨砾 其含量为总体积10%以内	2000				
		泥板岩	2000				
		不含或含有重量达10kg的顽石	1950				
松石	Ⅴ	含有重量在50kg以内的巨砾(占体积10%以上)的冰碛石	2100	小于200	小于3.5	部分用手凿工具部分用爆破来开挖	1.5～2.0
		矽藻岩和软白垩岩	1800				
		胶结力弱的砾岩	1900				
		各种不坚实的片岩	2600				
		石膏	2200				
次坚石	Ⅵ	凝灰岩和浮石	1100	200～400	3.5	用风镐和爆破法来开挖	2～4
		松软多孔和裂隙严重的石灰岩和介质石灰岩	1200				
		中等硬变的片岩	2700				
		中等硬变的泥灰岩	2300				
	Ⅶ	石灰石胶结的带有卵石和沉积岩的砾石	2200	400～600	6.0	用爆破方法开挖	4～6
		风化的和有大裂缝的粘土质砂岩	2000				
		坚实的泥板岩	2800				
		坚实的泥灰岩	2500				
	Ⅷ	砾质花岗岩	2300	600～800	8.5	用爆破方法开挖	6～8
		泥灰质石灰岩	2300				
		粘土质砂岩	2200				
		砂质云母片岩	2300				
		硬石膏	2900				
普坚石	Ⅸ	严重风化的软弱的花岗岩、片麻岩和正长岩	2500	800～1000	11.5	用爆破方法开挖	8～10
		滑石化的蛇纹岩	2400				
		致密的石灰岩	2500				
		含有卵石、沉积岩的碴质胶结的砾岩	2500				
		砂岩	2500				
		砂质石灰质片岩	2500				
		菱镁矿	3000				
	Ⅹ	白云石	2700	1000～1200	15.0	用爆破方法开挖	10～12
		坚固的石灰岩	2700				
		大理岩	2700				
		石灰质胶结的致密砾石	2600				
		坚固砂质片岩	2600				

续表

定额分类	普式分类	土壤及岩石名称	天然湿度下平均容重(kg/m³)	极限压碎强度(kg/cm²)	用轻钻孔机钻进 1m 耗时(分)	开挖方法及工具	紧固系数(f)
	Ⅺ	粗花岗岩 非常坚硬的白云岩 蛇纹岩 石灰质胶结的含有火成岩之卵石的砾石 石英胶结的坚固砂岩 粗粒正长岩	2800 2900 2600 2800 2700 2700	1200～1400	18.5	用爆破方法开挖	12～14
	Ⅻ	具有风化痕迹的安山岩和玄武岩 片麻岩 非常坚固的石炭岩 硅质胶结的含有火成岩之卵石的砾岩 粗石岩	2700 2600 2900 2900 2600	1400～1600	22.0	用爆破方法开挖	14～16
普坚石	ⅩⅢ	中粒花岗岩 坚固的片麻岩 辉绿岩 玢岩 坚固的粗面岩 中粒正长岩	3100 2800 2700 2500 2800 2800	1600～1800	27.5	用爆破方法开挖	16～18
	ⅩⅣ	非常坚硬的细粒花岗岩 花岗岩麻岩 闪长岩 高硬度的石灰岩 坚固的玢岩	3300 2900 2900 3100 2700	1800～2000	32.5	用爆破方法开挖	18～20
	ⅩⅤ	安山岩、玄武岩、坚固的角页岩 高硬度的辉绿岩和闪长岩 坚固的辉长岩和石英岩	3100 2900 2800	2000～2500	46.0	用爆破方法开挖	20～25
	ⅩⅣ	拉长玄武岩和橄榄玄武岩 特别坚固的辉长辉绿岩、石英石和玢岩	3300 3000	大于 2500	大于 60	用爆破方法开挖	大于 25

第二节 桩基础工程

第 3.2.1 条 计算打桩(灌注桩)工程量前应确定下列事项:

1. 确定土质级别:依工程地质资料中的土层构造,土壤物理、化学性质及每米沉桩时间鉴别适用定额土质级别。

2. 确定施工方法、工艺流程,采用机型,桩、土壤泥浆运距。

第 3.2.2 条 打预制钢筋混凝土桩的体积,按设计桩长(包括桩尖,不扣除桩尖虚体积)

乘以桩截面面积计算。管桩的空心体积应扣除。如管桩的空心部分按设计要求灌注混凝土或其他填充材料时，应另行计算。

第 3.2.3 条 接桩：电焊接桩按设计接头，以个计算；硫磺胶泥接桩按桩断面以平方米计算。

第 3.2.4 条 送桩：按桩截面面积乘以送桩长度（即打桩架底至桩顶面高度或自桩顶面至自然地坪面另加 0.5m）计算。

第 3.2.5 条 打拔钢板桩按钢板桩重量以吨计算。

第 3.2.6 条 打孔灌注桩：

1. 混凝土桩、砂桩、碎石桩的体积，按设计规定的桩长（包括桩尖，不扣除桩尖虚体积）乘以钢管管箍外径截面面积计算。

2. 扩大桩的体积按单桩体积乘以次数计算。

3. 打孔后先埋入预制混凝土桩尖，再灌注混凝土者，桩尖按钢筋混凝土章节规定计算体积，灌注桩按设计长度（自桩尖顶面至桩顶面高度）乘以钢管管箍外径截面面积计算。

第 3.2.7 条 钻孔灌注桩，按设计桩长（包括桩尖，不扣除桩尖虚体积）增加 0.25m 乘以设计断面面积计算。

第 3.2.8 条 灌注混凝土桩的钢筋笼制作依设计规定，按钢筋混凝土章节相应项目以吨计算。

第 3.2.9 条 泥浆运输工程量按钻孔体积以立方米计算。

第 3.2.10 条 其他：

1. 安、拆导向夹具，按设计图纸规定的水平延长米计算。

2. 桩架 90° 调面只适用轨道式、走管式、导杆、筒式柴油打桩机以次计算。

第三节 脚手架工程

第 3.3.1 条 脚手架工程量计算一般规则：

1. 建筑物外墙脚手架，凡设计室外地坪至檐口（或女儿墙上表面）的砌筑高度在 15m 以下的按单排脚手架计算；砌筑高度在 15m 以上的或砌筑高度虽不足 15m，但外墙门窗及装饰面积超过外墙表面积 60% 以上时，均按双排脚手架计算。

采用竹制脚手架时，按双排计算。

2. 建筑物内墙脚手架，凡设计室内地坪至顶板下表面（或山墙高度的 1/2 处）的砌筑高度在 3.6m 以下的，按里脚手架计算；砌筑高度超过 3.6m 以上时，按单排脚手架计算。

3. 石砌墙体，凡砌筑高度超过 1.0m 以上时，按外脚手架计算。

4. 计算内、外墙脚手架时，均不扣除门、窗洞口、空圈洞口等所占的面积。

5. 同一建筑物高度不同时，应按不同高度分别计算。

6. 现浇钢筋混凝土框架柱、梁按双排脚手架计算。

7. 围墙脚手架，凡室外自然地坪至围墙顶面的砌筑高度在 3.6m 以下的，按里脚手架计算；砌筑高度超过 3.6m 以上时，按单排脚手架计算。

8. 室内天棚装饰面距设计室内地坪在 3.6m 以上时，应计算满堂脚手架，计算满堂脚手架后，墙面装饰工程则不再计算脚手架。

9. 滑升模板施工的钢筋混凝土烟囱、筒仓，不另计算脚手架。

10. 砌筑贮仓,按双排外脚手架计算。

11. 贮水(油)池,大型设备基础,凡距地坪高度超过 1.2m 以上的,均按双排脚手架计算。

12. 整体满堂钢筋混凝土基础,凡其宽度超过 3m 以上时,按其底板面积计算满堂脚手架。

第 3.3.2 条 砌筑脚手架工程量计算:

1. 外脚手架按外墙外边线长度,乘以外墙砌筑高度以平方米计算,突出墙外宽度在 24cm 以内的墙垛,附墙烟囱等不计算脚手架;宽度超过 24cm 以外时按图示尺寸展开计算,并入外脚手架工程量之内。

2. 里脚手架按墙面垂直投影面积计算。

3. 独立柱按图示柱结构外围周长另加 3.6m,乘以砌筑高度以平方米计算,套用相应外脚手架定额。

第 3.3.3 条 现浇钢筋混凝土框架脚手架工程量计算:

1. 现浇钢筋混凝土柱,按柱图示周长尺寸另加 3.6m,乘以柱高以平方米计算,套用相应外脚手架定额

2. 现浇钢筋混凝土梁、墙,按设计室外地坪或楼板上表面至楼板底之间的高度,乘以梁、墙净长以平方米计算,套用相应双排外脚手架定额。

第 3.3.4 条 装饰工程脚手架工程量计算:

1. 满堂脚手架,按室内净面积计算,其高度在 3.6~5.2m 之间时,计算基本层,超过 5.2m 时,每增加 1.2m 按增加一层计算,不足 0.6m 的不计。以算式表示如下:

$$\text{满堂脚手架增加层} = \frac{\text{室内净高度} - 5.2(\text{m})}{1.2(\text{m})}$$

2. 挑脚手架,按搭设长度和层数,以延长米计算。

3. 悬空脚手架,按搭设水平投影面积以平方米计算。

4. 高度超过 3.6m 墙面装饰不能利用原砌筑脚手架时,可以计算装饰脚手架。装饰脚手架按双排脚手架乘以 0.3 计算。

第 3.3.5 条 其他脚手架工程量计算:

1. 水平防护架,按实际铺板的水平投影面积,以平方米计算。

2. 垂直防护架,按自然地坪至最上一层横杆之间的搭设高度,乘以实际搭设长度,以平方米计算。

3. 架空运输脚手架,按搭设长度以延长米计算。

4. 烟囱、水塔脚手架,区别不同搭设高度,以座计算。

5. 电梯井脚手架,按单孔以座计算。

6. 斜道,区别不同高度以座计算。

7. 砌筑贮仓脚手架,不分单筒或贮仓组均按单筒外边线周长,乘以设计室外地坪至贮仓上口之间高度,以平方米计算。

8. 贮水(油)池脚手架,按外壁周长乘以室外地坪至池壁顶面之间高度,以平方米计算。

9. 大型设备基础脚手架,按其外形周长乘以地坪至外形顶面边线之间高度,以平方米计算。

10. 建筑物垂直封闭工程量按封闭面的垂直投影面积计算。

第3.3.6条 安全网工程量计算:

1. 立挂式安全网按架网部分的实挂长度乘以实挂高度计算。

2. 挑出式安全网按挑出的水平投影面积计算。

第四节 砌 筑 工 程

第3.4.1条 砌筑工程量一般规则:

1. 计算墙体时,应扣除门窗洞口、过人洞、空圈、嵌入墙身的钢筋混凝土柱、梁(包括过梁、圈梁、挑梁)、砖平碳,平砌砖过梁和暖气包壁龛及内墙板头的体积,不扣除梁头、外墙板头、檩头、垫木、木楞头、沿椽木、木砖、门窗走头、砖墙内的加固钢筋、木筋、铁件、钢管及每个面积在0.3m^{2}以下的孔洞等所占的体积,突出墙面的窗台虎头砖、压顶线、山墙泛水、烟囱根、门窗套及三皮砖以内的腰线和挑檐等体积亦不增加。

2. 砖垛、三皮砖以上的腰线和挑檐等体积,并入墙身体积内计算。

3. 附墙烟囱(包括附墙通风道、垃圾道)按其外形体积计算,并入所依附的墙体积内,不扣除每一个孔洞横截面在0.1m^{2}以下的体积,但孔洞内的抹灰工程量亦不增加。

4. 女儿墙高度,自外墙顶面至图示女儿墙顶面高度,分别不同墙厚并入外墙计算。

5. 砖平碳平砌砖过梁按图示尺寸以立方米计算。如设计无规定时,砖平碳按门窗洞口宽度两端共加100mm,乘以高度(门窗洞口宽小于1500mm时,高度为240mm,大于1500mm时,高度为365mm)计算,平砌砖过梁按门窗洞口宽度两端共加500mm,高度按440mm计算。

第3.4.2条 砌体厚度,按如下规定计算:

1. 标准砖以240mm×115mm×53mm为准,其砌体计算厚度,按表3.4.2计算。

标准砖砌体计算厚度表 **表3.4.2**

砖数(厚度)	1/4	1/2	3/4	1	1.5	2	2.5	3
计算厚度(mm)	53	115	180	240	365	490	615	740

2. 使用非标准砖时,其砌体厚度应按砖实际规格和设计厚度计算。

第3.4.3条 基础与墙身(柱身)的划分:

1. 基础与墙(柱)身使用同一种材料时,以设计室内地面为界(有地下室者,以地下室室内设计地面为界),以下为基础,以上为墙(柱)身。

2. 基础与墙身使用不同材料时,位于设计室内地面±300mm以内时,以不同材料为分界线,超过±300mm时,以设计室内地面为分界线。

3. 砖、石围墙,以设计室外地坪为界线,以下为基础,以上为墙身。

第3.4.4条 基础长度:外墙墙基按外墙中心线长度计算;内墙墙基按内墙基净长计算。基础大放脚T形接头处的重叠部分以及嵌入基础的钢筋、铁件、管道、基础防潮层及单个面积在0.3m^{2}以内孔洞所占体积不予扣除,但靠墙暖气沟的挑檐亦不增加。附墙垛基础宽出部分体积应并入基础工程量内。

砖砌挖孔桩护壁工程量按实砌体积计算。

第3.4.5条 墙的长度:外墙长度按外墙中心线长度计算,内墙长度按内墙净长线计算。

第3.4.6条 墙身高度按下列规定计算:

1. 外墙墙身高度:斜(坡)屋面无檐口天棚者算至屋面板底;有屋架,且室内外均有天棚者,算至屋架下弦底面另加200mm;无天棚者算至屋架下弦底加300mm,出檐宽度超过600mm时,应按实砌高度计算;平屋面算至钢筋混凝土板底。

2. 内墙墙身高度:位于屋架下弦者,其高度算至屋架底;无屋架者算至天棚底另加100mm;有钢筋混凝土楼板隔层者算至板底;有框架梁时算至梁底面。

3. 内、外山墙,墙身高度:按其平均高度计算。

第3.4.7条 框架间砌体,分别内外墙以框架间的净空面积乘以墙厚计算,框架外表镶贴砖部分亦并入框架间砌体工程量内计算。

第3.4.8条 空花墙按空花部分外形体积以立方米计算,空花部分不予扣除,其中实体部分以立方米另行计算。

第3.4.9条 空斗墙按外形尺寸以立方米计算,墙角、内外墙交接处,门窗洞口立边,窗台砖及屋檐处的实砌部分已包括在定额内,不另行计算,但窗间墙、窗台下、楼板下、梁头下等实砌部分,应另行计算,套零星砌体定额项目。

第3.4.10条 多孔砖、空心砖按图示厚度以立方米计算,不扣除其孔、空心部分体积。

第3.4.11条 填充墙按外形尺寸以立方米计算,其中实砌部分已包括在定额内,不另计算。

第3.4.12条 加气混凝土墙、硅酸盐砌块墙、小型空心砌块墙,按图示尺寸以立方米计算,按设计规定需要镶嵌砖砌体部分已包括在定额内,不另计算。

第3.4.13条 其他砖砌体:

1. 砖砌锅台、炉灶,不分大小,均按图示外形尺寸以立方米计算,不扣除各种空洞的体积。

2. 砖砌台阶(不包括梯带)按水平投影面积以平方米计算。

3. 厕所蹲台、水槽腿、灯箱、垃圾箱、台阶挡墙或梯带、花台、花池、地垄墙及支撑地楞的砖墩,房上烟囱、屋面架空隔热层砖墩及毛石墙的门窗立边、窗台虎头砖等实砌体积,以立方米计算,套用零星砌体定额项目。

4. 检查井及化粪池不分壁厚均以立方米计算,洞口上的砖平拱碹等并入砌体体积内计算。

5. 砖砌地沟不分墙基、墙身合并以立方米计算。石砌地沟按其中心线长度以延长米计算。

第3.4.14条 砖烟囱:

1. 筒身,圆形、方形均按图示筒壁平均中心线周长乘以厚度并扣除筒身各种孔洞、钢筋混凝土圈梁、过梁等体积以立方米计算,其筒壁周长不同时可按下式分段计算。

$$V = \Sigma H \times C \times \pi D$$

式中 V——筒身体积;

H——每段筒身垂直高度;

C——每段筒壁厚度;

D——每段筒壁中心线的平均直径。

2. 烟道、烟囱内衬按不同内衬材料并扣除孔洞后,以图示实体积计算。

3. 烟囱内壁表面隔热层,按筒身内壁并扣除各种孔洞后的面积以平方米计算;填料按烟囱内衬与筒身之间的中心线平均周长乘以图示宽度和筒高,并扣除各种孔洞所占体积(但不扣除连接横砖及防沉带的体积)后以立方米计算。

4．烟道砌砖:烟道与炉体的划分以第一道闸门为界,炉体内的烟道部分列入炉体工程量计算。

第3.4.15条　砖砌水塔:

1．水塔基础与塔身划分:以砖砌体的扩大部分顶面为界,以上为塔身,以下为基础,分别套相应基础砌体定额。

2．塔身以图示实砌体积计算,并扣除门窗洞口和混凝土构件所占的体积,砖平拱碳及砖出檐等并入塔身体积内计算,套水塔砌筑定额。

3．砖水箱内外壁,不分壁厚,均以图示实砌体积计算,套相应的内外砖墙定额。

第3.4.16条　砌体内的钢筋加固应根据设计规定,以吨计算,套钢筋混凝土章节相应项目。

第五节　混凝土及钢筋混凝土工程

第3.5.1条　现浇混凝土及钢筋混凝土模板工程量,按以下规定计算:

1．现浇混凝土及钢筋混凝土模板工程量,除另有规定者外,均应区别模板的不同材质,按混凝土与模板接触面的面积,以平方米计算。

2．现浇钢筋混凝土柱、梁、板、墙的支模高度(即室外地坪至板底或板面至板底之间的高度)以3.6m以内为准,超过3.6m以上部分,另按超过部分计算增加支撑工程量。

3．现浇钢筋混凝土墙、板上单孔面积在$0.3m^2$以内的孔洞,不予扣除,洞侧壁模板亦不增加;单孔面积在$0.3m^2$以外时,应予扣除,洞侧壁模板面积并入墙、板模板工程量之内计算。

4．现浇钢筋混凝土框架分别按梁、板、柱、墙有关规定计算,附墙柱,并入墙内工程量计算。

5．杯形基础杯口高度大于杯口大边长度的,套高杯基础定额项目。

6．柱与梁、柱与墙、梁与梁等连接的重叠部分以及伸入墙内的梁头、板头部分,均不计算模板面积。

7．构造柱外露面均应按图示外露部分计算模板面积。构造柱与墙接触面不计算模板面积。

8．现浇钢筋混凝土悬挑板(雨篷、阳台)按图示外挑部分尺寸的水平投影面积计算。挑出墙外的牛腿梁及板边模板不另计算。

9．现浇钢筋混凝土楼梯,以图示露明面尺寸的水平投影面积计算,不扣除小于500mm楼梯井所占面积。楼梯的踏步、踏步板平台梁等侧面模板,不另计算。

10．混凝土台阶不包括梯带,按图示台阶尺寸的水平投影面积计算,台阶端头两侧不另计算模板面积。

11．现浇混凝土小型池槽按构件外围体积计算,池槽内、外侧及底部的模板不应另计算。

第3.5.2条　预制钢筋混凝土构件模板工程量,按以下规定计算:

1．预制钢筋混凝土模板工程量,除另有规定者外均按混凝土实体体积以立方米计算。

2．小型池槽按外形体积以立方米计算。

3．预制桩尖按虚体积(不扣除桩尖虚体积部分)计算。

第3.5.3条　构筑物钢筋混凝土模板工程量,按以下规定计算:

1．构筑物工程的模板工程量,除另有规定者外,区别现浇、预制和构件类别,分别按第

3.5.1 条和第 3.5.2 条的有关规定计算。

2. 大型池槽等分别按基础、墙、板、梁、柱等有关规定计算并套相应定额项目。

3. 液压滑升钢模板施工的烟筒、水塔塔身、贮仓等,均按混凝土体积,以立方米计算。预制倒圆锥形水塔罐壳模板按混凝土体积,以立方米计算。

4. 预制倒圆锥形水塔罐壳组装、提升、就位,按不同容积以座计算。

第 3.5.4 条 钢筋工程量,按以下规定计算:

1. 钢筋工程,应区别现浇、预制构件、不同钢种和规格,分别按设计长度乘以单位重量,以吨计算。

2. 计算钢筋工程量时,设计已规定钢筋搭接长度的,按规定搭接长度计算;设计未规定搭接长度的,已包括在钢筋的损耗率之内,不另计算搭接长度。钢筋电渣压力焊接、套筒挤压等接头,以个计算。

3. 先张法预应力钢筋,按构件外形尺寸计算长度,后张法预应力钢筋按设计图规定的预应力钢筋预留孔道长度,并区别不同的锚具类型,分别按下列规定计算:

(1) 低合金钢筋两端采用螺杆锚具时,预应力的钢筋按预留孔道长度减 0.35m,螺杆另行计算。

(2) 低合金钢筋一端采用镦头插片,另一端螺杆锚具时,预应力钢筋长度按预留孔道长度计算,螺杆另行计算。

(3) 低合金钢筋一端采用镦头插片,另一端采用帮条锚具时,预应力钢筋增加 0.15m,两端均采用帮条锚具时预应力钢筋共增加 0.3m 计算。

(4) 低合金钢筋采用后张混凝土自锚时,预应力钢筋长度增加 0.35m 计算。

(5) 低合金钢筋或钢绞线采用 JM、XM、QM 型锚具,孔道长度在 20m 以内时,预应力钢筋长度增加 1m;孔道长度 20m 以上时预应力钢筋长度增加 1.8m 计算。

(6) 碳素钢丝采用锥形锚具,孔道长在 20m 以内时,预应力钢筋长度增加 1m;孔道长在 20m 以上时,预应力钢筋长度增加 1.8m。

(7) 碳素钢丝两端采用镦粗头时,预应力钢丝长度增加 0.35m 计算。

第 3.5.5 条 钢筋混凝土构件预埋铁件工程量,按设计图示尺寸,以吨计算。

第 3.5.6 条 现浇混凝土工程量,按以下规定计算:

1. 混凝土工程量除另有规定者外,均按图示尺寸实体体积以立方米计算。不扣除构件内钢筋、预埋铁件及墙、板中 $0.3m^2$ 内的孔洞所占体积。

2. 基础:

(1) 有肋带形混凝土基础,其肋高与肋宽之比在 4:1 以内的按有肋带形基础计算。超过 4:1 时,其基础底按板式基础计算,以上部分按墙计算。

(2) 箱式满堂基础应分别按无梁式满堂基础、柱、墙、梁、板有关规定计算,套相应定额项目。

(3) 设备基础除块体以外,其他类型设备基础分别按基础、梁、柱、板、墙等有关规定计算,套相应的定额项目计算。

3. 柱:按图示断面尺寸乘以柱高以立方米计算。柱高按下列规定确定:

(1) 有梁板的柱高,应自柱基上表面(或楼板上表面)至上一层楼板上表面之间的高度计算。

(2) 无梁板的柱高,应自柱基上表面(或楼板上表面)至柱帽下表面之间的高度计算。

(3) 框架柱的柱高应自柱基上表面至柱顶高度计算。

(4) 构造柱按全高计算,与砖墙嵌接部分的体积并入柱身体积内计算。

(5) 依附柱上的牛腿,并入柱身体积内计算。

4. 梁:按图示断面尺寸乘以梁长以立方米计算,梁长按下列规定确定:

(1) 梁与柱连接时,梁长算至柱侧面;

(2) 主梁与次梁连接时,次梁长算至主梁侧面。

伸入墙内梁头,梁垫体积并入梁体积内计算。

5. 板:按图示面积乘以板厚以立方米计算,其中:

(1) 有梁板包括主、次梁与板,按梁、板体积之和计算。

(2) 无梁板按板和柱帽体积之和计算。

(3) 平板按板实体体积计算。

(4) 现浇挑檐天沟与板(包括屋面板、楼板)连接时,以外墙为分界线,与圈梁(包括其他梁)连接时,以梁外边线为分界线。外墙边线以外或梁外边线以外为挑檐天沟。

(5) 各类板伸入墙内的板头并入板体积内计算。

6. 墙:按图示中心线长度乘以墙高及厚度以立方米计算,应扣除门窗洞口及 $0.3m^2$ 以外孔洞的体积,墙垛及突出部分并入墙体积内计算。

7. 整体楼梯包括休息平台,平台梁、斜梁及楼梯的连接梁,按水平投影面积计算,不扣除宽度小于 500mm 的楼梯井,伸入墙内部分不另增加。

8. 阳台、雨篷(悬挑板),按伸出外墙的水平投影面积计算,伸出外墙的牛腿不另计算。带反挑檐的雨篷按展开面积并入雨篷内计算。

9. 栏杆按净长度以延长米计算。伸入墙内的长度已综合在定额内。栏板以立方米计算,伸入墙内的栏板,合并计算。

10. 预制板补现浇板缝时,按平板计算。

11. 预制钢筋混凝土框架柱现浇接头(包括梁接头)按设计规定断面和长度以立方米计算。

第 3.5.7 条 预制混凝土工程量,按以下规定计算:

1. 混凝土工程量均按图示尺寸实体体积以立方米计算,不扣除构件内钢筋,铁件及小于 300mm×300mm 以内孔洞面积。

2. 预制桩按桩全长(包括桩尖)乘以桩断面(空心桩应扣除孔洞体积)以立方米计算。

3. 混凝土与钢杆件组合的构件,混凝土部分按构件实体积以立方米计算,钢构件部分按吨计算,分别套相应的定额项目。

第 3.5.8 条 固定预埋螺栓、铁件的支架,固定双层钢筋的铁马凳、垫铁件,按审定的施工组织设计规定计算,套相应定额项目。

第 3.5.9 条 构筑物钢筋混凝土工程量,按以下规定计算:

1. 构筑物混凝土除另规定者外,均按图示尺寸扣除门窗洞口及 $0.3m^2$ 以外孔洞所占体积以实体体积计算。

2. 水塔:

(1) 筒身与槽底以槽底连接的圈梁底为界,以上为槽底,以下为筒身。

(2) 筒式塔身及依附于筒身的过梁、雨篷挑檐等并入筒身体积内计算;柱式塔身、柱、梁合并计算。

(3) 塔顶及槽底,塔顶包括顶板和圈梁,槽底包括底板挑出的斜壁板和圈梁等合并计算。

3. 贮水池不分平底、锥底、坡底,均按池底计算;壁基梁、池壁不分圆形壁和矩形壁,均按池壁计算;其他项目均按现浇混凝土部分相应项目计算。

第 3.5.10 条　钢筋混凝土构件接头灌缝。

1. 钢筋混凝土构件接头灌缝:包括构件座浆、灌缝、堵板孔、塞板梁缝等。均按预制钢筋混凝土构件实体积以立方米计算。

2. 柱与柱基的灌缝,按首层柱体积计算;首层以上柱灌缝按各层柱体积计算。

3. 空心板堵孔的人工材料,已包括在定额内。如不堵孔时每 $10m^3$ 空心板体积应扣除 $0.23m^3$ 预制混凝土块和 2.2 工日。

第六节　构件运输及安装工程

第 3.6.1 条　预制混凝土构件运输及安装均按构件图示尺寸,以实体积计算;钢构件按构件设计图示尺寸以吨计算,所需螺栓、电焊条等重量不另计算。木门窗以外框面积以平方米计算。

第 3.6.2 条　预制混凝土构件运输及安装损耗率,按表 3.6.2 规定计算后并入构件工程量内。其中预制混凝土屋架、桁架、托架及长度在 9m 以上的梁、板、柱不计算损耗率。

预制钢筋混凝土构件制作、运输、安装损耗率表　　**表 3.6.2**

名　称	制作废品率	运输堆放损耗	安装(打桩)损耗
各类预制构件	0.2%	0.8%	0.5%
预制钢筋混凝土桩	0.1%	0.4%	1.5%

第 3.6.3 条　构件运输:

1. 预制混凝土构件运输的最大运输距离取 50km 以内;钢构件和木门窗的最大运输距离 20km 以内;超过时另行补充。

2. 加气混凝土板(块)、硅酸盐块运输每立方米折合钢筋混凝土构件体积 $0.4m^3$ 按一类构件运输计算。

第 3.6.4 条　预制混凝土构件安装:

1. 焊接形成的预制钢筋混凝土框架结构,其柱安装按框架柱计算,梁安装按框架梁计算,节点浇注成形的框架,按连体框架梁、柱计算。

2. 预制钢筋混凝土工字形柱、矩形柱、空腹柱、双肢柱、空心柱、管道支架等安装,均按柱安装计算。

3. 组合屋架安装,以混凝土部分实体体积计算,钢杆件部分不另计算。

4. 预制钢筋混凝土多层柱安装,首层柱按柱安装计算,二层及二层以上按柱接柱计算。

第 3.6.5 条　钢构件安装:

1. 钢构件安装按图示构件钢材重量以吨计算。

2. 依附于钢柱上的牛腿及悬臂梁等,并入柱身主材重量计算。

3. 金属结构中所用钢板，设计为多边形者，按矩形计算，矩形的边长以设计尺寸中互相垂直的最大尺寸为准。

第七节　门窗及木结构工程

第 3.7.1 条　各类门、窗制作、安装工程量均按门、窗洞口面积计算。

1. 门、窗盖口条、贴脸、披水条，按图示尺寸以延长米计算，执行木装修项目。

2. 普通窗上部带有半圆窗的工程量应分别按半圆窗和普通窗计算。其分界线以普通窗和半圆窗之间的横框上裁口线为分界线。

3. 门窗扇包镀锌铁皮，按门、窗洞口面积以平方米计算；门窗框包镀锌铁皮，钉橡皮条、钉毛毡按图示门窗洞口尺寸以延长米计算。

第 3.7.2 条　铝合金门窗制作、安装，铝合金、不锈钢门窗、彩板组角钢门窗、塑料门窗、钢门窗安装，均按设计门窗洞口面积计算。

第 3.7.3 条　卷闸门安装按洞口高度增加 600mm 乘以门实际宽度以平方米计算。电动装置安装以套计算，小门安装以个计算。

第 3.7.4 条　不锈钢片包门框按框外表面面积以平方米计算；彩板组角钢门窗附框安装按延长米计算。

第 3.7.5 条　木屋架的制作安装工程量，按以下规定计算：

1. 木屋架制作安装均按设计断面竣工木料以立方米计算，其后备长度及配制损耗均不另外计算。

2. 方木屋架一面刨光时增加 3mm，两面刨光时增加 5mm，圆木屋架按屋架刨光时木材体积每立方米增加 $0.05m^3$ 算。附属于屋架的夹板、垫木等已并入相应的屋架制作项目中，不另计算；与屋架连接的挑檐木、支撑等，其工程量并入屋架竣工木料体积内计算。

3. 屋架的制作安装应区别不同跨度，其跨度应以屋架上下弦杆的中心线交点之间的长度为准。带气楼的屋架并入所依附屋架的体积内计算。

4. 屋架的马尾、折角和正交部分半屋架，应并入相连接屋架的体积内计算。

5. 钢木屋架区分圆、方木，按竣工木料以立方米计算。

第 3.7.6 条　圆木屋架连接的挑檐木、支撑等如为方木时，其方木部分应乘以系数 1.7 折合成圆木并入屋架竣工木料内，单独的方木挑檐，按矩形檩木计算。

第 3.7.7 条　檩木按竣工木料以立方米计算。简支檩长度按设计规定计算，如设计无规定者，按屋架或山墙中距增加 200mm 计算，如两端出山，檩条长度算至博风板；连续檩条的长度按设计长度计算，其接头长度按全部连续檩木总体积的 5% 计算。檩条托木已计入相应的檩木制作安装项目中，不另计算。

第 3.7.8 条　屋面木基层，按屋面的斜面积计算。天窗挑檐重叠部分按设计规定计算，屋面烟囱及斜沟部分所占面积不扣除。

第 3.7.9 条　封檐板按图示檐口外围长度计算，博风板按斜长度计算，每个大刀头增加长度 500mm。

第 3.7.10 条　木楼梯按水平投影面积计算，不扣除宽度小于 300mm 的楼梯井，其踢脚板、平台和伸入墙内部分，不另计算。

第八节　楼 地 面 工 程

第 3.8.1 条　地面垫层按室内主墙间净空面积乘以设计厚度以立方米计算。应扣除凸出地面的构筑物、设备基础、室内铁道、地沟等所占体积,不扣除柱、垛、间壁墙、附墙烟囱及面积在 $0.3m^2$ 以内孔洞所占体积。

第 3.8.2 条　整体面层、找平层均按主墙间净空面积以平方米计算。应扣除凸出地面构筑物、设备基础、室内管道、地沟等所占面积,不扣除柱、垛、间壁墙、附墙烟囱及面积在 $0.3m^2$ 以内的孔洞所占面积,但门洞、空圈、暖气包槽、壁龛的开口部分亦不增加。

第 3.8.3 条　块料面层,按图示尺寸实铺面积以平方米计算,门洞、空圈、暖气包槽和壁龛的开口部分的工程量并入相应的面层内计算。

第 3.8.4 条　楼梯面层(包括踏步、平台以及小于 500mm 宽的楼梯井)按水平投影面积计算。

第 3.8.5 条　台阶面层(包括踏步及最上一层踏步沿 300mm)按水平投影面积计算。

第 3.8.6 条　其他:

1. 踢脚板按延长米计算,洞口、空圈长度不予扣除,洞口、空圈、垛、附墙烟囱等侧壁长度亦不增加。
2. 散水、防滑坡道按图示尺寸以平方米计算。
3. 栏杆、扶手包括弯头长度按延长米计算。
4. 防滑条按楼梯踏步两端距离减 300mm 以延长米计算。
5. 明沟按图示尺寸以延长米计算。

第九节　屋面及防水工程

第 3.9.1 条　瓦屋面,金属压型板(包括挑檐部分)均按图 3.9.1 中尺寸的水平投影面积乘以屋面坡度系数(见表 3.9.1),以平方米计算。不扣除房上烟囱、风帽底座、风道、屋面小气窗、斜沟等所占面积,屋面小气窗的出檐部分亦不增加。

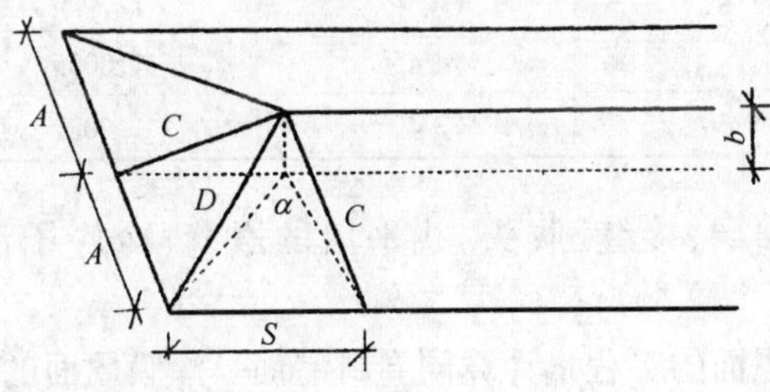

图 3.9.1

注:1. 两坡排水屋面面积为屋面水平投影面积乘以延尺系数 C;
2. 四坡排水屋面斜脊长度 = A × D(当 S = A 时);
3. 沿山墙泛水长度 = A × C。

第 3.9.2 条　卷材屋面:工程量按以下规定计算:

1. 卷材屋面按图示尺寸的水平投影面积乘以规定的坡度系数(见表 3.9.1)以平方米计

算。但不扣除房上烟囱、风帽底座、风道、屋面小气窗和斜沟所占的面积,屋面的女儿墙、伸缩缝和天窗等处的弯起部分,按图示尺寸并入屋面工程量计算。如图纸无规定时,伸缩缝、女儿墙的弯起部分可按 250mm 计算,天窗弯起部分可按 500mm 计算。

屋面坡度系数表　　　　**表 3.9.1**

坡　度 B(A=1)	坡　度 B/2A	坡度角度 (α)	延尺系数 C(A=1)	隅延尺系数 D (A=1)
1	1/2	45°	1.4142	1.7321
0.75		36°52′	1.2500	1.6008
0.70		35°	1.2207	1.5779
0.666	1/3	33°40′	1.2015	1.5620
0.65		33°01′	1.1926	1.5564
0.60		30°58′	1.1662	1.5362
0.577		30°	1.1547	1.5270
0.55		28°49′	1.1413	1.5170
0.50	1/4	26°34′	1.1180	1.5000
0.45		24°14′	1.0966	1.4839
0.40	1/5	21°48′	1.0770	1.4697
0.35		19°17′	1.0594	1.4569
0.30		16°42′	1.0440	1.4457
0.25		14°02′	1.0308	1.4362
0.20	1/10	11°19′	1.0198	1.4283
0.15		8°32′	1.0112	1.4221
0.125		7°8′	1.0078	1.4191
0.100	1/20	5°42′	1.0050	1.4177
0.083		4°45′	1.0035	1.4166
0.066	1/30	3°49′	1.0022	1.4157

2. 卷材屋面的附加层、接缝、收头、找平层的嵌缝、冷底子油已计入定额内,不另计算。

第 3.9.3 条　涂膜屋面的工程量计算同卷材屋面。涂膜屋面的油膏嵌缝、玻璃布盖缝、屋面分格缝,以延长米计算。

第 3.9.4 条　屋面排水工程量按以下规定计算:

1. 铁皮排水按图示尺寸以展开面积计算,如图纸没有注明尺寸时,可按表 3.9.4 计算。咬口和搭接等已计入定额项目中,不另计算。

2. 铸铁、玻璃钢水落管区别不同直径按图示尺寸以延长米计算,雨水口、水斗、弯头、短管以个计算。

铁皮排水单体零件折算表　　表 3.9.4

<table>
<tr><th colspan="2">名　　称</th><th>单位</th><th>水落管(m)</th><th>檐沟(m)</th><th>水斗(个)</th><th>漏斗(个)</th><th>下水口(个)</th><th></th><th></th></tr>
<tr><td rowspan="3">铁皮排水</td><td>水落管、檐沟、水斗、漏斗、下水口</td><td>m²</td><td>0.32</td><td>0.30</td><td>0.40</td><td>0.16</td><td>0.45</td><td></td><td></td></tr>
<tr><td rowspan="2">天沟、斜沟、天窗窗台泛水、天窗侧面泛水、烟囱泛水、通气管泛水、滴水檐头泛水、滴水</td><td rowspan="2">m²</td><td>天沟(m)</td><td>斜沟天窗窗台泛水(m)</td><td>天窗侧面泛水(m)</td><td>烟囱泛水(m)</td><td>通气管泛水(m)</td><td>滴水檐头泛水(m)</td><td>滴水(m)</td></tr>
<tr><td>1.30</td><td>0.50</td><td>0.70</td><td>0.80</td><td>0.22</td><td>0.24</td><td>0.11</td></tr>
</table>

第 3.9.5 条　防水工程工程量按以下规定计算：

1. 建筑物地面防水、防潮层，按主墙间净空面积计算，扣除凸出地面的构筑物、设备基础等所占的面积，不扣除柱、垛、间壁墙、烟囱及 0.3m² 以内孔洞所占面积。与墙面连接处高度在 500mm 以内者按展开面积计算，并入平面工程量内，超过 500mm 时，按立面防水层计算。

2. 建筑物墙基防水、防潮层、外墙长度按中心线，内墙按净长乘以宽度以平方米计算。

3. 构筑物及建筑物地下室防水层，按实铺面积计算，但不扣除 0.3m² 以内的孔洞面积。平面与立面交接处的防水层，其上卷高度超过 500mm 时，按立面防水层计算。

4. 防水卷材的附加层、接缝、收头、冷底子油等人工材料均已计入定额内，不另计算。

5. 变形缝按延长米计算。

第十节　防腐、保温、隔热工程

第 3.10.1 条　防腐工程量按以下规定计算：

1. 防腐工程项目应区分不同防腐材料种类及其厚度，按设计实铺面积以平方米计算。应扣除凸出地面的构筑物、设备基础等所占的面积，砖垛等突出墙面部分按展开面积计算并入墙面防腐工程量之内。

2. 踢脚板按实铺长度乘以高度以平方米计算，应扣除门洞所占面积并相应增加侧壁展开面积。

3. 平面砌筑双层耐酸块料时，按单层面积乘以系数 2 计算。

4. 防腐卷材接缝、附加层、收头等人工材料，已计入在定额中，不再另行计算。

第 3.10.2 条　保温隔热工程量按以下规定计算：

1. 保温隔热层应区别不同保温隔热材料，除另有规定者外，均按设计实铺厚度以立方米计算。

2. 保温隔热层的厚度按隔热材料(不包括胶结材料)净厚度计算。

3. 地面隔热层按围护结构墙体间净面积乘以设计厚度以立方米计算，不扣除柱、垛所占的体积。

4. 墙体隔热层,外墙按隔热层中心线、内墙按隔热层净长乘以图示尺寸的高度及厚度以立方米计算。应扣除冷藏门洞口和管道穿墙洞口所占的体积。

5. 柱包隔热层,按图示柱的隔热层中心线的展开长度乘以图示尺寸高度及厚度以立方米计算。

6. 其他保温隔热:

(1) 池槽隔热层按图示池槽保温隔热层的长、宽及其厚度以立方米计算。其中池壁按墙面计算,池底按地面计算。

(2) 门洞口侧壁周围的隔热部分,按图示隔热层尺寸以立方米计算,并入墙面的保温隔热工程量内。

(3)柱帽保温隔热层按图示保温隔热层体积并入天棚保温隔热层工程量内。

第十一节　装　饰　工　程

第 3.11.1 条　内墙抹灰工程量按以下规定计算:

1. 内墙抹灰面积,应扣除门窗洞口和空圈所占的面积,不扣除踢脚板、挂镜线,$0.3m^2$以内的孔洞和墙与构件交接处的面积,洞口侧壁和顶面亦不增加。墙垛和附墙烟囱侧壁面积与内墙抹灰工程量合并计算。

2. 内墙面抹灰的长度,以主墙间的图示净长尺寸计算。其高度确定如下:

(1) 无墙裙的,其高度按室内地面或楼面至天棚底面之间距离计算。

(2) 有墙裙的,其高度按墙裙顶至天棚底面之间距离计算。

(3) 钉板条天棚的内墙面抹灰,其高度按室内地面或楼面至天棚底面另加 100mm 计算。

3. 内墙裙抹灰面积按内墙净长乘以高度计算。应扣除门窗洞口和空圈所占的面积,门窗洞口和空圈的侧壁面积不另增加,墙垛、附墙烟囱侧壁面积并入墙裙抹灰面积内计算。

第 3.11.2 条　外墙抹灰工程量按以下规定计算:

1. 外墙抹灰面积,按外墙面的垂直投影面积以平方米计算。应扣除门窗洞口,外墙裙和大于 $0.3m^2$ 孔洞所占面积,洞口侧壁面积不另增加。附墙垛、梁、柱侧面抹灰面积并入外墙面抹灰工程量内计算。栏板、栏杆、窗台线、门窗套、扶手、压顶、挑檐、遮阳板、突出墙外的腰线等,另按相应规定计算。

2. 外墙裙抹灰面积按其长度乘高度计算,扣除门窗洞口和大于 $0.3m^2$ 孔洞所占的面积,门窗洞口及孔洞的侧壁不增加。

3. 窗台线、门窗套、挑檐、腰线、遮阳板等展开宽度在 300mm 以内者,按装饰线以延长米计算,如展开宽度超过 300mm 以上时,按图示尺寸以展开面积计算,套零星抹灰定额项目。

4. 栏板、栏杆(包括立柱、扶手或压顶等)抹灰按立面垂直投影面积乘以系数 2.2 以平方米计算。

5. 阳台底面抹灰按水平投影面积以平方米计算,并入相应天棚抹灰面积内。阳台如带悬臂梁者,其工程量乘系数 1.30。

6. 雨篷底面或顶面抹灰分别按水平投影面积以平方米计算,并入相应天棚抹灰面积内。雨篷顶面带反沿或反梁者,其工程量乘系数 1.20,底面带悬臂梁者,其工程量乘以系数

1.20。雨篷外边线按相应装饰或零星项目执行。

7. 墙面勾缝按垂直投影面积计算,应扣除墙裙和墙面抹灰的面积,不扣除门窗洞口、门窗套、腰线等零星抹灰所占的面积,附墙柱和门窗洞口侧面的勾缝面积亦不增加。独立柱、房上烟囱勾缝,按图示尺寸以平方米计算。

第 3.11.3 条　外墙装饰抹灰工程量按以下规定计算:

1. 外墙各种装饰抹灰均按图示尺寸以实抹面积计算。应扣除门窗洞口空圈的面积,其侧壁面积不另增加。

2. 挑檐、天沟、腰线、栏杆、栏板、门窗套、窗台线、压顶等均按图示尺寸展开面积以平方米计算,并入相应的外墙面积内。

第 3.11.4 条　块料面层工程量按以下规定计算:

1. 墙面贴块料面层均按图示尺寸以实贴面积计算。

2. 墙裙以高度在 1500mm 以内为准,超过 1500mm 时按墙面计算,高度低于 300mm 以内时,按踢脚板计算。

第 3.11.5 条　木隔墙、墙裙、护壁板,均按图示尺寸长度乘以高度按实铺面积以平方米计算。

第 3.11.6 条　玻璃隔墙按上横档顶面至下横档底面之间高度乘以宽度(两边立梃外边线之间)以平方米计算。

第 3.11.7 条　浴厕木隔断,按下横档底面至上横档顶面高度乘以图示长度以平方米计算,门扇面积并入隔断面积内计算。

第 3.11.8 条　铝合金、轻钢隔墙、幕墙,按四周框外围面积计算。

第 3.11.9 条　独立柱:

1. 一般抹灰、装饰抹灰、镶贴块料按结构断面周长乘以柱的高度以平方米计算。

2. 柱面装饰按柱外围饰面尺寸乘以柱的高以平方米计算。

第 3.11.10 条　各种"零星项目"均按图示尺寸以展开面积计算。

第 3.11.11 条　天棚抹灰工程量按以下规定计算:

1. 天棚抹灰面积,按主墙间的净面积计算,不扣除间壁墙、垛、柱、附墙烟囱、检查口和管道所占的面积。带梁天棚,梁两侧抹灰面积,并入天棚抹灰工程量内计算。

2. 密肋梁和井字梁天棚抹灰面积,按展开面积计算。

3. 天棚抹灰如带有装饰线时,区别按三道线以内或五道线以内按延长米计算,线角的道数以一个突出的棱角为一道线。

4. 檐口天棚的抹灰面积,并入相同的天棚抹灰工程量内计算。

5. 天棚中的折线、灯槽线、圆弧形线、拱形线等艺术形式的抹灰,按展开面积计算。

第 3.11.12 条　各种吊顶天棚龙骨按主墙间净空面积计算,不扣除间壁墙、检查口、附墙烟囱、柱、垛和管道所占面积。但天棚中的折线、迭落等圆弧形,高低吊灯槽等面积也不展开计算。

第 3.11.13 条　天棚面装饰工程量按以下规定计算:

1. 天棚装饰面积,按主墙间实铺面积以平方米计算,不扣除间壁墙、检查口、附墙烟囱、附墙垛和管道所占面积,应扣除独立柱及与天棚相连的窗帘盒所占的面积。

2. 天棚中的折线:迭落等圆弧形、拱形、高低灯槽及其他艺术形式天棚面层均按展开面积计算。

第3.11.14条 喷涂、油漆、裱糊工程量按以下规定计算：

1. 楼地面、天棚面、墙、柱、梁面的喷(刷)涂料、抹灰面、油漆及裱糊工程，均按楼地面、天棚面、墙、柱、梁面装饰工程相应的工程量计算规则规定计算。

2. 木材面、金属面油漆的工程量分别按表3.11.14-1至表3.11.14-9规定计算，并乘以表列系数以平方米计算。

(1) 木材面油漆

单层木门工程量系数表　　表3.11.14-1

项目名称	系数	工程量计算方法
单层木门	1.00	
双层(一板一纱)木门	1.36	
双层(单裁口)木门	2.00	按单面洞口面积
单层全玻门	0.83	
木百页门	1.25	
厂库大门	1.10	

单层木窗工程量系数表　　表3.11.14-2

项目名称	系数	工程量计算方法
单层玻璃窗	1.00	
双层(一玻一纱)窗	1.36	
双层(单裁口)窗	2.00	
三层(二玻一纱)窗	2.60	按单面洞口面积
单层组合窗	0.83	
双层组合窗	1.13	
木百叶窗	1.50	

木扶手(不带托板)工程量系数表　　表3.11.14-3

项目名称	系数	工程量计算方法
木扶手(不带托板)	1.00	
木扶手(带托板)	2.60	
窗帘盒	2.04	按延长米
封檐板、顺水板	1.74	
挂衣板、黑板框	0.52	
生活园地框、挂镜线、窗帘棍	0.35	

其他木材面工程量系数表　　表3.11.14-4

项目名称	系数	工程量计算方法
木板、纤维板、胶合板	1.00	
天棚、檐口		长×宽
清水板条天棚、檐口	1.07	

续表

项 目 名 称	系 数	工程量计算方法
木方格吊顶天棚	1.20	
吸音板、墙面、天棚面	0.87	
鱼鳞板墙	2.48	长×宽
木护墙、墙裙	0.91	
窗台板、筒子板、盖板	0.82	
暖气罩	1.28	
屋面板(带檩条)	1.11	斜长×宽
木间壁、木隔断	1.90	
玻璃间壁露明墙筋	1.65	单面外围面积
木栅栏、木栏杆(带扶手)	1.82	
木屋架	1.79	跨度(长)×中高×1/2
衣柜、壁柜	0.91	投影面积(不展开)
零星木装修	0.87	展开面积

木地板工程量系数表 **表 3.11.14-5**

项 目 名 称	系 数	工程量计算方法
木地板、木踢脚线	1.00	长×宽
木楼梯(不包括底面)	2.30	水平投影面积

(2) 金属面油漆

单层钢门窗工程量系数表 **表 3.11.14-6**

项 目 名 称	系 数	工程量计算方法
单层钢门窗	1.00	
双层(一玻一纱)钢门窗	1.48	
钢百叶钢门	2.74	
半截百叶钢门	2.22	洞口面积
满钢门或包铁皮门	1.63	
钢折叠门	2.30	
射线防护门	2.96	
厂库房平开、推拉门	1.70	框(扇)外围面积
铁丝网大门	0.81	
间壁	1.85	长×宽
平板屋面	0.74	斜长×宽
瓦垄板屋面	0.89	斜长×宽
排水、伸缩缝盖板	0.78	展开面积
吸气罩	1.63	水平投影面积

其他金属面工程量系数表 表 3.11.14-7

项 目 名 称	系 数	工程量计算方法
钢屋架、天窗架、挡风架、屋架梁、支撑、檩条	1.00	重量(吨)
墙架(空腹式)	0.50	
墙架(格板式)	0.82	
钢柱、吊车梁、花式梁柱、空花构件	0.63	
操作台、走台、制动梁钢梁车挡	0.71	
钢栅栏门、栏杆、窗栅	1.71	
钢爬梯	1.18	
轻型屋架	1.42	
踏步式钢扶梯	1.05	
零星铁件	1.32	

平板屋面涂刷磷化、锌黄底漆工程量系数表 表 3.11.14-8

项 目 名 称	系 数	工程量计算方法
平板屋面	1.00	斜长×宽
瓦垄板屋面	1.20	
排水、伸缩缝盖板	1.05	展开面积
吸气罩	2.20	水平投影面积
包镀锌铁皮门	2.20	洞口面积

(3) 抹灰面油漆、涂料

抹灰面工程量系数表 表 3.11.14-9

项 目 名 称	系 数	工程量计算方法
槽形底板、混凝土折板	1.30	长×宽
有梁板底	1.10	
密肋、井字梁底板	1.50	
混凝土平板式楼梯底	1.30	水平投影面积

第十二节 金属结构制作工程

第 3.12.1 条 金属结构制作按图示钢材尺寸以吨计算，不扣除孔眼、切边的重量，焊条、铆钉、螺栓等重量，已包括在定额内不另计算。在计算不规则或多边形钢板重量时均以其最大对角线乘最大宽度的矩形面积计算。

第 3.12.2 条 实腹柱、吊车梁、H 型钢按图示尺寸计算，其中腹板及翼板宽度按每边增加 25mm 计算。

第 3.12.3 条　制动梁的制作工程量包括制动梁、制动桁架、制动板重量;墙架的制作工程量包括墙架柱、墙架梁及连接柱杆重量;钢柱制作工程量包括依附于柱上的牛腿及悬臂梁重量。

第 3.12.4 条　轨道制作工程量,只计算轨道本身重量,不包括轨道垫板,压板、斜垫、夹板及连接角钢等重量。

第 3.12.5 条　铁栏杆制作,仅适用于工业厂房中平台、操作台的钢栏杆。民用建筑中铁栏杆等按本定额其他章节有关项目计算。

第 3.12.6 条　钢漏斗制作工程量,矩形按图示分片,圆形按图示展开尺寸,并依钢板宽度分段计算,每段均以其上口长度(圆形以分段展开上口长度)与钢板宽度,按矩形计算,依附漏斗的型钢并入漏斗重量内计算。

第十三节　建筑工程垂直运输定额

第 3.13.1 条　建筑物垂直运输机械台班用量,区分不同建筑物的结构类型及高度按建筑面积以平方米计算。建筑面积按本规则第二章规定计算。

第 3.13.2 条　构筑物垂直运输机械台班以座计算。超过规定高度时再按每增高 1m 定额项目计算,其高度不足 1m 时,亦按 1m 计算。

第十四节　建筑物超高增加人工、机械定额

第 3.14.1 条　各项降效系数中包括的内容指建筑物基础以上的全部工程项目,但不包括垂直运输、各类构件的水平运输及各项脚手架。

第 3.14.2 条　人工降效按规定内容中的全部人工费乘以定额系数计算。

第 3.14.3 条　吊装机械降效按第六章吊装项目中的全部机械费乘以定额系数计算。

第 3.14.4 条　其他机械降效按规定内容中的全部机械费(不包括吊装机械)乘以定额系数计算。

第 3.14.5 条　建筑物施工用水加压增加的水泵台班,按建筑面积以平方米计算。

附录 5-2

全国统一安装工程预算工程量计算规则
(GYD_{GZ}—201—2000)摘要

国家建设部于 2000 年 3 月 17 日颁布本工程量计算统一规则。以下将常用的主要安装工程工程量计算规则摘录如下:

第三章　电气设备安装工程

第一节　变　压　器

第 3.1.1 条　变压器安装,按不同容量以“台”为计量单位。

第 3.1.2 条　干式变压器如果带有保护罩时,其定额人工和机械乘以系数 1.2。

第 3.1.3 条　变压器通过试验,判定绝缘受潮时才需进行干燥,所以只有需要干燥的变

压器才能计取此项费用(编制施工图预算时可列此项,工程结算时根据实际情况再作处理),以“台”为计量单位。

第 3.1.4 条　消弧线圈的干燥按同容量电力变压器干燥定额执行,以“台”为计量单位。

第 3.1.5 条　变压器油过滤不论过滤多少次,直到过滤合格为止,以“t”为计量单位,其具体计算方法如下:

1. 变压器安装定额未包括绝缘油的过滤,需要过滤时,可按制造厂提供的油量计算。
2. 油断路器及其他充油设备的绝缘油过滤,可按制造厂规定的充油量计算。

第二节　配　电　装　置

第 3.2.1 条　断路器、电流互感器、电压互感器、油浸电抗器、电力电容器及电容器柜的安装以“台(个)”为计量单位。

第 3.2.2 条　隔离开关、负荷开关、熔断器、避雷器、干式电抗器的安装以“组”为计量单位,每组按三相计算。

第 3.2.3 条　交流滤波装置的安装以“台”为计量单位。每套滤波装置包括三台组架安装,不包括设备本身及铜母线的安装,其工程量应按本册相应定额另行计算。

第 3.2.4 条　高压设备安装定额内均不包括绝缘台的安装,其工程量应按施工图设计执行相应定额。

第 3.2.5 条　高压成套配电柜和箱式变电站的安装以“台”为计量单位,均未包括基础槽钢、母线及引下线的配置安装。

第 3.2.6 条　配电设备安装的支架、抱箍及延长轴、轴套、间隔板等,按施工图设计的需要量计算,执行第四章铁构件制作安装定额或成品价。

第 3.2.7 条　绝缘油、六氟化硫气体、液压油等均按设备带有考虑;电气设备以外的加压设备和附属管道的安装应按相应定额另行计算。

第 3.2.8 条　配电设备的端子板外部接线,应按本册第四章相应定额另行计算。

第 3.2.9 条　设备安装用的地脚螺栓按土建预埋考虑,不包括二次灌浆。

第三节　母 线 及 绝 缘 子

第 3.3.1 条　悬垂绝缘子串安装,指垂直或 V 型安装的提挂导线、跳线、引下线、设备连接线或设备等所用的绝缘子串安装,按单串以“串”为计量单位。耐张绝缘子串的安装,已包括在软母线安装定额内。

第 3.3.2 条　支持绝缘子安装分别按安装在户内、户外、单孔、双孔、四孔固定,以“个”为计量单位。

第 3.3.3 条　穿墙套管安装不分水平、垂直安装,均以“个”为计量单位。

第 3.3.4 条　软母线安装,指直接由耐张绝缘子串悬挂部分,按软母线截面大小分别以“跨/三相”为计量单位。设计跨距不同时,不得调整。导线、绝缘子、线夹、弛度调节金具等均按施工图设计用量加定额规定的损耗率计算。

第 3.3.5 条　软母线引下线,指由 T 型线夹或并沟线夹从软母线引向设备的连接线,以“组”为计量单位,每三相为一组;软母线经终端耐张线夹引下(不经 T 型线夹或并沟线夹引下)与设备连接的部分均执行引下线定额,不得换算。

第 3.3.6 条 两跨软母线间的跳引线安装,以"组"为计量单位,每三相为一组。不论两端的耐张线夹是螺栓式或压接式,均执行软母线跳线定额,不得换算。

第 3.3.7 条 设备连接线安装,指两设备间的连接部分。不论引下线、跳线、设备连接线,均应分别按导线截面、三相为一组计算工程量。

第 3.3.8 条 组合软母线安装,按三相为一组计算。跨距(包括水平悬挂部分和两端引下部分之和)系以 45m 以内考虑,跨度的长与短不得调整。导线、绝缘子、线夹、金具按施工图设计用量加定额规定的损耗率计算。

第 3.3.9 条 软母线安装预留长度按表 3.3.9 计算。

软母线安装预留长度 单位:m/根 **表 3.3.9**

项 目	耐 张	跳 线	引下线、设备连接线
预留长度	2.5	0.8	0.6

第 3.3.10 条 带型母线安装及带型母线引下线安装包括铜排、铝排,分别以不同截面和片数以"m/单相"为计量单位。母线和固定母线的金具均按设计量加损耗率计算。

第 3.3.11 条 钢带型母线安装,按同规格的铜母线定额执行,不得换算。

第 3.3.12 条 母线伸缩接头及铜过渡板安装均以"个"为计量单位。

第 3.3.13 条 槽型母线安装以"m/单相"为计量单位。槽型母线与设备连接分别以连接不同的设备以"台"为计量单位。槽型母线及固定槽型母线的金具按设计用量加损耗率计算。壳的大小尺寸以"m"为计量单位,长度按设计共箱母线的轴线长度计算。

第 3.3.14 条 低压(指 380V 以下)封闭式插接母线槽安装分别按导体的额定电流大小以"m"为计量单位,长度按设计母线的轴线长度计算,分线箱以"台"为计量单位,分别以电流大小按设计数量计算。

第 3.3.15 条 重型母线安装包括铜母线、铝母线,分别按截面大小以母线的成品重量以"t"为计量单位。

第 3.3.16 条 重型铝母线接触面加工指铸造件需加工接触面时,可以按其接触面大小,分别以"片/单相"为计量单位。

第 3.3.17 条 硬母线配置安装预留长度按表 3.3.17 的规定计算。

硬母线配置安装预留长度 单位:m/根 **表 3.3.17**

序 号	项 目	预留长度	说 明
1	带型、槽型母线终端	0.3	从最后一个支持点算起
2	带型、槽型母线与分支线连接	0.5	分支线预留
3	带型母线与设备连接	0.5	从设备端子接口算起
4	多片重型母线与设备连接	1.0	从设备端子接口算起
5	槽型母线与设备连接	0.5	从设备端子接口算起

第 3.3.18 条 带型母线、槽型母线安装均不包括支持瓷瓶安装和钢构件配置安装,其工程量应分别按设计成品数量执行本册相应定额。

第四节　控制设备及低压电器

第3.4.1条　控制设备及低压电器安装均以“台”为计量单位。以上设备安装均未包括基础槽钢、角钢的制作安装,其工程量应按相应定额另行计算。

第3.4.2条　铁构件制作安装均按施工图设计尺寸,以成品重量“kg”为计量单位。

第3.4.3条　网门、保护网制作安装,按网门或保护网设计图示的框外围尺寸,以“m^2”为计量单位。

第3.4.4条　盘柜配线分不同规格,以“m”为计量单位。

第3.4.5条　盘、箱、柜的外部进出线预留长度按表3.4.5计算。

盘、箱、柜的外部进出线预留长度　　单位:m/根　　**表3.4.5**

序　号	项　目	预留长度	说　明
1	各种箱、柜、盘、板、盒	高+宽	盘面尺寸
2	单独安装的铁壳开关、自动开关、刀开关、启动器、箱式电阻器、变阻器	0.5	从安装对象中心算起
3	继电器、控制开关、信号灯、按钮、熔断器等小电器	0.3	从安装对象中心算起
4	分支接头	0.2	分支线预留

第3.4.6条　配电板制作安装及包铁皮,按配电板图示外形尺寸,以“m^2”为计量单位。

第3.4.7条　焊(压)接线端子定额只适用于导线,电缆终端头制作安装定额中已包括压接线端子,不得重复计算。

第3.4.8条　端子板外部接线按设备盘、箱、柜、台的外部接线图计算,以“10个”为计量单位。

第3.4.9条　盘、柜配线定额只适用于盘上小设备元件的少量现场配线,不适用于工厂的设备修、配、改工程。

第五节　蓄　电　池

第3.5.1条　铅酸蓄电池和碱性蓄电池安装,分别按容量大小以单体蓄电池“个”为计量单位,按施工图设计的数量计算工程量。定额内已包括了电解液的材料消耗,执行时不得调整。

第3.5.2条　免维护蓄电池安装以“组件”为计量单位,其具体计算如下例:

某项工程设计一组蓄电池为220V/500A·h,由12V的组件18个组成,那么就应该套用12V/500A·h的定额18组件。

第3.5.3条　蓄电池充放电按不同容量以“组”为计量单位。

第六节　电机及滑触线安装

第3.6.1条　发电机、调相机、电动机的电气检查接线,均以“台”为计量单位。直流发电机组和多台一串的机组,按单台电机分别执行定额。

第3.6.2条　起重机上的电气设备、照明装置和电缆管线等安装均执行本册的相应定额。

第3.6.3条　滑触线安装以“m/单相”为计量单位,其附加和预留长度按表3.6.3的规定计算。

滑触线安装附加和预留长度　单位：m/根　**表 3.6.3**

序　号	项　　目	预留长度	说　　明
1	圆钢、铜母线与设备连接	0.2	从设备接线端子接口起算
2	圆钢、铜滑触线终端	0.5	从最后一个固定点起算
3	角钢滑触线终端	1.0	从最后一个支持点起算
4	扁钢滑触线终端	1.3	从最后一个固定点起算
5	扁钢母线分支	0.5	分支线预留
6	扁钢母线与设备连接	0.5	从设备接线端子接口起算
7	轻轨滑触线终端	0.8	从最后一个支持点起算
8	安全节能及其他滑触线终端	0.5	从最后一个固定点起算

第 3.6.4 条　电气安装规范要求每台电机接线均需要配金属软管，设计有规定的按设计规格和数量计算，设计没有规定的，平均每台电机配相应规格的金属软管 1.25m 和与之配套的金属软管专用活接头。

第 3.6.5 条　本章的电机检查接线定额，除发电机和调相机外，均不包括电机干燥，发生时其工程量应按电机干燥定额另行计算。电机干燥定额系按一次干燥所需的工、料、机消耗量考虑的，在特别潮湿的地方，电机需要进行多次干燥，应按实际干燥次数计算。在气候干燥、电机绝缘性能良好、符合技术标准而不需要干燥时，则不计算干燥费用。实行包干的工程，可参照以下比例，由有关各方协商而定。

1．低压小型电机 3kW 以下按 25％的比例考虑干燥。

2．低压小型电机 3kW 以上至 220kW 按 30％～50％考虑干燥。

3．大中型电机按 100％考虑一次干燥。

第 3.6.6 条　电机定额的界线划分：单台电机重量在 3t 以下的为小型电机；单台电机重量在 3t 以上至 30t 以下的为中型电机；单台电机重量在 30t 以上的为大型电机。

第 3.6.7 条　小型电机按电机类别和功率大小执行相应定额，大、中型电机不分类别一律按电机重量执行相应定额。

第 3.6.8 条　电机的安装执行第一册《机械设备安装工程》中的电机安装定额；电机检查接线执行本册定额。

第七节　电　　缆

第 3.7.1 条　直埋电缆的挖、填土（石）方，除特殊要求外，可按表 3.7.1 计算土方量。

直埋电缆的挖、填土（石）方量　**表 3.7.1**

项　　目	电缆根数	
	1～2	每增一根
每米沟长挖方量（m^3）	0.45	0.153

注：① 两根以内的电缆沟，系按上口宽度 600mm、下口宽度 400mm、深度 900mm 计算的常规土方量（深度按规范的最低标准）；

② 每增加一根电缆，其宽度增加 170mm；

③ 以上土方量系按埋深从自然地坪起算，如设计埋深超过 900mm 时，多挖的土方量应另行计算。

第 3.7.2 条 电缆沟盖板揭、盖定额，按每揭或每盖一次以延长米计算，如又揭又盖，则按两次计算。

第 3.7.3 条 电缆保护管长度，除按设计规定长度计算外，遇有下列情况，应按以下规定增加保护管长度：

1. 横穿道路，按路基宽度两端各增加 2m。
2. 垂直敷设时，管口距地面增加 2m。
3. 穿过建筑物外墙时，按基础外缘以外增加 1m。
4. 穿过排水沟时，按沟壁外缘以外增加 1m。

第 3.7.4 条 电缆保护管理地敷设，其土方量凡有施工图注明的，按施工图计算；无施工图的，一般按沟深 0.9m、沟宽按最外边的保护管两侧边缘外各增加 0.3m 工作面计算。

第 3.7.5 条 电缆敷设按单根以延长米计算，一个沟内（或架上）敷设三根各长 100m 的电缆，应按 300m 计算，以此类推。

第 3.7.6 条 电缆敷设长度应根据敷设路径的水平和垂直敷设长度，按表 3.7.6 规定增加附加长度。

电缆敷设的附加长度 **表 3.7.6**

序 号	项 目	预留长度（附加）	说 明
1	电缆敷设弛度、波形弯度、交叉	2.5%	按电缆全长计算
2	电缆进入建筑物	2.0m	规范规定最小值
3	电缆进入沟内或吊架时引上（下）预留	1.5m	规范规定最小值
4	变电所进线、出线	1.5m	规范规定最小值
5	电力电缆终端头	1.5m	检修余量最小值
6	电缆中间接头盒	两端各留 2.0m	检修余量最小值
7	电缆进控制、保护屏及模拟盘等	高＋宽	按盘面尺寸
8	高压开关柜及低压配电盘、箱	2.0m	盘下进出线
9	电缆至电动机	0.5m	从电机接线盒起算
10	厂用变压器	3.0m	从地坪起算
11	电缆绕过梁柱等增加长度	按实计算	按被绕物的断面情况计算增加长度
12	电梯电缆与电缆架固定点	每处 0.5m	规范最小值

注：电缆附加及预留的长度是电缆敷设长度的组成部分，应计入电缆长度工程量之内。

第 3.7.7 条 电缆终端头及中间头均以"个"为计量单位。电力电缆和控制电缆均按一根电缆有两个终端头考虑。中间电缆头设计有图示的，按设计确定；设计没有规定的，按实际情况计算（或按平均 250m 一个中间头考虑）。

第 3.7.8 条 桥架安装，以"10m"为计量单位。

第 3.7.9 条 吊电缆的钢索及拉紧装置，应按本册相应定额另行计算。

第 3.7.10 条 钢索的计算长度以两端固定点的距离为准，不扣除拉紧装置的长度。

第 3.7.11 条 电缆敷设及桥架安装，应按定额说明的综合内容范围计算。

第八节 防雷及接地装置

第 3.8.1 条 接地极制作安装以"根"为计量单位，其长度按设计长度计算，设计无规定时,每根长度按 2.5m 计算。若设计有管帽时,管帽另按加工件计算。

第 3.8.2 条 接地母线敷设,按设计长度以“m”为计量单位计算工程量。接地母线、避雷线敷设,均按延长米计算,其长度按施工图设计水平和垂直规定长度另加 3.9% 的附加长度(包括转弯、上下波动、避绕障碍物、搭接头所占长度)计算。计算主材费时应另增加规定的损耗率。

第 3.8.3 条 接地跨接线以“处”为计量单位,按规程规定凡需作接地跨接线的工程内容,每跨接一次按一处计算,户外配电装置构架均需接地,每副构架按“一处”计算。

第 3.8.4 条 避雷针的加工制作、安装,以“根”为计量单位,独立避雷针安装以“基”为计量单位。长度、高度、数量均按设计规定。独立避雷针的加工制作应执行“一般铁件”制作定额或按成品计算。

第 3.8.5 条 半导体少长针消雷装置安装以“套”为计量单位,按设计安装高度分别执行相应定额。装置本身由设备制造厂成套供货。

第 3.8.6 条 利用建筑物内主筋作接地引下线安装以“10m”为计量单位,每一柱子内按焊接两根主筋考虑,如果焊接主筋数超过两根时,可按比例调整。

第 3.8.7 条 断接卡子制作安装以“套”为计量单位,按设计规定装设的断接卡子数量计算,接地检查井内的断接卡子安装按每井一套计算。

第 3.8.8 条 高层建筑物屋顶的防雷接地装置应执行“避雷网安装”定额,电缆支架的接地线安装应执行“户内接地母线敷设”定额。

第 3.8.9 条 均压环敷设以“m”为单位计算,主要考虑利用圈梁内主筋作均压环接地连线,焊接按两根主筋考虑,超过两根时,可按比例调整。长度按设计需要做均压接地的圈梁中心线长度,以延长米计算。

第 3.8.10 条 钢、铝窗接地以“处”为计量单位(高层建筑六层以上的金属窗设计一般要求接地),按设计规定接地的金属窗数进行计算。

第 3.8.11 条 柱子主筋与圈梁连接以“处”为计量单位,每处按两根主筋与两根圈梁钢筋分别焊接连接考虑。如果焊接主筋和圈梁钢筋超过两根时,可按比例调整,需要连接的柱子主筋和圈梁钢筋“处”数按规定设计计算。

第九节 10kV 以下架空配电线路

第 3.9.1 条 工地运输,是指定额内未计价材料从集中材料堆放点或工地仓库运至杆位上的工程运输,分人力运输和汽车运输,以“吨公里”为计量单位。

运输量计算公式如下:

工程运输量 = 施工图用量 ×(1 + 损耗率)

预算运输重量 = 工程运输量 + 包装物重量(不需要包装的可不计算包装物重量)

运输重量可按表 3.9.1 的规定进行计算。

运输重量表 **表 3.9.1**

材料名称		单位	运输重量(kg)	备注
混凝土制品	人工浇制	m^3	2600	包括钢筋
	离心浇制	m^3	2860	包括钢筋

续表

材料名称		单位	运输重量(kg)	备注
线材	导线	kg	$W\times1.15$	有线盘
	钢绞线	kg	$W\times1.07$	无线盘
木杆材料		m^3	500	包括木横担
金属、绝缘子		kg	$W\times1.07$	
螺栓		kg	$W\times1.01$	

注：① W 为理论重量；

② 未列入者均按净重计算。

第 3.9.2 条　无底盘、卡盘的电杆坑，其挖方体积

$$V=0.8\times0.8\times h$$

式中　h——坑深(m)。

第 3.9.3 条　电杆坑的马道土、石方量按每坑 $0.2m^3$ 计算。

第 3.9.4 条　施工操作裕度按底拉盘底宽每边增加 0.1m。

第 3.9.5 条　各类土质的放坡系数按表 3.9.5 计算：

各类土质的放坡系数　　**表 3.9.5**

土质	普通土、水坑	坚土	松砂石	泥水、流沙、岩石
放坡系数	1:0.3	1:0.25	1:0.2	不放坡

第 3.9.6 条　冻土厚度大于 300mm 时，冻土层的挖方量按挖坚土定额乘以系数 2.5。其他土层仍按土质性质执行定额。

第 3.9.7 条　土方量计算公式

$$V=\frac{h}{6}[ab+(a+a_1)\times(b+b_1)+a_1b_1]$$

式中　V——土(石)方体积(m^3)；

h——坑深(m)；

$a(b)$——坑底宽(m)，$a(b)$ = 底拉盘底宽 + 2× 每边操作裕度；

$a_1(b_1)$——坑口宽(m)，$a_1(b_1)=a(b)+2\times h\times$ 边坡系数。

第 3.9.8 条　杆坑土质按一个坑的主要土质而定，如一个坑大部分为普通土，少量为坚土，则该坑应全部按普通土计算。

第 3.9.9 条　带卡盘的电杆坑，如原计算的尺寸不能满足卡盘安装时，因卡盘超长而增加的土(石)方量另计。

第 3.9.10 条　底盘、卡盘、拉线盘按设计用量以“块”为计量单位。

第 3.9.11 条　杆塔组立，分别杆塔形式和高度按设计数量以“根”为计量单位。

第 3.9.12 条　拉线制作安装按施工图设计规定，分别不同形式，以“根”为计量单位。

第 3.9.13 条　横担安装按施工图设计规定，分不同形式和截面，以“根”为计量单位，定额按单根拉线考虑，若安装 V 型、Y 型或双拼型拉线时，按 2 根计算。拉线长度按设计全根长度计算，设计无规定时可按表 3.9.13 计算。

拉线长度　单位:m/根　表3.9.13

项目		普通拉线	V(Y)形拉线	弓型拉线
杆高(m)	8	11.47	22.94	9.33
	9	12.61	25.22	10.10
	10	13.74	27.48	10.92
	11	15.10	30.20	11.82
	12	16.14	32.28	12.62
	13	18.69	37.38	13.42
	14	19.68	39.36	15.12
水平拉线		26.47		

第3.9.14条　导线架设,分别导线类型和不同截面以"km/单线"为计量单位计算。导线预留长度按表3.9.14的规定计算。

导线预留长度　单位:m/根　表3.9.14

项目名称		长度
高压	转角	2.5
	分支、终端	2.0
低压	分支、终端	0.5
	交叉跳线转角	1.5
与设备连线		0.5
进户线		2.5

导线长度按线路总长度和预留长度之和计算。计算主材费时应另增加规定的损耗率。

第3.9.15条　导线跨越架设,包括越线架的搭、拆和运输以及因跨越(障碍)施工难度增加而增加的工作量,以"处"为计量单位。每个跨越间距按50m以内考虑,大于50m而小于100m时按2处计算,以此类推。在计算架线工程量时,不扣除跨越档的长度。

第3.9.16条　杆上变配电设备安装以"台"或"组"为计量单位,定额内包括杆上钢支架及设备的安装工作,但钢支架主材、连引线、线夹、金具等应按设计规定另行计算,设备的接地装置安装和调试应按本册相应定额另行计算。

第十节　电气调整试验

第3.10.1条　电气调试系统的划分以电气原理系统图为依据。电气设备元件的本体试验均包括在相应定额的系统调试之内,不得重复计算。绝缘子和电缆等单位试验,只在单独试验时使用。在系统调试定额中各工序的调试费用如需单独计算时,可按表3.10.1所列比例计算。

第3.10.2条　电气调试所需的电力消耗已包括在定额内,一般不另计算。但10kW以上电机及发电机的启动调试用的蒸气、电力和其他动力能源消耗及变压器空载试运转的电力消耗,另行计算。

第3.10.3条　供电桥回路的断路器、母线分段断路器,均按独立的送配电设备系统计算调试费。

电气调试系统各工序的调试费用 表 3.10.1

比率(%) 项目 / 工序	发电机调相机系统	变压器系统	送配电设备系统	电动机系统
一次设备本体试验	30	30	40	30
附属高压二次设备试验	20	30	20	30
一次电流及二次回路检查	20	20	20	20
继电器及仪表试验	30	20	20	20

第 3.10.4 条 送配电设备系统调试,系按一侧有一台断路器考虑的,若两侧均有断路器时,则应按两个系统计算。

第 3.10.5 条 送配电设备系统调试,适用于各种供电回路(包括照明供电回路)的系统调试。凡供电回路中带有仪表、继电器、电磁开关等调试元件的(不包括闸刀开关、保险器),均按调试系统计算。移动式电器和以插座连接的家电设备业经厂家调试合格、不需要用户自调的设备均不应计算调试费用。

第 3.10.6 条 变压器系统调试,以每个电压侧有一台断路器为准。多于一个断路器的按相应电压等级送配电设备系统调试的相应定额另行计算。

第 3.10.7 条 干式变压器调试,执行相应容量变压器调试定额乘以系数 0.8。

第 3.10.8 条 特殊保护装置,均以构成一个保护回路为一套,其工程量计算规定如下(特殊保护装置未包括在各系统调试定额之内,应另行计算):

1. 发电机转子接地保护,按全厂发电机共用一套考虑。
2. 距离保护,按设计规定所保护的送电线路断路器台数计算。
3. 高频保护,按设计规定所保护的送电线路断路器台数计算。
4. 故障录波器的调试,以一块屏为一套系统计算。
5. 失灵保护,按设置该保护的断路器台数计算。
6. 失磁保护,按所保护的电机台数计算。
7. 变流器的断线保护,按变流器台数计算。
8. 小电流接地保护,按装设该保护的供电回路断路器台数计算。
9. 保护检查及打印机调试,按构成该系统的完整回路为一套计算。

第 3.10.9 条 自动装置及信号系统调试,均包括继电器、仪表等元件本身和二次回路的调整试验,具体规定如下:

1. 备用电源自动投入装置,按连锁机构的个数确定备用电源自投装置系统数。一个备用厂用变压器,作为三段厂用工作母线备用的厂用电源,计算备用电源自动投入装置调试时,应为三个系统。装设自动投入装置的两条互为备用的线路或两台变压器,计算备用电源自动投入装置调试时,应为两个系统。备用电动机自动投入装置亦按此计算。

2. 线路自动重合闸调试系统,按采用自动重合闸装置的线路自动断路器的台数计算系统数。综合重合闸也按此规定计算。

3. 自动调频装置的调试,以一台发电机为一个系统。

4. 同期装置调试,按设计构成一套能完成同期并车行为的装置为一个系统计算。

5. 蓄电池及直流监视系统调试,一组蓄电池按一个系统计算。

6. 事故照明切换装置调试,按设计能完成交直流切换的一套装置为一个调试系统计算。

7. 周波减负荷装置调试,凡有一个周率继电器,不论带几个回路,均按一个调试系统计算。

8. 变送器屏以屏的个数计算。

9. 中央信号装置调试,按每一个变电所或配电室为一个调试系统计算工程量。

10. 不间断电源装置调试,按容量以“套”为单位计算。

第 3.10.10 条 接地网的调试规定如下:

1. 接地网接地电阻的测定。一般的发电厂或变电站连为一体的母网,按一个系统计算;自成母网不与厂区母网相连的独立接地网,另按一个系统计算。大型建筑群各有自己的接地网(接地电阻值设计有要求),虽然在最后也将各接地网联在一起,但应按各自的接地网计算,不能作为一个网,具体应按接地网的试验情况而定。

2. 避雷针接地电阻的测定。每一避雷针均有单独接地网(包括独立的避雷针、烟囱避雷针等)时,均按一组计算。

3. 独立的接地装置按组计算。如一台柱上变压器有一个独立的接地装置,即按一组计算。

第 3.10.11 条 避雷器、电容器的调试,按每三相为一组计算;单个装设的亦按一组计算,上述设备如设置在发电机、变压器、输、配电线路的系统或回路内,仍应按相应定额另外计算调试费用。

第 3.10.12 条 高压电气除尘系统调试,按一台升压变压器、一台机械整流器及附属设备为一个系统计算,分别按除尘器 m^2 范围执行定额。

第 3.10.13 条 硅整流装置调试,按一套硅整流装置为一个系统计算。

第 3.10.14 条 普通电动机的调试,分别按电机的控制方式、功率、电压等级,以“台”为计量单位。

第 3.10.15 条 可控硅调速直流电动机调试以“系统”为计量单位,其调试内容包括可控硅整流装置系统和直流电动机控制回路系统两个部分的调试。

第 3.10.16 条 交流变频调速电动机调试以“系统”为计量单位,其调试内容包括变频装置系统和交流电动机控制回路系统两个部分的调试。

第 3.10.17 条 微型电机系指功率在 0.75kW 以下的电机,不分类别,一律执行微电机综合调试定额,以“台”为计量单位。电机功率在 0.75kW 以上的电机调试应按电机类别和功率分别执行相应的调试定额。

第 3.10.18 条 一般的住宅、学校、办公楼、旅馆、商店等民用电气工程的供电调试应按下列规定:

1. 配电室内带有调试元件的盘、箱、柜和带有调试元件的照明主配电箱,应按供电方式执行相应的“配电设备系统调试”定额。

2. 每个用户房间的配电箱(板)上虽装有电磁开关等调试元件,但如果生产厂家已按固定的常规参数调整好,不需要安装单位进行调试就可直接投入使用的,不得计取调试费用。

3. 民用电度表的调整校验属于供电部门的专业管理,一般皆由用户自供电局订购调试完毕的电度表,不得另外计算调试费用。

第3.10.19条　高标准的高层建筑、高级宾馆、大会堂、体育馆等具有较高控制技术的电气工程(包括照明工程中由程控调光控制的装饰灯具),应按控制方式执行相应的电气调试定额。

第十一节　配　管　配　线

第3.11.1条　各种配管应区别不同敷设方式、敷设位置、管材材质、规格,以“延长米”为计量单位,不扣除管路中间的接线箱(盒)、灯头盒、开关盒所占长度。

第3.11.2条　定额中未包括钢索架设及拉紧装置、接线箱(盒)支架的制作安装,其工程量应另行计算。

第3.11.3条　管内穿线的工程量,应区别线路性质、导线材质、导线截面,以单线“延长米”为计量单位计算。线路分支接头线的长度已综合考虑在定额中,不得另行计算。

照明线路中的导线截面大于或等于6mm^{2}时,应执行动力线路穿线相应项目。

第3.11.4条　线夹配线工程量,应区别线夹材质(塑料、瓷质)、线式(两线、三线)、敷设位置(在木、砖、混凝土)以及导线规格,以线路“延长米”为计量单位计算。

第3.11.5条　绝缘子配线工程量,应区别绝缘子形式(针式、鼓形、蝶式)、绝缘子配线位置(沿屋架、梁、柱、墙,跨屋架、梁、柱、木结构、顶棚内、砖、混凝土结构,沿钢支架及钢索)、导线截面积,以线路“延长米”为计量单位计算。

绝缘子暗配,引下线按线路支持点至天棚下缘距离的长度计算。

第3.11.6条　槽板配线工程量,应区别槽板材质(木质、塑料)、配线位置(木结构、砖、混凝土)、导线截面、线式(二线、三线),以线路“延长米”为计量单位计算。

第3.11.7条　塑料护套线明敷工程量,应区别导线截面、导线芯数(二芯、三芯)、敷设位置(木结构、砖混凝土结构、沿钢索),以单根线路每束“延长米”为计量单位计算。

第3.11.8条　线槽配线工程量,应区别导线截面,以单根线路每束“延长米”为计量单位计算。

第3.11.9条　钢索架设工程量,应区别圆钢、钢索直径($\phi6$、$\phi9$),按图示墙(柱)内缘距离,以“延长米”为计量单位计算,不扣除拉紧装置所占长度。

第3.11.10条　母线拉紧装置及钢索拉紧装置制作安装工程量,应区别母线截面、花篮螺栓直径(12、16、18)以“套”为计量单位计算。

第3.11.11条　车间带形母线安装工程量,应区别母线材质(铝、钢)、母线截面、安装位置(沿屋架、梁、柱、墙,跨层架、梁、柱)以“延长米”为计量单位计算。

第3.11.12条　动力配管混凝土地面刨沟工程量,应区别管子直径,以“延长米”为计量单位计算。

第3.11.13条　接线箱安装工程量,应区别安装形式(明装、暗装)、接线箱半周长,以“个”为计量单位计算。

第3.11.14条　接线盒安装工程量,应区别安装形式(明装、暗装、钢索上)以及接线盒类型,以“个”为计量单位计算。

第3.11.15条　灯具、明、暗开关、插座、按钮等的预留线,已分别综合在相应定额内,不另行计算。

配线进入开关箱、柜、板的预留线,按表3.11.15规定的长度,分别计入相应的工程量。

配线进入箱、柜、板的预留线(每一根线) 表3.11.15

序号	项目	预留长度	说明
1	各种开关、柜、板	宽+高	盘面尺寸
2	单独安装(无箱、盘)的铁壳开关、闸刀开关、启动器、线槽进出线盒等	0.3m	从安装对象中心算起
3	由地面管子出口引至动力接线箱	1.0m	从管口计算
4	电源与管内导线连接(管内穿线与软、硬母线接点)	1.5m	从管口计算
5	出户线	1.5m	从管口计算

第十二节 照明器具安装

第3.12.1条 普通灯具安装的工程量,应区别灯具的种类、型号、规格以“套”为计量单位计算。普通灯具安装定额适用范围见表3.12.1。

普通灯具安装定额适用范围 表3.12.1

定额名称	灯具种类
圆球吸顶灯	材质为玻璃的螺口、卡口圆球独立吸顶灯
半圆球吸顶灯	材质为玻璃的独立的半圆球吸顶灯、扁圆罩吸顶灯、平圆形吸顶灯
方形吸顶灯	材质为玻璃的独立的矩形罩吸顶灯、方形罩吸顶灯、大口方罩顶灯
软线吊灯	利用软线为垂吊材料、独立的,材质为玻璃、塑料、搪瓷,形状如碗伞、平盘灯罩组成的各式软线吊灯
吊链灯	利用吊链作辅助悬吊材料、独立的,材质为玻璃、塑料罩的各式吊链灯
防水吊灯	一般防水吊灯
一般弯脖灯	圆球弯脖灯、风雨壁灯
一般墙壁灯	各种材质的一般壁灯、镜前灯
软线吊灯头	一般吊灯头
声光控座灯头	一般声控、光控座灯头
座灯头	一般塑胶、瓷质座灯头

第3.12.2条 吊式艺术装饰灯具的工程量,应根据装饰灯具示意图集所示,区别不同装饰物以及灯体直径和灯体垂吊长度,以“套”为计量单位计算。灯体直径为装饰物的最大外缘直径,灯体垂吊长度为灯座底部到灯梢之间的总长度。

第3.12.3条 吸顶式艺术装饰灯具安装工程量,应根据装饰灯具示意图集所示,区别不同装饰物、吸盘的几何形状、灯体直径、灯体周长和灯体垂吊长度,以“套”为计量单位计算。灯体直径为吸盘最大外缘直径;灯体半周长为矩形吸盘的半周长;吸顶式艺术装饰灯具的灯体垂吊长度为吸盘到灯梢之间的总长度。

第3.12.4条 荧光艺术装饰灯具安装的工程量,应根据装饰灯具示意图集所示,区别不同安装形式和计量单位计算。

1. 组合荧光灯光带安装的工程量,应根据装饰灯具示意图集所示,区别安装形式、灯管数量,以“延长米”为计量单位计算。灯具的设计数量与定额不符时可以按设计量加损耗量调整主材。

2. 内藏组合式灯安装的工程量,应根据装饰灯具示意图集所示,区别灯具组合形式,以“延长米”为计量单位。灯具的设计数量与定额不符时,可根据设计数量加损耗量调整主材。

3. 发光棚安装的工程量,应根据装饰灯具示意图集所示,以“m^2”为计量单位,发光棚灯具按设计用量加损耗量计算。

4. 立体广告灯箱、荧光灯光沿的工程量,应根据装饰灯具示意图集所示,以“延长米”为计量单位。灯具设计用量与定额不符时,可根据设计数量加损耗量调整主材。

第3.12.5条 几何形状组合艺术灯具安装的工程量,应根据装饰灯具示意图集所示,区别不同安装形式及灯具的不同形式,以“套”为计量单位计算。

第3.12.6条 标志、诱导装饰灯具安装的工程量,应根据装饰灯具示意图集所示,区别不同安装形式,以“套”为计量单位计算。

第3.12.7条 水下艺术装饰灯具安装的工程量,应根据装饰灯具示意图集所示,区别不同安装形式,以“套”为计量单位计算。

第3.12.8条 点光源艺术装饰灯具安装的工程量,应根据装饰灯具示意图集所示,区别不同安装形式、不同灯具直径,以“套”为计量单位计算。

第3.12.9条 草坪灯具安装的工程量,应根据装饰灯具示意图集所示,区别不同安装形式,以“套”为计量单位计算。

第3.12.10条 歌舞厅灯具安装的工程量,应根据装饰灯具示意图所示,区别不同灯具形式,分别以“套”、“延长米”、“台”为计量单位计算。

装饰灯具安装定额适用范围见表3.12.10。

装饰灯具安装定额适用范围 **表3.12.10**

定 额 名 称	灯 具 种 类 (形 式)
吊式艺术装饰灯具	不同材质、不同灯体垂吊长度、不同灯体直径的蜡烛灯、挂片灯、串珠(穗)、串棒灯、吊杆式组合灯、玻璃罩(带装饰)灯
吸顶式艺术装饰灯具	不同材质、不同灯体垂吊长度、不同灯体几何形状的串珠(穗)、串棒灯、挂片、挂碗、挂吊蝶灯、玻璃(带装饰)灯
荧光艺术装饰灯具	不同安装形式、不同灯管数量的组合荧光灯光带,不同几何组合形式的内藏组合式灯,不同几何尺寸、不同灯具形式的发光棚,不同形式的立体广告灯箱、荧光灯光沿
几何形状组合艺术灯具	不同固定形式、不同灯具形式的繁星灯、钻石星灯、礼花灯、玻璃罩钢架组合灯、凸片灯、反射挂灯、筒形钢架灯、U型组合灯、弧形管组合灯
标志、诱导装饰灯具	不同安装形式的标志灯、诱导灯
水下艺术装饰灯具	简易形彩灯、密封形彩灯、喷水池灯、幻光型灯
点光源艺术装饰灯具	不同安装形式、不同灯体直径的筒灯、牛眼灯、射灯、轨道射灯
草 坪 灯 具	各种立柱式、墙壁式的草坪灯
歌舞厅灯具	各种安装形式的变色转盘灯、雷达射灯、幻影转彩灯、维纳斯旋转彩灯、卫星旋转效果灯、飞蝶旋转效果灯、多头转灯、滚筒灯、频闪灯、太阳灯、雨灯、歌星灯、边界灯、射灯、泡泡发生器、迷你满天星彩灯、迷你单立(盘彩灯)、多头宇宙灯、镜面球灯、蛇光管

第 3.12.11 条 荧光灯具安装的工程量，应区别灯具的安装形式、灯具种类、灯管数量，以“套”为计量单位计算。

荧光灯具安装定额适用范围见表 3.12.11。

荧光灯具安装定额适用范围 **表 3.12.11**

定额名称	灯具种类
组装型荧光灯	单管、双管、三管吊链式、吸顶式、现场组装独立荧光灯
成套型荧光灯	单管、双管、三管、吊链式、吊管式、吸顶式、成套独立荧光灯

第 3.12.12 条 工厂灯及防水防尘灯安装的工程量，应区别不同安装形式，以“套”为计量单位计算。

工厂灯及防水防尘灯安装定额适用范围见表 3.12.12。

工厂灯及防水防尘灯安装定额适用范围 **表 3.12.12**

定额名称	灯具种类
直杆工厂吊灯	配照（GC_1-A）、广照（GC_3-A）、深照（GC_5-A）、斜照（GC_7-A）、圆球（GC_{17}-A）、双罩（GC_{19}-A）
吊链式工厂灯	配照（GC_1-B）、深照（GC_3-B）、斜照（GC_5-C）、圆球（GC_7-B）、双罩（GC_{19}-A）、广照（GC_{19}-B）
吸顶式工厂灯	配照（GC_1-C）、广照（GC_3-C）、深照（GC_5-C）、斜照（GC_7-C）、双罩（GC_{19}-C）
弯杆式工厂灯	配照（GC_1-D/E）、广照（GC_3-D/E）、深照（GC_5-D/E）、斜照（GC_7-D/E）、双罩（GC_{19}-C）、局部深罩（GC_{26}-F/H）
悬挂式工厂灯	配照（GC_{21}-2）、深照（GC_{23}-2）
防水防尘灯	广照（GC_9-A、B、C）、广照保护网（GC_{11}-A、B、C）、散照（GC_{15}-A、B、C、D、E、F、G）

第 3.12.13 条 工厂其他灯具安装的工程量，应区别不同灯具类型、安装形式、安装高度，以“套”、“个”、“延长米”为计量单位计算。

工厂其他灯具安装定额适用范围见表 3.12.13。

工厂其他灯具安装定额适用范围 **表 3.12.13**

定额名称	灯具种类
防潮灯	扁形防潮灯（GC-31）、防潮灯（GC-33）
腰形舱顶灯	腰形舱顶灯 CCD-1
碘钨灯	DW 型、220V、300～1000W
管形氙气灯	自然冷却式 200V/380V 20kW 内
投光灯	TG 型室外投光灯
高压水银灯镇流器	外附式镇流器具 125～450W
安全灯	（AOB-1、2、3）、（AOC-1、2）型安全灯
防爆灯	CB C-200 型防爆灯
高压水银防爆灯	CB C-125/250 型高压水银防爆灯
防爆荧光灯	CB C-1/2 单/双管防爆型荧光灯

第 3.12.14 条 医院灯具安装的工程量，应区别灯具种类，以“套”为计量单位计算。

医院灯具安装定额适用范围见表 3.12.14。

医院灯具安装定额适用范围　表 3.12.14

定额名称	灯具种类
病房指示灯 病房暗脚灯 无影灯	病房指示灯 病房暗脚灯 3～12 孔管式无影灯

第 3.12.15 条　路灯安装工程,应区别不同臂长,不同灯数,以“套”为计量单位计算。

工厂厂区内、住宅小区内路灯安装执行本册定额,城市道路的路灯安装执行《全国统一市政工程预算定额》。

路灯安装定额范围见表 3.12.15。

路灯安装定额范围　表 3.12.15

定额名称	灯具种类
大马路弯灯	臂长 1200mm 以下、臂长 1200mm 以上
庭院路灯	三火以下、七火以下

第 3.12.16 条　开关、按钮安装的工程量,应区别开关、按钮安装形式,开关、按钮种类,开关极数以及单控与双控,以“套”为计量单位计算。

第 3.12.17 条　插座安装的工程量,应区别电源相数、额定电流、插座安装形式、插座插孔个数,以“套”为计量单位计算。

第 3.12.18 条　安全变压器安装的工程量,应区别安全变压器容量,以“台”为计量单位计算。

第 3.12.19 条　电铃、电铃号码牌箱安装的工程量,应区别电铃直径、电铃号牌箱规格(号),以“套”为计量单位计算。

第 3.12.20 条　门铃安装工程量计算,应区别门铃安装形式,以“个”为计量单位计算。

第 3.12.21 条　风扇安装的工程量,应区别风扇种类,以“台”为计量单位计算。

第 3.12.22 条　盘管风机三速开关、请勿打扰灯,须刨插座安装的工程量,以“套”为计量单位计算。

第十三节　电梯电气装置

第 3.13.1 条　交流手柄操纵或按钮控制(半自动)电梯电气安装的工程量,应区别电梯层数、站数,以“部”为计量单位计算。

第 3.13.2 条　交流信号或集选控制(自动)电梯电气安装的工程量,应区别电梯层数、站数,以“部”为计量单位计算。

第 3.13.3 条　直流信号或集选控制(自动)快速电梯电气安装的工程量,应区别电梯层数、站数,以“部”为计量单位计算。

第 3.13.4 条　直流集选控制(自动)高速电梯电气安装的工程量,应区别电梯层数、站数,以“部”为计量单位计算。

第 3.13.5 条　小型杂物电梯电气安装的工程量,应区别电梯层数、站数,以“部”为计量单位计算。

第 3.13.6 条　电厂专用电梯电气安装的工程量,应区别配合锅炉容量,以“部”为计量单位计算。

第 3.13.7 条 电梯增加厅门、自动轿厢门及提升高度的工程量,应区别电梯形式、增加自动轿厢门数量、增加提升高度,分别以“个”、“延长米”为计量单位计算。

第七章 工业管道工程

第一节 说 明

第 7.1.1 条 本定额管道压力等级的划分:

低压:$0 < P \leqslant 1.6$MPa,中压:$1.6 < P \leqslant 10$MPa,高压:$10\text{MPa} < P \leqslant 42$MPa。

蒸汽管道 $P \geqslant 9$MPa、工作温度$\geqslant 500$°C 时为高压。

第 7.1.2 条 定额中各类管道适用材质范围:

1. 碳钢管适用于焊接钢管、无缝钢管、16Mn 钢管。
2. 不锈钢管除超低碳不锈钢管按章说明外,适用于各种材质。
3. 碳钢板卷管安装适用于 16Mn 钢板卷管。
4. 铜管适用于紫铜、黄铜、青铜管。
5. 管件、阀门、法兰适用范围参照管道材质。
6. 合金钢管除高合金钢管按章说明计算外,适用于各种材质。

第 7.1.3 条 定额中的材料用量,凡注明“设计用量”者应为施工图工程量,凡注明“施工用量”者应为设计用量加规定的损耗量。

第 7.1.4 条 本定额是按管道集中预制后运往现场安装与直接在现场预制安装综合考虑的,执行定额时,现场无论采用何种方法,均不作调整。

第 7.1.5 条 本定额的管道壁厚是考虑了压力等级所涉及到的壁厚范围综合取定的。执行定额时,不得调整。

第 7.1.6 条 直管安装按设计压力及介质执行定额,管件、阀门及法兰按设计公称压力及介质执行定额。

第 7.1.7 条 方形补偿器弯头执行本册定额第二章相应项目,直管执行本册定额第一章相应项目。

第 7.1.8 条 空分装置冷箱内的管道属设备本体管道,执行第五册《静置设备与工艺金属结构制作安装工程》相应项目。

第 7.1.9 条 设备本体管道,随设备带来的,并已预制成型,其安装包括在设备安装定额内;主机与附属设备之间连接的管道,按材料或半成品进货的,执行本定额。

第 7.1.10 条 生产、生活共用的给水、排水、蒸汽、煤气输送管道,执行本定额;民用的各种介质管道执行第八册《给排水、采暖、燃气工程》相应项目。

第 7.1.11 条 单件重 100kg 以上的管道支架,管道预制钢平台的搭拆,执行第五册《静置设备与工艺金属结构制作安装工程》相应项目。

第 7.1.12 条 管道刷油、绝热、防腐蚀、衬里等执行第十一册《刷油、防腐蚀、绝热工程》相应项目。

第 7.1.13 条 地下管道的管道沟、土石方及砌筑工程,执行《全国统一建筑工程基础定额》。

第二节 管 道 安 装

第7.2.1条 管道安装按压力等级、材质、焊接形式分别列项,以“10m”为计量单位。

第7.2.2条 管道安装不包括管件连接内容,其工程量可按设计用量执行本册定额第二章管件连接项目。

第7.2.3条 各种管道安装工程量,均按设计管道中心长度,以“延长米”计算,不扣除阀门及各种管件所占长度;主材应按定额用量计算。

第7.2.4条 衬里钢管预制安装,管件按成品,弯头两端按接短管焊法兰考虑,定额中包括了直管、管件、法兰全部安装工作内容(二次安装、一次拆除),但不包括衬里及场外运输。

第7.2.5条 有缝钢管螺纹连接项目已包括封头,补芯安装内容,不得另行计算。

第7.2.6条 伴热管项目已包括煨弯工序内容,不得另行计算。

第7.2.7条 加热套管安装按内、外管分别计算工程量,执行相应定额项目。

第三节 管 件 连 接

第7.3.1条 各种管件连接均按压力等级、材质、焊接形式,不分各类,以“10个”为计算单位。

第7.3.2条 管件连接中已综合考虑了弯头、三通、异径管、管帽、管接头等管口含量的差异,应按设计图纸用量,执行相应定额。

第7.3.3条 现场加工的各种管道,在主管上挖眼接管三通、摔制异径管,均应按不同压力、材质、规格,以主管径执行管件连接相应定额,不另计制作费和主材费。

第7.3.4条 挖眼接管三通支线管径小于主管径1/2时,不计算管件工程量;在主管上挖眼焊接管接头、凸台等配件,按配件管径计算管件工程量。

第7.3.5条 管件用法兰连接时,执行法兰安装相应项目,管件本身安装不再计算安装费。

第7.3.6条 全加热套管的外套管件安装,定额按两半管件考虑的,包括二道纵缝和两个环缝。两半封闭短管可执行两半弯头项目。

第7.3.7条 半加热外套管摔口后焊在内套管上,每个焊口按一个管件计算。外套碳钢管如焊在不锈钢管内套管上时,焊口间需加不锈钢短管衬垫,每处焊口按两个管件计算,衬垫短管按设计长度计算,如设计无规定时,可按50mm长度计算。

第7.3.8条 在管道上安装的仪表部件,由管道安装专业负责安装:

1. 在管道上安装的仪表一次部件,执行本章管件连接相应定额乘以系数0.7。

2. 仪表的温度计扩大管制作安装,执行本章管件连接定额乘以系数1.5,工程量按大口径计算。

第7.3.9条 管件制作,执行本册第五章相应定额。

第四节 阀 门 安 装

第7.4.1条 各种阀门按不同压力、连接形式,不分种类以“个”为计量单位。压力等级按设计图纸规定执行相应定额。

第7.4.2条 各种法兰、阀门安装与配套法兰的安装，应分别计算工程量；螺栓与透镜垫的安装费已包括在定额内，其本身价值另行计算；螺栓的规格数量，如设计未作规定时，可根据法兰阀门的压力和法兰密封形式，按本定额附录的"法兰螺栓重量表"计算。

第7.4.3条 减压阀直径按高压侧计算。

第7.4.4条 电动阀门安装包括电动机安装。检查接线工程量应另行计算。

第7.4.5条 阀门安装综合考虑了壳体压力试验（包括强度试验和严密性试验）、解体研磨工序内容，执行定额时，不得因现场情况不同而调整。

第7.4.6条 阀门壳体液压试验介质是按普通水考虑的，如设计要求用其他介质时，可作调整。

第7.4.7条 阀门安装不包括阀体磁粉探伤、密封作气密性试验、阀杆密封添料的更换等特殊要求的工作内容。

第7.4.8条 直接安装在管道上的仪表流量计执行阀门安装相应项目乘以系数0.7。

第五节 法 兰 安 装

第7.5.1条 低、中、高压管道、管件、法兰、阀门上的各种法兰安装，应按不同压力、材质、规格和种类，分别以"副"为计量单位。压力等级按设计图纸规定执行相应定额。

第7.5.2条 不锈钢、有色金属的焊环活动法兰安装，可执行翻边活动法兰安装相应定额，但应将定额中的翻边短管换为焊环，并另行计算其价值。

第7.5.3条 中、低压法兰安装的垫片是按石棉橡胶板考虑的，如设计有特殊要求时可作调整。

第7.5.4条 法兰安装不包括安装后系统调试运转中的冷、热态紧固内容，发生时可另行计算。

第7.5.5条 高压碳钢螺纹法兰安装，包括了螺栓涂二硫化钼工作内容。

第7.5.6条 高压对焊法兰包括了密封面涂机油工作内容，不包括螺栓涂二硫化钼、石墨机油或石墨粉。硬度检查应按设计要求另行计算。

第7.5.7条 中压螺纹法兰安装，按低压螺纹法兰项目乘以系数1.2。

第7.5.8条 用法兰连接的管道安装，管道与法兰分别计算工程量，执行相应定额。

第7.5.9条 在管道上安装的节流装置，已包括了短管装拆工作内容，执行法兰安装相应定额乘以系数0.8。

第7.5.10条 配法兰的盲板只计算主材费，安装费已包括在单片法兰安装中。

第7.5.11条 焊接盲板（封头）执行管件连接相应项目乘以系数0.6。

第7.5.12条 中压平焊法兰执行低压平焊法兰项目乘以系数1.2。

第六节 板卷管与管件制作

第7.6.1条 板卷管制作，按不同材质、规格以"t"为计量单位，主材用量包括规定的损耗量。

第7.6.2条 板卷管件制作，按不同材质、规格、种类以"t"为计量单位，主材用量包括规定的损耗量。

第7.6.3条 成品管材制作管件，按不同材质、规格、种类以"个"为计量单位，主材用量包括规定的损耗量。

第7.6.4条　三通不分同径或异径，均按主管径计算，异径管不分同心或偏心，按大管径计算。

第7.6.5条　各种板卷管与板卷管件制作，其焊缝均按透油试漏考虑，不包括单件压力试验和无损探伤。

第7.6.6条　各种板卷管与板卷管件制作，是按在结构（加工）厂制作考虑的，不包括原材料（板材）及成品的水平运输、卷筒钢板展开、分段切割、平直工作内容，发生时应按相应定额另行计算。

第7.6.7条　用管材制作管件项目，其焊缝均不包括试漏和无损探伤工作内容，应按相应管道类别要求计算探伤费用。

第7.6.8条　中频煨弯定额不包括煨制时胎具更换内容。

第七节　管道压力试验、吹扫与清洗

第7.7.1条　管道压力试验、吹扫与清洗按不同的压力、规格，不分材质以“100m”为计量单位。

第7.7.2条　定额内均已包括临时用空压机和水泵作动力进行试压、吹扫、清洗管道连接的临时管线、盲板、阀门、螺栓等材料摊销量；不包括管道之间的串通临时管口及管道排放口至排放点的临时管，其工程量应按施工方案另行计算。

第7.7.3条　调节阀等临时短管制作装拆项目，使用管道系统试压、吹扫时需要拆除的阀件以临时短管代替连通管道，其工作内容包括完工后短管拆除和原阀件复位等。

第7.7.4条　液压试验和气压试验已包括强度试验和严密性试验工作内容。

第7.7.5条　泄漏性试验适用于输送剧毒、有毒及可燃介质的管道，按压力、规格，不分材质以“m”为计量单位。

第7.7.6条　当管道与设备作为一个系统进行试验时，如管道的试验压力等于或小于设备的试验压力，则按管道的试验压力进行试验；如管道试验压力超过设备的试验压力，且设备的试验压力不低于管道设计压力的115%时，可按设备的试验压力进行试验。

第八节　无损探伤与焊缝热处理

第7.8.1条　管材表面磁粉探伤和超声波探伤，不分材质、壁厚以“m”为计量单位。

第7.8.2条　焊缝X光射线、γ射线探伤，按管壁厚不分规格、材质以“张”为计量单位。

第7.8.3条　焊缝超声波、磁粉及渗透探伤，按规格不分材质、壁厚以“口”为计量单位。

第7.8.4条　计算X光、γ射线探伤工程量时，按管材的双壁厚执行相应定额项目。

第7.8.5条　管材对接焊接过程中的渗透探伤检验及管材表面的渗透探伤检验，执行管材对接焊缝渗透探伤定额。

第7.8.6条　管道焊缝采用超声波无损探伤时，其检测范围内的打磨工程量按展开长度计算。

第7.8.7条　无损探伤定额已综合考虑了高空作业降效因素。

第7.8.8条　无损探伤定额中不包括固定射线探伤仪器适用的各种支架的制作，因超声波探伤所需的各种对比试块的制作，发生时可根据现场实际情况另行计算。

第 7.8.9 条 管道焊缝应按照设计要求的检验方法和数量进行无损探伤。当设计无规定时,管道焊缝的射线照相检验比例应符合规范规定。管口射线片子数量按现场实际拍片张数计算。

第 7.8.10 条 焊前预热和焊后热处理,按不同材质、规格及施工方法以"口"为计量单位。

第 7.8.11 条 热处理的有效时间是依据《工业管道工程施工及验收规范》GB 50235—97 所规定的加热速率、温度下的恒温时间及冷却速率公式计算的,并考虑了必要的辅助时间、拆除和回收用料等工作内容。

第 7.8.12 条 执行焊前预热和焊后热处理定额时,如施焊后立即进行焊口局部热处理,人工乘以系数 0.87。

第 7.8.13 条 电加热片加热进行焊前预热或焊后局部热处理时,如要求增加一层石棉布保温,石棉布的消耗量与高硅(氧)布相同,人工不再增加。

第 7.8.14 条 用电加热片或电感应法加热进行焊前预热或焊后局部处理的项目中,除石棉布和高硅(氧)布为一次性消耗材料外,其他各种材料均按摊销量计入定额。

第 7.8.15 条 电加热片是按履带式考虑的,如实际与定额不符时可按实调整。

第九节 其 他

第 7.9.1 条 一般管架制作安装以"t"为计量单位,适用于单件重量在 100kg 以内的管架制作安装;单件重量大于 100kg 的管架制作安装应执行相应定额。

第 7.9.2 条 木垫式管架重量中不包括木垫重量,但木垫安装已包括在定额内。

第 7.9.3 条 弹簧式管架制作,不包括弹簧本身价格,其价格应另行计算。

第 7.9.4 条 冷排管制作与安装以"m"为计量单位。定额内包括煨弯、组对、焊接、钢带的轧绞、绕片工作内容;不包括钢带退火和冲、套翘片,其工程量应另行计算。

第 7.9.5 条 分气缸、集气罐和空气分气筒安装中,不包括附件安装,应按相应定额另行计算。

第 7.9.6 条 套管制作与安装,按不同规格,分一般穿墙套管和柔、刚性套管,以"个"为计量单位,所需的钢管和钢板已包括在制作定额内,执行定额时应按设计及规范要求选用项目。

第 7.9.7 条 有色金属管、非金属管的管架制作安装,按一般管架定额乘以系数 1.1。

第 7.9.8 条 采用成型钢管焊接的异形管架制作安装,按一般管架定额乘以系数 1.3,其中不锈钢用焊条可作调整。

第 7.9.9 条 管道焊接焊口充氩保护定额,适用于各种材质氩弧焊接或氩电联焊焊接方法的项目,按不同的规格和充氩部位,不分材质以"口"为计量单位。执行定额时,按设计及规范要求选用项目。

第八章 消防及安全防范设备安装工程

第一节 火灾自动报警系统

第 8.1.1 条 点型探测器按线制的不同分为多线制与总线制,不分规格、型号、安装方式与位置,以"只"为计量单位。探测器安装包括了探头和底座的安装及本体调试。

第8.1.2条　红外线探测器以“对”为计量单位。红外线探测器是成对使用的,在计算时一对为两只。定额中包括了探头支架安装和探测器的调试、对中。

第8.1.3条　火焰探测器、可燃气体探测器按线制的不同分为多线制与总线制两种,计算时不分规格、型号,安装方式与位置,以“只”为计量单位。探测器安装包括了探头和底座的安装及本体调试。

第8.1.4条　线形探测器的安装方式按环绕、正弦及直线综合考虑,不分线制及保护形式,以“10m”为计量单位。定额中未包括探测器连接的一只模块和终端,其工程量应按相应定额另行计算。

第8.1.5条　按钮包括消火栓按钮、手动报警按钮、气体灭火起/停按钮,以“只”为计量单位,按照在轻质墙体和硬质墙体上安装两种方式综合考虑,执行时不得因安装方式不同而调整。

第8.1.6条　控制模块(接口)是指仅能起控制作用的模块(接口),亦称为中继器,依据其给出控制信号的数量,分为单输出和多输出两种形式。执行时不分安装方式,按照输出数量以“只”为计量单位。

第8.1.7条　报警模块(接口)不起控制作用,只能起监视、报警作用,执行时不分安装方式,以“只”为计量单位。

第8.1.8条　报警控制器按线制的不同分为多线制与总线制两种,其中又按其安装方式不同分为壁挂式和落地式。在不同线制、不同安装方式中按照“点”数的不同划分定额项目,以“台”为计量单位。

多线制“点”是指报警控制器所带报警器件(探测器、报警按钮等)的数量。

总线制“点”是指报警控制器所带的有地址编码的报警器件(探测器、报警按钮、模块等)的数量。如果一个模块带数个探测器,则只能计为一点。

第8.1.9条　联动控制器按线制的不同分为多线制与总线制两种,其中又按其安装方式不同分为壁挂式和落地式。在不同线制、不同安装方式中按照“点”数的不同划分定额项目,以“台”为计量单位。

多线制“点”是指联动控制器所带联动设备的状态控制和状态显示的数量。

总线制“点”是指联动控制器所带的有控制模块(接口)的数量。

第8.1.10条　报警联动一体机按其安装方式不同分为壁挂式和落地式。在不同安装方式中按照“点”数的不同划分定额项目,以“台”为计量单位。

这里的“点”是指报警联动一体机所带的有地址编码的报警器件与控制模块(接口)的数量。

总线制“点”是指报警联动一体机所带的有地址编码的报警器件与控制模块(接口)的数量。

第8.1.11条　重复显示器(楼层显示器)不分规格、型号、安装方式,按总线制与多线制划分,以“台”为计量单位。

第8.1.12条　警报装置分为声光报警和警铃报警两种形式,均以“只”为计量单位。

第8.1.13条　远程控制器按其控制回路数以“台”为计量单位。

第8.1.14条　火灾事故广播中的功放机、录音机的安装按柜内及台上两种方式综合考虑,分别以“台”为计量单位。

第8.1.15条　消防广播控制柜是指安装成套消防广播设备的成品机柜,不分规格、型号以“台”为计量单位。

第 8.1.16 条　火灾事故广播中的扬声器不分规格、型号，按照吸顶式与壁挂式以“只”为计量单位。

第 8.1.17 条　广播分配器是指单独安装的消防广播用分配器(操作盘)，以“台”为计量单位。

第 8.1.18 条　消防通讯系统中的电话交换机按“门”数不同以“台”为计量单位；通讯分机、插孔是指消防专用电话分机与电话插孔，不分安装方式，分别以“部”、“个”为计量单位。

第 8.1.19 条　报警备用电源综合考虑了规格、型号，以“台”为计量单位。

第二节　水 灭 火 系 统

第 8.2.1 条　管道安装按设计管道中心长度，以“m”为计量单位，不扣除阀门、管件及各种组件所占长度。主材数量应按定额用量计算，管件含量见表 8.2.1。

镀锌钢管(螺纹连接)管件含量表　　单位:10m　　**表 8.2.1**

项目	名　称	公称直径(mm 以内)						
		25	32	40	50	70	80	100
管件含量	四　通	0.02	1.20	0.53	0.69	0.73	0.95	0.47
	三　通	2.29	3.24	4.02	4.13	3.04	2.95	2.12
	弯　头	4.92	0.98	1.69	1.78	1.87	1.47	1.16
	管　箍		2.65	5.99	2.73	3.27	2.89	1.44
	小　计	7.23	8.07	12.23	9.33	8.91	8.26	5.19

第 8.2.2 条　镀锌钢管安装定额也适用于镀锌无缝钢管，其对应关系见表 8.2.2。

对 应 关 系 表　　**表 8.2.2**

公称直径(mm)	15	20	25	32	40	50	70	80	100	150	200
无缝钢管外径(mm)	20	25	32	38	45	57	76	89	108	159	219

第 8.2.3 条　镀锌钢管法兰连接定额，管件是按成品、弯头两端是按接短管焊法兰考虑的，定额中包括直管、管件、法兰等全部安装工作内容，但管件、法兰及螺栓的主材数量应按设计规定另行计算。

第 8.2.4 条　喷头安装按有吊顶、无吊顶分别以“个”为计量单位。

第 8.2.5 条　报警装置安装按成套产品以“组”为计量单位。其他报警装置适用于雨淋、干式(干湿两用)及预作用报警装置，其安装执行湿式报警装置安装定额，其人工乘以系数 1.2，其余不变。成套产品包括的内容详见表 8.2.5。

成套产品包括的内容　　**表 8.2.5**

序号	项目名称	型　号	包 括 内 容
1	湿式报警装置	ZSS	湿式阀、蝶阀、装配管、供水压力表、装置压力表、试验阀、泄放试验阀、泄放试验管、试验管流量计、过滤器、延时器、水力警铃、报警截止阀、漏斗、压力开关等
2	干湿两用报警装置	ZSL	两用阀、蝶阀、装配管、加速器、加速器压力表、供水压力表、试验阀、泄放试验阀(湿式)、泄放试验阀(干式)、挠性接头、泄放试验管、试验管流量计、排气阀、截止阀、漏斗、过滤器、延时器、水力警铃、压力开关等

续表

序号	项目名称	型号	包括内容
3	电动雨淋报警装置	ZSY1	雨淋阀、蝶阀(2个)、装配管、压力表、泄放试验阀、流量表、截止阀、注水阀、止回阀、电磁阀、排水阀、手动应急球阀、报警试验阀、漏斗、压力开关、过滤器、水力警铃等
4	预作用报警装置	ZSU	干式报警阀、控制蝶阀(2个)、压力表(2块)、流量表、截止阀、排放阀、注水阀、止回阀、泄放阀、报警试验阀、液压切断阀、装配管、供水检验管、气压开关(2个)、试压电磁阀、应急手动试压器、漏斗、过滤器、水力警铃等
5	室内消火栓	SN	消火栓箱、消火栓、水枪、水龙带、水龙带接扣、挂架、消防按钮
6	室外消火栓	地上式SS 地下式SX	地上式消火栓、法兰接管、弯管底座； 地下式消火栓、法兰接管、弯管底座或消火栓三通
7	消防水泵接合器	地上式SQ 地下式SQX 墙壁式SQB	消防接口本体、止回阀、安全阀、闸阀、弯管底座、放水阀； 消防接口本体、止回阀、安全阀、闸阀、弯管底座、放水阀； 消防接口本体、止回阀、安全阀、闸阀、弯管底座、放水阀、标牌
8	室内消火栓组合卷盘	SN	消火栓箱、消火栓、水枪、水龙带、水龙带接扣、挂架、消防按钮、消防软管卷盘

第8.2.6条 温感式水幕装置安装，按不同型号和规格以“组”为计量单位。但给水三通至喷头、阀门间管道的主材数量按设计管道中心长度另加损耗计算，喷头数量按设计数量另加损耗计算。

第8.2.7条 水流指示器、减压孔板安装，按不同规格均以“个”为计量单位。

第8.2.8条 末端试水装置按不同规格均以“组”为计量单位。

第8.2.9条 集热板制作安装均以“个”为计量单位。

第8.2.10条 室内消火栓安装，区分单栓和双栓以“套”为计量单位，所带消防按钮的安装另行计算。成套产品包括的内容详见表8.2.5。

第8.2.11条 室内消火栓组合卷盘安装，执行室内消火栓安装定额乘以系数1.2。成套产品包括的内容详见表8.2.5。

第8.2.12条 室外消火栓安装，区分不同规格、工作压力和覆土深度以“套”为计量单位。

第8.2.13条 消防水泵接合器安装，区分不同安装方式和规格以“套”为计量单位。如设计要求用短管时，其本身价值可另行计算，其余不变。成套产品包括的内容详见表8.2.5。

第8.2.14条 隔膜式气压水罐安装，区分不同规格以“台”为计量单位。出入口法兰和螺栓按设计规定另行计算。地脚螺栓是按设备带有考虑的，定额中包括指导二次灌浆用工，但二次灌浆费用应按相应定额另行计算。

第8.2.15条 管道支吊架已综合支架、吊架及防晃支架的制作安装，均以“kg”为计量单位。

第8.2.16条 自动喷水灭火系统管网水冲洗，区分不同规格以“m”为计量单位。

第8.2.17条 阀门、法兰安装、各种套管的制作安装、泵房间管道安装及管道系统强度试验、严密性试验执行第六册《工业管道工程》相应定额。

第8.2.18条 消火栓管道、室外给水管道安装及水箱制作安装，执行第八册《给排水、采暖、燃气工程》相应定额。

第 8.2.19 条 各种消防泵、稳压泵等的安装及二次灌浆,执行第一册《机械设备安装工程》相应定额。

第 8.2.20 条 各种仪表的安装、带电讯信号的阀门、水流指示器、压力开关的接线、校线,执行第十册《自动化控制装置及仪表安装工程》相应定额。

第 8.2.21 条 各种设备支架的制作安装等,执行第五册《静置设备与工艺金属结构制作安装工程》相应定额。

第 8.2.22 条 管道、设备、支架、法兰焊口除锈刷油,执行第十一册《刷油、防腐蚀、绝热工程》相应定额。

第 8.2.23 条 系统调试执行本册定额第五章相应定额。

第三节 气体灭火系统

第 8.3.1 条 管道安装包括无缝钢管的螺纹连接、法兰连接、气动驱动装置管道安装及钢制管件的螺纹连接。

第 8.3.2 条 各种管道安装按设计管道中心长度,以"m"为计量单位,不扣除阀门、管件及各种组件所占长度,主材数量应按定额用量计算。

第 8.3.3 条 钢制管件螺纹连接均按不同规格以"个"为计量单位。

第 8.3.4 条 无缝钢管螺纹连接不包括钢制管件连接内容,其工程量应按设计用量执行钢制管件连接定额。

第 8.3.5 条 无缝钢管法兰连接定额,管件是按成品、弯头两端是按接短管焊法兰考虑的,包括了直管、管件、法兰等预装和安装的全部工作内容,但管件、法兰及螺栓的主材数量应按设计规定另行计算。

第 8.3.6 条 螺纹连接的不锈钢管、铜管及管件安装时,按无缝钢管和钢制管件安装相应定额乘以系数 1.20。

第 8.3.7 条 无缝钢管和钢制管件内外镀锌及场外运输费用另行计算。

第 8.3.8 条 气动驱动装置管道安装定额包括卡套连接件的安装,其木身价值按设计用量另行计算。

第 8.3.9 条 喷头安装均按不同规格以"个"为计量单位。

第 8.3.10 条 选择阀安装按不同规格和连接方式分别以"个"为计量单位。

第 8.3.11 条 贮存装置安装中包括灭火剂贮存容器和驱动气瓶的安装固定和支框架、系统组件(集流管、容器阀、单向阀、高压软管)、安全阀等贮存装置和阀驱动装置的安装及氮气增压。

贮存装置安装按贮存容器和驱动气瓶的规格(L)以"套"为计量单位。

第 8.3.12 条 二氧化碳贮存装置安装时不需增压,执行定额时应扣除高纯氮气,其余不变。

第 8.3.13 条 二氧化碳称重检漏装置包括泄漏报警开关、配重、支架等,以"套"为计量单位。

第 8.3.14 条 系统组件包括选择阀、单向阀(含气、液)及高压软管。试验按水压强度试验和气压严密性试验,分别以"个"为计量单位。

第 8.3.15 条 无缝钢管、钢制管件、选择阀安装及系统组件试验均适用于卤代烷 1211

和1301灭火系统。二氧化碳灭火系统,按卤代烷灭火系统相应安装定额乘以系数1.2。

第8.3.16条 管道支吊架的制作安装执行本册第二章相应定额。

第8.3.17条 不锈钢管、铜管及管件的焊接或法兰连接、各种套管的制作安装、管道系统强度试验、严密性试验和吹扫等均执行第六册《工业管道工程》相应定额。

第8.3.18条 管道及支吊架的防腐、刷油等执行第十一册《刷油、防腐蚀、绝热工程》相应定额。

第8.3.19条 系统调试执行本册定额第五章相应定额。

第8.3.20条 电磁驱动器与泄漏报警开关的电气接线等执行第十册《自动化控制装置及仪表安装工程》相应定额。

第四节 泡沫灭火系统

第8.4.1条 泡沫发生器及泡沫比例混合器安装中已包括整体安装、焊法兰、单体调试及配合管道试压时隔离本体所消耗的人工和材料,不包括支架的制作安装和二次灌浆的工作内容,其工程量应按相应定额另行计算。地脚螺栓按设备带来考虑。

第8.4.2条 泡沫发生器安装均按不同型号以"台"为计量单位,法兰和螺栓按设计规定另行计算。

第8.4.3条 泡沫比例混合器安装均按不同型号以"台"为计量单位,法兰和螺栓按设计规定另行计算。

第8.4.4条 泡沫灭火系统的管道、管件、法兰、阀门、管道支架等的安装及管道系统水冲洗、强度试验、严密性试验等执行第六册《工业管道工程》相应定额。

第8.4.5条 消防泵等机械设备安装及二次灌浆执行第一册《机械设备安装工程》相应定额。

第8.4.6条 除锈、刷油、保温等执行第十一册《刷油、防腐蚀、绝热工程》相应定额。

第8.4.7条 泡沫液贮罐、设备支架制作安装执行第五册《静置设备与工艺金属结构制作安装工程》相应定额。

第8.4.8条 泡沫喷淋系统的管道组件、气压水罐、管道支吊架等安装应执行本册第二章相应定额及有关规定。

第8.4.9条 泡沫液充装是按生产厂在施工现场充装考虑的,若由施工单位充装时,可另行计算。

第8.4.10条 油罐上安装的泡沫发生器及化学泡沫室执行第五册《静置设备与工艺金属结构制作安装工程》相应定额。

第8.4.11条 泡沫灭火系统调试应按批准的施工方案另行计算。

第五节 消防系统调试

第8.5.1条 消防系统调试包括:自动报警系统、水灭火系统、火灾事故广播、消防通讯系统、消防电梯系统、电动防火门、防火卷帘门、正压送风阀、排烟阀、防火阀控制装置、气体灭火系统装置。

第8.5.2条 自动报警系统包括各种探测器、报警按钮、报警控制器组成的报警系统,分别不同点数以"系统"为计量单位,其点数按多线制与总线制报警器的点数计算。

第 8.5.3 条　水灭火系统控制装置按照不同点数以“系统”为计量单位,其点数按多线制与总线制联动控制器的点数计算

第 8.5.4 条　火灾事故广播、消防通讯系统中的消防广播喇叭、音箱和消防通讯的电话分机、电话插孔,按其数量以“10 只”为计量单位。

第 8.5.5 条　消防用电梯与控制中心间的控制调试以“部”为计量单位。

第 8.5.6 条　电动防火门、防火卷帘门指可由消防控制中心显示与控制的电动防火门、防火卷帘门,以“10 处”为计量单位,每樘为一处。

第 8.5.7 条　正压送风阀、排烟阀、防火阀以“10 处”为计量单位,一个阀为一处。

第 8.5.8 条　气体灭火系统装置调试包括模拟喷气试验、备用灭火器贮存容器切换操作试验,按试验容器的规格(L),分别以“个”为计量单位。试验容器的数量包括系统调试、检测和验收所消耗的试验容器的总数,试验介质不同时可以换算。

第六节　安全防范设备安装

第 8.6.1 条　设备、部件按设计成品以“台”或“套”为计量单位。

第 8.6.2 条　模拟盘以“m^2”为计量单位。

第 8.6.3 条　入侵报警系统调试以“系统”为计量单位,其点数按实际调试点数计算。

第 8.6.4 条　电视监控系统调试以“系统”为计量单位,其头尾数包括摄像机、监视器数量之和。

第 8.6.5 条　其他联动设备的调试已考虑在单机调试中,其工程量不得另行计算。

第九章　给排水、采暖、燃气工程

第一节　管　道　安　装

第 9.1.1 条　各种管道,均以施工图所示中心长度,以“m”为计量单位,不扣除阀门、管件(包括减压器、疏水器、水表、伸缩器等组成安装)所占的长度。

第 9.1.2 条　镀锌铁皮套管制作以“个”为计量单位,其安装已包括在管道安装定额内,不得另行计算。

第 9.1.3 条　管道支架制作安装,室内管道公称直径 32mm 以下的安装工程已包括在内,不得另行计算。公称直径 32mm 以上的,可另行计算。

第 9.1.4 条　各种伸缩器制作安装,均以“个”为计量单位。方形伸缩器的两臂,按臂长的两倍合并在管道长度内计算。

第 9.1.5 条　管道消毒、冲洗、压力试验,均按管道长度以“m”为计量单位,不扣除阀门、管件所占的长度。

第二节　阀门、水位标尺安装

第 9.2.1 条　各种阀门安装均以“个”为计量单位。法兰阀门安装,如仅为一侧法兰连接时,定额所列法兰、带帽螺栓及垫圈数量减半,其余不变。

第 9.2.2 条　各种法兰连接用垫片,均按石棉橡胶板计算,如用其他材料,不得调整。

第 9.2.3 条　法兰阀(带短管甲乙)安装,均以“套”为计量单位,如接口材料不同时,可

作调整。

第9.2.4条 自动排气阀安装以"个"为计量单位,已包括了支架制作安装,不得另行计算。

第9.2.5条 浮球阀安装均以"个"为计量单位,已包括了联杆及浮球的安装,不得另行计算。

第9.2.6条 浮标液面计、水位标尺是按国标编制的,如设计与国标不符的,可作调整。

第三节 低压器具、水表组成与安装

第9.3.1条 减压器、疏水器组成安装以"组"为计量单位,如设计组成与定额不同时,阀门和压力表数量可按设计用量进行调整,其余不变。

第9.3.2条 减压器安装按高压侧的直径计算。

第9.3.3条 法兰水表安装以"组"为计量单位,定额中旁通管及止回阀如与设计规定的安装形式不同时,阀门及止回阀可按设计规定进行调整,其余不变。

第四节 卫生器具制作安装

第9.4.1条 卫生器具组成安装以"组"为计量单位,已按标准图综合了卫生器具与给水管、排水管连接的人工与材料用量,不得另行计算。

第9.4.2条 浴盆安装不包括支座和四周侧面的砌砖及瓷砖粘贴。

第9.4.3条 蹲式大便器安装,已包括了固定大便器的垫砖,但不包括大便器蹲台砌筑。

第9.4.4条 大便槽、小便槽自动冲洗水箱安装以"套"为计量单位,已包括了水箱托架的制作安装,不得另行计算。

第9.4.5条 小便槽冲洗管制作与安装以"m"为计量单位,不包括阀门安装,其工程量可按相应定额另行计算。

第9.4.6条 脚踏开关安装,已包括了弯管与喷头的安装,不得另行计算。

第9.4.7条 冷热水混合器安装以"套"为计量单位,不包括支架制作安装及阀门安装,其工程量可按相应定额另行计算。

第9.4.8条 蒸汽—水加热器安装以"台"为计量单位,包括莲蓬头安装,不包括支架制作安装及阀门、疏水器安装,其工程量可按相应定额另行计算。

第9.4.9条 容积式水加热器安装以"台"为计量单位,不包括安全阀安装、保温与基础砌筑可按相应定额另行计算。

第9.4.10条 电热水器、电开水炉安装以"台"为计量单位,只考虑本体安装,连接管、连接件等工程量可按相应定额另行计算。

第9.4.11条 饮水器安装以"台"为计量单位,阀门和脚踏开关工程量可按相应定额另行计算。

第五节 供暖器具安装

第9.5.1条 热空气幕安装以"台"为计量单位,其支架制作安装可按相应定额另行计算。

第9.5.2条 长翼、柱型铸铁散热器组成安装以"片"为计量单位,其汽包垫不得换算;圆翼型铸铁散热器组成安装以"节"为计量单位。

第 9.5.3 条 光排管散热器制作安装以"m"为计量单位,已包括联管长度,不得另行计算。

第六节 小型容器制作安装

第 9.6.1 条 钢板水箱制作,按施工图所示尺寸,不扣除人孔、手孔重量,以"kg"为计量单位,法兰和短管水位计可按相应定额另行计算。

第 9.6.2 条 钢板水箱安装,按国家标准图集水箱容量"m^3",执行相应定额。各种水箱安装,均以"个"为计量单位。

第七节 燃气管道及附件、器具安装

第 9.7.1 条 各种管道安装,均按设计管道中心线长度,以"m"为计量单位,不扣除各种管件和阀门所占长度。

第 9.7.2 条 除铸铁管外,管道安装中已包括管件安装和管件本身价值。

第 9.7.3 条 承插铸铁管安装定额中未列出接头零件,其本身价值应按设计用量另行计算,其余不变。

第 9.7.4 条 钢管焊接挖眼接管工作,均在定额中综合取定,不得另行计算。

第 9.7.5 条 调长器及调长器与阀门连接,包括一副法兰安装,螺栓规格和数量以压力为 0.6MPa 的法兰装配,如压力不同可按设计要求的数量、规格进行调整,其他不变。

第 9.7.6 条 燃气表安装按不同规格、型号分别以"块"为计量单位,不包括表托、支架、表底垫层基础,其工程量可根据设计要求另行计算。

第 9.7.7 条 燃气加热设备、灶具等按不同用途规定型号,分别以"台"为计量单位。

第 9.7.8 条 气嘴安装按规格型号连接方式,分别以"个"为计量单位。

第十章 通风空调工程

第一节 管道制作安装

第 10.1.1 条 风管制作安装以施工图规格不同按展开面积计算,不扣除检查孔、测定孔、送风口、吸风口等所占面积。

圆管 $F=\pi\times D\times L$

式中 F——圆形风管展开面积(以 m^2 为单位);

D——圆形风管直径;

L——管道中心线长度。

矩形风管按图示周长乘以管道中心线长度计算。

第 10.1.2 条 风管长度一律以施工图示中心线长度为准(主管与支管以其中心线交点划分),包括弯头、三通、变径管、天圆地方等管件的长度,但不得包括部件所占长度。直径和周长按图示尺寸为准展开,咬口重叠部分已包括在定额内,不得另行增加。

第 10.1.3 条 风管导流叶片制作安装按图示叶片的面积计算。

第 10.1.4 条 整个通风系统设计采用渐缩管均匀送风者,圆形风管按平均直径、矩形风管按平均周长计算。

第 10.1.5 条 塑料风管、复合型材料风管制作安装定额所列规格直径为内径,周长为

内周长。

第10.1.6条 柔性软风管安装，按图示管道中心线长度以“m”为计量单位，柔性软风管阀门安装以“个”为计量单位。

第10.1.7条 软管（帆布接口）制作安装，按图示尺寸以“m^2”为计量单位。

第10.1.8条 风管检查孔重量，按本定额附录四“国标通风部件标准重量表”计算。

第10.1.9条 风管测定孔制作安装，按其型号以“个”为计量单位。

第10.1.10条 薄钢板通风管道、净化通风管道、玻璃钢通风管道、复合型材料通风管道的制作安装中已包括法兰、加固框和吊托支架，不得另行计算。

第10.1.11条 不锈钢通风管道、铝板通风管道的制作安装中不包括法兰和吊托支架，可按相应定额以“kg”为计量单位另行计算。

第10.1.12条 塑料通风管道制作安装，不包括吊托支架，可按相应定额以“kg”为计量单位另行计算。

第二节 部件制作安装

第10.2.1条 标准部件的制作，按其成品重量以“kg”为计量单位，根据设计型号、规格，按本册定额附录四“国标通风部件标准重量表”计算重量，非标准部件按图示成品重量计算。部件的安装按图示规格尺寸（周长或直径）以“个”为计量单位，分别执行相应定额。

第10.2.2条 钢百叶窗及活动金属百叶风口的制作以“m^2”为计量单位，安装按规格尺寸以“个”为计量单位。

第10.2.3条 风帽筝绳制作安装按图示规格、长度，以“kg”为计量单位。

第10.2.4条 风帽泛水制作安装按图示展开面积以“m^2”为计量单位。

第10.2.5条 挡水板制作安装按空调器断面面积计算。

第10.2.6条 钢板密闭门制作安装以“个”为计量单位。

第10.2.7条 设备支架制作安装按图示尺寸以“kg”为计量单位，执行第五册《静置设备与工艺金属结构制作安装工程》定额相应项目和工程量计算规则。

第10.2.8条 电加热器外壳制作安装按图示尺寸以“kg”为计量单位。

第10.2.9条 风机减震台座制作安装执行设备支架定额，定额内不包括减震器，应按设计规定另行计算。

第10.2.10条 高、中、低效过滤器、净化工作台安装以“台”为计量单位，风淋室安装按不同重量以“台”为计量单位。

第10.2.11条 洁净室安装按重量计算，执行本册定额第八章“分段组装式空调器”安装定额。

第三节 通风空调设备安装

第10.3.1条 风机安装按设计不同型号以“台”为计量单位。

第10.3.2条 整体式空调机组安装，空调器按不同重量和安装方式以“台”为计量单位；分段组装式空调器按重量以“kg”为计量单位。

第10.3.3条 风机盘管安装按安装方式不同以“台”为计量单位。

第10.3.4条 空气加热器、除尘设备安装重量不同以“台”为计量单位。

第十一章 自动化控制仪表安装工程

第一节 过程检测与控制装置及仪表安装

第 11.1.1 条 检测仪表及控制仪表安装及单体调试包括温度、压力、流量、差压、物位、显示仪表、组合仪表、调节仪表、执行仪表,均以"台(块)"为计量单位,放大器、过滤器等与仪表成套的元件、部件或是仪表的一部分,其工程量不得分开计算。

第 11.1.2 条 仪表在工业设备、管道上的安装孔和一次部件安装,按预留好和安装好考虑,并已合格,定额中已包括部件提供、配合开孔和配合安装的工作内容,不得另行计算。

第 11.1.3 条 电动或气动调节阀按成套考虑,包括执行机构与阀、手轮或所带附件成套,不能分开计算工程量。但是,与之配套的阀门定位器、电磁阀要另行计算。执行机构安装调试不包括风门、挡板或阀。执行机构或调节阀还应另外配置附件,组成不同的控制方式,附件选择按定额所列项目。

第 11.1.4 条 蝶阀、多通电动阀、多通电磁阀、开关阀、O 型切断阀、偏心旋转阀、隔膜阀等在工业管道上已安装好的调节阀门,包括现场调试、检查、接线、接管和接地,不得另外计算运输、安装、本体试验工程量。

第 11.1.5 条 管道上安装节流装置,只计算一次安装工程量并包括一次法兰垫的制作安装。

第 11.1.6 条 工业管道上安装流量计、调节阀、电磁阀、节流装置等由自控仪表专业配合管道专业安装,其领运、清洗、保管的工作已包括在自控仪表定额的相应项目内。不在工业管道或设备上的仪表系统用法兰焊接和电磁阀安装,是仪表安装范围,应执行相应定额。

第 11.1.7 条 放射性仪表配合有关专业施工人员安装调试,包括保护管安装、安全防护、模拟安装,以"套"为计量单位。放射源保管和安装特殊措施费,按施工组织设计另行计算。

第 11.1.8 条 钢带液位计、储罐液位称重仪、重锤探测料位计、浮标液位计现场安装以"套"为计量单位,包括导向管、滑轮、浮子、钢带、钢丝绳、钟罩和台架等。

第 11.1.9 条 仪表设备支架、支座制作安装执行第二册《电气设备安装工程》金属铁构件制作安装。

第 11.1.10 条 系统调试项目用于仪表设备组成的回路,除系统静态模拟试验外,还包括回路中管、线、缆检查、排错、绝缘电阻测定及回路中仪表需要再次调试的工作等,但不适用于计算机系统和成套装置的回路调试,应按各有关章说明执行。回路系统调试以"套"为计量单位,并区分检测系统、调节系统和手动调节系统。

第 11.1.11 条 系统调试项目中,调节系统是具有负反馈的闭环回路。简单回路是指单参数、一个调节器、一个检测元件或变压器组成的基本控制系统,复杂调节回路是指单参数调节或多参数调节、由两个以上回路组成的调节回路,多回路是指两个以上的复杂调节回路。

第 11.1.12 条 定额过程检测与控制装置及仪表安装中已包括安装、调试、配合单机试运转的工作内容,不得另行计算,但不包括无负荷或有负荷联动试车。

第 11.1.13 条 随机自带校验用专用仪器仪表,建设单位应免费无偿提供给施工单位使用。

第二节　集中检测和集中监视及控制装置

第 11.2.1 条　集中检测和集中监视及控制装置及仪表是成套装置,安装调试以“套”为计量单位。

第 11.2.2 条　顺序控制装置中,继电联锁保护系统由继电器、元件和线路组成,由接线连接;可编程逻辑控制器通过编制程序,实现软连接;插件式逻辑监控装置和矩阵编程控制装置是一种无触点顺序控制装置,应加以区分,执行相应定额。其中可编程逻辑控制装置应执行本册定额第五章“基础自动化”中的 PLC 定额。

第 11.2.3 条　顺序控制装置工程量计算,包括线路检查、设备、元件检查调整、程序检查、功能试验、输入输出信号检查、排错等 ,还包括与其他专业的配合安装调试工作。

第 11.2.4 条　顺序控制装置的继电联锁保护系统应按事故接点数以“套”为计量单位,插件式逻辑监控装置和矩阵编程逻辑控制器按容量 I/O 点以“套”为计量单位。

第 11.2.5 条　信号报警装置中的闪光报警器按台件数计算工程量,智能闪光报警装置按组合或扩展的报警回路或报警点计算工程量;继电器箱另计安装工程量,包括检查接线。

第 11.2.6 条　继电联锁保护系统按事故接点以“套”为计量单位,包括继电线路检查、功能试验、与其他专业配合进行的联锁模拟试验及系统运行。

第 11.2.7 条　数据采集和巡回报警按采集的过程输入点,以“套”为计量单位。

第 11.2.8 条　运动装置按过程点 I/O 点的数量以“套”为计量单位,包括以计算机为核心的被控与控制端、操作站、变送器和驱动继电器整套调试。

第 11.2.9 条　为运动装置、信号报警装置、顺序控制装置、数据采集、巡回报警装置提供输入输出信号的现场仪表安装调试,应按相应定额另行计算。

第 11.2.10 条　燃烧安全保护装置、火焰监视装置、漏油装置、高阻检漏装置及自动点火装置,包括现场安装和成套调试,以“套”为计量单位。

第 11.2.11 条　报警盘、点火盘箱安装及检查接线可执行继电器箱盘、组件箱柜、机箱安装及检查接线定额。

第 11.2.12 条　分析仪表为在线分析装置,分为化学分析仪表和物性分析仪表。成套安装与调试包括探头、预处理装置和显示仪表及样品标定。特殊预处理装置、分析小屋和分析柜安装,应按相应定额另行计算。

第 11.2.13 条　校验用标准气样的配制,分析系统需配置的冷却器、水封及其他辅助容器的制作和安装,应按相应定额另行计算。

第 11.2.14 条　分析小屋及分析柜安装以“台”为计量单位,包括组装、安全防护、接地、接地电阻测试,不包括通风、空调、密封、试压、底座和轨道制作安装、开孔、改造、室内支架和台架制作安装,其工程量应按相应定额另行计算。

第 11.2.15 条　称重仪表按传感器的数量和显示仪表成套,电子皮带秤称量框、传感器与配套的显示仪表一起调试,其他机械量仪表配合机械专业安装,作整套检查与整机调试。

第 11.2.16 条　电子皮带秤标定中砝码、链码租用、运输、挂码和实物标定的物源准备、堆场,应按相应定额另行计算。

第 11.2.17 条　气象环保检测仪表包括现场仪表安装固定、校接线、单元检查、系统调试,以“套”为计量单位。立杆、拉线、检修平台等,应按相应定额另行计算。

第 11.2.18 条 成套装置的计算机硬件、插件箱、柜安装及底座、支架制作安装,应按各章说明另行计算。

第 11.2.19 条 集中检测和控制装置中,排空管、溢流管、沟槽开挖、水泥盖板制作安装、流入管埋设,应按相应定额另行计算。

第三节 工业电子计算机

第 11.3.1 条 计算机硬件设备安装包括机柜、台柜、外设、辅助存储装置,以“台”为计量单位。

第 11.3.2 条 标准柜尺寸为 600～900×800×2100～2200(宽×深×高),其他为非标准机柜。非标准机柜按半周长以“m”为计量单位,机柜和台柜安装固定在台架或基础上。打印机、拷贝机、通用计算机为台面安装,包括操作台柜安装。外设与辅助存储装置包括安装、接线及元件检查、接地、调整、自检工作。

第 11.3.3 条 计算机机柜、台柜基础制作安装,应按相应定额另行计算。

第 11.3.4 条 通用计算机安装以“套”为计量单位,整套包括操作台柜、主机、键盘、显示器、打印机的运输、安装、校接线、自检工作。

第 11.3.5 条 计算机室空调、照明和地板安装,应按相应定额另行计算。

第 11.3.6 条 工业计算机项目的设置适用多级网络控制,在定额中,第一层基础自动化(DCS、PLC、DDC、FCS)作为第一级过程控制级;第二层过程控制管理计算机作为多级控制的第二级过程优化控制的监控级;第三至五层车间和工厂级作为第三级生产管理和经营计算机(见图 11.3.6 工厂连续控制与管理计算机系统 CIMS 图)。工程量计算应区分不同的控制系统和级别,分别执行定额。

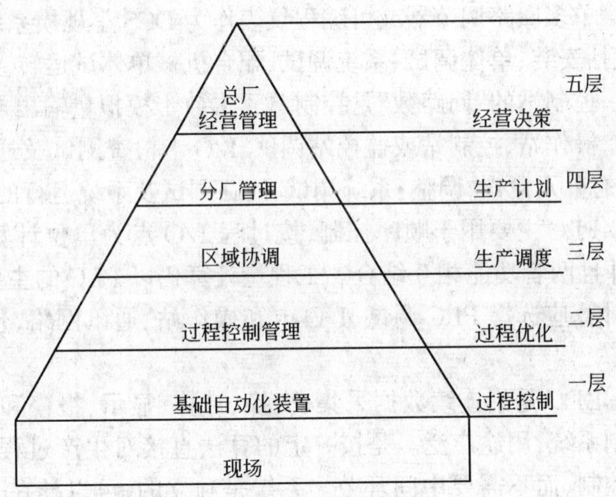

图 11.3.6 工厂连续控制与管理计算机系统(CIMS)图

第 11.3.7 条 计算机系统应是合格的硬件和成熟的软件,对拆除再安装的设备是完好的,定额不包括软件的生成和系统组态以及因设备质量问题而进行的修配改工作,发生时,应另计其工程量。

第 11.3.8 条 调试工作内容不包括设计或开发单位的现场服务。

第 11.3.9 条 管理计算机调试按所带终端数计算调试工程量,终端指智能终端,打印机、拷贝机、操作台均不作为终端。

第 11.3.10 条 管理计算机工程量计算应包括硬件和应用功能测试，按一套计算工程量。

第 11.3.11 条 管理计算机中，过程控制管理计算机是控制管理层，作为基础自动化级的监控级；生产管理计算机适用多级控制管理层的第三至五级，应分别执行相应定额。这种多级控制调试都带有通讯功能，不得另行计算网络系统调试。

第 11.3.12 条 基础自动化级是生产过程控制的设备级，包括 DCS、DDC、PLC、FCS。基础自动化过程控制系统的网络系统与主干网和局域网资源共享。

第 11.3.13 条 通讯网络是基础自动化级的主要组成部分。DCS 的通讯网络分为大、中、小规模，小规模为低速通讯总线，中规模为中速通讯总线，大规模 DCS 通讯总线分为设备级总线和管理级总线，管理级总线是与上位机通讯的总线，设备级总线是过程控制级通讯总线，各级总线都可通过接口通讯、传送信息以达到资源共享的目的。工程量计算应分别执行大、中、小规模的控制系统和低、中、高速网络结构，范围包括通讯系统所能覆盖的最大距离和通讯网络所能连接的最大结点(站)数，以“套”为计量单位。

第 11.3.14 条 信息传输网络为双绞线、同轴电缆、光纤。安装执行本册第七章“工厂通讯、供电”相应定额。

第 11.3.15 条 DCS 主要用于模拟量的连续多功能控制，并包括顺序控制功能，由操作站、控制站、通讯网络和上位机接口组成。DCS 规模的大小按系统实际配置情况或 DCS 出厂型号决定。工程量计算应按挂在网络上的结点(站)数计算。

第 11.3.16 条 控制站应区分大、中、小规模，并按其容量“回路数”，以“套”为计量单位。

第 11.3.17 条 单多回路调节器或可编程仪表作为 DCS 小规模系统网络上的设备，以“台”为计量单位，包括安装、单体调试、系统调试、配合机械单体试运转。

第 11.3.18 条 控制站的“回路数”是控制单元 I/O 卡模拟量输出点(AO)的数量。

第 11.3.19 条 操作站、控制站或监控站调试、I/O 卡检查测试及通讯网络检查测试的工作内容覆盖 DCS 的单元检查、调整、系统调试、回路调试及系统运行的全部工作。

第 11.3.20 条 PLC 主要用于顺序控制，按过程 I/O 点为单位计算工程量，目前 PLC 也具有 DCS 功能，并且两者功能相互结合。工程量计算仍以 PLC 的主要功能为基准，执行 PLC 定额。工程量计算应选择 PLC 调试、I/O 卡和操作站、通讯网络，包括单体检查、系统调试、回路调试。

第 11.3.21 条 DDC 是集连续数据采集、变换、计算、显示、报警和控制功能为一体的计算机直接数字控制系统，用途广泛。是按一定的算法直接对生产过程几个或几十个控制回路进行在线闭环控制，而不需要中间环节。系统是独立的，可以挂在 DCS 的总线上作为 DCS 的一个结点。工程量计算按过程点 I/O 点的多少，包括 I/O 转换、操作、功能测试、系统调试、回路调试工作内容，以“套”为计量单位，每“套”应包括操作显示台柜、主机或控制柜、打印机、信号转换装置等，不得分别再计算各调试内容。

第 11.3.22 条 I/O 卡试验是以信号转换柜或信号转换单元的过程输入输出点计算的，模拟量、脉冲量以“1 点”为计量单位，数字量以“8 点”为计量单位。与其他设备接口 I/O 点试验，是指与上位机或其他需要接口的设备进行的试验，模拟量、脉冲量及数字量分别以

“1 点”和“8 点”为计量单位。

第 11.3.23 条　FCS 是一种较先进的控制系统,现场总线是现场总线系统的核心。现场总线、操作站、总线仪表、网桥、服务器等覆盖单体调试、系统调试、回路调试。

第 11.3.24 条　FCS 低速通讯总线结点数(网络设备)最多为 32 个,高速通讯总线 H2 每段结点数最多为 124 个。H1 和 H2 调试内容包括服务器和网桥功能,可接局域网。H1 和 H2 通过网桥互联。

第 11.3.25 条　FCS 过程网络控制接口具有通讯功能、控制功能、桥路管理功能,以“套”为计量单位。

第 11.3.26 条　FCS 有工程师站和操作员站,以“套”为计量单位。

第 11.3.27 条　现场总线仪表是现场总线的结点设备,具有网络主站的功能、虚拟控制站的功能、PID 功能并兼有通讯等多种功能,其中安全栅除起隔离作用外,还具有总线供电和总线放大器的作用。总线仪表按台件计算工程量,包括安装、单体调试、系统调试。除此之外,凡可挂在现场总线上、并与之通讯的智能仪表,也可以作为总线仪表。

FCS 组成框图见图 11.3.27。

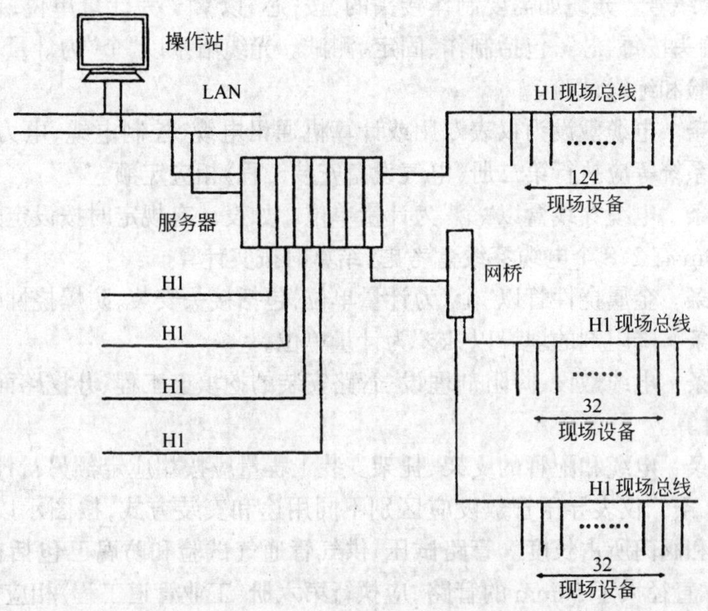

图 11.3.27　现场总线控制系统

第四节　工厂通讯与供电

第 11.4.1 条　自动指令电话装置按 40 门为一套计算安装和系统调试工程量,包括主机盘、电源盘、端机 40 个和扬声器安装校接线及整套系统调试。

第 11.4.2 条　载波电话按每一固定局或移动局各为一套计算安装工程量,再以整套计算系统调试工程量。

第 11.4.3 条　对讲电话安装按“每台主机和每对分机”计算安装工程量,并按对讲电话对讲形式,以主机和主机所带的分机为一套计算调试工程量。

第 11.4.4 条 不间断电源安装以“台柜”为计量单位，工作内容包括安装、接地、检查接线。

第 11.4.5 条 不间断电源调试包括单元调试、不间断电源充放电试验、逆变试验，不包括蓄电池安装和配套的发电机组安装调试。不间断电源调试按输出功率以“套”为计量单位。

第五节 仪表管、线、缆敷设及支架制作安装

第 11.5.1 条 屏蔽双绞电缆、同轴电缆、光缆、补偿导线按图示长度以“m”为计量单位，另加穿墙、穿楼板以及拐弯的量；电缆接至现场仪表处增加 1.5m 的预留长度，接至盘上，按盘高加盘宽预留长度。敷设时，还要增加一定的裕量(裕量按第二册《电气设备安装工程》规定)，带专用插头的系统电缆按芯数以“根”为计量单位。

第 11.5.2 条 专用电缆工程量计算可按第二册《电气设备安装工程》中的电缆工程量计算执行。

第 11.5.3 条 屏蔽电缆头制作安装按芯数以“个”为计量单位，包括焊接地线、接地电阻测试、校线、套线号。光缆如需要制作接头的，按“芯”以“个”为计量单位，包括熔接、接续及试验等。成端头按每“芯”，包括制作、固定、测试。光缆堵塞以“个”为计量单位，包括配制堵塞剂、气密试验和绝缘试验。

第 11.5.4 条 电缆敷设为仪表专用或计算机通讯电缆，控制电缆、电力电缆、电缆头、电气配管、接地系统等应执行第二册《电气设备安装工程》相应定额。

第 11.5.5 条 电缆穿线盒以“个”为计量单位。如设计有规定时按设定规定，设计无规定时，可按每 10m 有 2.8 个电缆穿线盒考虑，结算时按实计算。

第 11.5.6 条 金属挠性管以“个”为计量单位，包括接头安装、防爆挠性管的密封。

第 11.5.7 条 降阻剂的埋设以“kg”为计量单位。

第 11.5.8 条 电缆敷设、降阻剂埋设、管路安装的挖填土工程、开挖路面的工程量应按相应定额另行计算。

第 11.5.9 条 电缆和配管的支架、托架安装工程量应按相应定额另行计算。

第 11.5.10 条 仪表导压管敷设应区别不同用途和安装方式，按图示以“m”为计量单位，不扣除管件和阀门所占长度。管路试压、供气管通气试验和防腐已包括在定额内，不得另行计算。公称直径大于 50mm 的管路，应执行第六册《工业管道工程》相应定额。

第 11.5.11 条 碳钢管敷设连接形式分为焊接和丝接。计算工程量时，焊接按管径大小，丝接按公称直径不同计算。管路中的截止阀、疏水器、过滤器等应按相应定额另行计算。

第 11.5.12 条 导压管敷设范围是从取源一次阀门后，不包括取源部件及一次阀门。

第 11.5.13 条 伴热电缆和伴热带以“50m”为计量单位，伴热元件以“根”为计量单位，包括敷设、绝缘测定、接地、控制及保护电路测定。电伴热的供电设备、接线盒应按相应定额另行计算。伴热管以“m”为计量单位，包括焊接、除锈、防腐、试压、气密性试验等。管路及设备伴热不包括被伴热的管路或仪表的外部保温层、防护防水层，其工程量应按相应定额另行计算。

第 11.5.14 条 仪表管路和仪表设备脱脂定额适用于必须禁油或设计要求需要脱脂的工程，无特殊情况或设计无要求的，不得计算其工程量。

第 11.5.15 条 仪表立柱以“个”为计量单位,定额每个按 1.5m 考虑,材料费按实计算。

第 11.5.16 条 混凝土基础规格 400mm×400mm,体积为 0.112m^3/个,如实际规格与定额不同,可先计算出基础体积,再计算工程量。

第 11.5.17 条 双杆吊架、冲孔板/槽、电缆穿墙密封架均按成品件考虑,双杆吊架以“对”为计量单位,如单杆安装,定额乘以系数 0.5。

第 11.5.18 条 冲孔板/槽是电缆或管路的固定件,以“m”为计量单位;电缆穿墙密封架安装不分大小,以“个”为计量单位,其制作应执行第二册《电气设备安装工程》中的“一般铁构件制作”定额。

第 11.5.19 条 仪表桥架安装、支架制作安装执行第二册《电气设备安装工程》相应定额。

第 11.5.20 条 桥架、托臂、立柱、隔板、盖板、弯通等为外购件成品。连接用螺栓和连接件随桥架成套购买,计算预算重量可按桥架总重或总价的 7%计算。

第 11.5.21 条 桥架按图示中心线以延长米作为计量单位,不扣除弯头、三通、四通等所占的长度。

第 11.5.22 条 定额中,桥架主结构厚度是按设计厚度考虑,如厚度超过 3mm 时,定额人工、机械乘以 1.2 系数。

第 11.5.23 条 桥架安装综合考虑盖板、隔板及附件等安装和机械的配备,如与实际不符时,不准随意进行调整。材料费可以按实计算。

第 11.5.24 条 不锈钢桥架执行本章钢制桥架安装定额,定额基价乘以 1.1 系数,材料费可以按实计算。

第 11.5.25 条 玻璃钢和铝合金桥架定额按不带盖板考虑,如带盖板,执行槽式玻璃钢桥架或槽式铝合金桥架。

第 11.5.26 条 组合式桥架以每片长度 2m 作为一个基型片,已综合了宽为 100mm、150mm、200mm 三种规格,工程量计算以“片”作为计量单位。

第 11.5.27 条 桥架支撑架安装用于立柱、托臂及其他各种支撑架的安装,以“kg”作为计量单位。

第六节 仪表阀门、取源部件及其他附件

第 11.6.1 条 取源部件配合安装以“个”为计量单位,其安装执行第六册《工业管道工程》相应定额。

第 11.6.2 条 辅助容器、水封和排污漏斗制作安装以“个”为计量单位。

第 11.6.3 条 仪表阀门安装以“个”为计量单位。需要进行研磨的阀门工程量按“个”计算。口径大于 50mm 的阀门安装执行第六册《工业管道工程》相应定额。

第 11.6.4 条 气源分配器按供气点 12 点,以“个”为计量单位。

第 11.6.5 条 防雨罩制作安装以“kg”为计量单位,包括附件的重量。

第七节 仪表盘、箱、柜安装及校接线

第 11.7.1 条 仪表盘、箱、柜安装以“台”为计量单位。基础或支座工程量应按相应定

额另行计算。

第11.7.2条　盘上安装元件、部件应计安装工程量。随盘成套的元件、部件已包括在盘校线内,不得另行计算。

第11.7.3条　盘校线定额适用于成套仪表盘柜校线,不适用接线箱、组(插)件箱、计算机机柜检查接线。计算机机柜、接线箱、组(插)件箱已包括检查校线的工作。由外部电缆进入箱、柜端子板校接线的工作执行本册定额相应项目。

第11.7.4条　控制室内空调安装、室内照明应按相应定额另行计算。

第11.7.5条　仪表盘开孔以“个”为计量单位,每一个开孔尺寸为80mm×160mm以内,超过时,按比例增加计算。

第11.7.6条　密封剂以“kg”为计量单位,包括领搬、密封、固化、检查、清理。凡使用密封剂进行密封的工程,均应执行本定额项目。

第11.7.7条　接线箱按端子对数、接管箱按出口点数以“台”为计量单位。

第十二章　刷油、防腐蚀、绝热工程

第一节　工程量计算公式

第12.1.1条　除锈、刷油工程。

1. 设备筒体、管道表面积计算公式:

$$S=\pi\times D\times L \qquad (1)$$

式中　π——圆周率;

D——设备或管道直径;

L——设备筒体高或管道延长米。

2. 计算设备筒体、管道表面积时已包括各种管件、阀门、人孔、管口凹凸部分,不再另外计算。

第12.1.2条　防腐蚀工程。

1. 设备筒体、管道表面积计算公式同(1)。

2. 阀门、弯头、法兰表面积计算式。

(1) 阀门表面积。

$$S=\pi\times D\times 2.5D\times K\times N \qquad (2)$$

式中　D——直径;

K——1.05;

N——阀门个数。

(2) 弯头表面积。

$$S=\pi\times D\times 1.5D\times 2\pi\times N/B \qquad (3)$$

式中　D——直径;

N——弯头个数;

B值取定为:90°弯头$B=4$;45°弯头$B=8$。

(3) 法兰表面积。

$$S=\pi\times D\times 1.5D\times K\times N \qquad (4)$$

式中　D——直径；

K——1.05；

N——法兰个数。

3. 设备和管道法兰翻边防腐蚀工程量计算式。

$$S=\pi\times(D+A)\times A \tag{5}$$

式中　D——直径；

A——法兰翻边宽。

第 12.1.3 条　绝热工程量。

1. 设备筒体或管道绝热、防潮和保护层计算公式。

$$V=\pi\times(D+1.033\delta)\times1.033\delta\times L \tag{6}$$

$$S=\pi\times(D+2.1\delta+0.0082)\times L \tag{7}$$

式中　D——直径；

1.033、2.1——调整系数；

δ——绝热层厚度；

L——设备筒体或管道长；

0.0082——捆扎线直径或钢带厚。

2. 伴热管道绝热工程量计算式。

(1) 单管伴热或双管伴热(管径相同,夹角小于 90°时)。

$$D'=D_1+D_2+(10\sim20\text{mm}) \tag{8}$$

式中　D'——伴热管道综合值；

D_1——主管道直径；

D_2——伴热管道直径；

(10~20mm)——主管道与伴热管道之间的间隙。

(2) 双管伴热(管径相同,夹角大于 90°时)。

$$D'=D_1+1.5D_2+(10\sim20\text{mm}) \tag{9}$$

(3) 双管伴热(管径不同,夹角小于 90°时)。

$$D'=D_1+D_{\text{伴大}}+(10\sim20\text{mm}) \tag{10}$$

式中　D'——伴热管道综合值；

D_1——主管道直径。

将上述 D' 计算结果分别代入公式(6)、(7)计算出伴热管道的绝热层、防潮层和保护层工程量。

3. 设备封头绝热、防潮和保护层工程量计算式。

$$V=[(D+1.033\delta)/2]^2\pi\times1.033\delta\times1.5\times N \tag{11}$$

$$S=[(D+2.1\delta)/2]^2\times\pi\times1.5\times N \tag{12}$$

4. 阀门绝热、防潮和保护层计算公式。

$$V=\pi(D+1.033\delta)\times2.5D\times1.033\delta\times1.05\times N \tag{13}$$

$$S=\pi(D+2.1\delta)\times2.5D\times1.05\times N \tag{14}$$

5. 法兰绝热、防潮和保护层计算公式。

$$V=\pi(D+1.033\delta)\times1.5D\times1.033\delta\times1.05\times N \quad (15)$$

$$S=\pi\times(D+2.1\delta)\times1.5D\times1.05\times N \quad (16)$$

6. 弯头绝热、防潮和保护层计算公式。

$$V=\pi(D+1.033\delta)\times1.5D\times2\pi\times1.033\delta\times N/B \quad (17)$$

$$S=\pi\times(D+2.1\delta)\times1.5D\times2\pi\times N/B \quad (18)$$

7. 拱顶罐封头绝热、防潮和保护层计算公式。

$$V=2\pi r\times(h+1.033\delta)\times1.033\delta \quad (19)$$

$$S=2\pi r\times(h+2.1\delta) \quad (20)$$

第二节　计　量　单　位

第 12.2.1 条　刷油工程和防腐蚀工程中设备、管道以“m^2”为计量单位。一般金属结构和管廊钢结构以“kg”为计量单位；H 型钢制结构（包括大于 400mm 以上的型钢）以“$10m^2$”为计量单位。

第 12.2.2 条　绝热工程中绝热层以“m^3”为计量单位，防潮层、保护层以“m^2”为计量单位。

第 12.2.3 条　计算设备、管道内壁防腐蚀工程量时，当壁厚大于等于 10mm 时，按其内径计算；当壁厚小于 10mm 时，按其外径计算。

第三节　除　锈　工　程

第 12.3.1 条　喷射除锈按 Sa2.5 级标准确定。若变更级别标准，如 Sa3 级按人工、材料、机械乘以系数 1.1、Sa2 级或 Sa1 乘以系数 0.9 计算。

第 12.3.2 条　本章定额不包括除微锈（标准：氧化皮完全紧附，仅有少量锈点），发生时按轻锈定额乘以系数 0.2。

第 12.3.3 条　因施工需要发生的二次除锈，其工程量另行计算。

第四节　刷　油　工　程

第 12.4.1 条　本章定额按安装地点就地刷（喷）油漆考虑，如安装前管道集中刷油，人工乘以系数 0.7（暖气片除外）。

第 12.4.2 条　标志色环等零星刷油，执行本章定额相应项目，其人工乘以系数 2.0。

第 12.4.3 条　本章定额主材与稀干料可换算，但人工与材料量不变。

第五节　防腐蚀涂料工程

第 12.5.1 条　本章定额不包括热固化内容，应按相应定额另行计算。

第 12.5.2 条　涂料配比与实际设计配合比不同时，应根据设计要求进行换算，但人工、机械不变。

第 12.5.3 条　本章定额过氯乙烯涂料是按喷涂施工方法考虑的，其他涂料均按刷涂考虑。若发生喷涂施工时，其人工乘以系数 0.3，材料乘以系数 1.16，增加喷涂机械内容。

第六节　手工糊衬玻璃钢工程

第 12.6.1 条　如因设计要求或施工条件不同，所用胶液配合比、材料品种与本章定额不同时,应按本章各种胶液中树脂用量为基数进行换算。

第 12.6.2 条 玻璃钢聚合固化方法与定额不同时,按施工方案另行计算。

第 12.6.3 条 本章定额是按手工糊衬方法考虑的,不适用于手工糊制或机械成型的玻璃钢制品工程。

第七节 橡胶板及塑料板衬里工程

第 12.7.1 条 本章热硫化橡胶板衬里的硫化方法,按间接硫化处理考虑,需要直接硫化处理时,其人工乘以系数 1.25,其他按施工方案另行计算。

第 12.7.2 条 本章定额中塑料板衬里工程,搭接缝均按胶接考虑,若采用焊接时,其人工乘以系数 1.8,胶浆用量乘以系数 0.5。

第八节 衬铅及搪铅工程

第 12.8.1 条 设备衬铅是按安装在滚动器上施工考虑的,若设备安装后进行挂衬铅板施工时,其人工乘以系数 1.39,材料、机械不变。

第 12.8.2 条 本章定额衬铅铅板厚度按 3mm 考虑,若铅板厚度大于 3mm 时,人工乘以系数 1.29,材料、机械另行计算。

第九节 耐酸砖、板衬里工程

第 12.9.1 条 采用勾缝方法施工时,勾缝材料按相应定额项目树脂胶泥用量的 10% 计算,人工按相应项目人工的 10% 计算。

第 12.9.2 条 衬砌砖、板按规范进行自然养护考虑,若采用其他方法养护,按施工方案另行计算。

第 12.9.3 条 胶泥搅拌是按机械搅拌考虑的,若采用其他方法时不得调整。

第十节 绝 热 工 程

第 12.10.1 条 依据规范要求,保温厚度大于 100mm、保冷厚度大于 80mm 时应分层安装,工程量应分层计算,采用相应厚度定额。

第 12.10.2 条 保护层镀锌铁皮厚度是按 0.8mm 以下综合考虑的,若采用厚度大于 0.8mm 时,其人工乘以系数 1.2;卧式设备保护层安装,其人工乘以系数 1.05。

第 12.10.3 条 设备和管道绝热均按现场安装后绝热施工考虑,若先绝热后安装时,其人工乘以系数 0.9。

第 12.10.4 条 采用不锈钢薄板保护层安装时,其人工乘以系数 1.25,钻头用量乘以系数 2.0,机械台班乘以系数 1.15。

第六章　建筑工程土建施工图预算编制示例

第一节　工　程　概　况

一、工程设计说明

1. 本建筑物为二层混合结构。

2. 图中尺寸以 mm 计，标高以 m 计，室内地坪 ±0.000，室外地坪 −0.450。

3. 基础：70mm 厚 C10 混凝土垫层，C20 钢筋混凝土带形基础，M5 水泥砂浆砌一砖厚统一砖砖基础，砖基础在室内地坪 60mm 以下设置 120mm 厚 C20 混凝土防水地圈梁。

4. 墙身：内外墙均用多孔砖一砖砖墙，M10 混合砂浆砌筑。

5. 地面：素土夯实，100mm 厚碎石夯实，70mm 厚 C15 混凝土，20mm 厚 1:2 水泥砂浆压光压实面层。

6. 楼面：120mm 厚 C20 现浇楼板，20mm 厚 1:3 水泥砂浆找平，20mm 厚 1:2 水泥砂浆压光压实面层。

7. 屋面：110mm 厚 C20 现浇屋面板，20mm 厚 1:3 防水砂浆找平层，2mm 厚 851 防水层。

8. 阳台：110mm 厚 C20 现浇阳台板，20mm 厚 1:2 水泥砂浆粉面抹光。

9. 内粉刷：内墙面 17mm 厚 1:3 石灰砂浆打底找平，3mm 厚纸筋灰浆粉面刷白二度；

平顶：1:1:6 水泥石灰砂浆打底，3mm 厚细纸筋灰浆粉面刷白二度。

10. 外粉刷：铺贴 150mm×75mm 无釉面砖密铺。

11. 楼梯：踏步板上嵌 25 宽金刚砂防滑条，水泥砂浆抹面，楼梯用铁栏杆木扶手，木扶手刷浅色调和漆两度。

12. 落水管：PVC(100×75)，PVC 雨水斗 4″。

13. 门窗：钢窗刷红丹二度，深色调和漆二度，木门刷底油一度，浅色调和漆二度，门框料采用 52mm×90mm。

14. 台阶：C20 素混凝土，水泥砂浆抹面。

二、工程现场条件

1. 本工程建设地点在上海市区内，交通运输便利，施工中所用的材料可直接运进工地。施工中所需用的电力、给水可从已有的电路和水网中引用。

2. 施工中土方工程考虑采用人工开挖，回填土方亦采用人工回填，余土考虑堆在场内，运距为 50m。

3. 施工中混凝土采用现场现拌。

4. 工程中采用的门窗均考虑采用外购制品。门窗尺寸见表 6-1。

门窗尺寸型号 表 6-1

编号	宽度×高度	型号	名称	单位	数量
C1	2700×1800	SC307	钢窗	樘	2
C2	1500×1800	SC282	钢窗	樘	3
M1	1000×2100	M123	镶纤维板门	樘	1
M2	900×2700	M104	纤维板内门	樘	5
M3	1500×2700	DM16	弹簧玻璃门	樘	1

第二节 土建工程施工图预算编制依据与说明

一、工程施工图预算编制依据

1. 某二层混合结构工程建筑和结构施工图(见图 6-1 至图 6-13)。

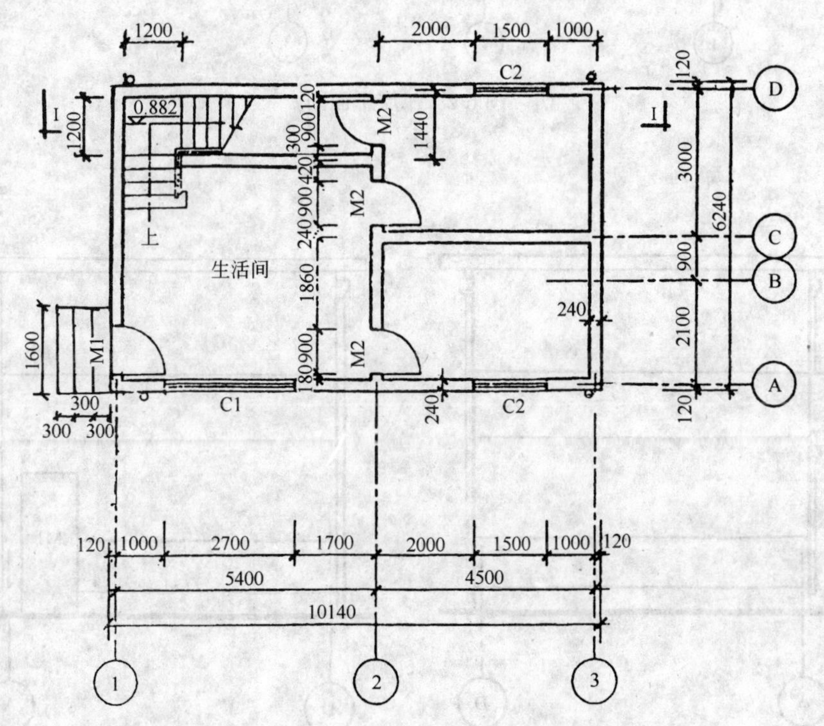

图 6-1 底层平面图

2.《上海市建筑和装饰工程预算定额(2000)》(上海市建设工程定额管理总站)。

二、工程施工图预算编制说明

1. 本工程预算只作为编制施工图预算的示例。

2. 本工程预算只计算土建单位工程造价,未包括室外工程和其他工程费用。

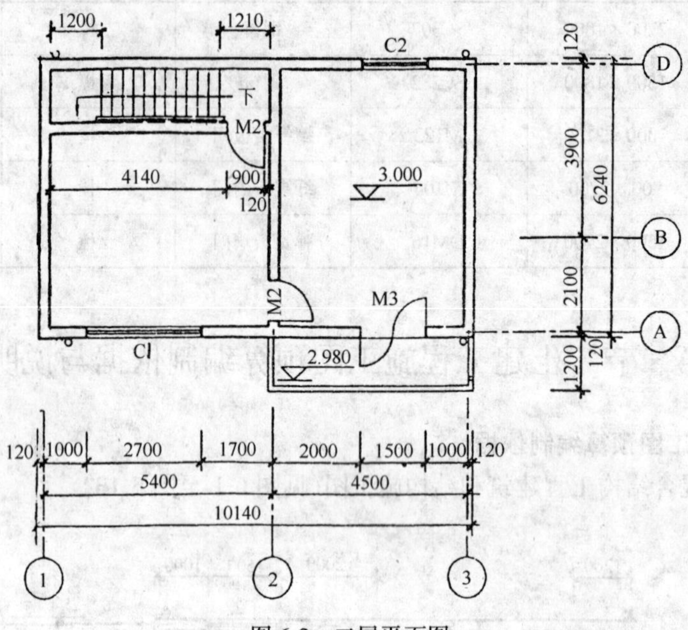

图 6-2 二层平面图

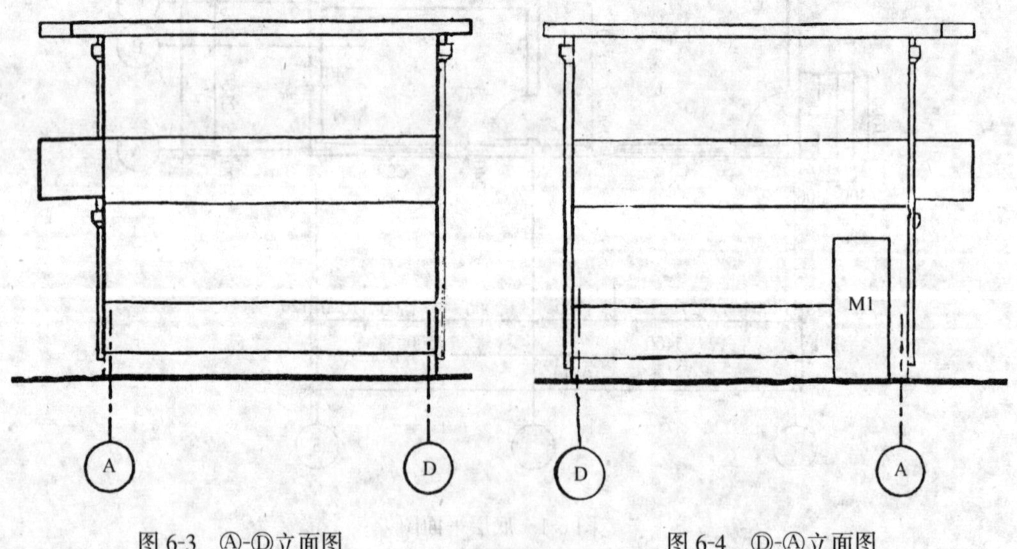

图 6-3 Ⓐ-Ⓓ立面图

图 6-4 Ⓓ-Ⓐ立面图

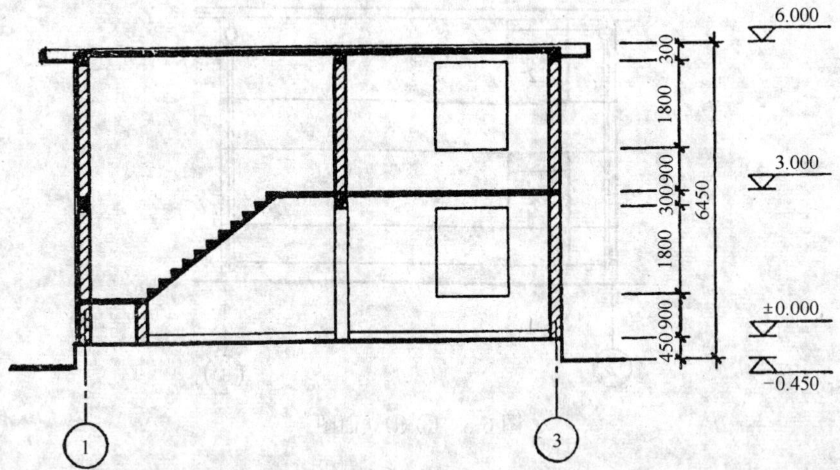

图 6-5 Ⅰ-Ⅰ剖面图

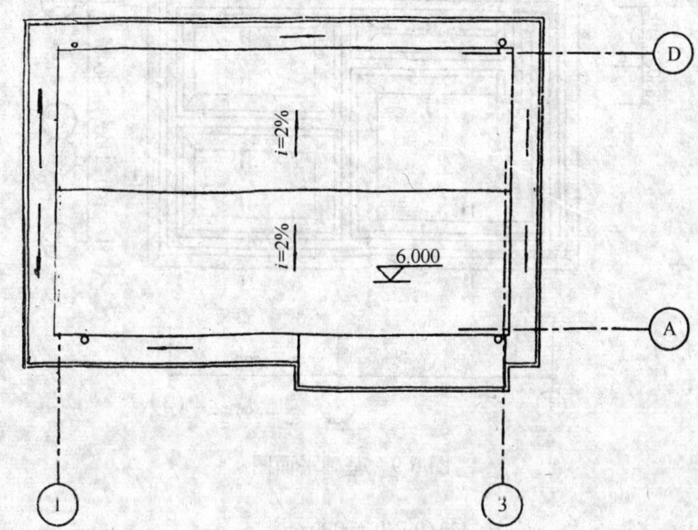

图 6-6 屋顶平面图

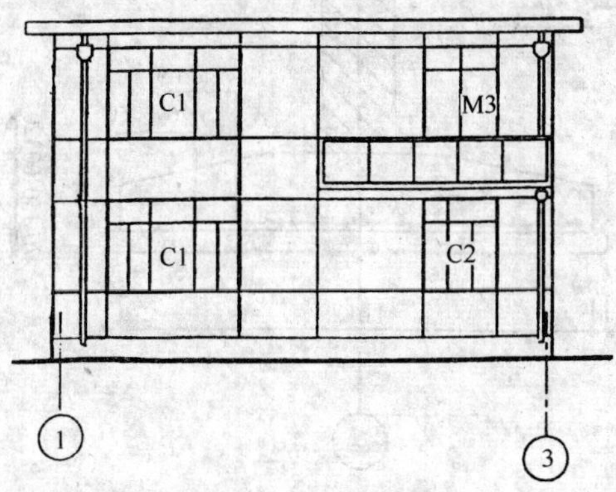

图 6-7 ①-③立面图

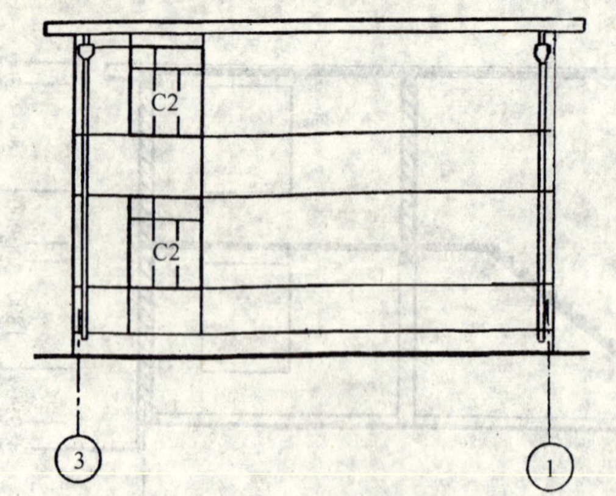

图 6-8　③-①立面图

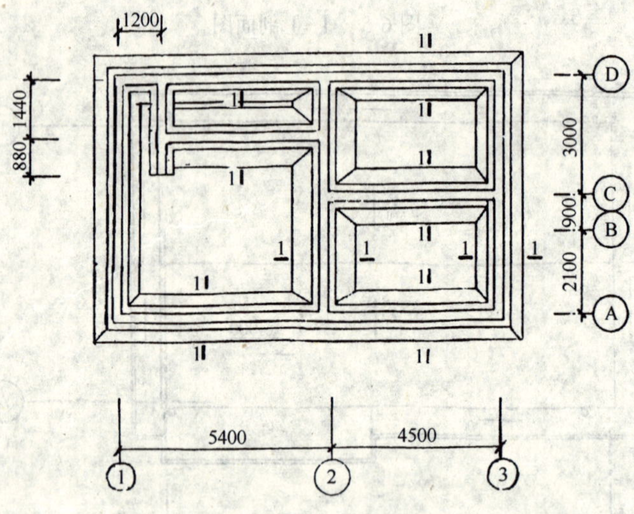

图 6-9　基础平面图

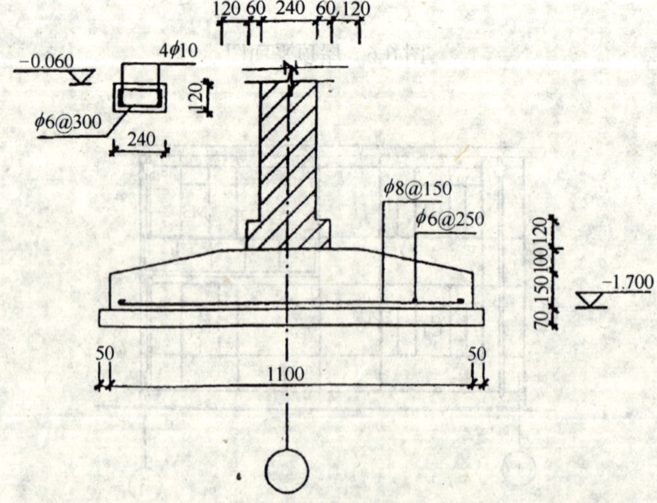

图 6-10　基础 1-1 剖面图

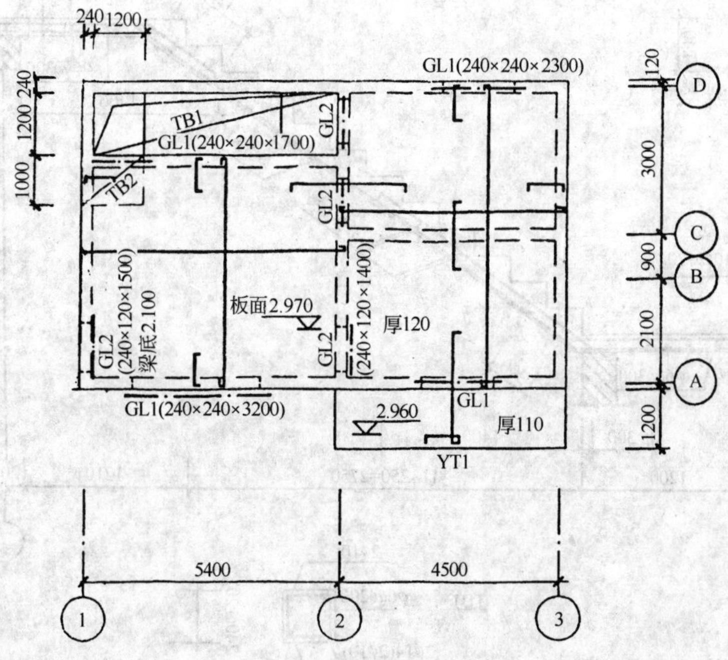

图 6-11　二层结构平面图

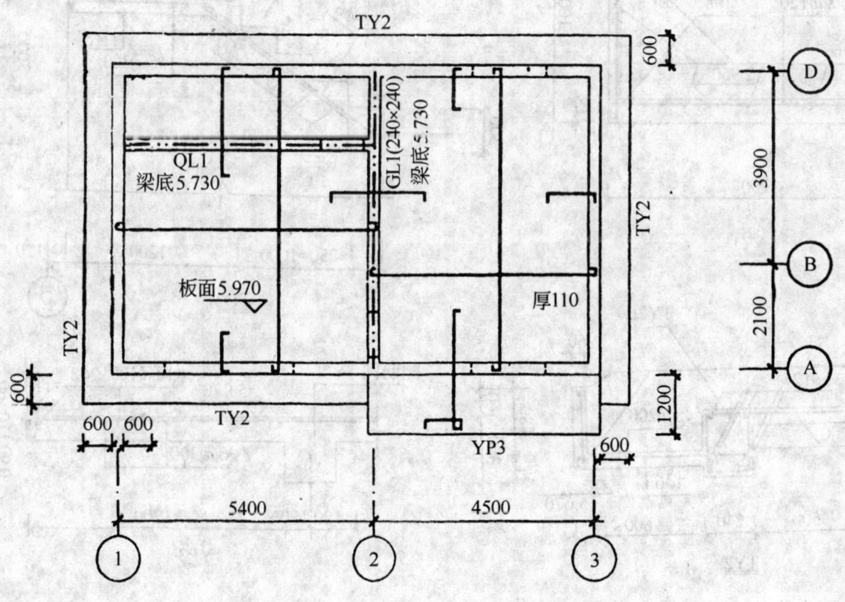

图 6-12　屋顶结构平面图

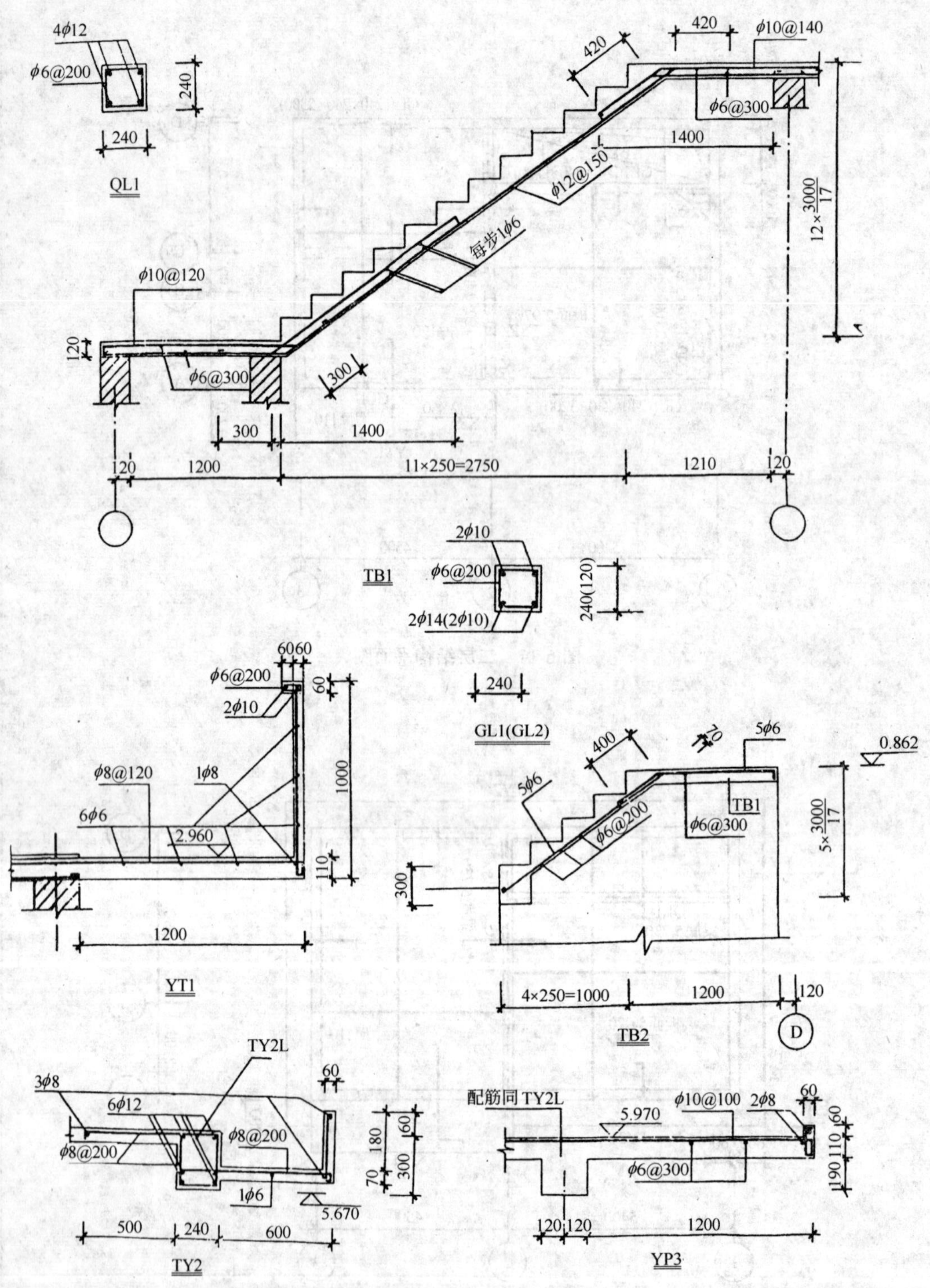

图 6-13　楼梯、阳台等结构图

第三节 施工图预算土建工程量计算

一、工程量计算依据

根据施工图纸，按《上海市建筑和装饰工程预算定额(2000)工程量计算规则》，对有关分项工程进行工程量计算。

二、工程量计算书

表 6-2 为工程量计算书。

工程量计算书 **表 6-2**

序号	分部分项工程名称	部位与编号	单位	计算式	计算结果
1	建筑面积		m^2	按外墙外围水平面积计算	129.38
		底层		墙长×墙宽 10.14×6.24=63.27m^2	
		二层		10.14×6.24=63.27m^2	
		阳台		宽度×长度 1.2×4.74×0.5=2.84m^2	
				合计:129.38m^2 (注:非封闭式阳台只计算一半建筑面积)	
	一、土方及基础工程				
2	人工挖地槽		m^3	按实体积以立方米计算	92.89
		1-1 剖		地槽宽度:(考虑每边加宽工作面 30cm)	
				图示宽度+两边加宽 1.1+0.3×2=1.7m	
				地槽深度:(从室外低坪算至槽底的垂直高度)	
				槽底标高-室内外高差 1.77-0.45-1.32m(<1.5m 不放坡)	
				地槽断面: 地槽宽度×地槽深度=1.7×1.32=2.24m^2	
				外墙地槽总长:(按各外墙地槽中心线长度之和计算)	
		1 3 轴 A-D		6×2=12m	
		A D 轴 1-3		9.9×2=19.8m	
				合计:12+19.8=31.8m	
				外墙地槽体积:2.24×31.8=71.23m^3	
				内墙地槽长度按地槽净长计算	
		2 轴上 A-D		内墙中长-外墙槽宽 6-0.85×2=4.3m	
		C 轴上 2-3		内墙中长-内墙槽宽-外墙槽宽 4.5-0.85-0.85=2.8m	

续表

序号	分部分项工程名称	部　位 与编号	单位	计　算　式	计算结果
2				小计:4.3+2.8=7.1m	
		1轴边 C-D		内墙中长－外墙槽宽 2.32－0.85=1.47m	
		C-D轴 1-2		内墙中长－内墙槽宽 4.2－0.85×2=2.5m	
				小计:1.47+2.5=3.97m	
				内墙地槽体积:7.1×2.24+3.97×1.1×1.32=21.66m^3 (注:1轴边C-D、C-D轴2-3不考虑工作面)	
				地槽(挖土)总体积:外墙地槽体积+内墙地槽体积=71.23+21.66=92.89m^3	
3	人工平整场地		m^2	按外墙外边线每边各加2m所围成的水平面积计算	144.79
				(纵外墙边线长+加宽)×(横外墙边线长+加宽) (6.24+4.0)×(10.14+4.0)=10.24×14.14=144.79m^2	
4	C10混凝土基础垫层		m^3	按设计体积以立方米计算	3.57
		1-1剖		垫层断面:垫层宽度×垫层厚度=1.2×0.07=0.08m^2	
				外墙基垫层总长度=外墙地槽中心线总长度为31.8m	
				外墙基垫层体积:垫层断面×垫层长度=0.08×3.18=2.54m^3	
				内墙基垫层净长度:内墙中长-垫层宽度	
		2轴上 A-D		6－0.6×2=4.8m	
		1轴边 C-D		2.32－0.6=1.72m	
		C-D轴 1-2		4.2－0.6×2=3m	
		C轴上 2-3		4.5－0.6×2=3.3m	
				合计:4.8+1.72+3+3.3=12.82m	
				内墙基垫层体积=垫层断面×垫层长度 =0.08×12.82=1.03m^3	
				垫层总体积=外墙基垫层体积+内墙基垫层体积 =2.54+1.03=3.57m^3	
5	混凝土基础垫层模板		m^2	按混凝土接触面积计算	5.75
		1-1剖		垫层总长度=外墙基垫层总长度+内墙基垫层总长度 =31.8+12.82=44.62m	

续表

序号	分部分项工程名称	部　位 与编号	单位	计　算　式	计算结果
				内外墙基垫层相交面积	
				长度×个数×高度	
		D 轴上		$1.2\times2\times0.07=0.17m^2$	
		A 轴上		$1.2\times0.07=0.08m^2$	
		1-2 轴		$1.2\times0.07=0.08m^2$	
		2 轴上		$1.2\times2\times0.07=0.17m^2$	
		3 轴上		$1.2\times0.07=0.08m^2$	
				小计：$0.17+0.08+0.08+0.17+0.08=0.58m^2$	
		1-2 C-D		内墙增加面积$=1.2\times0.07=0.08m^2$	
				混凝土接触面＝垫层总长度×垫层高度×2-内外墙基垫层相交面积＋内墙增加面积 $=44.62\times0.07\times2-0.58+0.08=5.75m^2$	
6	C20 混凝土带形基础		m^3	按混凝土基础图示尺寸以立方米计算	10.49
				基础断面$=1.1\times0.15+0.5\times(0.6+1.1)\times0.1=0.25m^2$	
				外墙基总长＝等于外墙地槽中心线总长为 31.8m	
				外墙基体积＝基础断面×外墙基总长 $=0.25\times31.8=7.95m^3$	
				内墙基净长＝内墙中长－基础宽 $=2.32+4.2+6+4.5-1.1\times6.5=9.87m$	
				内墙基体积＝基础断面×内墙基净长 $=0.25\times9.87=2.47m^3$	
				墙基相交处体积$=1/6\times0.1\times(1.1-0.6)\times0.5\times(2\times0.6+1.1)\times7=0.07m^3$	
				带基混凝土总体积＝外墙基＋内墙基＋墙基相交处 $=7.95+2.47+0.07=10.49m^3$	
7	带基模板		m^2	按混凝土接触面积计算	11.51
				内外墙基带基相交面积＝宽×高×个数 $=1.1\times0.15\times7=1.16m^2$	
				混凝土接触面＝基础总长度×高度×2＋内外墙基增加面积－相交面积 $=(31.8+9.87)\times0.15\times2+1.1\times0.15-1.16=11.51m^2$	
8	带基钢筋		t	按设计图纸及施工规范规定长度乘以单位重量以吨计算（本预算均按 9m 定尺计算）	0.2
				$\phi6:(9.9+1.1-0.05+12.5\times0.006)\times2\times5\times0.222=24.48kg$	
				$\phi6:(6+1.1-0.05+12.5\times0.006)\times3\times5\times0.222=23.73kg$	

续表

序号	分部分项工程名称	部　位 与编号	单位	计　算　式	计算结果
				ϕ6:(2.32+0.55−0.05+12.5×0.006)×5×0.222=3.21kg	
				ϕ6:(4.2+1.1−0.55+12.5×0.006)×5×0.222=5.91kg	
				ϕ6:(4.5+1.1−0.05+12.5×0.06)×5×0.222=6.24kg	
				ϕ8:(1.1−0.05+1.25×0.008)×303×0.395=137.64kg	
				搭接:1.2kg	
				合计:24.48+23.73+3.21+5.91+6.24+137.64+1.2=202.41kg	
9	砖基础		m^3	按砖基图示尺寸以立方米计算	16.07
				砖基高=基底标高−(垫层高+带基高+防水地圈梁高) =1.77−(0.07+0.25+0.12)=1.33m	
				砖基宽=0.24m(顶面宽度)	
				大放脚高=0.126m,大放脚宽=0.0625m	
				砖基断面=砖基宽×砖基高+砖基大方脚断面面积 =0.24×1.33+0.126×0.0625×2=0.335m^2	
				内墙基净长=内墙中长−墙厚 =2.32+4.2+6+4.5−0.12×7=16.18m	
				内墙基体积=砖基断面×内墙基净长 =0.335×16.18=5.42m^3	
				外墙基总长=等于外墙中心线总长31.8m	
				外墙基体积=砖基断面×外墙基总长 =0.335×31.8=10.65m^3	
				砖基总体积:内墙基+外墙基=5.42+10.65=16.07m^3	
10	混凝土防水地圈梁		m^3	按断面面积乘以长度以立方米计算	1.44
				断面面积=宽×高=0.21×0.12=0.03m^3	
				长度:等于墙基长度=16.18+31.8=47.98m	
				体积:断面面积×长度=0.03×47.98=1.44m^3	
11	防水地圈梁模板		m^2	按混凝土接触面积计算	11.32
				相交面积=0.24×0.12×7=0.20m^2	
				混凝土接触面=圈梁总长×2×高−相交面积 =47.98×2×0.12−0.2=11.32m^2	
12	防水地圈梁钢筋		t	按设计图纸及施工规范规定长度乘以单位重量以吨计算	0.15
				ϕ10:47.986×4×0.617=118.41kg	
				ϕ6:[(0.19+0.07)×2+0.1]×160×0.222=22.02kg	
				搭接:6kg	

续表

序号	分部分项工程名称	部位与编号	单位	计算式	计算结果
				合计:118.41+22.02=146.43kg	
13	基础回填土		m^3	按实际回填土方体积以立方米计算	66.5
				室外地坪以上砖基体积=墙厚×内外墙总长×室内外高差 =0.24×47.98×0.45=5.18m^3	
				基础回填土体积=地槽挖土体积-(墙基垫层体积+带基体积+砖基础体积+防水地圈梁体积-室外地坪以上砖基体积) =92.89-(3.57+10.49+16.07+1.44-5.18)=66.5m^3	
14	室内(地坪)回填土		m^3	按室内墙间实填土方体积以立方米计算	13.46
				墙基顶面面积=墙基总长×墙厚 =47.98×0.24=11.52m^2	
				室内净面积=底层建筑面积-墙基顶面面积 =63.27-11.52=51.75m^2	
				回填土厚度:室内外高差-地坪厚 =0.45-0.1-0.07-0.02=0.26m 回填土体积=51.75×0.26=13.46m^3	
15	余土		m^3	按实际体积计算	12.93
				余土体积=挖土体积-回填土体积 =92.89-(66.5+13.46)=12.93m^3	
二	混凝土及钢混凝土结构工程				
16	混凝土过梁		m^3	按断面乘长度以立方米计算	0.71
		二层 GL1		C2 C1 0.24×0.24×(2.3×2+3.2+1.7)=0.55m^3	
		一层 GL2		M1 M2 0.24×0.12×(1.5+1.4×3)=0.16m^3	
				合计:0.55+0.16=0.71m^3	
17	过梁模板		m^2	按混凝土接触面积计算	8.19
		GL1			
		C-D 1-2		0.24×1.7×2=0.82m^2(仅有侧模)	
		C1处		0.24×3.2×2+0.24×2.7=2.18m^2	
		C2处		(0.24×2.3×2+0.24×1.5)×2=2.93m^2	
		GL2			
		M1处		0.12×1.5×2+0.24×1=0.6m^2	
		M2处		(0.12×1.4×2+0.9×0.24)×3=1.66m^2	
				合计:0.82+2.18+2.93+0.6+1.66=8.19m^2	
18	过梁钢筋		t	按设计图纸及施工规范规定长度乘以单位重量以吨计算	0.06

续表

序号	分部分项工程名称	部　位 与编号	单位	计　算　式	计算结果
18		GL1 1.7m		ϕ10:(1.7－0.05＋12.5×0.01)×2×0.617＝2.19kg	
				ϕ14:(1.7－0.05＋12.5×0.014)×2×1.21＝4.42kg	
				ϕ6:(0.19×4＋0.1)×9×0.222＝1.72kg	
				小计:2.19＋4.42＋1.72＝8.33kg	
		GL1 3.2m		ϕ10:(3.2－0.05＋12.5×0.01)×2×0.617＝4.04kg	
				ϕ14:(3.2－0.05＋12.5×0.014)×2×1.21＝8.05kg	
				ϕ6:(0.19×4＋0.1)×16×0.222＝3.05kg	
				小计:40.4＋8.05＋3.05＝15.14kg	
		GL1 2.3m×2		ϕ10:(2.3－0.05＋12.5×0.01)×2×0.617＝2.93kg	
				ϕ14:(2.3－0.05＋12.5×0.014)×2×1.21＝5.87kg	
				ϕ6:(0.19×4＋0.1)×12×0.222＝2.29kg	
				小计:(2.93＋5.87＋2.29)×2＝22.18kg	
		GL2 1.5m		ϕ10:(1.5－0.05＋12.5×0.01)×4×0.617＝3.89kg	
				ϕ6:[(0.19＋0.07)×2＋0.1]×8×0.222＝1.1kg	
				小计:3.89＋1.2＝4.99kg	
		GL2 1.4m×3		ϕ10:(1.4－0.05＋12.5×0.01)×4×0.617＝3.64kg	
				ϕ6:[(0.19＋0.07)×2＋0.1]×7×0.222＝0.96kg	
				小计:(3.64＋0.96)×3＝13.8kg	
				合计:8.33＋15.14＋22.18＋4.99＋13.8＝64.44kg	
19	混凝土圈梁		m^3	按断面乘长度以立方米计算	2.92
		QL1		长度＝5.4－0.24＋6－0.24＝10.92m	
				体积:断面×长度＝0.24×0.24×10.92＝0.63m^3	
		TY2L		长度＝(9.9＋6)×2＝31.8m	
				体积:断面×长度＝0.24×0.3×31.8＝2.29m^3	
				合计:0.63＋2.29＝2.92m^3	
20	圈梁模板		m^2	按混凝土接触面积计算	17.78
		QL1		侧模高度＝圈梁高－楼板厚度＝0.24－0.11＝0.13m	
				QL1 面积＝侧模＋M2 处底模－相交处 ＝0.13×10.92×2＋0.24×0.9×2－0.13×0.24＝3.24m^2	

续表

序号	分部分项工程名称	部　位 与编号	单位	计　算　式	计算结果
20		TY2 处		侧模高度 1＝0.3－0.11＝0.19m	
				侧模高度 2＝0.3－0.07＝0.23m	
				长度＝31.8－4.5＝27.3m	
				C1　　C2 面积＝(0.19＋0.23)×27.3＋2.7×0.24＋1.5×0.24＝12.47m^2	
		YP3 处		侧模高度＝0.3－0.11＝0.19m	
				M3 面积＝0.19×4.5×2＋1.5×0.24＝2.07m^2	
				TY2L 小计:12.47＋2.07＝14.54m^2	
				合计:3.24＋14.54＝17.78m^2	
21	圈梁钢筋		t	按设计图纸及施工规范规定长度乘以单位重量以吨计算	0.29
		QL1 (5.16m)		ϕ12:(5.16－0.05＋12.5×0.012)×4×0.888＝18.68kg	
				ϕ6:(0.19×4＋0.1)×26×0.222＝4.96kg	
				小计:18.68＋4.96＝23.64kg	
		QL1 (5.76m)		ϕ12:(5.76－0.05＋12.5×0.012)×4×0.888＝20.81kg	
				ϕ6:(0.19×4＋0.1)×29×0.222＝5.54kg	
				小计:20.81＋5.54＝26.35kg	
		TY2L (31.8m)		ϕ12:31.8×0.888×6＝196.43kg	
				ϕ8:[(0.25＋0.19)×2＋0.12]×160×0.395＝63.2kg	
				搭接:6.48kg	
				小计:196.43＋63.2＋6.48＝239.11kg	
				合计:23.64＋26.35＋239.11＝289.1kg	
22	C20 混凝土楼板平板		m^3	按实体积以立方米计算	12.48
		二层		长　宽　楼梯　板厚 [10.14×6.24－(2.44×1.44＋1.44×3)]×0.12＝6.65m^3	
		屋面		(5.16×5.52＋4.26×5.76)×0.11＝5.83m^3	
				合计:6.65＋5.83＝12.48m^3	
23	楼板模板		m^2	按混凝土接触面积计算	99.69
		二层 1-2/A-D		TB2 5.16×4.44－1.2×0.96＝22m^2	
		2/C-D		0.96×1.2＝1.15m^2	
		2-3/C-D		4.26×2.76＝11.76m^2	
		2-3/A-C		4.26×2.76＝11.76m^2	
		屋面		5.16×5.52＋4.26×5.76＝53.02m^2	

续表

序号	分部分项工程名称	部位与编号	单位	计算式	计算结果
23				合计：22+1.15+11.76+11.76+53.02=99.69m^2	
24	楼板钢筋		t	直接给出用量	2.03
25	楼梯混凝土		m^3	按实体积以立方米计算	1.3
		TB1		踏步：3/17×0.25×0.5×1.44×12=0.38m^3	
				梯段：$[3^2+(12\times3/17)^2]^{1/2}\times1.44\times0.07=0.37m^3$	
				平台：1.44×1.19×0.12=0.21m^3	
				小计：0.38+0.37+0.21=0.96m^3	
		TB2		踏步：3/17×0.25×0.5×1.44×5=0.16m^3	
				梯段：$[1.25^2+(5\times3/17)^2]^{1/2}\times1.44\times0.07=0.15m^3$	
				梁：(0.3−3/17)×0.25×0.5×1.44=0.03m^3	
				小计：0.16+0.15+0.03=0.34m^3	
				合计：0.96+0.34=1.3m^3	
26	楼梯模板		m^2	按跳出墙面的水平面积计算	6.24
		TB1		1.2×(1.2+3)=5.04m^2	
		TB2		1.2×1=1.2m^2	
				合计：5.04+1.2=6.24m^2	
27	楼梯钢筋		t	按设计图纸及施工规范规定长度乘以单位重量以吨计算	0.09
				ϕ6：(1.53+12.5×0.006)×5×0.222=1.78kg	
				ϕ6：(1.2−0.03+1.25×0.006)×32×0.222=8.84kg	
				ϕ6：[0.95+0.4−0.015+10.1×0.006]×5×0.222=1.55kg	
				ϕ6：(1.2−0.03+12.5×0.006)×4×0.222×2=2.21kg	
				ϕ10：(0.42+3.5×0.01)×9×0.617=2.53kg	
				ϕ12：(3.67+0.3+6.25×0.012)×9×0.888=32.33kg	
				ϕ10：[5.82+(3.5+6.25+4+0.7)×0.01]×11×0.617=40.48kg	
				合计：1.78+8.84+1.55+2.21+2.53+32.33+40.48=89.72kg	
28	阳台混凝土		m^3	按实体积以立方米计算	0.63
				1.2×4.74×0.11=0.63m^3	
29	阳台模板		m^2	按跳出墙面的水平投影面积计算	5.69

续表

序号	分部分项工程名称	部　位 与编号	单位	计　算　式	计算结果
				$1.2 \times 4.74 = 5.69m^2$	
30	阳台钢筋		t	按设计图纸及施工规范规定长度乘以单位重量以吨计算	0.03
				$\phi 8$: $(1.2 - 0.015 + 0.11 + 0.095 + 6 \times 0.008) \times 40 \times 0.395 = 22.72kg$	
				$\phi 6$: $(4.74 - 0.03 + 12.5 \times 0.006) \times 3 \times 0.222 = 3.19kg$	
				$\phi 8$: $(4.74 - 0.03 + 12.5 \times 0.008) \times 0.395 = 1.90kg$	
				合计:$22.72 + 3.19 + 1.9 = 27.81kg$	
31	栏板混凝土		m^3	按实体积以立方米计算	0.34
				$0.83 \times (1.2 \times 2 + 4.5) \times 0.06 = 0.34m^3$	
32	栏板模板		m^2	按垂直投影面积计算	5.73
				$0.83 \times (1.2 \times 2 + 4.5) = 5.73m^2$	
33	栏板钢筋		t	按设计图纸及施工规范规定长度乘以单位重量以吨计算	0.02
				$\phi 8$: $0.83 \times 60 \times 0.395 = 19.67kg$	
				$\phi 6$: $(7.14 + 4 \times 0.006) \times 3 \times 0.222 = 4.77kg$	
				合计:$19.67 + 4.77 = 24.44kg$	
34	压顶混凝土		m^3	按实体积以立方米计算	0.05
				$0.12 \times 0.06 \times (1.2 \times 2 + 4.5) = 0.05m^3$	
35	压顶模板		m^2	按混凝土实体积计算	0.05
				同上	
36	压顶钢筋		t	按设计图纸及施工规范规定长度乘以单位重量以吨计算	0.01
				$\phi 10$: $(6.9 + 4 \times 0.01) \times 2 \times 0.617 = 8.56kg$	
				$\phi 6$: $[(0.01 + 0.07) \times 2 + 0.1] \times 35 \times 0.222 = 2.02kg$	
				合计:$8.56 + 2.02 = 10.58kg$	
37	雨篷混凝土		m^3	按挑出外墙边线实际体积以立方米计算	0.65
				翻口 $1.2 \times 4.74 \times 0.11 + 0.06 \times 0.06 \times (1.2 \times 2 + 4.5) = 0.65m^3$	
38	雨篷模板		m^2	按挑出外墙的水平投影面积计算	5.69
				$1.2 \times 4.74 = 5.69m^2$	
39	雨篷钢筋		t	按设计图纸及施工规范规定长度乘以单位重量以吨计算	0.05
				$\phi 10$: $(1.2 - 0.015 + 0.11 + 0.14 + 9.5 \times 0.01) \times 48 \times 0.617 = 45.31kg$	

续表

序号	分部分项工程名称	部　位 与编号	单位	计　算　式	计算结果
39				ϕ6: (4.74－0.03＋0.045×2＋11×0.006)×4×0.222＝4.32kg	
				ϕ8: (4.74－0.03＋0.045×2＋11×0.008)×0.395＝1.93kg	
				ϕ8: (4.74－0.03＋16.5×0.008)×0.395＝1.91kg	
				合计:45.31＋4.32＋1.93＋1.91＝53.47kg	
40	天沟混凝土		m^3	按实体积以立方米计算	1.63
				[(10.14＋0.6＋6.24＋0.6)×2－4.74]×0.6×0.07＋0.18×0.06×[(10.14＋6.24＋0.6×4)×2－4.74]＝1.63m^3	
41	天沟模板		m^3	按混凝土实体积计算	1.63
				同上	
42	天沟钢筋		t	按设计图纸及施工规范规定长度乘以单位重量以吨计算	0.11
				ϕ8:[0.84－0.03＋0.04＋(6.25＋3.5＋2)×0.008]×153×0.395＝57.05kg	
				ϕ6:(30.42＋8×0.006)×0.222＝6.76kg	
				ϕ8:(0.25－0.03＋12.5×0.008)×153×0.395＝19.34kg	
				ϕ8:(30.42＋8×0.008)×2×0.395＝24.08kg	
				搭接:2.64kg	
				合计:57.06＋6.76＋19.34＋24.08＋2.64＝109.87kg	
43	台阶混凝土		m^2	按挑出墙面水平投影面积计算	1.44
				1.6×0.9＝1.44m^2	
44	台阶模板		m^2	同上,台阶端头两侧不计算模板面积	1.44
三	砌筑工程				
45	多孔砖一砖外墙		m^3	按实体积以立方米计算	36.11
				墙长:按外墙中心线长度计算 (9.9＋6)×2＝31.8m	
				板厚　圈梁 墙高＝2.97－0.12＋3－0.3＝5.55m	
				应扣除部分:	
				外墙过梁体积:	
			GL1		0.24×0.24×(2.3×2＋3.2)＝0.45m^3	

续表

序号	分部分项工程名称	部位与编号	单位	计算式	计算结果
45		GL2		$0.24\times0.12\times1.5=0.04m^3$	
				小计:$0.45+0.04=0.49m^3$	
				门窗洞口面积:	
		C1		$2.7\times1.8\times2=9.72m^2$	
		C2		$1.5\times1.8\times3=8.1m^2$	
		M1		$1\times2.1\times1=2.1m^2$	
		M3		$1.5\times2.7\times1=4.05m^2$	
				小计:$9.72+8.1+2.1+4.05=23.97m^2$	
				外墙体积:(墙长×墙高-门窗洞口面积)×墙厚-过梁体积 $=(31.8\times5.55-23.97)\times0.24-0.49=36.11m^3$	
46	多孔砖一砖内墙		m^3	按实体积以立方米计算	13.66
		底层		内墙净长$=5.76+4.26+3.96=13.98m$	
				内墙净高$=2.97-0.12=2.85m$	
		二层		内墙净长$=5.16+5.76=10.92m$	
				内墙净高$=5.73-2.97=2.76m$	
				应扣除部分:	
				过梁:	
		GL1		$0.24\times0.24\times1.7=0.1m^3$	
		GL2		$0.24\times0.12\times1.4\times3=0.12m^3$	
				小计:$0.1+0.12=0.22m^3$	
				门洞口:	
		M2		$0.9\times2.7\times5=12.15m^2$	
				内墙体积:(墙长×墙高-门洞口面积)×墙厚-过梁体积 $=(13.98\times2.85+10.92\times2.76-12.15)\times0.24-0.22=13.66m^3$	
47	楼梯下矮墙		m^3	按实体积以立方米计算	0.3
				$(1.2+2.2)\times0.5\times(0.862-0.12)\times0.24=0.3m^3$	
四	门窗及木结构工程				
48	木门框(无亮)52×90		m	按框的周长计算	5.2
		M1		$1+2.1\times2=5.2m$	
49	木门框(有亮)52×90		m	按框的周长计算	38.4
		M2		$(0.9+2.7\times2)\times5=31.5m$	
		M3		$1.5+2.7\times2=6.9m$	
				合计:$31.5+6.9=38.4m$	
50	无亮镶纤维板门门扇		m^2	按门扇面积计算(包括铲口)	1.86
		M1		$(1-0.094)\times(2.1-0.047)=1.86m^2$	

续表

序号	分部分项工程名称	部位与编号	单位	计算式	计算结果
51	有亮夹板门木门扇		m^2	按门扇面积计算(包括铲口)	10.69
		M2		$(0.9-00094)\times(2.7-0.047)\times5=10.69m^2$	
52	弹簧玻璃门门扇		m^2	按门扇面积计算(包括铲口)	3.73
		M3		$(1.5-00094)\times(2.7-0.047)=3.73m^2$	
53	钢窗 SC-1 单层定型		m^2	按窗洞口面积计算	17.82
		C1		$2.7\times1.8\times2=9.72m^2$	
		C2		$1.5\times1.8\times3=8.1m^2$	
				合计:$9.72+8.1=17.82m^2$	
54	木门弹子锁		把		7
55	木门暗插销		个		7
56	地弹簧		个		2
57	钢窗插销		副		5
五	楼地面工程				
58	地面碎石垫层		m^3	按室内主墙间净面积乘厚度以立方米计算	5.18
				室内主墙间净面积:$51.75m^2$(见序号 14)	
				垫层体积$=51.75\times0.1=5.18m^3$	
59	C15 混凝土垫层		m^3	按室内主墙间净面积乘厚度以立方米计算	3.61
				垫层体积$=51.75\times0.07=3.61m^3$	
60	20 厚 1:2 水泥砂浆面层,压光压实		m^2	按主墙间净面积计算	104.93
		底层		$51.75m^2$	
		二层		墙 楼梯 阳台 $9.66\times5.76-(5.76+5.16)\times0.24-1.2\times4.14+4.5\times1.14=53.18m^2$	
				合计:$51.75+53.18=104.93m^2$	
61	楼梯水泥砂浆抹面		m^2	按挑出墙面的水平投影面积计算	6.17
				$(1+4.14)\times1.2=6.17m^2$	
62	楼梯金刚砂防滑条		m	按长度计算	20.4
				$1.2\times17=20.4m$	
63	楼梯铁栏杆木扶手		m	按斜长计算	5.2
		TB1		$[3^2+(3/17\times12)^2]^{1/2}=3.67m$	
		TB2		$[1.25^2+(3/17\times5)^2]^{1/2}=1.53m$	
				合计:$3.67+1.53=5.2m$	
64	楼梯木扶手弯头		个	按个数计算	1
65	台阶水泥砂浆抹面		m^2	按面积计算	1.44
				$0.9\times1.6=1.44m^2$	

续表

序号	分部分项工程名称	部位与编号	单位	计算式	计算结果
六	屋面及防水工程				
66	屋面20厚防水砂浆找平层		m^2	按屋面水平投影面积计算	87.21
				$(10.14+1.2)\times(6.24+1.2)+0.6\times4.74=87.21m^2$	
67	屋面2厚851防水层		m^2	同上	87.21
68	PVC落水管100×75		m	按垂直高度以延长米计算	25
				$(5.78+0.45)\times3+5.86+0.45=25m$	
69	PVC4″雨水斗		个	按个数计算	5
70	PVC单阳台落水头子		套	按套数计算	1
七	装饰工程				
71	内墙面石灰砂浆粉刷		m^2	按内墙净面积计算	283.92
		底层		$[(9.66+5.76)\times2+(5.76+4.26+3.96)\times2]\times2.85=167.58m^2$	
				扣除门窗： $1\times2.1+0.9\times2.7\times6+2.7\times1.8+1.5\times1.8\times2=26.94m^2$	
				增加门窗侧边： $0.09\times(2.7+1.8\times2)+0.09\times(1.5+1.8\times2)\times2+0.15\times2.7\times2\times3=3.92m^2$	
				小计：$167.58-26.94+3.92=144.56m^2$	
		二层		$[(9.66+5.76)\times2+(5.76+5.16)\times2]\times3=158.04m^2$	
				扣除门窗： $0.9\times2.7\times4+1.5\times2.7+2.7\times1.8+1.5\times1.8=21.33m^2$	
				增加门窗侧边： $0.09\times(2.7+1.8\times2)+0.09\times(1.5+1.8\times2)+0.15\times2.7\times2\times2=2.65m^2$	
				小计：$158.04-21.33+2.65=139.36m^2$	
				合计：$144.56+139.36=283.92m^2$	
72	阳台栏板内侧水泥砂浆粉刷		m^2	按净面积计算	6.33
				$(1.08\times2+4.5)\times0.95=6.33m^2$	
73	平顶石灰砂浆粉刷		m^2	按主墙间净面积计算	124.54
		底层		$9.66\times5.76-(5.76+4.26+3.96)\times0.24=59m^2$	
		阳台底		$1.2\times4.74=5.69m^2$	
		二层		$9.66\times5.76-(5.16+5.76)\times0.24=53.02m^2$	
		雨篷底		$1.2\times4.74\times1.2=6.83m^2$	

续表

序号	分部分项工程名称	部位与编号	单位	计算式	计算结果
73				合计:59+5.69+53.02+6.83=124.54m^2	
74	外墙铺 150×75 无釉面砖密铺		m^2	按饰面面积计算	191.38
				(10.14+6.24)×2×(5.78+0.45)=204.09m^2	
				扣除门窗等: 2.7×1.8×2+1.5×1.8×3+2.1+1.5×2.7+1.6×0.45=24.69m^2	
				加门窗侧边: 0.15×2.1×2+0.15×2.7×2+0.09×(2.7+1.8)×2×2+0.09×(1.5+1.8)×2×3=4.84m^2	
				阳台栏板:(1.2×2+4.74)×1=7.14m^2	
				合计:204.09−24.69+4.84+7.14=191.38m^2	
75	木门一底二度调和漆		m^2	按单面洞口面积计算	14.25
				1×2.1+0.9×2.7×5=14.25m^2	
76	楼梯栏杆木扶手两度调和漆		m	按延长米计算	5.2
				见序号 63	
77	钢窗二底二度调和漆		m^2	按洞口面积计算	17.82
				2.7×1.8×2+1.5×1.8×3=17.82m^2	
八	垂直运输工程				
78	上部建筑运输费用		m^2	按建筑面积计算	129.38
				见序号 1	
79	基础垂直运输费用		m^3	按钢混凝土基础体积以立方米计算	14.06
				垫层+带基=3.57+10.49=14.06m^3	
九	脚手架工程				
80	外墙脚手架		m^2	按外墙垂直投影面积以平方米计算	210.32
				(10.14+6.24)×2×(5.97+0.45)=210.32m^2	

第四节　建筑工程土建施工图预算

当工程量计算完成后，就可按照定额中各分部分项工程的排列顺序，逐项填写各分部分项工程项目名称、定额编号、分项工程量，确定各项工、料、机的价格，进行逐项计算，编制预算书。本预算采用本市 2002 年 12 月份的工、料、机市场价格。

预算书中施工费用按《上海市建设工程施工费用计算规则》(详见本章附录 6-1)计算。

工程预算书见表 6-3，土建工程取费费用及施工图预算总价见表 6-4。

本工程施工费用的收费考虑综合费用费率为 6%，定额编制管理费 0.05%，工程质量监督费 0.15%，税金 3.41%。施工措施费暂不予考虑。

工程预算书　　表 6-3

序号	定额编号	分部分项工程名称	单位	单　价	工程量	合　价
		土方工程				1821
1	1-1-42	人工挖地槽　埋深 1.5m 以内	m^3	12.97	92.89	1205
2	1-1-10	平整场地	m^2	1.68	144.79	244
3	1-1-7	人工回填土　松填	m^3	3.30	66.50	219
4	1-1-8	人工回填土　夯填	m^3	5.28	13.46	71
5	1-1-11	手推车运土　运距 50m 以内	m^3	6.36	12.93	82
		小计				1821
		砌筑工程				16903
6	3-1-1 换	砖基础 统一砖　水泥砂浆 M5	m^3	253.77	16.07	4078
7	3-2-2 换	多孔砖 内墙 1 砖　混合砂浆 M10.0	m^3	256.76	36.11	9272
8	3-3-2 换	多孔砖 内墙 1 砖　混合砂浆 M10.0	m^3	254.24	13.66	3473
9	3-6-1 换	零星砌体 多孔砖　水泥砂浆 M10	m^3	267.22	0.30	80
		小计				16903
		混凝土及钢混凝土				35324
10	4-7-1 换	现浇现拌混凝土 基础垫层 现浇现拌混凝土(5-40)C10	m^3	358.42	3.57	1280
11	4-1-1	模板 基础垫层 素混凝土带基	m^2	23.57	5.75	136
12	4-7-2 换	现浇现拌混凝土 带基 基坑支撑 现浇现拌混凝土(5-40)C20	m^3	493.06	10.49	5172
13	4-1-2	模板 钢混凝土带基	m^2	35.48	11.51	408
14	4-4-1	钢筋 带基 基坑支撑	t	3351.72	0.20	670
15	4-7-10 换	现浇现拌混凝土 圈梁 现浇现拌混凝土(5-40)C20	m^3	526.53	1.44	758
16	4-1-24	模板 圈梁	m^2	27.76	11.32	314
17	4-4-11	钢筋 圈梁、过梁	t	3501.74	0.15	525
18	4-7-11 换	现浇现拌混凝土 过梁 现浇现拌混凝土(5-40)C20	m^3	540.75	0.71	384
19	4-1-25	模板 过梁	m^2	27.17	8.19	223
20	4-4-11	钢筋 圈梁、过梁	t	3501.74	0.06	210
21	4-7-10 换	现浇现拌混凝土 圈梁 现浇现拌混凝土(5-40)C20	m^3	526.53	2.92	1537
22	4-1-24	模板 圈梁	m^2	27.76	17.78	494
23	4-4-11	钢筋 圈梁、过梁	t	3501.74	0.29	1016
24	4-7-14 换	现浇现拌混凝土 有梁板 无梁板 平板 弧形板 现浇现拌混凝土(5-40)C20	m^3	510.06	12.48	6366
25	4-1-32	模板 平板	m^2	23.46	99.69	2239
26	4-4-16	钢筋 平板、无梁板	t	3458.95	2.03	7022

续表

序号	定额编号	分部分项工程名称	单位	单 价	工程量	合 价
27	4-7-15 换	现浇现拌混凝土 整体楼梯 旋转楼梯 现浇现拌混凝土(5-40)C20	m^3	539.54	1.30	701
28	4-1-36	模板、整体楼梯	m^2	56.59	6.24	353
29	4-4-18	钢筋 整体楼梯	t	3478.35	0.09	313
30	4-7-17 换	现浇现拌混凝土 阳台 现浇现拌混凝土(5-40)C20	m^3	550.73	0.63	347
31	4-1-40	模板 无梁阳台	m^2	36.87	5.69	210
32	4-4-21	钢筋 阳台	t	3663.90	0.03	110
33	4-7-18 换	现浇现拌混凝土 栏板 现浇现拌混凝土(5-40)C20	m^3	548.29	0.34	186
34	4-1-41	模板 栏板	m^2	60.26	5.73	345
35	4-4-22	钢筋 栏杆、栏板	t	3876.22	0.02	78
36	4-7-25 换	现浇现拌混凝土 压顶 现浇现拌混凝土(5-40)C20	m^3	569.15	0.05	28
37	4-1-48	模板 压顶	m^3	376.60	0.05	19
38	4-4-27	钢筋 压顶	t	3626.58	0.01	36
39	4-7-16 换	现浇现拌混凝土 雨篷 现浇现拌混凝土(5-40)C20	m^3	550.07	0.65	358
40	4-1-38	模板 雨篷	m^2	39.13	5.69	223
41	4-4-20	钢筋 雨篷	t	3864.97	0.05	193
42	4-7-24 换	现浇现拌混凝土 挑檐天沟 现浇现拌混凝土(5-40)C20	m^3	555.39	1.63	905
43	4-1-47	模板 挑檐天沟	m^3	916.37	1.63	1494
44	4-4-26	钢筋 挑檐天沟	t	3845.22	0.11	423
45	4-7-22 换	现浇现拌混凝土 台阶 现浇现拌混凝土(5-40)C20	m^2	86.69	1.44	125
46	4-1-45	模板 台阶	m^2	16.31	1.44	23
		小计				35324
		门窗及木结构				9792
47	6-1-6 换	无亮木门框 框料 52mm×90mm 安装 混合砂浆 M10.0	m	52.80	5.20	275
48	6-1-2 换	有亮木门框 框料 52mm×90mm 安装 混合砂浆 M10.0	m	51.68	38.40	1985
49	6-1-12	木门 无亮镶板门扇 安装	m^2	162.80	1.86	303
50	6-1-14	木门 有亮夹板门扇 安装	m^2	257.67	10.69	2754
51	6-1-32	木门 自由全玻门扇 安装	m^2	447.53	3.73	1669
52	6-6-8 换	钢窗 SC-1 标准图集 定型钢窗 水泥砂浆 M10	m^2	133.99	17.82	2388

续表

序号	定额编号	分部分项工程名称	单位	单 价	工程量	合 价
53	6-10-2	木门窗 弹子锁	把	23.10	7.00	162
54	6-10-5	木门窗 暗插销	个	11.74	7.00	82
55	6-10-18	自由门安装 地弹簧	个	85.74	2.00	171
56	6-10-26	钢门窗 执手 撑杆 插销 铁壳插销安装	副	0.73	5.00	4
		小计				9792
		楼地面工程				5505
57	7-1-8	碎石垫层 干铺无砂	m^3	91.32	5.18	473
58	7-1-10	现浇现拌混凝土 垫层 无筋 现浇现拌混凝土(5-20)C15	m^3	447.83	3.62	1621
59	7-3-1	1:2 水泥砂浆 压光、压实、抹地面 水泥砂浆 1:2	m^2	22.56	104.93	2367
60	7-3-8	水泥砂浆 楼梯面 水泥砂浆 1:2	m^2	62.94	6.17	388
61	7-3-25	楼梯防滑条 金刚砂	m	4.76	20.40	97
62	7-5-13	木扶手 型钢栏杆	m	84.71	5.20	440
63	7-5-14	木扶手 木弯头	个	65.56	1.00	66
64	7-3-10	水泥砂浆 混凝土台阶抹面 水泥砂浆 1:2	m^2	36.40	1.44	52
		小计				5505
		屋面及防水工程				5229
65	8-3-9	防水砂浆 平面 水泥砂浆 1:2	m^2	25.00	87.21	2180
66	8-2-9	“851”焦油聚氨酯防水层 平屋面 2mm 厚(三遍)	m^2	27.85	87.21	2429
67	8-5-4	硬质聚氯乙烯 PVC 矩形水管 100×75mm	m	21.08	25.00	527
68	8-5-6	硬质聚氯乙烯 PVC 矩形水斗 4″	个	16.15	5.00	81
69	8-5-8	硬质聚氯乙烯 PVC 管 单阳台落水头子	套	12.91	1.00	13
		小计				5229
		装饰工程				19871
70	10-1-1	石灰砂浆 墙面 混合砂浆 1:1:6	m^2	11.70	283.92	3320
71	10-1-16	水泥砂浆 垂直遮阳板、栏板 水泥砂浆 1:2:5	m^2	20.76	6.33	131
72	10-7-1	抹灰面层 石灰砂浆 现浇混凝土板 混合砂浆 1:1:6	m^2	11.47	124.54	1428
73	10-2-39	无釉面砖 块料周长 400mm 以外 密缝 水泥砂浆 1:2.5	m^2	76.18	191.38	14580
74	10-10-1	底油一遍 刮腻子 调和漆二遍 单层木门	m^2	12.49	14.25	178
75	10-10-3	底油一遍 刮腻子 调和漆二遍 木扶手(不带托板)	m	2.08	5.20	11
76	10-13-1	调和漆二遍 单层钢门窗	m^2	5.50	17.82	98
77	10-13-21 系	红丹防锈漆一遍 单层钢门窗	m^2	6.99	17.82	125
		小计				19871

续表

序号	定额编号	分部分项工程名称	单位	单价	工程量	合价
		建筑物超高人工降效及建筑物(构筑物)垂直运输				2108
78	12-3-1	垂直运输机械及相应设备 建筑物高度 20m 以内	m^2	14.28	129.38	1847
79	12-6-1	基础垂直运输机械 钢混凝土基础	m^3	18.51	14.06	260
		小计				2108
		脚手架工程				1678
80	13-1-1	钢管双排外脚手架 高 12m 以内	m^2	7.98	210.32	1678
		小计				1678
		直接费合计				98232

土建工程取费费用及施工图预算总价表 **表 6-4**

序号	名称	表达式	金额
1	直接费	直接费	98232
2	其中人工费	人工费	16323
3	其中材料费	材料费	77550
4	其中机械费	机械费	4358
5	综合费用	[1]×6%	5894
6	施工措施费	施工措施费	
7	其他费用	[1]×0.05%+([1]+[5]+[6])×0.15%	205
8	税前补差	税前补差	
9	税金	([1]+[5]+[6]+[7]+[8])×3.41%	3558
10	税后补差	税后补差	
11	甲供材料	-甲供材料	
12	工程施工费	[1]+[5]+[6]+[7]+[8]+[9]+[10]+[11]	107888

本工程土建施工图预算总价为:人民币 107888 元

第五节 施工图预算工料分析

一、施工图预算工料分析

施工图预算工料分析的目的是要把一个单位工程所需的人工和材料数量,通过分部分项工程量与定额量的结合计算出来,以作为备工、备料之用。本例的主材分析见表 6-5

主材分析表 **表 6-5**

序号	定额编号	分部分项工程名称	工程量	人工数(工日)	水泥(t)	黄沙(t)	钢材(t)	成型钢筋(t)
		土方工程						
1	1-1-4	人工挖地槽 埋深 1.5m 以内	92.89	30.25				

续表

序号	定额编号	分部分项工程名称	工程量	人工数（工日）	水泥（t）	黄沙（t）	钢材（t）	成型钢筋（t）
2	1-1-10	平整场地	144.79	10.15				
3	1-1-7	人工回填土 松填	66.50	9.14				
4	1-1-8	人工回填土 夯填	13.46	2.96				
5	1-1-11	手推车运土 运距 50m 以内	12.93	3.43				
		小计		55.94				
		砌筑工程						
6	3-1-1 换	砖基础 统一砖 水泥砂浆 M5	16.07	19.54	0.85	5.88		
7	3-2-2 换	多孔砖 外墙 1 砖 混合砂浆 M10.0	36.11	48.42	2.25	12.42		
8	3-3-2 换	多孔砖 内墙 1 砖 混合砂浆 M10.0	13.66	17.22	0.85	4.68		
9	3-6-1 换	零星砌体 多孔砖 水泥砂浆 M10	0.30	0.59	0.02	0.10		
		小计:		85.77	3.96	23.07		
		混凝土及钢混凝土						
10	4-7-1 换	现浇现拌混凝土 基础垫层 现浇现拌混凝土(5-40)C10	3.57	4.36	0.74	3.28		
11	4-1-1	模板 基础垫层 素混凝土带基	5.75	2.02				
12	4-7-2 换	现浇现拌混凝土 带基 基坑支撑 现浇现拌混凝土(5-40)C20	10.49	7.11	3.51	7.45		
13	4-1-2	模板 钢混凝土带基	11.51	4.59				
14	4-4-1	钢筋 带基 基坑支撑	0.20	0.99				0.20
15	4-7-10 换	现浇现拌混凝土 圈梁 现浇现拌混凝土(5-40)C20	1.44	2.36	0.48	1.02		
16	4-1-24	模板 圈梁	11.32	4.14				
17	4-4-11	钢筋 圈梁、过梁	0.15	1.55				0.15
18	4-7-11 换	现浇现拌混凝土 过梁 现浇现拌混凝土(5-40)C20	0.71	1.55	0.24	0.50		
19	4-1-25	模板 过梁	8.19	4.21				
20	4-4-11	钢筋 圈梁、过梁	0.06	0.62				0.06
21	4-7-10	现浇现拌混凝土 圈梁 现浇现拌混凝土(5-40)C20	2.92	4.79	0.98	2.07		
22	4-1-24	模板 圈梁	17.78	6.50				
23	4-4-11	钢筋 圈梁、过梁	0.29	3.00				0.29
24	4-7-14 换	现浇现拌混凝土 有梁板 无梁板 平板 弧形板 现浇现拌混凝土(5-40)C20	12.48	11.23	4.18	8.87		
25	4-1-32	模板 平板	99.69	40.30				
26	4-4-16	钢筋 平板、无梁板	2.03	16.98				2.05

续表

序号	定额编号	分部分项工程名称	工程量	人工数（工日）	水泥（t）	黄沙（t）	钢材（t）	成型钢筋（t）
27	4-7-15 换	现浇现拌混凝土 整体楼梯 旋转楼梯 现浇现拌混凝土(5-40)C20	1.30	2.37	0.44	0.92		
28	4-1-36	模板 整体楼梯	6.24	6.82				
29	4-4-18	钢筋 整体楼梯	0.09	0.84				0.09
30	4-7-17 换	现浇现拌混凝土 阳台 现浇现拌混凝土(5-40)C20	0.63	1.24	0.21	0.45		
31	4-1-40	模板 无梁阳台	5.69	3.58				
32	4-4-21	钢筋 阳台	0.03	0.50				0.03
33	4-7-18 换	现浇现拌混凝土 栏板 现浇现拌混凝土(5-40)C20	0.34	0.71	0.11	0.24		
34	4-1-41	模板 栏板	5.73	2.33				
35	4-4-22	钢筋 栏杆、栏板	0.02	0.49				0.02
36	4-7-25 换	现浇现拌混凝土 压顶 现浇现拌混凝土(5-40)C20	0.05	0.13	0.02	0.04		
37	4-1-48	模板 压顶	0.05	0.35				
38	4-4-27	钢筋 压顶	0.01	0.15				0.01
39	4-7-16 换	现浇现拌混凝土 雨篷 现浇现拌混凝土(5-40)C20	0.65	1.26	0.22	0.46		
40	4-1-38	模板 雨篷	5.69	3.65				
41	4-4-20	钢筋 雨篷	0.05	1.21				0.05
42	4-7-24 换	现浇现拌混凝土 挑檐天沟 现浇现拌混凝土(5-40)C20	1.63	3.43	0.55	1.16		
43	4-1-47	模板 挑檐天沟	1.63	18.03				
44	4-4-26	钢筋 挑檐天沟	0.11	2.59				0.11
45	4-7-22 换	现浇现拌混凝土 台阶 现浇现拌混凝土(5-40)C20	1.44	0.32	0.08	0.17		
46	4-1-45	模板 台阶	1.44	0.30				
		小计：	166.56	11.75	26.64			3.07
		门窗及木结构						
47	6-1-6 换	无亮木门框 框料 52×90mm 安装 混合砂浆 M10.0	5.20	0.35	0.00	0.01		
48	6-1-2 换	有亮木门框 框料 52×90mm 安装 混合砂浆 M10.0	38.40	2.53	0.01	0.06		
49	6-1-12	木门 无亮镶板门扇 安装	1.86	0.17				
50	6-1-14	木门 有亮夹板门扇 安装	10.69	1.43				
51	6-1-32	木门 自由全玻门窗 安装	3.73	0.60				
52	6-6-8 换	钢窗 SC-1 标准图集 定型钢窗 水泥砂浆 M10	17.82	6.08	0.02	0.11		

续表

序号	定额编号	分部分项工程名称	工程量	人工数（工日）	水泥（t）	黄沙（t）	钢材（t）	成型钢筋（t）
53	6-10-2	木门窗 弹子锁	7.00	0.55				
54	6-10-5	木门窗 暗插销	7.00	0.77				
55	6-10-18	自由门安装 地弹簧	2.00	0.22				
56	6-10-26	钢门窗 执手 撑杆 插销 铁壳插销安装	5.00	0.11				
		小计：	12.80	0.03	0.18			
		楼地面工程						
57	7-1-8	碎石垫层 干铺无砂	5.18	2.67				
58	7-1-10	现浇现拌混凝土 垫层 无筋 现浇现拌混凝土(5-20)C15	3.62	4.76	1.06	3.06		
59	7-3-1	1:2 水泥砂浆 压光、压实、抹地面 水泥砂浆 1:2	104.93	18.32	1.52	3.53		
60	7-3-8	水泥砂浆 楼梯面 水泥砂浆 1:2	6.17	5.52	0.16	0.54		
61	7-3-25	楼梯防滑条 金刚砂	20.40	0.45	0.00			
62	7-5-13	木扶手 型钢栏杆	5.20	1.96			0.02	
63	7-5-14	木扶手 木弯头	1.00	1.08				
64	7-3-10	水泥砂浆 混凝土台阶抹面 水泥砂浆 1:2	1.44	0.56	0.03	0.07		
		小计		35.33	2.78	7.20	0.02	
		屋面及防水工程						
65	8-3-9	防水砂浆 平面 水泥砂浆 1:2	87.21	8.79	0.99	2.47		
66	8-2-9	"851"焦油聚氨酯防水层 平屋面 2mm 厚(三遍)	87.21	2.36				
67	8-5-4	硬质聚氯乙烯 PVC 矩形水管 100×75mm	25.00	1.38				
68	8-5-6	硬质聚氯乙烯 PVC 矩形水斗 4"	5.00					
69	8-5-8	硬质聚氯乙烯 PVC 管 单阳台落水头子	1.00	0.07				
		小计：		12.60	0.99	2.47		
		装饰工程						
70	10-1-1	石灰砂浆 墙面 混合砂浆 1:1:6	283.92	45.63	1.14	7.80		
71	10-1-16	水泥砂浆 垂直遮阳板、栏板 水泥砂浆 1:2.5	6.33	1.99	0.06	0.16		
72	10-7-1	抹灰面层 石灰砂浆 现浇混凝土板 混合砂浆 1:1:6	124.54	17.01	0.47	3.51		
73	10-2-39	无釉面砖 块料周长 40mm 以外 密缝 水泥砂浆 1:2.5	191.38	101.13	2.52	6.63		
74	10-10-1	底油一遍 刮腻子 调和漆二遍 单层木门	14.25	2.60				

续表

序号	定额编号	分部分项工程名称	工程量	人工数（工日）	水泥（t）	黄沙（t）	钢材（t）	成型钢筋（t）
75	10-10-3	底油一遍 刮腻子 调和漆二遍 木扶手（不带托板）	5.20	0.23				
76	10-13-1	调和漆二遍 单层钢门窗	17.82	1.72				
77	10-13-21	红丹防锈漆一遍 单层钢门窗	17.82	1.38				
		小计：			171.68	4.18	18.10	
		建筑物超高人工降效及建筑物（构筑物）垂直运输						
78	12-3-1	垂直运输机械及相应设备 建筑物高度20m以内	129.38					
79	12-6-1	基础垂直运输机械 钢混凝土基础	14.06	0.63				
		小计：		0.63				
		脚手架工程						
80	13-1-1	钢管双排外脚手架 高12m以内	210.32	18.78				
		小计：		18.78				
		合计：		560.09	23.70	77.66	0.02	3.07

说明：

1.(5-20)C15现浇混凝土表示

该混凝土组成中碎石粒径为5-20mm，混凝土强度等级为C20，其余(＊－＊＊)C＊＊混凝土含义均如上所述。

混凝土的试件是用边长为15cm的立方体，在标准条件下，养护28d，测得抗压极限强度值来确定的。按混凝土立方体抗压标准强度划分为C7.5，C10，C15，C20，C30，C35，C40，C45，C50，C55和C60.

2.M10水泥砂浆表示

该水泥砂浆强度等级为M10，其余M＊＊水泥砂浆含义均如上所述；

砂浆的立方体抗压强度是划分强度等级的依据，其强度单位为MPa。立方体抗压强度是按《建筑砂浆基本性能试验方法》标准制作70.7mm×70.7mm×70.7mm试件（六块一组），在规定的基本条件下养护28d，经抗压破坏试验后所得的平均值，根据抗压强度平均值的大小分为M0.4，M2.5，M5，M7.5，M10，M15七个强度等级。

附录6-1

上海市建设工程施工费用计算规则

一、为加强建设工程造价管理，规范建设工程施工费用计算行为，根据国家有关规定，结合本市实际情况，制定本计算规则。

二、本计算规则适用于本市行政区域范围内的建筑和装饰、安装、市政、公用管线、园林、房修、水利、民防等建设工程施工项目。

三、建设工程施工费用的要素内容及计算方法

施工费用要素内容由直接费、综合费用、施工措施费、其他费用和税金等诸要素内容组成。

（一）直接费要素内容及计算方法

直接费指施工过程中的耗费，构成工程实体和部分有助于工程形成的各项费用（包括人

工费、材料费和施工机械使用费)。

1. 人工

(1) 人工单价指生产工人按国家劳动、社会保障政策的规定,在单位工作日内所包括的费用。一般包括:工资(总额)、职工福利费、劳动保护费、社会保险基金、危险作业意外伤害保险费、住房公积金、工会经费、职工教育经费及其他。

(2) 人工费计算方法:由承发包双方按人工单价包括的内容为基础,根据建设工程具体特点及市场情况,参照工程造价管理机构发布的市场信息价格,约定人工单价乘以定额工日耗量计算费用。

2. 材料

(1) 材料单价指单位材料价格和从供货单位运至工地耗费的所有费用之和。一般包括:材料的原价(供应价)、市内运输费、运输损耗等。

(2) 材料费计算方法:由承发包双方按材料单价包括的内容为基础,根据建设工程具体特点及市场情况,参照工程造价管理机构发布的市场信息价格,约定材料单价乘以定额材料耗量计算费用。

3. 机械

(1) 机械台班单价指使用施工机械每台班作业所发生的机械使用费及机械安、拆和场外运输等费用。一般包括:机械折旧、大修、经修、燃料动力、人工、养路、税金、保险等。

(2) 机械费计算方法:由承发包双方按机械台班单价包括的内容为基础,根据建设工程具体特点及市场情况,参照工程造价管理机构发布的市场信息价格,约定台班单价乘以定额台班耗量计算费用。

(3) 大中型机械安、拆,场外运输,路基轨道铺拆等费用,由承发包双方按招标文件和批准的施工组织设计所指定大中型机械,根据建设工程具体特点及市场情况,参照工程造价管理机构发布的市场信息价格,在合同中约定费用。

(二) 综合费用内容及计算方法

综合费用由施工管理费和利润组成。

施工管理费指施工企业为组织和管理生产经营活动发生的所有费用。利润指施工企业根据市场实际情况,计入工程费用中的期望获利。

1. 综合费用一般包括:管理人员和服务人员按国家劳动、社会保障政策的规定,在单位工作日内所包含的工资(总额)、职工福利费、劳动保护费、社会保险基金、住房公积金、工会经费、职工教育经费以及办公费、差旅费、业务活动经费、非生产性固定资产使用费、低值易耗品摊销(包括不属于固定资产的工、用具使用费)、税金(土地、房产、车船、印花等税金)、检验试验费、临时设施费、施工因素增加费、工程定位、复测、点交、场地清理费、利润和其他。

2. 综合费用计算方法:

(1) 建筑和装饰、市政、公用管线、园林、房修、水利、民防等工程综合费用计算,以直接费(人工费、材料费、机械费之和)为基数,由承发包双方以综合费包括的内容为基础,根据建设工程具体特点及市场情况,参照工程造价管理机构发布的市场信息费率,约定综合费率计算费用。

(2) 安装、园林(绿化)、市政(道路交通管理设施、排水构筑物设备安装)、水利(水工机械设备安装)等工程综合费用计算,以人工费为基数,由承发包双方以综合费包括的内容为基础，根据建设工程具体特点及市场情况，参照工程造价管理机构发布的市场信息费率，约定综合费率计算费用。

（三）施工措施费内容及计算方法

施工措施费是指施工企业为完成建筑产品时，为承担的社会义务、施工准备、施工方案发生的所有措施费用（不包括已列定额子目和综合费用所包括的费用）。

施工措施费一般包括：现场安全、文明施工措施费，原公共建筑、树木、道路、桥梁、管道、电力、通讯等设施保护、改道、迁移等措施费，工程监测费，工程新材料、新工艺、新技术的研究、检验、试验、技术专利费，苗木检疫费，特殊包装费，土壤测定费，特殊产品保护费，创部、市优质工程施工措施费，特殊条件下施工措施费，保险费，港监及交通秩序维持费，建设单位另行专业分包的配合、协调、服务费及其他。

施工措施费的计算，由承发包双方遵照政府颁布的有关法律、法令、规章及各主管部门的有关规定，招标文件和批准的施工组织设计所指定的施工方案等所发生的措施费用，根据建设工程具体特点及市场情况，参照工程造价管理机构发布的市场信息价格，以报价的方法在合同中约定价格（费用内可考虑综合费用的因素）。

（四）其他费用的内容及计算方法

其他费用是国家规定可收取的费用，系指定额编制管理费、工程质量监督费等规费。按国家规定的计算方法计算费用，列入工程造价。

（五）税金的内容及计算方法

税金是指国家税法规定的营业税、城市维护建设税、教育费附加等。按国家规定的计算方法计算税金，列入工程造价。

四、各专业造价管理部门根据本规则组织实施。在实施中，可结合专业特点，对本规则予以补充说明，但需报市定额总站审定。

五、建设工程施工费用计算顺序表（详见表6-5）。

建设工程施工费用计算顺序表　　**表6-5**

序　号	项　目	计 算 式	备　注
一	直接费	按定额子目规定计算	包括说明
其中	人工费	按定额工日耗量×约定单价	
	材料费	按定额材料耗量×约定单价	
	机械费	按定额台班耗量×约定单价	
二	综合费用	∑直接费（或∑人工费）×约定费率	
三	施工措施费	报价方法计取	由双方合同约定
四	其他费用	按国家规定计取	
五	税　金	按国家规定计取	
六	工程施工费用	（一）+（二）+（三）+（四）+（五）	

注：其他费用包括定额编制管理费、工程质量监督费等。税金包括营业税、城市维护建设税、教育费附加等。

第七章　安装工程施工图预算编制示例

第一节　工　程　概　况

一、安装工程设计图

本工程为二层混合结构,其中安装工程有给水排水工程设备安装工程和电气照明工程安装工程两个部分。

(一) 给水排水工程设计图

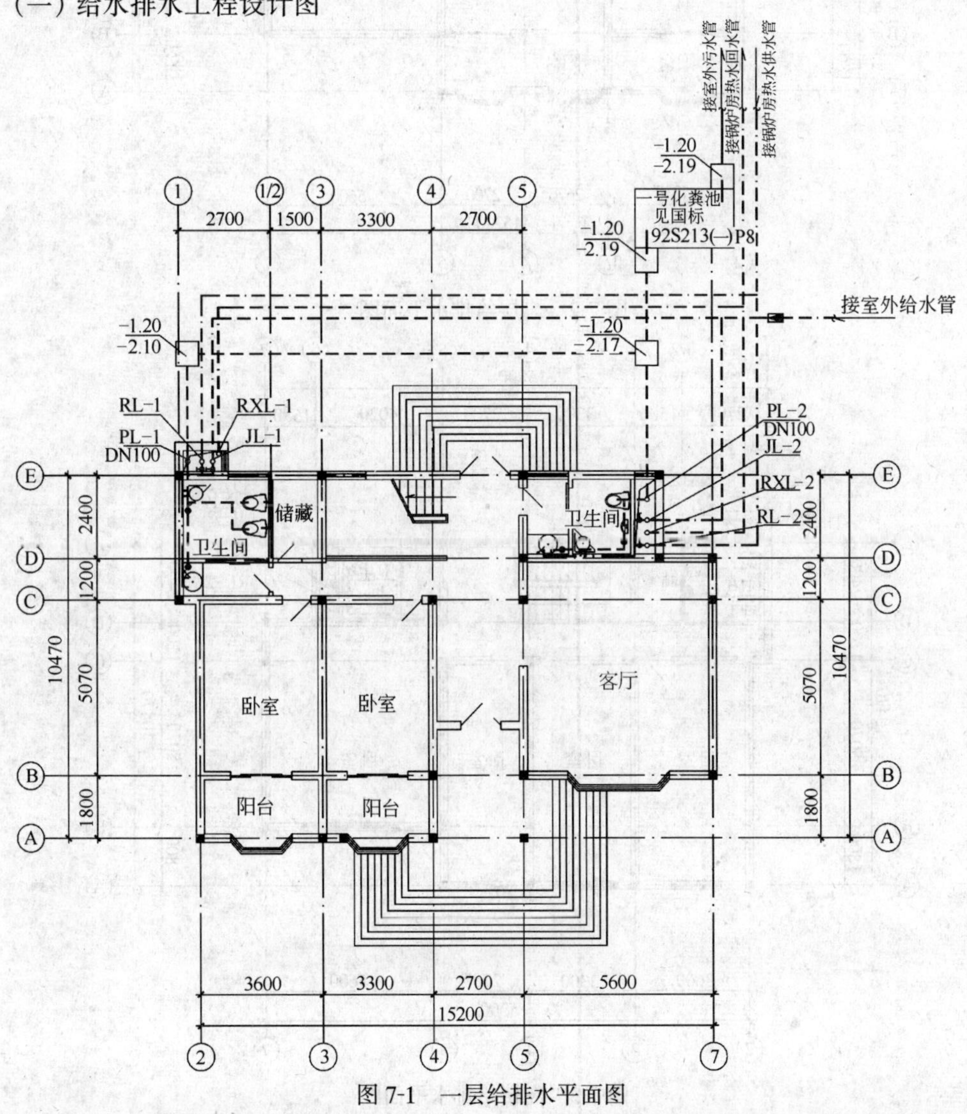

图 7-1　一层给排水平面图

如图 7-1～7-6 所示。

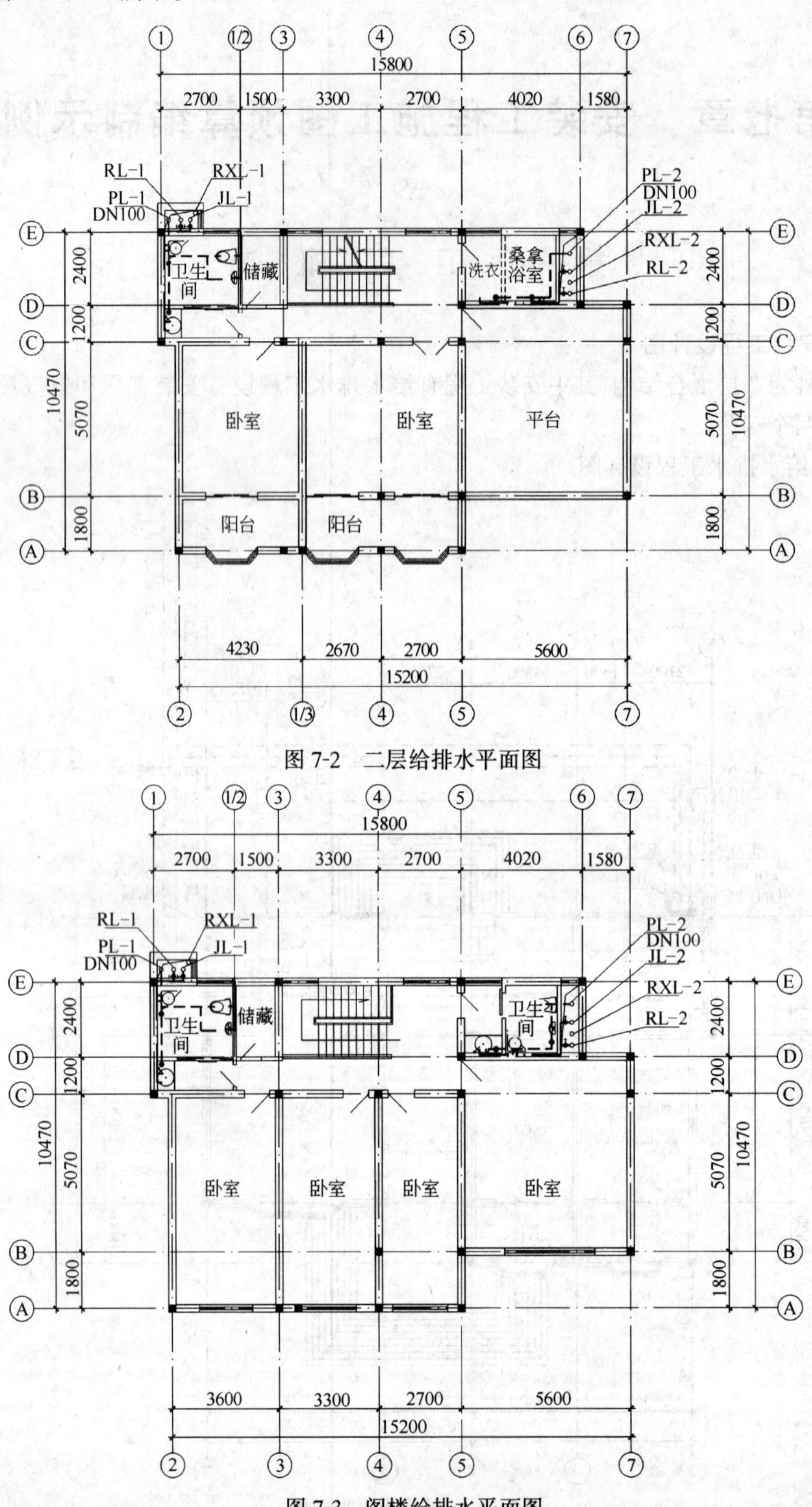

图 7-2　二层给排水平面图

图 7-3　阁楼给排水平面图

接锅炉房热水进水管
接锅炉房热水回水管
DN40
DN25
DN20
DN32
DN15
同一层
6.58
3.28
−0.02
7.13
7.03
3.83
0.53
0.43
0.13

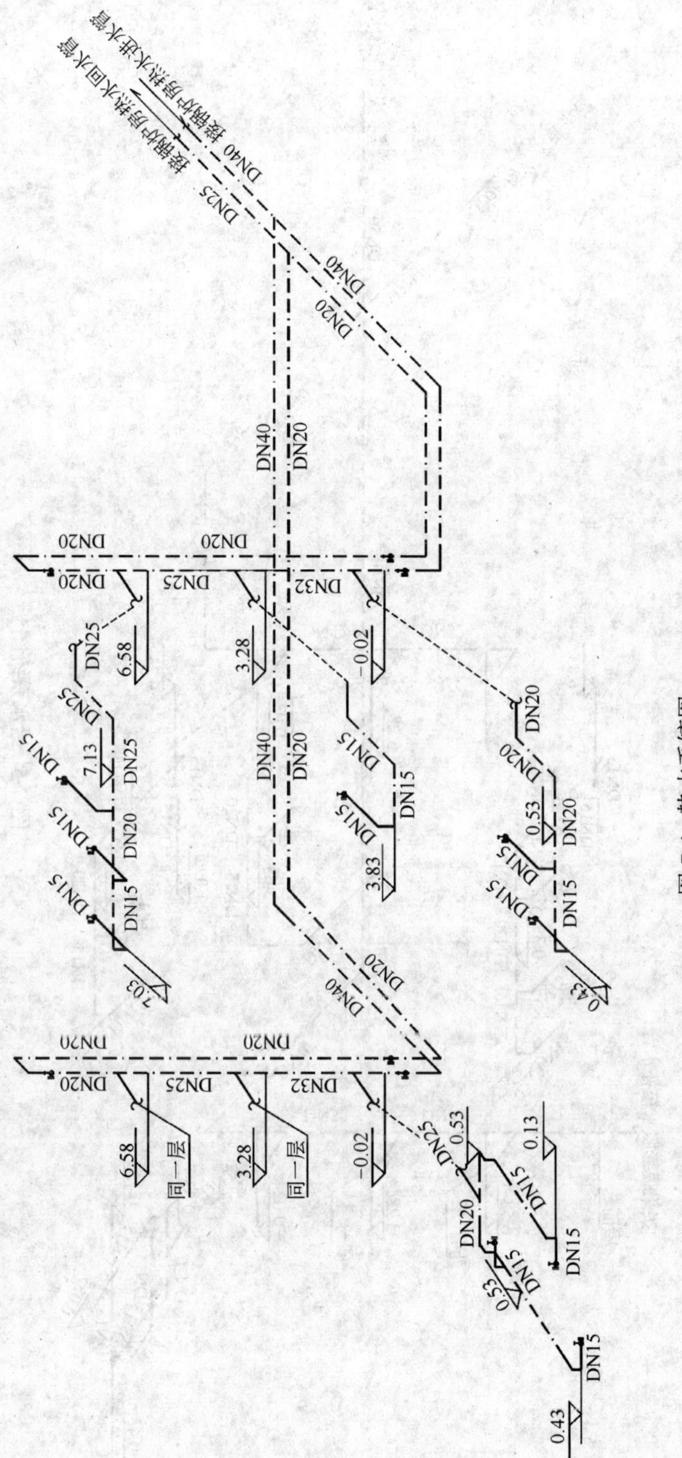

图 7-4 热水系统图

接室外给水管
接采暖膨胀水箱补水管
屋面
同一层
同一层
DN50
DN40
DN32
DN25
DN20
DN15
6.83
6.58
3.28
-0.02
7.03
4.48
3.63
1.095
0.33
0.23
0.43
0.13

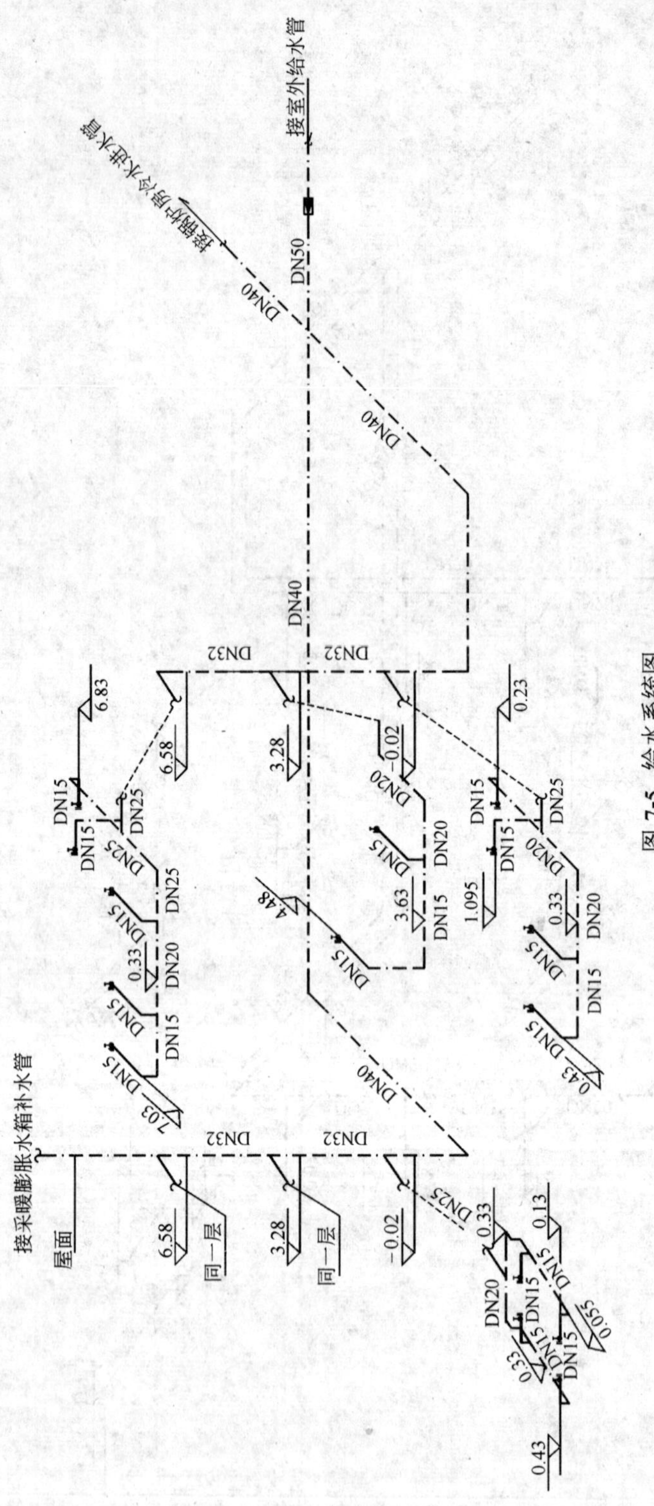

图 7-5　给水系统图

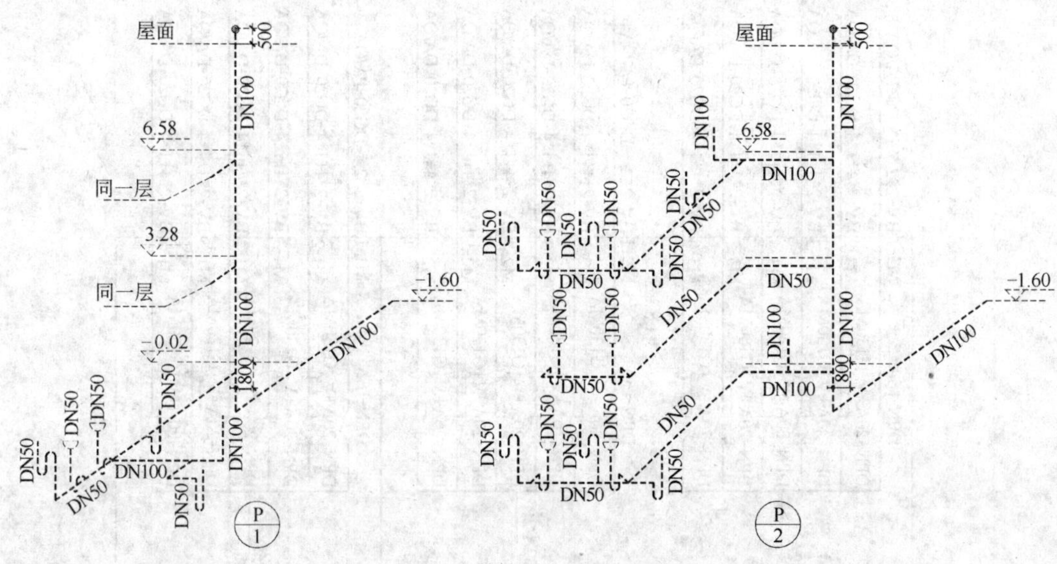

图 7-6 排水系统图

(二) 电气照明工程设计图

如图 7-7～7-10 所示。

二、安装工程设计说明

(一) 给水系统设计说明

1. 水源由市政给水管网供给,热水由锅炉房供给。

2. 室内外生活冷、热给水管均采用不锈钢管,丝扣连接。

3. 室内排水管采用 PVC-U 硬聚氯乙烯排水管。室外排水管采用 PVC-U 加筋硬聚氯乙烯排水管。

4. 室内污、废水立管在底层以及楼层转弯处均设置支墩或固定支座。

5. 室内污、废水横管必须有水平坡度,坡向立管或室外窨井,各管径坡度如下:De50≥0.025,De75≥0.02,De110、De160≥0.02。

6. 室内污、废水立管按图设置检查口,其中心距地面或楼面 1.0m。室内排水管的 90°弯头、存水弯等配件,均采用带可拆清通盖板的产品。

7. 室内生活给水管道安装完毕后,必须做水压试验,试验压力为 0.8MPa,水压在 10 分钟内压力不降落为合格。

8. 排水管道安装完毕后,应做通球试验,试验要求应按规定内容要求进行。

9. 给水排水管道的其他施工要求,应符合国家标准《采暖与卫生工程施工及验收规范》GBJ 242—82、《建筑排水硬聚氯乙烯管道施工及验收规程》GJJ/T 29—98。

10. 图中标高以米计,其余单位以毫米计,图中所注管径为公称直径。

(二) 电气系统设计说明:

1. 本工程电源一路,为三类负荷,电压 380/220V,引自变电所,VV22—1kV 电缆埋地引入。

2. 线路敷设详见系统图。

3. 本设计采用 TN-S 保护系统,利用基础钢筋网作为电源重复接地装置,要求接地电

图例

序号	符　号	名　　称	型号与规格	安装方式	备 注
1		配电箱 N1,M1,M2,M3	见图	离地1.3m 嵌墙	
2		水晶灯	LZ0022　9*40W	吸顶	
3		吸顶灯	LZ0266　1*25W	吸顶	
4		吸顶灯	LZ0327　4*40W	吸顶	
5		吸顶灯	LZ0329　1*60W	吸顶	
6		吸顶灯	LZ0362　1*60W	吸顶	
7		吊灯	1*40W	杆吊	
8		吊灯	1*40W	杆吊	
9		剃须刀插座	250V/10A	离地1.3m 嵌墙	
10		单相二,三防溅眼暗插座	250V/10A	离地1.3m 嵌墙	
11		单相二,三眼暗插座	250V/10A	离地0.3m 嵌墙	
12		单相三眼暗插座	250V/16A	离地2.0m 嵌墙	
13		照明翘板暗开关	单控三联　250V/10A	离地1.3m 嵌墙	
14		照明翘板暗开关	单控二联　250V/10A	离地1.3m 嵌墙	
15		照明翘板暗开关	单控单联　250V/10A	离地1.3m 嵌墙	
16		照明翘板暗开关	双控单联　250V/10A	离地1.3m 嵌墙	

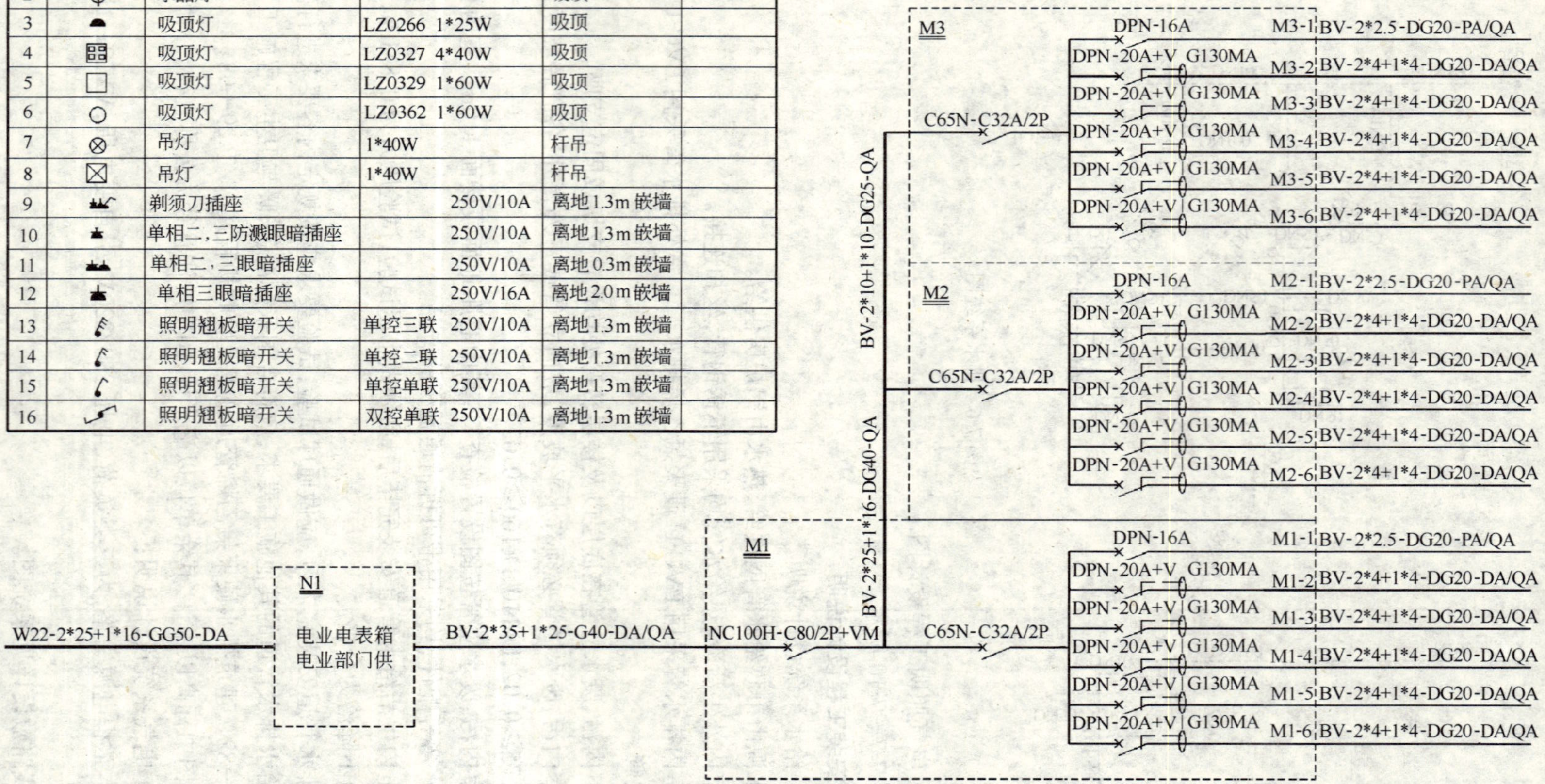

图 7-7　电照系统图

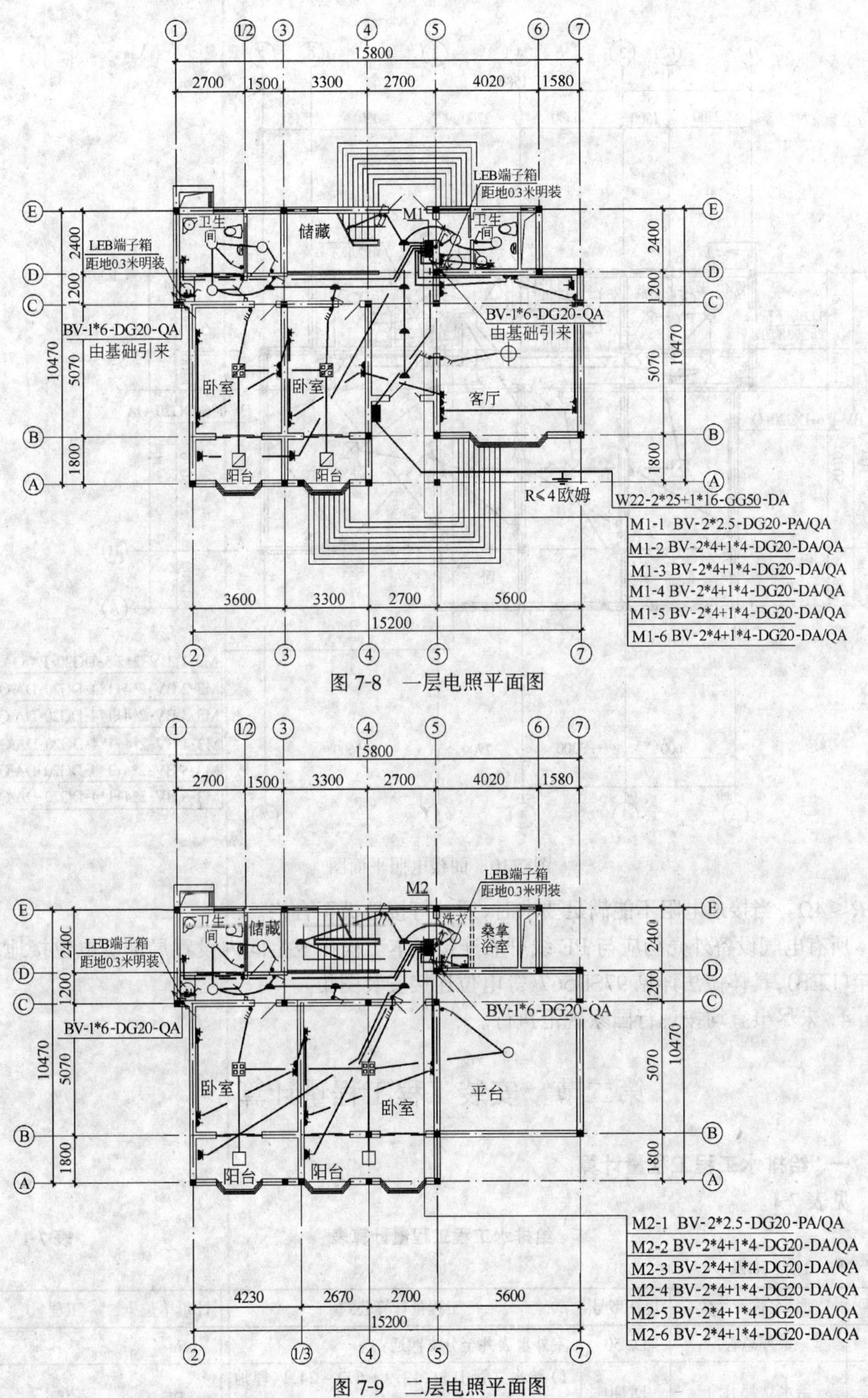

图 7-8 一层电照平面图

图 7-9 二层电照平面图

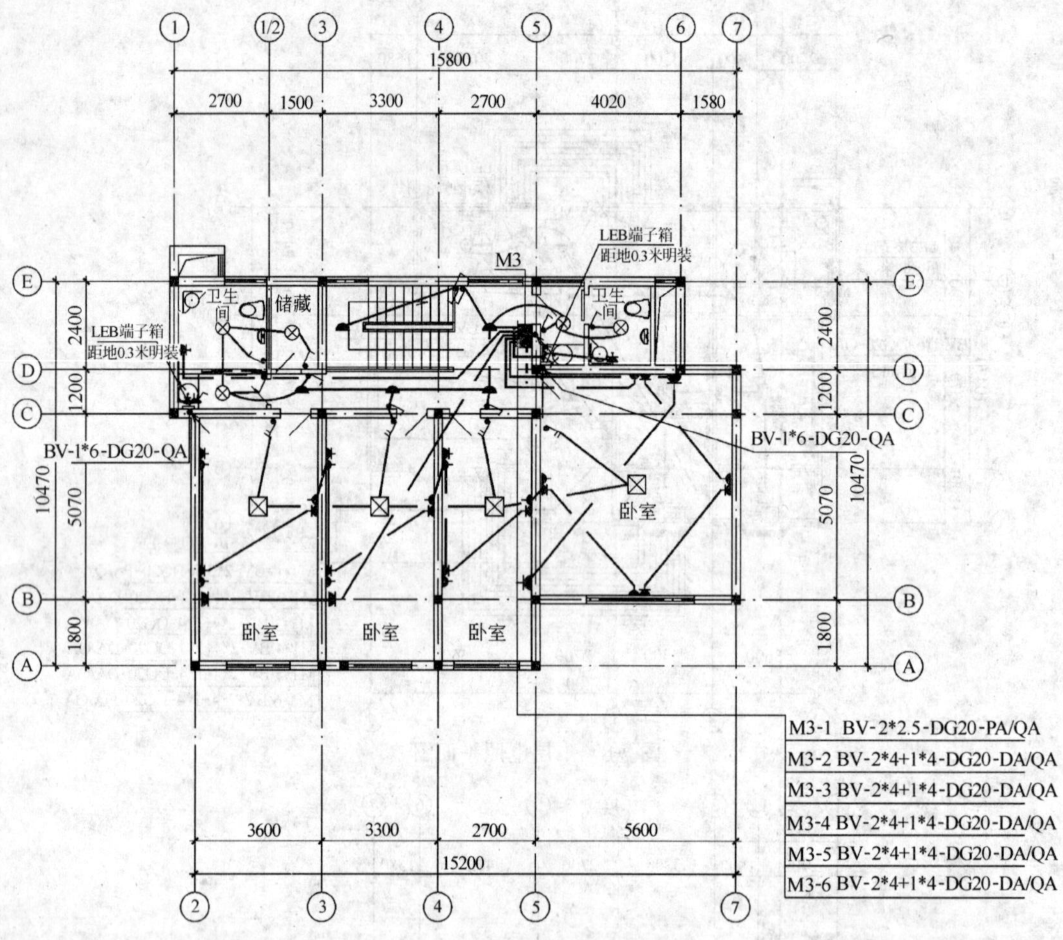

图 7-10　阁楼电照平面图

阻 $R \leqslant 4\Omega$。当接地电阻不能满足要求时，须补打接地极至合格。

所有电气设备外壳均应与 PE 线可靠连接。本工程在卫生间内设置局部等电位接地端子箱(LEB)，具体做法详见 97SD567〈等电位连接安装图集〉。

4．未尽事宜均按现行国家规范执行。

第二节　安装工程工程量计算

一、给排水工程工程量计算

见表 7-1。

给排水工程工程量计算表　　**表 7-1**

工程名称：给排水工程

序号	项目名称及部位	规格型号	工程量计算公式	计量单位	工程量
1	室外总管	DN50	室外水表井至分支四通：3	m	3
2	给水立管 JL-1	DN40	1) 给水立管 JL-1：17.9 + 6.2 = 24.1(埋地部分)	m	26.13

续表

序号	项目名称及部位	规格型号	工程量计算公式	计量单位	工程量
			2) 给水立管 JL-1:1.7(±0.000 以下)		
			3) 给水立管 JL-1:0.33		
		DN32	给水立管 JL-1:6.93－0.33＝6.6(三层—底层)	m	6.6
		DN25	m		
3	给水支管	DN25	给水支管:0.4×3＝1.2(一层～三层)	m	1.2
		DN20	给水支管:2.6＋0.4＋0.4＋0.1＝3.5×3＝10.5(一层～三层)	m	10.5
		DN15	给水支管: 2.5＋0.1＋1＋0.075＋0.175＝3.85×3＝11.55(一层～三层)	m	11.55
4	给水立管 JL-2	DN40	1) 给水立管 JL-2:8.1＋5＝13.1(埋地部分)	m	15.13
			2) 给水立管 JL-2:1.7(±0.000 以下)		
			3) 给水立管 JL-2:0.33		
		DN32	给水立管 JL-2:3.63－0.33＝3.3(二层—底层)	m	3.3
		DN25	给水立管 JL-2:6.93－3.63＝3.3(三层—二层)	m	3.3
5	给水支管	DN25	给水支管:0.4(一层)	m	2.1
			给水支管:0.3＋0.9＋0.5＝1.7(三层)		
		DN20	给水支管:0.9＋1.4＝2.3(一层)	m	5.4
			给水支管:0.3＋0.9＋0.5＝1.7(二层)		
			给水支管:1.4(三层)		
		DN15	给水支管:1.1＋0.1＋1＋0.1＝2.3(一层)	m	6.6
			给水支管:2.2(二层)		
			给水支管:0.8＋0.1×2＋1＋0.1＝2.1(三层)		
1	热水给水立管 RL-1	DN40	1) 热水给水立管 RL-1:19.2＋7.2＝26.4(埋地部分)	m	28.53
			2) 热水给水立管 RL-1:1.6(±0.000 以下)		
			3) 热水给水立管 JL-1:0.53		
		DN32	热水给水立管 RL-1:3.83－0.53＝3.3(二层—底层)	m	3.3
		DN25	热水给水立管 RL-1:7.13－3.83＝3.3(三层—二层)	m	3.3
2	热水循环管	DN20	热水循环管:0.3＋0.3＋0.3＋7.13＝8.03(三层～底层)	m	34.33
		DN20	热水循环管:1.6(±0.000 以下)		

续表

序号	项目名称及部位	规格型号	工程量计算公式	计量单位	工程量
		DN20	热水循环管:6.5+18.2=24.7(埋地部分)		
3	热水支管	DN25	1) 热水给水支管:0.4×3=1.2	m	15.13
		DN20	2) 热水给水支管:0.6+0.4=1.0×3=3	m	3
		DN15	3) 热水给水支管: 2.5+0.1+2+1.5+0.4=6.5×3=19.5	m	19.5
4	热水给水立管 RL-2	DN40	1) 热水给水立管 RL-2:9.7+6=15.7(埋地部分)	m	17.83
			2) 热水给水立管 RL-2:1.6(±0.000 以下)		
			3) 热水给水立管 JL-2:0.53		
		DN32	热水给水立管 RL-2:3.83−0.53=3.3(二层—底层)	m	3.3
		DN25	热水给水立管 RL-2:7.13−3.83=3.3(三层—二层)	m	3.3
5	热水循环管	DN20	热水循环管:0.3+0.3+0.3+7.13=8.03(三层～底层)	m	24.03
		DN20	热水循环管:1.6(±0.000 以下)		
		DN20	热水循环管:5.5+8.9=14.4(埋地部分)		
6	热水支管	DN25	热水给水支管:0.4+0.3+0.5=1.2(一层)	m	1.2
		DN20	热水给水支管:0.4+0.3+1.5=2.2(一层)	m	3.4
			热水给水支管:1.2(三层)		
		DN15	1) 热水给水支管:1.1+0.1=1.2	m	3.5
			2) 热水给水支管:0.4+0.3+0.6=1.3		
			3) 热水给水支管:0.8+0.1*2=1		
1	排水立管 PL-1	DN100	1) 排水立管 PL-1:5.3(埋地部分)	m	17.47
			2) 排水立管 PL-1:10.07(屋面)+0.5(出屋面)+1.6=12.17(±0.000 以下)		
2	排水支管	DN100	排水支管:1+1.8+0.5=3.3×3=9.9(一～三层	m	9.9
		DN50	排水支管:2.4+0.5×2+0.5+0.45(台盆)+0.8+0.6+0.15(净身盆)+0.5=6.4(一层～三层)	m	6.4
3	排水立管 PL-2	DN100	1) 排水立管 PL-2:6.2(埋地部分)	m	18.37
			2) 排水立管 PL-2:10.07(屋面)+0.5(出屋面)+1.6=12.17(±0.000 以下)		
4	排水支管	DN100	排水支管:0.9+0.5=1.4(一层)	m	2.8
			排水支管:0.9+0.5=1.4(三层)		
		DN50	排水支管:1.5+2.2+0.5×2+0.5+0.45(台盆)+0.5+0.5+0.5(立式小便器)=7.15(一层)	m	18.75

续表

序号	项目名称及部位	规格型号	工程量计算公式	计量单位	工程量
			排水支管：0.6+1.5+1.8+0.5×2=3.9(二层) 排水支管： 0.5+1.5+2.3+0.5×2+0.5×2+0.45×2(台盆)+0.5=7.7(三层)		
	冷水不锈钢管丝接	DN50		m	3
		DN40		m	41.26
		DN32		m	9.9
		DN25		m	11.6
		DN20		m	15.9
		DN15		m	18.15
	热水不锈钢管丝接	DN40		m	46.36
		DN32		m	6.6
		DN25		m	22.93
		DN20		m	64.76
		DN15		m	23
	UPVC 排水管	DN110		m	37.04
		DN50		m	25.15
	UPVC 加筋排水管	DN110		m	11.5
	台式洗脸盆			套	6
	水龙头	DN15		只	18
	地漏	DN50	每层 4 个×3=12	只	12
	坐式大便器			套	5
	净身盆			套	3
	立式小便器			套	1
	丝口阀门	DN40		个	4
	丝口阀门	DN25		个	9
	丝口阀门	DN20		个	6
	丝口阀门	DN15		个	1
	镀锌铁皮套管	DN40	2×2+2×2=8	个	8
		DN32	2+1+1+1=5	个	5
		DN25	3×2+1+3×2+2=15	个	15
		DN20	5×2=10	个	10
	排水栓安装			个	9
	支架铁件制安		下水 ϕ125 支架 3×2=6 个 4.15kg/个×6-24.9kg 刷油 1.96kg/个×6=11.76kg ϕ40 支架 1×4=4 个 0.81kg/个×4=3.24kg 刷油 0.45kg/个×4=1.8kg	t	0.028

续表

序号	项目名称及部位	规格型号	工程量计算公式	计量单位	工程量
	支架刷油			100kg	0.14
	50mm 厚岩棉管壳保温	DN40	$1.46m^3/100m \times 46.36 = 0.68m^3$	m^3	2.19
		DN32	$1.525m^3/100m \times 6.6 = 0.1m^3$		
		DN25	$1.38m^3/100m \times 22.93 = 0.32m^3$		
		DN20	$1.273m^3/100m \times 64.76 = 0.82m^3$		
		DN15	$1.185m^3/100m \times 23 = 0.27m^3$		

二、电气照明工程工程量计算

表 7-2 为电气照明工程的工程量计算表。

电气照明工程工程量计算表　　表 7-2

工程名称：电气照明工程

序号	项目名称及部位	规格型号	工程量计算公式	计量单位	工程量
1	进户线 VV22-2×25+1×16 GG50：		6+3.6+0.7(埋深)+2.2(箱中心距地面)+2.0(预留长度)	m	14.5
2	N1 配电箱 BV-2×35+1*25 G40：		1(预留长度)+2.2(箱中心距地面)+4.8+2.4+2.2(箱中心距地面)+1(预留长度)	m	13.6
3	M1 配电箱				
	M1-1：BV-2×2.5 DG20		3.3(层高)−2.2(箱中心距地面)+3.4+0.5+1.6+0.8+1.8+3.6+1.4+2.8+7.5+1.8+1.8+0.5+2.4+3.4+3.4×2+2.4+0.5+1.3+1.5+0.9+2(层高−开关安装高度)×11 只+4.7×2(楼梯灯)+3.3×3 根+3.3+1(预留长度)	m	85
	M1-2：BV-2×4+1×4 DG20		2.2(箱中心距地面)+1.7+8.4+0.5+1.3+1.5+0.3+2(插座安装高度)×2 只+1(预留长度)	m	20.9
	M1-3：BV-2×4+1×4 DG20		2.2(箱中心距地面)+10.1+2(插座安装高度)×2+3.6+1.3(插座安装高度)+1(预留长度)	m	22.2
	M1-4：BV-2×4+1×4 DG20		2.2(箱中心距地面)+1.4+0.4+2.6+2.7+4.2+5.2+3.5+3.5+3.5+1.5+3.8+3.5+0.3(插座安装高度)×19+1(预留长度)	m	44.7
	M1-5：BV-2×4+1×4 DG20		2.2(箱中心距地面)+1+5.6+2(插座安装高度)+1(预留长度)	m	11.8
	M1-6：BV-2×4+1×4 DG20		2.2(箱中心距地面)+0.5+1.3(插座安装高度)×2+0.2+2.7+2(插座安装高度)+1(预留长度)	m	11.2
4	M2 配电箱 BV-2×25+1×16 DG40：		3.3(M1～M2)+2(预留长度)	m	5.3
	M2-1：BV-2×2.5 DG20		3.3(层高)−2.2(箱中心距地面)+1.3+1.1+2.1+1.8+7.5+0.9+2.4+5.5+3.1+3.5×2+4.8+2.4+0.5+0.5+1.2+1.8+1.8+1.3+2(层高−开关安装高度)×11 只+1(预留长度)	m	71.1

续表

序号	项目名称及部位	规格型号	工程量计算公式	计量单位	工程量
	M2-2: BV-2×4+1×4 DG20		2.2(箱中心距地面)+2.3+7.7+0.5+1.3+1.5+0.3+2(插座安装高度)×2+1(预留长度)	m	20.8
	M2-3: BV-2×4+1×4 DG20		2.2(箱中心距地面)+12.5+2(插座安装高度)+1(预留长度)	m	17.7
	M2-4: BV-2×4+1×4 DG20		2.2(箱中心距地面)+9.8+2(插座安装高度)+1(预留长度)	m	15
	M2-5: BV-2×4+1×4 DG20		2.2(箱中心距地面)+4.6+5.3+3.5+1.5+4.3+3.5+0.3(插座安装高度)×6+1(预留长度)	m	27.7
	M2-6: BV-2×4+1×4 DG20		2.2(箱中心距地面)+0.5+1.5(插座安装高度)×2+0.3+1+2(插座安装高度)+1(预留长度)	m	9
5	M3 配电箱 BV-2×10+1×10 DG25:		3.3(M2～M3)+2(预留长度)	m	5.3
	M3-1:BV-2×2.5 DG20		3.87(阁楼层高)-2.2(箱中心距地面)+2.4+2.17×3+2.3+2.3+2.5+7.5+3.6+4.2+3.5+7+2.7×3+1.8+3.5+1.4+2.1+[2.97×3+2.77×3+2.37×4(层高、开关安装高度)]+1(预留长)	m	88.08
	M3-2: BV-2×4+1×4 DG20		2.2(箱中心距地面)+1.7+8.4+0.5+1.5+0.2+2(插座安装高度)×2+1.3(插座安装高度)+1(预留长度)	m	20.8
	M3-3: BV-2×4+1×4 DG20		2.2(箱中心距地面)+8.8+2(插座安装高度)×2+2(插座安装高度)+1(预留长度)	m	18
	M3-4: BV-2×4+1×4 DG20		2.2(箱中心距地面)+1+3+3.8+3.8+3.4+1.3+3.5+3.6+3.3+3.5+3.5+3.4+0.3(插座安装高度)×18+1(预留长)	m	41.8
	M3-5: BV-2×4+1×4 DG20		2.2(箱中心距地面)+1+3.9+2(插座安装高度)+1(预留长度)	m	10.1
	M3-6: BV-2×4+1×4 DG20		2.2(箱中心距地面)+0.7+0.3+0.2+1.3(插座安装高度)×2+0.2+1.8+2(插座安装高度)+1(预留长度)	m	11
6	端子箱 LEB	BV-1×6	6.6(端子箱连接)×2	m	13.2
7	钢管	GG50		m	12.5
8	钢管	G40		m	11.6
9	电线管	DG40		m	3.3
10	电线管	DG25		m	3.3
11	电线管	DG20		m	528.88
12	导线 BV	2.5mm^2		m	491.66
13	导线 BV	4mm^2		m	908.1

续表

序号	项目名称及部位	规格型号	工程量计算公式	计量单位	工程量
14	导线 BV	$10mm^2$		m	15.9
15	导线 BV	$16mm^2$		m	5.3
16	导线 BV	$25mm^2$		m	24.2
17	导线 BV	$35mm^2$		m	27.2
18	电缆 VV22	2×25+1×6		m	14.5
19	接线端子 $16mm^2$ 以内	1×2=2		个	2
20	接线端子 $35mm^2$ 以内	5×2=10		个	10
21	电表箱 N1			只	1
22	配电箱 M1、M2、M3			只	3
23	水晶灯	LZ0022 9×40W	一层客厅	只	1
24	吸顶灯	LZ0327 4×40W	一层 2+二层 2	只	4
25	吸顶灯	LZ0266 1×25W	一层 7+二层 5	只	12
26	吸顶灯	LZ0329 1×60W	一层 2+二层 2	只	4
27	吸顶灯	LZ0362 1×60W	一层 5+二层 5	只	10
28	吊灯	4×40W	阁楼层 4	只	4
29	吊灯	1×40W	阁楼层 4	只	4
30	吊灯	1×40W	阁楼层 5	只	5
31	单位单极暗开关	A86K11-10	一层 8+二层 10+阁楼层 10	只	28
32	双位单极暗开关	A86K21-10	一层 1+阁楼层 4	只	5
33	三位单极暗开关	A86K31-10	一层 3+二层 2	只	5
34	单位双联暗开关	A86K12-10	一层 1+二层 1	只	2
35	单相二三孔暗插座	A86Z223A10	一层 12+二层 6+阁楼层 13	只	31
36	单相三孔暗插座	A86Z13KA10	二层 1	只	1
37	单相三孔暗插座	A86Z13A16	一层 3+二层 2+阁楼层 4	只	9
38	括须插座	A146ZX22D	一层 2+二层 1+阁楼层 2	只	5
39	带防护盖两极带接地插座	86Z13F10	一层 2+二层 2+阁楼层 2	只	6
40	端子箱 LEB			只	6
41	接地母线-25×4		1.2(由圈梁钢筋引上)×2	m	2.4

第三节 建筑安装工程施工图预算

一、安装工程施工图预算书

表 7-3 所示为安装工程施工图预算书，表 7-4 为安装工程施工图预算费用表及总安装工程施工费用。

表 7-3

安装工程施工图预算书

建设单位：

工程名称：

序号	编号	名称	单位	工程量	单价	合价	其中			主材费
							工资	辅材费	机械费	
		第二册 电气设备安装工程								
1	2-651	铜芯电缆 四芯以下 35 以下	100m	0.15	246.05	36.91	36.91			545.40
	主材	电缆 VV22-2×25+1×16	m	15.15	36.00					
2	2-728	户内干包式铜芯电力电缆终端头 1kV 35 以下	个	2.00	21.00	42.00	42.00			203.70
	主材	塑料手套 ST 型	个	2.10	97.00					
3	2-1104	暗配镀锌电线管 公称直径 20mm 以内	100m	5.29	183.75	972.04	972.04			3100.31
	主材	镀锌电线管	m	544.87	5.69					
4	2-1105	暗配镀锌电线管 公称直径 25mm 以内	100m	0.03	268.80	8.87	8.87			0.25
	主材	镀锌电线管	m	0.03	7.28					
5	2-1107	暗配镀锌电线管 公称直径 40mm 以内	100m	0.03	365.75	12.07	12.07			42.79
	主材	镀锌电线管	m	3.40	12.59					
6	2-1140	暗配 钢管 公称直径 40mm 以内	100m	0.12	480.55	55.74	55.74			136.09
	主材	钢管	m	11.95	11.39					
7	2-1141	暗配 钢管 公称直径 50mm 以内	100m	0.13	512.40	64.05	64.05			187.59
	主材	钢管	m	12.88	14.57					
8	2-1270	动力照明管内穿线 照明线路 2.5 以内	100m 单线	4.92	33.95	167.03	167.03			510.04
	主材	绝缘导线	m	573.08	0.89					
9	2-1271	动力照明管内穿线 照明线路 4 以内	100m 单线	9.08	23.80	216.10	216.10			1359.03
	主材	绝缘导线	m	991.99	1.37					
10	2-1276	动力照明管内穿线 动力线路 6 以内	100m 单线	0.13	26.60	3.46	3.46			147.77
	主材	绝缘导线	m	13.53	10.92					
11	2-1277	动力照明管内穿线 动力线路 10 以内	100m 单线	0.16	31.50	5.04	5.04			56.13
	主材	绝缘导线	m	16.65	3.37					

续表

序号	编 号	名 称	单位	工程量	单价	合价	其中			主材费
							工 资	辅材费	机械费	
12	2-1278	动力照明管内穿线 动力线路 16 以内	100m 单线	0.05	36.75	1.84	1.84			27.32
	主材	绝缘导线	m	5.20	5.25					
13	2-1279	动力照明管内穿线 动力线路 25 以内	100m 单线	0.24	46.55	11.17	11.17			205.81
	主材	绝缘导线	m	25.07	8.21					
14	2-1280	动力照明管内穿线 动力线路 35 以内	100m 单线	0.27	49.35	13.32	13.32			315.86
	主材	绝缘导线	m	28.20	11.20					
15	2-327	焊铜接线端子导线载面 $16mm^2$ 以内	10 个	0.20	10.50	2.10	2.10			
16	2-328	焊铜接线端子导线载面 $35mm^2$ 以内	10 个	1.00	14.00	14.00	14.00			
17	2-243	照明配电箱、盘、柜嵌墙式安装 8 回路以上	台(块)	3.00	30.10	90.30	90.30			
18	2-255	电表箱安装(四表以下)	台(块)	1.00	56.00	56.00	56.00			
19	2-1541	串珠(穗)串棒灯 600×800mm 以内	10 套	0.10	1459.15	145.92	145.92			4545.00
	主材	成套灯具 LZ0022 9×40W	套	1.01	4500.00					
20	2-1448	半圆球吸顶灯 灯罩直径 350mm 以内	10 套	0.40	75.60	30.24	30.24			1656.40
	主材	成套灯具 LZ0327 4×40W	套	4.04	410.00					
21	2-1448	半圆球吸顶灯 灯罩直径 350mm 以内	10 套	1.20	75.60	90.72	90.72			606.00
	主材	成套灯具 LZ0266 1×25W	套	12.12	50.00					
22	2-1448	半圆球吸顶灯 灯罩直径 350mm 以内	10 套	0.40	75.60	30.24	30.24			282.80
	主材	成套灯具 LZ0329 1×60W	套	4.04	70.00					
23	2-1448	半圆球吸顶灯 灯罩直径 350mm 以内	10 套	1.00	75.60	75.60	75.60			3232.00
	主材	成套灯具 LZ0362 1×60W	套	10.10	320.00					
24	2-1455	其他普通灯具安装 防水吊灯	10 套	0.40	32.90	13.16	13.16			1292.80
	主材	成套灯具 4×40W	套	4.04	320.00					
25	2-1455	其他普通灯具安装 防水吊灯	10 套	0.40	32.90	13.16	13.16			808.00
	主材	成套灯具 1×40W	套	4.04	200.00					
26	2-1455	其他普通灯具安装 防水吊灯	10 套	0.50	32.90	16.45	16.45			1262.50
	主材	成套灯具 1×40W	套	5.05	250.00					
27	2-1741	开关及按钮 暗开关 单联	10 套	2.80	29.75	83.30	83.30			102.24

续表

序号	编　号	名　　称	单位	工程量	单价	合价	其　中			主材费
							工　资	辅材费	机械费	
	主材	照明开关 A86K11-10	套	28.56	3.58					
28	2-1742	开关及按钮 暗开关 双联	10套	0.50	31.15	15.58	15.58			25.96
	主材	照明开关 A86K21-10	套	5.10	5.09					
29	2-1743	开关及按钮 暗开关 三联	10套	0.50	32.55	16.28	16.28			36.72
	主材	照明开关 A86K31-10	套	5.10	7.20					
30	2-1741	开关及按钮 暗开关 单联	10套	0.20	29.75	5.95	5.95			8.08
	主材	照明开关 A86K12-10	套	2.04	3.96					
31	2-1759	开关及按钮 暗装单相插座 复式	10套	3.10	29.05	90.06	90.06			172.33
	主材	成套插座 A86Z223A10	套	31.62	5.45					
32	2-1756	开关及按钮 暗装单相插座一位	10套	0.10	29.05	2.91	2.91			5.17
	主材	成套插座 A86Z13KA10	套	1.02	5.07					
33	2-1756	开关及按钮 暗装单相插座 一位	10套	0.90	29.05	26.15	26.15			40.39
	主材	成套插座 A86Z13A16	套	9.18	4.40					
34	2-1756	开关及按钮 暗装单相插座一位	10套	0.50	29.05	14.53	14.53			70.58
	主材	成套插座 86Z13F10	套	5.10	13.84					
35	2-1766	开关及按钮 须刨插座 15A以下	10套	0.50	43.05	21.53	21.53			368.73
	主材	成套插座 A146ZX22D	套	5.10	72.30					
36	2-1433	接线箱安装 暗装 半周长 500mm以内	10个	0.60	136.50	81.90	81.90			31.20
	主材	等电位接线箱	个	6.00	70.00					
37	2-1437	暗装灯头盒、接线盒安装	10个	44.00	15.75	693.00	693.00			673.20
	主材	接线盒	个	448.80	1.50					
38	2-1438	暗装开关盒、插座盒安装	10个	92.00	16.80	1545.60	1545.60			1407.60
	主材	接线盒	个	938.40	1.50					
39	2-903	接地母线敷设 接地母线沿砖混凝土敷设	10m	0.24	47.95	11.51	11.51			108.36
	主材	接地母线	m	2.52	43.00					

续表

序号	编号	名称	单位	工程量	单价	合价	其中			主材费
							工资	辅材费	机械费	
40	2-1908	接地装置调试 接地网	组(系统)	1.00	105.00	105.00	105.00			
		小计				4900.80	4900.80		23962.95	
		第八册 给排水、采暖、燃气								
41	8-252	低压不锈钢管(螺纹连接)公称直径 15mm 以内	10m	4.12	67.90	279.75	279.75			158.85
	主材	不锈钢管	m	42.02	3.78					
42	8-253	低压不锈钢管(螺纹连接)公称直径 20mm 以内	10m	8.07	67.90	547.95	547.95			358.07
	主材	不锈钢管	m	82.31	4.35					
43	8-254	低压不锈钢管(螺纹连接)公称直径 25mm 以内	10m	3.45	77.00	265.65	265.65			217.12
	主材	不锈钢管	m	35.19	6.17					
44	8-255	低压不锈钢管(螺纹连接)公称直径 32mm 以内	10m	1.65	77.00	127.05	127.05			131.11
	主材	不锈钢管	m	16.83	7.79					
45	8-256	低压不锈钢管(螺纹连接)公称直径 40mm 以内	10m	4.79	91.35	437.57	437.57			626.36
	主材	不锈钢管	m	48.86	12.82					
46	8-257	低压不锈钢管(螺纹连接)公称直径 50mm 以内	10m	0.30	91.35	27.41	27.41			66.62
	主材	不锈钢管	m	3.06	21.77					
47	8-292	承插塑料排水管(零件粘接) 公称直径 50mm 以内	10m	2.52	53.55	134.95	134.95			168.14
	主材	承插塑料排水管	m	24.37	6.90					
48	8-294	承插塑料排水管(零件粘接) 公称直径 100mm 以内	10m	3.70	81.20	300.44	300.44			732.30
	主材	承插塑料排水管	m	31.52	23.23					
49	8-317	硬聚氯乙烯螺旋排水管(螺母密封圈连接) 100mm 以内	10m	1.15	75.95	87.34	87.34			281.69
	主材	硬聚氯乙烯螺旋排水管	m	9.80	28.75					
50	8-424	螺纹阀门 公称直径 40mm 以内	个	4.00	8.40	33.60	33.60			266.64
	主材	螺纹阀门	个	4.04	66.00					
51	8-422	螺纹阀门 公称直径 25mm 以内	个	9.00	3.85	34.65	34.65			309.06
	主材	螺纹阀门	个	9.09	34.00					

续表

序号	编号	名称	单位	工程量	单价	合价	其中			主材费
							工资	辅材费	机械费	
52	8-421	螺纹阀门 公称直径 20mm 以内	个	6.00	3.15	18.90	18.90			139.38
	主材	螺纹阀门	个	6.06	23.00					
53	8-420	螺纹阀门 公称直径 15mm 以内	个	1.00	3.15	3.15	3.15			18.18
	主材	螺纹阀门	个	1.01	18.00					
54	8-567	螺纹水表 公称直径 50mm 以内	个	1.00	16.10	16.10	16.10			147.00
	主材	螺纹水表	个	1.00	147.00					
55	8-581	搪瓷浴盆 冷热水带喷头	10 组	0.30	482.30	144.69	144.69			3145.65
	主材	浴盆排水铜配件	套	3.03	125.00					
	主材	浴盆	个	3.00	690.00					
	主材	浴盆混合水嘴带喷头	套	3.03	230.00					
56	8-588	净身盆 冷热水	10 组	0.30	204.75	61.43	61.43			2266.44
	主材	净身盆	个	3.03	650.00					
	主材	净身盆铜配件	套	3.03	98.00					
57	8-591	洗脸盆钢管组成 冷热水	10 组	0.60	211.05	126.63	126.63			5041.92
	主材	立式水嘴 DN15	个	12.12	160.00					
	主材	洗脸盆排水配件(铜) DN32	个	6.06	123.00					
	主材	洗脸盆	个	6.06	389.00					
58	8-621	大便器安装(坐式)低水箱坐便	10 组	0.50	262.85	131.43	131.43			5383.30
	主材	瓷大便器低位水箱(带铜配件)	套	5.05	136.00					
	主材	瓷大便器	个	5.05	930.00					
59	8-630	小便器安装(立式)普通式	10 组	0.10	131.60	13.16	13.16			494.90
	主材	立式小便器铜配件	套	1.01	125.00					
	主材	小便器	个	1.01	365.00					
60	8-653	水龙头安装 公称直径 15mm 以内	10 个	0.60	9.45	5.67	5.67			18.18
	主材	普通水嘴 DN15	个	6.06	3.00					

续表

序号	编　号	名　称	单位	工程量	单价	合价	其中			主材费
							工　资	辅材费	机械费	
61	8-656	排水栓安装 带存水弯 $\phi32$	10组	0.60	62.65	37.59	37.59			108.00
	主材	排水栓(带链堵)	套	6.00	18.00					
62	8-662	地漏安装 地漏公称直径 50	10个	1.20	52.50	63.00	63.00			264.00
	主材	地漏	个	12.00	22.00					
63	8-352	管道支架制作安装 一般管架(吨)制作	t	0.03	1036.00	29.01	29.01			51.45
	主材	型钢	t	0.03	1750.00					
64	8-355	管道支架制作安装 一般管架（吨)安装	t	0.03	1421.00	39.79	39.79			
65	8-319	镀锌铁皮套管制作 公称直径 25mm 以内	个	25.00	1.05	26.25	26.25			
66	8-320	镀锌铁皮套管制作 公称直径 32mm 以内	个	5.00	2.10	10.50	10.50			
67	8-321	镀锌铁皮套管制作 公称直径 40mm 以内	个	8.00	2.10	16.80	16.80			
68	11-124	金属结构刷油 一般钢结构 防锈漆 第一遍	100kg	0.14	7.00	0.98	0.98			1.15
	主材	酚醛防锈漆 各色	kg	0.13	8.90					
69	11-1839	纤维类制品(管壳)安装 管道 $\phi133$mm 以下 50mm 厚度	m^3	2.19	74.55	163.26	163.26			1804.56
	主材	岩棉管壳	m^3	2.26	800.00					
70	8-说明	脚手架搭拆费		1.00	60.41	60.41	15.10	45.31		
71	11-说明	脚手架搭拆费绝热工程		1.00	24.49	24.49	6.12	18.37		
72	11-说明	脚手架搭拆费刷油工程		1.00	0.06	0.06	0.01	0.04		
		小计			3269.64	3205.92	63.72			22200.06
		合计			8170.44	8106.72	63.72			46163.01

安装工程施工图预算费用表及总安装工程施工费用　　表 7-4

建设单位：

工程名称：

序　号	名　称	表 达 式	金　额
一	直接费	[1]+[2]+[3]	54333
1	人工费	人工费合计	8107
2	材料费	材料费合计	64
3	主材费	主材费合计	46163
二	综合费用	[1]×50%	4053
三	其他费用	[4]+[5]	86
4	定额编制管理费	[一]×0.05%	27
5	工程质量监督费	([一]+[二])×0.1%	58
四	税金	([一]+[二]+[三])×3.41%	1994
五	总安装工程施工费用	[一]+[二]+[三]+[四]	60466

说明：本安装工程施工图预算采用上海市建设工程定额管理总站编制，上海市建设和管理委员会 2001 年批准发布施行的《上海市安装工程预算定额(2000)》、《上海市安装工程预算定额工程量计算规则(2000)》。

第八章　项目竣工决算、结算与项目后评估

第一节　项目竣工决算的编制

一、竣工决算与竣工结算的区别

(一) 竣工决算

竣工决算是由建设单位编制,反映建设项目实际造价,为核定新增固定资产价值与考核、分析投资项目效果的文件,是竣工验收报告的重要组成部分。

所有竣工项目,应在办理竣工验收手续之前,对所有建设项目的财产和物资进行认真清理,及时而准确地编制竣工决算书。它对总结分析建设过程的经验教训,提高项目投资管理水平和积累技术经济资料,有重要参考价值。

竣工决算书是项目技术、经济、财务的综合成果。当建设单位委托给项目管理公司全过程的项目管理任务时,应包括竣工决算书的编制这一重要的工作。

(二) 竣工结算

竣工结算是施工企业在所承包的工程全部完工,并经验收合格交工后,向建设单位最后一次办理结算工程价款的文件,由施工单位的预算部门编制后交监理单位审查。在审查过程中,双方需要详细逐项核对,并且取得一致意见和认可。经监理单位审核通过后的竣工结算,有些建设单位还要求经过指定的部门进行结算审计,经最终审计的竣工结算书,才能作为正式结算文件,是建设单位付款的依据。

(三) 竣工决算与结算的关系

竣工结算是竣工决算的一个组成部分。建筑安装工程竣工结算要加上设备购置费、勘察设计费、征地拆迁费和一切该建设项目中开支的全部费用,才是该建设项目完整的竣工决算书。竣工决算书必须经相关部门审查通过后,才能作出正式决算文件。

二、竣工决算的编制

(一) 编制竣工决算的依据

1. 工程竣工报告和工程验收单;
2. 工程合同和有关规定;
3. 经审批的施工图预算;
4. 经审查的建设项目总概算及竣工结算书;
5. 预算外费用现场签证;
6. 材料、设备和其他各项费用的调整依据;
7. 以前的年度结算,当年结转工程的预算;
8. 有关定额、费用调整的补充规定;

9. 建设、设计单位修改或变更设计的通知单；

10. 建设单位、监理单位、施工单位合签的图纸会审记录；

11. 隐蔽工程检查验收记录；

12. 设备购置费、勘察设计费、征地拆迁费等数据；

13. 各省、市、自治区和国务院各主管部门规定的《工程建设各项费用及其计算方法》。

(二) 竣工决算的内容

建设项目竣工决算应包括从策划到竣工投产全过程的全部实际费用，即建筑工程费用、安装工程费用、设备工器具购置费用和工程建设其他费用以及预备费和投资方向调节税支出费用等。按照国家财政部印发的财基字[1998]4 号《基本建设财务管理若干规定》的通知、国家计委颁布的计建设[1990]1215 号《建设项目(工程)竣工验收办法》等文件。竣工决算的内容包括竣工财务决算说明书、竣工财务决算报表、工程竣工图和工程造价对比分析四个部分。

1. 竣工财务决算说明书

竣工财务决算说明书主要包括以下内容：

(1) 建设项目概况；

(2) 会计财务的处理、财产物资情况及债权债务的清偿情况；

(3) 资金节余、基建结余资金等的上交分配情况；

(4) 主要技术经济指标的分析、计算情况；

(5) 基本建设项目管理及决算中存在的问题、建议；

(6) 需说明的其他事项。

2. 建设项目竣工财务决算报表

按国家财政部印发的财基字[1998]4 号关于《基本建设财务管理若干规定》的通知和财基字[1998]498 号《基本建设项目竣工财务决算报表》和《基本建设项目竣工财务决算报表填表说明》的通知，建设项目竣工财务决算报表按大、中型建设项目和小型建设项目分别制定，有关报表格式见表 8-1～表 8-7。

各类建设项目竣工财务决算报表 **表 8-1**

序号	建设项目类型	竣工财务决算报表名称	表格编号
1	大、中型建设项目	(1) 建设项目竣工财务决算审批表	表 8-2
		(2) 大、中型建设项目概况表	表 8-3
		(3) 大、中型建设项目竣工财务决算表	表 8-4
		(4) 大、中型建设项目交付使用资产总表	表 8-5
		(5) 建设项目交付使用资产明细表	表 8-6
2	小型建设项目	(1) 建设项目竣工财务决算审批表	同表 8-2
		(2) 小型建设项目竣工财务决算总表(由表 8-3、表 8-4 合并)	表 8-7
		(3) 建设项目交付使用资产明细表	同表 8-6

上述各类建设项目竣工财务决算报表的内容和格式说明如下：

(1) 建设项目财务决算审批表

大、中、小型建设项目竣工决算均要填报此表，格式见表 8-2。

建设项目竣工财务决算审批表 表 8-2

<table>
<tr><td>建设项目法人(建设单位)</td><td></td><td>建设性质</td><td></td></tr>
<tr><td>建设项目名称</td><td></td><td>主管部门</td><td></td></tr>
<tr><td colspan="4">开户银行意见:

盖 章
年 月 日</td></tr>
<tr><td colspan="4">专员办审批意见:

盖 章
年 月 日</td></tr>
<tr><td colspan="4">主管部门或地方财政部门审批意见:

盖 章
年 月 日</td></tr>
</table>

1) 建设性质按新建、扩建、改建、迁建和恢复建设项目等分类填列。

2) 主管部门是指建设单位的主管部门。

3) 所有建设项目均须先经开户银行签署意见后,按下列要求报批:

a. 中央级小型建设项目由主管部门签署审批意见。

b. 中央级大、中型建设项目报所在地财政监察专员办事机构签署意见后,再由主管部门签署意见报财政部审批。

c. 地方级项目由同级财政部门签署审批意见即可。

4) 已具备竣工验收条件的项目,三个月内应及时填报此审批表,如三个月内不办理竣工验收和固定资产移交手续的视同项目已正式投产,其费用不得从基建投资中支付,所实现的收入作为经营收入,不再作为基建收入管理。

(2) 大、中型建设项目概况表

此表反映建设项目总投资、基建投资支出、新增生产能力、主要材料消耗和主要技术经济指标等方面的设计或概算数与实际完成数的情况,格式见表 8-3。其具体内容和填写要求如下:

1) 新增生产能力、完成主要工程量、主要材料消耗的实际数据,是指建设单位统计资料和施工企业提供的有关成本核算资料中的数据。

2) 主要技术经济指标,包括单位面积造价、单位生产能力、单位投资增加的生产能力(如:t/万元)、单位生产成本和投资回收年限等反映投资效果的综合性指标。

3) 基建支出,是指建设项目从开工起至竣工止发生的全部基建支出。包括形成资产价值的交付使用资产,即固定资产、流动资产、无形资产、递延资产支出,以及不形成资产价值按规定应核销的非经营性项目的待核销基建支出和转出投资。

4) 收尾工程是指全部工程项目验收后还遗留的少量收尾工程。在此表中应明确填写收尾工程内容、完成时间,尚需投资额(实际成本),可根据具体情况进行并加以说明,完工后不再编制竣工决算。

大、中型建设项目概况表 **表 8-3**

建设项目(单项工程)名称		建设地址							项 目	概算	实际	主要指标
主要设计单位		主要施工企业							建筑安装工程			
占地面积(m^2)	计划	实际	总投资(万元)	设 计		实 际		基建支出	设备 工具 器具			
				固定资产	流动资金	固定资产	流动资金		待摊投资 其中:建设单位管理费			
新增生产能力	能力(效益)名称		设计	实 际					其他投资			
									待核销基建支出			
建设起止时间	设计	从 年 月开工至 年 月竣工							非经营项目转出投资			
	实际	从 年 月开工至 年 月竣工							合计			
设计概算批准文号								主要材料消耗	名 称	单 位	概算	实际
完成主要工程量	建筑面积(m^2)		设备(台套吨)						钢材	t		
	设计	实际	设 计		实 际				木材	m^3		
									水泥	t		
收尾工程	工程内容		投资额		完成时间			主要技术经济指标				

(3) 大、中型建设项目竣工财务决算表

此表反映建设项目的全部资金来源和资金占用(支出)情况，是考核和分析投资效果的依据。该表是采用平衡表形式，即资金来源合计等于资金占用(支出)合计，格式见表 8-4。

大、中型建设项目竣工财务决算表 单位:元 **表 8-4**

资金来源	金额	资金占用	金额	补充资料
一、基建拨款		一、基本建设支出		1. 基建投资借款期末余额
1. 预算拨款		1. 交付使用资产		
2. 基建基金拨款		2. 在建工程		2. 应收生产单位投资借款期末数
3. 进口设备转账拨款		3. 待核销基建支出		
4. 器材转账拨款		4. 非经营项目转出投资		3. 基建结余资金
5. 煤代油专用基金拨款		二、应收生产单位投资借款		
6. 自筹资金拨款		三、拨付所属投资借款		
7. 其他拨款		四、器材		
二、项目资本		其中:待处理器材损失		
1. 国家资本		五、货币资金		
2. 法人资本		六、预付及应收款		
3. 个人资本		七、有价证券		

续表

资金来源	金额	资金占用	金额	补充资料
三、项目资本公积		八、固定资产		
四、基建借款		固定资产原值		
五、上级拨入投资借款		减:累计折旧		
六、企业债券资金		固定资产净值		
七、待冲基建支出		固定资产清理		
八、应付款		待处理固定资产损失		
九、未交款				
1. 未交税金				
2. 未交基建收入				
3. 未交基建包干节余				
4. 其他未交款				
十、上级拨入资金				
十一、留成收入				
合　计		合　计		

1) 资金来源包括基建拨款、项目资本金、项目资本公积金、基建借款、上级拨入投资借款、企业债券资金、待冲基建支出、应付款和未交款以及上级拨入资金和企业留成收入等。

2) 资金占用(支出)反映建设项目从开工准备到竣工全过程的资金支出的全面情况。

3) 补充资料的“基建投资借款期末余额”是指建设项目竣工时尚未偿还的基建投资借款数,应根据竣工年度资金平衡表内的“基建借款”项目期末数填列;“应收生产单位投资借款期末数”,应根据竣工年度资金平衡表内的“应收生产单位投资借款”项目的期末数填列;“基建资金结余资金”是指竣工时的结余资金,应根据竣工财务决算表中有关项目计算填列,基建结余资金计算公式为:

$$\text{基建结余资金} = \text{基建拨款} + \text{项目资本} + \text{项目资本公积金} + \text{基建借款} + \text{企业债券资金} + \text{待冲基建支出} - \text{基本建设支出} - \text{应收生产单位投资借款}$$

(4) 大、中型建设项目交付使用资产总表

交付使用资产总表是反映建设项目建成后,交付使用新增固定资产、流动资产、无形资产和递延资产的全部情况及价值,作为财产交接、检查投资计划完成情况和分析投资效果的依据。格式见表8-5。

大、中型建设项目交付使用资产总表　　单位:元　　**表8-5**

单项工程项目名称	总　计	固　定　资　产					流动资产	无形资产	递延资产
		建筑工程	安装工程	设　备	其　他	合　计			
1	2	3	4	5	6	7	8	9	10

交付单位盖章　　年　月　日　　　　接收单位盖章　　年　月　日

（5）建设项目交付使用资产明细表

大、中型和小型建设项目均要填列此表，该表是交付使用财产总表的具体化，反映交付使用固定资产、流动资产、无形资产和递延资产的详细内容，是使用单位建立资产明细账和登记新增资产价值的依据。表中固定资产部分要逐项盘点填列；工具、器具和家具等低值易耗品，可分类填列。各项合计数应与交付使用资产总表一致。格式见表8-6。

建设项目交付使用资产明细表　　**表8-6**

单项工程项目名称	建筑工程			设备、工具、器具、家具						流动资产		无形资产		递延资产	
	结构	面积(m^2)	价值（元）	名称	规格型号	单位	数量	价值（元）	设备安装费（元）	名称	价值（元）	名称	价值（元）	名称	价值（元）
合　计															

交付单位盖章　　年　月　日　　　　　接收单位盖章　　年　月　日

（6）小型建设项目竣工财务决算总表

该表是大、中型建设项目概况表与竣工财务决算表合并而成的，主要反映小型建设项目的全部工程和财务情况。格式见表8-7。

3. 建设工程竣工图

建设工程竣工图是真实地记录各种地上地下建筑物、构筑物等情况的技术文件，是工程进行交工验收、维护改建和扩建的依据，是国家的重要技术档案。

工程竣工图由施工单位根据国家规定的要求提出。

4. 工程造价比较分析

经批准的概、预算是考核实际建设工程造价的依据，在分析时，可将决算报表中所提供的实际数据和相关资料与批准的概预算指标进行对比，以反映出竣工项目总造价的单方造价是节约还是超支，在比较的基础上，总结经验教训，找出原因，以利改进。侧重分析以下内容：

（1）主要实物工程量比较分析

概预算编制的主要实物工程量的增减，必然使工程概预算造价和竣工决算实际工程造价随之增减。因此，要认真对比分析和审查建设项目的建设规模、结构、标准、工程范围等是否遵循批准的设计文件规定，其中有关变更是否按照规定的程序办理的，它们对造价的影响如何。对实物工程量出入较大的项目，还必须查明原因。

（2）主要材料消耗量比较分析

按照竣工决算表中所列三大材料实际超概算的消耗量，查清是在哪一个环节超出量最大，并查明超额消耗的原因。

（3）其他费用比较分析

建设单位管理费、建筑安装工程其他直接费、现场经费和间接费。要根据竣工决算报表中所列的建设单位管理费与概预算所列的建设单位管理费数额进行比较，确定其节约或超支数额，并查明原因。

小型建设项目竣工财务决算总表 表 8-7

<table>
<tr><td>建设项目名称</td><td colspan="2"></td><td>建设地址</td><td colspan="4"></td><td colspan="2">资　金　来　源</td><td colspan="2">资　金　运　用</td></tr>
<tr><td>初步设计概算批准文号</td><td colspan="7"></td><td>项　目</td><td>金额(元)</td><td>项　目</td><td>金额(元)</td></tr>
<tr><td rowspan="3">占地面积</td><td>计　划</td><td>实　际</td><td rowspan="3">总投资(万元)</td><td colspan="2">计　划</td><td colspan="2">实　际</td><td>一、基建拨款
其中:预算拨款</td><td></td><td>一、交付使用资产</td><td></td></tr>
<tr><td rowspan="2"></td><td rowspan="2"></td><td>固定资产</td><td>流动资金</td><td>固定资产</td><td>流动资金</td><td>二、项目资本</td><td></td><td>二、待核销基建支出</td><td></td></tr>
<tr><td></td><td></td><td></td><td></td><td>三、项目资本公积</td><td></td><td>三、非经营项目转出投资</td><td></td></tr>
<tr><td rowspan="2">新增生产能力</td><td colspan="2">能力(效益)名称</td><td>设计</td><td colspan="4">实　际</td><td>四、基建借款</td><td></td><td rowspan="2">四、应收生产单位投资借款</td><td rowspan="2"></td></tr>
<tr><td colspan="2"></td><td></td><td colspan="4"></td><td>五、上级拨入借款</td><td></td></tr>
<tr><td rowspan="2">建设起止时间</td><td colspan="2">计　划</td><td colspan="5">从　年　月开工至　年　月竣工</td><td>六、企业债券资金</td><td></td><td>五、拨付所属投资借款</td><td></td></tr>
<tr><td colspan="2">实　际</td><td colspan="5">从　年　月开工至　年　月竣工</td><td>七、待冲基建支出</td><td></td><td>六、器材</td><td></td></tr>
<tr><td rowspan="8">基建支出</td><td colspan="3">项　目</td><td colspan="2">概算(元)</td><td colspan="2">实际(元)</td><td>八、应付款</td><td></td><td>七、货币资金</td><td></td></tr>
<tr><td colspan="3">建设安装工程</td><td colspan="2"></td><td colspan="2"></td><td rowspan="3">九、未交款
其中:未交基建收入
未交包干收入</td><td rowspan="3"></td><td>八、预付及应收款</td><td></td></tr>
<tr><td colspan="3">设备　工具　器具</td><td colspan="2"></td><td colspan="2"></td><td>九、有价证券</td><td></td></tr>
<tr><td colspan="3">待摊投资
其中:建设单位管理费</td><td colspan="2"></td><td colspan="2"></td><td>十、原有固定资产</td><td></td></tr>
<tr><td colspan="3">其他投资</td><td colspan="2"></td><td colspan="2"></td><td>十、上级拨入资金</td><td></td><td></td><td></td></tr>
<tr><td colspan="3">待核销基建支出</td><td colspan="2"></td><td colspan="2"></td><td>十一、留成收入</td><td></td><td></td><td></td></tr>
<tr><td colspan="3">非经营性项目转出投资</td><td colspan="2"></td><td colspan="2"></td><td></td><td></td><td></td><td></td></tr>
<tr><td colspan="3">合　计</td><td colspan="2"></td><td colspan="2"></td><td>合　计</td><td></td><td>合　计</td><td></td></tr>
</table>

第二节　工程竣工结算及其审查与审计

一、工程竣工结算

工程竣工结算是由施工单位按照施工承包合同规定的任务,完成全部承包工程,通过验收质量合格并符合合同要求之后,向建设单位进行的最终工程价款结算。

对监理单位来说,是遵照委托监理合同的要求,在工程竣工验收后对工程结算的审查。这是工程施工阶段投资控制最重要的工作,直接影响工程造价和资金的支付。

国外的监理公司往往是自己编制工程竣工结算,与施工单位送审的工程结算核实准确后,提供业主作为支付工程结算金额的依据。

我国有的监理公司亦有以自编的工程结算书,作为审核施工单位送审结算书的基础。其优点是审核质量高,审核人不受施工单位造价师的思路、格式、内容的限制和影响。实际上,目前使用计算机编制结算书,只要平时积累的有关造价的信息数据齐全、准确、有据,编制结算的工作量不大,但是与施工单位结算书核对的工作则较费时间。

工程竣工结算是以施工承包合同中明确的本工程结算的计算方式、方法,对在施工过程中由于设计变更与实际计量值进行的调整,包括经业主同意,并经监理公司审核过的一切调整值,计算出本工程竣工结算总造价。再扣除预付款已结算支付的工程进度款及保修金后,得出本工程结算后尚需支付的工程价款。

监理工程师经详细计算、审核结算价款,并经双方确认和业主签认后作为竣工结算依据。

(一) 监理工程师必须掌握有关竣工结算的若干规定

1. 工程竣工验收报告经发包方认可后 28 天内,承包方向发包方递交竣工结算报告及完整的结算资料,双方按照协议书约定的合同价款及专用条款约定的合同价款调整内容,进行工程竣工结算。

2. 发包方收到承包方递交的竣工结算报告及结算资料后 28 天内进行核实,给予确认或者提出修改意见。发包方确认竣工结算报告后通知经办银行向承包方支付工程竣工结算价款。承包方收到竣工结算价款后 14 天内将竣工工程交付发包方。

3. 发包方收到竣工结算报告及结算资料后 28 天内无正当理由不支付工程竣工结算价款,从第 29 天起按承包方同期向银行贷款利率支付拖欠工程价款的利息,并承担违约责任。

4. 发包方收到竣工结算报告及结算资料后 28 天内不支付工程竣工结算价款,承包方可以催告发包方支付结算价款。发包方在收到竣工结算报告及结算资料后 56 天内仍不支付的,承包方可以与发包方协议将该工程折价,也可以由承包方申请人民法院将该工程依法拍卖,承包方就该工程折价或者拍卖的价款优先受偿。

5. 工程竣工验收报告经发包方认可后 28 天内,承包方未能向发包方递交竣工结算报告及完整的结算资料,造成工程竣工结算不能正常进行或工程竣工结算价款不能及时支付,发包方要求交付工程的,承包方应当交付;发包方不要求交付工程的,承包方承担保管责任。

6. 发包方和承包方对工程竣工结算价款发生争议时,按争议的约定处理。

在实际工作中,当年开工、当年竣工的工程,只需办理一次性结算。跨年度的工程,在年终办理一次年终结算,将未完工程结转到下一年度,此时竣工结算等于各年度结算的总和。

(二) 竣工结算与施工图预算的区别

以施工图预算为基础编制竣工结算时，在项目划分、工程量计算规则、定额使用、费用计算规定、表格形式等方面都是相同的，其不同方面有：

1. 施工图预算在工程开工前编制，而竣工结算在工程竣工后编制。

2. 施工图预算依据施工图编制，而竣工结算依据竣工图编制。

3. 施工图预算一般不考虑施工中的意外情况，而竣工结算则会根据施工合同规定增加一些施工过程中发生的签证(如停水、停电、停工待料、施工条件变化等)费用。

4. 施工图预算要求的内容较全面，而竣工结算以货币量为主。

(三) 竣工结算的作用

1. 竣工结算是施工单位与建设单位结清工程费用的依据。施工单位有了竣工结算就可向建设单位结清工程价款，以终结建设单位与施工单位之间的合同关系和经济责任。

2. 竣工结算是施工单位考核工程成本，进行经济核算的依据。施工单位统计年竣工建筑面积，计算年完成产值，进行经济核算，考核工程成本时，都必须以竣工结算所提供的数据为依据。

3. 竣工结算是施工单位总结和衡量企业管理水平的依据。通过竣工结算与施工图预算的对比，能发现竣工结算比施工图预算超支或节约的情况，可进一步检查和分析这些情况所造成的原因。因此，建设单位、设计单位和施工单位，可以通过竣工结算，总结工作经验和教训，找出不合理设计和施工浪费的原因，逐步提高设计质量和施工管理水平。

4. 监理单位与建设单位从竣工结算与施工图预算的对比中可以发现由于设计变更、预算外签证等，在施工过程中额外支付发生的款项。从中可以总结管理与监理工作经验。

5. 通过上级部门对经监理单位审查的竣工结算的审计，可以发现监理单位的审查质量，从中吸取经验和教训。

二、竣工结算编制

以施工图预算为基础编制竣工结算。在施工图预算编制后，由于工程施工过程中，经常会发生增减变更，因而会影响工程的造价。因此，在工程竣工后，一般都以施工图预算为基础，再加上增减变更因素来编制竣工结算书。

(一) 竣工结算编制依据

1. 施工图预算。指由施工单位、建设单位双方协商一致，并经监理单位审定的施工图预算。

2. 图纸会审纪要。指图纸会审会议中对设计方面有关变更内容的决定。

3. 设计变更通知单。必须是在施工过程中，由设计单位提出的设计变更通知单，或结合工程的实际情况需要，由建设单位提出设计修改要求后，经设计单位同意的设计修改通知单。

4. 施工签证单或施工记录。凡施工图预算未包括，而在施工过程中实际发生的工程项目(如树木草根清除、古墓处理、淤泥垃圾土挖除换土、地下水排除、因图纸修改造成返工等)，要按实际耗用的工料，由施工单位作出施工记录或填写签证单，经监理单位审定签证后方为有效。

5. 工程停工报告。在施工过程中，因材料供应不上或因改变设计、施工计划变动、工程下马等原因，导致工程不能继续施工时，其停工时间在1天以上者，均应由监理人员填写停工报告。

6. 材料代换与价差。材料代换与价差，必须要有经过建设单位同意认可的原始记录方为有效。

7．工程合同。施工合同规定了工程项目范围、造价数额、施工工期、质量要求、施工措施、双方责任、奖罚办法等内容。

8．竣工图。

9．工程竣工报告和竣工验收单。

10．有关定额、费用调整的补充项目。

（二）竣工结算编制内容

竣工结算按单位工程编制。一般内容如下：

1．竣工结算书封面。封面形式与施工图预算书封面相同，要求填写工程名称、结构类型、建筑面积、造价等内容。

2．编制说明。主要说明施工合同有关规定、有关文件和变更内容等。

3．结算造价汇总计算表。竣工结算表形式与施工图预算表相同。

4．汇总表的附表。包括：工程增减变更计算表；材料价差计算表；建设单位供料计算表等内容。

5．工程竣工资料。包括竣工图、各类签证、核定单、工程量增补单、设计变更通知单等。

（三）竣工结算编制方法

竣工结算以施工图预算为基础编制的情况下，通常有以下三种编制方法：

1．原施工图预算增减变更合并法。此种方法适用于工程竣工时变更项目不多的单位工程。竣工结算的编制方法是：维持原施工图预算不动，将应增减的项目算出价值，并与原施工图预算合并即可。

2．分部分项工程重列法。此种方法适用于工程竣工时变更项目较多的单位工程。由于大部分分项工程的工程量和单价都有变化，因此，将原施工图预算的各分部分项工程进行重新排列，按施工图预算的形式，编制出竣工结算书。监理单位编制的竣工结算，可采用此法。

3．跨年工程竣工结算造价综合法。此种方法适用于有中间结算的跨年度单位工程。将各年度的结算额加以合并，即可形成全面的竣工结算书。

（四）竣工结算编制步骤

1．收集整理原始资料。原始资料是编制竣工结算的主要依据，必须收集齐全，除平时积累外，尚应在编制前做好调查、整理、核对工作。只有具备了完整的原始资料后，才能开始编制竣工结算。原始资料调查包括：原施工图预算中的分项工程是否全部完成；工程量、定额、单价、合价、总价等各项数值有无错漏；施工图预算中的暂估单价，在竣工结算时是否核实；分包结算与原施工图预算有无矛盾等。

2．了解工程施工和材料供应情况。了解工程开工时间、竣工时间、施工进度、施工安排和施工方法，校核材料供应方式、数量和价格。

3．调整计算工程量。根据工程变更通知、验收记录、材料代用签证等原始资料，计算出应增加或应减少的工程量。如果设计变动较多，设计图纸修改较大，可以重新计算工程量。

4．选套预算定额单价，计算竣工结算费用。单位工程竣工结算的直接费，一般由下列三部分内容组成：

（1）原施工图预算直接费；

（2）调增部分直接费 $=\Sigma$ 调增部分的工程量 $\times$ 相应预算单价；

(3) 调减部分直接费 = Σ 调减部分的工程量 × 相应预算单价。

单位工程竣工结算总直接费 = 原施工图预算直接费 + 调增部分直接费 − 调减部分直接费

单位工程竣工结算总造价 = 竣工结算总直接费 + 竣工结算综合间接费 + 材料价差 + 税金

(五) 竣工结算编制的注意点

1. 要对施工图预算中不真实项目进行调整。通过了解设计变更资料,寻得原预算中已列但实际未做的项目,并从原预算中扣减出去。

2. 要计算由于政策性变化而引起的调整性费用。工程结算期内常遇到如间接费率的变化、材差系数的变化、人工工资标准的变化等,而引起费用的调整。

3. 要按实计算大型施工机械进退场费。编制预算时是按施工组织设计中确定的大型施工机械或预算规定费用计算施工机械进退场费,结算时应按工程施工时实际进场的机械类型计算进退场费。但招标投标工程应按施工合同规定办理。

4. 要调整材料用量。材料用量出现变化的原因,一是设计变更引起工程量的增减;二是施工方法不同及材料类型不同,都会导致材料数量的变化,因而结算时要调整增减材料的用量。

5. 要按实计算材料价差。一般情况下,三大材料和某些特殊材料均由建设单位委托施工单位采购供应,编制预算时是按定额预算价格、预算指导价或暂估价确定工程造价的,而结算时应如实计取,按结算时确定的材料预算用量和实际价格,逐项进行材料价差计算。

6. 要确定由建设单位供应材料部分的实际供应量和预算需要量。建设单位供应材料部分的实际供应量,是指由建设单位购置材料并转给施工单位使用的实际数量。而材料的实际需要量是指依据材料分析,完成工程施工所需的材料应有预算数量。如果上述两者间存在数量差,则应如实进行处理,既不超供也不短缺。

7. 要计算因施工条件改变而引起的费用变化。编制预算时是按施工组织设计要求计算的有关施工费用,但实际施工时却因施工条件和施工方式有变化,则有关费用要按合同规定和实际情况进行调整。

三、竣工结算的审查

竣工结算审查是监理公司在施工阶段造价控制中要严守的最后一关,一经审定,即是本工程资金支付的依据,应严格把住。根据笔者审查竣工结算的实践,每次审查的核减率至少有百分之几,甚至个别的达两位数的核减率。可见审查的重要性。竣工结算审核的主要内容如下:

(一) 送审结算与承包合同是否一致

必须遵照施工承包合同要求完成全部工程,并验收合格后才能列入竣工结算。应按施工承包合同约定的结算方法、计价定额、取费标准、材料价格和优惠条款等,对工程竣工结算进行审查。若发现结算方法等与合同条款有不一致之处,或有漏洞,应予指出并更正。若涉及面较大,差错较多,则请施工承包单位重新更正后再提交。

(二) 检查所有隐蔽工程验收记录、资料

凡隐蔽工程必须经监理工程师签证确认,验证全部有关隐蔽工程并填表、记录,证明隐蔽工程验收手续完整,其工程量与竣工图一致,施工单位方可列入结算。

(三) 检查设计变更的全部资料

这是一项在结算审查中工作量较大的工作。由原设计单位出具设计变更通知单和修改图纸,设计、校审人员须签字并加盖公章,经建设单位和监理工程师审查同意、签证。对重大设计变更应经原审批部门再审批,由监理工程师审查所有设计变更资料齐全后,施工单位方能将设计变更后所调整的工程量、费用列入结算。必须指出:应扣除原设计中已计入的相关部分的工程量及费用,再加入设计变更后的相关工程量和费用。需列表将其有关数据,十分清晰地一一列出,使审查人一目了然。如果审查人发现不明的数据,必须查明清楚。

(四) 审查施工过程中全部签证项目

在整个施工过程中必然会发生许多合同及预算以外的工程与活动。事先必须由监理工程师、业主审批、签证。施工单位在结算中搜集、列入,监理工程师要逐一查清,如果发现以前的错误,尚可在审查结算中予以纠正。

(五) 分部分项工程按图逐一核实工程量

竣工结算的工程量应依据竣工图、设计变更和现场签证等逐项进行核查,并按国家统一规定的计算工程量规则计算,不得遗漏。特别应指出的是钢筋含量应按图计算。但是施工单位自行增加的工程量,不得纳入结算工程量。

审查工程量的工作量较大,容易忽视,直接影响审查结算的质量。

(六) 审核定额单价

按分部分项逐项审核单价,按施工承包合同约定的单价条款或招标投标文件规定的计价定额与计价原则执行。特别是经换算的、原定额中缺项而增补的、按市场材料价更新的单价,更要格外注意。

(七) 审查材料价格及非标准取费

按照施工承包合同规定各类材料的计价方法,核对相关材料单价。此外,结算中必然会产生若干其他项、非标准规定的额外费用。如果在施工承包合同中有所规定,则按合约取费,若是在施工承包合同中未涉及或混淆的条款,就要严格核实,决不能放松,特别是必须由业主签批的款项,一定要履行签批手续,监理工程师要严格把关。

(八) 审核间接费的款项

间接费按政府规定的现行取费标准计取、审核。先审核各项费率、价格指数或换算系数是否符合要求,再核实特殊费用和计算程序,要注意各项费用的计取基数。

(九) 核实全部计算数据在运算中的误差

工程竣工结算的子目多、篇幅大、时间间隔长,往往会有在运算过程中产生的计算误差,故审查人应认真核算,防止因计算误差而多算或少算,凡手算的数据必须核查。

四、工程施工结算的审计

审核施工结算是施工阶段造价控制的关键工作。经验丰富并严谨的业主,在竣工验收之后不直接按监理单位审查认可的工程结算与承包人结算,而是将经监理单位审核的结算,再委托社会审计单位或业主上级指定的审计单位审计,按审计的结果与承包人结算。这是极好的过程。如果监理单位的审核工作过硬,则审计中亦不会有差错可寻,这是对监理单位造价控制的检查与复验,对保证工程结算的精确度的提高极有好处。业主与监理单位应欢迎审核后的再审计,从中可提高结算审核业务水平。

(一) 工程施工结算审核后再审计的必要性

1. 审计是一种具有独立性的经济监督活动。政府审计机关和社会审计单位都可以对已审核的工程施工结算进行审计。

2. 由政府审计机关或社会审计单位,根据国家法律以及财政经济规章,运用专门的方法,对被审单位的会计记录、会计报表和其他有关经济资料以及它们所反映的经济活动进行调查、分析和研究,以确定其真实性、合法性和效益性。

3. 通过审计,对被审计单位作出客观、公正的评价,并根据审查结果出具报告书或证明书,以达到维护国家利益、严肃财经法纪、提高经济效益、维护被审计单位权益的目的。

4. 审计具有独立性和权威性。政府审计机关作出的审计结论和决定具有强制性;社会审计单位的审计结论则不具有强制性,但只要结论正确、业主认可、承包单位接受、同意,业主即可以与承包人结算。

(二) 施工结算监理审核和审计的共同点

无论是监理单位还是社会审计单位,都是技术服务性单位,对被审计方来说,都是第三方。两者都要接受业主的委托(政府审计机关的审计不需要委托)并签订书面委托合同后,方可对工程结算进行审核或审计。审核或审计的依据都包含:国家或地方现行的法律、法规、工程承发包合同以及工程实际完成的情况。

(三) 施工结算,监理审核和审计的不同点

如表 8-8 所示。

施工结算、监理审核与审计的不同点　　**表 8-8**

序号	审核、审计不同点	监理单位审核	审计单位审计
1	依据不同	监理单位对施工结算的审核,最直接的依据是工程承包合同,尤其是投标书单价、材料设备的价格及其组成,完成的工程数量和质量,工程变更、工程索赔,以及工程进展期间双方履行合同的有关情况等	审计的主要依据则是国家、地方有关部门颁发的各种财经制度规章、工程规范、定额、工程数量质量及各种手续和资料等
2	方式不同	监理单位审核是在工程从承包合同生效开始,直到工程竣工验收甚至保修阶段结束为止。在工程各施工过程均按合同完成之后,将工程的各期付款汇总并进行总体审查,该增的增,该减的减。期间与业主和承包人可以随时沟通	审计单位对施工结算的审计,一般是在工程竣工验收之后,在监理对施工单位提交的施工结算审核并签字的基础上进行的,在审核过程中,对资料和实物进行核对,与被审计单位较少接触
3	深度不同	监理活动贯穿于整个施工过程之中,监理对工程中出现的各种现象能得到及时清楚的掌握,责任是非明确,亲自处理承包合同双方发生的争议,对合同的理解和掌握尺度比较得当。遇到工程量的增减、工程变更的价格、计量方法、索赔、反索赔等情况,都能及时解决。这些情况反映到结算资料中,都能丝毫不差的表达出来,对隐蔽工程部分的工程计量签证,监理单位完全掌握	审计单位只能以监理单位提供的资料作为主要凭据。而资料的准确性主要取决于监理和承包人,审计结果是以他人提供的数据为依据
4	法律效力不同	《建设工程质量管理条例》第五章第三十七条规定:未经总监理工程师签字,建设单位不拨付工程款,不进行竣工验收;《工程建设监理规定》第五章第二十五条规定:总监理工程师在授权范围内发布有关指令,签认所监理的工程项目有关的支付凭证。项目法人不得擅自更改总监理工程师的指令;总监理工程师审核并签署的工程结算是业主向承包人结算的依据	社会审计单位作出的施工结算审计不具有处理权,即对结算的处理权还在业主。但是,只要是社会审计单位对施工结算审计的成果是正确、有理、有据的,必然会得到业主、监理单位和承包商的认可。必须指出:审计单位的对施工结算审计,包括对结算的核增,理应正确处理

(四) 提高工程施工结算审计质量要点

1. 结算资料的真实性、准确性和完整性

这是结算审计的关键。监理单位提出经严格审核的结算文件,只要结算资料确切、完善,应是零审计。但监理单位要正确对待审计单位所提出的问题,使最终结算精益求精,从中不断提高结算审核、审计质量。

2. 参与审计人员的数量和素质

审计人员的素质、水平,直接影响审计质量,特别是专业人员配置全面,只要认真负责,将万无一失,任何细节、差错都会审得一清二楚。业主如果能优选到这种审计单位来把关,必将降低项目投资。

3. 采用科学的审计技术和先进的方法

审计单位在经历无数工程项目审计,积累大量数据、经验,给予分门别类加以分析与归纳,从中找出规律,并应用计算机辅助管理,非但加速审计亦可提高质量。

4. 保证工程审计时间和条件

业主及施工单位等要给予科学、充足的审计时间,不能过于紧迫,并予以密切配合,提供一切完整的资料,以保证审计质量。

5. 审计取费方式

目前审计单位有三种取费方式:

(1) 只收取核减、核增量相应费率的酬金

任何一个送审计的项目结算,经审计单位审核后,按审计结果核减及核增金额数量,分别向业主及承包单位按规定费率收取酬金。如果零核减、核增,则分文不收。

(2) 按送审项目总造价的规定费率取费

不论对送审的结算有无核减、核增,均一律按规定费率收取酬金。

(3) 既按总造价收取酬金,若有核减、核增,再另外加收增、减的酬金。

也就是(1)、(2)方式的合并,双重收费,这种取费形式目前最多。

在上述三种方式中显然第(1)种方式最好,但还得对费率再作比较。不过最主要的还是审计的质量水平、公正和责任性。

无论是审计中核减、核增的项目和金额,最终要得到业主和承包商的认可。对于会引起争执的问题,相当于处理一项索赔,决非轻而易举地就能收效。因此,要在相应的合同条款中予以尽可能详细阐明可能会产生纠纷的内容。

(五) 在合同中要阐明有关审计问题

对施工结算予以审计,可以防止或减少监理结算审核中的错漏,特别是防止监理单位和施工单位之间的某些不正当行为,使业主会更加放心。

由于大部分业主按审计结果与承包人结算,是把经监理审核签字后的结算提交审计,所以十有八九经审计的结算数额会小于监理核定的结算数额。究竟按监理结果还是按审计结果与承包人结算,这就得事前在监理合同、施工承包合同中予以写明。显然,在取得当事人双方对审计的认可后,必然按最合理的结论支付。

如要审计,则应像仲裁一样,审计单位要经承发包双方同意,并在合同中加以约定。对一些重大的或特别的项目宜由权威机构进行审计。

经审计单位审计的结果,并经有关方确认以后,作为对监理单位或监理工程师的考评内

容之一。这样可促使监理单位更加重视内部管理和监理工程师业务水平的提高,也促使监理工程师自身不断提高综合素质。

第三节　建设项目后评估

一、建设项目后评估概念

建设项目后评估就是检查项目预期的目标是否达到,项目是否合理有效,项目的主要效益指标是否实现;通过分析评价,找出成败的原因,总结经验教训;并通过及时有效的信息反馈,为未来新项目的决策和提高投资决策管理水平提出建议;同时也为项目实施运营中出现的问题提出改进建议,从而达到提高投资效益的目的。

(一) 项目后评估的目的

1. 项目后评估与项目决策阶段评估的比较

项目后评估是在项目建成并投产使用后的一定时间段后,对投资项目的投入与效益进行系统剖析。不仅仅是对财务的评估,而是对项目技术、经济、社会、环境、组织等方面的效益与影响进行全面的科学评估。项目决策阶段评估是为项目前期服务的,是应用评价理论和以往的实践经验、数据和当前实际条件,对项目前景的技术经济预测分析。

项目后评估选择在项目建成一年(或几年)后项目投产达到设计能力时的时间段进行。后评估是依据项目实施中与投产后所发生的实际数据和项目后续若干年限的预测数据,对技术、设计、市场、投资和效益进行系统评价,并与前期的决策评估相呼应、比较、分析,找出其差距的原因和影响因素。

2. 通过项目后评估,总结项目管理的经验教训,提高项目管理水平

投资项目管理是一项十分复杂的活动,它涉及政府主管部门、业主、设计、施工、监理、制造、物资供应、银行等许多部门,只有这些部门密切合作,项目才能顺利进行。项目后评估是通过对已建成项目并投产一时间段,达到设计能力后的实际情况的分析研究,总结项目管理经验,指导未来项目管理活动,从而可以提高项目管理水平。

3. 项目后评估是提高项目决策科学化水平

项目前评估是项目投资决策的依据,但前评估中所作的预测是否准确,需要后评估来检验。通过建立完善的项目后评估制度和科学的方法体系,一方面可以增强前评估人员的责任感,促使评估人员努力做好前评估工作,提高项目预测的准确性;另一方面可以通过项目后评估的反馈信息,及时纠正项目决策中存在的问题,从而提高未来项目决策的科学化水平。

4. 项目后评估为制定投资计划提供依据

通过项目后评估能够发现项目投资管理中的不足,从而可及时地修正某些不适应经济发展的技术政策,修订某些已经过时的指标参数。同时,还可以根据后评估所反馈的信息,合理确定投资规模和投资流向,协调各部门之间及其内部的各种关系,并运用法令、法规、制度和机构,促进投资项目的良性循环。

5. 项目后评估对项目建成后的经营管理进行诊断,提出完善项目经营管理的建议方案

项目后评估是在项目运营阶段进行的,因而可以分析和研究项目投产初期和达产时期的实际情况,比较实际情况与预测情况的偏离程度,探索产生偏差的原因,提出切实可行的措施,从而促使项目运营状态正常化,充分发挥项目的经济效益和社会效益。

(二) 项目后评估的时间段

项目自开工后至项目的寿命期末这一时间区段内,按实施过程期间、项目竣工后、项目达到设计能力后三个阶段进行后评估。

1. 项目实施过程期间的后评估

从项目开工以后至项目竣工前这一时间段,即项目实施过程期间所发生事件的事后,由独立机构(如项目管理公司)进行的后评估。评估的主要目的是:

(1) 检查评价项目实施状况(包括进度、质量、费用等);

(2) 评价项目在建设过程中的重大变更(如项目的产品市场发生变化、概算调整、重大方案变化等)及其对项目效益的作用和影响;

(3) 诊断项目实施过程中发生的重大困难和问题,寻求对策和出路等。

2. 项目竣工的后评估

即项目实施终期的后评估,它是指在项目投资结束,各项工程建设竣工,项目的生产效果已初步显现时进行的一次较为全面的评价。是对项目建设全过程的总结和对项目效益实现程度的评判,其内容主要是:

(1) 项目选定的准确性及其经验、教训的分析;

(2) 项目目标的制定是否适当;

(3) 项目采用的技术是否适用;

(4) 项目组织机构和管理是否有效;

(5) 项目市场分析是否充分、全面;

(6) 项目财务和经济分析是否符合实际;

(7) 项目产生的社会影响,预期目标的实现情况,预期目标的有效程度等。

3. 项目达到设计能力的事后评估

是指在项目效益得到充分正常发挥后(一般投资完成5~10年后)直到项目寿命期整个运营阶段中任何一个时段,对项目所产生影响进行的评价。侧重于对项目长期目标的评价,通过调查项目的实际运营状况,衡量项目的实际投资效益,评价项目的发展趋势和对社会、经济及环境的影响;同时发现项目运营过程中在经营和管理方面的问题,提出改进措施,充分发挥项目的潜力。

(三) 项目后评估的程序

由于建设项目的规模大小、复杂程度的不同,每个项目后评估的具体工作程序也存在一定的差异。一般项目的后评估都遵守一个客观的、循序渐进的基本程序。

1. 提出问题。明确项目后评估的具体对象、阶段、评估目的及具体要求。

2. 筹划准备。问题提出后,项目后评估的提出单位或者委托其他单位进行项目后评估,或者自己组织实施。筹划准备阶段的主要任务是组建一个后评估领导小组,并按委托单位的要求制订一个周详的项目后评估计划。

3. 深入调查,搜集资料。主要任务是制订详细的调查提纲,确定调查对象和调查方法并开展实际调查工作,收集后评估所需要的各种资料和数据。

4. 分析研究。围绕项目后评估内容,采用定量分析和定性分析方法,发现问题,提出改进措施。

5. 编制项目后评估报告。将分析研究的成果汇总,编制出项目后评估报告,并提交给委托单位和被评估单位。

二、项目后评估的内容

(一) 项目目标的评估

评定项目立项时所预定的目标的实现程度,是项目后评估的主要任务。项目后评估要对照原定目标所需完成的主要指标,根据项目实际完成情况,评定项目目标的实现程度。如果项目的预定目标未全面实现,需分析未能实现的原因,并提出补救措施。目标评估的另一项任务,是对项目原定目标的正确性、合理性及实践性进行分析评价。有些项目原定的目标不明确,或不符合实际情况,项目实施过程中可能会发生重大变化,如政策性变化或市场变化等,项目后评估要给予重新分析和评价。

(二) 项目实施过程评估

项目的实施过程评估应对立项评估或可行性研究时所预计的情况与实际执行情况进行比较和分析,找出差别,分析原因。过程评估一般要分析以下几个方面:

1. 项目的立项、准备的评估;
2. 项目的内容和建设规模;
3. 项目进度和实施情况;
4. 项目投资控制情况;
5. 项目质量和安全情况;
6. 配套设施和服务条件;
7. 收益范围与受益者的反映;
8. 项目的管理和机制;
9. 财务执行情况等。

(三) 项目效益评估

项目的效益评估是对项目实际取得的效益进行财务评价和国民经济评价,其评估的主要指标,即内部收益率、净现值及贷款偿还期等反映项目盈利能力和清偿能力的指标,应与项目决策阶段评价一致。但项目后评估采用的数据是实际发生的,而项目决策阶段评价采用的是预测的数据。

(四) 项目影响评估

项目的影响评估内容包括:

1. 经济影响评估。主要分析项目对所在地区、所属行业以及国家所产生的经济方面的影响,包括分配、就业、国内资源成本(或换汇成本)、技术进步等。

2. 环境影响评估。根据项目所在地(或国)对环境保护的要求,评价项目实施后对大气、水、土地、生态等方面的影响,评价内容包括项目的污染控制、地区环境质量、自然资源的利用和保护、区域生态平衡和环境管理等方面。

3. 社会影响评估。对项目在社会的经济、发展方面的效益和影响进行分析,重点评估项目对所在地区和社区的影响,评估内容一般包括贫困、平等、参与、妇女和持续性等。

(五) 项目持续性评估

项目的持续性是指在项目的建设资金投入完成之后,项目的既定目标是否还能继续,项目是否可以持续地发展下去;项目业主是否愿意并可能依靠自己的力量继续去实现既定目标;项目是否具有可重复性,即能否在未来以更先进的方式建设适应时代的新项目。项目持续性评估就是从政府的政策、管理、组织和地方参与、财务因素、技术因素、社会文化因素、环境和生态因素以及其他外部因素等方面来分析项目的持续性。

三、项目后评估的方法

(一) 统计法

项目后评估包括对项目已经发生事实的总结和对项目未来发展的预测。后评估时段前的统计数据是评价对比的基础,后评估时段的数据是评估对比的对象,后评估时段后的数据是预测分析的依据。

1. 统计调查。统计调查是根据研究的目的和要求,采用科学的调查方法,有计划有组织地收集被研究对象的原始资料的工作过程。统计调查是统计工作的基础,是统计整理和统计分析的前提。

统计调查是一项复杂、严肃和技术性较强的工作。每一项统计调查都应事先制定一个指导调查全过程的调查方案,包括确定调查目的;确定调查对象和调查单位;确定调查项目,拟订调查表格;确定调查时间;制定调查的组织实施计划等。

统计调查的常用方法有直接观察法、报告法、采访法和被调查者自填法等。

2. 统计资料整理。统计资料整理是根据研究的任务,对统计调查所获得的大量原始资料进行加工汇总,使其系统化、条理化、科学化,以得出反映事物总体综合特征的工作过程。

统计资料整理分为分组、汇总和编制统计表 3 个步骤。分组是资料整理的前提,汇总是资料整理的中心,编制科学的统计表是资料整理的结果。

3. 统计分析。统计分析是根据研究的目的和要求,采用各种分析方法,对研究的对象进行解剖、对比、分析和综合研究,以揭示事物内在联系和发展变化的规律性。

统计分析的方法有分组法、综合指标法、动态数列法、指数法、抽样和回归分析法、投入产出法等。

4. 预测。预测是对尚未发生或目前还不明确的事物进行预先的估计和推测,是在现时对事物将要发生的结果进行探索和研究。

项目后评估中的预测主要有两种用途:一是对无项目条件下可能产生的效果进行假定的估测,以便进行有无对比;二是对今后效益的预测。

(二) 对比法

1. 前后对比法。前后对比法是指将项目实施前与项目实施后的情况加以对比,以确定项目效益的一种方法。在项目后评估中,它是一种纵向的对比,即将项目前期的可行性研究和项目评估的预测结论与项目的实际运行结果相比较,以发现差异,分析原因。这种对比用于揭示计划、决策和实施的质量,是项目过程评价应遵循的原则。

2. 有无对比法。有无对比是指将项目实际发生的情况与无此项目时可能发生的情况进行对比,以度量项目的真实效益、影响和作用。这种对比是一种横向对比,主要用于项目的效益评价和影响评价。有无对比的目的是要分清项目作用的影响与项目以外作用的影响。

3. 因素分析法。项目投资效果的各种指标,往往都是由多种因素决定的。只有把综合性指标分解成原始因素,才能确定指标完成好坏的具体原因和症结所在。这种把综合指标分解成各个因素的方法,称为因素分析法。运用此法,首先要确定分析指标的因素组成,其次是确定各个因素与指标的关系,最后确定各个因素对指标影响的份额。

4．定量分析与定性分析相结合。定量分析是通过一系列的定量计算方法和指标对所考察的对象进行的分析评估；定性分析是指对无法定量的考察对象用定性描述的方法进行的分析评估。在项目后评价中，应尽可能用定量数据来说明问题，采用定量的分析方法，以便进行前后或有无的对比。但对于无法取得定量数据的评估对象或对项目的总体评估，则应结合使用定性分析。

四、项目后评估的指标计算

项目后评估主要采用指标计算和指标对比两种方法进行分析研究。

就是根据实际数据、预测数据所计算出各种项目后评估指标，与国内外同类项目的相关指标进行对比，以分析本项目的效果。

因此，项目后评估主要是通过计算出一系列指标后所作出的对比、分析，对本项目实施进行的评价，从中找出存在的问题，以求解决。

项目后评估指标，依据项目实施前期与项目正常营运期两个期间内的投资利润率、内部收益率等主要指标来划分，指标计算如表 8-9 所示。

项目后评估指标计算　　**表 8-9**

<table>
<tr><th>序号</th><th>阶段</th><th>指标名称</th><th>计算公式</th><th>指标的含义、作用</th></tr>
<tr><td>1</td><td rowspan="5">项目实施前期</td><td>项目决策周期变化率</td><td>$\frac{\text{实际项目决策周期}-\text{预计项目决策周期}}{\text{预计项目决策周期(月数)}}\times 100\%$</td><td>表示实际项目决策周期与预计项目决策周期相比的变化程度</td></tr>
<tr><td>2</td><td>竣工项目定额工期率</td><td>$\frac{\text{竣工项目实际工期}}{\text{竣工项目定额(计划)工期}}\times 100\%$</td><td>项目实际建设工期与国家统一制定的定额工期的偏离程度</td></tr>
<tr><td>3</td><td>实际建设成本变化率</td><td>$\frac{\text{实际建设成本}-\text{预计建设成本}}{\text{预计建设成本}}\times 100\%$</td><td>项目实际建设成本与预算建设成本的偏离程度</td></tr>
<tr><td>4</td><td>实际工程合格品率</td><td>$\frac{\text{实际单位工程合格品数量}}{\text{验收签定的单位工程总数}}\times 100\%$</td><td>评价建设项目的工程质量</td></tr>
<tr><td>5</td><td>实际投资总额变化率</td><td>$\frac{\text{静态(动态)实际投资总额}-\text{预计静态(动态)投资总额}}{\text{预计静态(动态)投资总额}}\times 100\%$</td><td>反映实际投资总额与项目前评估中预计的投资总额偏差，包括静态投资总额变化率和动态投资总额变化率</td></tr>
<tr><td>6</td><td rowspan="5">项目正常营运期</td><td>实际单位生产能力投资</td><td>$\frac{\text{竣工验收项目(或单项工程)实际投资总额}}{\text{竣工验收项目(或单项工程)实际形成的生产能力}}\times 100\%$</td><td>反映竣工项目的实际投资效果</td></tr>
<tr><td>7</td><td>实际达产年限变化率</td><td>$\frac{\text{实际达产年限}-\text{设计达产年限}}{\text{设计达产年限}}\times 100\%$</td><td>反映实际达产年限与设计达产年限的偏离程度</td></tr>
<tr><td>8</td><td>主要产品价格（成本）变化率</td><td>$\frac{\text{实际产品价格(成本)}-\text{预测产品价格(成本)}}{\text{预测产品价格(成本)}}\times 100\%$</td><td>衡量前评估中产品价格（成本）的预测水平，重新预测项目生命周期内产品价格（成本）变化情况的依据</td></tr>
<tr><td rowspan="2">9</td><td>实际销售利润变化率</td><td>$\frac{\text{各年实际销售利润变化率}}{\text{考核年限}}$</td><td rowspan="2">反映项目实际投资效益并衡量项目实际投资效益与预期投资效益的偏差</td></tr>
<tr><td>各年实际销售利润变化率</td><td>$\frac{\text{该年实际销售利润}-\text{预计年销售利润}}{\text{预计年销售利润}}\times 100\%$</td></tr>
</table>

续表

序号	阶段	指标名称	计算公式	指标的含义、作用
10	项目正常营运期	实际投资利润(利税)率	$\frac{\text{年实际利润(利税)或年平均实际利润(利税)额}}{\text{实际投资额}} \times 100\%$	项目达到设计生产能力后的年实际利润(利税)总额与项目实际投资的比率,反映建设项目投资效果的一个重要指标
11		实际投资利润(利税)年变化率	$\frac{\text{实际投资利润(利税)率} - \text{预测(其他项目)投资利润(利税)率}}{\text{预测(其他项目)投资利润(利税)率}} \times 100\%$	反映项目实际投资利润(利税)率与预测投资利润(利税)率的偏差
12		实际净现值 $RNPV$	$RNPV = \sum_{t=1}^{n}(RCI - RCO)_t(1+i_k)^{-t}$ 式中: RCI——项目实际的或根据实际情况重新预测的年现金流入量; RCO——项目实际的或根据实际情况重新预测的年现金流出量; i_k——根据实际情况重新选定的一个折现率; n——项目生命期; t——考核期的某一具体年份, $t=1, 2\cdots\cdots n$	反映项目生命期内获得能力的动态评价指标,依据项目投产后的年实际净现金流量或根据情况重新预测的项目生命期内各年的净现金流量,并按重新选定的折现率,将各年现金流量折现到建设期的现值之和
13		实际内部收益率 $RIRR$	$\sum_{t=1}^{n}(RCI - RCO)(1+i_{RIRR}) - t = 0$ 式中　i_{RIRR}——以实际内部收益率为折现率	根据实际发生的年净现金流量和重新预测的项目生命周期计算的各年净现金流量现值为零的折现率
14		实际投资回收期 (1)实际静态投资回收期(P_{Rt}) (2)实际动态投资回收期(P'_{Rt})	$\sum_{t=1}^{P_{Rt}}(RCI - RCO)_t = 0$ $\sum_{t=1}^{P'_{Rt}}(RCI - RCO)_t/(1+i_k)^t = 0$	以项目实际产生的净收益或根据实际情况重新预测的项目净收益抵偿实际投资总额所需要的时间,分为实际静态投资回收期和实际动态投资回收期
15		实际借款偿还期 P_{Rd}	$I_{Rd} = \sum_{t=1}^{P_{Rd}}(R_{RP} + D'_R + R_{RO} - R_{Rt})_t$ 式中　I_{Rd}——固定资产投资借款实际本息之和; P_{Rd}——实际借款偿还期; R_{RP}——实际的或重新预测的年利润的总额; D'_R——实际可用于还款的折旧; R_{RO}——年实际可用于还款的其他收益; R_{Rt}——还款期的年实际企业留利	衡量项目实际清偿能力的一个指标,根据项目投产后实际或重新预测可作还款的利润、折旧和其他收益额偿还固定资产实际借款本息所需要的时间

第九章　计算机辅助工程造价管理与控制

第一节　概　述

一、计算机在工程造价管理与控制上的使用

工程造价管理与控制过程中有大量的数据需经过处理，如果单纯依靠人工计算和调整，费时费力，随着计算机硬件与软件技术飞速发展，网络知识的普及，计算机辅助工程造价管理与控制已得到广泛应用。特别是在以下几个方面：

（一）工程造价信息数据管理

工程造价信息数据一般包括建设项目的可行性研究、投资估算、初步设计概算、施工图预算、合同价、结算价和竣工决算的造价资料；另一方面要体现建设项目组成特点，应包括建设项目、单项工程、单位工程的造价资料，也包括新材料、新工艺、新设备的分部分项工程资料。同时还要包括和工程项目有关的各种各样工程信息数据。

1. 通过网络可以收集到有关工程建设的各种各样信息数据，工程项目招投标、政策法规、标准规范、企业资质、材料价格信息等。需要把大量的数据存放在计算机内进行管理。

2. 工程项目实施全过程中需要根据内容变化不断修正工程造价，可以通过计算机对数据进行快速调整，并且对原有各种定额进行修改、补充。形成新的定额以适用于当前的分项工程组成内容。承包商依据自己的施工水平、管理水平和技术水平对企业定额进行修改、补充。使用计算机辅助处理可长期保存企业定额，经过多次的实践积累有利于提高在市场经济中的竞争力。

3. 材料价格是经常变动的，在建安造价中材料费用占直接费用的60%左右，影响较大。采用计算机管理，存贮方便、修改便捷，还利于材料价格的预测。

（二）工程造价的计算与调整

在工程项目实施全过程中，工程项目参与各方（建设业主、监理、审计、承包商）都必须对工程造价原始数据不断进行处理，使用计算机就可快速得出工程造价的变化，显现出最大的优越性。在招投标过程中，承包商（投标人）根据市场信息及有关的有价值的信息采取某些策略，常对某些分项工程进行调整，如果手工调整，非常繁琐，而运用计算机，则方便、迅速、准确。

（三）工程造价数据分析与研究

在工程项目实施全过程中，工程项目参与各方使用计算机对各种信息和数据进行处理、分析，作出自己正确的判断。如建设业主选择监理、审计、承包商，而承包商等也可采用合理策略进行投标等。使用计算机对各种信息和数据进行处理后，可以根据需要生成多项有价值的报告。

二、工程量清单工程造价计算

(一) 工程量清单的招投标报价

1. 工程量清单的招投标报价、预算、结算编制模式

工程量清单是招投标文件的重要组成部分,在国外,特别是英联邦国家和地区早已广泛应用,在国内一些外资项目和少数国内项目也已得到应用,这也是国内造价管理发展的趋势。我国自加入 WTO 后,国内造价管理体制的改革,采用国际上比较通行的模式进行工程招投标,进行合同、造价的管理已成为不可逆转的趋势。工程量清单是指建设工程项目的招标发出,对招标工程的全部项目,按照统一的工程量计算规则、项目划分和计量单位计算出工程数量列出的表格,是招标文件的组成部分。一经中标且签订合同,即成为合同的组成部分。是编制招标工程标底和投标报价的依据,也是支付工程进度款和竣工结算时调整工程量的依据。

国家标准《建设工程工程量清单计价规范》(GB 50500—2003)(以下简称为《计价规范》)已于 2003 年 2 月 17 日经建设部第 119 号公告批准颁布,于 2003 年 7 月 1 日实施。《计价规范》是统一工程量清单编制的国家标准,是各级建设行政主管部门规范和监管招投标双方按工程量清单进行计价行为的依据(有关工程量清单计价招标详见本书第四章第二节)。

2. 提高市场竞争力编制施工企业自己的定额体系

我国现行《全国统一基础定额》以及各省市定额的编制水平是按照正常施工条件,多数建筑企业的施工机械装备程度、合理的施工工期、常规施工工艺、劳动组织为基础编制的,反映了社会平均消耗水平标准;而企业定额水平则反映单个施工企业在一定施工程序和工艺条件下施工生产过程中劳动的实际水平。即:在正常的施工条件下某一施工企业的大多数班组经过努力能够达到和超过的水平。

任何一个施工企业都要按市场经济规律,建立自己的成本核算体系。编制和拥有自己的企业定额,才能在市场竞争中立于不败之地,符合《建设工程工程量清单计价规范》的要求。

(1) 企业定额的作用

随着我国社会主义市场经济的不断完善,《建设工程工程量清单计价规范》和有关法律规范的推行,工程价格管理制度改革的不断深入,企业定额将日益成为施工企业进行管理的重要工具。企业定额是企业计算和确定施工成本,进行成本管理,经济核算的基础;是企业进行工程投标,编制工程投标报价的基础和主要依据;是企业编制施工组织设计,制定施工计划和作业计划的依据。

(2) 企业定额的编制内容及依据

企业定额的编制内容应包括:编制方案,总说明,工程量计算规则,定额划项,定额水平的制定(人工、材料、机械台班消耗水平和管理成本费的测算和制定),定额水平的测算(典型工程测算及与全国基础定额、当地定额的对比测算),定额编制的基础资料的整理、归类和编写。

定额编制依据主要有:国家的有关法律、法规、政府的价格政策,现行的建筑安装工程施工及验收规范,安全技术操作规程和劳动保护法律、法规,设计规范,各种类型具有代表性的标准图集,企业技术和管理水平,施工图纸,工程施工组织方案,现场和社会的调查测定的有关数据,工程具体结构和难易程度,以及采用新工艺、新技术、新材料等情况。

(3) 企业定额的编制方法

企业定额编制方法可以根据不同的子目特殊性,在工程造价中的地位,技术因素等,选用不同的方法,通常有以下几种方法可供参照。

方法一:现场观察测定法

现场观察测定法是我国多年来测定定额的常用方法。以一个工作过程研究工时消耗为对象,观察测时为手段。通过密集抽样和粗放抽样等技术进行直接的时间研究,确定人工消耗和机械台班效率,加以考虑人工幅度差。

这种方法技术简便、应用面广和资料全面,适用于影响工程造价的主要项目及新技术、新工艺、新施工方法的劳动力消耗和机械台班水平的测定。

方法二:经验统计法(抽样统计法)

经验统计法是运用抽样统计法的方法,从以往类似工程竣工结算资料、典型设计图纸资料和成本核算资料中提取若干个项目资料,进行分析、测算计量的方法。此方法的特点是靠长期积累真实、可靠的资料,统计分析,使用时简单易行方便快捷。这种方法常用于对设计方案较为规范的一般住宅民居工程中常用项目的人、材、机消耗及管理费用的测定比较适用。

方法三:定额换算法

这种方法就直接利用现有的各种预算定额,相应子目进行分析,然后根据具体工程项目的施工图纸、现场条件和劳务、设备及材料储备状况,结合实际情况对定额水平进行增加或减少,从而确定相应子目工程实际成本。在各施工企业采用这种定额换算方法建立部分定额水平,不失为一条捷径。

上述几种常用方法都是需使用计算机存贮大量的数据,运行快速、方便,准确处理。

3. 工程量清单的招投标报价、结算计算机软件

采用工程量清单计价,其项目综合单价的分析相比定额计价方法复杂了很多,要实现快速、准确、规范的投标报价,必须加快熟悉使用计算机配套软件;通过计算机辅助评标系统,可大大缩短评标时间,减少人为因素,提高评标的准确性和合理性。应用计算机建立工程项目信息、工程造价信息、投标单位信息、政策法规信息、评标专家信息等数据库,以及投标企业已完工程质量安全信息档案数据资料等,为招投标的监督管理提供可靠的依据,提高管理的科学性和权威性。

采用工程量清单的招投标报价、评标时,借助计算机专业软件,按照设定量化指标标准,对投标企业报价中的消耗量、材料报价进行全面、系统的分析对比,提高评标速度和评审的全面性、减少人为因素,为专家评审提供公正、全面的基础数据。

计算机辅助评标系统要符合国家计委等七部委2001年7月颁发的《评标委员会和评标办法暂行规定》,在关于低于成本价的认定标准,中标人的确定条件以及评标委员会的具体操作等方面做出比较具体的规定,为计算机辅助评标系统提供了依据。针对竞争环境和不同的需求,部分省市使用一些具体的“合理低价评标法”、“平均报价评标法”、“两阶段低价评标法”、“A+B评标法”等多种评标试行办法,计算机辅助评标系统应包括这些办法。实际操作中招标人根据工程的具体情况,选择一种,或其中的几种方法综合修改经当地建设行政主管部门备案后使用。

国家标准《建设工程工程量清单计价规范》宣贯辅导教材推荐三家公司软件,分别为中建神机公司《神机妙算清单专家》工程量计算软件、中国建研院PKPM公司《全国统一工程

量清单报价系统》BSTAT 和珠海易达公司《清单大师》工程量清单计价软件。当地省级造价管理机构和推荐三家公司或其他公司合作,并配合当地的有关数据库进行二次开发,形成终结产品提供当地造价专业人员使用。

(二) 现行预算定额与工程量清单计价

现行预算定额中规定的消耗量和有关施工措施性费用是按社会平均水平编制的,以此为依据形成的工程造价基本上也是属于社会平均价格。按照招标投标竞争定价的原则,这种平均价格可作为市场竞争的参考价格,但不能反映参与竞争企业的实际消耗和技术管理水平,在一定程度上限制了企业的公平竞争。

采用工程量清单计价后,市场还是需要准确且有指导性的消耗量定额和价格信息,企业在确定自己的工程成本和投标报价中,还是需要工程造价管理部门发布的消耗量水平和价格信息作参考的。另外,从投资方看,更需要这方面的资料和信息来进行投资决策。所以市场对政府发布的消耗量定额和价格信息是欢迎的,还有财政、审计、仲裁和法院等在相应的工作中也要以此为依据之一。反映社会必要活劳动和物化劳动的消耗量定额对引导和规范市场定价的作用始终是十分重要的。

1. 现行预算定额是作为编制工程量清单,进行项目划分和组合的基础;

2. 是招投标工程标底、企业投标报价的计算基础。目前大部分建筑企业还不具备建立和拥有自己的报价定额,因此,消耗量定额仍然是企业进行投标报价时不可缺少的依据之一;

3. 是调节和处理工程造价纠纷的重要依据;

4. 是衡量投标报价中消耗量合理与否的主要参考,是合理确定行业成本的重要基础。

第二节　计算机辅助工程造价控制

计算机辅助工程造价控制也就是要建立工程造价管理信息系统,在使用计算机的条件下,是由人和计算机组成的,能够对工程造价信息进行搜集、传输、加工、保存、维护和使用的系统。它既包括代替人工繁琐工作的各种日常业务处理系统,强大的检索功能,也包括为管理人员提供有效信息,协助领导者进行决策的决策支持系统。

工程造价管理信息系统可由定额管理系统、价格信息管理系统、造价估算系统、造价控制系统组成。

一、定额管理系统

在设计定额管理系统时可以充分利用计算机功能,便于定额的编制;便于定额的维护;便于实现概预算工作的现代化;便于估算指标的编制;便于定额的集中管理;便于在通讯网络中使用。

定额管理系统包括消耗定额管理、取费定额管理、估算指标管理、已完工程项目数据管理等子系统,见图 9-1。

(一) 消耗定额管理子系统

消耗定额是指全国基础定额,各地定额,施工企业定额中工、料、机的消耗标准,不涉及价格问题。每一个(综合)定额有若干条记录,分别描述所对应的子目数量、加权系数和允许的幅度差或者本定额的工、料、机的消耗数量、加权系数和允许的幅度差。

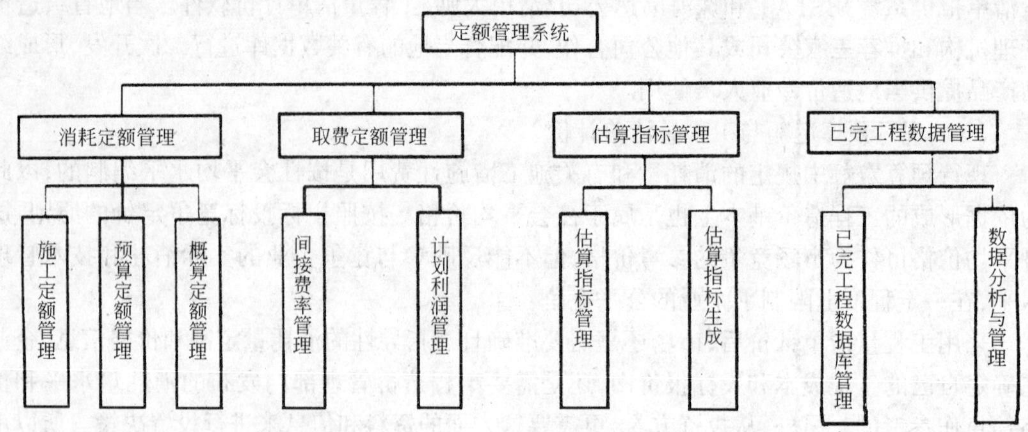

图9-1　定额管理系统

(二) 取费定额管理子系统

以规定费用(包括间接费)、利润等各种费用分别生成不同的数据文件,必要时利用这些数据文件按照不同工程项目给出不同的费用取值。这些文件既便于人们查询和使用,又便于主管部门进行分析和修改。同时定额管理部门还可以对已存贮的大量数据进行动态分析,预测出各种取费的变化趋势,及时的提出指导性取费标准。

(三) 估算指标管理子系统

估算指标管理子系统是把材料价格作为已知,计算出各类工程项目估算指标,用金额的形式来表示。为了实现估算指标的准确性和实用性,必须利用计算机完成以下的工作,形成数据,整理成估算指标。

1. 典型工程预算和结算数据汇总比较;
2. 主要材料的汇总及在典型工程造价中所占的比重;
3. 不同(包括不同地区)取费所得到估算指标;
4. 和同类型的工程项目数据比较、分析、调整估算指标。

由于估算指标受到工、料、机的价格变化及建筑安装市场行情变化的影响,估算指标随时进行调整才能符合实际情况。应用计算机根据价格变化随时进行计算,随时得到新的估价指标;随时对新、旧指标进行对比分析;计算得到工程造价指标变化趋势。

(四) 已完工程项目数据管理子系统

已完工程项目数据管理的数据库建立,可以为工程项目有关各方面投资控制、造价控制和施工成本提供必要的信息。至于已完工程项目数据库的建立,有待于政府部门制定统一工程分类与相应的编码标准,在有关各方的支持下才能形成社会公有财富,尚有待于广大定额管理人员、造价人员和系统开发人员进一步的努力。

二、价格信息管理系统

(一) 价格信息数据库的建立

价格管理的最基础的工作是原始人、材、机价格的搜集。其中最重要的材料价格,目前各地、各部的定额管理部门和工程造价软件公司都在网络上建立各自价格信息数据库。这些数据库建立给工程造价控制提供了方便,但是数据库不是很完备,信息量少、更新速度慢、经常不能反映材料当前的真实价格,缺少一定透明度,而且这些数据库不是公共数据库,在一定范围内有偿使用。材料价格数据库的原始价格的搜集，涉及各个供货部门、运输部门、生产厂家、物价管理部门及税务部门，工作相当繁琐。各地、各部的定额管理部门和工程造价软件公司都无力完成如此巨大的数据搜集工作，必须由国家出面组织一个庞大的、统一编码的材料价格信息网络，供全社会使用。对价格进行宏观上的科学管理，减少各地重复搜集价格信息工作，提高材料价格的可靠性、透明度。

(二) 价格管理系统的组成

在取得人、材、机原始数据的基础上，输入计算机进行数据加工，从而产生本地、本部门各种预算价格，也可以进一步产生单位估价表。用计算机对价格的变化趋势进行预测，并生成各种价格指数。价格管理信息系统(见图 9-2)，按功能组成划分为原始数据管理、预算价格管理、单位估价表管理、价格预测等。

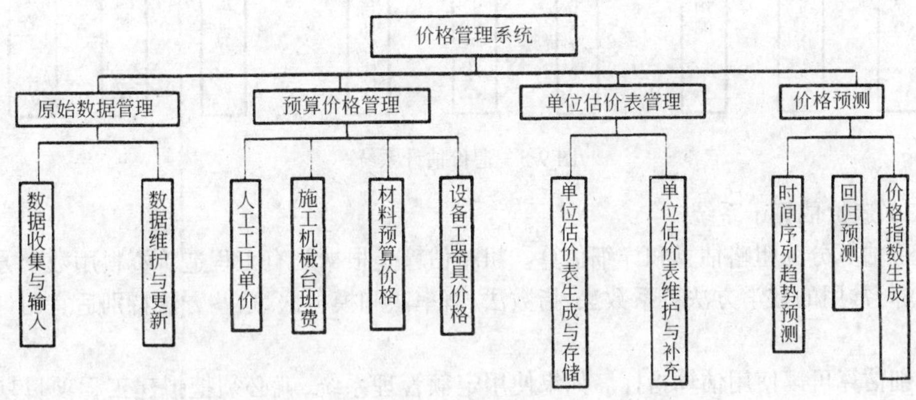

图 9-2　价格管理系统

(三) 预算价格管理子系统

在各种原始数据都已存入计算机的条件下，计算机可以充分发挥速度快、精度高的优势，代替人工来完成，自动生成预算价格。特别是当部分数据发生变化时，输入变化数据，所有预算价格随变化数据自动的变动，大大的减少人工的枯燥劳动，减少出错的可能性。

(四) 单位估价表管理子系统

单位估价表是以预算(或概算)定额为基础，套用本地区工、料、机的预算价格和日工资水平所形成单位价值。通常由各地定额管理部门来完成各地的单位估价表。单位估价表一般分为三部分：文字性资料、单位估价表和工、料、机消耗。文字性资料主要有定额名称和各种说明，对本地区工程造价有着重要的指导意义。

(五) 价格预测子系统

计算机的大存贮量与高速度为价格预测提供了非常有利的条件，对工程造价的动态管理工作是十分重要的。价格预测既包括材料价格、设备价格和机械台班价格的预测，也包括单位工程、单项工程、分部工程和分项工程的造价预测，同时也产生各种价格指数，例如价差系数、年度系数和地区系数等。

价格预测必须以大量的数据为基础，采用各种数学方法进行分析和计算。

三、造价估算系统

(一) 造价估算系统的组成

造价估算系统中的估算、概算和预算三部分,相互独立、又彼此相互联系(见图9-3)。从精确程度来说,应该一个比一个更加详细、更加精确;从数量来说,一个比一个有所下降,避免三超现象,估算控制概算、概算控制预算。

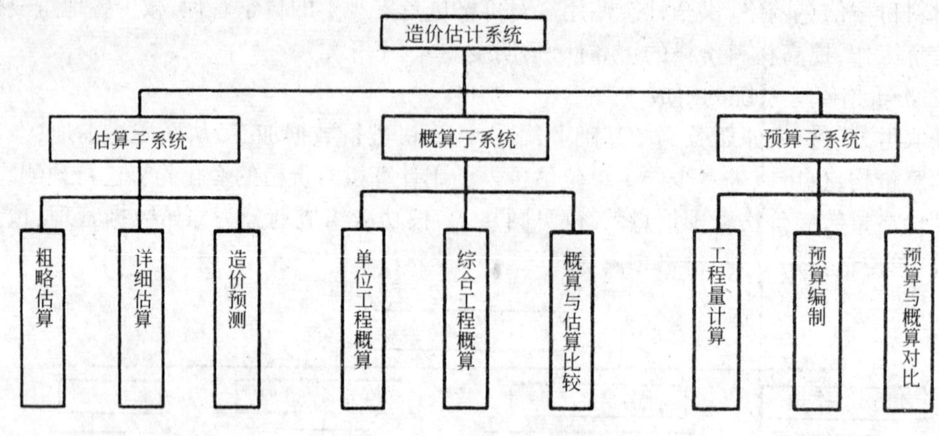

图9-3　造价估计系统

(二) 造价估算子系统

造价估算分为粗略估算和详细估算。粗略估算是根据已有工程造价资料用数学方法来进行估算,常用的数学方法有系数法、指数法、概率法和模拟法,这些方法特别适宜用计算机来完成。

详细估算可以使用估算指标。如果使用定额管理系统,就必须把拟建工程项目划分成若干个单位工程,估算出每一个单位工程工程量,所需要设备和数量,主要材料用量及工、料、机的估算费用,并用计算机计算出来。

从价格管理系统中,了解材料、设备和劳动力的变化的数据,分析这些数据并代入估算指标的计算公式,模拟成成千上万"具体工程",从中找出规律性的东西,预测出估算值。

(三) 设计概算子系统

设计概算是根据初步设计和概算指标来进行计算的,并且多次重复计算,使初步设计在技术和经济两方面都达到建设单位的要求。这种重复性工作的特点,使计算机大有用武之地。

总概算和综合工程概算的编制,基本上是各个单位工程概算的汇总及一些附加信息(总说明、投资分析、主要材料、主要设备等),这些工作设计单位都是使用计算机来完成的。

(四) 施工图预算子系统

工程量计算是施工图预算的第一步,有了工程量数据之后,套用预算定额来编制施工图预算,对计算机来说,各种编制软件普遍获得成功,都有各种表格打印。在造价控制方面,应将施工图预算及设计概算进行比较,把预算超概算部分也打印出来,同时指出超出的原因。

四、造价控制系统

(一) 造价控制系统的组成

工程项目有关各方(建设方、施工方、监理方等)利用计算机进行造价控制,随时掌握工程的进度和成本;施工单位各职能部门之间加强横向联系与协调;各方及时对材料价格的变化作出反映,实现对工程造价的动态控制。

造价控制系统(见图9-4)由招标与合同管理、计划与统计、工程结算等组成。

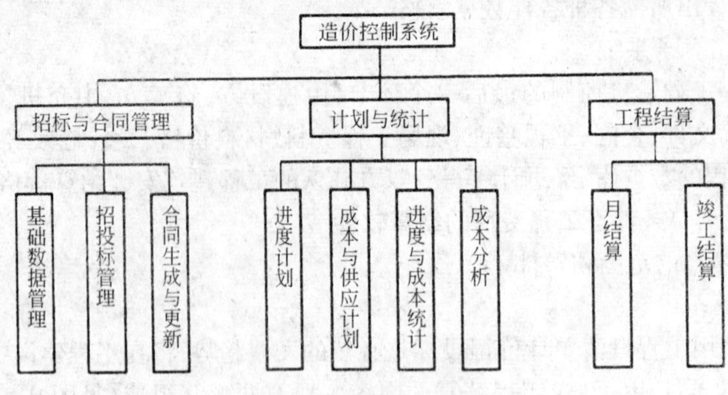

图 9-4 造价控制系统

(二) 招投标与合同管理子系统

建设单位所成立的项目公司不是经常进行项目建设的，所以往往委托中介服务公司进行招投标和工程造价控制活动，中介服务公司和各地造价管理部门应将收集到的各种信息及时地提供给项目公司。项目公司通过计算机网络和社会调查得到各种信息，并将所有信息存入计算机进行处理，提供必要的支持信息。

甲、乙双方签订承发包合同后，将合同文件中的大量数据，既有工期又有造价；既有材料的种类和数量又有费用；既有工程付款方式又有工程价格的变动等等。这些信息完全可以存贮在计算机中，以便各方查询，并用于检查、监督和控制。

合同管理是一相对比较复杂的问题，但对计算机来说实现并不困难，只是各种数据要及时输入计算机。在输入数据的同时，应办双方确认的手续，将各种文件使用扫描仪同时存入计算机中。

输入数据后，计算机能够及时计算出各种变化结果，例如进度计划、成本计划、工期变化、拨款计划等等。

(三) 计划与统计子系统

1. 网络计划和成本计划及供应计划

施工企业在投标中必须对工程项目提出自己的施工组织设计及施工方案，通过人工智能软件和一些工具软件，把施工现场的各种条件及约束存贮到计算机人工智能软件的知识库中，通过计算机的运行，加以人工调整(随计算机软件技术的发展，人工调整将越来越少)，寻找出若干条可行方案，结合施工预算等，确定施工方案。编制进度计划，可用网络计划来实现。

我们将各种工序的前后次序关系，人、材、机等资源输入计算机，使用计算机编制网络计划是非常方便的事。用计算机编制和存贮网络计划的一个明显特点，和其他各系统一样是调整和重新计算十分方便。随着施工进展和客观情况的变化，各工序的工期势必发生变化。对此，计算机可以迅速地重新计算整个网络，产生新的网络计划，并用找出新关键路径，起到指导和监督施工的作用。

在进度计划的基础上，结合施工预算，计算机同样算出每月成本需求和工、料、机的需求，编制出成本计划和供应计划，并且随时随地加以调整。

2. 进度统计和成本统计

在进度计划和供应计划的基础上，加上库房和采购的计算机管理，相互之间数据库联

结,由计算机统计出所需各种各样数据表格。

(四) 工程结算子系统

工程结算是工程造价控制的最后一个环节,由建设方、施工方、中介机构共同来完成。三方根据招投标文件、合同、工程签证、现场工程资料、材料价格、设计修改等有关文件和资料,输入有关工程的数据库,经过计算得到双方确认的工程建筑安装结算价格。

五、工程量清单条件下工程费用的结算软件

(一) 工程结算的范围和条件

1. 工程结算范围

工程项目采用工程量清单计价招投标是必然的发展趋势,将在工程建设中广泛使用,这也和 FIDIC 合同条件相一致。工程结算的内容主要有两部分组成(见图 9-5),一部分费用是工程量清单中的费用,这部分费用是承包商在投标时,根据招投标文件有关规定提出的报价,经过签订合同双方确认的费用。另一部分费用是工程量清单以外的费用,这部分费用虽然在工程量清单中没有规定,但在签订合同中的合同条件却有明确规定。因此它也是工程结算的一部分。

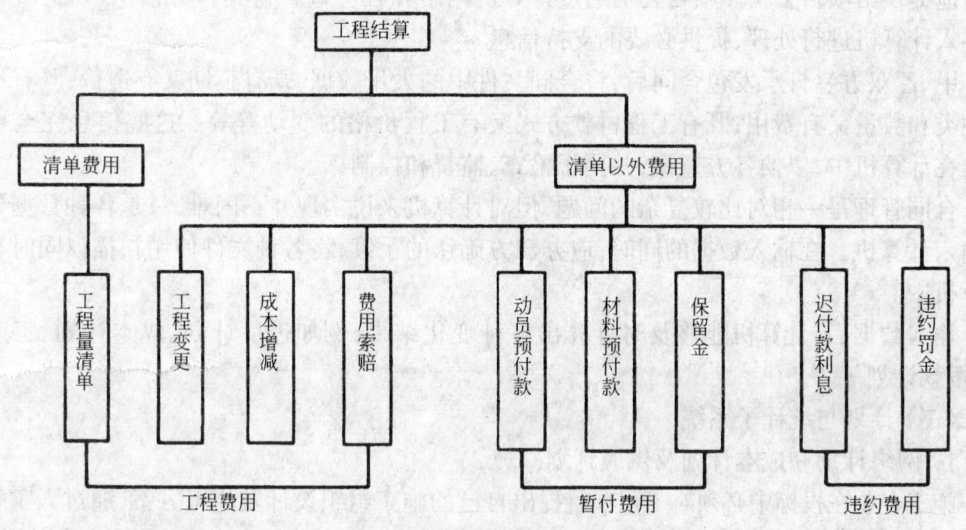

图 9-5　工程结算组成

2. 工程结算条件

工程量清单工程结算(包括工程项目全过程中工程费用支付)应采用类似 FIDIC 的工程结算的条件:

质量合同是工程的必要条件。结算以工程计量为基础,计量必须以质量合格为前提;一切结算均需符合合同的要求;变更项目必须有监理工程师的变更通知;支付金额必须大于临时支付证书规定的最小限额;承包商的工作使监理工程师满意。

(二) 工程结算的项目

分为一般项目、暂定金额和计日工三种。一般项目指工程量清单中除暂定金额和计日工以外的全部项目;暂定金额是指包括在合同中供工程任何部分的施工,或提供货物、材料、设备或服务,或提供不可预料事件之费用的一切金额;计日工即点工。

3. 工程量以外的项目

动员预付款；材料设备预付款；保留金；工程变更的费用；索赔费用；价格调整费用；迟到付款利息。

（三）开发工程量清单的计算机软件

目前计算机软件还不能满足上述工程量计价方式之要求，尚有待于各地及各施工企业和计算机软件公司进一步开发。

第三节　工程造价软件与工程造价信息网络

建设工程造价计算机应用软件与工程造价信息网络，已成为工程造价管理中的重要条件和手段，在市场经济和我国加入世贸 WTO 后的条件下，我国工程造价管理将进入世界竞争的行列里，面对更多机遇和挑战，在工程造价管理中，是否掌握运用先进的科学工具和手段已成为制约成败的重要因素。

一、常用工程造价软件

建设工程造价软件最早应用于工程概预算方面，随着科学技术的发展，计算机的更新换代，微型计算机已广泛地应用于工程建设单位、施工企业、设计单位、工程造价管理部门、中介咨询机构。有关软件市场应实行准入控制，适当引入竞争机制，避免独家垄断。

（一）概、预、决算软件

概、预、决算软件在工程建设及工程造价管理中是应用开发最早的一类软件，应用概、预、决算软件首先输入造价人员从施工图纸上计算出的工程量，套用在软件中已建立的各种定额库、材料单价库，计算出工程项目费用。打印出概算书或施工图预算书，根据需要进行人、材、机分析汇总，供建设单位进行投资和招标标底作参考；可供施工单位在投标中作为报价的依据，在施工中根据工程设计变更、人、材机价格变化，根据合同文件，应用概预算软件进行工程费用的调整，作为结算依据；还可供工程造价管理部门进行材料价格指数测算，而工程造价指数的测算，作为政府进行宏观调控的依据。

（二）定额管理软件

定额在工程造价管理中，在工程造价依据中，一直占有重要的地位，即使与国际接轨，采用 FIDIC 合同条件和工程量清单招投标，在工程造价管理中它仍会起主导作用。编制工作是一项计算量大，计算过程繁琐，需反复检查，校验的工作，为解决这一难题，各级定额管理部门和软件公司很早就开发出定额管理软件。针对新形势，对这些定额管理软件除保留原有功能外，需进一步升级适应新要求。

（三）常用其他辅助工程软件

工程造价软件是随着工程造价管理的变化及深入的程度而发展的，从投资估算到竣工结算，相应的工程造价其他辅助软件也被开发利用。常用的软件有工程量计算软件、钢筋计算软件等。

1. 工程量计算软件

工程量是工程造价的最基本的数据，是概预人员从工程施工图纸按计算规则，计算得到的数据，再进入概预软件计算得到工程造价。这种方法工作量大、繁琐、容易发生错、漏，精度不高。用工程量计算软件（内嵌多种工程量计算规则），则可提高工作效率。

(1) 自主平台的算量软件:

造价人员利用工程图纸与平台提供功能,将工程主要轴线、数据、尺寸,各种主要构件分门别类地输入计算机,在自主开发的算量平台上,形成简化的二维图形,并由计算机进行工程量计算,输出报表或直接进入造价软件形成工程造价。

(2) AutoCAD平台的算量软件:

基于AutoCAD平台的二次开发算量软件可以调用AutoCAD图形功能,利用AutoCAD内容的强大的实体计算功能、三维功能,不管如何复杂三维扣减关系,都能得到准确的工程量结果。输出报表或直接进入造价软件形成工程造价。

1) 没有设计院电子文档,从零开始手工建模也非常快捷容易。

2) 直接利用设计院电子文档(例如国内常用的PK及PM绘图软件)和AutoCAD设计成果,实现数据共享、标准兼容的重要原则。

自主平台的算量软件与AutoCAD平台的算量软件功能比较如表9-1所示。

自主平台的算量软件和AutoCAD平台的算量软件功能比较 **表9-1**

平台 项目	AutoCAD平台的算量软件	自主平台的算量软件
图形处理功能	强大	一般
直接利用设计电子文档	能	不能
计算功能	强大、准确	弱、可靠性差
操作易用	强	一般
开发效率	高	低
三维可视、直观	能	不能
人工干涉	少	多

2. 钢筋计算软件

建筑工程中钢筋混凝土结构内钢筋用量直接影响着工程造价,而且钢筋的抽取十分繁杂,其准确率直接影响工程费用。钢筋计算软件的应用可以选择各种受力筋、弯起筋、箍筋的数据输入计算汇总,还可以选择标准构件,计算出各种钢筋的用量,同时画出各种钢筋的图形。

(四) 工程造价管理软件有待规范化

建筑工程造价管理软件不是一个普通产品,是一种度量工具,已经渗透到建设工程项目的各个阶段中,用于度量建筑产品的价值。如果它本身存在问题,便会极大地影响以它为标价的建筑产品,使用不同的计价软件,会有不同的结果,产品的交易存在着不公正的因素。

1. 建设工程造价软件不规范主要表现在互相不兼容,不同公司的软件文件相互独立,数据文件不能共享。数据文件的共享有利于社会资源共同利用,有待于出台有关建设工程造价软件编制规则,统一代码,统一格式,统一网络上的数据等。

2. 建设工程造价软件质量控制,应有工程造价管理部门管理。对于软件市场实行准入制度,适当引入竞争机制,避免独家垄断。从软件产品的技术含量、软件的易用性、软件的售后服务等方面进行竞争。在保证相同功能使用前提下,通过企业在品牌、服务、价格、技术含量等方面的竞争,使社会资源得以合理的配置,让不合格的企业淘汰出局,使有限的社会资源能够产生最大的经济效益。

二、工程造价信息网络

随着国家公共信息平台的建立(如中国工程建设信息网 www.cecain.com&www.cein.gov.cn),硬件环境的不断的改善,Internet 网络知识的不断普及发展,国家建设部、各级工程造价管理部门和软件公司建立了信息网站,通过网上发布各种工程建设信息及工程造价方面的政务信息、政策法规、工程建设标准、材料指导价、材料价格、工程信息、企业信息、法律服务、招标信息等。工程造价的管理人员和有关人员,都可以通过上网了解到国家建设部和各级工程造价管理部门的文件法规及各方面的信息,工程造价技术人员通过上网可以获取并交流工程造价的各种技术资料。工程造价信息网络的使用,使工程造价管理驶入信息社会的高速公路,增大了政府工作的透明度,提高工程造价信息资料的共享性,缩小了国家部委与各省市工程造价管理部门及建设业主和设计、施工、咨询各单位之间的时间和空间距离,使中国的工程造价管理融入了世界的行列。

影响工程造价的主要因素之一就是工程材料价格,按照"放开价格、管好价格、调控价格的方针",建立宏观的"企业自主定价、市场形成价格、政府间接调控、社会全面监督"的机制,各省市造价管理部门,广泛收集各方面的建筑材料信息上网共享,建筑材料供应商同时在网上发布材料供求信息,造价管理人员随时通过网络查阅,达到政府调控,社会监督的作用,提高材料价格的透明度、真实性。

国外有名的权威工程造价中介咨询机构,对已完工程进行经济指标分析,经常准确向社会发布工程造价指标。我国工程造价管理部门也已收集整理工程造价资料,向社会公布,例如上海市建设工程标准定额管理总站主办的《上海建设工程标准与造价信息》副刊上就经常刊登,各地工程造价管理部门和中介咨询机构经常上网公布信息,供工程造价控制全过程中使用。

第四节　工程造价管理软件应用示例摘要

作为中国建筑行业的软件公司,grandsoft 成立于 1994 年 11 月,是一家专为建设领域的广大企业提供优质软件产品及专业服务,推动建设行业的信息技术与管理进步的民营高科技企业。公司面向我国工程建筑行业,先后自行研制开发出工程造价管理、施工项目管理和数字建筑网三大系列产品。产品推出后,在建筑、石化、民航、邮政、财政等行业、系统得到了广泛的推广和应用,迄今为止,全国共有 30200 家业内企业近 200000 人在应用此公司软件开展相关工作,grandsoft 公司已发展成为国内规模最大、用户数量最多的建筑软件企业之一。

2003 年 7 月 1 日,《建设工程工程量清单计价规范》作为国家标准强制性条文在全国推行,我国建设工程造价工作将由'量价合一'的静态计价向'量价分离,市场价组价'的模式转变,一场用工程量清单计价的改革正在业内展开……。

※　工程量如何算?

※　量价如何整体解决?

※　清单报价,如何适应?

※　量价分离,价格何寻?

※　企业定额,怎样形成?

Grandsoft 推出以《建设工程工程量清单计价规范》实施思想为核心的"工程量清单整体解决方案",实现从'量、价、组价到企业定额编制'的一体化信息解决方案,协助企业科学确定造价,快速有效的开展招投标及造价管理。

一、工程量清单整体解决方案架构图

方案架构如图 9-6 所示。

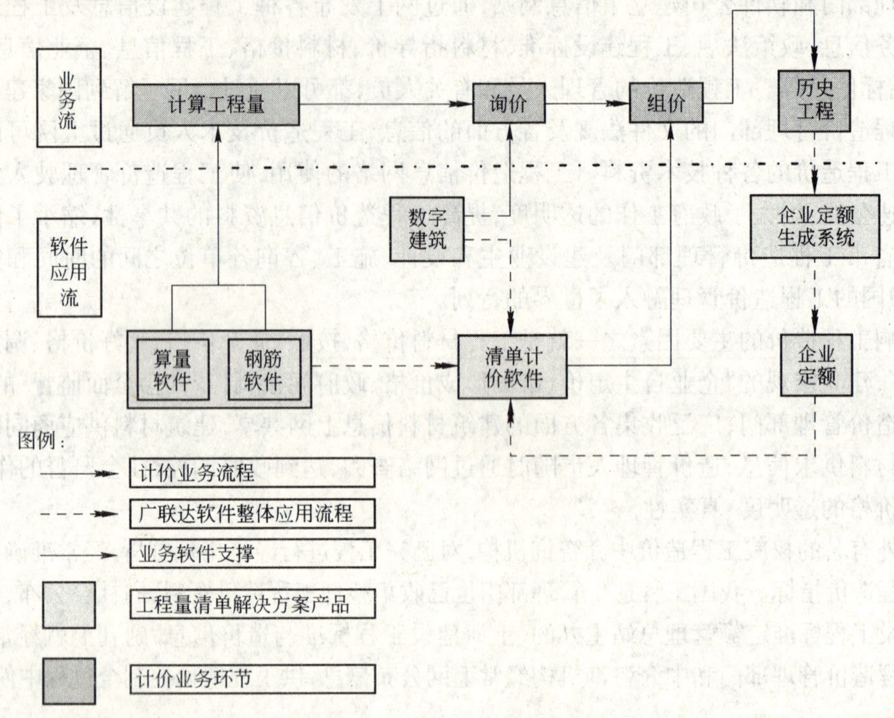

图 9-6　方案架构图

(一) 特点简介

GCL V6.0 主要满足建筑领域土建工程量计算,工程造价领域及施工领域动态数据管理。预算员使用本软件,按照设计图纸输入计算机,软件可按当地的工程计算规则算出工程造价所需的工程量,并可套用定额子目。如果按施工流水段进行了划分,可以得到各施工段的工程实物量、劳动用工及施工机械台班,以指导施工项目部进行材料的采购,劳动力资源的配置等工作。

GCL V6.0 应用于建筑领域工程造价专业,主要针对土建工程的工程量数据计算,同时结合国家定额编制规范以及各个地区的特殊要求,可以为甲方、乙方、监理、招投标、审核等部门提供服务。在工程的各个阶段,从限额设计、成本估算、成本预算、决算、施工管理、成本控制等等,都有非常广泛的使用环境。

(二) 配置要求

架构方案计算机配置要求如下:

1. 能够运行 Windows 98/2000/NT/XP 的所有机型,CPU 主频最低为 Pentium Ⅱ 233,推荐 Pentium Ⅲ 500 以上。

2. 内存 64 兆或 64 兆以上,推荐 128 兆,最好 256 兆。

3. 硬盘空余空间 200 兆以上。

4. 显示器选用 VGA、SVGA、TVGA 等彩色显示器。显示格式推荐 800×600,256 色以上，推荐 1024×768，真彩色 32 位。

5．操作系统使用简体中文 Windows 98/2000/NT/XP。

6．软件环境为 Auto CAD 2002 中文版。

（三）主界面介绍

进入 GCL V6.0 软件之后，您的工作量计算工作将在 GCL V6.0 界面中展开，界面如图 9-7 所示。

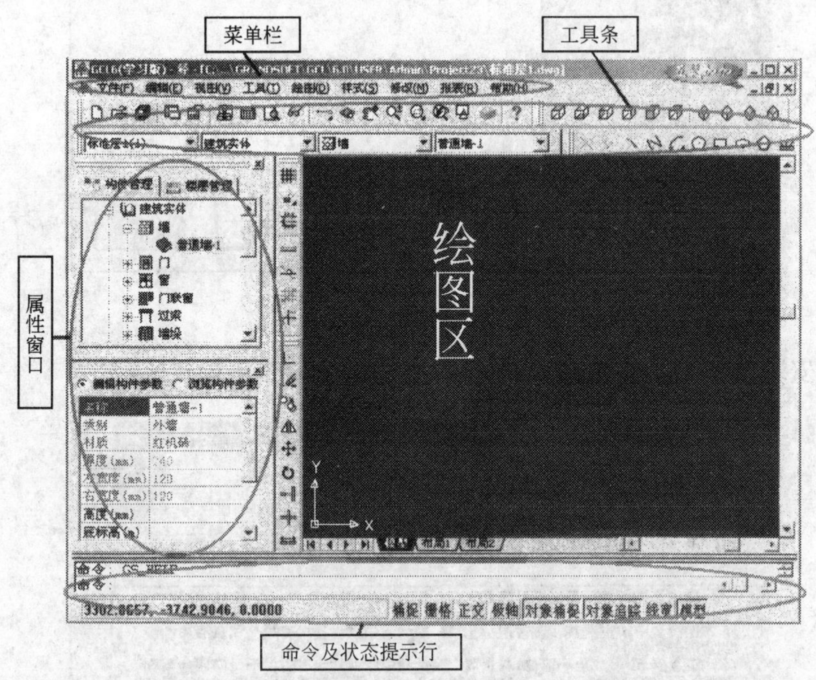

图 9-7　界面图

（四）安装向导

启动安装向导，屏幕右下方出现安装向导界面，显示安装向导进度条，点击【取消】按钮，会提示用户是否推出 GCL V6.0 的安装（如图 9-8）。

图 9-8

安装向导进度条填满后，正式进入安装向导程序，点击【下一步】，继续进行安装设置（如图 9-9）。

安装向导会显示软件许可协议，仔细阅读协议后选择是否接受该协议所述条款，如果不

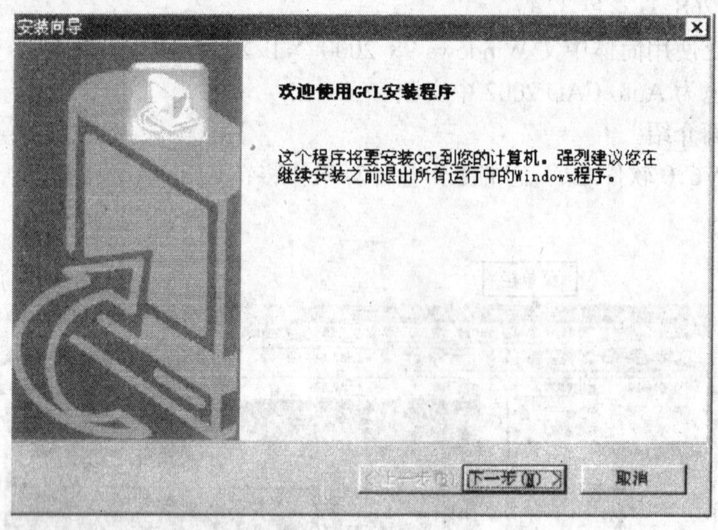

图 9-9

接受将退出安装程序，继续软件安装，必须接受该协议(如图 9-10)。

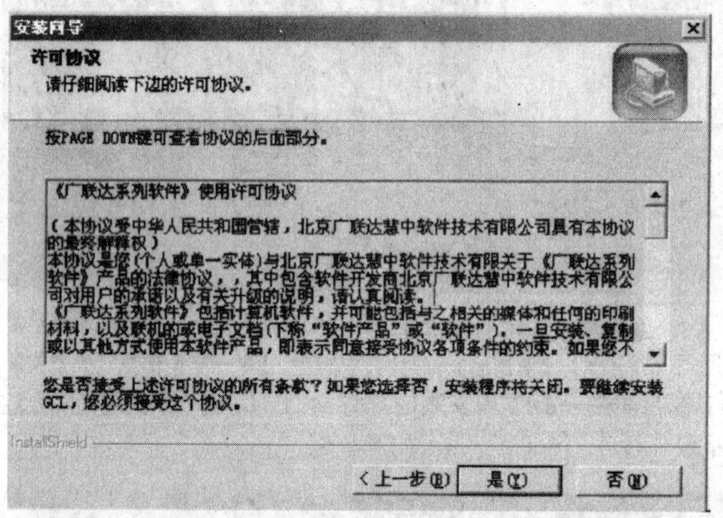

图 9-10

安装向导会给 GCL V6.0 默认一个安装路径，用户点击【浏览】按钮可以改变安装路径，点击【下一步】，则按照向导提示进行下一步的操作(如图 9-11)。

安装向导提示用户选择 GCL V6.0 安装类型。默认为典型安装，建议大多数用户采用此安装类型，该种类型的安装将安装 GCL V6.0 最常用的选项；选择最小化安装，是为那些小磁盘空间的用户备选的，选择该模式，将会最小化安装 GCL V6.0；自定义类型，是为高级用户准备的，用户可以自己定义安装选项，安装 GCL V6.0，建议用户使用典型安装，点击界面上的【下一步】按钮，继续按向导操作(如图 9-12)。

在操作系统的程序菜单中填加 GCL V6.0 程序图标，用户可以新建一个程序文件夹，也可以选择一个已有的文件夹，点击【下一步】，继续安装向导(如图 9-13)。

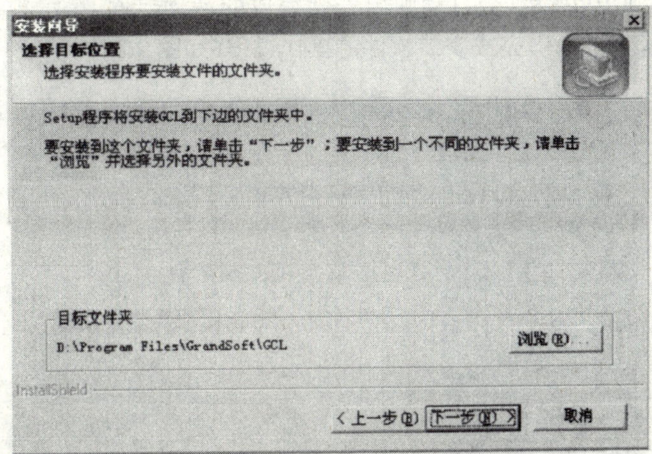

图 9-11

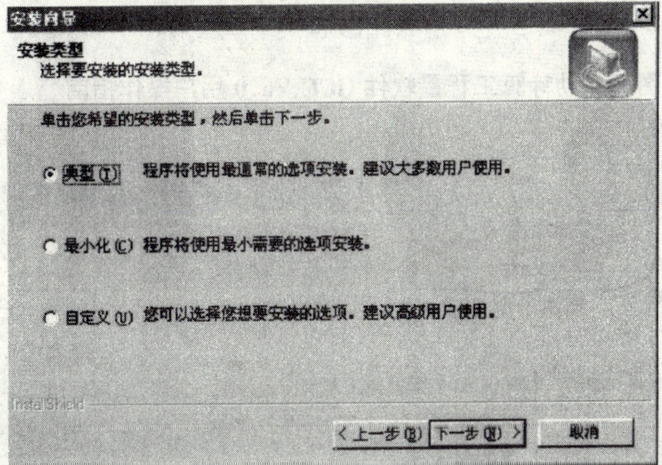

图 9-12

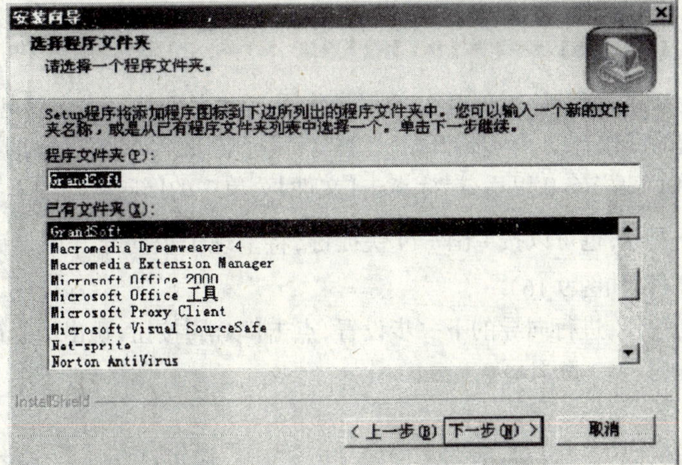

图 9-13

当安装进度达到100%后,会自动弹出安装完成的活动界面,提示用户已经完成GCL V6.0的安装,点击【完成】,即完成安装软件的操作过程(如图9-14)。

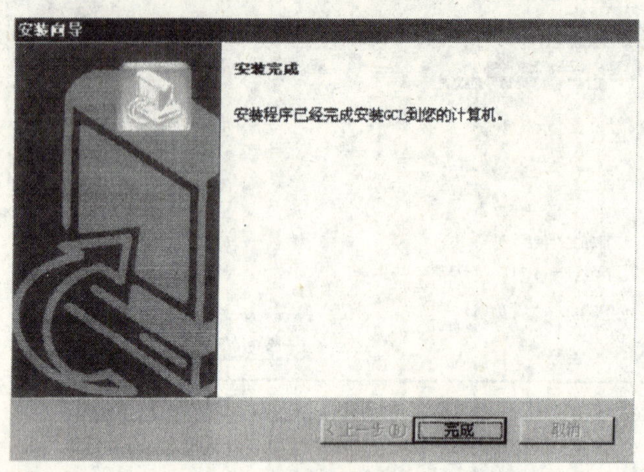

图9-14

二、广联达—图形自动计算工程量软件GCL V6.0用户操作指南

(一) 用户登录

双击桌面上的"广联达—图形自动计算工程量软件GCL V6.0"图标,即进入软件(如图9-15)。

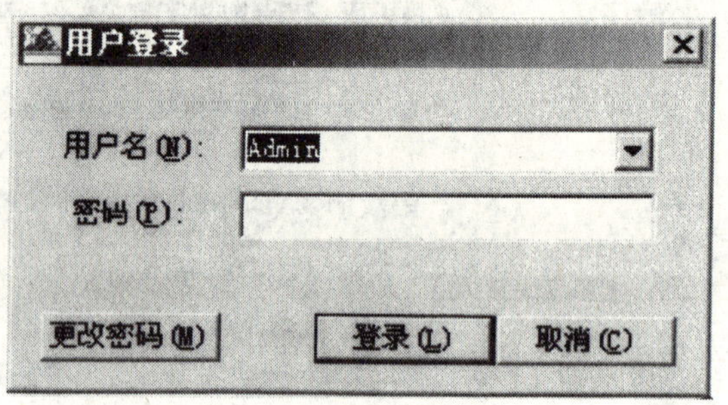

图9-15

注意:Admin用户缺省的密码为空,用户直接点击【登录】,即可登录到GCL V6.0;如果不想登录到GCL V6.0,可以点击【取消】退出。如果要修改密码,点击界面上的【更改密码】按钮,输入新密码确认即可,也可以在用户信息管理中进行密码修改。用户的信息都被保存在用户信息管理中,有超级用户权限的用户可以实现用户信息的管理。

(二) 工程向导

工程向导将为新建工程起一个非常好的引导作用,它将帮助用户如何去创建一个单位工程。完成新建工程的操作有以下六步:开始、工程名称、标准层、实际楼层、辅助信息、完成。

用户在登录到GCL V6.0以后,鼠标点击【文件】菜单中的【新建工程】下拉菜单,或是单击工具条中的 图标,也可以按Ctrl+N快捷键,将呈现工程向导开始界面,引导用户进行创建一个工程项目(如图9-16)。

点击【下一步】按钮,进行向导的下一步设置,点击【取消】按钮,跳出消息确认框,请用户确认是否退出工程向导。

1. 工程名称

点击【上一步】按钮(图9-17),回到工程向导的第一步操作,点击【下一步】按钮,继续工程向导的下一步操作,点击【附加信息】按钮,弹出工程附加信息的输入框,用户在该对话框

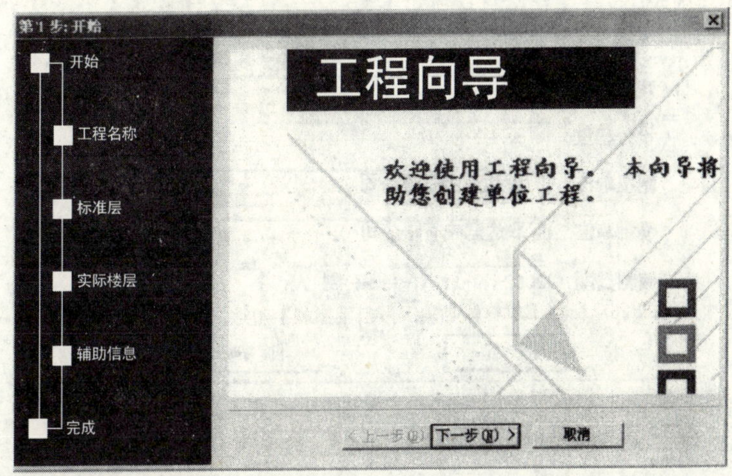

图 9-16

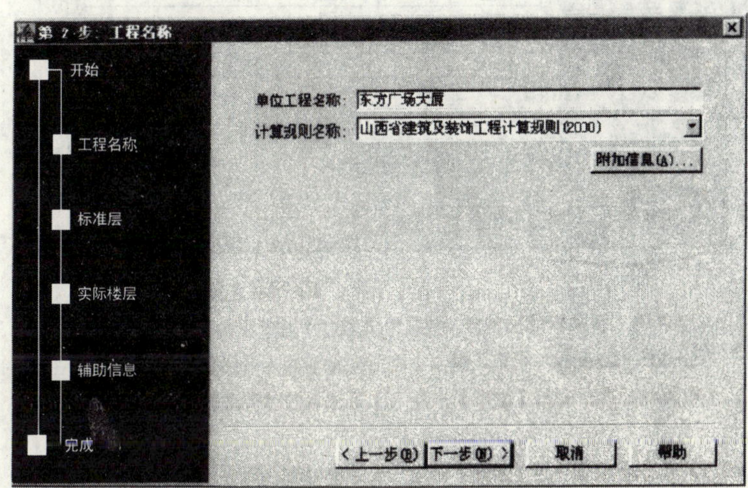

图 9-17

中输入的信息,将会保存在工程总体信息当中(如图 9-18)。

(1) 编制日期:在日历表中选择一个日期,系统默认为今天的日期。

(2) 编制人:由用户自己填写。

附加信息填写完毕后,点击【确定】按钮,保存用户对工程信息的输入。

2. 标准层

如图 9-19 所示,用户通过该窗口可以定义标准层的名称和层高,标准层名称不能重复,层高以米计(2m~10m),建筑面积分为计算和不计算,由用户在下拉选框中选择,建筑面积增减对工程的建筑面积的零星量进行调整,汇总计算会把调整的建筑面积计入到建筑面积当中,输入范围:$-500m^2 \sim 500m^2$。

(1) 添加标准层:把光标移到要添加的标准层上,点击【添加】按钮,在该标准层上方增加一个标准层的定义。

(2) 删除标准层:把光标移到要删除的标准层上,点击【删除】按钮,删除已定义过的标

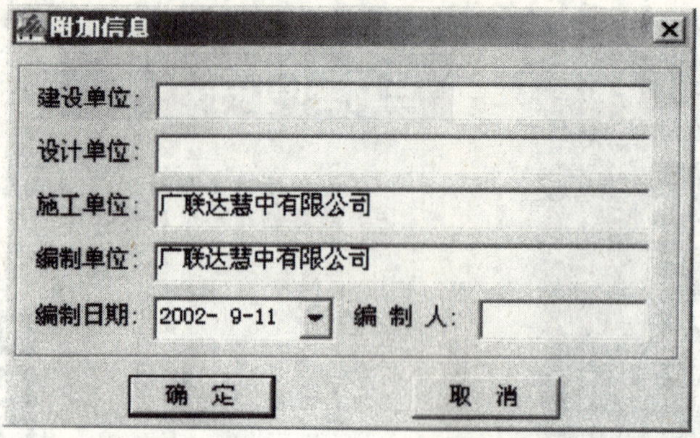

附加信息

建设单位：

设计单位：

施工单位：广联达慧中有限公司

编制单位：广联达慧中有限公司

编制日期：2002- 9-11 编 制 人：

确 定　　取 消

图 9-18

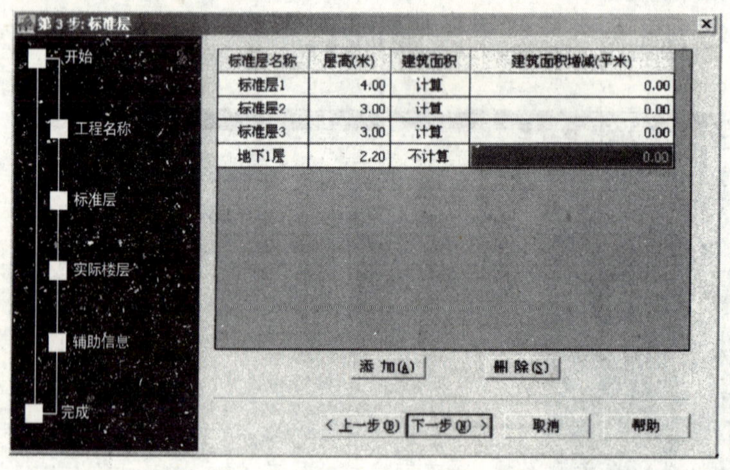

图 9-19

准层。

3．实际楼层

工程向导的第四步是对实际楼层的定义，用户在这里实现各楼层信息的输入，见图9-20。

(1) 楼层号：楼层的编号。本软件规定：1)楼层号必须为连续的数值型的整数；2)建筑物首层和顶层必须单独存在。3)楼层号不能重复。

(2) 楼层名称：建筑物楼层的名称，注意此楼层名称只能选择标准层信息建立好的楼层。

(3) 层高：即相应标准层的层高。

(4) 建筑面积：以平方米计算，如果该层不计算建筑面积，在建筑面积填充下拉框中选择“不计算”，在汇总时，该楼层的建筑面积将不计入总建筑面积。

4．辅助信息

设置辅助信息内容，见图9-21。

(1) 室外地坪相对标高：输入数据范围(－2～2)，单位：m。

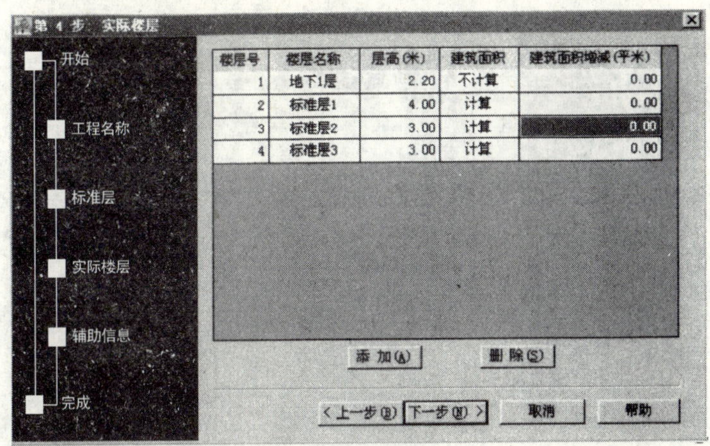

图 9-20

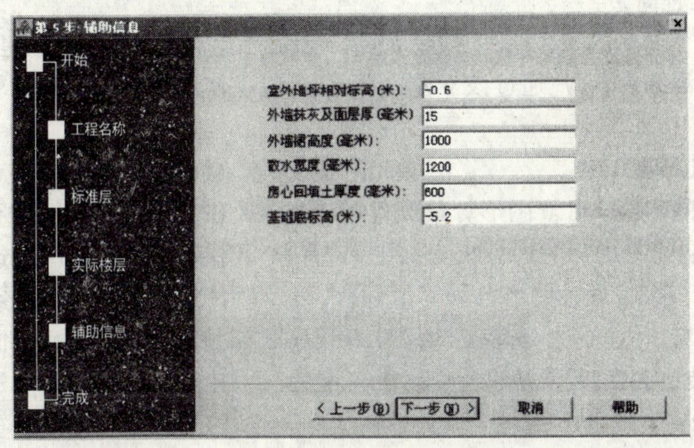

图 9-21

(2) 外墙面抹灰及面层厚度：输入数据范围(0～500)，单位：mm。

(3) 外墙裙高度：输入数据范围(0～500)，单位：mm。

(4) 散水宽度：输入数据范围(0～2000)，单位：mm。

(5) 房心回填土厚度：输入数据范围(0～2000)，单位：mm。

(6) 基础底标高：输入范围(－100～0)，单位：m，这里的数据会被基础实体底标高借用。

5. 完成

这是向导的最后一步，界面窗口中会把所有用户定义过的信息以列表形式展现出来。窗口显示总体信息包括：工程概况、工程总体信息、工程附加信息、各楼层信息等，用户可以用鼠标拖动窗口右侧的拖动块查看工程信息。这些信息呈现给用户，是为了让用户查看对工程基本情况的设置是否正确，因为这里面的许多设置将决定用户以后的操作工作是否有效，比如计算规则的选定，楼层信息情况的输入，如果工程的基本信息有错误，将会导致计算结果的失真。如果有错误，请单击【上一步】一步一步返回修改，如果没有错误，点击【完成】按钮，工程向导完成，这样，新的工程组建好了(如图 9-22)。

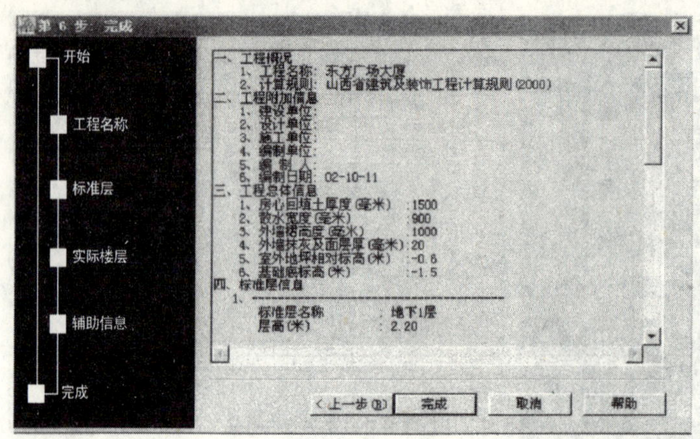

图 9-22

(三) 教学工程简介

该工程是一个简单的主体结构 2 层，局部 3 层的住宅楼工程，该工程建筑面积 517m^2，檐高 5.6m，为砖混结构，用户通过该工程的学习，可以迅速地掌握工程算量软件 GCL V6.0 的基本使用。

1. 进入 GCL V6.0

点击桌面上的 GCL V6.0 图形算量软件的图标，GCL V6.0 的快捷图标在用户安装软件时，就自动安装到了用户的计算机桌面上；或是从开始菜单中的程序中选择，进入 GCL V6.0。关于如何安装广联达图形自动算量软件，以及软件的安装环境，请参见安装与卸载和软硬件配置要求。用户除了安装 GCL V6.0 程序软件外，还要安装相应地区的计算规则和定额库，不安装定额库，是无法进行子目的匹配的。

2. 用户登录

用户进入 GCL V6.0 后，首先呈现在用户眼前的是一个登录界面，系统缺省一个 admin 的超级用户，如图 9-23 所示，这个超级用户最初密码为空，用户如果要修改密码，点击窗口中的【更改密码】，输入新密码即可，以后 admin 这个超级用户将以这个密码来管理用户信息。只有拥有超级用户权限的用户才可以管理用户信息，超级用户可以为一般用户赋权。

3. 工程向导

工程向导为用户创建一个单位工程起向导作用，用户可以按照工程向导的提示，逐步创建一个单位工程，非常方便。工程向导的使用，请用户参见软件工程向导。在工程向导中，用户可以实现对工程基本信息的定义，包括该工程要用到的工程量计算规则，工程楼层信息的定义。用户在使用 GCL V6.0 时，有些信息是经常要输入的，而且是重复的，考虑到这一点，用户可以打开选项设置，预定义用户信息，这样用户以后以该用户名登录时，这些预定义信息会

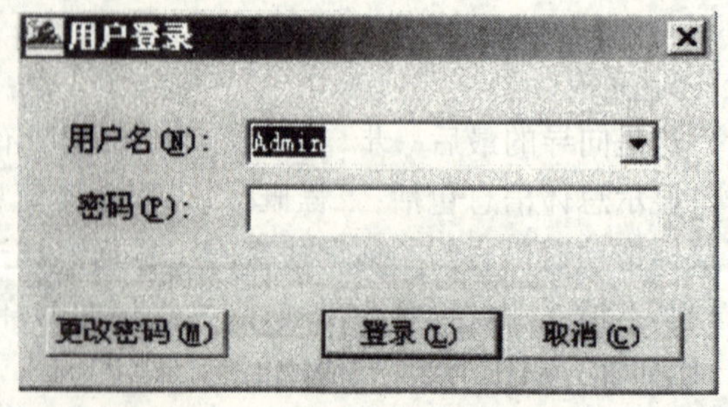

图 9-23

自动写入相应的工程信息当中。同时，用户还可以定义各种实体类别的颜色方案，参见选项设置(图 9-24)。

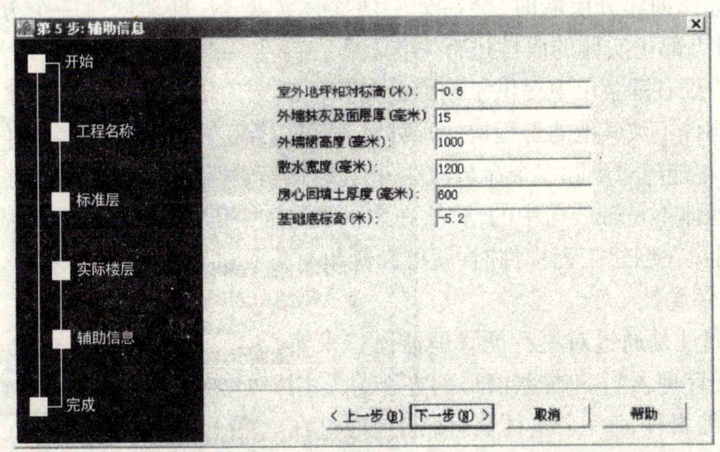

图 9-24

4．选择楼层

在楼层实体选择框或是工程管理器的楼层管理窗口中，把要操作的楼层切换到当前层。用户只能在定义的楼层上才能创建工程构件，在总图上是不能创建工程构件的。

5．创建轴网文件

关于轴网参见插入轴网、编辑辅轴、采用其他楼层轴网、复制其他楼层轴网。

6．创建命名构件

创建命名构件是创建工程构件的前提，也是实体构件得以创建的基础工作。这里主要以墙的实体类别为对象，介绍墙体的操作。其他实体构件的创建，用户参见创建实体。

在工程管理器中，光标选中墙这个实体类别，在右键菜单中选择创建命名构件的类型，墙体的命名构件类型有三种，分为普通墙、山墙和分层墙，用户每次只能创建一个命名构件，一种实体类别下可以创建多个命名构件。以创建普通墙为例，介绍墙体的命名构件的创建(图 9-25)。

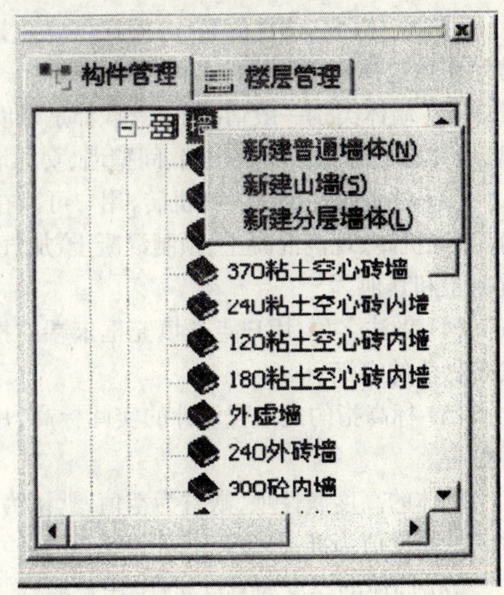

图 9-25

用户选择创建普通墙后，在墙这个实体下会创建一个“普通墙—1”的命名构件，如果用户需要修改该命名构件的名称，直接在该命名构件的右键菜单中选择重命名即可，也可以在对应该构件的对象特征管理器中修改名称。用户在创建一个命名构件的同时，工程管理器下方的对象特征管理器中会相应地显示该构件的相关属性项。这些属性项有的有缺省值，有的没有，用户可以根据需要自行修改。命名构件属性的修改和工程构件的关系很密切，二者的关系用户参见命名构件和工程构件。

🔔注意：

(1) 用户选择创建分层墙时，会在分层墙实体类型下，自动创建一个分层墙上部子实体，用户可以对上部子实体的属性进行设置。

(2) 命名构件右键菜单中提供了删除命名构件的选项。如果用户要删除一个命名构件，要确保该命名构件不被其他的工程构件所引用，才可以删除命名构件，命名构件的删除有着严格的规定，用户不能随意删除一个命名构件，相比较而言，工程构件的删除没有这么严格。

(3) 对于墙体不是轴线居中的情况，在属性设置时，用户需要输入墙体基线到左边的距离数值，这样用户在创建工程构件时，就可以画出有偏移的墙体。

7. 设置构件属性

设置构件属性是通过对象特征管理器窗口来实现的，对象特征管理器窗口在主窗口的左下角。用户要查看或是编辑任何一个实体属性，都是通过在这个窗口中的操作来实现的。如图 9-26 所示，窗口分为两栏，左半面是实体应有的各种属性，不需要用户来操作；右栏是用户操作的部分，用户需要按照左栏对应进行编辑输入，完成属性的设置。在窗口上方的两个单选按钮◉，由用户来控制当前属性编辑是编辑实体状态，还是浏览实体状态。在第一次创建命名构件时，对象特征管理器是处于编辑状态，以后如果打开工程文件时，默认为浏览状态，不能进行编辑操作，如果用户要修改构件属性，需要切换到编辑状态。

◉ 编辑构件参数　○ 浏览构件参数

名称	普通墙-1
类别	外墙
材质	红机砖
厚度(mm)	240
左宽度(mm)	120
右宽度(mm)	120
高度(mm)	
底标高(m)	
做法名称	
体积增减(m3)	
分部号	1
流水段号	1
WBS编码	0

图 9-26

墙体的属性设置如下：

(1) 墙体命名构件的名称，用户可以直接在这里修改，这里修改了名称，工程管理器和楼层实体选择框中的构件名称也随之改变。

(2) 墙体类别一般情况下，默认都是外墙，用户可以在下拉填充框中选择墙体的其他类型，墙体类型分为：外墙、内墙、间壁墙、女儿墙和虚墙。

(3) 材质属性默认为红机砖，用户可以在下拉填充框中选择墙体的其他材质，墙体材质分为：红机砖、现浇混凝土、预制混凝土、加气混凝土、粘土空心砖、空心砌块、陶粒砌块、毛石混凝土和其他。

(4) 做法名称，用户点击填充框末端的按钮，弹出设置构件做法窗口，用户可以在这里实现做法的定义。

(5) 标高指的是工程设计的实际标高，用户可以通过标高来控制墙体和其他构件的空间位置。

墙体的高度属性项，缺省为空值，默认为当前楼层的高度，如果用户输入高度值，以用户输入的高度值为准，高度以 mm 为单位。

(7) 墙体的厚度为只读属性，用户输入了左墙宽和右墙宽，墙体厚度为二者之和，若用户输入左墙宽，如果右墙宽为空，缺省设置右墙宽 = 左墙宽；同样，若输入右墙宽，如果左墙宽为空，缺省设置左墙宽 = 右墙宽。

(8) 体积增减、面积增减是用来处理小工程量调整用的，WBS 编码、流水段号、分部号是为以后的施工管理软件的接口预留的，用户可以不用考虑。

8. 选择绘图方式

GCL V6.0 为用户提供了几种绘图样式，用户在创建工程构件时，不同的构件实体会用到不同的绘图方式。墙体用到的绘图方式除了点式和点旋式方式外，都可以用，用户在使用时根据工程实际情况，采用不同的绘图样式，这些绘图样式不一定非要采用一种来画，可以几种绘图方式组合使用。这里主要介绍线性墙体的绘图方式的使用，其他实体的绘图方式，请参见绘图方式的类别。

(1) 单墙画法：即用两点画出一道单墙，再用两点画出第二道单墙。

在绘图方式工具条中点取 ╲ 图标，切换至单墙画法状态。在屏幕上点取一点，一般是轴线交点或是一些实体的插入点。选择第二点鼠标左键点取，完成单墙的画法。

(2) 连续墙画法：即用鼠标点取第一点，再点取第二点可以画出一道墙，再点取第三点，就可以在第二点和第三点之间画出第二道墙，依次类推。

点取绘图方式工具条中的 图标，切换至连续画墙状态。鼠标在屏幕上点取第一点，然后点取第二点，在第一点和第二点之间画上一道墙。接着，继续点取第三点，在第二点和第三点之间画出第二道墙。连续点取则连画，结束点击鼠标右键。

注意：当系统处于连续画法时，用户如果需要从一点转移到当前屏幕上看不到的点，用户可以在保持连续画法状态下，执行图形平移和缩放功能，直至用户找到符合要求的点，然后继续实体图形的连续绘制。

连续画法和单墙画法的区别：连续画法一次画 N 道墙，只需点取 $N+1$ 个点，而单墙画法画 N 道墙，需要点取 $2N$ 个点

(3) 矩形画法：在实际工程中，一个矩形四道墙全部一样的情况还是比较多的，矩形画法就是点取一个矩形的对角线两点，一次画出四道墙的画法。

点取窗口左边绘图方式工具条中的 □ 图标，切换至矩形画法状态。在屏幕上点取矩形区域的两个对角点。完成矩形墙的创建。

(4) 正多边形画法：便于用户直接画一个正多边形的实体图形。

点取窗口左边绘图方式工具条中的 ⬠ 图标，切换至正多边形画法状态。在命令行中输入多边形的边数，回车确认。选择一种输入方式：①外接多边形；②内接多边形；③两个相邻边端点。①、②两种输入方式需要定义圆心和半径，半径可以手工在命令行中输入，也可以用鼠标拖动定义。第③种输入方式，创建的多边形的位置在从 1 端点到 2 端点的左侧方向上，在屏幕上定义圆心和半径(或是两个边线端点)，完成正多边形墙体的创建。

(5) 圆形画法：在实际工程中，有时存在一个完整的圆的情况，圆形画法一次画出一个圆形的墙。

点取窗口左边绘图方式工具条中的 ⊙ 图标，切换至圆形画法状态。在屏幕上点取一点作为圆心的插入点，拖动鼠标调整圆的半径到合适的大小或位置，单击鼠标左键；或者在屏幕下方的命令行中输入圆的半径，完成圆形墙体的绘制。

(6) 圆弧画法：圆弧画法就是画弧形的墙体，对于圆弧形的画法，GCL V6.0 为用户提供了 10 种画圆弧的方式，用户以哪种方式画弧，先在工具条弧形画法方式中选择一种画圆弧的方

式,用户既可以在菜单中选择,也可以在绘图方式工具条中选择 。参见绘图工具一节。

(7) 椭圆弧画法:有时图形处理上需要画椭圆弧的情况,这种图形的绘制需要借助于椭圆弧的绘图方式。参见绘图工具一节的相关说明。

9. 创建工程构件

创建了墙体的命名构件后,选择某一种绘图方式,用户就可以创建墙体的工程构件了。工程构件和命名构件保持着一种引用关系,用户修改工程构件的属性,可以直接在图形上选择要修改的工程构件,在对应的特征管理器中修改属性即可。

用户在创建墙体工程构件时,如果创建的第二道墙和原来墙有部分重叠,则原来的墙体优先,新的墙体被截断;如果完全一样重叠,则不创建新的墙体;如果完全包含,需要将重叠部分去掉,墙体变为两道墙体。

捕捉:为了便于用户的图形操作,创建工程构件时,为用户提供了捕捉点,这些捕捉点方便了用户对于图形输入点的位置控制,用户可以自定义捕捉对象。关于捕捉的描述,用户参见捕捉模式。一般构件的插入点都是在轴线交点或是其他交点处,对于特殊需要精确定位的点,用户需要用精确偏移定位功能。

对于特殊墙体的编辑,如保温墙和分层墙,用户直接编辑保温墙和分层墙是无法选取的,需要用到【修改】菜单选项中【特殊实体编辑】,这些命令有助于用户实现对工程构件的属性编辑。

创建墙体的工程构件如图 9-27 所示。

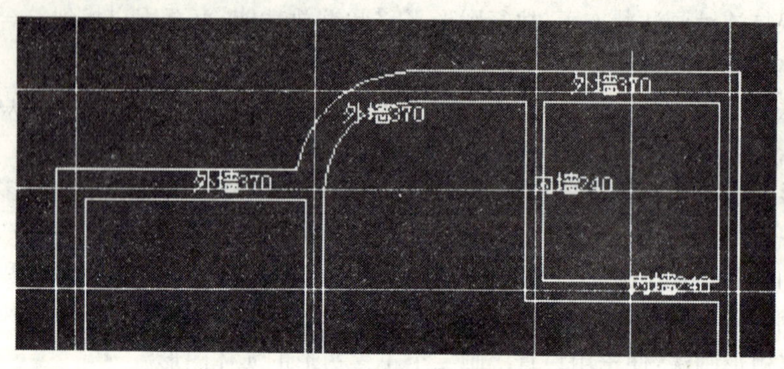

图 9-27

10. 常规图形编辑

(1) 删除

1) 从【修改】菜单选项中选择【删除】,点选或是使用窗口选择框选择要删除的墙体,按 ENTET 键。

2) 快捷菜单:选择要删除的墙体,在绘图区域中单击右键,然后选择『删除』。

3) 快捷键:选中要删除的墙体,然后,按键盘上的 Delete 的键,同样执行删除操作。

(2) 复制

1) 从【修改】菜单选项中选择【复制】,选择要复制的墙体并按 ENTER 键,指定一个点作为基点,指定第二个位移点。

2) 快捷菜单:选择要复制的墙体,在绘图区域中单击右键,然后选择『复制』,定一个点作为基点,指定第二个位移点。

3) 快捷键:选中要复制的墙体图形,按 Ctrl + C 键,或是在【编辑】菜单中选择复制,将图形对象复制到剪贴板。

(3) 移动

1) 从【修改】菜单选项中选择【移动】,选择要移动的墙体(1),指定移动的基点(2),指定第二个位移点(3)。

2) 快捷菜单:选择要移动的墙体,在绘图区域中单击右键。然后选择『移动』,指定移动基点(2),指定第二个位移点(3)。

♎注意:用户也可以用墙体构件的夹点或是热点进行拖动,热点拖动,请用户参见热点及拖动。

(4) 镜像

1) 从【修改】菜单选项中选择【镜像】,用窗口(1)和(2)框选要创建镜像的墙体,指定镜像直线的第一点(3),指定第二点(4),按 ENTER 键保留原墙体。

2) 快捷菜单:选择要创建镜像的墙体,在绘图区域中单击右键,然后选择『镜像』,指定镜像直线的第一点(3),指定第二点(4),按 ENTER 键保留原墙体。

(5) 旋转

1) 从【修改】菜单中选择【旋转】,选择要旋转的墙体,指定旋转的基点,指定旋转角度,确认图形自动刷新。

2) 快捷菜单:选择要旋转的墙体,在绘图区域中单击右键,然后选择『旋转』,定旋转的基点,指定旋转角度,确认图形自动刷新。

♎注意:旋转也可以选择某一参照物来旋转,参见旋转。

(6) 延伸

从【修改】菜单选项中选择【延伸】,用鼠标点选要创建延伸的墙体,鼠标点取延伸方向上的某一线性实体,作为参考对象,墙体延伸到指定的线性实体上,图形刷新。

♎注意:线性实体延伸只能对单个实体构件进行延伸操作,不能对一组对象进行延伸,系统不支持延伸一组对象的操作。

(7) 修剪

从【修改】菜单选项中选择【修剪】,用鼠标点选要创建修剪的墙体,鼠标点取和该墙体构件相交的线性实体,作为修剪参考对象,修剪掉该线性实体这一侧的墙体,图形刷新。

♎注意:

1) 线性实体修剪只能对单个实体构件进行修剪操作,不能对一组对象进行修剪,系统不支持修剪一组对象的操作。

2) 如果墙体上存在附属实体,如门窗、壁龛、保温墙等,则禁止修剪。

(8) 分解

从【修改】菜单选项中选择【分解】,选择是打断一个还是多个墙体,用鼠标点选要创建分解的墙体,回车确认,或是点击鼠标右键,墙体被分解成两个或多个墙体。

♎注意:如果墙体上存在附属实体,则按照这些附属实体的位置,在新的实体上重新排列。

(9) 合并

从【修改】菜单选项中选择【合并】,选择要进行合并的一个墙体,用鼠标点选另一个墙体,回车确认,或是点击鼠标右键,两道墙体被合并成一个墙体。

注意:

1) 合并的对象是两个或者多个同种性质(各种属性完全一致)的线状实体,才能合并为一个墙体。

2) 合并对象必须在一条直线上或者同心圆的相同半径上。

3) 如果墙体上存在附属实体,则按照这些附属实体的位置,在新的实体上重新排列。

图 9-28 为图形编辑一例。

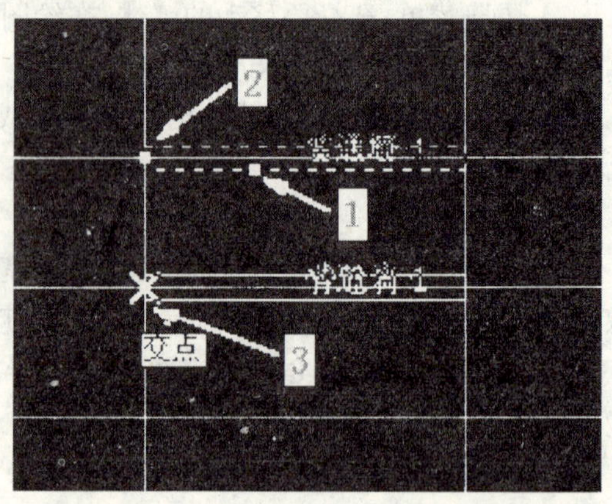

图 9-28

11. 图形对象的空间编辑

对于常规的基本操作如删除、移动、复制、旋转、镜像等操作,在三维空间同样可以实现,用户在三维空间的基本操作如同在平面图上操作一样,不同的只是用户在选择对象的时候,不像在平面上选择那么容易,需要用户去认真地操作。除了图形对象的基本操作外,象缩放、着色、渲染、三维动态观察等都是空间编辑。用户参见空间图形编辑。

12. 工程构件和做法的管理

(1) 命名构件管理

命名构件管理器是 GCL V6.0 为用户提供的一个构件管理器,帮助用户实现当前工程命名构件和系统命名构件的管理,方便用户对命名构件的重复调用。参见命名构件管理。

(2) 工程做法管理

工程做法管理器会把当前工程做法和系统做法显示出来,供用户进行做法管理,用户既可以调用以前存档的系统做法,也可以将当前工程做法添加到系统做法中,供以后调用。工程做法的管理,方便了用户对工程做法的重复定义。参见工程做法管理。

(3) 设置构件做法

每一个工程构件都有它自己的做法,构件做法的定义是用户对构件进行定额子目的选配、材料换算的过程。用户只有选配了定额子目,汇总报表中的子目对象报表才会显示相应的数据。关于如何设置构件做法,请用户参见设置构件做法。

13. 图形显示控制

(1) 视图的切换

用户通过绘图对象工具条来选择不同的楼层文件,这样,用户就可以切换到不同的楼层进行图形编辑。对于编辑完的图形,用户可以通过不同的视图来查看图形摆放的位置是否合理,查看构件的空间效果。GCL V6.0 为用户提供了多种视图:俯视图、仰视图、左视图、右视图、主视图和后视图,图 9-29 为所提供的俯视图。同时还提供了西南等轴测视图、东南等轴测视图、西北等轴测视图和东北等轴测视图四种等轴测视图,这些视图方便了用户对构件的三维效果的认识。参见三维视图。

(2) 三维动态观察显示

GCL V6.0 开发中融入了三维动态观察器这项功能,使用户直观清晰地了解不同实体

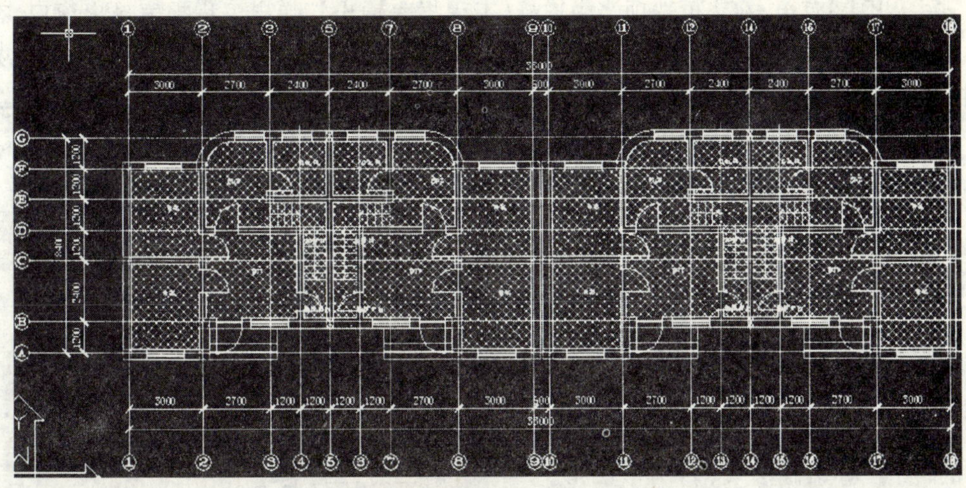

图 9-29

的空间概念，Auto CAD 中的三维动态观察器同时还可以实现许多其他的功能，在 GCL V6.0 中，用户用到它只是为了动态地理解图形操作中的三维变化。三维动态观察器可以实现实体的剖切观察，参见三维动态观察器。

(3) 图形缩放

图形缩放对于用户来讲，是一个非常有用的工具，用户在图形编辑中，经常会用到这些工具。图形的缩放既可以在图形编辑区域的右键菜单中选择，也可以通过工具条来实现。一般来讲，GCL V6.0 只允许用户一次执行一个命令，如果用户在一个命令状态下，又要执行别的命令，系统是不会执行另一个命令的。但是，图形缩放命令有些特殊，用户在创建工程构件时，如画一道墙，需要进行图形缩放或平移时，可以在执行绘图命令当中来进行图形的缩放或平移，退出图形缩放操作后，仍可以继续原来的绘制墙的命令操作，保持了先前命令的持续性。参见图形缩放。

14. 多视口显示

用户进入 GCL V6.0 后，图形操作区域默认是单视口显示的，而有时，用户经常要在主视图编辑下，也要同时看到其他视图的情况，这就需要用户来定义视口，用多视口来显示构件对象，这样用户就可以边编辑，边在其他视口视图查看构件图形的编辑效果。GCL V6.0 为用户提供了一些常用的标准的视口，用户可以直接使用这些视口，也可以自定义命名视口，对视口进行拆分、合并，定义每个视口的视窗。多视口为用户的图形编辑提供了参考作用。用户在每一个视口中都可以进行图形的编辑。参见视口配置。

15. 汇总计算输出报表

(1) 汇总计算

汇总计算是在用户进行完图形编辑后，对工程构件实体进行计算、汇总数据的过程，这一步操作是十分必要的，各种报表中的数据只有在汇总计算后，数据才得以写入报表中，报表中的数据才能得到刷新，用户每次修改了图形文件后，都要执行汇总计算这一步，否则报表中的数据仍是上一次的原始数据。参见汇总计算。

(2) 工程量计算书

点击【报表】菜单，在菜单选项当中选择【工程报表输出】，弹出工程报表输出窗口，在实体类型中选择墙体，在报表类型中选择工程量计算书，在数据范围栏中选择工程计算的数据范围。点击窗口中的【设计与打印】按钮，用户可以对墙体工程量计算书进行预览，以及对工程量计算书进行设计。如果用户不想输出报表，只是想保存需要的工程报表数据，可以点击窗口中的【导出数据】按钮，用户就可以选择保存路径，命名报表文件进行保存。GCL V6.0 也提供了其他数据报表，子目工程量来源表，对应某个做法子目的工程量是从哪个实体对象得来的；图形对象做法表，列出了图形对象的做法，既可以用来审核预算，又可用来指导施工；工程量清单，把实体构件的工程量以清单的形式输出给用户。这些报表的输出设置同工程量计算书，用户可以自定义报表的输出类型和格式。

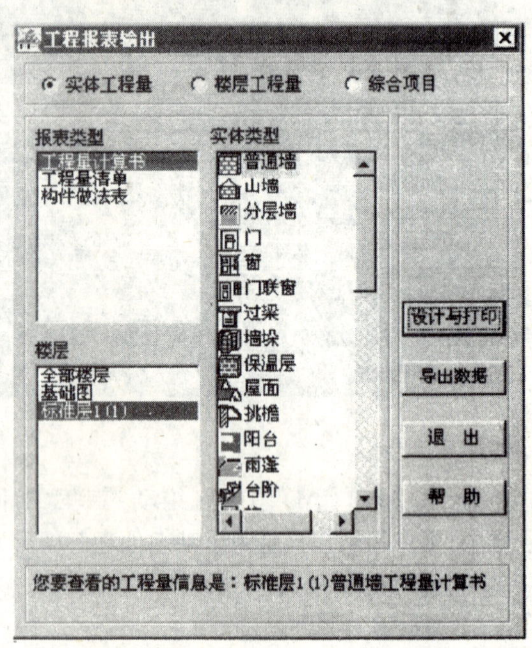

图 9-30

图 9-30 为工程量报表一例。

(3) 报表设计

报表设计允许用户进行报表格式自定义，满足用户自身对输出报表的要求。用户既可以设置报表的格式，也可以控制报表显示输出数据的内容。用户点击【设计与打印】按钮，在弹出的窗口上方点击报表设计按钮，就可以实现对报表的设计。在汇总计算时，GCL V6.0 会根据变量字段，汇总统计许多工程量数据，用户按照自己的需要，控制报表显示的列字段，就可以实现控制报表内容的输出。如：只让报表显示面积、体积、单位等，暂时不需要的工程量数据，就可以不让报表输出显示。详细设置情况，用户参见报表设计。

(4) 手工计算对比分析

点击【报表】菜单，在下拉选项中选择【手工计算对比分析】，弹出手工计算对比分析窗口，窗口上半部是 GCL V6.0 工程量的分析计算，包括选择节点的各构件计算式和计算结果，包含了构件相交的扣减关系，比如：墙和柱、梁、板相交时，墙体要扣除柱子宽度、梁的高度和板的厚度。在下半部的手算输入栏是要用户手动输入构件计算式，由计算机得出计算式结果，然后由用户来进行两种计算数据的对比分析。这样，用户可以验证 GCL V6.0 计算工程量的准确性。参见手工计算对比分析。

(5) 打印

GCL V6.0 为用户默认了一种打印格式，用户也可以通过页面设置自定义打印效果，也可以选择一种打印样式。可参见打印的有关说明。

三、工程量清单计价时代的钢筋算量专家——钢筋算量软件

(一) 钢筋统计软件 GGJ V8.0

在传统定额计价方式下，“量”是核心，各方在招投标、结算过程中，往往围绕“量”做文章。国内造价人员的核心能力和竞争能力也更多地体现在“量”的计算上。

图 9-31 为钢筋材料明细表。

首页 | 上页 | 下页 | 退出

钢筋材料明细表

工程名称：大华公園世家A块

楼层编号：3　　编制日期：2002-8-31　　第 1 页

筋号	规格	钢筋图形	公式	根数	总根数	单长m	总长度m	总重
构件名称：nLL19		构件数量：1	本构件钢筋重：161.5					
1. 上通长筋1	Φ22	595 4350 395	3800+(35*d)+(35*d)	2	2	5.34	10.68	31.9
1. 上通长筋4	Φ22	595 4350 395	3800+(35*d)+(35*d)	2	2	5.34	10.68	31.9
1. 下部钢筋1	Φ22	595 4350 395	3800+(35*d)+(35*d)	2	2	5.34	10.68	31.9
1. 下部钢筋4	Φ22	595 4350 395	3800+(35*d)+(35*d)	2	2	5.34	10.68	31.9
1. 箍筋	Φ10	330 150	(330+150)*2+(2*11.9+8)*d	43	43	1.278	54.954	33.9

图 9-31

在工程量清单计价方式下，实行量价分离。工程造价的核心竞争从“量”转移到组价水平，这对“量”的计算又提出了新的要求，要求更快、更准。否则，对消耗量的分析和计价所做的工作将达不到目标。

(二) GGJ V8.0 的系统构架

如图 9-32 所示。

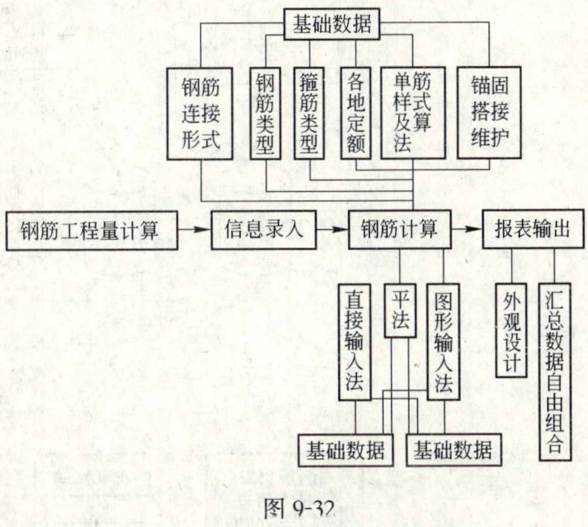

图 9-32

(三) 报表专家、钢筋号管理、箍筋根数计算、报表完善、现浇板图形处理

钢筋工程量的计算需要从各个角度对数据进行统计分析，如分楼层统计、按不同构件、不同钢筋类型统计等等，GGJ V8.0 提供丰富的内置报表，满足对钢筋数据统计的要求，同时，可定制特殊报表，且内置了外观设计器，可设计各种美观的报表。

四、工程量清单计价时代的清单计价专家——清单计价软件

(一) 工程量清单计价软件 GBJ V8.0

GBJ V8.0 系统是一套建筑企业综合造价管理系统，它从工程量清单的原始数据形成开始，实时处理造价数据的换算、调价、分部、费用取定、材料分析、报表输出等一系列工作，参见图 9-33 及 9-34。

(二) 工程量清单计价时代的企业定额专家——企业定额生成系统

企业定额应用解决方案流程图见图 9-35。

(三) 工程量清单计价时代的数据信息服务专家——数字建筑网

1. 数字建筑简介

数字建筑(www.bitaec.com)是 grandsoft 公司基于自己在建筑行业工程造价领域 9 年的软件开发和服务经历，为适应 WTO 对建筑行业的影响，整合广联达固有的系列软件，为工程造价人员提供了互联网上实时材料价格行情、材料设备最新市场报价、工程造价指标、

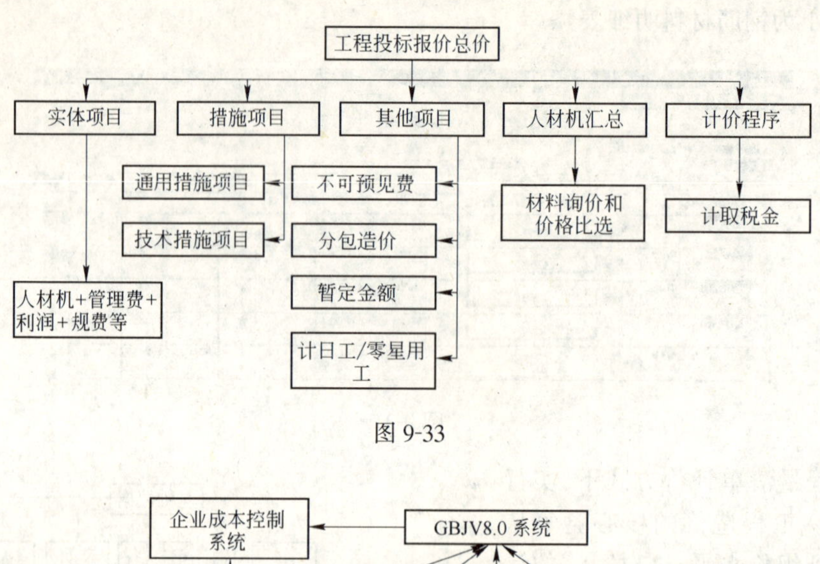

图 9-33

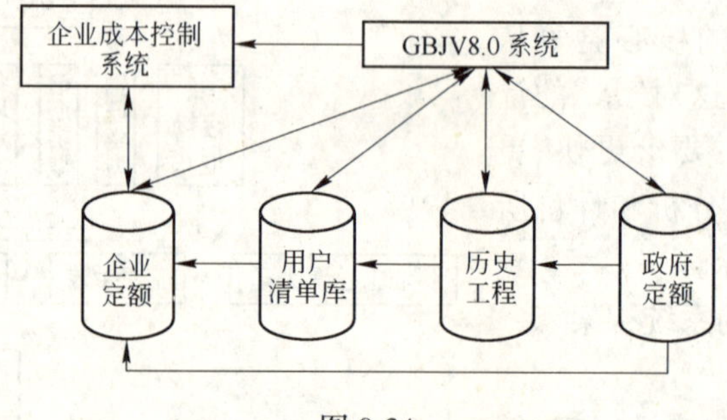

图 9-34

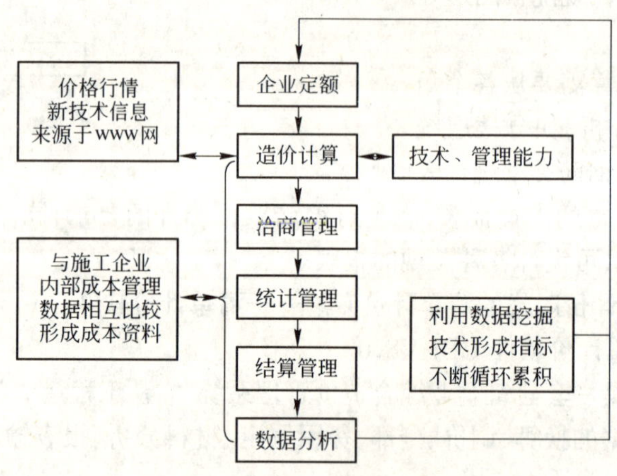

图 9-35

典型工程案例分析、造价咨询等信息平台，以及广联达工程造价系列软件应用服务平台和造价专业业务知识技能与学习的信息交流平台。基于以上三大平台，数字建筑 BITAEC 也为各级相关决策者提供了一个公开、公平和公正的信息监控及决策支持平台。

2. 数字建筑功能与栏目

见图 9-36。

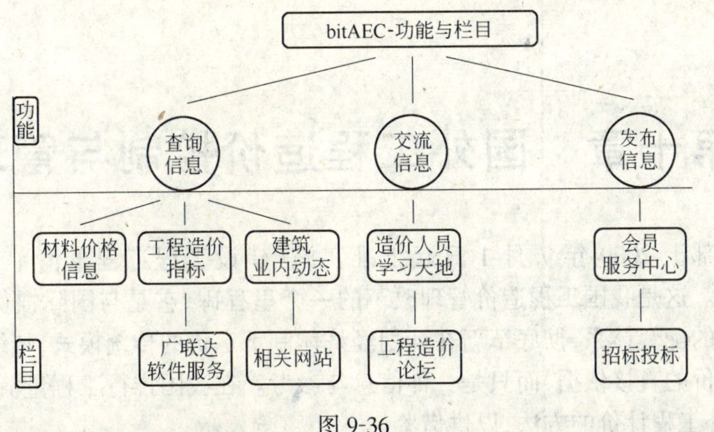

bitAEC-功能与栏目
功能
查询信息
交流信息
发布信息
材料价格信息
工程造价指标
建筑业内动态
造价人员学习天地
会员服务中心
栏目
广联达软件服务
相关网站
工程造价论坛
招标投标

图 9-36

第十章　国外工程造价控制与管理

国家建设部于 2000 年 7 月 1 日起批准实施《建设工程工程量清单计价规范》(GB 50500—2003)。这是我国工程造价管理改革的一个里程碑,它是与国际惯例和世界贸易组织规则相适应的配套体系,彻底革新在计划经济体制下定价的传统模式,传统的预算定额将不再是工程定价的直接依据,而只是一种信息与参考。在我国推行工程量清单计价时,需要了解、学习国外工程计价的方法,以供借鉴。

第一节　法国工程造价控制

一、从业资格认证及从业者职责

在法国工程造价工作称为建筑经济工作,而其从业者称为建筑经济师。1965 年,法国开始对建筑经济职业资格进行管理,成立了建筑经济职业资格认证管理委员会,成员由政府(公共工程、交通、旅游部)、建筑经济师、有关行业的权威人士组成,决定建筑经济师的资格标准。1972 年成立了法国建筑经济师联合会,认证建筑经济师资格。1975 年成立欧洲建筑经济师联合会,保护职业发展,不受政府法令影响。成员国有英、法等 20 多个国家。

在法国工程项目管理公司的项目管理中,建筑经济师的职责有:

(1) 协助项目经理管理账目,建筑经济师是项目经理在与工程经济有关的项目管理职责方面最有力的助手。

(2) 和建筑师、工程师一道负责施工管理。

(3) 在企业财务管理方面,建筑经济师要对工程预算和概算以及费用清单进行计算,研究审核方式,对已实施工程的财务情况和费用、账目进行核定和调整。

(4) 建筑经济师除了有参与工程管理和经济方面的职责外,还对具体活动起协调作用,并担负仲裁、咨询和鉴定职责。

二、工程造价管理

(一) 建筑企业各自建立综合单价数据库

与欧美各国相似,在法国没有国家颁布的统一定额单价标准。各建筑企业各自累积本企业工程数据,建立完善、实用的数据库。大公司业务分工较细,基本上都建立起本公司的定额综合单价。在确定投标单价时,都要对每一工程项目进行市场调整,根据项目情况确定材料单价、劳务费及设备使用单价,有关各类经费、风险、利润、税金等都是企业根据经验以单价乘其工程量予以核定。

(二) 各阶段工程造价的确定与控制

科学估算工程造价是法国工程管理的显著特点。

在工程造价估算方面、各公司都有一套各自建立在对现有工程资料分析基础上的科学方法。造价的估算一般利用所拥有的大型工程项目数据库,在计算机上进行,估算结果基本准确,完全可以作为控制投资的依据。

根据项目各阶段工作深度及所掌握项目资料的不同,工程造价计算通常分为4个阶段:

1. 第一阶段,项目规划、可行性研究阶段,进行大致估算,准确度可达到±30%。

2. 第二阶段,工艺方案设计阶段,进行较详细估算,准确度可达到±15%~25%。

3. 第三阶段,基本设计、招标文件准备阶段,进行详细估算,准确度可达到±5%。通常项目业主以基本设计所估算的总投资作为投资的控制目标。在基本设计阶段,已明确土建、工艺、设备、电气等专业的标准、规格和数量,厂房布置图,提出了主要设备清单,完成了标书的编制,在此阶段得出的估算投资一般不会突破。

4. 第四阶段,施工图设计阶段,设计单位能保证各分项工程预算,控制在基本设计所确定的限额内。在法国,造价的控制是通过控制建设标准、优化设计,尤其是加强合同管理,包括制定标准合同总条款、严格合同文本的审查、加强合同执行中的监督来实现的。

应予说明的是:上述工程管理公司(或咨询公司)所接受的项目管理任务,可接受业主委托,亦可接受建筑公司、设计单位或政府部门等多方面委托,但不能在同一个工程中兼任接受委托。

三、政府投资项目的造价控制

由于法国是市场经济发达的国家,建筑企业在高度自由的竞争环境中发展和生存,政府要为建设经济的正常运转创造必要的条件,同时对建筑业进行宏观指导和必要的控制。在制定投资计划时,法国政府的主要作用是制定整体发展规划,作为投资计划的指导方针。具体的项目投资计划则由企业根据计划合同中要求的内容加以制定。各部门在每年3季度把计划报到财政部,财政部根据各部门提出的投资计划进行预算平衡,然后将初步方案交部际领导委员会审核。个别大型项目建设的决定权是政府总理,较小项目的决定权则在部际领导委员会。确定的投资项目计划每年11月份由经济财政部予以公布,企业根据公布的预算方案安排下一年的投资与项目建设。项目建设过程中,由政府部门组成的合同审查委员会对一定限额以上的发包合同进行审查监督。

第二节 英国工程造价控制

一、造价控制人员与活动内容

(一) 工料测量师与估价师

在英国,受业主委托从事工程项目管理中的工程量计算、估价及合同管理等造价控制工作的专业人员称业主工料测量师;受承包商委托的上述工作的专业人员称承包商估价师(或称承包商的测量师)。二者在任职资格上没有绝对界限划分,在不同工程、不同时间可以兼任。由于雇主们越来越需要不同专业背景的特许工料测量师,所以有许多非测量专业人员申请工料测量师的资格认证。例如:学习经济或地理专业人员得到资格认证后,在建筑工程工料测量领域里从事工程量计算和估价,以及合同管理。

工料测量师由英国皇家测量师协会(Royal Institute of chartered surveyors-RICS)认证职业资格。RICS对特许工料测量师职业资格的要求与我国对造价工程师的要求基本是一致的。

(二) 工料测量内容

英国的工料测量(工程造价管理)活动包括的内容非常广泛,大致内容如下:

1. 可行性研究、预算咨询、投资(或成本)计划的控制(对业主而言称投资;对承包商而言称成本)、通货膨胀趋势预测。

2. 施工承包合同的咨询、优选承包商。

3. 招标文件的编制、采购咨询。

4. 投标书的分析与评价、决标后的谈判、合同文件的编制与准备工作。

5. 在工程实施阶段的定期成本控制、财务报表编制、工程变更的造价估算。

6. 竣工工程的估算(事前)与结算编制、合同与索赔管理。

7. 竣工结算审核(对承包商而言是结算的重新计算)。

8. 对承包商破产或被并购后的应对措施。

9. 财务管理。

英国(与欧美各国相似)没有统一的价格定额。但有皇家测量师学会组织制定的《建筑工程工程量标准计算规则》,现行的是1987年修订的第7版(SMM7)。

二、业主工料测量师的主要任务

(一) 设计前阶段

在项目设计前,提出设计任务书。此时,业主往往急需估算出工程造价。业主委托的工料测量师搜集以往同类建筑及其近期实际造价后提供有关造价的信息资料。通过综合地区价差、现场条件、市场信息和工程质量、设计标准等因素,进行调整,提出本项目估算价。

(二) 方案设计、初步设计阶段

此阶段中,本项目主要的规划问题获得解决或设计方案已确定,工料测量师核对本工程概略或初步估算数据,借助大量的造价资料制定初始造价规划,按照本项目各分部分项工程确定造价指标。工料测量师要根据不同结构形式、不同材料及不同设备布置进行各类造价比较,这些造价比较分析应包括可能发生的经常费用和维护费,提出不同方案的技术经济分析,以供优选。

(三) 施工图设计阶段

在施工图设计过程中,工料测量师仍然要为出图提供各类方案选择的造价资料,最终绘制施工图。工料测量师根据施工图编制本工程的工程量清单。在这一阶段中,要求咨询顾问、承包商、分包商和供货商提供充分的单价信息,包括符合实际的订货单。

(四) 工程施工前阶段

工料测量师编制招标文件,对投标文件进行分析和评价,协助业主决标,参与决标后的谈判,签订施工承包合同。

(五) 工程施工阶段

编制投资计划,项目投资控制,合同、索赔管理,工程变更的造价控制,财务报表。

(六) 工程竣工阶段

工程结算编制与审核,确定结算谈判。

三、承包商估价师的估价过程

根据工程量清单投标报价方法(目前有80%的项目采用),承包商在从业主处获得招标文件后,在招标文件中包括一份未标价的由业主工料测量师编制的工程量清单,每个投标的承包商对该工程量清单中的所有项目进行标价,最后将所有项目的造价进行汇总,并加入相应的管理费和利润等项。其具体步骤如下:

(一) 制定估价工作计划

承包商在收到招标文件之后,估价师应检查项目招标文件内容是否齐全,然后制定出完成该项目估价工作的计划安排以及关键日程表,以便控制估价工作进度。

(二) 对项目的初步研究

由此制定出施工方法和投标前施工方案。由于分包商和材料供应商的报价往往需要一定时间,所以估价师应尽早发出各种询价单。项目初步研究的内容主要包括:主要工程量、近似估价、拟要分包的工程项目、列出需要询价的材料及是否有必要考虑设计替代方案。

(三) 对材料与分包的询价

估价师通常需要一份各种材料的最新报价。要求估价师先从招标文件中摘出各种材料及其规格、总数,并从初步施工方案中得到有关材料的交货日期。通常由采购部门负责发出询价,催促供货商们报价,以及对报价进行审核。在估价过程中,采购部门负责向估价师提供服务与协助。

分包询价与材料询价基本上一样,估价师在收到来自分包商的报价之后,必须对这些报价单进行比较分析,然后选出合适的分包商。

(四) 对项目的详细研究

制定施工方法和进度计划,贯穿于整个投标报价期间。

(五) 计算人工费和机械费

各类人工的综合费率由估价师负责计算。以小时或以周计的机械费率可以是企业内部的计算结果,也可以通过询价获得。

(六) 估算直接费和附加费

估价师的任务是确定工程所需的成本,估价师要估算出工程量清单中每一分项条目的直接费单价。直接费单价指由上述的人工费和机械费,再加上材料价和分包价合成的单价,它不包括管理费和利润等附加费用。

再根据直接费估算出现场费、管理费和利润等。

(七) 准备投标

为投标会议准备报告,这是项目成本估算的最后一项工作。在成本估算完成之后,估价师必须向企业高级管理层提交有关合同项目情况的报表。

四、工程计价模式

(一) 工程建设费的组成

工程建设费由业主按实提出,包括如下内容:

1. 土地购置或租赁费。

2. 现场清除及场地准备费。

3. 工程费:

由以下三部分组成:

(1) 直接费。即直接构成分部分项工程的人工费、材料费和施工机械费。一般人工费约占40%,材料费约占50%,施工机械费约占10%。直接费还包括材料搬运和损耗附加费、机械搁置费、临时工程的安装和拆除以及一些不组成永久性构筑物的消耗性材料等附加费。

(2) 现场费。现场费主要包括:驻现场职员、交通、福利和现场办公室费用,保险费以及保函费用等等。约占直接费的15%~20%。

(3) 管理费、风险费和利润。约占直接费的15%。

4. 永久设备购置费。

5. 设计费。

6. 财务费用,如贷款利息等。

7. 法定费用,如支付地方政府的费用、税收等。

8. 其他,如广告费等。

(二) 工程量清单

工程量清单的主要作用是为参加竞标者提供一个平等的报价基础。工程量清单通常被认为是合同文本的一部分。合同条款,图纸及技术规范应与工作量清单同时由发包方提供,清单中的任何错误都允许在以后修改。因而在报价时承包商不必对工程量进行复核,这样可以减少投标的准备时间。

工程量清单中的计价方法一般分为两类:一类是按单价计价项目,如土石方开挖按每立方米的价格;另一类是按项包干计算,如工程保险费等。编写工程量清单时要把有关项目写全,最好将工程量清单采用的图纸号也在相应的条目说明的地方注明,以方便承包商报价。工程量清单一般由开办费、分部工程概要、工程量部分、暂定金额和主要成本、汇总5部分构成。

第三节　美国工程造价控制

一、美国工程造价管理概况

(一) 美国项目管理公司与工程造价咨询业

美国项目管理公司对项目配备的人员都比较少,但素质较高,手段先进,尤其在计算机应用和检测设备方面,以及对信息的收集、处理、传送和应用方面都很先进。他们把计算机的应用简化为:信息+管理→效率→效益。

为提高工程项目管理水平,美国的项目管理服务行业非常发达,项目管理服务的范围几乎涵盖了工程建设的各个方面,请造价工程师提供技术、管理方面的服务已是工程参建各方的共识。

在美国,最大的直接服务于工程造价管理全过程的组织当属国际全面造价管理促进会(AACE-I)。

AACE-I的认证的资质有两种,分别是认证造价工程师(CCE)和认证造价咨询师(CCC),关于两者的区别是,要想成为CCE,必须拥有4年公认的工程学科学位。

取得造价工程师的认证需要的受相关领域的教育以及工作经验的要求,CCE必须有至少8年的职业经历,其中4年可以由工程学位来代替;CCC必须有至少8年的职业相关经验,其中4年可以由相关学科4年的学位来代替。

工程咨询组织与协会是密不可分的,工程咨询业协会作为一种行业组织,其成员通常是从事某一共同行业的专业人士。工程咨询业协会的职能和作用主要包括:促进建筑业同仁对本行业的了解;通过各种手段提高本行业的整体水平;建立和维护行业道德标准;影响与本行业有关的政府机构,国际国内机构与团体的行为;提高成员机构的声誉与影响,改善成员机构的生存环境;为成员机构的领导者提供企业管理培训服务;代表其成员进行国内外市场开发;向其成员机构提供商业机会及各种专业信息服务;制定标准合同文件;出版专业期刊、杂志。

(二) 造价咨询业的服务范围

1. 项目可行性研究与投资估算编制、分析、评价;

2. 设计阶段工程造价及预算的编制、评价;

3. 工程招标代理;

4. 工程投资、成本与工期的控制;

5. 工程造价的预测、研究;

6. 造价专业人才的培训;

7. 工程管理及估价软件的开发;

8. 工程造价资料及技术书籍的编辑、出版。

(三) 造价工程师的职能

计划与进度控制者;造价分析师、系统分析师、价值工程师;项目领导、项目经理和项目工程师;经济分析师、参数分析师和预算分析师;项目控制专家和高级主管人员;资源经理、材料经理、合同经理和索赔专家;生产力分析师、项目可施工性分析师、项目盈利能力分析师;维护养护经理、质量经理和其他方面的管理者。

二、美国工程造价确定

美国联邦政府没有主管建设业的政府部门,因此也没有由联邦政府统一颁布的工程量计量规则和工程定额,其工程造价是一种自由型的价格形成模式,但这并不意味着美国的工程造价管理无章可循。美国工程造价确定的依据及方法是:

(一) 统一的工程量计算标准

不同类型的民用工程上都有一些行业协会发布的经过普遍认可的工作细目划分(WBS)标准及其编码系统。在国防及航天工程上则有美国国防部以及根据自己所管辖工程而制订的工作细目划分(WBS)标准及其编码系统。

(二) 丰富的工程造价信息

许多的专业协会、大型工程咨询顾问公司出版有大量的有关工程造价的商业出版物,可供进行工程估价时选用,美国各地政府也在对上述资料进行综合分析的基础上定时发布工程成本材料指南,帮助解决业主方信息匮乏的问题。

承包商都有自己视为高度商业机密的工程成本资料。

(三) 工程合同价格确定方法

针对不同的项目有不同的确定工程合同价格的方法,一般以公开招投标为首选,但在一定条件下,也可以采用有限招投标、竞争性谈判、单一来源采购等方法。

(四) 工程合同管理

在建设工程管理方面,有美国土木工程师协会(AIA)以及总承包商协会(AGC)等编写的多套标准合同文件,可供工程项目的当事方选用,出现分歧后,可以采用经过双方在合同中选用的一整套解决办法来保证事件得到公正的解决。

(五) 关于工程估价

1. 工程估价的精度等级

根据项目进展的阶段不同,美国工程估价精度分为5级,见表10-1。

美国工程估价级别　表 10-1

次序	名称	精度	次序	名称	精度
第 1 级	数量级估算	－30%～＋50%	第 4 级	详细估算	－5%～＋15%
第 2 级	概念估算	－15%～＋30%	第 5 级	完全详细估算	－5%～＋5%
第 3 级	初步估算	－10%～＋20%			

2. 估价方式

在美国，业主与承包商的估价过程有很大不同，这是因为他们的观点、概念、交易管理风险、介入深度、估价所需的准确性以及估价方法的使用不同所致。

(1) 业主的估价方式

业主的估价一般在研究和发展阶段进行，当进行一个新工艺的可行性研究时，需要考虑工艺技术及应用风险、投资策略、场地选择、市场影响、装船、操作、后勤以及合同管理策略等一系列的问题，其中每一项都对投资具有影响，具有较大的不确定性，其采用的计价方法一般以推测和统计分析为基础的参数法。

(2) 承包商的估价方式

承包商一般均在项目的中期和后期才开始介入，此时业主的意图已经清晰，已经对多个方案进行了研究，并对其进行了较为充分的比较、选择，项目的范围和轮廓一般已相当清晰。承包商只需根据业主给出的初始条件来设计、建设一个项目设施。承包商采用的估价方法一般为详细计算分项单位成本或是在确定的成本关系基础上的估价方法。

美国的大型承包商都有自己一套估价系统，同时把其单价视为商业秘密，不向业主及社会公开其价格信息。

对于服务于业主方的估价人员来讲，可供其使用于估价的数据来源有专业协会、大型工程咨询顾问公司以及有关政府部门出版的有关工程造价的商业出版物。

(六) 工程细目划分(WBS)及成本编码

美国在各种工作细目划分以及成本编码中，最有名的当属美国建筑标准协会(CSI)发布的两套格式。即标准格式(MASTER FORMAT)和部位单价格式(UNIT-IN-PLACE)的编码系统，这两套系统应用于几乎所有的建筑物工程和一般的承包工程。其中，标准格式用于项目运行期间的项目控制，部位单价格式用于前段的项目分析。

三、美国建设工程的招投标与合同管理

美国一般政府工程都必须按规定进行招投标选择承包商，对私人工程，是否采用招投标，政府不予干预。

美国的工程招投标程序，与国内外常规招投标程序相同。美国的工程评标，虽没有统一的规定，但一般来说，联邦政府、各州及地方政府通常采用最低价中标原则，包括采购招标亦如此。

美国没有专门的合同法。建设工程合同管理属《统一商法典》，须依法而行。业主将工程合同的管理任务委托给建筑师或监理工程师完成。而承包商为了提高其合同管理水平，一般在工程项目组织中都设有专门机构和人员负责合同管理工作。

国内项目大多数用美国建筑师协会(AIA)的标准合同或独立起草合同。项目管理公司的主要任务是保护业主的利益，出了问题要按专题来分析。此外，项目管理工程师也要对建筑物的安全负有监督的责任，随时提醒承包商注意安全，项目管理节省的费用业主也很少给予奖励，业主认为节省费用是项目管理工程师的责任，业主与其签约正是因为相信其能力，业主更看重处理索赔的能力和协调能力，美国人很注重管理工作和管理人才，因而对工程师的选择也就非常慎重。

索赔是工程合同管理中的一项重要工作。其处理方式，首先是采用协商解决。期间建筑师和监理工程师可作为协调人进行调解。如调解不成，则采用仲裁或诉讼，二者只能选择其一。

四、英、日、美造价控制的共同特点

(一) 建筑产品价格由市场形成

日本、美国、英国对政府投资和私人投资工程采用不同的管理方式，对政府投资工程设有专门的政府机构进行管理，但不论政府工程还是私人投资工程，都是通过招标投标由市场形成建筑产品价格。政府不直接干预价格形成机制，只是通过严格的法律体系规范市场行为。

(二) 均采用工程量清单计价模式。

工程量清单是招标文件的组成部分，在招标投标过程中，由业主依据统一性规定列出清单项目，并对每个项目的性质予以描述和说明，以便所有承包单位投标报价时在统一的工程数量的基础上作出各自的报价。每个清单项目的价格都是全费用价格，包括人工费、材料机械费、利润、风险等。经中标的承包单位填列单价后的工程量清单，作为合同文件的一部分，用来作为支付工程进度款、计算工程变更增减及办理竣工结算依据，同时它也是业主对各承包单位报价进行评估的依据。

(三) 重视价格信息的收集发布

重视建筑产品价格信息的收集、发布，以指导建筑产品价格的动态管理。在各城市均驻有信息员，专门负责收集价格资料和信息，并规定每周三信息员对所驻城市的工资和建材价格进行核查上报，总部将数据汇总后，每周四发布最新的价格指数。

(四) 工程咨询业比较发达

在美国、英国，大多数工程项目都是由社会咨询服务机构来管理，使政府摆脱对微观经济活动的直接控制和参与。美国的工程咨询服务业在投资工程成本管理中，起着支柱作用。为业主、承包商和政府工程承担项目评估、工程成本管理等业务。为承发包双方提供初步费用估算、成本规划、招标代理、造价控制、工程结算、项目管理、合同纠纷仲裁等各类服务。

学会规定每个成员都有责任和义务将自己经办的已完工程的造价资料，按规定的格式认真填报后输入计算机的数据库，实现全国联网，数据共享。

第四节　德国工程造价管理与预算编制示例

一、德国工程造价管理概况

(一) 工程项目管理公司及其主要工作任务

德国提供项目管理服务的工程咨询机构有多种形式：建筑师事务所，结构设计及咨询事务所，机、电、设备等专业设计与咨询事务所，工程项目管理公司或事务所，各种工程咨询公司等。项目管理公司是由建筑师和结构工程师队伍中分出的咨询工程师成立的专门提供项目管理服务的公司。

德国的教育体制所培养的建筑师和结构工程师不仅懂工程设计，而且熟悉建筑经济及现场施工管理、组织，亦掌握合同管理。

德国的项目管理公司规模一般较小，有的只有几名项目管理工程师，中等规模的约30人左右，较大规模的也只有70～80人。作者参与工作的德国国际工程项目管理公司(IPM)约有25位工程师，平时多数派往国内外各工程中担任项目管理工作。

德国的项目管理过程中，工程师为业主提供服务的具体工作任务主要包括：(1)选址；(2)可行性研究；(3)与中间商(土地)协商；(4)处理有关法律程序；(5)拟定合同；(6)确定目标；(7)确定费用、进度计划；(8)编制招标文件；(9)准备书面资料；(10)了解生态环境；(11)造价控制；(12)办理建设许可证；(13)签订合同；(14)实施过程中跟踪管理；(15)建成后出租转让。

(二) 德国工程项目管理任务委托方式及项目管理公司人员资质

在德国，工程项目建设是否委托项目管理公司予以管理，完全由业主自愿决定，政府不予干涉。委托的方式是陈述与谈判，谈判成功后，由业主与选中的项目管理公司双方商订一个合同价即可。他们认为在市场竞争中，项目管理任务的取得是依靠企业的市场信誉、业绩、人员素质。专业人员的素质是关键，有了好的素质才能有好的业绩，才能有良好的市场信誉。他们认为选择工程师的重要条件是专业人士受教育的程度、知识水平、技能、工作经验。

德国政府对项目管理公司没有资质管理。企业的生存和发展依靠自我管理，市场竞争。德国政府对从事项目管理的咨询工程师的执业资格也不管。专业人员的资格由各相关学会和协会管理。在德国强调大学教育，只要大学毕业，即取得文凭工程师资格，有一定工作实践即可加入相关专业学会或协会，成为会员，就有资格从事工程咨询与项目管理，包括造价控制。

(三) 重视投资估算的质量

德国把建设项目投资估算的严肃性、科学性和合理性作为首要问题。

在德国，任何一项建设工程，不论是政府的还是私人的投资项目，其项目管理均包括质量、进度、投资(成本)的控制，这是三位一体的有机结合、不可分割的管理，最终是要达到优质的建筑产品。项目投资额(或是投资估算)的确定，必须要根据国家质量标准DIN要求，慎重地计算所需要的费用，而且必须要有一定的预测与浮动，投资一定要估计充足，留有余地，这就是工程项目投资估算的确定。确定投资额一般由社会性项目管理公司中的工程造价专业人员进行。

一般而言，工程项目管理是全过程的管理，质量、进度和成本的控制贯穿了项目的全过程。一个部门或一个监理公司承接项目管理，在成本控制方面则是从投资估算、设计概算、施工预算、竣工结算、决算等是一条龙服务的。这样就避免了计划与建设的脱节和不配合，科学合理地确定了投资额，在实施计划的建设过程中，计划与建设融为一体，必须严格地控制，不得超过已定的投资额。

德国工程造价控制是动态的，影响造价的因素有设计、市场供求价格和特殊情况等。关键在于建设前期的成本确定和控制。所以，在德国凡从事工程管理的部门(机构)必须从事和参与设计审定。

在德国，只要工程项目投资额确定后，在实施过程中，必须严格地按照投资估算(概预算)执行,不能随意修改和突破。

工程项目管理含造价控制行业在德国普遍存在,并且出现激烈的竞争,各家项目控制单位均在优化设计、采用新工艺、新技术、新材料、提高质量、缩短工期,以及科学的管理和监控手段等方面,对项目的成本、质量、进度进行严格的控制,并以控制的成功实例和业绩得到社会的公认和树立良好的声誉,赢得市场。反之,如果控制不好,出现成本加大,超出已定的投资额而又没有充足的理由,则项目控制单位要承担经济责任。

(四) 德国的协会、学会

德国政府是通过协会、学会对建设工程技术进行管理的。同业公会或行业协会虽然是松散的民间组织,但它在保护行业的利益和推动政府决策方面,起着重要作用,保持与政府的密切联系,体现政府与行业之间的对话。同时,协会或学会又可发挥社会协调职业道德互相监督的作用。

在德国,没有设立像英国工料测量师(QS)和北美的造价工程师(CE)的专业制度,但从事工程造价工作的人员一般都归属于工程项目控制与管理人员之中。同时,在高等院校里均设有工程造价确定和控制相关的专业课程,培养大批管理人才投放到社会服务中。在德国,从事工程计价的人员无论是在咨询公司工作,还是在工程承包企业工作,据介绍一般都必须是工程师,而且多是兼具多方面专业知识的。在有名的公司里工程计价部门全部都是工程师、教授和取得学位的博士,而且均有多年实际经验的人员组成。所以,在德国,凡从事工程造价管理工作的必须先得到工程师资格,再参加协会组织的资格考试,合格后才能获得资格受聘于业主或受聘于承包商,也可在政府的公共工程部门服务。

二、德国工程预算编制的特点

工程预算在工程实施中是工程费用支付、管理的依据,是招标审查报价的尺度。德国工程费计算,基本上如同国际上习惯采用的 FIDIC(土木工程建筑合同条件)的要求和做法一致,即由工程数量乘以单价,而工程数量和项目均在标书中全部列出,投标人则按综合单价和总价进行报价,当然,有一些现场管理的项目和措施性项目的费用等,就另行开列报价。工程费计算方式一般是:以过去承建的工程的工程费为基础,从中抽出各工程项目的单价,加上地区差价和不同施工期造成的价差,然后确定每一个工程项目内新的各项单价,用其乘以数量即为工程合价,各项合价总和即为总造价。在造价里必须考虑风险、利润、税金等因素,这是由投标人各公司取决于自己的实力和竞争策略而定,但对招标人而言,风险和利润则不是主要的,只要标价在招标单位的预算(或称标底)范围内就可以了,当然标底也应考虑风险、承包者的正当利润及税金等因素。

由于竞争激烈,投标者如不是最低标价则就难以中标,无法承接工程任务。所以,在编制投标报价时,就需要正确掌握材料价格、机械使用费、劳务价格及市场行情等,并要对市场的走势作出预测。这就需要有一批既有专业知识,又有丰富实际经验的人员来承担此项工作,否则就无法胜任计价,也无法参与市场竞争。德国的地方公共工程费,由于地方政府需确保其资金供应,故由地方政府负责计算,联邦政府在业务上加以指导以确保预算,并接受监督。工程造价基本上由专业人员计算,有时也委托给社会咨询服务公司承担,而这些咨询公司或其他计价部门(包括政府的),基本上都采用电脑计算,预算专业人员不需要有特殊资格,只要有学历和经验即可,一般起码要取得工程师资格才能从事工作。虽然国家并没有作出此规定,但社会上已形成共识和习惯。

根据笔者亲自参加德国国际工程项目管理咨询公司及霍黑梯夫建筑公司等编制工程预算的体会，整理出如下示例，供读者借鉴。

德国的工程计价方法与欧美各国的方法十分相似，其主要特点如下：

(一) 没有国家颁布的统一定额

各建筑企业均依据自己积累的经验、数据、资料和按当时采购地区的材料、设备、运输等市场价格来编制。因此，预算编制人员首先计算各种主要材料的单价、设备单价、人工单价、成品和半成品单价等，继而编制分部分项工程单价，这就是说，预算单价是现编的。当然，有经验的预算编制人员和建筑企业均积累有丰富的资料，有自己的定额数据库，随着工程地点、施工条件、施工方法、市场价格等的变化，可迅速准确地编出相应的预算单价。尽管如此，此项工作仍是比较繁琐。也可以根据材料供应商、分包商提供的材料、设备单价和分部分项工程单价作为成本单价。

(二) 建筑工程预算编制均应用电算

各建筑企业、咨询公司均有自己的定额和数据库，充分利用电子计算机编制预算，既迅速又精确。数据库中的各类信息，根据市场变化、科学技术进步和本企业实际确切发生值的调整而不断更新和充实。使其准确反应本企业的实况，从而计算出本企业建造工程的实际成本。因此，这些数据对本建筑企业而言是不对外的。有专门的柜子存放，标注 privat(私有)。由于预算人员专业分工较细，故预算编制工作仍较快。

(三) 造价控制工作极受重视

德国建筑企业、监理公司中司事造价控制的专业工程师必须先得到工程师资格，再参加协会组织的资格考试，合格后才能获得资格，受聘于相关建筑企业、监理公司、政府机关及业主，承担造价控制的任务。他们均是经验丰富的预算工程师，一个建筑企业是否盈利，其中预算工程师的作用和责任十分重要，其工作包括投标报价、工程经济核算、积累市场信息和企业信息、企业和市场的经济分析等。预算科是国外建筑企业中最突出和最重要的部门，是经理的谋士。

(四) 编制预算前先研究工期和施工方案，并进行多方案比较

我国编制预算的程序一般是熟悉图纸、计算工程量、套用定额单价和取费计算。在德国编制预算前必须先拟定出本工程各不同施工方案的进度计划和施工方法并进行比较、优选。在此基础上才开始编制各项单价和预算总价。显然，其工作量较大而且要求预算人员要掌握施工技术、管理、经济、运输、税务等全面的知识。

(五) 建筑工程预算的间接费等费用逐项分别计算

我国建筑工程预算的间接费等是按统一规定的综合费率计算，应用简便。不论何种情况和条件，都遵照地区规定的“取费标准”的统一费率。而德国的建筑工程预算中的有关间接费用往往有数十项，需要根据实际条件和收集实际费用资料后逐项精确计算，工作量较大。工程所在的国家与地区的地点不同，各种条件变化多端，所以绝不能用一个简单的费率来计算。德国的建筑工程预算间接费中的某些项目，有时也采用系数来计算，但是这种系数是每个工程单独分析和计算而得，或预算人员积累大量经验数据，经统计计算而取得的系数，并根据本工程特定条件加以修正而得。由此而编制预算的工作量虽大，但是能确切反映出实际的费用。预算准确与否是有关企业得失成败的重要因素。

由此可见，我国于 2003 年 7 月 1 日起实施的工程量清单计价规范，要按各企业的定额

计算出造价，这与上述方法相似，可作借鉴。预算工作在企业之间争夺建筑市场的竞争中，互相绝对保密。

三、德国工程预算编制前的准备工作

在我国编制预算的程序是，先计算出工程量后乘以相应的定额单价，累计成直接费，再加上各种间接费用及利润等就是预算总价。德国在预算编制前需先考虑施工方法、运输工具和工期，并按实际搜集税金、设备费用、保险费、现场大型临时设施、成品与半成品附属加工企业以及电询费、出差费等等。也就是说，德国的预算是针对某一工程，一切与造价发生关系的条件、环境，均一一详细考虑到，计算十分细致。对建筑企业而言，掌握如此周密的预算，确可做到万无一失，真正反映本企业的实际成本。

(一) 按不同工期计算造价

依据本工程不同的施工工期，编制进度计划，然后计算造价，从中优选。

在德国承包工程是根据业主提出的工期作为计算造价的依据之一。为了考虑本工程的成本核算以及合同中规定的工程提前与延迟的附加费及罚款，或者是分析工程的最优工期时，需要考虑不同工期的造价。例如在阿曼的中央银行建筑工程预算就考虑三种不同的工期方案。该工程由德国布伦端克项目管理咨询公司监理，监理公司首先是编制出各个不同工期的进度计划。第一方案工期为 16.5 个月，第二方案为 18.5 个月，第三方案为 21.5 个月，这三个方案的预算总造价见表 10-2 所示。

阿曼中央银行不同工期的预算总造价比较表　　**表 10-2**

方　案	工　期　(月)	预算总造价(美元)	各方案总造价比较(%)
第一方案	16.5	10807553	115
第二方案	18.5	9397766	100
第三方案	21.5	11564218	121.9

以第二方案工期的造价为 100%，则另两个方案各种费用增加比例如图 10-1 所示。

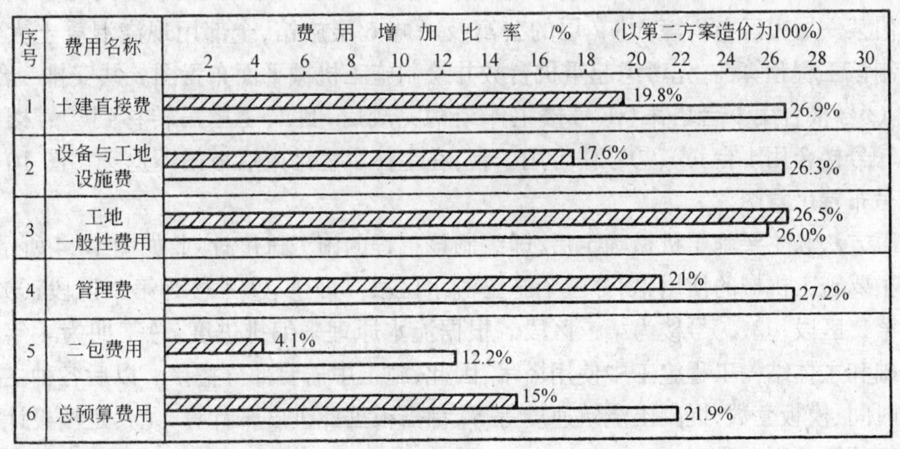

图 10-1　阿曼中央银行工程以第二方案工期的造价为 100%，其余两个方案各种费用增加的比例图

图例：▨第一方案　□第三方案

预算总造价的差异，是由于不同施工工期的施工方案不同，施工设备及其数量不同，人工费用不同所致。整个预算文件实际是由三份预算书所组成，除工程量相同以外，其余的计算参数不同，以实际分析为依据，亦有部分相同。

由此得出结论：第二方案为最优方案。

（二）按不同施工方案计算造价

选择不同的施工方案可计算出不同方案的工程造价。例如，在我国的预算定额中的钢筋混凝土工程，只能反映出预制和现浇混凝土的不同价格；或是土方工程中的人工挖土与机械挖土的不同费用，但是使用何种机械？需多少台？这在预算定额中就不能反映造价差异，从而不能进行有效的比较，因此也就不能精确地计算出实际条件下发生的预算造价。

德国的工程预算首先必须考虑施工方法，不同的施工方法将得出不同的预算造价。例如在上述工程的现浇钢筋混凝土主体结构工程中，模板施工采用两个方案作比较。第一方案是常规支模；第二方案是用台模施工。在预算中需计算所有与模板工程有关的费用并进行比较。图 10-2 为以常规支模方法的费用作为 100%，而使用台模以后的各种费用减少的比例。

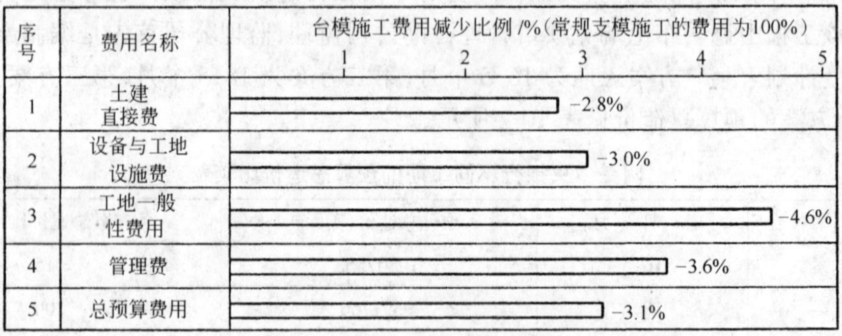

序号	费用名称	台模施工费用减少比例 /%（常规支模施工的费用为100%） 1　2　3　4　5
1	土建直接费	−2.8%
2	设备与工地设施费	−3.0%
3	工地一般性费用	−4.6%
4	管理费	−3.6%
5	总预算费用	−3.1%

图 10-2　台模施工的各种费用减少比例

不同施工方法与工期有密切关系。因此，施工方法与工期需同时加以考虑。例如在沙特阿拉伯某一居民区有六幢 6～7 层的公寓及一幢 6 层旅馆，全部用现浇混凝土大模板施工。编制该工程预算前，先考虑起重机台数并绘制施工机械平面布置图。共安排 3 台塔吊，其中①、②号楼合用 1 台塔吊（①号楼主体结构完成后，TDK-1 塔吊转移到②号楼施工）；③、④、⑤号楼合用 1 台；⑥、⑦号楼合用 1 台，在主体工程结束后塔吊即退场。图 10-3 为该工程塔吊布置示意图。

施工方法和主要施工机械确定后，即编制该工程的施工进度计划，如图 10-4 所示。

按主要施工机械的使用，划分三个施工流水区段。即①、②号楼为第一区段；③、④、⑤号楼为第二区段；⑥、⑦号楼为第三区段。根据流水原理来编排进度，总工期为 1 年。由于仅在基础和主体结构工程施工中使用塔吊，因此，施工中需要部分搭接。以后各种主要设备的使用时间、模板套数、混凝土浇筑速度等等，都需根据此进度来计算，尤其是模板计算需编排更详细的模板周转进度。

这种为编制预算所制定的施工方法和施工进度，如同一个施工作业计划一样细致。这些工作都是必需的，实际上，德国的预算工程师也确是如此做的。由此而计算出的预算造价，真正反应工程实际成本。

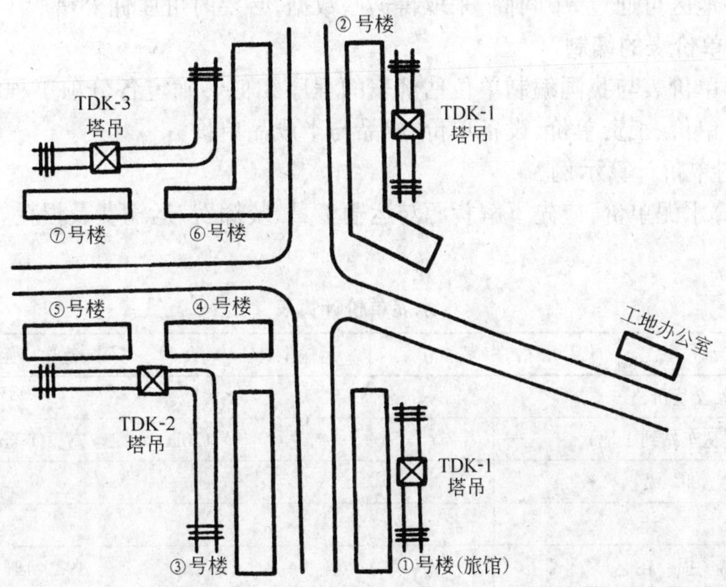

图 10-3　沙特阿拉伯某居民区工地塔吊布置示意图

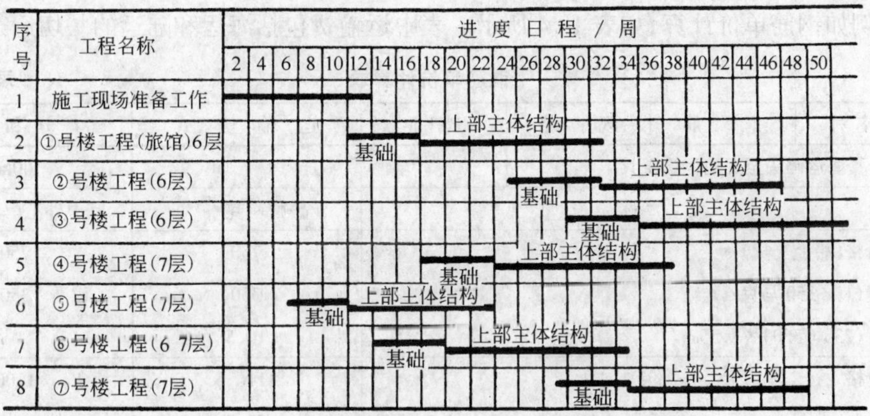

序号	工程名称	进度日程／周（2 4 6 8 10 12 14 16 18 20 22 24 26 28 30 32 34 36 38 40 42 44 46 48 50）
1	施工现场准备工作	
2	①号楼工程(旅馆)6层	基础　上部主体结构
3	②号楼工程(6层)	基础　上部主体结构
4	③号楼工程(6层)	基础　上部主体结构
5	④号楼工程(7层)	基础　上部主体结构
6	⑤号楼工程(7层)	基础　上部主体结构
7	⑥号楼工程(6 7层)	基础　上部主体结构
8	⑦号楼工程(7层)	基础　上部主体结构

图 10-4　沙特阿拉伯某居民区工程施工进度计划

(三) 收集单价、税金与利率数据

德国的工程预算亦是由直接费和间接费两部分组成。构成这两部分费用的原始数据，必须经过精确调查当时的市场价格才能获得。

1. 直接费中应收集的数据

当时的各种材料价格、货源、运输工具种类及其运费、装卸费、转运次数、码头仓库费以及各种设备重量、新设备价格、进口货源、关税、各种保险费、当地职工工资、国外职工工资和当地可能供应的材料、设备等。

2. 间接费中应收集的数据

临时建筑的形式与建造成本、保证金、佣金、利息、邮电价格及旅费单价等，这些原始数据都是根据建筑企业自己的经验累积和实地调查所得。国外市场价格变化较大，同一时期不同商行由于互相竞争而价格不一。因此，必须及时准确地了解和掌握这些数据并做好统计工作。有些地区可通过“中间商”来取得这些数据,必要时可雇佣外籍职工来收集。

四、综合单价表的编制

编制综合单价表与我国编制单位估价表的程序相似。确定各分项工程综合单价,首先需要编制材料单价、工资单价、设备单价、成品与半成品单价。

(一) 材料单价计算示例

例如,计算水泥单价,应先了解货源与运输工具、装卸费、运输费及损耗。计算示例见表10-3。

水泥单价计算表　　**表 10-3**

材料名称	水泥	规格	500#	运输工具	火车	运距	120km
车站交货价格							120 马克/t
运输费(从车站到工地)							120km×0.5 马克/(t·km)=60 马克/t
装卸费							12 马克/t
合计							192 马克/t
4% 损耗							192×4%=7.68 马克/t
总计单价							199.68 马克/t

注:水泥 500#相当于 42.5 级。

又例如钢筋单价计算,如表 10-4 所示。表中运输费包括海运和陆运的一切运杂费。

钢筋单价计算表　　**表 10-4**

材料名称	钢筋	规格	BSTⅢ	运输方式	海运和陆运
海运码头至工地运输工具			火车	运距	100km
名称				金额(马克·t^{-1})	其中外汇(马克·t^{-1})
离岸价格(船上交货)				750	750
运输费(1t×350 马克/t)				350	350
保险费(735+350)×1.5%				16.5	
到岸价格				1116.5	1100
转运费				30.0	
其他费用				5.0	
关税				55.8	
火车运费				50.0	
工地卸料费				25.0	
合计				1282.3	1100
损耗 8%(包括工地剪切损耗)				1282.3×0.08=102.6	1100×0.08=88
合计				1384.9 马克/t	1188 马克/t

(二) 平均工资计算示例

德国工程预算中的人工费计算,采用本工程适用的工资单价,不同于我国编制预算定额中的统一工资单价。所有工人不分工种,只计算其平均工资。平均工资的计算方法是选择本工程中典型的一个班组,根据该典型班组的人数计算平均工资。

表 10-5 为平均工资计算示例。

平均工资计算示例　　表 10-5

级　别	每月工资数（马克）	每小时工资*（马克）	津贴（马克）	每小时总工资（马克）	在主体工程施工中班组的组成			所得税及保险费	
					非生产人员数	生产人员数	工资（马克·h^{-1}）	税费率（%）	合计（马克）
领　班	5000	25	10.0	35.0	1		35	35	12.23
高级工	1500	7.5	1.5	9.0		2	18	32	5.76
专业工	1200	6.0	1.2	7.2		4	28.8	32	9.22
一般土建工人	800	4.0	0.8	4.8		6	28.8	32	9.22
辅助工	600	3.0	0.6	3.6		4	14.4	32	4.61
壮　工	400	2.0	0.4	2.4		2	4.8	32	1.54
合　计					1	18	129.8		42.58

每人每小时平均工资（未计附加费在内）　$\frac{129.8}{19}=6.83$

加班费　$6.83\times10\%=0.68$

所得税与保险费　$\frac{42.58}{19}=2.24$

平均工资　9.75 马克/(h·人)

* 每月每个工人按工作 200h 计算。

（三）设备单价计算示例

先列出全工地所有设备的明细表，每种施工机械和设备详细列出全部费用数据。表 10-6 所示为沙特阿拉伯某居民区工程中所需的一部分施工机械和设备的示例，在该表中：

$$推销费(17)=2.8\%\times12(月)\times离岸总价(7)$$

$$修理费(18)=1.8\%\times12(月)\times离岸总价(7)$$

设备单价计算表示例　　表 10-6

参数名称		单　位	编号	设备名称				
				混凝土搅拌机（生产率 $20m^3/h$）	混凝土搅拌车（容量 $6m^3$）	塔吊 $Q=2t$ $R=35m$ $H=42m$	混凝土集料斗（容量 $6m^3$）	振动器
数　量		台	1	1	2	3	3	9
重　量	每台重	t	2	65	11.5	50	3	0.07
	总　重	t	3	65	23	150	9	0.60
体　积	每台体积	m^3	4	200	40	250	15	0.30
	总体积	m^3	5	200	80	750	45	3
离岸价格	单　价	马克/台	6	285000	135000	350000	20000	3300
	总　价	马克	7	285000	270000	1050000	60000	29700
海运运费（包括保险费）	单　价	马克/m^3	8	386	386	386	386	128.7
	总　价	马克	9	77200	30880	289500	17370	1158

续表

参数名称		单位	编号	设备名称				
				混凝土搅拌机(生产率 $20m^3/h$)	混凝土搅拌车(容量 $6m^3$)	塔吊 $Q=2t$ $R=35m$ $H=42m$	混凝土集料斗(容量 $6m^3$)	振动器
到岸价格(7+9)		马克	10	362200	300880	1339500	77370	30858
关税(10)×100%		马克	11	36220	30088	133950	7737	3086
码头运至工地费		马克	12	16000	500	36000	2100	200
回运总费用(9+12)		马克	13	93200	31380	当地卖出	当地卖出	当地卖出
一次性总运输费用(9+11+12+13)		马克	14	222620	92848	459450	27207	4444
设备使用时间		月	15	12	12	12	12	12
		h	16	1850	1750	2000	1750	1750
推销费		马克	17	95760	90720	352800	20160	3326
修理费		马克	18	61560	58320	226800	12960	6415
功率		马力或kW	19	55kW	360马力	150kW	12kW	18kW
总功	(16×19)	马力·h	20	—	630000	—	—	—
	(16×19)	kW·h	21	101750	—	300000	21000	31500
动力费用单价	每马力·小时的单价	马克/(马力·h)	22	—	0.1	—	—	—
	每千瓦·小时的单价	马克/(kW·h)	23	0.2	—	0.2	0.2	0.2
总动力费用(20×22或21×23)		马克	24	20350	63000	60000	4200	6300
轮胎消耗	单价	马克/辆	25	—	4000	—	—	—
	总价	马克	26	—	8000	—	—	—
设备装拆	时间	h	27	2000	—	3600	300	—
	工资	马克	28	20600	—	37000	3100	—
	材料费	马克	29	18000	—	21000	1500	—
设备总费用(14+17+18+24+26+28+29)		马克	30	438890	312888	1157050	69127	20485

* 1马力·小时 = 0.7355kW·h = 2.648×10^6J

(四) 成品与半成品单价计算示例

以混凝土单价计算为例说明。先要计算出各工种工程的设备费用，然后汇总材料费和人工费，得到成品与半成品的单价。

1. 各工种工程的设备费计算

根据设备单价(如表10-6)和各工种工程的工程量，可计算出各工种工程的设备费用。表10-7以现浇钢筋混凝土工程的设备费用计算表示例。

现浇钢筋混凝土的设备费用计算示例 **表 10-7**

工程及费用名称		混凝土搅拌机（$20m^3/h$）	混凝土搅拌车（$6m^3$）	塔吊 $Q=2t$ $R=35m$ $H=42m$	混凝土集料斗（$6m^3$）	振动器（9台）
混凝土工程的设备费用（总工程量 $18500m^3$）	总费用 马克	438890	312888	260000	69127	20485
	$1m^3$ 混凝土费用 马克·m^{-3}	23.72	16.90	14.10	3.70	1.11
模板工程的设备费用（总工程量 $202000m^3$）	总费用 马克			495000		
	$1m^2$ 模板费用 马克·m^{-2}			2.45		
钢筋工程的设备费用（总工程量 1280t）	总费用 马克			84530		
	1t 钢筋费用 马克·t^{-1}			66.00		

2. 成品与半成品单价计算示例

表 10-7 中已计算出制作 $1m^3$ 混凝土的设备费用为 23.70 马克/m^3，加上人工费和材料费后，即可得出制作 $1m^3$ 混凝土的单价。表 10-8 为制作 $1m^3$C30 混凝土的单价示例。

制作 $1m^3$ 混凝土（强度等级为 C30）单价计算示例 **表 10-8**

材料名称	单位	数量	单价	费用			总费用 马克·m^{-3}	附注
				设备费	工资	材料费		
水泥	t	0.32	199.68 马克/t			63.90		单价见表 10-2
石子	t	0.83	46.00 马克/t			38.18		
砂	t	0.52	18.00 马克/t			9.36		
水	t	0.50	3.00 马克/t			1.5		
电	kW·h	5.50	0.20 马克/(kW·h)			1.1		
设备费	马克/m^3	1	23.72 马克/m^3	23.72				单价见表 10-7
工资	h	0.5	9.75 马克/h		4.88			单价见表 10-5
合计				23.72	4.88	114.04	142.64	

（五）分部分项工程单价计算示例

根据以上材料单价、工资单价、成品与半成品单价以及设备单价等数据，可计算出分部分项工程的综合单价。以下列举“厚 150mm，C30 现浇钢筋混凝土楼板混凝土浇筑的综合单价”，见表 10-9。

根据进度计划和施工方法确定，现浇混凝土楼板的施工速度为每小时浇混凝土 $6m^3$。

同样，可分别计算出每吨钢筋的运输、加工、绑扎等综合费用，以及模板的装拆、清洗、刷油、周转等综合费用。

例如墙模需用量的计算如下：

厚 150mmC30 现浇钢筋混凝土楼板混凝土浇筑综合单价表($1m^3$)　　表 10-9

编　号	名　称	工时 h	工资 马克	材料费 马克	设备费 马克	总计 马克	其中外汇 马克
1	C30 混凝土(见表 10-8)	(0.5)	(4.88)	(114.04)	(23.72)	(142.64)	
2	考虑混凝土损耗 3%(上行乘 1.03)	(0.515)	5.03	117.46	24.43	146.92	21.70
3	混凝土运输						14.50
	(1) 司机工资(每 1h 供应 $6m^3$ 混凝土,每 $1m^3$ 混凝土需 $\frac{1}{6}=$ 0.17 工时)	(0.17)	0.17×9.75 =1.66			1.66	
	(2) 混凝土运输车(见表 9-6)				16.90	16.90	
4	混凝土浇筑						25.50
	(1) 设备费(见表 10-7)					18.91	
	塔吊				14.10		
	料斗				3.70		
	振动器				1.11		
	(2) 工资 塔吊司机 1 人、料斗 1 人、吊桶和分料 2 人、振动 4 人、转移 1 人,以上共 9 人,1h 内完成 $6m^3$ 混凝土。平均每 $1m^3$ 混凝土需 $\frac{9}{6}=1.5$ 工时	(1.5)	1.5×9.75 =14.63			14.63	
5	总　计	(2.19)	21.32	117.46	60.24	199.02	61.70

全工地划分 3 个施工区段,同时平行施工,因此,需配备 3 套墙模。墙板总工程量为 $152000m^2$,故每套模板完成的工程量为 $\frac{152000}{3}\approx 50000m^2$。按图纸计算并考虑分段和施工进度,每套模板面积为 $220m^2$。因此,每套墙模的周转次数 $=\frac{50000}{220}=227$ 次。

采用钢木混合模板,其板面用厚 21mm 的七夹板制作,此种板面平均周转 60 次,因而需要换板面 $\frac{227}{60}=3.78\approx 4$ 次,制作墙模 $3\times 220=660m^2$。由此可计算出墙的模板面需 $660\times 1.2\times 4=3168m^2$(1.2 为系数)。

其余基础、梁、楼面、电梯井等模板均可按同样方法计算(在国外,各种类型的模板是由专业模板工厂制作出售,只要选择型号后即可查得全部参数)。

五、工程预算费用的计算

(一) 工地临时建筑费

工地临时建筑费包括生活与生产两大部分。

1. 生活用临时建筑

这部分费用计算十分具体和细致。一般首先统计出现场职工人数(分别计算出当地人员与外来人员的数量),再设计生活区的平面布置图和各类建筑物的面积并选择生活用房的形式。在国外建筑工地临时用房如同集装箱一般,用汽车运到工地即成,有专门的临建公司成套出售或租用。此项费用,在国外工程中一般不考虑周转使用,而是一次性摊销。

2. 生产用临时建筑

生产用临时建筑包括办公室、传达室、仓库、修理车间以及各附属企业的加工车间等,也包括管道、围墙在内。先根据工程规模与工期进行统计和设计出施工总平面图,然后选择临时建筑类型并计算出总费用。

(二) 一般工程费用

该项费用是指工程施工阶段的办公与生活费用。包括水电、空调、交通(购买汽车与修理费)、垃圾处理、警卫、食堂、现场清理等各项费用。统计出工地所需人员,除生产技术人员和工人以外,还有会计师、采购员、事务员、管理员等,分别统计出当地人员与国外人员数量,还应考虑到职工轮休、出差等交通费。此外,还需考虑职工的医疗、生活福利费等。办公费用需考虑电话、电传、办公用具等,对在海港、码头、车站附近设立的转运站或办事机构的费用也应一并计入。

(三) 单位工程预算书

根据以上已计算出的单价,乘以分项工程相应的工程量之和即是单位工程预算费用,这仅是直接费。

表 10-10 所示为沙特阿拉伯某居住区①号楼(旅馆)工程的预算书局部摘要

沙特阿拉伯某居住区①号楼单位工程预算书 **表 10-10**

单位工程名称:①号楼(旅馆)										
分项工程项目名称	单位	工程量	单价				总价			
			工资	材料费	设备费	合计	工资	材料费	设备费	合计
1	2	3	4	5	6	7	8=3×4	9=3×5	10=3×6	11=3×7
……										
C20 混凝土基础	m^3	425	13.9	118.66	67.92	200.48	5907	50431	28866	85204
厚 15cmC30 混凝土楼板(现浇)	m^3	765	21.32	117.46	60.24	199.02	16310	89857	46083	152250
厚 15～20cmC30 混凝土墙(现浇)	m^3	1275								
钢筋(BSTⅢ42/50)	t	78								
钢筋网(50/55)	t	95								
基础模板	m^2	620								
墙模板	m^2	20200								
楼板模板	m^2	6850								
……										
总　计							391000	1385000	415000	2191000

(四) 建筑工程总预算书

如表 10-11 所示,根据各单位工程预算费用汇集成总预算的直接费(表中第Ⅰ项),再加上全工地性设施费用、管理费、税金、保险费等间接费用即总预算费用。总预算书中应明确表达计算出的总费用、外汇比率以及直接费占总费用的比率。

建筑工程总预算书 表 10-11

工程名称：居住建筑群(旅馆)
工程所在国家：沙特阿拉伯
金额单位：马克
外汇市价：1 美元＝2.40 马克
编制日期：

序号	项目	建筑物名称	工时数/h	工资	材料费	设备费	总计	转包(二包)工程费 总数	转包(二包)工程费 其中外汇	其中：外汇(二包的外汇未计入)
		1 号楼	40100	391000	1385000	415000	2191000	1792000		985000
		2 号楼	56000	546000	1870000	582000	2998000	1998000		1360000
		3 号楼	43280	422000	1420000	437000	2279000	1583000		1020000
		4 号楼	36900	360000	1246000	388000	1994000	1330000		907000
		5 号楼	45400	443000	1506000	469000	2418000	1612000		1096000
		6 号楼	46770	456000	1558000	485000	2499000	1666000		1134000
		7 号楼	43080	420000	1402000	461000	2283000	1653000		1058000
1	Ⅰ．直接费	总计	311530	3038000	10387000	3237000	16662000	11634000	3500000	7560000
2	全工地性的设备费：设备摊销费(总重 67t，新设备费 458000 马克)					160000	160000			160000
3	设备租金									
4	设备运输费					93000	93000			80000
5	设备回运费(完工后在当地出售，不计)									
6	设备税金				43000		43000			
7	设备装拆费		2050	20000	15000	2000	37000			16000
8	设备修理费		2460	24000	41000		65000			50000
9	德国职工与当地职工的生活区费用		2870	28000	261000	18000	307000	540000		140000
10	办公室、车间、仓库等临时建筑费		7280	71000	208200	27600	306800			138000
11	建筑工地中其他设施的费用		920	9000	55600	4650	69250	57600		32000
12	工地现场清理费		4920	48000		18400	66400			30000
13	……									
14	Ⅱ．全工地性设备与设施总费用(第 2 至 13 项之和)		20500	200000	583800	323650	1147450	597600		646000
15	建筑工地经常费						490000			237000
16	非生产人员的工资(包括当地雇佣的人员)		75000	240000			240000			
17	第Ⅰ、Ⅱ、15、16 项总计　平均工资 $=\frac{3478000}{407030}=8.54$		407030	3478000						
18	社会保险费与生活补助费(第 16 项乘 32%)			77000			77000			
19	第 17、18 项之和　平均工资 $=\frac{3555000}{407030}=8.73$		407030	3555000						

续表

工程名称：居住建筑群(旅馆)

工程所在国家：沙特阿拉伯

金额单位：马克

外汇市价：1 美元 = 2.40 马克

编制日期：

	建筑物名称	工时数/h	工 资	材 料 费	设 备 费	总 计	转包(二包)工程费		其中：外汇(二包的外汇未计入)
							总 数	其中外汇	
	1 号楼	40100	391000	1385000	415000	2191000	1792000		985000
	2 号楼	56000	546000	1870000	582000	2998000	1998000		1360000
	3 号楼	43280	422000	1420000	437000	2279000	1583000		1020000
	4 号楼	36900	360000	1246000	388000	1994000	1330000		907000
	5 号楼	45400	443000	1506000	469000	2418000	1612000		1096000
	6 号楼	46770	456000	1558000	485000	2499000	1666000		1134000
	7 号楼	43080	420000	1402000	461000	2283000	1653000		1058000
20	德国职工工资补贴		6000			1377000			720000
21	德国职工工资补贴的社会保险费(第 20 项乘 35%)		2100						
22	德国职工的工资		9500			1664000			870000
23	德国职工工资的社会保险费(第 22 项乘 35%)		3300						
24	当地职工的工资		2200			139000			
25	当地职工工资的补贴(第 24 项乘 32%)		700			—			
26	宿舍管理费					435000			200000
27	家属探亲费					160000			100000
28	工地与总公司之间联系的出差费					57000			35000
29	技术上及商业上联系的业务费					557000			556000
30	工地与联络站的办公费					50000			10000
31	社交与福利费					62000			9000
32	医疗保健费					38000			25000
33	联络站及基地的租金					25000			—
34	设备运送费					217000			125000
35	Ⅲ. 建筑工地经常费(第 15 项至 34 项之和，不含第 17、19 项)					5588000			2887000
36	Ⅳ. Ⅰ + Ⅱ + Ⅲ项之和					23397450	12231600	3500000	11093000

续表

工程名称:居住建筑群(旅馆)

工程所在国家:沙特阿拉伯

金额单位:马克

外汇市价:1 美元 = 2.40 马克

编制日期:

建筑物名称	工时数 /h	工　资	材料费	设备费	总　计	转包(二包)工程费 总　数	转包(二包)工程费 其中外汇	其中:外汇(二包的外汇未计入)
1 号楼	40100	391000	1385000	415000	2191000	1792000		985000
2 号楼	56000	546000	1870000	582000	2998000	1998000		1360000
3 号楼	43280	422000	1420000	437000	2279000	1583000		1020000
4 号楼	36900	360000	1246000	388000	1994000	1330000		907000
5 号楼	45400	443000	1506000	469000	2418000	1612000		1096000
6 号楼	46770	456000	1558000	485000	2499000	1666000		1134000
7 号楼	43080	420000	1402000	461000	2283000	1653000		1058000

序号	项目									总计	转包(二包)总数	其中外汇	其中:外汇(二包的外汇未计入)
37			为第 49 项费用的%	为第 36 项费用的%	外汇为第 49 项费用的%		为第 50 项费用的%	为第 36 项费用的%	外汇为第 50 项费用的%				
38	保险费	为本公司(二包除外)费用的%	1.00		—	为二包费用的%	1.00		—				
39	税金		4.10		—		4.10		—				
40	保证金		1.10		1.10		1.10		1.10				
41	承包国外工程保险		1.25		1.25		—		—				
42	佣金		2.00	$\frac{27.65}{100-27.65}\times100\%=38.22\%$	1.00		2.00	$\frac{17.9}{100-17.9}\times100\%=21.8\%$	1.00				
43	利息		1.20		1.20		1.20		1.20				
44	总公司管理费		—		—		1.50		1.50				
45	剩余价值税		—		—		—		—				
46	经营管理费		5.00		5.00		—		—				
47	风险与利润		12.00		12.00		7.00		7.00				
48	Ⅴ. 附加费		27.65	38.22	21.55		17.90	21.80	11.80	8942510	2666490		6969260
49	Ⅵ. 除二包工程以外的费用总计	附加费计算:(本公司)23397450×38.22% = 8942510 (二包)12231600×21.80% = 2666490 (本公司外汇)32339960×21.55% = 6969260 (二包外汇)14898090×11.80% = 1757970								32339960			18063000
50	Ⅶ. 二包工程费用									14898090	←14898090	3500000→	3500000
51													1757970
52		四项指标:1. 总费用 47238050(其中:外汇 23320970) 2. 外汇比率 = (23320970/47238050)×100% = 49.37% 3. 转包直接费比率 = (11634000/14898090)×100% = 78.09% 4. 总包直接费比率 = (16662000/32339960)×100% = 51.52%											
53													
54	Ⅷ. 总预算费用(Ⅵ + Ⅶ)									47238050			23320970

参 考 文 献

1 全国造价工程师考试培训教材编写委员会,全国造价工程师考试培训教材审定委员会.全国造价工程师执业资格考试培训教材(第二版).北京:中国计划出版社,2002

2 中国建设监理协会组织编写.全国监理工程师培训考试教材.北京:中国建筑工业出版社,2003

3《投资项目可行性研究指南》编写组.投资项目可行性研究指南(国家发展计划委员会批示出版).北京:中国电力出版社,2002

4 中华人民共和国建设部标准定额司主编.全国统一安装工程预算工程量计算规则(GYD_{GZ}—201—2000)北京:中国计划出版社,2001

5 中华人民共和国建设部.全国统一建筑工程量计算规则(土建工程·GJD_{GZ}—101—95).北京:中国计划出版社,1995

6 中华人民共和国建设部标准定额研究所.建设工程工程量清单计价规范(GB 50500—2003).北京:中国计划出版社,2003

7 黄有亮等编.工程经济学.南京:东南大学出版社,2002

8 国家计划委员,建设部发布.建设项目经济评价方法与参数(第二版).北京:中国计划出版社,1993

9 雷艺君,钱昆润主编.实用工程建设监理手册(第二版).北京:中国建筑工业出版社,2003

10 上海市建设和管理委员会,中国建设监理协会主办。建设监理 .上海:《建设监理》编辑部,2001~2003

11 中国建设工程造价管理协会,建设部标准定额研究所主办 .《工程造价管理》.北京:《工程造价管理》编辑部 .2001~2003

12 徐帆主编 .监理工程师手册 .北京:中国建筑工业出版社,2003

13 徐帆,钱昆润主编 .建设监理招标投标实务 .北京:中国建筑工业出版社,2002

14 上海市建设监理协会 .上海市土建专业施工监理从业人员继续教育讲义 .上海:上海市建设监理协会,2002

15 陈建国主编 .工程计量与造价管理 .上海:同济大学出版社,2001

16 徐大图主编 .工程造价的确定与控制 .北京:中国计划出版社,1998

17 钱昆润,戴望炎,沈杰编著 .建筑工程定额与预算(第四版).南京:东南大学出版社,2003